COURS DE LA FACULTÉ DES SCIENCES DE L'UNIVERSITÉ DE PARIS

THÉORIE DES NOMBRES

PAR

E. CAHEN

ANCIEN CHARGÉ DE COURS A LA FACULTÉ DES SCIENCES DE L'UNIVERSITÉ DE PARIS

TOME SECOND

LE SECOND DEGRÉ BINAIRE

PARIS
LIBRAIRIE SCIENTIFIQUE A. HERMANN & FILS
J. HERMANN, SUCCESSEUR,
6, RUE DE LA SORBONNE, 6

1924

THÉORIE DES NOMBRES

COURS DE LA FACULTÉ DES SCIENCES DE L'UNIVERSITÉ
DE PARIS

THÉORIE DES NOMBRES

PAR

E. CAHEN

ANCIEN CHARGÉ DE COURS A LA FACULTÉ DES SCIENCES DE L'UNIVERSITÉ DE PARIS

TOME SECOND

LE SECOND DEGRÉ BINAIRE

PARIS
LIBRAIRIE SCIENTIFIQUE A. HERMANN & FILS
J. HERMANN, SUCCESSEUR
6, RUE DE LA SORBONNE, 6

1924

PRÉFACE

Ce second volume traite des équations et des formes quadratiques binaires et aussi des nombres quadratiques.

J'ai dû m'attacher à ne pas augmenter ses dimensions déjà bien grandes. En particulier j'ai laissé de côté les innombrables petites questions d'analyse diophantienne qui se rapportent à ces théories, questions souvent difficiles, mais la plupart du temps sans grande portée. J'en ai donné seulement quelques unes comme exercices. J'ai supprimé un chapitre sur les lois de réciprocité dans les corps quadratiques que j'avais d'abord introduit dans ce volume mais qui trouvera aussi bien sa place dans un volume suivant.

Je fais usage pour les formes de la notation de Lagrange reprise par Kronecker à savoir : $ax^2 + bxy + cy^2$, au lieu de celle, malencontreusement introduite par Gauss, $ax^2 + 2bxy + cy^2$. Par l'introduction dans les calculs d'un nombre ρ égal, tantôt à zéro, tantôt à un ; j'arrive d'une façon que je crois satisfaisante, à traiter ensemble les deux cas de b pair et b impair, sans avoir à faire la distinction incessante et insupportable entre formes *proprement* et *improprement* primitives de Gauss

Je renouvelle à l'occasion de ce second volume mes remerciements à M. Hermann qui a bien voulu se charger de sa publication sans en attendre, plus que moi, un profit quelconque.

Mes remerciements aussi à M. Pomey qui a bien voulu m'aider à revoir les épreuves.

Et enfin je dois dire que c'est grâce à une subvention de la Caisse des Recherches scientifiques que cette publication a été rendue possible. Que le conseil d'administration de cette Caisse et, en particulier, M. Kœnigs, dont le rapport a entrainé l'adhésion de ses collègues, reçoivent ici l'expression de ma gratitude.

E. Cahen.

ERRATA ET ADDITIONS AU PREMIER VOLUME

Le lecteur est prié de corriger effectivement ces errata et d'opérer ces additions, car dans les renvois relatifs au premier volume, il sera toujours supposé que cela a été fait.

Page 1 note : Ajouter « R. DEDEKIND Was sind und sollen die Zahlen? 3ᵉ édition Braunschweig 1911 (1ʳᵉ éd. 1887) ».

3 dernière ligne de la note. Au lieu de « Voir la note » lire « Voir la deuxième note ».

20 ligne 3 à partir d'en bas. Au lieu de « théorème 31 » lire « théorème du nº 31 ».

33 ligne 17. Au lieu de « le » lire « la ».

33 Ajouter à la note : « S.S. BUCKMANN An octaval instead of a décimal system. Oxford, and London 1909 ».

42 ligne 6. Au lieu de « prolongé » lire « prolongée ».

49 ligne 1 de la note II. Supprimer le trait d'union entre les mots Hermann et Schubert.

49 note du bas de la page. Supprimer le point après le mot « System ».

57 ligne 10 et suivantes. Modifier la définition du reste négatif de la façon suivante : On appelle, de même, dans le cas où a n'est pas divisible par b, reste négatif.....

57 entre la ligne 16 et la ligne 17 ajouter : Dans le cas où a est divisible par b il n'y a pas de reste négatif.

63 ligne 14. Au lieu de « retse » lire « reste »

67 A la fin du nº **102** ajouter le théorème suivant :

THÉORÈME e étant premier à b, on a :

$$D(ae, b) = D(a, b)$$

Nous laissons au lecteur le soin de démontrer ce théorème. Il devient évident après le nº **401**. Il peut servir à simplifier la recherche du plus grand commun diviseur de deux entiers en divisant, chaque fois que c'est possible, l'un des deux termes de l'une des divisions qu'on a à effectuer, par un entier premier avec l'autre.

Page 75 Ajouter l'exercice suivant : Soient $a_1, a_2, \ldots a_n$ des entiers. En appelant P_k le produit des C_n^k plus grands communs diviseurs des combinaisons k à k de ces entiers, démontrer que

$$M(a_1, a_2, \ldots a_n) = \frac{P_1P_3\ldots}{P_2P_4\ldots}.$$

(Lebesgue. Introduction à la *Théorie des nombres*, Paris, 1862).

86 ligne 15, au lieu de $\frac{a^m d^m}{b^m c^m}$ lire $\frac{a^m d^m}{b^m c^m}$.

88 ligne 8, devant la première note, mettre le numéro 1.

106 ligne 11 à partir d'en bas, au lieu de « K' » lire « K ».
ligne 4 à partir d'en bas, au lieu de « que » lire « qui ».

108 quatre fois dans la page, au lieu de « exclus » lire « exclu ».

112 ligne 12 à partir d'en bas, au lieu de « (4) » lire « (5) ».

112 en bas de la page, ajouter : « d'ailleurs ceci ne suppose pas que les valeurs envisagées de λ, μ, ... ρ soient entières ».

125 ligne 8 au lieu de « les entiers », lire « des entiers ».

126 la ligne 3 doit se lire : « $(-1)^{I(i_1, i_2, \ldots i_n) + I(j_1, j_2, \ldots j_n)}$ ».

126 ligne 16 à partir d'en bas, au lieu de « $(-1)^{2+j}$ » lire « $(-1)^{i+j}$ ».

140 ligne 1 de la note, au lieu de « Unterderminanten » lire « Unterdeterminanten ».

146 ligne 5, supprimer le signe =.

149 Ajouter en note au titre du n° **178** : Clebsch, *Abhandl. d. König Ges. d. Wissench. zu Göttingen*, t. 17 (1872) Math. Classe, p. 8.

154 ligne 11 du n° **180**, supprimer la virgule et fermer la parenthèse après le mot « seule ».

158 Ajouter l'exercice suivant : V. Démontrer l'égalité

$$|\lambda a_{ij} + \mu b_{ij}| = |a_{ij}|\,|b_{ij}|\left|\mu \frac{A_{ij}}{|a_{ij}|} + \lambda \frac{B_{ij}}{|b_{ij}|}\right|.$$

Pour $\lambda = 1$, $\mu = 0$, on retrouve le théorème 1 du n° **71** (F. Siacci *Ann. Math pur. e. applic.*, 2e série, t. 5 (1871-1873), p. 296.

166. ligne 3 à partir du bas, au lieu de « second membre » lire « seconds membres ».

168 en note, au lieu de « Frœbenius » lire « Frobenius » Id. p. 174, 269, 275, 277, 279, 311, 315, 346, 357, 363.

181 lignes 11 et 12, au lieu de « Voir n° **212** » lire « Voir n° **309** III ».

Page 198 ligne 22 après le mot « substitutions » ajouter le mot « réversibles ».

228 n° **266** au lieu de « représentation *propre* et représentation *impropre* » lire « représentation *primitive* et représentation *non primitive* ».

232 n° **271** Id.
235 n° **275** Id. } Voir la note du n° **152** de ce tome.
236 n° **276** Id.

255 ligne 16 au lieu de « δ_{12} est le plus petit entier » lire « δ_{22} est le plus petit entier positif ».

260 dans le problème du n° **295** supprimer la première phrase après l'énoncé.

268 Entre la 14e et la 15e ligne, ajouter : « On peut supposer « $a_{11} \neq 0$ car par un changement de notation n'importe quel coefficient peut devenir a_{11} ».

268 ligne 6 à partir du bas, au lieu de « $\leqslant$ » lire « $<$ » et ajouter la phrase suivante : « Le cœfficient de x_1y_1 a ainsi diminué en restant positif. (On ne peut avoir $0 = a_{k1} + qa_{11}$ puisque a_{k1} n'est pas divisible par a_{11}) ».

273 A l'énoncé du problème du n° **306** ajouter en note : « A Voss, *Gött Nachr.*, 1887, p. 424 ».

273 ligne 9 à partir du bas, au lieu de « y_a » lire « y_r ».

274 ligne 11 à partir du bas, au lieu de « (7) » lire « (8) ».

278 ligne 10 du n° **309** au lieu de « x_1 », lire « x_1' », au lieu de « y_1 » lire « y_1' ».

279 Au n° **309** ajouter ce qui suit : « III. La considération de la réduction d'une forme bilinéaire permet de résoudre la question posée au n° **210**. Peut-on former tous les déterminants égaux à ± 1 par le procédé indiqué dans ce numéro? La réponse est affirmative. En effet considérons un tel déterminant et la forme bilinéaire qui lui correspond. On peut réduire cette forme à la forme réduite parfaite qui sera dans ce cas $x_1y_1 + x_2y_2 + \ldots + x_ny_n$. dont le déterminant est formé d'élément égaux à 1, dans la diagonale principale, et à 0 aux autres places.

Inversement on peut passer de cette forme réduite à la forme primitive par des substitutions linéaires sur les x et les y dont on sait qu'elles se ramènent à des substitutions

$$x_h \,||\, x_i \quad y_h \,||\, y_i \quad x_h \,|\, x_h + x_i \quad y_h \,|\, y_h + y_i.$$

Or ces substitutions correspondent, pour le déterminant, à des échanges ou des additions de lignes ou de colonnes. Le théorème est donc démontré ».

304 ligne 15, au lieu de « Supposons-le vrai » lire « Supposons que ce soit vrai ».

Page 311 dernière ligne au lieu de « n » lire « m ».

313 ligne 4 au lieu de « x_1 » lire « x_2 ».

314 ligne 8 à partir d'en bas, au lieu de « a_{hi} » lire « a_{h1} », et au lieu de « l_h lire « a_{hn+1} ».

314 en bas de la page, ajouter : « *Cas particulier.* Supposons le nombre des formes égal à celui des variables, leur déterminant $D \neq 0$. et $m = D$. Le nombre trouvé plus haut se réduit alors à D^{r-1} ».

341 ligne 7 à partir d'en bas, au lieu de « B » lire « $\widehat{B}$ ».

351 ligne 18 au lieu de « n° **402** » lire « n° **403** ».

376 ligne 11 au lieu de « 7^3 » lire « 7^2 ».

392 ligne 3 à partir d'en bas, au lieu de « (n) » lire « $\varphi(n)$ ».

400 Ajouter les exercices suivants : VII. Etant donné $\varphi(m)$ calculer m. Le problème a un nombre limité de solutions. M. Carmichaël a donné une table des valeurs de m correspondant aux valeurs de $\varphi(m)$, jusqu'à $\varphi(m) = 1000$ (*Americ. Journ. of Math.*, t. 30 (1908) p. 394).

VIII. Tout nombre rationnel peut se mettre, et d'une seule façon sous la forme :

$$n\left(1 - \frac{1}{p}\right)^{\alpha}\left(1 - \frac{1}{q}\right)^{\beta} \dots \left(1 - \frac{1}{s}\right)^{\delta}$$

$p, q, \dots s$ étant des facteurs premiers différents, $\alpha, \beta, \dots \delta$ des exposants entiers, n un entier ne contenant aucun des facteurs $p, q, \dots s$.

IX Le rapport $\frac{\varphi(m)}{m}$ ne dépend que des facteurs premiers de m. Reconnaître si un nombre rationnel donné est une valeur de $\frac{\varphi(m)}{m}$ et calculer les facteurs premiers de m.

X. *Généralisation de l'indicateur.* — Soit un entier $n = p^{\alpha}q^{\beta} \dots$ et soient $e_1, e_2 \dots e_k$ des entiers donnés. On demande le nombre des entiers h de la suite $1, 2, \dots n$ qui sont tels que $h + e_1, h + e_2, \dots h + e_k$ soient tous premiers à n. [*Réponse.* Soit λ le nombre des entiers $e_1, e_2, \dots e_k$ incongrus deux à deux (mod p), soit μ le nombre analogue pour le module q etc.; le nombre cherché est

$$[p^{\alpha-1}(p - \lambda)\, q^{\beta-1}(q - \mu) \dots].$$

(*Lucas.* T. J. N., t. 1, Paris 1891, p. 399).

XI. Le nombre de façons de décomposer un entier n en un produit de deux facteurs premiers entre eux est $2^{\lambda-1}$, λ étant le nombre des facteurs premiers distincts de n.

THÉORIE DES NOMBRES

(TOME SECOND)

LE SECOND DEGRÉ BINAIRE

CHAPITRE PREMIER

—

ENTIER AYANT DES RESTES DONNÉS PAR RAPPORT A DES MODULES DONNÉS. THÉORÈME DE FERMAT. RESTES PAR RAPPORT A UN MODULE PREMIER DES PUISSANCES SUCCESSIVES D'UN ENTIER. RACINES PRIMITIVES. INDICES.

1. — Comme son titre l'indique, le présent volume doit être consacré principalement au second degré binaire, analyse diophantienne et formes. Nous le ferons néanmoins précéder de deux chapitres où seront exposées certaines notions d'un usage constant dans toute la Théorie des nombres.

Voici d'abord un problème dont les applications sont fréquentes :

Problème. — *Déterminer l'entier x satisfaisant à :*

$$x \equiv l_1 \pmod{m_1}$$
$$x \equiv l_2 \pmod{m_2}$$
$$\cdots\cdots$$
$$x \equiv l_n \pmod{m_n}$$

les l et les m étant des entiers donnés.

Cette question est un cas particulier du problème de la résolution d'un système de congruences traité dans le tome I de cet ouvrage.

On peut la traiter directement de la façon suivante : On tire de la première congruence

$$x = l_1 + m_1\xi$$

ξ étant un entier arbitraire. Portant cette valeur de x dans la seconde congruence, on obtient une congruence du premier degré en ξ. Si elle est impossible le système proposé est impossible. Si elle est possible elle donne ξ en fonction linéaire d'un nouvel entier arbitraire ; on portera cette expression dans la troisième congruence et ainsi de suite.

Forme de la solution générale. — Supposons le système possible ; soit x_0 une solution particulière. Le système peut s'écrire :

$$\begin{gathered} x \equiv x_0 \pmod{m_1} \\ x \equiv x_0 \pmod{m_2} \\ \cdots\cdots\cdots \\ x \equiv x_0 \pmod{m_n} \end{gathered}$$

Il exprime que $x - x_0$ est divisible à la fois par $m_1, m_2, \ldots m_n$. La solution générale est donc

$$x = x_0 + \mathrm{M}\lambda$$

M étant le plus petit commun multiple de m_1, m_2, ... m_n et λ un entier arbitraire.

Cas particulier où les modules sont premiers entre eux deux à deux. — Dans ce cas le système est possible. En effet, on peut en trouver une solution par la méthode suivante. Déterminons des entiers $a_1, a_2, \ldots a_n$ par les conditions :

$$\begin{gathered} m_2m_3 \ldots m_n a_1 \equiv 1 \pmod{m_1} \\ m_1m_3 \ldots m_n a_2 \equiv 1 \pmod{m_2} \\ \cdots\cdots\cdots \\ m_1m_2 \ldots m_{n-1} a_n \equiv 1 \pmod{m_n}. \end{gathered}$$

Ces congruences sont toutes possibles, car dans chacune d'elles le coefficient de l'inconnue est premier au module. Ensuite prenons un entier x_0 satisfaisant à

$$x_0 \equiv m_2m_3 \ldots m_n l_1 a_1 + m_1m_3 \ldots m_n l_2 a_2 \ldots + m_1m_2 \ldots m_{n-1} l_n a_n \pmod{m_1m_2 \ldots m_n}.$$

C'est une solution particulière du système proposé, comme on le voit immédiatement.

Ayant cette solution particulière, on a la solution générale qui est

$$x_0 + m_1 m_2 \dots m_n \lambda\,,$$

car le plus petit commun multiple de m_1, m_2, ... m_n est ici égal à leur produit.

Condition de possibilité dans le cas général. — Cette condition se tire du résultat du n° **336** du tome I. Ici $p > n$, sauf le cas ou $n = 1$, mais dans ce cas le problème n'existe pour ainsi dire pas.

Il faut d'abord réduire toutes les congruences au même module ce qui donne :

$$\left.\begin{aligned} \frac{M}{m_1}\,x &\equiv \frac{M}{m_1}\,l_1 \\ \frac{M}{m_2}\,x &\equiv \frac{M}{m_2}\,l_2 \\ &\dots\dots \\ \frac{M}{m_n}\,x &\equiv \frac{M}{m_n}\,l_n \end{aligned}\right\} \pmod{M}$$

Il n'y a qu'un e qui est égal à $D\left(\frac{M}{m_1}, \frac{M}{m_2}, \dots \frac{M}{m_n}\right)$ c'est-à-dire à 1. Il y a deux ε, à savoir $\varepsilon_1 = 1$ et ε_n qui est le plus grand commun diviseur des $\frac{n(n-1)}{2}$ expressions $\frac{M}{m_i} \cdot \frac{M}{m_j}(l_i - l_j)$. La condition (20) est remplie, et la condition (21) est que le plus grand commun diviseur des quantités $\frac{M}{m_i} \cdot \frac{M}{m_j}(l_i - l_j)$ doit être divisible par M ou, ce qui revient au même, que *toutes les quantités* $\frac{M(l_i - l_j)}{m_i m_j}$ *doivent être entières.*

Nous laissons au lecteur le soin de démontrer ce résultat directement.

2. Théorème de Fermat (¹) 1ᵉʳ énoncé. — *p étant un nombre*

(¹) Enoncé par Fermat : lettre à Frénicle 18 octobre 1640. Voir Œuv. de Fermat, publiées par P. Tannery et Ch. Henry, t. II, Paris 1894, p. 209. Démontré pour la première fois par Euler. Comm. Ac. Petrop., t. VIII (1736), édit. 1741, p. 141.

premier et a un entier non divisible par p, l'entier $a^{p-1} - 1$ *est divisible par p.*

En effet, si l'on considère les entiers :

(1) $$0 \cdot a,\ 1\ a,\ 2\ a,\ \ldots\ (p-1)a$$

ce sont p termes consécutifs d'une progression arithmétique de raison, a première avec p. Ils forment donc un ensemble complet (mod. p) (I, 315) (¹). Ils sont donc congrus, dans l'ensemble (²) ceux entiers $0, 1, 2, \ldots p_1$. D'ailleurs c'est le premier terme de la progression (1) qui est congru à zéro.

Donc les entiers

(2) $$a,\ 2a,\ \ldots\ (p-1)a$$

sont, dans l'ensemble, congrus aux entiers.

(3) $$1,\ 2,\ \ldots\ p-1.$$

On en déduit que le produit des entiers (2) est congru au produit des entiers (3) :

$$1 \cdot 2 \ldots (p-1)a^{p-1} \equiv 1 \cdot 2 \ldots (p-1) \pmod{p}$$

et en divisant les deux membres par $1 \cdot 2 \ldots (p-1)$, qui est premier à p,

$$a^{p-1} \equiv 1 \pmod{p}.$$

2e *énoncé du théorème de Fermat* — *p étant un nombre premier et a un entier quelconque, l'entier* $a^p - a$ *est divisible par p.*

En effet $a^p - a = (a^{p-1} - 1)\,a$.

Si le second facteur de cette expression, a n'est pas divisible par p, le premier facteur $a^{p-1} - 1$ l'est.

Donc le produit est dans tous les cas divisible par p.

Réciproquement du second énoncé on déduit le premier.

Exemples :

$p = 3$	$a = 2$	$2^2 - 1 = 3$
$p = 5$	$a = 3$	$3^4 - 1 = 80 = 5.16$

(¹) Cette notation signifie : n° 315 du tome I.

(²) On entend par là que ce ne sont pas les entiers de même rang dans les deux suites qui sont congrus entre eux.

Autres démonstrations du théorème de Fermat. — Voici deux autres démonstrations que nous donnons parce qu'elles reposent sur des propriétés des coefficients du développement de la puissance $p^{\text{ème}}$ d'un binôme ou d'un polynôme qui sont souvent employées.

2° *Démonstration.* — *Lemme : p étant un nombre premier, dans le développement de la puissance $p^{\text{ème}}$ d'un binôme :*

$$(x+y)^p = x^p + \frac{p}{1}x^{p-1}y + \frac{p(p-1)}{1.2}x^{p-2}y^2 + \dots$$
$$+ \frac{p(p-1)\dots(p-r+1)}{1.2\dots r}x^{p-r}y^r + \dots + y^p$$

tous les coefficients, sauf le premier et le dernier, sont divisibles par p.

En effet, le coefficient $\frac{p(p-1)\dots(p-r+1)}{1.2\dots p-1}$ étant un entier (I, 157), on peut le mettre sous la forme entière en supprimant tous les facteurs premiers communs au numérateur et au dénominateur. Mais comme $o < r < p$, le facteur premier p se trouve au numérateur et non au dénominateur. Donc il subsistera après cette suppression des facteurs communs.

Exemples :

$$(x+y)^3 = x^3 + 3x^2y + 3xy^2 + y^3$$
$$(x+y)^5 = x^5 + 5x^4y + 10x^3y^2 + 10x^2y^3 + 5xy^4 + y^5$$

Ce lemme démontré, prenons le théorème de Fermat sous sa seconde forme à savoir : $a^p - a \equiv 0 \pmod{p}$. Comme il est évident pour $a = 1$ il suffit de démontrer que s'il est vrai pour l'entier a, il est vrai pour l'entier $a + 1$. Or, d'après le lemme :

$$(a+1)^p - (a+1) \equiv a^p + 1 - (a+1) \equiv a^p - a \pmod{p}.$$

3° *Démonstration.* — *Lemme : p étant un nombre premier, dans le développement de la puissance $p^{\text{ème}}$ d'un polynôme.*

$$(x+y+\dots+t)^p = \sum \frac{p!}{\alpha!\,\beta!\dots\lambda!}x^\alpha y^\beta \dots t^\lambda \quad (\alpha+\beta\dots+\lambda = p)$$

tous les coefficients, sauf ceux de $x^p, y^p, \dots t^p$, sont divisibles par p.

Ce lemme se démontre comme le précédent. Il s'ensuit qu'on a, pour toutes valeurs entières de $x, y, \dots t$

$$(x+y+\dots+t)^p \equiv x^p + y^p + \dots + t^p \pmod{p}.$$

Ceci posé, faisons dans cette congruence $x = y = \ldots = t = 1$, et soit a le nombre de ces quantités. Il vient :

$$a^p \equiv a \pmod{p}.$$

Nous retrouverons, dans la suite, d'autres démonstrations du théorème de Fermat [1].

3. Sur les restes, suivant un module premier p, des puissances d'un entier a. — Si a est divisible par p ses puissances le sont aussi. Dans ce cas tous les restes sont nuls.

Soit maintenant a non divisible par p.

Théorème. — *Si l'on considère la suite :*

$$(4) \qquad 1,\ a,\ a^2,\ \ldots$$

les restes des divisions des termes de cette suite par p se reproduisent périodiquement.

En effet, les restes par le diviseur p étant en nombre limité, on peut trouver dans la suite (4) deux termes qui donnent le même reste. Soit

$$a^{\nu} \equiv a^{\nu'} \pmod{p} \qquad (\nu' > \nu).$$

On en déduit (I. 417)

$$(5) \qquad a^{\nu' - \nu} \equiv 1 \pmod{p},$$

Ainsi il existe un exposant positif $\nu' - \nu$ satisfaisant à la condition (5).

Soit e le plus petit exposant positif satisfaisant à

$$(6) \qquad a^e \equiv 1 \pmod{p}.$$

On a alors :

$$a^{h+e} \equiv a^h \pmod{p}$$

quel que soit h, c'est-à-dire que les restes des termes de la suite (4) se reproduisent périodiquement de e en e à partir du premier. D'ailleurs ils ne se reproduisent pas à intervalles plus rapprochés. Car s'il y avait un entier positif e' plus petit que e tel que

$$a^{h+e'} \equiv a^h \pmod{p}$$

on aurait

$$a^{e'} \equiv 1 \pmod{p}$$

[1] Voir en particulier la remarque du n° 3.

avec

$$0 < e' < e$$

ce qui est contre l'hypothèse.

L'entier e défini de cette façon se nomme *l'exposant auquel appartient a par rapport à p*.

Théorème. — *L'exposant auquel appartient un entier a par rapport à un module premier p est un diviseur de p — 1.*

1re *Démonstration*. — Il résulte de la périodicité des restes de la suite (4) que les seuls termes de cette suite qui soient congrus à 1 (mod. p) sont les termes :

$$1, a^e, a^{2e}, \dots$$

c'est-à-dire ceux dont l'exposant est un multiple de e. Or, d'après le théorème de Fermat, le terme a^{p-1}, jouit de cette propriété. Donc $p - 1$ est un multiple de e.

2° *Démonstration*. — Considérons la suite

(7) $$1, a, a^2, \dots a^{e-1}$$

formée de e termes.

Les restes fournis par les termes de cette suite sont différents entre eux deux à deux, et différents de zéro. Si ces restes constituent tous les restes $1, 2, \dots p - 1$, c'est qu'ils sont au nombre de $p - 1$, alors $e = p - 1$ et le théorème est vérifié.

Si les restes de la suite (7) ne constituent pas tous les restes $1, 2, \dots p - 1$, soit b un de ces derniers qui ne soit pas un reste de la suite (7). Considérons la suite :

(8) $$b, ba, ba^2, \dots ba^{e-1}.$$

On démontre facilement que les restes fournis par les termes de cette suite sont encore différents deux à deux et différents de zéro. Mais, de plus, on voit aussi qu'un reste fourni par un terme quelconque de la suite (8) est différent d'un reste fourni par un terme quelconque de la suite (7). Alors si les restes de la suite (7) et ceux de la suite (8) constituent ensemble tous les restes $1, 2, \dots p - 1$, c'est que l'on a

$$2e = p - 1$$

et le théorème est vérifié. Sinon, on prend un entier c de la suite

1, 2, ... $p-1$ qui ne soit ni un reste fourni par la suite (7) ni un reste fourni par la suite (8), on considère la suite

$$c, \quad ca, \quad ca^2, \ldots ca^{e-1}$$

et l'on continue le raisonnement jusqu'à ce qu'on ait épuisé tous les restes 1, 2, ... $p-1$.

Remarque. — Cette démonstration ne suppose pas établi à l'avance le théorème de Fermat. On voit alors que $p-1$ étant un multiple de e on a

$$a^{p-1} \equiv 1 \pmod{p}.$$

Donc on a ainsi une nouvelle démonstration du théorème de Fermat.

Exemples. — $p = 7$

$a=1$	donne la période	1;	1	appartient (mod. 7)	à l'exposant	1
$a=2$	»	1, 2, 4;	2	»	»	3
$a=3$	»	1, 3, 2, 6, 4, 5;	3	»	»	6
$a=-3$	»	1, 4, 2;	-3	»	»	3
$a=-2$	»	1, 5, 4, 6, 2, 3;	-2	»	»	6
$a=-1$	»	1, 6;	-1	»	»	2

On peut remarquer que, quel que soit p, 1 appartient à l'exposant 1, et -1 à l'exposant 2 (sauf si $p = 2$, dans ce cas -1 appartient à l'exposant 1).

4. Recherche des entiers qui appartiennent, relativement à un module premier p à un exposant donné diviseur de $p-1$. — Soient :

$$1, \ldots d, \ldots p-1$$

les diviseurs de $p-1$. Nous nous proposons de trouver les entiers appartenant à chacun de ces exposants. Nous démontrerons d'abord le théorème suivant, fondamental d'ailleurs dans la théorie des congruences algébriques.

THÉORÈME. — *Une congruence algébrique à une inconnue, de degré m, suivant un module premier p, et dont les coefficients ne sont pas tous congrus à zéro (mod. p), ne peut avoir plus de m solutions* (1).

(1) LAGRANGE. — *Hist. de l'Ac. de Berlin*, 24 (1768), p. 192, éd. 1770 = Œuvres, t. 2, Paris (1868), p. 667. Déjà démontré par EULER dans des cas particuliers. Comm. Ac. Petrop., t. 5, p. 6 et Nouv. Comm. Ac. Petrop., t. 18, p. 93.

Le théorème est vrai pour $m = 1$ (I. 417). Supposons qu'il est vrai pour le degré $m - 1$ et démontrons-le pour le degré m.

Soit la congruence

$$(9) \qquad a_0x^m + a_1x^{m-1} + \ldots + a_{m-1}x + a_m \equiv 0 \pmod{p}.$$

Si elle n'a pas de solution, le théorème est vérifié. Si elle en a une a, on a

$$a_0a^m + a_1a^{m-1} + \ldots + a_{m-1}a + a_m \equiv 0 \pmod{p}$$

de sorte qu'elle peut s'écrire :

$$a_0x^m + a_1x^{m-1} + \ldots + a_{m-1}x + a_m \equiv a_0a^m + a_1a^{m-1} + \ldots + a_{m-1}a + a_m \pmod{p}$$

ou

$$(10) \quad a_0(x^m - a^m) + a_1(x^{m-1} - a^{m-1}) + \ldots + a_{m-1}(x - a) \equiv 0 \pmod{p}$$

ou encore

$$(x - a)[a_0(x^{m-1} + ax^{m-2} + \ldots + a^{m-1}) + a_1(x^{m-2} + \ldots + a^{m-2}) + \ldots a_{m-1}] \equiv 0 \pmod{p}.$$

Pour qu'un produit de facteurs soit congru à zéro (mod. p) il faut et il suffit que l'un des facteurs le soit. La congruence proposée a donc comme solutions, d'abord $x \equiv a$, et ensuite les solutions de la congruence

$$(11) \quad a_0(x^{m-1} + ax^{m2} + \ldots + a^{m-1}) + a_1(x^{m-2} + \ldots + a^{m-2}) + \ldots + a_{m-1} \equiv 0 \pmod{p}.$$

Cette dernière est de degré $m - 1$. Elle n'a pas tous ses coefficients congrus à zéro (mod. p), car si cela était le polynôme (10) obtenu en multipliant le polynôme (11) par $x - a$ jouirait de la même propriété, et aussi le polynôme (9). La congruence (11) a donc au plus $m - 1$ solutions et, par suite, la congruence (9) en a au plus m.

Exemples :

$x^3 - 2x^2 + 2x - 1 \equiv 0 \pmod{7}$ a 3 solutions $x \equiv 1, 3, -2$

$x^3 - 2x^2 + x - 2 \equiv 0 \pmod{7}$ a 1 solution $x \equiv 2$.

Applications. — I. La congruence

$$x^{p-1} \equiv 1 \pmod{p}$$

a $p-1$ racines que sont $x=1, 2, \ldots p-1$, d'après le théorème de Fermat.

II. — *La congruence*

$$x^d \equiv 1 \pmod{p}$$

où d est un diviseur de $p-1$, a d racines.

En effet $x^{p-1}-1$ est égal identiquement au produit

$$(x^d-1)\left[x^{p-1-d}+x^{p-1-2d}+\ldots+x^d+1\right].$$

Donc ce produit a autant de solutions que d'unités dans son degré. [En appelant pour abréger : solution de $f(x)$, une solution de la congruence $f(x) \equiv 0 \pmod{p.}$]. Alors si le premier facteur avait moins de d solutions, il faudrait que le second en eût plus de $p-1-d$, ce qui est impossible.

III. — *La congruence*

$$x^p - x \equiv 0 \pmod{p}$$

a p solutions qui sont $0, 1, \ldots p-1$, d'après le théorème de Fermat.

5. Problème. — *Connaissant un entier a appartenant à l'exposant d, trouver tous les entiers appartenant à l'exposant d.*

Il est évident qu'un tel entier est solution de la congruence

$$(12) \qquad x^d - 1 \equiv 0 \pmod{p}$$

Cherchons donc les solutions de cette congruence. On en a une, à savoir a. Si l'on considère les entiers

$$(13) \qquad 1, \quad a, \quad a^2, \ldots a^{d-1}$$

il est évident que ces entiers sont solutions de la congruence (12); de plus ils sont incongrus deux à deux (mod. p), puisque a appartient à l'exposant d. Or ils sont au nombre de d ; comme la congruence (12) a justement d solutions (Applic. II du n° 4), ce sont *toutes* les solutions de la congruence (12). Ainsi les entiers appartenant à l'exposant d doivent être cherchés dans la suite (13).

Soit a^i un de ces entiers. L'exposant auquel il appartient est le plus petit entier positif δ tel que

$$(a^i)^\delta \equiv 1 \pmod{p}$$

ou

$$a^{i\delta} \equiv 1 \pmod{p}. \tag{14}$$

Puisque a appartient à l'exposant d, la condition nécessaire est suffisante pour que la condition (14) soit satisfaite est que $i\delta$ soit un multiple de d. Comme d'ailleurs $i\delta$ est un multiple de i, le plus petit entier positif δ satisfaisant à la condition (14) est donné par

$$i\delta = \mathrm{M}(i, d) = \frac{id}{\mathrm{D}(i, d)}$$

($\mathrm{M}(i, d)$ et $\mathrm{D}(i, d)$ désignant comme à l'ordinaire, respectivement le plus petit commun multiple et le plus grand commun diviseur de i et d). On en déduit

$$\delta = \frac{d}{\mathrm{D}(i, d)}.$$

Cela étant, on voit que la condition nécessaire et suffisante pour que a^i appartienne à l'exposant d est que $\delta = d$, c'est-à-dire que $\mathrm{D}(i, d) = 1$, c'est-à-dire enfin que i soit premier avec d. Ainsi : *Connaissant un entier appartenant à l'exposant d, on obtient tous les entiers appartenant au même exposant en élevant celui-là à des puissances dont l'exposant est un entier positif premier à d* (exposant qu'on peut d'ailleurs supposer plus petit que $p - 1$). Quant aux autres termes de la suite (13) ce sont les entiers dont l'exposant est un diviseur de d.

Corollaire. — S'il y a un entier appartenant à l'exposant d, il y en a $\varphi(d)$.

6. Théorème. — *Il y a toujours $\varphi(d)$ entiers appartenant à l'exposant d.*

Il résulte de ce qui précède qu'en appelant ψ_d le nombre d'entiers appartenant à l'exposant d, on a $\psi_d = 0$ ou $\psi_d = \varphi(d)$. Appliquons ce résultat à tous les diviseurs $1, d, \ldots p - 1$, de $p - 1$.

$$\begin{array}{lll} \psi_1 = 0 & \text{ou} & \varphi(1) \\ \psi_d = 0 & \text{ou} & \varphi(d) \\ \ldots & \ldots & \ldots \\ \psi_{p-1} = 0 & \text{ou} & \varphi(p-1). \end{array}$$

Mais $\psi_1 + \psi_d + \dots + \psi_{p-1} = p - 1$, parce qu'il y a en tout $p - 1$ entiers $\not\equiv 0 \pmod{p}$; et d'autre part

$$\varphi(1) + \varphi(d) + \dots + \varphi(p-1) = p - 1$$

propriété démontrée (I. 410). Donc

$$\psi_1 + \psi_d + \dots + \psi_{p-1} = \varphi(1) + \varphi(d) + \dots + \varphi(p-1).$$

Les φ étant tous positifs, et un ψ ne pouvant être que nul ou égal au φ correspondant, ceci exige évidemment que chaque ψ soit égal au φ correspondant [1].

7. Autre méthode pour déterminer ψ_d. — La nouvelle que nous allons donner a l'avantage de se généraliser pour les modules non premiers (n° **24**). Nous supposons acquis les résultats précédents jusqu'au n° **4** inclus. Ainsi on sait que la congruence

$$x^d \equiv 1 \pmod{p}$$

où d est un diviseur de $p - 1$ a d solutions. Ces solutions sont les entiers appartenant à l'exposant d ou à un exposant diviseur de d. Si donc l'on appelle ψ_δ le nombre des entiers appartenant à l'exposant δ on a [2]

$$\sum_{\delta/d} \psi_d = d.$$

Cette condition détermine ψ_δ. En effet, soient

$$1 \quad d_1 \quad d_2 \dots d_i \dots p - 1$$

les diviseurs de $p - 1$ par ordre de grandeur croissante. Écrivons la condition en question en l'appliquant successivement à 1, d_1,

(1) Cette proposition a été énoncée par Lambert (*Acta eruditorum* 1769), mais non démontrée. Euler en a donné une démonstration insuffisante (Comm. nov. Act. Petrop., t. 18, p. 85). La première démonstration rigoureuse est de Gauss (Disp. arithm., art. 54 = Werke, t. 1). C'est celle que nous avons reproduite.

(2) La notation δ/d veut dire : δ divisant d. La notation $\sum\limits_{\delta/d}$ veut dire : somme étendue à tous les entiers δ diviseurs de d.

$d_2, \dots p - 1$. Nous obtenons

$$(15)\quad \begin{cases} \psi_1 & = 1 \\ \psi_1 + \psi_{d_1} & = d_1 \\ \dots\dots\dots\dots \\ \psi_1 + \dots\dots + \psi_{d_i} & = d_i \\ \dots\dots\dots\dots \\ \psi_1 + \dots\dots + \psi_{p-2} & = p - 1. \end{cases}$$

Ces équations déterminent $\psi_1, \psi_{d_1}, \dots \psi_{p-1}$. En effet la première détermine ψ_1, la seconde $\psi_{d_1}, \dots$ la $(i+1)^e$ détermine ψ_{d_i} car elle ne contient, outre ψ_{d_i} que des ψ d'indices inférieurs à d_i, déjà déterminés par les équations précédentes.

Puisque ces équations déterminent les ψ, si l'on trouve *a priori* des valeurs qui y satisfassent, ce seront les valeurs des ψ. Or d'après la propriété de l'indicateur (I. 410) ces équations sont satisfaites pour $\psi_{d_i} = \varphi(d_i)$. On a donc bien $\psi_d = \varphi(d)$.

8. Racines primitives. — En particulier on voit qu'il y a $\varphi(p-1)$ entiers appartenant à l'exposant $p-1$ par rapport au module premier p. On les appelle *racines primitives* de p. Leur propriété fondamentale est la suivante : *Soit g une racine primitive de p, les $p-1$ entiers :*

$$g^0, g^1, \dots, g^{p-2}$$

sont congrus (mod. p) aux $p-1$ entiers

$$1, 2, \dots, p-1$$

(sans que, bien entendu, les termes congrus occupent, en général la même place dans les deux suites).

Exemples :

$p = 2$ Il y a $\varphi(1) = 1$ racine primitive, laquelle est $g = 1$

$p = 3$ Il y a $\varphi(2) = 1$ racine primitive, laquelle est $g = -1$. On a :

$$(-1)^0 \equiv 1 \qquad (-1)^1 \equiv 2$$

$p = 5$ Il y a $\varphi(4) = 2$ racines primitives, lesquelles sont ± 2. On a :

$$(2)^0 \equiv 1 \qquad 2^1 \equiv 2 \qquad 2^2 \equiv 4 \qquad 2^3 \equiv 3$$
$$(-2)^0 \equiv 1 \qquad (-2)^1 \equiv 3 \qquad (-2)^2 \equiv 4 \qquad (-2)^3 \equiv 2$$

$p = 19$ Il y a $\varphi(18) = 6$ racines primitives, lesquelles sont $2, 3, -4, -5, -6, -9$. On a, pour la première par exemple :

$2^0 \equiv 1$	$2^1 \equiv 2$	$2^2 \equiv 4$	$2^3 \equiv 8$	$2^4 \equiv 16$	$2^5 \equiv 13$
$2^6 \equiv 7$	$2^7 \equiv 14$	$2^8 \equiv 9$	$2^9 \equiv 18$	$2^{10} \equiv 17$	$2^{11} \equiv 15$
$2^{12} \equiv 11$	$2^{13} \equiv 3$	$2^{14} \equiv 6$	$2^{15} \equiv 12$	$2^{16} \equiv 5$	$2^{17} \equiv 10$

Problème. — *Connaissant une racine primitive, les obtenir toutes.* Ce n'est qu'un cas particulier du problème du n° 5. On voit que : *ayant une racine primitive, on obtient toutes les autres en élevant celle-là à des puissances d'exposant premier avec* $p - 1$. Comme deux exposants congrus (mod. $p - 1$) donnent le même résultat (mod. p), il suffit d'élever aux puissances dont les exposants sont les $\varphi(p-1)$ entiers positifs, plus petits que l'entier $p - 1$, et premier avec lui.

Problème. — (Généralisation du précédent). *Connaissant une racine primitive g, obtenir tous les entiers appartenant à un exposant donné d, diviseur de $p - 1$.*

On en obtient immédiatement un, à savoir $g^{\frac{p-1}{d}}$. Les autres s'obtiennent (n° 5) en élevant celui-là aux puissances dont les exposants sont les $\varphi(d)$ entiers positifs plus petits que d et premiers avec lui.

Exemple : pour $p = 19$, connaissant la racine primitive 2, toutes les racines primitives sont

$$2^1 \equiv 2 \quad 2^5 \equiv -6 \quad 2^7 \equiv -5 \quad 2^{11} \equiv -4 \quad 2^{13} \equiv 3 \quad 2^{17} \equiv -9.$$

Cherchons les entiers d'exposant 6. On a un qui est $2^{\frac{19-1}{6}} \equiv 8$; tous les entiers d'exposant 6 sont

$$8^1 \equiv 8 \qquad 8^5 \equiv -7.$$

9. Indices. — Soit g une racine primitive d'un nombre premier p. Soit a un entier premier à p. On appelle *indice* de a *par rapport au nombre premier p et à la base g, l'exposant de la puissance à laquelle il faut élever g pour reproduire a (au module p près).*

Cet exposant existe et il est déterminé (au module $p - 1$ près) d'après la propriété fondamentale des racines primitives (n° 8).

On le désignera par $Ind_g^p\, a$, ou plus simplement par $Ind_g\, a$, ou même par $Ind.\, a$, quand il n'y aura pas de confusion à craindre.

Exemple : soit $p = 19$, $g = 2$; d'après le tableau donné au n° 7, on voit que l'indice de 1 est 0, celui de 2 est 1, celui de 3 est 13, etc.

Propriétés des indices (¹). — Soit i l'indice de a, la base étant g ; on a

$$a \equiv g^i \quad (\text{mod. } p).$$

On voit que l'indice de 1 est zéro, et que celui de g est 1.

THÉORÈME I. — *L'indice d'un produit de facteurs est congru (mod. $p - 1$) à la somme des indices des facteurs.*

Soit

$$\left.\begin{array}{l} a \equiv g^i \\ a' \equiv g^{i'} \\ \dots \end{array}\right\} \text{mod. } p).$$

On en déduit :

$$a\,a' \ldots \equiv g^{i+i'+\cdots} \quad (\text{mod. } p)$$

ce qui démontre le théorème.

Corollaire. — L'indice de a^m (m entier positif) est égal à m fois l'indice de a.

THÉORÈME II. — *L'indice du rapport (mod. p), (I. 417) de deux entiers a et b, est congru (mod. $p - 1$) à la différence entre l'indice de a et celui de b.*

Soit

$$\frac{a}{b} \equiv q \quad (\text{mod. } p).$$

On en déduit

$$a \equiv bq \quad (\text{mod. } p).$$

Donc

$$\text{Ind } a \equiv \text{Ind } b + \text{Ind } q \quad (\text{mod. } p - 1)$$

d'où

$$\text{Ind } q \equiv \text{Ind } a - \text{Ind } b \quad (\text{mod. } p - 1).$$

Généralisation du corollaire du théorème I. — L'énoncé de ce corollaire reste vrai si l'on suppose que m est un entier non positif. Pour $m = 0$ il est évident. Pour m négatif, soit $m = -m'$. Par

(¹) On remarquera l'analogie entre ces propriétés et celles des logarithmes.

définition $a^{-m'} \equiv \frac{1}{a^{m'}}$. On a donc :

$$\text{Ind } a^m \equiv \text{Ind } (a^{-m'}) \equiv \text{Ind } \left(\frac{1}{a^{m'}}\right) \equiv \text{Ind } 1 - \text{Ind } (a^{m'}) \equiv$$
$$- m' \text{ Ind } a \equiv m \text{ Ind } a \pmod{p-1}.$$

10. De la racine $m^{\text{ème}}$ **(mod. p).** — Extraire la racine $m^{\text{ème}}$ (mod. p) d'un entier a c'est trouver un entier x tel que :

(16) $$x^m \equiv a \pmod{p}.$$

1er *Cas.* — Soit $a \equiv 0 \pmod{p}$. Dans ce cas la congruence (16) a une solution et une seule $x \equiv 0$.

2e *Cas.* — Soit $a \equiv 1 \pmod{p}$. La congruence (16) est alors

(17) $$x^m \equiv 1 \pmod{p}.$$

Prenons les indices des deux membres (la base étant quelconque). Il vient :

(18) $$m \text{ Ind } x \equiv 0 \pmod{p-1}.$$

La congruence du premier degré (18), où l'inconnue est Ind x, a $D(m, p-1)$ solutions (I, 329 et 330), données par la formule

$$\frac{p-1}{D(m, p-1)} \lambda \qquad (\lambda = 0, 1, \ldots D(m, p-1) - 1)$$

Il en résulte que la congruence (16) a aussi $D(m, p-1)$ solutions données par la formule $g^{\frac{(p-1)}{D(m, p-1)} \lambda}$ où g désigne la base.

On voit que ce sont les puissances successives de l'une d'elles $g^{\frac{p-1}{D(m, p-1)}}$, ce que l'on savait déjà (n° 5). Pour $\lambda = 0$ on a la solution $x \equiv 1$, évidente *a priori*.

Si m est premier à $p - 1$, il n'y a qu'une solution qui est $x \equiv 1$.

Dans tous les cas l'ensemble des solutions ne dépend évidemment pas de g.

Si l'on avait choisi une autre racine primitive g', l'ensemble des nombres $g'^{\frac{p-1}{D(m, p-1)} \lambda'}$ aurait été identique à l'ensemble des nombres $g^{\frac{p-1}{D(m, p-1)} \lambda}$.

On peut encore remarquer le théorème suivant, évident d'après ce qu'on vient de dire.

THÉORÈME. — *Les racines de la congruence* $x^m - 1 \equiv 0 \pmod{p}$ *sont les mêmes que celles de la congruence* $x^{D(m,\, p-1)} - 1 \equiv 0$ (mod. p).

3° *Cas.* — Soit $a \not\equiv 0 \pmod{p}$ *quelconque d'ailleurs.*

Dans ce cas en prenant les indices des deux membres de la congruence (16) on trouve :

$$(19) \qquad m \operatorname{Ind} x \equiv \operatorname{Ind} a \pmod{p-1}.$$

Il faut alors distinguer suivant que $D(m, p-1)$ ne divise pas ou divise $\operatorname{Ind} a$ (I. 329 et 330). Si $D(m, p-1)$ ne divise pas $\operatorname{Ind} a$, la congruence (19) et, par suite, la congruence (16) est impossible.

Si $D(m, p-1)$ divise $\operatorname{Ind} a$, la congruence (19) a $D(m, p-1)$ solutions données par la formule

$$i_0 + \frac{p-1}{D(m, p-1)}\lambda \qquad (\lambda = 0, 1, \ldots D(m, p-1) - 1)$$

i_0 étant l'une des solutions. Il en résulte que la congruence (16) a aussi $D(m, p-1)$ solutions données par la formule

$$g^{i_0 + \frac{p-1}{D(m,\, p-1)}\lambda}.$$

On voit que lorsque la congruence (16) est possible toutes ses solutions se déduisent de l'une d'elles en la multipliant par les solutions de la congruence (17), ce qu'on peut énoncer : *Toutes les racines* $m^{\text{èmes}}$ *(mod. p) d'un entier a, lorsqu'elles existent, se déduisent de l'une d'elles en la multipliant par toutes les racines* $m^{\text{èmes}}$ *(mod. p) de l'unité.*

Ce dernier résultat peut d'ailleurs se démontrer, *a priori*, de la façon suivante. Soit ξ une racine $m^{\text{ème}}$ de a. Faisons, dans la congruence (16), le changement d'inconnue $x \equiv \xi y \pmod{p}$. La congruence en y est alors $y^m \equiv 1 \pmod{p}$.

Cas particuliers. — *Lorsque m est premier avec p — 1 la congruence (16) est possible et a une solution.*

Restes de puissance. — Quand la congruence (16) est possible on dit que a est *puissance* $m^{\text{ème}}$ *parfaite (mod. p)*, ou que *a est un reste de puissance* $m^{\text{ème}}$ *par rapport au module p.* Dans les cas particuliers $m = 2, 3, 4$, on emploie respectivement les expressions : reste *quadratique*, *cubique*, *biquadratique*.

D'après la définition précédente l'entier o est un reste de puissance m[ème] pour toutes valeurs de m et de p. Cependant nous conviendrons de le laisser de côté et nous réserverons le nom de restes de puissance $m^{\text{ème}}$ à ceux qui sont différents de zéro (mod. p).

Condition pour qu'un entier a soit un reste de puissance $m^{\text{ème}}$ (mod. p). — Nous venons de trouver que cette condition est que $D(m, p-1)$ divise Ind a ; de façon que les restes de puissances $m^{\text{èmes}}$ sont :

$$g^0 \qquad g^{D(m,\, p-1)} \qquad g^{2D(m,\, p-1)} \ldots$$

Mais cet énoncé de la condition contient la base g, tandis qu'il est évident *a priori* que la condition elle-même ne dépend pas de g. Modifions donc cet énoncé.

Si $D(m, p-1)$ divise Ind a, on a

$$\text{Ind } a = kD(m, p-1) \qquad (k \text{ entier}).$$

Donc :

$$a \equiv g^{kD(m,\, p-1)} \text{ (mod. } p).$$

En élevant les deux membres à la puissance $\dfrac{p-1}{D(m, p-1)}$, il vient :

$$a^{\frac{p-1}{D(m,\, p-1)}} \equiv g^{k(p-1)} \text{ (mod. } p)$$

et, par conséquent :

$$a^{\frac{p-1}{D(m,\, p-1)}} \equiv 1 \text{ (mod. } p). \tag{20}$$

Réciproquement, si la condition (20) est remplie on a, en prenant les indices des deux membres

$$\frac{(p-1)\text{ Ind } a}{D(m, p-1)} \equiv 0 \text{ (mod. } p-1).$$

Donc

$$D(m, p-1) \text{ divise Ind } a.$$

En résumé la condition trouvée d'abord est équivalente à la condition (20) laquelle est indépendante de g et est la condition cherchée.

Il en résulte qu'il y a $\frac{p-1}{D(m, p-1)}$ restes de puissances $m^{\text{èmes}}$. Car la congruence (20) ou a est considérée comme l'inconnue a $\frac{p-1}{D(m, p-1)}$ solutions (corollaire du n° **6**). On obtient ces restes en appliquant la méthode donnée pour trouver toutes les solutions de la congruence $x^d \equiv 1 \pmod{p}$, ou encore en élevant à la puissance $m^{\text{ème}}$ les entiers $1, 2, \dots p-1$ et s'arrêtant au moment où l'on a obtenu $\frac{p-1}{D(m, p-1)}$ résultats différents.

Cas particuliers. I. — *Condition pour que a soit reste quadratique de p (premier impair).* Il faut faire $m = 2$. Laissons de côté le cas de $p = 2$ pour lequel il y a un reste quadratique qui est 1. Alors $D(2, p-1) = 2$ et la condition (19) devient :

$$a^{\frac{p-1}{2}} \equiv 1 \pmod{p}.$$

II. — *Condition pour que* -1 *soit reste de puissance* $m^{\text{ème}}$ *de p (premier impair).*

La condition (20) devient

$$(-1)^{\frac{p-1}{D(m, p-1)}} \equiv 1.$$

La condition nécessaire et suffisante est donc que

$$\frac{p-1}{D(m, p-1)} \text{ soit pair}$$

autrement dit que la plus haute puissance de 2 qui divise m, soit d'un exposant inférieur à la plus haute puissance de 2 qui divise $p-1$.

THÉORÈME. — *Lorsque a n'est pas reste quadratique de p (premier impair)*, on a :

$$a^{\frac{p-1}{2}} \equiv -1 \pmod{p}.$$

En effet, le théorème de Fermat donne :

$$a^{p-1} - 1 \equiv 0 \pmod{p}$$

ou

$$\left(a^{\frac{p-1}{2}} - 1\right)\left(a^{\frac{p-1}{2}} + 1\right) \equiv 0 \pmod{p}.$$

Or le premier facteur du premier membre n'est pas $\equiv 0 \pmod{p}$ puisque a n'est pas reste quadratique. Donc le second l'est ce qui démontre le théorème. En résumé a est reste ou non reste de p suivant que $a^{\frac{p-1}{2}} \equiv +1$ ou $-1 \pmod{p}$.

Application [1]. — *L'entier* — 1 *est reste quadratique des nombres premiers de la forme* $4h+1$, *il est non reste de ceux de la forme* $4h-1$. (Tout nombre premier est d'ailleurs de l'une ou de l'autre de ces deux formes).

En effet, si

$$p = 4h + 1$$

on a

$$(-1)^{\frac{p-1}{2}} = (-1)^{2h} = +1$$

et si

$$p = 4h - 1$$

on a

$$(-1)^{\frac{p-1}{2}} = (-1)^{2h-1} = -1.$$

11. Usage des indices pour les calculs numériques. — Les théorèmes du n° **9** peuvent servir à résoudre les congruences de la forme $bx^m \equiv a$.

Exemples. — 1° Résoudre

$$84x \equiv 132 \pmod{173}.$$

Prenant les indices de base 91 (voir table à la fin de ce chapitre), il vient :

$$64 \text{ Ind } x \equiv 160 \pmod{172}$$

d'où

$$\text{Ind } x \equiv 96 \pmod{172}$$

et

$$x \equiv 51 \pmod{173}.$$

2° Résoudre

$$x^9 \equiv 11 \pmod{199}.$$

(1) Ce théorème était connu de Fermat. La première démonstration publiée est d'*Euler* (Opusc. analyt. 1, 1783).

On aura

$$9 \text{ Ind } x \equiv 189 \pmod{198}$$
$$\text{Ind } x \equiv 21 \pmod{22}$$

d'où pour Ind x les valeurs

$$21, 43, 65, 87, 109, 131, 153, 175, 197$$

et pour x les valeurs :

$$147, 133, 54, 191, 97, 192, 60, 128, 21.$$

12. Calcul d'une racine primitive d'un nombre premier. — Pour effectuer ces calculs il faut avoir une table d'indices. Pour construire une telle table il suffit d'obtenir une racine primitive et de former la période des restes de ses puissances.

Pour cela on essaye successivement les entiers

$$\pm 2, \pm 3, \ldots \pm \frac{p-1}{2}$$

($+1$ n'est jamais racine primitive et -1 ne l'est que dans le cas de $p = 2$). Pour essayer l'un de ces entiers on forme les restes (mod. p) de ses puissances successives et l'on en détermine la période. L'entier essayé est une racine primitive si la période a $p - 1$ termes. Le calcul se simplifiera par les remarques suivantes :

1° D'abord il convient évidemment d'essayer les entiers en question dans l'ordre où ils sont rangés plus haut, c'est-à-dire par ordre de valeurs absolues croissantes.

2° Si on a essayé un entier a et que ce n'est pas une racine primitive, il sera inutile d'essayer aucun des entiers qui font partie de la série des restes obtenus, car les exposants de ces restes étant diviseurs de celui de a (n° 5), ces restes ne peuvent non plus être racines primitives.

3° La période des restes obtenus pour un entier a, donne immédiatement celle relative à $-a$, il suffit de changer les signes de deux en deux.

4° Le calcul des puissances successives se fait, bien entendu, seulement au module p près.

Pour la construction d'un tableau d'indices, il suffit *d'une* racine primitive. On peut cependant remarquer que lorsqu'on en a trouvé une, on les a toutes en prenant dans la série des restes des puissances de cette racine ceux qui correspondent à des exposants premiers avec $p - 1$.

Exemple. — Trouver une racine primitive de 7.

Essayons 2. La période est :

$$1, \quad 2, \quad -3.$$

Elle n'a que trois termes dont 2 n'est pas racine primitive.

Le nombre -2 n'est pas compris dans les restes précédents. Essayons-le, il donne :

$$1 \quad -2 \quad -3 \quad -1 \quad 2 \quad 3.$$

Donc -2 est racine primitive.

13. Méthode de Poinsot. — Poinsot a indiqué une autre méthode [1] qui donne en même temps toutes les racines primitives. Elle s'appuie sur la remarque suivante : *Tout entier a qui n'est pas une racine primitive d'un nombre premier p est un reste de puissance $q^{\text{ème}}$, q étant un facteur premier de p — 1, et réciproquement.*

Car on a

$$a \equiv g^i \pmod{p}$$

g étant une racine primitive et i n'étant pas premier à $p - 1$. Soit alors q un facteur premier commun à i et à $p - 1$. On peut écrire

$$a \equiv \left(g^{\frac{i}{q}}\right)^q.$$

Donc a est un reste de puissance $q^{\text{ème}}$.

La réciproque est évidente.

Ceci posé cherchons les facteurs premiers de $p - 1$, soient $q, q', \ldots$ Puis élevons chacun des entiers

$$\pm 2, \pm 3, \ldots \pm \frac{p-1}{2}$$

aux puissances $q^{\text{èmes}}$, $q'^{\text{èmes}}$, ..., (au module p près) on aura ainsi tous les entiers qui ne sont pas racines primitives, d'où l'on déduira immédiatement ceux qui le sont.

(1) Poinsot. — *J. d. m. p. a.*, t. 10, p. 73.

Exemple. — Trouver une racine primitive de 11. Les facteurs premiers de 10 sont 2 et 5. Il faut donc former les puissances deuxièmes et cinquièmes des entiers ± 2, ± 3, ± 4, ± 5. D'ailleurs il est inutile de former les puissances cinquièmes, parce qu'on sait (n° **10**) qu'elles sont égales à ± 1. On obtient ainsi les entiers 4, — 2, 5, 3. Il reste 2, — 3, — 4, — 5 qui sont racines primitives.

Pour plus de développements sur le calcul des racines primitives voir la note I de ce chapitre.

14. Relation entre les indices d'un même entier relativement à un même module premier p, dans deux systèmes de bases différentes g et g'. — Soient i et i' ces indices, de sorte que :

$$\left.\begin{array}{l} a \equiv g^i \\ a \equiv g'^{i'} \end{array}\right\} \pmod{p}.$$

On en déduit

$$g^i \equiv g'^{i'}$$

d'où

$$i \equiv i' \operatorname{Ind}_g g' \pmod{p-1}.$$

Telle est la relation cherchée qui peut aussi s'écrire, en remarquant que $\operatorname{Ind}_g g'$ est premier à $p-1$:

$$i' \equiv \frac{1}{\operatorname{Ind}_g g'} i \pmod{p-1}.$$

Si l'on suppose $a = g$ la relation donne en particulier :

$$\operatorname{Ind}_{g'} g \times \operatorname{Ind}_g g' \equiv 1 \pmod{p-1}.$$

15. Théorèmes de Lagrange et de Wilson. — Soit p un nombre premier > 2.

Si l'on considère les deux congruences

$$x^{p-1} - 1 \equiv 0 \pmod{p}$$

et

$$(x-1)(x-2)\ldots(x-p+1) \equiv 0 \pmod{p}$$

elles admettent toutes deux les $p-1$ solutions $x = 1, 2, \ldots p-1$. C'est évident pour la seconde, et pour la première cela résulte du théorème de Fermat. Si on les retranche membre à membre on obtient une congruence qui admet les $p-1$ mêmes solutions. Or cette congruence n'est que de degré $p - 2$. En appelant S_1 la somme des entiers $1, 2, \ldots p - 1$; S_2 la somme de leurs produits deux à deux, etc., cette congruence s'écrit :

$$S_1 x^{p-2} - S_2 x^{p-3} + \ldots + S_{p-2} x - S_{p-1} - 1 \equiv 0 \pmod{p}.$$

Puisqu'elle se réduit au degré $p - 2$, et qu'elle a $p - 1$ solutions, d'après le théorème du n° **4**, tous ses coefficients sont congrus à zéro. On a ainsi les congruences.

$$\left.\begin{array}{l} S_1 \equiv S_2 \equiv \ldots \equiv S_{p-2} \equiv 0 \\ S_{p-1} \equiv -1 \end{array}\right\} \pmod{p}.$$

Les $p - 2$ premières constituent le théorème de LAGRANGE, la dernière, le théorème de WILSON [1].

Ce dernier est vrai aussi pour $p \equiv 2$.

Il est susceptible de réciproque. *Si l'on a*

$$1 \cdot 2 \ldots (p - 1) \equiv - 1 \pmod{p}$$

p est premier.

En effet si p n'était pas premier il aurait un facteur premier qui entrerait dans le produit $1 \cdot 2 \ldots (p - 1)$. Ce facteur ne diviserait donc pas $1 \cdot 2 \ldots (p - 1) + 1$ qui par suite ne pourrait être divisible par p.

NOTES ET EXERCICES

Note 1 : Sur le calcul des racines primitives. Pour montrer les simplifications qui se présentent dans la recherche des racines primitives, donnons quelques exemples.

1er *Exemple.* — $p = 13$. Essayons 2, nous trouvons la période :

$$2, \quad 4, \quad -5, \quad 3, \quad 6, \quad -1.$$

On voit par le calcul de 6 termes que 2 n'appartient pas à un exposant égal ou inférieur à 6. Or 6 est le plus grand diviseur de 12 qui ne soit pas 12 lui-même. Donc 2 est racine primitive.

(1) Ce deuxième théorème a été énoncé par WARING (*Meditationes algebricæ*, 3e éd., Cambridge, 1872, p. 380), qui l'attribue à WILSON. Démontré par LAGRANGE (*Nouv. mém. de l'Ac. de Berlin* (1771), éd., 1773, p. 125. Œuvres 3, Paris 1869, p. 425) en même temps que le théorème précédent.

D'une façon générale : *si aucune des puissances*

$$a, a^2, \ldots a^{\frac{p-1}{2}}$$

n'est congrue à 1 (*mod. p*), *a est racine primitive.*

2e *Exemple.* — $p = 31$. Essayons 2, nous trouvons la période :

$$2, \quad 4, \quad 8, \quad -15, \quad 1$$

2 appartient à l'exposant 5. Essayons — 2 qui n'est pas dans les restes des puissances de 2. Il est évident que l'on obtient sa période en changeant les signes des termes de rang impair dans la période relative à 2. On obtient ainsi :

$$-2, \quad 4, \quad -8, \quad -15, \quad -1, \quad 2, \quad -4, \quad 8, \quad 15, \quad 1$$

— 2 appartient à l'exposant 10. Essayons 3 qui n'est dans les restes ni des puissances de 2 ni des puissances de — 2.

$$3, \quad 9, \quad -4, \quad -12, \quad -5, \quad -15, \quad -14, \quad -11, \quad -2, \quad -6 \ldots$$

Nous n'aurons pas besoin de pousser ce calcul jusqu'au bout (¹). Car nous trouvons au troisième terme de cette période un terme — 4 déjà trouvé dans la période de — 2. On a donc

$$3^3 \equiv (-2)^7 \pmod{31}.$$

Soit e l'exposant de 3. Elevons les deux membres de la congruence précédente à la puissance e, il vient :

$$1 \equiv (-2)^{7e}.$$

Donc $7e$ est divisible par l'exposant de — 2, c'est-à-dire par 10. Donc e est divisible par 10. Mais, de plus, e est un diviseur de 30. Donc $e = 10$ ou 30. Il suffit alors de pousser la suite des puissances de 3 jusqu'au dixième terme pour constater que l'exposant de 3 n'est pas égal à 10. Donc 3 est racine primitive.

Dans le calcul précédent nous avons fait usage de deux simplifications qui peuvent se généraliser.

1° *Simplification relative au calcul des puissances de* — 2. — D'une façon générale :

Si a appartient à un exposant impair, — a appartient à l'exposant double ($p \neq 2$). On peut généraliser davantage :

(¹) Toutes ces simplifications qui seraient négligeables dans les exemples donnés où il s'agit de nombres premiers relativement petits, deviennent très importantes dans le cas contraire.

Si a appartient à l'exposant e et a' à l'exposant e' ; si, de plus, e et e' sont premiers entre eux, alors aa' appartient à l'exposant ee'. (Le cas particulier précédent s'obtient en supposant $a' = -1$ et, par suite, $e' = 2$). En effet, on a :

$$(aa')^{ee'} \equiv (a^e)^{e'} (a'^{e'})^e \equiv 1 \pmod{p}.$$

Donc l'exposant E de aa' est un diviseur de ee'.

D'autre part, de la congruence $(aa')^E \equiv 1$, on tire, en élevant les deux membres à la puissance e

$$a'^{Ee} \equiv 1.$$

Donc Ee est un multiple de e', et, puisque e est premier avec e', cela prouve que E est un multiple de e'. On voit de même que E est un multiple de e. Mais e et e' sont premiers entre eux. Donc E est un multiple de ee'.

E étant à la fois un multiple et un diviseur de ee' est égal à ee'.

2° *Simplification résultant de la relation* $3^3 \equiv (-2)^7$. Soient a et a' deux entiers, e et e' leurs exposants. Supposons qu'on ait

$$a^\alpha \equiv a'^{\alpha'} \pmod{p}.$$

On en déduit, en élevant les deux membres à la puissance e'

$$a^{\alpha e'} \equiv 1.$$

Donc $\alpha e'$ est divisible par e, donc c'est un multiple de α et de e, et l'on a

$$e' = \frac{e}{D(\alpha, e)} \lambda$$

λ étant entier.

Mais de plus e' est un diviseur de $p - 1$. Donc λ est un diviseur de $\frac{(p-1)\,D(\alpha, e)}{e}$. Soit alors d le plus grand diviseur de $\frac{(p-1)\,D(\alpha, e)}{e}$ qui ne soit pas $\frac{(p-1)\,D(\alpha, e)}{e}$ lui-même. On voit que si l'on a calculé la suite des restes des puissances de a' jusqu'à celle d'exposant $\frac{e}{D(\alpha, e)} d$, et si aucun de ces restes n'est 1, il est inutile de continuer, a' est racine primitive.

3° *Exemple* : $p = 41$. — Essayons 2 nous trouvons la période

$$2, 4, 8, 16, -9, -18, 5, 10, 20, -1 \ldots\ldots 1$$

la seconde moitié de la période qui n'est pas écrite se déduisant de la première en changeant les signes. On voit que 2 appartient à l'exposant 20. Il est inutile d'essayer — 2 qui appartient à la période précédente. Essayons 3, la période correspondante est

$$3,\ 9,\ -14,\ -1 \ldots 1$$

on voit que 3 appartient à l'exposant 8. Il est facile maintenant de déduire de ce qui précède une racine primitive. Car 2 appartenant à l'exposant 20, 2^4 appartient à l'exposant $\frac{20}{4} = 5$, et comme 3 appartient à l'exposant 8 qui est premier à 5, il s'ensuit, d'après un théorème précédent que $2^4 \times 3$ ou 7 appartient à l'exposant $8 \times 5 = 40$. Donc 7 est racine primitive.

La marche suivie dans cet exemple peut se généraliser et l'on obtient ainsi une méthode tout à fait générale de recherche des racines primitives. Cette méthode consiste à obtenir des entiers d'exposants croissants jusqu'à ce qu'on arrive à une racine primitive.

On essaye un entier quelconque a ($a = 2$ par exemple) ; soit e son exposant. Si $e = p - 1$, l'entier a est une racine primitive. Sinon on essaye un entier a' qui ne soit pas dans la série des restes des puissances de a ; soit e' son exposant. Si $e' = p - 1$ l'entier a' est une racine primitive. Sinon, remarquons que e' n'est pas un diviseur de e, puisque a' n'est pas dans la série des restes des puissances de a. Il en résulte que le plus petit multiple commun de e et de e' est supérieur à e ; on va trouver un entier d'exposant égal à ce plus petit commun multiple. Si e' est un multiple de e, ce plus petit commun multiple est e', et l'entier cherché est tout simplement a'. Sinon nous allons décomposer $M(e, e')$ en un produit de deux facteurs

$$M(e, e') = ff'$$

de façon que f divise e, que f' divise e' et que, de plus, f et f' soient premiers entre eux. Pour cela, décomposons e et e' en facteurs premiers. Puis, les facteurs premiers qui sont dans e avec un exposant plus grand que dans e' (ce second exposant pouvant être nul), nous les mettrons dans f avec l'exposant qu'ils ont dans e ; les facteurs premiers qui sont dans e' avec un exposant plus grand que dans e, nous les mettrons dans f' avec l'exposant qu'ils ont dans e' ; enfin les facteurs premiers qui sont dans e et e' avec le même exposant seront mis indifféremment dans f ou f' avec ce même exposant (mais pas dans f et f' à la fois). Il est clair que les entiers f et f' ainsi formés satisfont aux trois conditions imposées.

Ceci posé $a^{\frac{e}{f}}$ appartient à l'exposant f et $a'^{\frac{e'}{f'}}$ appartient à l'exposant f' ; donc

$$a^{\frac{e}{f}} \cdot a'^{\frac{e'}{f'}}$$

appartient à l'exposant ff', c'est-à-dire à l'exposant M (e, e').

Trouvant ainsi des entiers successifs d'exposants de plus en plus grands, on finit par arriver à une racine primitive. Cette méthode est due à Gauss [1]. On peut remarquer qu'elle *démontre* l'existence d'une racine primitive et peut remplacer la démonstration du n° **7**. (Quand on connaît une racine primitive on en déduit (n° **8**) les $\varphi(d)$ entiers appartenant à un exposant d diviseur de $p-1$).

Nous allons maintenant examiner quelques cas dans lesquels on peut trouver, sans calcul, une racine primitive. Remarquons que, d'après la méthode de Poinsot, la recherche des racines primitives de p est d'autant plus simple que $p-1$ contient moins de facteurs premiers. Examinons donc le cas où $p-1$ ne contient qu'un facteur premier. Comme d'ailleurs $p-1$ est pair ce facteur ne peut être que 2. Donc p est de la forme 2^k+1. On peut même remarquer (sans que cela intervienne dans la recherche de la racine primitive) que *k est une puissance de* 2. On a en effet le théorème suivant :

Un entier de la forme a^k+1 $(a>1, k>1)$ ne peut être premier que si k est une puissance de 2 et si a est pair. Car si k avait un diviseur impair $2l+1$, en posant $k=(2l+1)m$, on aurait

$$a^{(2l+1)m}+1=(a^m+1)(a^{2lm}-a^{(2l-1)m}+\ldots+1).$$

De plus il faut que a soit pair, car, sinon, a^k+1 le serait.

En particulier les seuls nombres de la forme 2^k+1 qui puissent être premiers sont ceux de la forme $2^{2^i}+1$. Fermat avait pensé que la réciproque de ce théorème est vraie, c'est-à-dire que tous les entiers de cette forme sont premiers. Mais Euler a démontré l'inexactitude de cette proposition en vérifiant que

$$2^{2^5}+1=641\times 6700417$$

On a aussi démontré que $2^{2^i}+1$ n'est pas premier pour

$$i=6,\ 7,\ 8,\ 9,\ 11,\ 12,\ 18,\ 23,\ 36,\ 38,\ 73$$

(Landry, Morehead, Western, Cunningham, Lucas, Pervouchine,

[1] Disquis. arithm., art. 73.

Seelhoff, Cullen). Le dernier de ces résultats, relatif à $2^{(2^{73})}+1$ est dû à M. Morehead.

Ceci posé on a le théorème suivant :

Un nombre premier de la forme $p = 2^{(2^i)} + 1$ $(i > 0)$ *admet* 3 *comme racine primitive* (1). En effet le seul facteur premier de $p-1$ étant 2, tout entier qui n'est pas reste quadratique de p est racine primitive. Or on verra plus tard (n° **196**) que 3 n'est reste quadratique que des nombres premiers $\equiv \pm 1$ (mod. 12), et il est évident qu'on ne peut avoir

$$2^k + 1 \equiv \pm 1 \pmod{12} \qquad (k = 2^i > 1).$$

Remarque I. — On démontrerait de la même façon que -3 est aussi racine primitive. D'ailleurs plus généralement : *Si* $p \equiv 1$ (*mod.* 4) *et si* g *est racine primitive,* $-g$ *l'est aussi.*

Remarque II. — Toutes les racines primitives sont comprises dans la formule 3^{2h+1}.

Exemples : $2^2+1=5$, $2^4+1=17$, $2^8+1=257$ admettent ± 3 comme racines primitives.

Examinons maintenant le cas où $p-1$ contient deux facteurs premiers simples ; comme d'ailleurs $p-1$ est pair, on a $p-1=2q$, q étant premier impair.

Théorème (2). — *Tout nombre premier de la forme* $p = 2q+1$ *où* q *est lui-même premier impair, admet comme racine primitive* 2 *si* $q \equiv 1$ (*mod.* 4), *et* -2 *si* $q \equiv -1$ (*mod.* 4).

En effet, dans ce cas, tout entier qui n'est ni reste de puissance $q^{\text{ème}}$ ni reste quadratique est racine primitive. Or les restes de puissances $q^{\text{èmes}}$ satisfont à la congruence $x^{\frac{p-1}{q}} \equiv 1$ ou $x^2 \equiv 1$ dont les seules racines sont ± 1. Or ni 2 ni -2 ne sont congrus à ± 1 (sauf si $p=3$, mais dans ce cas le théorème se vérifie directement). De plus si $q \equiv 1$ (mod. 4) alors $p \equiv 3$ (mod. 8) et 2 n'est pas reste quadratique (n° **195**), si $q \equiv -1$ (mod. 4), alors $p \equiv -1$ (mod. 8) et -2 n'est pas reste quadratique (n° **196**).

Exemples :

2 est racine primitive de 11, 59, 83, 107, 179, 227, 347, etc.

-2 est racine primitive de 7, 23, 47, 167, 359, 384, etc.

(1) Richelot. — *J. f. r. u. a. M.*, 9 (1832) p. 5.

Avant de montrer que 3 est racine primitive, il est bon de montrer que ± 2 ne le sont pas. En effet ± 2 appartiennent à l'exposant 2^{i+1}.

(2) Tchebicheff. — Théorie des congruances (en russe, 1849), traduction allemande par Schapira, Berlin (1849), italienne par Mlle Massarini, Rome, 1895.

Généralisation. — On voit qu'on peut, dans ce qui précède, remplacer 2 ou — 2 par un autre entier a. Pourvu qu'on ait établi la forme des nombres premiers dont a n'est pas reste quadratique, ce qui est facile (nº **201**), on aura des nombres premiers dont a est racine primitive. Nous allons appliquer à $a = \pm 10$ parce que lorsque + ou — 10 est racine primitive, c'est cette base qu'il convient d'adopter pour le calcul des indices.

Or 10 n'est pas reste quadratique des nombres premiers de l'une des formes

$$40h \pm 7, \pm 11, \pm 17, \pm 19$$

correspondant pour q à l'une des formes

$$20h + 3, \pm 9$$

et — 10 n'est pas reste quadratique des nombres premiers de l'une des formes :

$$40h + 3, + 17, - 1, - 7, - 9, - 11, - 13, - 19$$

correspondant pour q à l'une des formes :

$$20h \pm 1, - 7.$$

Donc *tout nombre premier de la forme* $2q + 1$ *où* q *est lui-même un nombre premier,* admet 10 comme racine primitive si $q \equiv 3, \pm 9$ (mod. 20) et admet — 10 comme racine primitive si $q \equiv \pm 1, - 7$ (mod. 20).

Exemples :

47, 167, admettent 10 comme racine primitive
83, 107 — 10 »

THÉORÈME [1]. — *Tout nombre premier de la forme* $4q + 1$ *où* q *est lui-même premier impair admet* 2 *et* — 2 *comme racines primitives.*

En effet tout entier qui n'est ni reste quadratique ni reste de puissance $q^{\text{ème}}$ est racine primitive. Or 2 ni — 2 ne sont restes quadratiques parce que $p \equiv 5$ (mod. 8). De plus pour que 2 ou — 2 fût reste de puissance $q^{\text{ème}}$ il faudrait que $2^4 - 1 \equiv 0$ (mod. p), ce qui est impossible puisque $p > 13$.

Exemples. — 13, 29, 53, 149, 173 admettent 2 et — 2 comme racines primitives.

THÉORÈME. — *Tout nombre entier de la forme* $p = 2^k q + 1$ *où* q *est*

[1] TCHEBYCHEFF. — *Loc. cit.*

un nombre premier impair, k un entier plus grand que 2, et où

(20) $$p > \frac{3^{2^{k-1}}+1}{2}$$

admet 3 comme racine primitive.

3 n'est pas reste quadratique car p n'est pas congru à ± 1 (mod. 12). (Cela ne pourrait arriver que pour $q = 3$, mais la condition (20) entraîne $q > 3$).

3 n'est pas non plus reste de puissance $q^{\text{ème}}$. En effet, cela entraînerait

$$3^{2^k} - 1 \equiv 0 \pmod{p}$$

ou

$$\left(3^{2^{k-1}} - 1\right)\left(3^{2^{k-1}} + 1\right) \equiv 0 \pmod{p}.$$

On n'a pas

$$3^{2^{k-1}} \equiv 1 \pmod{p}$$

car cela entraînerait

$$3^{\frac{p-1}{2}} \equiv 1 \pmod{p}$$

ce qui n'est pas puisque 3 n'est pas reste quadratique de p.

On n'a pas non plus

$$3^{2^{k-1}} + 1 \equiv 0 \pmod{p}$$

ou

$$3^{2^{k-1}} + 1 = hp, \qquad (h \text{ entier} > 0).$$

Car si h était égal à 1, cela entraînerait $p \equiv 1$ (mod. 3) ce qui n'est pas, et si h étant plus grand que 1, cela entraînerait

$$p \leqslant \frac{3^{2^{k-1}}+1}{2}$$

ce qui est contraire à l'hypothèse.

Exemples. — 89, 137, 233, 4337 admettent 3 comme racine primitive.

II. — *Remarque sur les nombres de la forme* $2^{2^i}+1$. *La congruence en* i

$$2^{2^i} + 1 \equiv 0 \pmod{p}$$

a au plus une solution.

Posons $2^i = x$. Si la congruence $2^x + 1 \equiv 0$ (mod. p) est impossible, la congruence en i l'est aussi. Si la congruence $2^x + 1 \equiv 0$ (mod. p) est possible sa solution générale est de la forme $x_0(2y+1)$, où x_0 est la plus petite solution et y un entier arbitraire. Or l'égalité

$$x_0(2y+1) = 2^i$$

ne peut être satisfaite que pour $y = 0$.

En particulier deux nombres de la forme $2^{2^i}+1$, différents entre eux, ne peuvent jamais être divisibles l'un par l'autre.

III. — *Nombres premiers de la forme* $2^k - 1$. A côté des nombres premiers de la forme a^k+1 considérés plus haut, considérons ceux de la forme $a^k - 1$ ($a > 1$ $k > 1$).

Un entier de la forme $a^k - 1$ ($k \neq 1$) *ne peut être premier que si* $a = 2$ *et si* k *est premier*. En effet si $a \neq 2$, l'entier $a^k - 1$ a le facteur $a - 1$ différent de 1 et de lui-même. D'autre part si k est divisible par k' ($k \neq k'$, $k' \neq 1$), l'entier $2^k - 1$ est divisible par $2^{k'} - 1$. *La réciproque n'est pas vraie* car $2^k - 1$ n'est pas premier pour $k = 11$

$$2^{11} - 1 = 2047 = 23 \times 89.$$

Ce résultat peut se généraliser. *Si* k *et* $2k+1$ *sont premiers, si de plus* $k \equiv -1$ (*mod.* 4) ; *alors* $2^k - 1$ *est divisible par* $2k+1$. En effet $2k+1 \equiv -1$ (mod. 8). Or on verra plus tard (n° **193**) que 2 est reste quadratique de tout nombre premier $\equiv -1$ (mod. 8). Donc 2 est reste quadratique de $2k+1$. Donc

$$2^k - 1 \equiv 0 \pmod{2k+1}.$$

La congruence

$$2^k - 1 \equiv 0 \pmod{p}$$

p premier, a une infinité de solutions en k, mais une seule, la plus petite est un nombre premier, car les autres sont des multiples de celle-là.

IV. — *Nombres parfaits*. Les nombres premiers de la forme $2^k - 1$ interviennent dans la question des *nombres parfaits*. On appelle ainsi un *entier positif égal à la somme de ses diviseurs* (autres que lui-même, bien entendu).

Exemples :

$$6 = 1 + 2 + 3, \qquad 28 = 1 + 2 + 4 + 7 + 14.$$

Recherche des entiers parfaits pairs. Soit $n = 2^k . a$. (a impair). En exprimant que l'entier n est parfait, on trouve

$$(2^{k+1} - 1)\lambda(a) = 2^{k+1}a$$

$\lambda(a)$ étant la somme de tous les diviseurs de l'entier a, y compris lui-même. On en déduit

$$\begin{cases} \lambda(a) = 2^{k+1}r \\ a = (2^{k+1} - 1)r \end{cases}$$

r étant un entier impair. Or il faut que $r = 1$, car si $r \neq 1$, a admet au moins comme diviseurs les entiers

$$1,\ r,\ 2^{k+1} - 1,\ (2^{k+1} - 1)r$$

dont la somme $2^{k+1}(r + 1)$ est plus grande que $2^{k+1}r$.

Un entier parfait pair est donc de la forme

$$n = 2^k(2^{k+1} - 1).$$

De plus il faut que $2^{k+1} - 1$ soit premier, car sinon on aurait

$$\lambda(2^{k+1} - 1) > 2^{k+1}$$

et

$$\lambda(2^k) = 2^{k+1} - 1$$

d'où

$$\lambda[2^k(2^{k+1} - 1)] > 2 \cdot 2^k(2^{k+1} - 1).$$

Ainsi un nombre parfait est de la forme (1)

$$n = 2^{p-1}(2^p - 1)$$

p étant premier et $2^p - 1$ aussi).

Réciproquement, tout entier de cette forme est parfait, on le voit immédiatement.

Pour	$p = 1$	$n =$ 1
	2	6
	3	28
	5	496
	7	8 128.

Pour $p = 11$ on n'obtient pas de nombre parfait parce que $2^{11} - 1$ n'est pas premier.

Pour $p = 13$ $n = 33550336$, etc.

On ne sait pas s'il y a une infinité ou non de nombres parfaits pairs.

Nombres parfaits impairs. — En posant $n = p^\alpha q^\beta \ldots$, l'équation qui exprime que n est parfait est

$$\frac{p^{\alpha+1} - 1}{p - 1} \cdot \frac{q^{\beta+1} - 1}{q - 1} \ldots = 2p^\alpha q^\beta \ldots$$

Mais l'on n'a pu ni trouver une seule solution de cette équation, ni démontrer qu'elle n'en a pas. La question des nombres parfaits im-

(1) Euclide, livre IX, prop. 36.

pairs reste donc complètement sans solution. On a démontré les théorèmes suivants :

Pour que l'entier impair n soit parfait, il faut qu'il ait plus de quatre facteurs premiers, (Sylvester C. R. A. P., t. 106 (1888)), et plus de sept s'il n'est pas divisable par 3.

L'un de ces facteurs doit être $\equiv 1 \pmod{4}$ et son exposant impair. Les exposants des autres facteurs doivent être pairs (remarqué par Frénicle, démontré par Euler, Comm. Arithm., 2,514).

Le facteur à exposant impair n'est certainement pas le plus petit (J. Carvallo, théorie des n. parfaits, Paris, 1883).

V. — *Sur les fonctions symétriques des entiers* $1, 2, \ldots p-1$; *p étant un nombre premier.*

Nous avons démontré (nº **15**) les congruences :

$$\left.\begin{array}{l} S_1 \equiv S_2 \equiv \ldots \equiv S_{p-2} \equiv 0 \\ S_{p-1} \equiv -1 \end{array}\right\} \pmod{p}.$$

S_k étant la somme des produits k à k des entiers $1, 2, \ldots p-1$.

Occupons-nous maintenant des sommes de puissances semblables

$$\Sigma_k = 1^k + 2^k + \ldots + (p-1)^k.$$

On a, en supposant $0 < k \leqslant p-1$ la formule

$$\Sigma_k - S_1 \Sigma_{k-1} + S_2 \Sigma_{k-2} - \ldots + (-1)^{k-1} S_{k-1} \Sigma_1 = (-1)^{k-1} k S_k.$$

Si $k < p-1$, on a

$$S_1 \equiv S_2 \equiv \ldots \equiv S_{k-1} \equiv 0.$$

Donc

$$\Sigma_k \equiv 0.$$

Si $k = p-1$, on a

$$S_{p-1} \equiv -1.$$

Donc

$$\Sigma_{p-1} \equiv -1.$$

Passons au cas de $k > p-1$. On a, pour un entier a quelconque, d'après le théorème de Fermat

$$a^k \equiv a^{k-(p-1)}.$$

Faisons a égal successivement à $1, 2, \ldots p-1$ et ajoutons, nous obtenons

$$\Sigma_k \equiv \Sigma_{k-(p-1)}.$$

En combinant ces différents résultats, on voit en définitive que

$\Sigma_k \equiv 0$ quand k n'est pas divisible par $p-1$

$\Sigma_k \equiv -1$ quand k est divisible par $p-1$.

Occupons-nous enfin de l'expression $\sum a^\alpha b^\beta \dots l^\lambda$ dans laquelle $a, b, \dots l$ désignent n des entiers $1, 2, \dots p-1$

$$(n \leqslant p-1)$$

$\alpha, \beta, \dots \lambda$ sont des entiers positifs fixes; la sommation s'étend aux différentes façons de choisir $a, b, \dots l$.

L'entier n s'appelle l'ordre de l'expression, et la somme

$$\alpha + \beta + \dots + \lambda$$

s'appelle le *degré*. Pour $n = 1$ on retrouve les sommes de puissances semblables

$$\sum a^\alpha = \sum_\alpha .$$

Le théorème que nous voulons démontrer est le suivant : *Si le degré de l'expression n'est pas divisible par $p-1$, la valeur de l'expression est congrue à zéro (mod. p).*

Nous allons le démontrer pour les expressions d'ordre n en le supposant vrai pour les expressions d'ordre inférieur. Comme il est vrai pour les expressions d'ordre 1 qui sont les sommes de puissances semblables il sera établi en général. Or on a :

$$(21) \quad \left\{ \begin{aligned} &\sum a^\alpha b^\beta \dots l^\lambda = \\ &= \frac{\sum a^\alpha . \sum a^\beta \dots \sum a^\lambda - \sum a^{\alpha'} b^{\beta'} \dots l^{\lambda'} - \sum a^{\alpha''} b^{\beta''} \dots l^{\lambda''} - \dots}{A!\ B! \dots} \end{aligned} \right.$$

$$\sum a^{\alpha'} b^{\beta'} \dots l^{\lambda'}, \qquad \sum a^{\alpha''} b^{\beta''} \dots l^{\lambda''}, \dots$$

désignent des expressions symétriques de même degré que

$$\sum a^\alpha b^\beta \dots l^\lambda$$

mais d'ordre inférieur, et A, B, ... étant des entiers, à savoir : A est le nombre des exposants $\alpha, \beta, \dots$ qui sont égaux entre eux et à une certaine valeur, B est le nombre de ces mêmes exposants qui sont égaux entre eux et à une autre valeur, etc. Ces entiers sont tous inférieurs à p, de sorte que le dénominateur de l'expression (21) ne contient pas le facteur premier p. Quant au numérateur, il est divisible par p. En effet, puisque $\alpha + \beta + \dots$ n'est pas divisible par $p-1$, les exposants $\alpha, \beta, \dots$ ne sont pas tous divisibles par $p-1$. Donc le terme

$$\sum a^\alpha . \sum b^\beta \dots \sum l^\lambda$$

est divisible par p. Il en est de même des termes suivants puisque ce sont des expressions d'ordre inférieur à n. Le théorème est donc démontré. Si le degré de

$$\sum a^\alpha b^\beta \dots l^\lambda$$

est divisible par $p - 1$, la démonstration ne s'applique plus, mais le calcul précédent permettra dans chaque cas d'évaluer le reste (mod. p) de l'expression.

Exercices I. — Déterminer x par les conditions

$$\left\{\begin{array}{ll} x \equiv -2 & (\text{mod. } 14) \\ x \equiv 3 & (\text{mod. } 17) \\ x \equiv -9 & (\text{mod. } 21) \\ x \equiv 10 & (\text{mod. } 22). \end{array}\right.$$

II. — p étant premier $a^{p^n-1} - b^{p^n-1}$ ne peut être divisible par p sans l'être par p^n (n entier > 0). (*Bouniakowski*, Mém. Ac., St-Pétersbourg. *Sc. Mat. Phys. et Nat.* (6), (1831) p. 139).

III. — p étant premier, on a

$$\frac{2^{p-1} - 1}{p} \equiv 1 + \frac{1}{3} + \dots + \frac{1}{p-2} \equiv -\frac{1}{2} - \frac{1}{4} - \dots - \frac{1}{p-1} \ (\text{mod. } p).$$

(*Eisenstein*, Monatsber. d. Berl. Akad., 1850, p. 41).

Si $p \equiv 1$ (mod. 4) on a aussi

$$\frac{2^{p-1} - 1}{p} \equiv 4\left(\frac{1}{3} + \frac{1}{7} + \dots + \frac{1}{p-2}\right)$$
$$\equiv \frac{4}{3}\left(\frac{1}{1} + \frac{1}{5} + \dots + \frac{1}{p-4}\right) \equiv 2\left(1 - \frac{1}{3} + \dots - \frac{1}{p-2}\right).$$

Si $p \equiv -1$ (mod. 4), on a

$$\frac{2^{p-1} - 1}{p} \equiv \frac{4}{3}\left(\frac{1}{3} + \frac{1}{7} + \dots + \frac{1}{p-4}\right)$$
$$\equiv 4\left(1 + \frac{1}{5} + \dots + \frac{1}{p-2}\right) \equiv -2\left(1 - \frac{1}{3} + \dots + \frac{1}{p-2}\right).$$

les congruences étant mod. p. Stern. *J. f. r. u. a. M.*, t. 100 (1887), p. 182.

IV. — On a, dans certaines questions, été conduit à étudier l'expression

$$q(a) \equiv \frac{a^{p-1} - 1}{p}$$

définie au module p près, en particulier à voir dans quels cas elle est

$\equiv 0 \pmod{p}$ (voir n° **18**). Les relations de l'exercice III donnent des expressions de $q(2)$. Démontrer les relations suivantes :

$$\left.\begin{aligned} q(a+p^2) &\equiv q(a) \\ q(a+pb) &\equiv q(a) - \frac{b}{a} \\ q(ab) &\equiv q(a) + q(b) \end{aligned}\right\} \pmod{p}$$

qui permettent de ramener le calcul de $q(a)$ au cas où a est un nombre premier plus petit que p.

On a aussi les relations

$$\begin{aligned} q(-a) &\equiv q(a) \\ q(1) &\equiv 0 \\ q(p-1) &\equiv 1 \end{aligned}$$

qui jointes aux précédentes permettent de simplifier encore le calcul.

Il y a $p-1$ valeurs de a (définies au mod. p^2 près) pour lesquelles $q(a)$ prend une valeur donnée A (définie au mod. p près). Ce sont les valeurs

$$\lambda[1 + pq(\lambda) - pA] \qquad (\lambda = 1, 2, \dots p-1).$$

En particulier les valeurs pour lesquelles

$$q(a) = 0 \quad \text{sont} \quad \lambda(1 + pq(\lambda)).$$

V. — Calculer les racines primitives du nombre premier 3001, du nombre premier 5003.

VI. — La somme des racines primitives d'un nombre premier p est congrue à zéro (mod. p) quand $p-1$ a des facteurs premiers multiples. Dans le cas contraire, la somme en question est congrue à + ou — 1 suivant que le nombre des facteurs premiers de $p-1$ est pair ou impair (Gauss., *Disqu.*, art. 81).

VII. — Le produit des racines primitives d'un nombre premier $p > 3$ est congru à 1 (mod. p). Plus généralement, le produit des entiers qui appartiennent à un exposant $e > 2$ est congru à 1 (mod. p).

VIII. — En appelant $g_1, g_2, \dots g_i$ des racines primitives d'un nombre premier p, démontrer que

$$\mathrm{Ind}_{g_1} g_2 \times \mathrm{Ind}_{g_2} g_3 \times \dots \times \mathrm{Ind}_{g_{n-1}} g_n \times \mathrm{Ind}_{g_n} g_1 = 1$$

(Généralisation de la relation du n° **14**).

IX. — Le produit $1.2 \dots (n-1)$ est divisible par n, sauf lorsque n est premier ou lorsque $n = 4$.

X. — L'égalité

$$1.2 \dots (n-1) + 1 = n^k \qquad (k > 1)$$

est impossible, sauf pour $n = 5$ (Liouville, *J. d. M.*, 2ᵉ série, t. I (1856), p. 351).

XI. — p étant un nombre premier > 3, et r un entier pair, la somme

$$1^r + 2^r + \dots \left(\frac{p-1}{2}\right)^r$$

est divisible par p.

XII. — p étant un nombre premier, les sommes S_r et Σ_r (nº **15** et note II) où r est impair sont divisables par p^2, sauf pour $r = 1$.

XIII. — p étant un nombre premier > 3, l'expression

$$\frac{(p+1)(p+2)\dots(2p-1)}{1 \cdot 2 \dots (p-1)} - 1$$

est divisible par p^3 (communiqué par M. Guérin).

XIV. — p étant un nombre premier, évaluer le reste (mod. p) de

$$\sum a^{\alpha} b^{p-1-\alpha} \qquad (a, b = 1, 2, \dots p-1).$$

XV. — p étant un nombre premier, parmi les entiers $1, 2, \dots p-1$ on en choisit n. On les combine entre eux $p-n$ à $p-n$ de toutes les façons possibles, avec et sans répétitions ; on considère chaque combinaison comme un produit et on fait la somme de tous ces produits. Le résultat obtenu est congru à zéro (mod. p). (Stern., *J. r. a. M.*, t. 13 (1835), p. 356 = Werke 2, Berlin, 1889, p. 9).

TABLE D'INDICES POUR LES NOMBRES PREMIERS DE 1 A 200

Pour chaque nombre premier, il y a deux tables. La première fournit l'indice d'un entier donné, la seconde donne l'entier correspondant à un indice donné.

Soit à chercher l'indice de l'entier $10d + u$ (d = nombre des dizaines, u = chiffre des unités). Il se trouve dans la première table à l'intersection de la ligne marquée à gauche par d et de la colonne marquée en haut par u. L'usage de la seconde table est analogue.

Pour trouver la base, on cherche l'entier dont l'indice est 1.

Pour trouver toutes les racines primitives, on détermine les entiers premiers à $p-1$ contenus dans la suite $1, 2, \dots p-1$, puis on cherche les entiers dont ceux-ci sont les indices.

Table des indices pour les nombres premiers de 1 à 200.

Nombre premier 3.

I.

N.	1	2
	0	1

N.

I.	0	1
	1	2

Nombre premier 5.

I.

N.	1	2	3	4
	0	1	3	2

N.

I.	0	1	2	3
	1	2	4	3

Nombre premier 7.

I.

N.	1	2	3	4	5	6
	0	2	1	4	5	3

N.

I.	0	1	2	3	4	5
	1	3	2	6	4	5

Nombre premier 11.

I.

N.	1	2	3	4	5	6	7	8	9	10
	0	1	8	2	4	9	7	3	6	5

N.

I.	0	1	2	3	4	5	6	7	8	9
	1	2	4	8	5	10	9	7	3	6

Nombre premier 13.

I.

N.	0	1	2	3	4	5	6	7	8	9
		0	5	8	10	9	1	7	3	4
1	2	11	6							

N.

I.	0	1	2	3	4	5	6	7	8	9
	1	6	10	8	9	2	12	7	3	5
1	4	11								

Nombre premier 17.

I.

N.	0	1	2	3	4	5	6	7	8	9
		0	10	11	4	7	5	9	14	6
1	1	13	15	12	3	3	8			

N.

I.	0	1	2	3	4	5	6	7	8	9
	1	10	15	14	4	6	9	5	16	7
1	2	3	13	11	8	12				

Nombre premier 19.

I.

N.	0	1	2	3	4	5	6	7	8	9
		0	17	5	16	2	4	12	15	10
1	1	6	3	13	11	7	14	8	9	5

N.

I.	0	1	2	3	4	5	6	7	8	9
	1	10	5	12	6	3	11	15	17	18
1	9	14	7	13	16	8	4	2		

Nombre premier 23.

I.

N.	0	1	2	3	4	5	6	7	8	9
		0	8	20	16	15	6	21	2	18
1	1	3	14	12	7	13	10	17	4	5
2	9	19	11							

N.

I.	0	1	2	3	4	5	6	7	8	9
	1	10	8	11	18	19	6	14	2	20
1	16	22	13	15	12	5	4	17	9	21
2	3	7								

Nombre premier 29.

I.

N.	0	1	2	3	4	5	6	7	8	9
		0	11	27	22	18	10	20	5	26
1	1	23	21	2	3	17	16	7	9	15
2	12	19	6	24	4	8	13	25	14	

N.

	0	1	2	3	4	5	6	7	8	9
	1	10	13	14	24	8	22	17	25	18
1	6	2	20	26	28	19	16	15	5	21
2	7	12	4	11	23	27	9	3		

Nombre premier 31.

I.

N.	0	1	2	3	4	5	6	7	8	9
		0	12	13	24	20	25	4	6	26
1	2	29	7	23	16	3	18	1	8	22
2	14	17	11	21	19	10	5	9	28	27
3	15									

N.

I.	0	1	2	3	4	5	6	7	8	9
0	1	17	10	15	7	26	8	12	18	27
1	25	22	2	3	20	30	14	21	16	24
2	5	23	19	13	4	6	9	29	28	11

Nombre premier 37.

I.

N.	0	1	2	3	4	5	6	7	8	9
		0	11	34	22	1	9	28	33	32
1	12	6	20	13	3	35	8	5	7	25
2	23	26	17	21	31	2	24	30	14	15
3	10	37	19	4	16	29	18			

N.

I.	0	1	2	3	4	5	6	7	8	9
	1	5	25	14	33	17	11	18	16	6
1	30	2	10	13	28	29	34	22	36	32
2	12	23	4	20	26	19	21	31	7	35
3	27	24	9	8	3	15				

Nombre premier 41.

I.

N.	0	1	2	3	4	5	6	7	8	9
		0	26	15	12	22	1	39	38	30
1	8	3	27	31	25	37	24	33	16	9
2	34	14	29	36	13	4	17	2	11	7
3	23	28	10	18	19	21	2	32	35	6
4	20									

N.

I.	0	1	2	3	4	5	6	7	8	9
	1	6	36	11	25	27	39	29	10	19
1	32	28	4	24	21	3	18	26	33	34
2	40	35	5	30	16	14	2	12	31	22
3	9	13	37	17	20	38	23	15	8	7

Nombre premier 43.

I.

N.	0	1	2	3	4	5	6	7	8	9
		0	39	17	36	5	14	7	33	34
1	2	6	11	40	4	22	30	16	31	29
2	41	24	3	20	8	10	37	9	1	25
3	19	32	27	23	13	12	28	35	26	15
4	38	18	21							

N.

I.	0	1	2	3	4	5	6	7	8	9
	1	28	10	22	14	5	11	7	24	27
1	25	12	35	34	6	39	17	3	41	30
2	23	42	15	33	21	29	38	32	36	19
3	16	18	31	8	9	37	4	26	40	2
4	13	20								

Nombre premier 47.

I.

N.	0	1	2	3	4	5	6	7	8	9
		0	30	18	14	17	2	38	44	36
1	1	27	32	3	22	35	28	42	20	29
2	31	10	11	39	16	34	33	8	6	43
3	19	5	12	45	26	9	4	24	13	21
4	15	25	40	37	41	7	23			

N.

I.	0	1	2	3	4	5	6	7	8	9
	1	10	6	13	36	31	28	45	27	35
1	21	22	32	38	4	40	24	5	3	30
2	18	39	14	46	37	41	34	11	16	19
3	2	20	12	26	25	15	9	43	7	23
4	42	44	17	29	8	33				

Nombre premier 53.

I.

N.	0	1	2	3	4	5	6	7	8	9
		0	25	9	50	31	34	38	23	18
1	4	46	7	28	11	40	48	42	43	41
2	29	47	19	39	32	10	1	27	36	6
3	13	45	21	3	15	17	16	22	14	37
4	2	33	20	30	44	49	12	8	5	24
5	35	51	26							

N.

I.	0	1	2	3	4	5	6	7	8	9
	1	26	40	33	10	48	29	12	47	3
1	25	14	46	30	38	34	36	35	9	22
2	42	32	37	8	49	2	52	27	13	20
3	43	5	24	41	6	50	28	39	7	23
4	15	19	17	18	44	31	11	21	16	45
5	4	51								

Nombre premier 59.

I.

N.	0	1	2	3	4	5	6	7	8	9
		0	25	32	50	34	57	44	17	6
1	1	45	24	23	11	8	42	14	31	22
2	26	18	12	27	49	10	48	38	36	4
3	32	7	9	19	39	20	56	41	47	55
4	51	2	43	13	37	40	52	53	16	30
5	35	46	15	28	5	21	3	54	29	

N.

I.	0	1	2	3	4	5	6	7	8	9
	1	10	41	56	29	54	9	31	15	32
1	25	14	22	43	17	52	48	8	21	33
2	35	55	19	13	12	2	20	23	53	58
3	49	18	3	30	5	50	28	44	27	34
4	45	37	16	42	7	11	51	38	26	24
5	4	40	46	47	57	39	36	6		

Nombre premier 61.

I.

N.	0	1	2	3	4	5	6	7	8	9
		0	47	42	34	14	29	23	21	24
1	1	45	16	20	10	56	8	49	11	22
2	48	5	32	39	3	28	7	6	57	25
3	43	13	55	27	36	37	58	33	9	2
4	35	18	52	41	19	38	26	40	50	46
5	15	31	54	51	53	59	44	4	12	17
6	30									

N.

I.	0	1	2	3	4	5	6	7	8	9
	1	10	39	24	57	21	27	26	16	38
1	14	18	58	31	5	50	12	59	41	44
2	13	8	19	7	9	29	46	33	25	6
3	60	51	22	37	4	40	34	35	45	23
4	47	43	3	30	56	11	49	2	20	17
5	48	53	42	54	52	32	15	28	36	55
6										

Nombre premier 67.

I.

N.	0	1	2	3	4	5	6	7	8	9
		0	29	9	58	39	38	7	21	18
1	2	61	1	23	36	48	50	8	47	26
2	31	16	24	20	30	12	52	27	65	22
3	11	43	13	4	37	46	10	44	55	32
4	60	19	45	63	53	57	49	64	59	14
5	41	17	15	3	56	34	28	35	51	54
6	40	5	6	25	42	62	33			

N.

I.	0	1	2	3	4	5	6	7	8	9
	1	12	10	53	33	61	62	7	17	3
1	36	30	25	32	49	52	21	51	9	41
2	23	8	29	13	22	63	19	27	56	2
3	24	20	39	66	55	57	14	34	6	5
4	60	50	64	31	37	42	35	18	15	46
5	16	58	26	44	59	38	54	45	4	48
6	40	11	65	43	47	28				

Nombre premier 71.

I.

N.	0	1	2	3	4	5	6	7	8	9
		0	58	18	46	14	6	33	34	36
1	2	43	64	27	21	32	22	7	24	38
2	60	51	31	5	52	28	15	54	9	4
3	20	13	10	61	65	47	12	30	26	45
4	48	55	39	44	19	50	63	17	40	66
5	16	25	3	59	42	57	67	56	62	29
6	8	37	1	69	68	41	49	11	53	23
7	35									

N.

I.	0	1	2	3	4	5	6	7	8	9
	1	62	10	52	29	23	6	17	60	28
1	32	67	36	31	5	26	50	47	3	44
2	30	14	16	69	18	51	38	13	25	59
3	37	22	15	7	8	70	9	61	19	42
4	48	65	54	11	43	39	4	35	40	66
5	45	21	24	68	27	41	57	55	2	53
6	20	33	58	46	12	34	49	56	64	63

Nombre premier 73.

I.

N.	0	1	2	3	4	5	6	7	8	9
		0	8	6	16	1	14	33	24	10
1	9	55	22	59	41	7	32	21	20	62
2	17	39	63	46	30	2	67	18	49	34
3	15	11	40	61	29	34	28	64	70	21
4	25	4	47	51	71	13	54	31	38	28
5	10	27	3	53	26	56	57	68	43	13
6	23	58	19	45	48	60	69	50	37	66
7	42	44	36							

N.

I.	0	1	2	3	4	5	6	7	8	9
	1	5	25	52	41	59	3	15	2	10
1	50	31	9	45	6	30	4	20	27	62
2	18	17	12	60	8	40	54	51	36	34
3	24	47	16	7	35	29	72	68	48	21
4	32	14	70	58	71	63	23	42	64	28
5	67	43	69	53	46	11	55	56	61	13
6	65	33	19	22	37	39	49	26	57	66
7	38	44								

Nombre premier 79.

I.

N.	0	1	2	3	4	5	6	7	8	9
		0	50	71	22	34	34	19	72	64
1	6	70	15	74	69	27	44	9	36	10
2	56	12	42	52	65	68	46	57	41	1
3	77	76	16	63	59	53	8	23	60	67
4	28	21	62	47	14	20	24	55	37	38
5	40	2	18	7	29	26	13	3	51	17
6	49	75	48	5	66	30	35	54	31	45
7	25	33	58	4	73	61	32	11	39	

N.

I.	0	1	2	3	4	5	6	7	8	9
	1	29	51	57	73	63	10	53	36	17
1	19	77	21	56	44	12	32	59	52	7
2	45	41	4	37	46	70	55	15	40	54
3	65	68	76	71	5	66	18	48	49	78
4	50	28	22	6	16	69	26	43	62	60
5	2	58	23	35	67	47	20	27	72	34
6	38	75	42	33	9	24	64	39	25	14
7	11	3	8	74	13	61	31	30		

Nombre premier 83.

I.

N.	0	1	2	3	4	5	6	7	8	9
		0	3	52	6	81	55	24	9	22
1	2	72	58	67	27	51	12	4	25	59
2	5	76	75	16	61	80	70	74	30	36
3	54	32	15	42	7	23	28	60	62	37
4	8	38	79	49	78	21	19	69	64	48
5	1	56	73	13	77	71	33	29	39	20
6	57	34	35	46	18	66	45	53	10	68
7	26	17	31	43	63	50	65	14	40	47
8	11	44	41							

N.

I.	0	1	2	3	4	5	6	7	8	9
	1	50	10	2	17	20	4	34	40	8
1	68	80	16	53	77	32	23	71	64	46
2	59	45	9	35	7	18	70	14	36	57
3	28	72	31	56	61	62	29	39	41	58
4	78	82	33	73	81	66	63	79	49	43
5	75	15	3	67	30	6	51	60	12	19
6	37	24	38	74	48	76	65	13	69	47
7	26	55	11	52	27	22	21	54	44	42
8	25	5								

Nombre premier 89.

I.

N.	0	1	2	3	4	5	6	7	8	9
		0	72	87	56	18	71	7	40	86
1	2	4	55	65	79	17	24	82	70	53
2	74	6	76	31	39	36	49	85	63	29
3	1	57	8	3	66	25	54	77	37	64
4	58	67	78	59	60	16	15	34	23	14
5	20	81	33	10	69	22	47	52	13	45
6	73	19	41	5	80	83	75	32	50	30
7	9	26	38	68	61	35	21	11	48	46
8	42	84	51	27	62	12	43	28	44	

N.

I.	0	1	2	3	4	5	6	7	8	9
	1	30	10	33	11	63	21	7	32	70
1	53	77	85	58	49	46	45	15	5	61
2	50	76	55	48	16	35	71	83	87	29
3	69	23	67	52	47	75	25	38	72	24
4	8	62	80	86	88	59	79	56	78	26
5	68	82	57	19	36	12	4	31	40	43
6	44	74	84	28	39	13	34	41	73	54
7	18	6	2	60	20	66	22	37	42	14
8	64	51	17	65	81	27	9	3		

Nombre premier 97.

I.

N.	0	1	2	3	4	5	6	7	8	9
		0	86	2	76	11	88	53	66	4
1	1	82	78	83	43	13	56	19	90	27
2	87	55	72	79	68	22	73	6	33	47
3	3	26	46	84	9	64	80	41	17	85
4	77	71	45	44	62	15	69	60	58	10
5	12	21	63	14	92	93	23	29	37	65
6	89	32	16	57	36	94	74	51	95	81
7	54	25	70	20	31	24	7	39	75	42
8	67	8	61	91	35	30	34	49	52	18
9	5	40	59	28	50	38	48			

N.

I.	0	1	2	3	4	5	6	7	8	9
	1	10	3	30	9	90	27	76	81	34
1	49	5	50	15	53	45	62	38	89	17
2	73	51	25	56	75	71	31	19	93	57
3	85	74	61	28	86	84	64	58	95	77
4	91	37	79	14	43	42	32	29	96	87
5	94	67	88	7	70	21	16	63	48	92
6	47	82	44	52	35	59	8	80	24	46
7	72	41	22	26	66	78	4	40	12	23
8	36	69	11	13	33	39	2	20	6	60
9	18	83	54	55	65	68				

Nombre premier 101.

I.

N.	0	1	2	3	4	5	6	7	8	9
		0	1	69	2	24	70	9	3	38
1	25	13	71	66	10	93	4	30	39	96
2	26	78	14	86	72	48	67	7	11	91
3	94	84	5	82	31	33	40	56	97	35
4	27	45	79	42	15	62	87	58	73	18
5	49	99	68	23	8	37	12	65	92	29
6	95	77	85	47	6	90	83	81	32	55
7	34	44	41	61	57	17	98	22	36	64
8	28	76	46	89	80	54	43	60	16	21
9	63	75	88	53	59	20	74	52	19	51
10	50									

N.

I.	0	1	2	3	4	5	6	7	8	9
	1	2	4	8	16	32	64	27	54	7
1	14	28	56	11	22	44	88	75	49	98
2	95	89	77	53	5	10	20	40	80	59
3	17	34	68	35	70	39	78	55	9	18
4	36	74	43	86	71	41	82	63	25	50
5	100	99	97	93	85	69	37	74	47	94
6	87	73	45	90	79	57	13	26	52	3
7	6	12	24	48	96	91	81	61	21	42
8	84	62	33	66	31	62	23	46	92	83
9	65	29	58	15	30	60	19	38	76	51

Nombre premier 103.

I.

N.	0	1	2	3	4	5	6	7	8	9
		102	46	57	92	59	1	32	36	12
1	3	29	47	66	78	14	82	50	58	28
2	49	89	75	90	93	16	11	69	22	76
3	60	99	26	86	96	91	2	81	74	21
4	95	94	33	55	19	71	34	17	37	64
5	62	5	56	11	13	88	68	85	20	70
6	4	84	43	44	72	23	30	53	40	45
7	35	77	48	9	25	73	18	61	67	42
8	39	24	38	100	79	7	101	31	65	37
9	15	98	80	54	63	87	83	52	8	41
10	6	97	51							

N

I.	0	1	2	3	4	5	6	7	8	9
	1	6	36	10	60	51	100	85	98	73
1	26	53	9	54	15	90	25	47	76	44
2	58	39	28	65	81	74	32	89	19	11
3	66	87	7	42	46	70	8	48	82	80
4	68	99	79	62	63	69	2	12	72	20
5	17	102	97	67	93	43	52	3	18	5
6	30	77	50	94	49	88	13	78	56	27
7	59	45	64	75	38	22	29	71	14	84
8	92	37	16	96	61	57	33	95	55	21
9	23	35	4	24	41	40	34	101	91	31
10	83	86								

Nombre premier 107.

I.

N.	0	1	2	3	4	5	6	7	8	9
		0	95	78	84	13	67	57	73	50
1	2	76	56	58	46	91	62	105	39	96
2	97	29	65	60	45	26	47	22	35	72
3	80	21	51	48	94	70	28	6	85	30
4	86	90	18	93	54	63	49	16	34	8
5	15	77	36	64	11	89	24	68	61	87
6	69	102	10	1	40	71	37	33	83	32
7	59	81	17	41	101	104	74	27	19	88
8	75	100	79	98	7	12	82	44	43	92
9	52	9	38	99	5	3	23	55	103	20
10	4	14	66	31	25	42	53			

N.

I.	0	1	2	3	4	5	6	7	8	9
	1	63	10	95	100	94	37	84	49	91
1	62	54	85	5	101	50	47	72	42	78
2	99	31	27	96	56	104	25	77	36	21
3	39	103	69	67	48	28	52	66	92	18
4	64	73	105	88	87	24	14	26	33	46
5	9	32	90	106	44	97	12	7	13	70
6	23	58	16	45	53	22	102	6	57	60
7	35	65	29	8	76	80	11	51	3	82
8	30	71	86	68	4	38	40	59	79	55
9	41	15	89	43	34	2	19	20	83	93
10	81	74	61	98	75	17				

Nombre premier 109.

I.

N.	0	1	2	3	4	5	6	7	8	9
		0	93	28	78	16	13	68	63	56
1	1	107	106	7	y3	44	48	21	41	3
2	94	8	92	105	91	32	100	84	58	10
3	29	74	33	27	6	104	26	65	96	35
4	79	45	101	66	77	72	90	5	76	68
5	17	49	85	97	69	15	43	31	103	71
6	14	22	59	36	18	23	12	47	99	25
7	89	42	11	80	50	60	81	87	20	83
8	64	4	30	46	86	37	51	38	62	40
9	57	95	75	102	98	19	61	52	53	55
10	2	9	34	67	70	24	82	39	54	

N.

I.	0	1	2	3	4	5	6	7	8	9
	1	10	100	19	81	47	34	13	21	101
1	29	72	66	6	60	55	5	50	64	95
2	78	17	61	65	105	66	36	33	3	30
3	82	57	25	32	102	39	63	85	87	107
4	89	18	71	56	15	41	83	67	16	51
5	74	86	97	98	108	99	9	90	28	62
6	75	96	88	8	80	37	43	103	49	54
7	104	59	45	14	31	92	48	44	4	40
8	73	76	106	79	27	52	84	77	7	70
9	46	24	22	2	20	91	38	53	94	68
10	26	42	93	58	35	23	12	11		

Nombre premier 113.

I.

N	0	1	2	3	4	5	6	7	8	9
		0	52	79	104	61	19	72	44	46
1	1	22	71	58	12	28	96	59	98	93
2	53	39	74	103	11	10	110	13	64	87
3	80	30	36	101	111	21	38	29	33	25
4	105	34	91	17	14	107	43	97	63	32
5	62	26	50	76	65	83	4	60	27	9
6	20	106	82	6	88	7	41	99	51	70
7	73	35	90	49	81	89	85	94	77	55
8	45	92	86	24	31	8	69	54	66	67
9	47	18	95	109	37	42	3	40	84	68
10	2	15	78	57	102	100	16	75	5	48
11	23	108	56							

N.

I.	0	1	2	3	4	5	6	7	8	9
	1	10	100	96	56	108	63	65	85	59
1	25	24	14	27	44	101	106	43	91	6
2	60	35	11	110	83	39	51	58	15	37
3	31	84	49	38	41	71	32	94	36	21
4	97	66	95	46	8	80	9	90	109	73
5	52	68	2	20	87	79	112	103	13	17
6	57	5	50	48	28	54	88	89	99	86
7	69	12	7	70	22	107	53	78	102	3
8	30	74	62	55	98	76	82	29	64	75
9	72	42	81	19	77	92	16	47	18	67
10	105	33	104	23	4	40	61	45	111	93
11	26	34								

Nombre premier 127.

I.

N.	0	1	2	3	4	5	6	7	8	9
		0	18	23	36	111	41	125	54	46
1	3	52	59	20	17	8	72	118	64	42
2	21	22	70	11	77	96	38	69	35	79
3	26	50	90	75	10	110	82	112	60	43
4	39	76	40	121	88	31	29	120	95	124
5	114	15	56	67	87	37	53	65	97	91
6	44	30	68	45	108	5	93	107	28	34
7	2	116	100	24	4	119	78	51	61	32
8	57	92	94	25	58	103	13	102	106	123
9	49	19	47	73	12	27	113	89	16	98
10	6	101	33	14	74	7	85	84	105	1
11	55	9	71	80	83	122	115	66	109	117
12	62	104	48	99	86	81	63			

N.

I.	0	1	2	3	4	5	6	7	8	9
	1	109	70	10	74	65	100	105	15	111
1	34	23	94	86	103	51	98	14	2	91
2	13	20	21	3	73	83	30	95	68	46
3	61	45	79	102	69	28	4	55	26	40
4	42	6	19	39	60	63	9	92	122	90
5	31	77	11	56	8	110	52	80	84	12
6	38	78	120	126	18	57	117	53	62	27
7	22	112	16	93	104	33	41	24	76	29
8	113	125	36	114	107	106	124	54	44	97
9	32	59	81	66	82	48	25	58	99	123
10	72	101	87	85	121	108	88	67	64	118
11	35	5	37	96	50	116	71	119	17	75
12	47	43	115	89	49	7				

Nombre premier 131.

I.

N.	0	1	2	3	4	5	6	7	8	9
		0	83	126	36	48	79	38	116	122
1	1	98	32	64	121	44	72	59	75	45
2	84	34	51	89	115	96	17	118	74	73
3	127	67	25	94	12	86	28	33	128	60
4	37	58	117	22	4	40	42	5	68	76
5	49	55	100	78	71	16	27	41	26	46
6	80	104	20	30	108	117	47	43	95	85
7	39	15	111	91	106	92	81	6	13	35
8	120	114	11	3	70	102	105	69	87	52
9	123	102	125	63	88	93	21	77	29	90
10	2	62	8	9	53	82	31	50	24	116
11	99	19	110	10	124	7	109	56	129	97
12	33	66	57	54	103	14	113	101	61	18
13	65									

N.

I.	0	1	2	3	4	5	6	7	8	9
	1	10	100	83	44	47	77	115	102	103
1	113	82	34	78	125	71	55	26	129	111
2	62	96	43	37	108	32	58	56	36	98
3	63	106	12	120	21	79	4	40	7	70
4	45	57	46	67	15	19	59	66	5	50
5	107	22	89	104	123	51	117	122	41	17
6	39	128	101	93	13	130	121	31	48	87
7	84	54	16	29	28	18	49	97	53	6
8	60	76	105	2	20	69	35	58	94	23
9	99	73	75	95	33	68	25	119	11	110
10	52	127	91	124	61	86	74	85	64	116
11	112	72	65	126	81	24	109	42	27	8
12	80	14	9	90	114	92	3	30	38	118
13										

Nombre premier 137.

I.

N.	0	1	2	3	4	5	6	7	8	9
		0	130	13	124	23	7	2	118	26
1	17	90	1	53	132	36	112	86	20	54
2	11	15	84	129	131	46	47	39	126	95
3	30	133	106	103	80	25	14	102	48	66
4	5	51	9	37	78	49	123	111	125	4
5	40	99	41	71	33	113	120	67	89	128
6	24	110	127	28	100	76	97	87	74	6
7	19	29	8	32	96	59	42	92	60	21
8	135	52	45	101	3	109	31	108	72	57
9	43	55	117	10	105	77	119	73	134	116
10	34	82	93	12	35	38	65	98	27	58
11	107	115	114	63	61	16	83	79	122	88
12	18	44	104	64	121	69	22	85	94	50
13	70	75	91	56	81	62	68			

N.

I	0	1	2	3	4	5	6	7	8	9
	1	12	7	84	49	40	69	6	72	42
1	93	20	103	3	36	21	115	10	120	70
2	18	79	126	5	60	35	9	108	63	71
3	30	86	73	54	100	104	15	43	105	27
4	50	52	76	90	121	82	25	26	38	45
5	129	41	81	13	19	91	133	89	109	75
6	78	114	135	113	123	106	39	57	136	125
7	130	53	88	97	68	131	65	95	44	117
8	34	134	101	116	22	127	17	67	119	58
9	11	132	77	102	128	29	74	66	107	51
10	64	83	37	33	122	94	32	110	87	85
11	61	47	16	55	112	111	99	92	8	96
12	56	124	118	46	4	48	28	62	59	23
13	2	24	14	31	98	80				

Nombre premier 139.

I.

N.	0	1	2	3	4	5	6	7	8	9
		0	119	49	100	22	30	16	81	08
1	3	74	11	26	135	71	62	37	79	83
2	122	65	55	39	130	44	7	9	116	8
3	52	40	43	123	18	38	60	136	64	75
4	103	82	46	23	36	120	20	70	111	32
5	25	86	126	73	128	96	97	132	127	15
6	33	125	21	114	24	48	104	110	137	88
7	19	68	41	35	117	93	45	90	56	102
8	84	58	63	28	27	59	4	57	17	94
9	101	42	1	89	51	105	92	115	13	34
10	6	133	67	129	107	87	54	112	109	121
11	77	47	78	76	113	61	108	124	134	53
12	14	10	106	131	2	66	95	80	5	72
13	29	12	85	99	91	31	118	50	69	

N.

I.	0	1	2	3	4	5	6	7	8	9
	1	92	124	10	86	128	100	26	29	27
1	121	12	131	98	120	59	7	88	34	70
2	46	62	5	43	64	50	13	84	83	130
3	6	135	49	60	99	73	44	17	35	23
4	31	72	91	32	25	76	42	111	65	3
5	137	94	30	119	106	22	78	87	81	85
6	36	115	16	82	38	21	125	102	71	138
7	47	15	129	53	11	39	113	110	112	18
8	127	8	41	19	80	132	51	105	69	93
9	77	134	96	75	89	126	55	56	9	133
10	4	90	79	40	66	95	122	104	116	108
11	67	48	107	114	63	97	28	74	136	2
12	45	109	20	33	117	61	52	58	54	103
13	24	123	57	101	118	14	57	68		

Nombre premier 149.

I.

N.	0	1	2	3	4	5	6	7	8	9
		0	117	115	86	32	84	38	55	82
1	1	25	53	133	7	147	24	4	51	60
2	118	5	142	15	22	64	102	49	124	128
3	116	52	141	140	121	70	20	136	29	100
4	87	61	122	77	111	114	132	14	139	76
5	33	119	71	34	18	57	93	27	97	9
6	85	6	21	120	110	17	109	104	90	130
7	39	143	137	72	105	31	146	63	69	113
8	56	16	30	35	91	36	46	95	80	11
9	83	23	101	19	131	92	108	145	45	107
10	2	65	88	58	40	37	3	48	135	13
11	26	103	62	94	144	47	66	67	126	42
12	54	50	123	28	138	96	89	68	79	44
13	134	125	78	98	73	81	59	127	99	75
14	8	129	112	10	106	12	41	43	74	

N.

I.	0	1	2	3	4	5	6	7	8	9
	1	10	100	106	17	21	61	14	140	59
1	143	89	145	109	47	23	81	65	54	93
2	36	62	24	91	16	11	110	57	123	38
3	82	75	5	50	53	83	85	105	7	70
4	104	146	119	147	129	98	86	115	107	27
5	121	18	31	12	120	8	80	55	103	136
6	19	41	112	77	25	101	116	117	127	78
7	35	52	73	134	148	139	49	43	132	128
8	88	135	9	90	6	60	4	40	102	126
9	68	84	95	56	113	87	125	58	133	138
10	39	82	26	111	67	74	144	99	96	66
11	64	44	142	79	45	3	30	2	20	51
12	63	34	42	122	28	131	118	137	29	141
13	69	94	46	13	130	108	37	72	124	48
14	33	32	22	71	114	97	76	15		

Nombre premier 151.

I.

N.	0	1	2	3	4	5	6	7	8	9
		0	70	141	140	82	61	37	60	132
1	2	34	131	101	107	73	130	88	52	90
2	72	28	104	115	51	14	21	123	27	54
3	143	58	50	25	8	119	122	76	10	92
4	142	111	98	38	24	64	35	86	121	74
5	84	79	91	69	43	116	97	81	124	30
6	63	59	128	19	120	33	95	93	78	106
7	39	137	42	87	146	5	80	71	12	117
8	62	114	31	3	18	20	108	45	94	53
9	134	138	105	49	6	22	41	118	144	16
10	4	9	149	46	11	110	139	99	113	23
11	36	67	17	85	1	47	44	83	100	125
12	133	68	129	102	48	96	89	126	40	29
13	103	147	15	127	13	55	148	32	26	56
14	109	77	57	135	112	136	7	65	66	145
15	75									

N.

I.	0	1	2	3	4	5	6	7	8	9
	1	114	10	83	100	75	94	146	34	101
1	38	104	78	134	25	132	99	112	84	63
2	85	26	95	109	44	33	138	28	21	129
3	59	82	137	65	11	46	110	7	43	70
4	128	96	72	54	116	87	103	115	124	93
5	32	24	18	89	29	135	139	142	31	61
6	8	6	80	60	45	147	148	111	121	53
7	2	77	20	15	49	150	37	141	68	51
8	76	57	5	117	50	113	47	73	17	126
9	19	52	39	67	88	66	125	56	42	107
10	118	13	123	130	22	92	69	14	86	140
11	105	41	144	108	81	23	55	79	97	35
12	64	48	36	27	58	119	127	133	62	122
13	16	12	9	120	90	143	145	71	91	106
14	4	3	40	30	98	149	74	131	136	102

Nombre premier 157.

I.

N.	0	1	2	3	4	5	6	7	8	9
		0	147	122	138	11	113	57	129	88
1	2	152	104	130	48	133	120	128	79	116
2	149	23	143	81	95	22	121	54	39	15
3	124	58	111	118	119	68	70	28	107	96
4	140	75	14	151	134	99	72	76	86	114
5	13	94	112	25	45	7	30	82	6	27
6	115	155	49	145	102	141	109	12	110	47
7	59	64	61	83	19	144	98	53	87	9
8	131	20	66	97	5	139	142	137	125	32
9	90	31	63	24	67	127	77	37	105	84
10	4	108	85	123	103	34	16	91	36	8
11	154	150	21	56	73	92	153	62	18	29
12	106	148	146	41	40	33	136	46	93	117
13	132	43	100	17	3	65	101	71	38	1
14	50	42	55	126	52	26	74	80	10	51
15	135	35	89	60	44	69	78			

N.

I.	0	1	2	3	4	5	6	7	8	9
	1	139	10	134	100	84	58	55	109	79
1	148	5	67	50	42	29	106	133	118	74
2	81	112	25	21	93	53	145	59	37	119
3	56	91	89	125	105	151	108	97	138	28
4	124	123	141	131	154	54	127	69	14	62
5	140	149	144	77	27	142	113	7	31	70
6	153	72	117	92	71	135	82	94	35	155
7	36	137	46	114	146	41	47	96	156	18
8	147	23	57	73	99	102	48	78	9	152
9	90	107	115	128	51	24	39	83	76	45
10	132	136	64	104	12	98	120	38	101	66
11	68	32	52	6	49	60	19	129	22	34
12	16	26	3	103	30	88	143	95	17	8
13	13	80	130	15	44	150	126	87	4	85
14	40	65	86	22	75	63	122	2	121	20
15	111	43	11	116	110	61				

Nombre premier 163.

I.

N.	0	1	2	3	4	5	6	7	8	9
		0	71	43	142	93	114	161	51	86
1	2	97	23	57	70	136	122	159	157	127
2	73	42	6	153	94	24	128	129	141	145
3	45	39	31	140	68	92	66	75	36	100
4	144	20	113	106	77	17	62	44	3	160
5	95	40	37	18	38	28	50	8	54	27
6	116	30	110	85	102	150	49	155	139	34
7	1	52	131	7	146	67	107	96	9	103
8	53	10	91	134	22	90	15	26	148	65
9	88	56	137	82	115	58	74	130	69	21
10	4	29	111	35	108	135	89	131	109	119
11	99	118	121	14	79	84	125	143	98	158
12	25	32	101	63	19	117	156	147	11	149
13	59	112	120	126	64	60	48	47	105	13
14	72	87	123	154	46	76	78	41	55	151
15	138	104	16	83	5	132	80	33	12	61
16	124	152	81							

N.

I.	0	1	2	3	4	5	6	7	8	9
	1	70	10	48	100	154	22	73	57	78
1	81	128	158	139	113	86	152	45	53	124
2	41	99	84	12	25	120	87	59	55	101
3	61	32	121	157	69	103	38	52	54	31
4	51	147	21	3	47	30	144	137	136	66
5	56	8	71	80	58	148	91	13	95	130
6	135	159	46	123	134	89	36	75	34	98
7	14	2	140	20	96	37	145	44	146	114
8	156	162	93	153	115	63	9	141	90	106
9	85	82	35	5	24	50	77	11	118	110
10	39	122	64	79	151	138	43	76	104	108
11	62	102	131	42	6	94	60	125	111	109
12	132	112	16	142	160	116	133	19	26	27
13	97	107	155	92	83	105	15	72	150	68
14	33	28	4	117	40	29	74	127	88	129
15	65	149	161	23	143	67	126	18	119	17
16	49	7								

Nombre premier 167.

I.

N.	0	1	2	3	4	5	6	7	8	9
		0	86	144	6	81	64	96	92	122
1	1	110	150	43	16	59	12	143	42	50
2	87	74	30	51	70	162	129	100	102	32
3	145	152	98	88	63	11	128	127	136	21
4	7	55	160	75	116	37	137	68	156	26
5	82	121	49	31	20	25	22	28	118	23
6	65	34	72	52	18	124	8	85	149	29
7	97	159	48	71	47	140	56	40	107	119
8	93	78	141	163	80	58	161	10	36	24
9	123	139	57	130	154	131	76	14	112	66
10	2	91	41	101	135	155	117	148	106	35
11	111	105	108	103	114	132	38	165	109	73
12	151	54	120	33	158	77	138	90	104	53
13	44	45	94	146	5	15	69	62	115	19
14	17	46	79	153	134	113	157	4	133	125
15	60	95	142	99	126	67	27	84	39	9
16	13	147	164	89	61	3	83			

N.

I.	0	1	2	3	4	5	6	7	8	9
	1	10	100	165	147	134	4	40	66	159
1	87	35	16	160	97	135	14	140	64	139
2	54	39	56	59	89	55	49	156	57	69
3	22	53	29	123	61	109	88	45	116	158
4	77	102	18	13	130	131	141	74	72	52
5	19	23	63	129	121	41	76	92	85	15
6	150	164	137	34	6	60	99	155	47	136
7	24	73	62	119	21	43	96	125	81	142
8	84	5	50	166	157	67	2	20	33	163
9	127	101	8	80	132	151	7	70	32	153
10	27	103	28	113	128	111	108	78	112	118
11	11	110	98	145	114	138	44	106	58	79
12	122	51	9	90	65	149	154	37	36	26
13	93	95	115	148	144	104	38	46	126	91
14	75	82	152	17	3	30	133	161	107	68
15	12	120	31	143	94	105	48	146	124	71
16	42	86	25	83	84	117				

Nombre premier 173.

I.

N.	0	1	2	3	4	5	6	7	8	9
		0	13	7	26	163	20	31	39	14
1	4	127	33	142	44	170	52	89	27	85
2	17	38	140	88	46	154	155	21	57	152
3	11	122	65	134	102	22	40	42	98	149
4	30	74	51	60	153	5	101	144	59	62
5	167	96	168	123	34	118	70	92	165	19
6	24	169	135	45	78	133	147	50	115	95
7	35	23	53	94	55	161	111	158	162	71
8	43	28	87	104	64	80	73	159	166	150
9	18	1	114	129	157	76	72	25	75	141
10	8	139	109	121	9	29	136	61	47	164
11	131	49	83	110	105	79	6	156	32	120
12	37	82	10	81	148	145	58	15	91	67
13	146	137	160	116	63	12	128	126	108	16
14	48	151	36	97	66	143	107	69	68	132
15	2	54	124	103	171	113	3	138	84	130
16	56	119	41	90	100	125	117	106	77	112
17	93	99	86							

N.

I.	0	1	2	3	4	5	6	7	8	9
	1	91	150	156	10	45	116	3	100	104
1	122	30	135	2	9	127	139	20	90	59
2	6	27	35	71	60	97	4	18	81	105
3	40	7	118	12	54	70	142	120	21	8
4	36	162	37	80	14	63	24	108	140	111
5	67	42	16	72	151	74	160	28	126	48
6	43	107	49	134	84	32	144	129	148	147
7	56	79	96	86	41	98	95	168	64	115
8	85	123	121	112	158	19	172	82	23	17
9	163	128	57	170	73	69	51	143	38	171
10	164	46	34	153	83	114	167	146	138	102
11	113	76	169	155	92	68	133	166	55	161
12	119	103	31	53	152	165	137	11	136	93
13	159	110	149	65	33	62	106	131	157	101
14	22	99	13	145	47	125	130	66	124	39
15	89	141	29	44	25	26	117	94	77	87
16	132	75	78	5	109	58	88	50	52	61
17	15	154								

Nombre premier 179.

I.

N.	0	1	2	3	4	5	6	7	8	9
		0	73	52	146	106	125	23	41	104
1	1	27	20	134	96	158	114	14	177	26
2	74	75	100	65	93	34	29	156	169	70
3	53	76	9	79	87	129	72	19	99	8
4	147	101	148	144	173	32	138	136	166	46
5	107	66	102	111	51	133	64	78	143	110
6	126	94	149	127	82	62	152	48	160	117
7	24	35	145	95	92	86	172	50	81	91
8	42	30	174	150	43	120	39	122	68	16
9	105	157	33	128	31	132	61	85	119	131
10	2	170	139	83	175	3	6	56	124	133
11	28	71	137	63	151	171	38	60	5	37
12	21	54	167	153	44	140	22	13	155	18
13	135	77	47	49	121	84	55	59	12	58
14	97	10	108	161	40	176	168	98	165	142
15	159	80	67	118	123	4	154	11	164	163
16	115	88	103	25	69	7	45	109	116	90
17	15	130	112	36	17	57	141	162	89	

N.

I.	0	1	2	3	4	5	6	7	8	9
	1	10	100	105	155	118	106	165	39	32
1	141	157	138	127	17	170	89	174	129	37
2	12	120	126	7	70	163	19	11	110	26
3	81	94	45	92	25	71	173	119	116	86
4	144	8	80	84	124	166	49	132	67	133
5	77	54	3	30	121	136	107	175	139	137
6	117	96	65	113	56	23	51	152	88	164
7	29	111	36	2	20	21	31	131	57	33
8	151	78	64	103	135	97	75	34	161	178
9	169	79	74	24	61	73	14	140	147	38
10	22	41	52	162	9	90	5	50	142	167
11	59	53	172	109	16	160	168	69	153	98
12	85	134	87	154	108	6	60	63	93	35
13	171	99	95	55	13	130	47	112	46	102
14	125	176	149	58	43	72	4	40	42	62
15	83	114	66	123	156	128	27	91	15	150
16	68	143	177	159	158	148	48	122	146	28
17	101	115	76	44	82	104	145	18		

Nombre premier 181.

I.

N.	0	1	2	3	4	5	6	7	8	9
		0	133	68	86	48	21	15	39	136
1	1	146	154	32	148	116	172	55	89	135
2	134	83	99	29	107	96	165	24	101	84
3	69	27	125	34	8	63	42	38	88	100
4	87	59	36	140	52	4	162	109	60	30
5	49	123	118	121	157	14	54	23	37	108
6	22	65	160	151	78	80	167	66	141	97
7	16	57	175	20	171	164	41	161	53	166
8	40	92	12	73	169	103	93	152	5	25
9	137	47	115	95	62	3	13	79	163	102
10	2	130	76	143	71	131	74	81	110	85
11	147	106	7	51	156	77	170	168	61	70
12	155	112	18	127	113	144	104	67	31	28
13	33	139	120	150	19	72	94	142	50	126
14	149	177	10	178	128	132	153	98	124	35
15	117	159	174	11	114	75	6	17	119	9
16	173	44	45	179	145	82	26	58	122	64
17	56	91	46	129	105	111	138	176	158	43
18	90									

N.

I.	0	1	2	3	4	5	6	7	8	9
	1	10	100	95	45	88	156	112	34	159
1	142	153	82	96	55	7	70	157	122	134
2	73	6	60	57	27	89	166	31	129	23
3	49	128	13	130	33	149	42	58	37	8
4	80	76	36	179	161	162	172	91	5	50
5	138	113	44	78	56	17	17	71	167	41
6	48	118	94	35	169	61	61	127	3	30
7	119	104	135	83	106	155	155	115	64	97
8	65	107	165	21	29	109	109	40	38	18
9	180	171	81	86	136	93	93	69	147	22
10	39	28	99	85	126	174	174	24	59	47
11	108	175	121	124	154	92	92	150	52	158
12	132	53	168	51	148	32	32	123	144	173
13	101	105	145	2	20	19	19	90	176	131
14	43	68	137	103	125	164	164	110	14	140
15	133	63	87	146	12	120	120	54	178	151
16	62	77	46	98	75	26	26	66	117	84
17	116	74	16	160	152	72	72	141	143	163

Nombre premier 191.

I.

N.	0	1	2	3	4	5	6	7	8	9
		0	102	148	14	90	60	133	116	106
1	2	115	162	156	45	48	28	184	18	93
2	104	91	27	112	74	180	68	64	147	29
3	150	125	130	73	96	33	120	65	5	114
4	16	145	3	174	129	6	24	39	176	76
5	92	142	170	77	166	15	59	51	131	182
6	62	63	37	49	42	56	175	44	8	70
7	135	69	32	189	167	138	107	58	26	66
8	118	22	57	173	105	84	86	177	41	149
9	108	99	126	83	141	183	88	46	178	31
10	4	13	54	136	82	181	179	10	78	152
11	117	23	161	121	153	12	43	72	94	127
12	164	40	165	103	139	80	151	137	144	132
13	158	157	87	36	146	154	110	71	172	75
14	47	187	171	81	134	119	101	34	79	98
15	50	111	19	100	160	25	128	1	168	35
16	30	55	124	52	159	163	85	169	17	122
17	186	9	188	113	89	123	143	140	61	67
18	20	97	11	21	38	155	185	109	53	7
19	95									

N.

.	0	1	2	3	4	5	6	7	8	9
	1	157	10	42	100	38	45	189	68	171
1	107	182	115	101	4	55	40	168	18	152
2	180	183	81	111	46	155	78	22	16	29
3	160	99	72	35	147	159	133	62	184	47
4	121	88	64	116	67	14	97	140	15	63
5	150	57	163	188	102	161	65	82	77	56
6	6	178	60	61	27	37	79	179	26	71
7	69	137	117	33	24	139	49	53	108	148
8	125	143	104	93	85	166	86	132	96	174
9	5	21	50	19	118	190	34	181	149	91
10	153	146	2	123	20	84	9	76	90	187
11	136	151	23	173	39	11	8	110	80	145
12	36	113	169	175	162	31	92	119	156	44
13	32	58	129	7	144	70	103	127	75	124
14	177	94	51	176	128	41	134	28	3	89
15	30	126	109	114	135	185	13	131	130	164
16	154	112	12	165	120	122	54	74	158	167
17	51	142	138	83	43	66	48	87	98	106
18	25	105	59	95	17	186	170	141	172	73

Nombre premier 193.

I.

N.	0	1	2	3	4	5	6	7	8	9
		0	182	156	172	11	146	184	162	120
1	1	93	136	15	174	167	152	149	110	59
2	183	148	83	54	126	22	5	84	164	9
3	157	134	142	57	139	3	100	55	49	171
4	173	125	138	72	73	131	44	127	116	176
5	12	113	187	79	74	104	154	23	161	92
6	147	133	124	112	132	28	47	6	129	18
7	185	27	90	41	45	178	39	85	191	109
8	163	48	115	190	128	160	62	165	63	81
9	121	7	34	98	117	70	106	10	166	21
10	2	130	103	25	177	159	69	158	64	32
11	94	19	144	67	13	65	181	135	82	141
12	137	186	123	89	114	33	102	143	122	36
13	16	28	37	51	188	95	119	58	8	170
14	175	91	17	108	80	20	31	140	35	169
15	168	42	29	77	75	145	151	4	99	43
16	153	46	38	61	105	68	180	101	118	30
17	150	179	52	87	155	14	53	56	71	78
18	111	40	189	97	24	66	88	50	107	76
19	60	86	96							

N.

I.	0	1	2	3	4	5	6	7	8	9
	1	10	100	35	157	26	67	91	138	29
1	97	5	50	114	175	13	130	142	69	111
2	145	99	25	57	144	103	65	71	131	152
3	169	146	109	125	92	148	129	132	162	76
4	181	73	151	159	46	74	161	66	81	38
5	187	133	172	176	23	37	177	33	137	19
6	190	163	86	88	108	115	185	113	165	106
7	95	178	43	44	54	154	189	153	179	53
8	144	89	118	22	27	77	191	173	186	123
9	72	141	59	11	110	135	192	183	93	158
10	36	167	126	102	55	164	96	188	143	79
11	18	180	63	51	124	82	48	94	168	136
12	9	90	128	122	62	41	24	47	84	68
13	101	45	64	61	31	117	12	120	42	34
14	147	119	32	127	112	155	6	60	21	17
15	170	156	16	160	56	174	3	30	107	105
16	85	78	8	80	28	87	98	15	150	149
17	139	39	4	40	14	140	49	104	75	171
18	166	116	2	20	7	70	121	52	134	182
19	83	58								

Nombre premier 197.

I.

N.	0	1	2	3	4	5	6	7	8	9
		0	61	65	122	137	126	86	183	130
1	2	5	187	153	147	6	48	95	191	182
2	63	151	66	68	52	78	18	195	12	40
3	67	173	109	70	156	27	56	148	47	22
4	124	46	16	54	127	71	129	106	113	172
5	139	160	79	80	60	142	73	51	101	96
6	128	180	38	20	170	94	131	57	21	133
7	88	179	117	1	13	143	108	91	83	59
8	185	64	107	14	77	36	115	105	188	23
9	132	43	190	42	167	123	174	102	37	135
10	4	76	25	69	140	92	141	34	121	90
11	7	17	134	175	112	9	162	87	157	181
12	189	10	45	111	99	19	81	186	35	119
13	155	33	192	72	118	136	82	30	194	3
14	149	171	44	158	178	177	62	41	74	15
15	8	31	169	29	152	114	144	26	120	145
16	50	154	125	58	168	11	75	165	138	110
17	97	116	176	150	166	164	53	161	84	93
18	193	146	104	49	55	89	103	100	32	85
19	184	28	39	24	163	159	98			

N.

I.	0	1	2	3	4	5	6	7	8	9
	1	73	10	139	100	11	15	110	150	115
1	121	165	28	74	83	149	42	111	26	125
2	63	68	39	89	193	102	157	35	191	153
3	137	151	188	131	107	128	85	98	62	192
4	29	147	93	91	142	122	41	38	16	183
5	160	57	24	176	43	184	36	67	163	79
6	54	2	146	20	81	3	22	30	23	103
7	33	45	133	56	148	166	101	84	25	52
8	53	126	136	78	178	189	7	117	70	185
9	109	77	105	179	65	17	59	170	196	124
10	187	58	97	186	182	87	47	82	76	32
11	169	123	114	48	155	86	171	72	134	129
12	158	108	4	95	40	162	6	44	60	46
13	9	66	90	69	112	99	135	5	168	50
14	104	106	55	75	156	159	181	14	37	140
15	173	21	154	13	161	130	34	118	143	195
16	51	177	116	194	175	167	174	94	164	152
17	64	141	49	31	96	113	172	145	144	71
18	61	119	19	8	190	80	127	12	88	120
19	92	18	132	180	138	27				

Nombre premier 199.

I.

N.	0	1	2	3	4	5	6	7	8	9
		0	194	155	190	6	151	32	186	112
1	2	189	147	128	28	161	182	57	108	11
2	196	187	185	74	143	12	124	69	24	158
3	157	76	178	146	53	38	104	121	7	85
4	192	145	183	176	181	118	70	98	139	64
5	8	14	120	136	65	195	20	166	154	129
6	153	126	72	144	174	134	142	39	49	31
7	34	71	100	41	117	167	3	23	81	50
8	188	26	141	51	179	63	172	115	177	92
9	114	160	66	33	94	17	135	109	60	103
10	4	159	10	36	116	193	132	165	61	15
11	191	78	16	73	162	80	150	42	125	89
12	149	180	122	102	68	18	140	1	170	133
13	130	148	138	43	35	75	45	171	27	54
14	30	55	67	119	96	164	37	21	113	107
15	163	40	197	169	19	82	77	84	46	93
16	184	106	22	5	137	152	47	79	175	58
17	59	123	168	25	111	44	173	86	88	97
18	110	9	156	83	62	127	29	48	90	101
19	13	87	131	52	105	91	56	95	99	

N.

I.	0	1	2	3	4	5	6	7	8	9
	1	127	10	76	100	163	5	38	50	181
1	102	19	25	190	51	109	112	95	125	154
2	56	147	162	77	28	173	81	138	14	186
3	140	69	7	93	70	134	103	146	35	67
4	151	73	117	133	175	136	158	166	187	68
5	79	83	193	34	139	141	196	17	169	170
6	98	108	184	85	49	54	92	142	124	27
7	46	71	62	113	23	135	31	156	111	167
8	115	78	155	183	157	39	177	191	178	119
9	188	195	89	159	94	197	144	179	47	198
10	72	189	123	99	36	194	161	149	18	97
11	180	174	9	148	90	87	104	74	45	143
12	52	37	122	171	26	118	61	185	13	59
13	130	192	106	129	65	96	53	164	132	48
14	126	82	66	24	63	41	33	12	131	120
15	116	6	165	60	58	3	182	30	29	101
16	91	15	114	150	145	107	57	75	172	153
17	128	137	86	176	64	168	43	88	32	84
18	121	44	16	42	160	22	8	21	80	11
19	4	110	40	105	2	55	20	152		

Table des plus petites racines primitives des nombres premiers de 200 à 3 000.

Les nombres premiers marqués d'un astérique sont ceux qui admettent 10 comme racine primitive.

(Pour les nombres premiers plus petits que 200, voir la table précédente).

2 11	2	4 21	2	6 43	11	8 83	3	11 17	2	13 99	13
23*	3	31	7	47*	5	83	2	23	2	14 09	3
27	2	33*	5	53	2	82*	5	29	11	23	3
29*	6	39	15	59*	2	9 07	2	51	17	27	2
33*	3	43	2	61	2	11	17	53*	5	29*	6
39	7	49	3	73	5	19	7	63	5	33*	3
41	7	57	13	77	2	29	3	71*	2	39	7
51	6	61*	2	83	5	37*	5	81*	7	47*	3
57*	3	63	3	91	3	41*	2	87	2	51	2
63*	5	67	2	7 01*	2	47	2	93*	3	53	2
69*	2	79	13	09*	2	53*	3	12 01	11	59	3
71	6	87*	3	19	11	67	5	13	2	71	6
77	5	91*	2	27*	5	71*	6	17*	3	81	3
81	3	99*	7	33	6	77*	3	23*	5	83	2
83	3	5 03*	5	39	3	83*	5	29*	2	87*	5
93	2	09*	2	43*	5	91	6	31	3	89	14
3 07	5	21	3	51	3	97	7	37	2	93	2
11	17	23	2	57	2	10 09	11	49	7	99	2
13*	10	41*	2	61	6	13	3	59*	2	15 11	11
17	2	47	2	69	11	19*	2	77	2	23	2
31	3	57	2	73	2	21*	7	79	3	31*	2
37*	10	63	2	87	2	31	14	83	2	43*	5
47	2	69	3	97	2	33*	5	89	6	49*	2
49	2	71*	3	8 09	3	39	3	91*	2	53*	3
53	3	77*	5	11*	3	49	3	97*	10	59	19
59	7	87	2	21*	2	51*	7	13 01*	2	67*	3
67*	6	93*	3	23*	3	61	2	03*	6	71*	2
73	2	99	7	27	2	63*	3	07	2	79*	3
79*	2	6 01	7	29	2	69*	6	19	13	83*	5
83*	5	07	3	39	11	87*	3	21	13	97	11
89*	2	13	2	53	2	91*	2	27*	3	16 01	3
97	5	17	3	57*	3	93	5	61	3	07*	5
4 01	3	19*	2	59	2	97*	3	67*	5	09	7
09	21	31	3	63*	5	11 03*	5	73	2	13	3
19*	2	41	3	77	2	09*	2	81*	2	19*	2

16 21*	2	19 93	5	23 33	2	26 83	2
27	3	97	2	39*	2	87*	5
37	2	99	3	41*	7	89	19
57	11	20 03	5	47	3	93	2
63*	3	11	3	51	13	99*	2
67	2	17*	5	57	2	27 07	2
69	2	27	2	71*	2	11	7
93	2	29*	2	77	5	13*	5
97*	3	39	7	81	3	19	3
99	3	53	2	83*	5	29	3
17 09*	3	63*	5	89*	2	31*	3
21	3	69*	2	93	3	41*	2
23	3	81	3	99	11	49	6
33	2	83	2	24 11*	6	53*	3
41*	2	87	5	17*	3	67*	3
47	2	89	7	23*	5	77*	3
53	7	99*	2	37	2	89*	2
59	6	21 11	7	41	6	91	6
77*	5	13*	5	47*	5	97	2
83*	10	29	3	59*	2	28 01	3
87	2	31	2	67	2	03	2
89*	6	37*	10	73*	5	19*	2
18 01	11	41*	2	77	2	33*	5
11*	6	43*	3	25 03	3	37	2
23*	5	53*	3	21	17	43	2
31	3	61	14	31	2	51*	2
47*	5	79*	7	39*	2	57	11
61*	2	22 03	5	43*	5	61*	2
67	2	07*	5	49*	2	79	7
71	14	13	2	51	6	87*	5
73*	10	21*	2	57	2	97*	3
77	2	37	2	79*	2	29 03*	5
79	6	39	3	91	7	09*	2
89	3	43	2	93*	7	17	5
19 01	2	51*	7	26 09	3	27*	5
07	2	67	2	17*	5	39*	2
13*	3	69*	2	21*	2	53	13
31	2	73*	3	33*	3	57	2
33	5	81	7	47	3	63	2
49*	2	87	19	57*	3	69	3
51	3	93	2	59	2	71*	10
73	2	97*	5	63*	5	99	17
79*	2	23 09*	2	71	7		
87	2	11	3	77	2		

Cette table est de M. Wertheim, *Act. math.*, t. 17 (1893), p. 315. L'auteur l'a continuée jusqu'à la limite 5000. *Act. math.*, t. 20 (1897) p. 153.

Il y a une table s'étendant jusqu'à la limite 10000 dans *Desmarets*. Traité de l'Analyse indéterminée, Paris 1852, p. 298.

CHAPITRE II

GÉNÉRALISATION DES RÉSULTATS PRÉCÉDENTS POUR LES MODULES NON PREMIERS

16. — *Généralisation du théorème de Fermat. Théorème d'Euler* [1]. — *Soit n un entier quelconque, et a un entier premier avec n, on a :*

$$a^{\varphi(n)} - 1 \equiv 0 \pmod{n}.$$

En effet, soient

$$(1) \qquad \alpha_1, \alpha_2, \ldots \alpha_{\varphi(n)}$$

les entiers de la suite 1, 2, ... $n - 1$, premiers avec n. Considérons les entiers :

$$(2) \qquad a\alpha_1, a\alpha_2, \ldots a\alpha_{\varphi(n)}.$$

Je dis que les entiers de la suite (2) sont, dans l'ensemble, congrus à ceux de la suite (1).

En effet si l'on considère les entiers

$$(3) \qquad 0.a, 1.a, 2a, \ldots (n - 1)a$$

ils sont congrus, dans l'ensemble, aux entiers

$$(4) \qquad 0, 1, 2, \ldots n - 1.$$

D'ailleurs ce sont les entiers premiers avec n, de la suite (3) qui sont congrus aux entiers premiers avec n de la suite (4). Il en

[1] Euler. — *Petrop. Comm.*, nov. 8 (1760-61) p. 74 = *Com. Arith.*, I, p. 274.

résulte bien que les entiers (1) sont congrus, dans l'ensemble, aux entiers (2).

On en déduit que le produit des entiers (1) est congru au produit des entiers (2), c'est-à-dire que :

$$\alpha_1\alpha_2 \dots \alpha_{\varphi(n)}\, a^{\varphi(n)} \equiv \alpha_1\alpha_2 \dots \alpha_{\varphi(n)} \pmod{n}$$

d'où, en divisant les deux membres par $\alpha_1\alpha_2 \dots \alpha_{\varphi(n)}$ qui est premier à n

$$a^{\varphi(n)} \equiv 1 \pmod{n}.$$

Ce théorème est bien une généralisation de celui de Fermat, car lorsque n est un nombre premier p, on a $\varphi(n) = p - 1$.

17. — *Sur les restes suivant un module quelconque n des puissances d'un entier a premier à n.*

Théorème. — *Si l'on considère la suite :*

$$1,\ a,\ a^2,\ \dots$$

a étant premier à un module n, les restes des termes de cette suite par n se reproduisent périodiquement. Le nombre des termes de la période est le plus petit entier positif e tel que $a^e \equiv 1 \pmod{n}$. *On l'appelle l'exposant de a par rapport à n. C'est un diviseur de* $\varphi(n)$.

La démonstration est identique à celle donnée pour les modules premiers aux n°s 2 et 3.

Exemple. — Soit $n = 18$ $\varphi(n) = 6$.

$a = 1$	donne la période	1	appartient à l'exposant	1
5	»	$1, 5, 7, -1, -5, -7$;	»	6
7	»	$1, 7, -5$	»	3
-7	»	$1, -7, -5, -1, 7, 5$,	»	6.
-5	»	$1, -5, 7$	»	3
-1	»	$1, -1$	»	2

Quel que soit n, 1 appartient à l'exposant 1 et -1 à l'exposant 2 (sauf si $n = 2$).

Mais le théorème du n° **4** ne se généralise pas. *Lorsque le module n'est pas premier une congruence de degré m peut avoir plus de m solutions.*

Par exemple la congruence

$$x^2 + x - 2 \equiv 0 \pmod{35}$$

a quatre solutions :

$$x \equiv 1, \ -2, \ 8, \ -9.$$

Il en résulte que le raisonnement du n° 5 ne se généralise pas et que l'on ne peut pas de cette façon trouver les entiers qui appartiennent à un exposant donné. Nous allons procéder autrement.

18. Problème. — *Étant donné un module n trouver les entiers qui appartiennent, relativement à ce module, à l'exposant le plus élevé possible, et déterminer cet exposant.* On sait que cet exposant ne peut dépasser $\varphi(n)$.

Lorsqu'il est égal à $\varphi(n)$ les entiers appartenant à cet exposant seront dits *racines primitives* de n. Nous distinguerons plusieurs cas suivant les valeurs de n.

Lorsque n est un nombre premier le problème est déjà résolu. Nous savons qu'il y a des racines primitives.

Cas où n est une puissance d'un nombre premier impair

$$n = p^\alpha \qquad (\alpha > 1).$$

Alors

$$\varphi(n) = p^{\alpha-1}(p-1).$$

Lemme, *h étant un entier quelconque, m un entier positif impair et α un entier positif, on a*

$$(1 + hm)^{m^{\alpha-1}} \equiv 1 + hm^\alpha \pmod{m^{\alpha+1}}.$$

C'est évident pour $\alpha = 1$. Supposons donc que c'est vrai pour une valeur de α et démontrons-le pour la valeur $\alpha + 1$, Par hypothèse :

$$(1 + hm)^{m^{\alpha-1}} = 1 + hm^\alpha + km^{\alpha+1}.$$

Elevons les deux membres à la puissance m, il vient

$$(1+hm)^{m^\alpha} = 1 + m\left(hm^\alpha + km^{\alpha+1}\right) + \frac{m-1}{2}\, m\left(hm^\alpha + km^{\alpha+1}\right)^2 + \ldots$$

Transformons cette égalité en congruence (mod. $m^{\alpha+2}$) en négligeant les termes qui contiennent en facteur $m^{\alpha+2}$. D'abord les termes non écrits au second membre contiennent en facteur $m^{3\alpha}$; or $3\alpha \geqslant \alpha + 2$ puisque $\alpha \geqslant 1$. Ensuite $\frac{m-1}{2}$ est entier, puisque m est impair ; donc dans

$$\frac{m-1}{2} m \left(hm^{\alpha} + km^{\alpha+1}\right)^2$$

il y a en facteur $m^{2\alpha+1}$; or

$$2\alpha + 1 \geqslant \alpha + 2.$$

On peut donc négliger tous ces termes et il reste

$$(1 + hm)^{m^{\alpha}} \equiv 1 + hm^{\alpha+1} \left(\text{mod. } m^{\alpha+2}\right).$$

Corollaire. — On a, dans les mêmes hypothèses [1] sur h, m, α ;

$$(1 + hm)^{m^{\alpha-1}} \equiv 1 \left(\text{mod. } m^{\alpha}\right).$$

THÉORÈME. — *Un entier a qui n'est pas racine primitive d'un nombre premier p ne l'est pas non plus de p^{α}.*

En effet il existe un entier i, positif et plus petit que $p - 1$ tel que

$$a^i = 1 + hp.$$

Elevons les deux membres à la puissance $p^{\alpha-1}$, il vient :

$$a^{ip^{\alpha-1}} = (1 + hp)^{p^{\alpha-1}}$$

c'est-à-dire, d'après le corollaire du lemme :

$$a^{ip^{\alpha-1}} \equiv 1 \left(\text{mod. } p^{\alpha}\right).$$

Donc a appartient, relativement au module p^{α}, à un exposant inférieur a $(p - 1)\, p^{\alpha-1}$, donc a n'est pas racine primitive.

Examinons maintenant si, au contraire, une racine primitive de p est aussi racine primitive de p^{α}, nous arriverons au théorème suivant :

THÉORÈME. — *Toute racine primitive g de p est aussi racine primitive de p^{α}, sauf si $g^{p-1} - 1$ est divisible par p^2.*

En effet soit e l'exposant de g par rapport à p^{α}, on a

$$g^e \equiv 1 \left(\text{mod. } p^{\alpha}\right)$$

(1) Cependant, dans ce corollaire, m peut être un entier quelconque, pair ou impair.

d'où

$$g^e \equiv 1 \pmod{p}$$

donc e est un multiple de $p - 1$.

Mais d'autre part e est un diviseur de $\varphi(p^\alpha) = (p-1)\,p^{\alpha-1}$. Donc e est de la forme

$$e = (p-1)\,p^\beta \qquad 0 \leqslant \beta \leqslant \alpha - 1$$

et, pour montrer que g est racine primitive de p^α il suffit de montrer que $g^{(p-1)p^{\alpha-2}} - 1$, n'est pas divisible par p^α. Or on a :

$$g^{p-1} = 1 + kp.$$

En élevant les deux membres à la puissance $p^{\alpha-2}$ il vient, d'après le lemme (p étant impair)

$$g^{(p-1)p^{\alpha-2}} \equiv 1 + kp^{\alpha-1} \pmod{p^\alpha}.$$

Or

$$k = \frac{g^{p-1} - 1}{p}.$$

Donc si $g^{p-1} - 1$ n'est pas divisible par p^2, l'entier k n'est pas divisible par p, par suite $g^{(p-1)p^{\alpha-2}}$ n'est pas congru à 1 (mod. p^α), donc g est racine primitive de p^α. Au contraire, si $g^{p-1} - 1$ est divisible par p^2, g n'est pas racine primitive de p^α.

Il est facile maintenant de trouver les racines primitives de p^α. Soit g une racine primitive de p. Elle est congrue (mod. p) à $p^{\alpha-1}$ entiers incongrues (mod. $p^{\alpha-1}$), compris dans la formule

$$g + hp \qquad (h = 0, 1, \ldots p^{\alpha-1} - 1).$$

Cherchons ceux de ces entiers qui sont racines primitives de p^α. Ce sont ceux qui correspondent aux valeurs de h telles que $(g + hp)^{p-1} - 1$ ne soit pas divisible par p^2. Développant $(g + hp)^{p-1}$ et négligeant les multiples de p^2, on arrive à la condition :

$$g^{p-1} - g^{p-2}hp - 1 \not\equiv 0 \pmod{p^2}.$$

Posant, comme plus haut

$$\frac{g^{p-1} - 1}{p} = k$$

cette condition s'écrit

$$h \not\equiv \frac{k}{g^{p-2}} \pmod{p}$$

ou encore

$$h \not\equiv kg \pmod{p}.$$

On voit donc qu'il faut laisser de côté les $p^{\alpha-2}$ valeurs de h qui sont congrues à $kg \pmod{p}$. Ainsi chaque racine primitive de p fournit $p^{\alpha-1} - p^{\alpha-2}$ racines primitives de p^α. En recommençant ce calcul pour chacune des $\varphi(p-1)$ racines primitives de p, on trouve en tout $(p^{\alpha-1} - p^{\alpha-2})\,\varphi(p-1)$ c'est-à-dire $\varphi[\varphi(p^\alpha)]$ racines primitives de p^α.

Exemple $p = 7$. — Les racines primitives de 7 sont 3 et -2. Pour

$$g = 3, \quad k = \frac{3^6 - 1}{7} = 104 \equiv -1 \pmod{7}.$$

et l'on a

$$kg \equiv -3 \pmod{7}.$$

Pour

$$g = -2, \quad k = \frac{2^6 - 1}{7} = 9 \equiv 2 \pmod{7}$$

et l'on a

$$kg \equiv 3 \pmod{7}.$$

Donc les racines primitives de 7^α sont comprises dans les formules

$$3 + 7h, \qquad -2 + 7h \qquad (h = 0, 1, \ldots 7^{\alpha-1} - 1)$$

en laissant de côté les valeurs $h = 4, 11, 18, \ldots$ dans la première formule et les valeurs $h = 3, 10, 17, \ldots$ dans la seconde.

19. Résolution du problème du nº 18 dans le cas où n est une puissance de 2. — Nous distinguerons les cas :

$$n = 4, \qquad n = 2^m \ (m > 2).$$

1º Soit d'abord $n = 4$. On voit que 1 appartient à l'exposant 1 et -1 à l'exposant 2. D'ailleurs $\varphi(4) = 2$. Il y a donc une racine primitive qui est -1. On voit qu'il y a $\varphi(\varphi(4))$ racines primitives.

2° Soit maintenant

$$n = 2^m \ (m > 2).$$

THÉORÈME. — *Pour tout nombre impair a, on a*

$$a^{2^{m-2}} \equiv 1 \ (\text{mod. } 2^m).$$

En effet c'est vrai pour $m = 3$. Car soit $a = 2a' + 1$. On a

$$(2a' + 1)^2 = 4a'(a' + 1) + 1.$$

L'un des deux entiers a', $a' + 1$ est pair, etc.

Démontrons donc que si c'est vrai pour une valeur m, c'est vrai pour la valeur $m + 1$. Or

$$a^{2^{m-1}} - 1 = (a^{2^{m-2}} - 1)(a^{2^{m-2}} + 1).$$

Le facteur $a^{2^{m-2}} + 1$ est pair ; et le facteur $a^{2^{m-2}} - 1$ est divisible par 2^m par hypothèse, donc $a^{2^{m-1}}$ est divisible par 2^{m+1}.

Conséquence. — L'exposant le plus haut possible ne peut dépasser 2^{m-2}. Comme d'ailleurs $\varphi(2^m) = 2^{m-1}$ on en conclut qu'*il n'y a pas de racine primitive.*

Démontrons maintenant qu'il y a effectivement des entiers appartenant à l'exposant 2^{m-2}. Remarquons d'abord que les entiers impairs sont de l'une des quatre formes

$$\pm 1 + 8h, \quad \pm 3 + 8h.$$

THÉORÈME. — *Les entiers de la forme* $\pm 3 + 8h$ *appartiennent à l'exposant* 2^{m-2}, *les entiers de la forme* $\pm 1 + 8h$ *appartiennent à des exposants inférieurs.*

Pour le démontrer il suffit de démontrer que

(5) $$(\pm 3 + 8h)^{2^{m-3}} \not\equiv 1 \ (\text{mod. } 2^m)$$

mais que

$$(\pm 1 + 8h)^{2^{m-3}} \equiv 1 \ (\text{mod. } 2^m).$$

Or dans l'égalité

$$a^{2^\mu} - 1 = (a^{2^{\mu-1}} - 1)(a^{2^{\mu-1}} + 1)$$

où a est supposé impair et $\mu > 1$, le facteur $a^{2^{\mu-1}} + 1$ est divisible par 2 mais non par 4 ; donc $a^{2^\mu} - 1$ contient le facteur 2, exactement une fois de plus que $a^{2^{\mu-1}} - 1$. Donc pour démontrer les relations (5) et (6) il suffit de démontrer celles qu'on obtient en remplaçant m par $m - 1$, puis celles obtenues en remplaçant $m - 1$ par $m - 2$ et ainsi de suite. Or pour $m = 4$ elles sont évidentes.

En résumé, pour le module 2^m $(m > 2)$ l'exposant le plus élevé possible est 2^{m-2} ou $\frac{1}{2}\varphi(2^m)$; il y a 2^{m-2} ou $\varphi[\varphi(2^m)]$ entiers appartenant à cet exposant.

20. — Reste à résoudre le problème du n° **18** dans le cas où n contient des facteurs premiers différents.

Théorème. — *Soient n_1, n_2, ... des modules premiers entre eux deux à deux. Si un entier a appartient à l'exposant e_1 par rapport au module n_1, à l'exposant e_2 par rapport au module n_2, ... cet entier a appartient, par rapport au module $n_1 n_2$ ... à un exposant égal au plus petit commun multiple de e_1, e_2, ...*

En effet, l'exposant e de a par rapport à $n_1 n_2$ ... est le plus petit entier positif satisfaisant à la congruence

$$a^e \equiv 1 \pmod{n_1 n_2 \ldots}$$

Puisque n_1, n_2, ... sont premiers entre eux deux à deux cette congruence est équivalente à l'ensemble des suivantes :

$$a^e \equiv 1 \pmod{n_1}, \quad a^e \equiv 1 \pmod{n_2}, \ldots$$

La première exprime que e est un multiple de e_1, la seconde que e est un multiple de e_2, etc. Le plus petit entier positif satisfaisant à ces conditions est bien le plus petit commun multiple de e_1, e_2, ...

Conséquence. — Pour trouver un entier ayant par rapport à $n_1 n_2$ ... l'exposant le plus élevé possible, il faut chercher un entier a_1 ayant par rapport à n_1 l'exposant le plus élevé possible e_1, un entier a_2 ayant par rapport à n_2 l'exposant le plus élevé possible e_2, ..., puis déterminer un entier a tel que

$$a \equiv a_1 \pmod{n_1} \quad a \equiv a_2 \pmod{n_2} \ldots$$

ce qui est possible (n° **1**). L'entier a ainsi déterminé aura par rapport à $n_1 n_2$ ... un exposant égal au plus petit commun multiple de e_1, e_2, ...

En prenant pour a_1 toutes les valeurs possibles différentes deux à deux (mod. n_1), pour a_2 toutes les valeurs possibles différentes deux à deux (mod. n_2), ... on aura pour a toutes les valeurs possibles différentes deux à deux (mod. $n_1 n_2 \ldots$). S'il y a ν_1 valeurs pour a_1, ν_2 pour a_2, ... il y aura $\nu_1 \nu_2 \ldots$ valeurs pour a.

Cas particulier. — Soit n décomposé en facteurs premiers

$$n = 2^m \cdot p^\alpha q^\beta \ldots$$

Le plus haut exposant possible par rapport à 2^m est $\chi(2^m)$, en posant

$$\chi(2^m) = \varphi(2^m)$$

si $m \leqslant 2$ et

$$\chi(2^m) = \frac{1}{2}\varphi(2^m)$$

si $m > 2$; il y a en tout cas $\varphi[\varphi(2^m)]$ entiers incongrus (mod. 2^m) appartenant à cet exposant.

Le plus haut exposant possible pour p^α est $\varphi(p^\alpha)$, il y a $\varphi[\varphi(p^\alpha)]$ entiers incongrus (mod. p^α) appartenant à cet exposant. De même pour q^β, ...

Donc le plus haut exposant possible pour n est

$$M[\chi(2^m), \quad \varphi(p^\alpha), \quad \varphi(q^\beta), \ldots]$$

et le nombre des entiers incongrus (mod. n) appartenant à cet exposant est

$$\varphi[\varphi(2^m)]\,\varphi[\varphi(p^\alpha)]\,\varphi[\varphi(q^\beta)]\ldots$$

Condition pour que n ait des racines primitives. — Il faut et il suffit que

$$M[\chi(2^m), \varphi(p^\alpha), \varphi(q^\beta), \ldots] = \varphi(n) = \varphi(2^m)\,\varphi(p^\alpha)\,\varphi(q^\beta)\ldots$$

Pour cela il faut et il suffit d'abord que

$$\chi(2^m) = \varphi(2^m),$$

c'est-à-dire que $m \leqslant 2$; ensuite que

$$\varphi(2^m), \varphi(p^\alpha), \varphi(q^\beta), \ldots$$

soient premiers entre eux deux à deux. Mais $\varphi(a)$ est toujours pair sauf si $a = 2$. Donc, en définitive, *les seuls entiers ayant des ra-*

cines primitives sont les entiers de la forme $2^m (m < 3)$, p^α et $2p^\alpha$.

En tout cas, l'exposant maximum que nous poserons égal à $\chi(n)$ est

$$\chi(n) = \mathrm{M}\left[\chi(2^m),\ \varphi(p^\alpha),\ \varphi(p^\beta),\ \ldots\right]$$

C'est un diviseur de $\varphi(n)$. Il est égal à $\varphi(n)$ quand n a des racines primitives.

Théorème d'Euler perfectionné (¹). — *On a pour tout entier a premier à n*

$$a^{\chi(n)} \equiv 1 \pmod{n}.$$

Car on a

$$a^{\chi(2^m)} \equiv 1 \pmod{2^m}$$
$$a^{\chi(p^\alpha)} \equiv 1 \pmod{p^\alpha}$$
$$\ldots\ldots\ldots$$

Exemple :

$$n = 360 = 2^3 \,.\, 3^2 \,.\, 5.$$

L'exposant maximum pour 2^3 est $\chi(2^3) = 2$, pour 3^2 c'est

$$\chi(3^2) = \varphi(3^2) = 6\,;$$

pour 5 c'est

$$\chi(5) = \varphi(5) = 4.$$

Pour 360 c'est le plus petit multiple commun de 2, 6, 4 soit 12. On a $\chi(360) = 12$; et pour tout entier a, non divisible par 2, 3 ou 5, on a

$$a^{12} \equiv 1 \pmod{360}\,;$$

tandis que le théorème d'Euler donne seulement

$$a^{96} \equiv 1 \pmod{360}.$$

21. Généralisations de la théorie des indices. — 1° Lorsque n est de l'une des formes

$$2^m (m < 3), \quad p^\alpha, \quad 2p^\alpha,$$

il a des racines primitives, et la théorie des indices subsiste sans aucune modification.

(¹) CAUCHY, *C. R. S. A. P.*, 12 (1841), p. 824, 845 = Œuvres (1), t. 6, p. 124, 146.

Exemple. — Soit

$$n = 7^2,$$

$g = 3$ est une racine primitive.

On a

$$3^0 \equiv 1 \quad 3^1 \equiv 3 \quad 3^2 \equiv 9 \quad 3^3 \equiv 27 \quad 3^4 \equiv 32 \quad \ldots$$
$$3^{40} \equiv 11 \quad 3^{41} \equiv 10 \pmod{7^2}.$$

Donc 0 est l'indice de 1, 1 est l'indice de 3, ... 41 est l'indice de 10, la base étant 3, et tous les indices étant définis au module 42 près.

2° Soit maintenant

$$n = 2^m \quad (m > 2).$$

Il y a

$$\varphi(2^m) = 2^{m-1}$$

entiers impairs incongrus deux à deux (mod. 2^m), par exemple :

(7) $$1, 3, 5, \ldots 2^m - 1.$$

D'autre part on sait (nº **19**) que 3 appartient relativement au module 2^m à l'exposant le plus élevé possible qui est 2^{m-2}. Ainsi

(8) $$3^0 \quad 3^1 \ldots 3^{2^{m-2}-1}$$

représentent au module 2^m près, la moitié des entiers (7).

Je dis que

(9) $$-3^0 \quad -3^1 \ldots -3^{2^{m-2}-1}$$

représentent les autres.

En effet les entiers (9) sont incongrus entre eux deux à deux, puisque les entiers (8) le sont. Il suffira de démontrer qu'un quelconque des entiers (9) et un quelconque des entiers (8) sont incongrus entre eux.

Or si l'on avait

(10) $$3^k \equiv -3^{k'} \pmod{2^m}$$

on en déduirait

$$(3^k + 3^{k'})(3^k - 3^{k'}) \equiv 0 \pmod{2^{m+1}}$$

c'est-à-dire

$$3^{2k} \equiv 3^{2k'} \pmod{2^{m+1}}$$

par suite

$$2k \equiv 2k' \pmod{2^{m-1}}$$

ou

$$k \equiv k' \pmod{2^{m-2}}$$

d'où

$$k = k'.$$

Mais pour $k = k'$ la condition (10) n'est pas satisfaite.

On en conclut que les entiers (8) et (9) représentent tous les entiers (7) au module 2^m près. C'est-à-dire que :

Pour tout entier impair a, on a

$$a \equiv (-1)^{\varepsilon} 3^{i} \pmod{2^m}$$

ε étant déterminé au module 2 près et i au module 2^{m-2} près.

L'ensemble des deux entiers ε, i, s'appellera le *système d'indices* de a relativement au module 2^m. Il est facile de voir que les propriétés des indices démontrées au nº 9 se généralisent pour ces systèmes d'indices. Prenons par exemple le théorème I. Soit

$$\left.\begin{array}{l} a \equiv (-1)^{\varepsilon} 3^{i} \\ a' \equiv (-1)^{\varepsilon'} 3^{i'} \\ \cdot\ \cdot\ \cdot\ \cdot\ \cdot \end{array}\right\} \pmod{2^m}.$$

On a

$$aa' \ldots = (-1)^{\varepsilon + \varepsilon' + \ldots}\, 3^{i + i' + \ldots}$$

Par conséquent les indices de aa' ... sont

$$\varepsilon + \varepsilon' + \ldots \quad \text{et} \quad i + i' + \ldots$$

3° Soit maintenant

$$n = 2^m p^{\alpha} q^{\beta} \ldots,$$

m pouvant être nul. Si $m = 0$ ou 1, tout entier a premier à n, a un indice relatif à p^{α}, un indice relatif à q^{β}, etc. [1]. Si $m = 2$, a a un indice relatif à 2^2, un indice relatif à p^{α}, un indice relatif à q^{β}, etc. Enfin si $m > 2$, a a deux indices relatifs à 2^m, un indice relatif à p^{α}, etc. Dans tous les cas, l'ensemble de ces indices s'appelle le *système d'indices* de a. L'indice relatif à p^{α} n'est déterminé

[1] On suppose, qu'on ait choisi une base d'indices pour p^{α}, une pour q^{β}, etc.

qu'au module $\varphi(p^\alpha)$ près, celui relatif à q^β n'est déterminé qu'au module $\varphi(q^\beta)$ près, etc., celui relatif à 2^2 n'est déterminé qu'au module 2 près, enfin les deux indices ε, i, relatifs à 2^m $(m > 2)$ ne sont déterminés respectivement qu'aux modules 2 et 2^{m-2} près. C'est ce que nous appellerons, pour abréger le langage, être déterminé. De même a sera dit déterminé, s'il est déterminé au module n près. Alors :

A tout entier déterminé correspond un système d'indices déterminé et réciproquement.

En effet, a étant déterminé au module n près, est déterminé aussi aux modules 2^m, p^α, q^β, ... près, donc ses indices sont déterminés. Réciproquement si ses indices sont déterminés a est déterminé aux modules 2^m, p^α, q^β, ... près et comme ces modules sont premiers entre eux deux à deux, a est déterminé au module n près (n° **1**).

Les propriétés des indices démontrées au n° **9** se généralisent encore pour ces systèmes d'indices. En effet, soient deux entiers a et a' premiers à n et soient

$$\varepsilon,\ i,\ i_p,\ i_q,\ \dots \text{ le système d'indices de } a$$
$$\varepsilon',\ i',\ i'_p,\ i'_q,\ \dots \text{ le système d'indices de } a'.$$

(Si l'on a $m = 2$, ε et ε' n'existent pas, si l'on a $m = 1$ ou 0, ε, ε', i, i' n'existent pas, mais la démonstration n'en est pas changée).

On a :

$$\left.\begin{array}{l} a \equiv (-1)^\varepsilon 3^i \\ a' \equiv (-1)^{\varepsilon'} 3^{i'} \end{array}\right\} \pmod{2^m} \qquad \left.\begin{array}{l} a \equiv (g_p)^{i_p} \\ a' \equiv (g_p)^{i'_p} \end{array}\right\} \pmod{p^\alpha} \dots$$

(g_p est la base des indices i_p, i'_p, etc.).

On en déduit :

$$aa' \equiv (-1)^{\varepsilon+\varepsilon'} 3^{i+i'} \pmod{2^m} \qquad aa' \equiv (g_p)^{i_p+i'_p} \pmod{p^\alpha} \dots$$

Donc le système d'indices de aa' est

$$\varepsilon + \varepsilon', \quad i + i', \quad i_p + i'_p, \ \dots$$

On généralise sans peine les autres théorèmes du n° **9**.

22. Calculer l'exposant d'un entier déterminé par son système d'indices. — Pour ne plus avoir à distinguer plusieurs cas suivant la présence ou non du facteur 2 à un exposant supérieur ou non à 2, nous désignerons par $i, j, k, \ldots$ les indices d'un entier a, le premier étant déterminé au module I, le second au module J, le troisième au module K, ... près. Ainsi si le facteur 2 n'entre pas dans n ou s'il n'y entre qu'à l'exposant 1, on aura

$$I \equiv \varphi(p^{\alpha}), \quad J = \varphi(q^{\beta}) \ldots$$

Si le facteur 2 entre dans n à la seconde puissance on aura

$$I = 2, \quad J = \varphi(p^{\alpha}), \quad K = \varphi(q^{\beta}), \ldots$$

Enfin si le facteur 2 entre dans n à une puissance d'exposant m supérieur à 2, on aura

$$I = 2, \quad J = 2^{m-2}, \quad K = \varphi(p^{\alpha}), \ldots$$

L'exposant maximum par rapport à n qu'on a désigné par $\chi(n)$ est le plus petit commun multiple de I, J, K, ...

Soit donc un entier a, soient $i, j, \ldots$ ces indices. Les indices de a^d sont di, dj, ... et pour que

$$a^d \equiv 1 \pmod{n},$$

il faut et il suffit que

$$\begin{aligned} di &\equiv 0 \pmod{I} \\ dj &\equiv 0 \pmod{J} \\ &\ldots\ldots \end{aligned}$$

Ces conditions équivalent respectivement à

$$\begin{aligned} d &= \frac{\lambda I}{D(i, I)} \\ d &= \frac{\mu J}{D(j, J)} \\ &\ldots\ldots \end{aligned}$$

λ, μ, ... étant des entiers. Donc la plus petite valeur de d qui y satisfasse, c'est-à-dire l'exposant cherché est :

$$M\left[\frac{I}{D(i, I)}, \frac{J}{D(j, J)}, \ldots\right]$$

En particulier on retrouve que l'exposant maximum est M(I, J, ...) et que tout autre est un diviseur de celui-là (n° **20**).

23. Résolution de la congruence. —

$$x^m \equiv 1 \pmod{n}. \tag{11}$$

Nombre de solutions. — On voit immédiatement que les indices $i, j, \ldots$ d'une solution doivent satisfaire aux congruences :

$$\left\{\begin{array}{l} mi \equiv 0 \pmod{I} \\ mj \equiv 0 \pmod{J} \\ \ldots\ldots\ldots \end{array}\right. \tag{12}$$

On sait résoudre ces congruences. On sait aussi (I. 330) qu'elles ont respectivement $D(m, I)$, $D(m, J)$, ... solutions. Donc le nombre de solutions de la congruence (11) est

$$D(m, I)\, D(m, J)\ldots \tag{13}$$

Nous poserons ce nombre égal à $F_n(m)$, ou simplement à $F(m)$ s'il n'y a pas besoin de mettre n en évidence.

En particulier si m est premier à chacun des entiers I, J, ... il y a une seule solution, laquelle est évidemment $x = 1$.

Remarque. — *Les racines de* $x^m - 1 \equiv 0 \pmod{n}$ *sont les mêmes que celles de* $x^{D(m, \chi(n))} - 1 \equiv 0 \bmod. (n)$. (Généralisation du théorème du n° **10**). Car on voit facilement que toute solution d'une des congruences (12) satisfait aussi à la congruence obtenue en remplaçant m par $D(m, \chi(n))$.

Cas particulier. — *La congruence*

$$x^2 \equiv 1 \pmod{n}$$

a 2^s *racines, s étant le nombre des facteurs premiers de n si n est impair ou simplement pair, ce nombre augmenté de* 1 *si n est doublement pair ; ce nombre augmenté de* 2 *si n est plus que doublement pair.*

24. Chercher le nombre des entiers qui appartiennent à un exposant donné e. — Désignons ce nombre par $\psi(e)$. Nous pouvons remarquer tout de suite que $\psi(e) = 0$ quand e n'est pas diviseur de $\chi(n)$, mais nous ne nous servirons pas de cette remarque dans ce qui va suivre.

Les $F(m)$ solutions de la congruence (11) sont les entiers qui appartiennent à des exposants diviseurs de m. On a donc

$$\sum_{d/m} \psi(d) = F(m) \tag{14}$$

m étant un entier quelconque, et la sommation s'étendent à tous les diviseurs d de cet entier.

A partir de maintenant nous ne supposerons pas que $F(m)$ soit la fonction (13), ce sera une fonction quelconque et nous chercherons à déterminer $\psi(d)$ par la relation (14). Ce problème a été résolu en même temps par Dedekind et Liouville [1].

D'abord la relation (14) détermine la fonction ψ, car en l'écrivant successivement pour $m = 1, 2, 3, \ldots$ on obtient des équations dont la première donne $\psi(1)$, la seconde $\psi(2)$, etc. Mais d'ailleurs pour déterminer $\psi(n)$ il suffit de considérer les relations obtenues en faisant dans (14), m successivement égal à tous diviseurs de n.

On voit de cette façon que la valeur de $\psi(n)$ est de la forme :

$$\psi(n) = \alpha_1 F(1) + \alpha_{d_1} F(d_1) + \ldots + \alpha_n F(n) \tag{15}$$

$\alpha_1, \alpha_{d_1}, \ldots \alpha_n$ étant des coefficients indépendants de la fonction F. Or lorsque $F(m)$ se réduit à m on sait que ψ se réduit à l'indicateur φ. On a denc dans ce cas

$$\psi(n) = \varphi(n) = n\left(1 - \frac{1}{p}\right)\left(1 - \frac{1}{q}\right) \ldots = n - \sum \frac{n}{p} + \sum \frac{n}{pq} \ldots$$

$p, q, \ldots$ étant les facteurs premiers de n, le premier signe Σ s'étendant à ces différents facteurs premiers, le second à leurs combinaisons deux à deux, etc. Comme tous les entiers

$$n, \quad \frac{n}{p}, \quad \frac{n}{pq}, \ldots$$

sont des diviseurs de n, cela nous donne à supposer [2] que la for-

[1] DEDEKIND, *J. r. a. M.*, 54 (1857), p. 21.
LIOUVILLE, *J. m. p. a.* (2) 2 (1857), p. 110.

[2] Cela n'est pas une preuve parce qu'une expression peut se mettre de plusieurs façons sous la forme (15). Par exemple

$$\varphi(12) = 12 - \frac{12}{2} - \frac{12}{3} + \frac{12}{6} = 12 - 3\frac{12}{4} + \frac{12}{12} = \frac{12}{3} = \ldots$$

mule (15) doit être

$$(16)\qquad \psi(n) = F(n) - \sum F\left(\frac{n}{p}\right) + \sum F\left(\frac{n}{pq}\right) \ldots$$

Il reste à montrer que cette expression de ψ satisfait effectivement à la condition (14).

En effet si dans le premier membre on remplace les $\psi(d)$, par leurs valeurs (16), le terme en $F(m)$ ne provient que de $\psi(m)$ et sera $F(m)$.

Calculons maintenant les termes en $F(\delta)$, δ étant un diviseur de m. Ils ne proviendront que des termes $\psi(\delta k)$ du premier membre, les différentes valeurs de k n'étant composées que de facteurs premiers de m qui entrent dans m avec un exposant supérieur à celui qu'ils ont dans δ, et ne contenant d'ailleurs ces facteurs qu'à l'exposant 1. Soient $p_1, p_2, \ldots p_r$ ces facteurs premiers, $F(\delta)$ se trouvera avec le coefficient $+1$ dans l'expression de $\psi(\delta)$; avec le coefficient -1 dans les expressions de

$$\psi(\delta p_1), \psi(\delta p_2), \ldots \psi(\delta p_r);$$

avec le coefficient $+1$ dans les expressions de

$$\psi(\delta p_1 p_2), \psi(\delta p_1 p_3) \ldots \psi(\delta p_{r-1} p_r);$$

etc.

Il en résulte que le coefficient de $F(\delta)$ sera

$$1 - C_r^1 + C_r^2 - \ldots + (-1)^r C_r^r$$

C_r^i désignant le nombre des combinaisons de r objets i à i. Or cette somme est nulle. On le voit en faisant $x = 1$ dans la formule

$$(1 - x)^r = 1 - C_r^1 x + C_r^2 x^2 - \ldots + (-1)^r C_r^r x^r.$$

La formule (16) est donc démontrée. En particulier

Le nombre $\psi(e)$ des entiers qui, par rapport à un module n, appartiennent à un exposant e est

$$\psi(e) = F(e) - \sum F\left(\frac{e}{p}\right) + \sum F\left(\frac{e}{pq}\right) - \ldots$$

$p, q, \ldots$ étant les facteurs premiers de e et F étant défini par

$$F(m) = D(m, I)\, D(m, J) \ldots.$$

Exemples. I. — $n = 360 = 2^3 . 3^2 . 5.$

Alors

$$I = 2, \quad J = 2^{3-2} = 2, \quad K = \varphi(3^2) = 6, \quad L = \varphi(5) = 4,$$
$$\chi(n) = M(2, 2, 6, 4) = 12.$$

Soit $e = 6$; on a

$$\psi(6) = F(6) - F\left(\frac{6}{2}\right) - F\left(\frac{6}{3}\right) + F\left(\frac{6}{6}\right) = F(6) - F(3) - F(2) + F(1).$$

$$F(6) = D(6, 2)\, D(6, 2)\, D(6, 6)\, D(6, 4) = 48$$
$$F(3) = D(3, 2)\, D(3, 2)\, D(3, 6)\, D(3, 4) = 3$$
$$F(2) = D(2, 2)\, D(2, 2)\, D(2, 6)\, D(2, 4) = 16$$
$$F(1) = D(1, 2)\, D(1, 2)\, D(1, 6)\, D(1, 4) = 1$$

et

$$\psi(6) = 48 - 3 - 16 + 1 = 30.$$

Il y a donc 48 solutions de $x^6 - 1 \equiv 0$ (mod. 360) dont 30 appartiennent à l'exposant 6.

II. — Soit encore $n = 360$ et $e = 18$ qui n'est pas diviseur de $\chi(n)$. On a :

$$\psi(18) = F(18) - F(9) - F(6) + F(3)$$
$$F(18) = D(18, 2)\, D(18, 2)\, D(18, 6)\, D(18, 4) = 48$$
$$F(9) = D(9, 2)\, D(9, 2)\, D(9, 6)\, D(9, 4) = 3$$
$$F(6) = D(6, 2)\, D(6, 2)\, D(6, 6)\, D(6, 4) = 48$$
$$F(3) = D(3, 2)\, D(3, 2)\, D(3, 6)\, D(3, 4) = 3$$
$$\psi(18) = 48 - 3 - 48 + 3 = 0$$

ce qui était évident *a priori*.

25. Résolution de la congruence $x^m \equiv a$ (mod. n), a étant premier à n. — Soient $i_1, j_1, \ldots$ les indices connus de a et $i, j, \ldots$ les indices inconnus de x, on détermine $i, j, \ldots$ par les congruences

$$mi \equiv i_1 \text{ (mod. I)}$$
$$mj \equiv j_1 \text{ (mod. J)}$$
$$\ldots\ldots$$

Les conditions de possibilité sont que $D(m, I)$ divise i_1, que $D(m, J)$ divise i_2, etc. Si elles sont remplies, la première congruence en i à $D(m, I)$ solutions, la congruence en j en a $D(m, J)\ldots$, donc la congruence proposée à $D(m, I)\, D(m, J) \ldots$ solutions.

On démontrera facilement que toutes ces solutions se déduisent de l'une d'elles en la multipliant successivement par toutes les solutions de $x^m \equiv 1 \pmod{n}$.

Applications. I. — *Nombre de solutions de la congruence*

$$x^a \equiv 1 \left(\text{mod. } p^\alpha\right)$$

a étant un diviseur de p — 1, p étant un nombre premier impair (¹).

Ici il n'y a qu'un exposant I qui est égal à $p^{\alpha-1}(p-1)$. On a $D(a, I) = a$. Donc la *congruence a a solutions.*

II. — *Nombre de solutions de la congruence*

$$x^p \equiv 1 \left(\text{mod. } p^\alpha\right).$$

Il n'y a qu'un exposant I qui est $p^{\alpha-1}(p-1)$ si p est impair ou si $p = 2$ et $\alpha < 3$. Si $p = 2$ et $\alpha \geqslant 3$ l'exposant I est égal à $p^{\alpha-2}$. Dans les deux cas on a $D(p, I) = p$. Donc *la congruence a p solutions.*

D'ailleurs ces solutions sont évidentes ce sont les entiers :

$$x = 1 + p^{\alpha-1}z \qquad (z = 0, 1, 2, \dots p-1).$$

En effet ces p entiers sont incongrus deux à deux (mod. p^α) et ils satisfont à la congruence proposée, comme on le voit immédiatement en développant $(1 + p^{\alpha-1}z)^p$ par la formule du binôme.

26. Résolution d'une congruence algébrique à module non premier. — Nous allons montrer comment cette résolution se ramène à celle de congruences à module premier.

Congruence $f(x) \equiv 0$ (*mod.* p^α) (p = *nombre premier,* $\alpha > 1$).

1re *Méthode.* — Nous opérons de proche en proche suivant les valeurs croissantes de α. Nous supposons donc résolus la congruence

$$f(x) \equiv 0 \left(\text{mod. } p^{\alpha-1}\right).$$

Nous emploierons dans ce qui va suivre la formule dite de *Taylor.* Cette formule, pour un polynôme $f(x)$ de degré m est la suivante :

$$f(x+h) = f(x) + \frac{h}{1}f'(x) + \frac{h^2}{1 \cdot 2}f''(x) + \dots + \frac{h^m}{m!}f^{(m)}(x)$$

(¹) Si $p = 2$, $a = 1$, la réponse est évidente.

$f'(x)$ désigne la *dérivée* (I. 245) de $f(x)$; $f''(x)$ est la dérivée de $f'(x)$ ou dérivée *seconde* de $f(x)$, etc. Cette formule est classique.

Une solution de

$$(17) \qquad f(x) \equiv 0 \pmod{p^\alpha}$$

est aussi solution de

$$(18) \qquad f(x) \equiv 0 \pmod{p^{\alpha-1}}.$$

Soit donc x_0 une solution de cette dernière. Il faudra, dans (17), poser

$$x = x_0 + p^{\alpha-1}y$$

et déterminer y au module p près. Il vient :

$$f(x_0 + p^{\alpha-1}y) \equiv 0 \pmod{p^\alpha}$$

ou, d'après la formule de Taylor :

$$f(x_0) + p^{\alpha-1}y\,f'(x_0) + \ldots \equiv 0 \pmod{p^\alpha}.$$

Les termes non écrits contiennent en facteur $p^{2(\alpha-1)}$. Or

$$2(\alpha - 1) \geqslant \alpha \quad \text{puisque} \quad \alpha > 1.$$

On peut donc négliger ces termes. Ensuite comme $f(x_0)$ est divisible par $p^{\alpha-1}$ on peut diviser tous les termes et le module par $p^{\alpha-1}$ et l'on est amené à

$$(19) \qquad \frac{f(x_0)}{p^{\alpha-1}} + y\,f'(x_0) \equiv 0 \pmod{p}$$

qui est une congruence du premier degré à module premier, qui doit déterminer y au module p près.

Si $f'(x_0) \not\equiv 0 \pmod{p}$, la congruence (19) a une solution et une seule ; dans ce cas la solution x_0 de (19) fournit une solution et une seule de (18).

Si $f'(x_0) \equiv 0 \pmod{p}$ avec $\dfrac{f(x_0)}{p^{\alpha-1}} \not\equiv 0 \pmod{p}$, la congruence (19) est impossible ; dans ce cas la solution x_0 de (19) ne fournit aucune solution de (18).

Enfin si

$$f'(x_0) \equiv \frac{f(x_0)}{p^{\alpha-1}} \equiv 0 \pmod{p},$$

la congruence (19) a p solutions dans ce cas, la solution x_0 de (19) fournit p solutions de (18).

2° *Méthode* (¹). — Il suffit de trouver les solutions x de (17) telles que

$$0 \leqslant x < p^\alpha.$$

Or un tel entier, écrit dans le système de numérateur de base p se met sous la forme

$$x_0 + x_1 p + x_2 p^2 + \ldots + x_{\alpha-1} p^{\alpha-1}$$

$x_0, x_1, \ldots x_{\alpha-1}$ étant les chiffres, c'est-à-dire des entiers tels que

$$0 \leqslant x_h < p.$$

De plus une valeur de x ne se met sous cette forme que d'une façon. On remplace ainsi l'inconnue x par les inconnues $x_0, x_1, \ldots x_{\alpha-1}$.

La congruence proposée devient

$$(20) \qquad f\left(x_0 + x_1 p + \ldots + x_{\alpha-1} p^\alpha\right) \equiv 0 \left(\text{mod. } p^\alpha\right).$$

On va écrire successivement que le premier membre est divisible par $p, p^2, \ldots p^{\alpha-1}$. En écrivant qu'il est divisible par p, on a

$$f(x_0) \equiv 0 \ (\text{mod. } p)$$

c'est-à-dire la congruence (17). Si elle est possible elle détermine *complètement* x_0. Ensuite, x_0 étant déterminé, en écrivant que le premier membre de (20) est divisible par p^2, on peut négliger les termes en $p^2, p^3, \ldots$, il vient

$$f(x_0 + x_1 p) \equiv 0 \ (\text{mod. } p^2)$$

ou, après la même transformation que dans la première méthode :

$$\frac{f(x_0)}{p} + x_1 f'(x_0) \equiv 0 \ (\text{mod. } p)$$

qui détermine complètement x_1 si elle est possible.

Ensuite on va écrire que le premier membre de (20) est divisible par p^3. Pour cela on peut négliger les termes en $p^3, p^4, \ldots$ et écrire

$$f(x_0 + x_1 p + x_2 p^2) \equiv 0 \ (\text{mod. } p^3)$$

(¹) Cette méthode est inspirée de la théorie des nombres $p$adiques de M. K. Hensel.

ou

$$\frac{f(x_0 + x_1 p)}{p^2} + x_2 f'(x_0 + x_1 p) \equiv 0 \pmod{p}$$

qui détermine complètement x_2 si elle est possible, etc. Cette méthode ne diffère pas au fond de la précédente.

Comme exercice, nous proposons au lecteur de reprendre d'après les méthodes de ce numéro les deux applications du n° **25**.

27. Congruence algébrique suivant un module quelconque. — Soit

$$f(x) \equiv 0 \pmod{n} \qquad (21)$$

n contenant plusieurs facteurs premiers différents

$$n = p^{\alpha} q^{\beta} \ldots$$

Soit, plus généralement, $n = n'n'' \ldots$, les entiers n', n'', ... étant premier entre eux deux à deux. Une solution de (21) doit être solution des congruences

$$\left\{\begin{array}{l} f(x) \equiv 0 \pmod{n'} \\ f(x) \equiv 0 \pmod{n''} \\ \ldots\ldots\ldots \end{array}\right. \qquad (22)$$

Réciproquement un entier solution de toutes les congruences (22) le sera aussi de la congruence (21) puisque n', n'', ... sont premiers entre eux deux à deux.

Si l'une des congruences (22) est impossible, la congruence proposée l'est aussi.

Si les congruences (22) sont toutes possibles, soit x' une solution de la première, x'' une solution de la seconde, etc. ; on a une solution de la proposée en cherchant x tel que

$$x \equiv x' \pmod{n'}$$
$$x \equiv x'' \pmod{n''}$$
$$\ldots\ldots$$

Il y a une valeur de x et une seule (mod. n) satisfaisant à ces conditions (n° **1**).

28. Généralisation pour une congruence algébrique à un nombre quelconque d'inconnues. — La résolution d'une telle congruence :

$$f(x, y, z, \ldots) \equiv 0 \pmod{n}$$

se ramène à celle des congruences

$$f(x, y, z, \ldots) \equiv 0 \pmod{p}$$
$$f(x, y, z, \ldots) \equiv 0 \pmod{q}$$
$$\cdots\cdots\cdots\cdots$$

$p, q, \ldots$ étant les facteurs premiers de n.

I. — Congruence. $f(x, y, z, \ldots) \equiv 0 \pmod{p^\alpha}$.

On a besoin de la formule de Taylor relative aux polynômes à plusieurs variables. Cette formule est

$$f(x+h, y+k, z+l, \ldots) = f(x, y, z, \ldots) + (hf'_x + kf'_y + lf'_z + \ldots) + \ldots$$

$f(x, y, z, \ldots)$ est un polynôme entier par rapport aux variables, x, y, z, ..., f'_x, f'_y, f'_z ... désignent les dérivées de ce polynôme par rapport à x, y, z, ..., les termes non écrits au second membre sont, par rapport à h, k, l, ... d'un degré supérieur au premier et nous n'en aurons pas besoin.

Soit $x_0, y_0, z_0, \ldots$ une solution de

$$f(x, y, z, \ldots) \equiv 0 \left(\text{mod. } p^{\alpha-1}\right).$$

On pose

$$x = x_0 + p^{\alpha-1}\xi$$
$$y = y_0 + p^{\alpha-1}\eta$$
$$\cdots\cdots\cdots$$

et l'on a à déterminer $\xi, \eta, \ldots$ au module p près par la congruence

$$f\left(x_0 + p^{\alpha-1}\xi, y_0 + p^{\alpha-1}\eta, \ldots\right) \equiv 0 \left(\text{mod. } p^\alpha\right).$$

Développant par la formule de Taylor et opérant comme au n° **26**, on trouve

$$\xi f'_{x_0}(x_0, y_0, \ldots) + \eta f'_{y_0}(x_0, y_0, \ldots) + \ldots + \frac{f(x_0\, y_0, \ldots)}{p^{\alpha-1}} \equiv 0 \pmod{p}.$$

Si $f'_{x_0}, f'_{y_0}, \ldots$ ne sont pas tous $\equiv 0 \pmod{p}$ cette congruence à p^{k-1} solutions, k étant le nombre d'inconnues, d'où p^{k-1} solutions pour la congruence proposée.

Si $f'_{x_0} \equiv f'_{y_0} \equiv \ldots \equiv 0 \pmod{p}$ et que $\dfrac{f(x_0, y_0, \ldots)}{p^{\alpha-1}} \not\equiv 0$

(mod. p), la solution $x_0, y_0, z_0, \ldots$ n'en fournit aucune pour la congruence proposée.

Si

$$f'_{x_0} \equiv f'_{y_0} \equiv \ldots \equiv \frac{f(x_0, y_0, \ldots)}{p^{\alpha-1}} \equiv 0 \pmod{p},$$

$\xi, \eta, \ldots$ sont indéterminés, donc la solution $x_0, y_0, \ldots$ en fournit p^k de la congruence proposée. On peut d'ailleurs procéder par une deuxième méthode comme plus haut.

II. — *Congruence $f(x, y, z, \ldots) = 0$ (mod. $n'n'' \ldots$, les entiers $n', n'' \ldots$ étant premiers entre eux deux à deux.*

On pose les congruences

$$f(x, y, \ldots) \equiv 0 \pmod{n'}$$
$$f(x, y, \ldots) \equiv 0 \pmod{n''}.$$

Si l'une d'elles est impossible, la congruence proposée l'est aussi :

Sinon soit $x', y', \ldots$ une solution de la première

$x'', y'', \ldots$ une solution de la seconde .

. . . .

On détermine $x, y, \ldots$ par les conditions

$$(23) \quad \begin{cases} x \equiv x' \pmod{n'} & y \equiv y' \pmod{n'} \ldots \\ x \equiv x'' \pmod{n''} & y \equiv y'' \pmod{n''} \ldots \\ \ldots\ldots & \ldots\ldots \end{cases}$$

Le nombre de solutions de la congruence proposée est égal au produit des nombres de solutions de toutes les congruences (23).

NOTES ET EXERCICES

I. — *Application du théorème d'Euler à l'analyse diophantienne du premier degré.*

Soit à résoudre l'équation :

$$ax + ny = b$$

ou, ce qui revient au même la congruence :

$$ax \equiv b \pmod{n}.$$

On peut supposer a premier à n (I. 139). Alors le théorème d'Euler perfectionné donne

$$a^{\chi(n)} \equiv 1 \pmod{n}$$

Donc $ba^{\chi(n)-1}$ est une solution de la congruence proposée et on en déduit toutes les autres.

II. — *Généralisation du théorème de Fermat autre que le théorème d'Euler* (1). On a

$$a^n - \sum a^{\frac{n}{p}} + \sum a^{\frac{n}{pq}} - \ldots \equiv 0 \pmod{n}$$

a et n étant deux entiers quelconques, p, q, ... désignant les facteurs premiers de n, les signes $\sum$ s'étendant à tous ces facteurs premiers.

Si n est premier ce théorème se confond avec celui de Fermat.

Si $n = p^\alpha$ il se confond avec celui d'Euler.

Dans les autres cas, c'est un théorème différent.

Démonstration. L'expression peut s'écrire

$$a^{\frac{n}{p}}\left[a^{\frac{n(p-1)}{p}} - 1\right] - \sum a^{\frac{n}{pq}}\left[a^{\frac{n(p-1)}{pq}} - 1\right] + \sum a^{\frac{n}{pqr}}\left[a^{\frac{n(p-1)}{pqr}} - 1\right]\ldots$$

les signes $\sum$ ne s'étendant plus cette fois qu'aux facteurs premiers q, r, ...

Les quantités entre crochets sont de la forme $a^{k\varphi(p^\alpha)} - 1$, elles sont donc divisibles par p^α, si a n'est pas divisible par p.

Si a est divisible par p, ce sont les facteurs des crochets qui sont divisibles par p^α.

Sur cette question voir aussi :

Kœnigs (*Bull. des S. M.* (2), 8 (1884), p. 286).

Borel et Drach, *Introd. à la Th. des N.*, Paris (1895), p. 50.

III. — Déterminer une fonction arithmétique $\mu(n)$ telle que

$$\mu(1) = 1 \quad \text{et que} \quad \sum_{d/m} \mu(d) = 0$$

pour toute valeur de m différente de 1.

Réponse. $\mu(m) = 0$ si m a des facteurs premiers multiples ;

$$\mu(m) = (-1)^k$$

(1) Énoncée par Gauss, dans un cas particulier, par Serret, en général, démontrée par S. Kantor, *Annali di Mathem.*, (2) t. 10 (1880), p. 64.

si m a k facteurs premiers distincts (Möbius, *J. r. a. M.*, 9 (1832), p. 105). Il sera reparlé plus tard de cette fonction célèbre.

IV. — Si f est une fonction arithmétique telle que $\sum_{d/n} f(d)$ soit divisible par n, quel que soit n, alors

$$\sum_{d/n} f(d)\, a^{\frac{n}{d}}$$

est aussi divisible par n, quels que soient a et n. En faisant

$$f(n) = \mu(n)$$

on retrouve l'énoncé II (Gegenbaüer, *Monatshefle Math. Phys.*, 11 (1900), p. 28).

IV. — La valeur de la fonction ψ satisfaisant à l'équation (14) du n° **24**, peut s'écrire

$$\psi(n) = \sum_{d/n} \mu(d) F\left(\frac{n}{d}\right).$$

V. — En posant l'expression de l'exercice II égale à $f_a(n)$, on a

$$\sum_{d/n} f_a(d) = a^n$$

$$f_a(n) = \sum_{d/n} \mu(d)\, a^{\frac{n}{d}}$$

V. — Si f est une fonction arithmétique telle que $\sum_{d/n} f(d)$ soit divisible par n, quel que soit n ; alors $\sum_{d/n} f(d) a^{\frac{n}{d}}$ est aussi divisible par n quels que soient a et n. En faisant $f(n) = \mu(n)$ on retrouve l'énoncé II (Gegenbaüer, *Monatshefle Math. Phys.*, 11 (1900), p. 28).

VI. — Appliquer les méthodes des n^os^ **26** et **27** à l'équation binôme $x^m \equiv 1$ (mod. n) et retrouver les résultats du n° **23**.

VII. — En désignant par λ le nombre de facteurs premiers distincts de n, le nombre ν de solutions de $x^2 \equiv 1$ (mod. n) est égal à 2^λ si n est impair ou si n est congru à 4 (mod. 8). Il est égal à $2^{\lambda-1}$ si n est congru à ± 2 (mod. 8), enfin il est égal à $2^{\lambda+1}$ si n est congru à 0 (mod. 8).

Corollaire. — $\nu = 2$ quand n a des racines primitives $\nu > 2$ dans les autres cas.

VIII. — Les racines de $x^2 \equiv 1$ (mod. n) (n impair) sont données par la formule $a^{\chi(b)} - b^{\chi(a)}$ où a et b sont deux diviseurs complémentaires (I. 400) de n, premiers entre eux ([1]).

IX. — *Généralisation du théorème de Wilsonn* ([2]). Le produit des entiers positifs plus petits que n et premiers avec lui est congru à -1 (mod. n), si n a des racines primitives ; il est congru à $+1$ dans le cas contraire.

En effet à tout entier a plus petit que n et premier avec lui en correspond un a' tel que $aa' \equiv 1$ (mod. n). Si l'on considère d'abord tous les entiers a pour lesquels $a' \not\equiv a$ (mod. n), leur produit est congru à 1. Reste à considérer les entiers a pour lesquels $a' = a$, c'est-à-dire les solutions de $x^2 \equiv 1$ (mod. n). Soit b une solution de cette congruence, alors $-b$ est aussi solution ; on n'a d'ailleurs pas $b \equiv -b$ (mod. n) puisque b est premier avec n (sauf pour $n = 2$, mais dans ce cas le théorème est évidemment vrai). De plus $b(-b) \equiv -1$ (mod. n). On voit ainsi que le produit en question est congru à $(-1)^{\frac{\nu}{2}}$, ν étant le nombre de solutions de la congruence $x^2 \equiv 1$ (mod. n). Or

$$\nu = D(2, I)\, D(2, J), \ldots$$

et d'autre part tous les entiers I, J, ... sont pairs, etc.

X. — *Autre généralisation de théorème de Wilsonn.* Etant donné un entier impair n, si l'on considère les entiers a de la suite $1, 2, \ldots n-1$ qui sont premiers à n et qui sont tels que $a + 1$ soit premier à n, le produit de ces entiers est congru à 1 (mod. n). (SCHEMMEL, *J. r. a. m.*, t. 70 (1869), p. 191).

XI. — La somme des puissances $r^{\text{èmes}}$ des entiers positifs non supé- à n et premiers avec lui est congrue à zéro (mod. n) lorsque r est impair.

XII. — Trouver les entiers n qui jouissent de la propriété suivante : Pour tout entier a premier à n, l'expression $a^{n-1} - 1$ est divisible par n.

Les nombres premiers jouissent de cette propriété d'après le théo-

([1]) M. L. V. GROSSCHMID donne cette proposition, mais avec $\varphi(a)$ et $\varphi(b)$ au lieu de $\chi(a)$ et $\chi(b)$. D'ailleurs l'énoncé de M. GROSSCHMID est relatif aux nombres algébriques (*J. r. a. M.*, t. 139 (1911), p. 101).

([2]) Indiqué par GAUSS, *Disq. Arithm.*, art. 78, démontré par BRENNECKE, *J. r. a. M.*, 19 (1839), p. 319.

rème de Fermat. Mais il y a d'autres solutions. Tous les entiers n répondant à la question sont ceux tels que $\chi(n)$ divise $n - 1$.

On démontrera qu'un entier n répondant à la question ne peut contenir de facteur premier multiple, qu'il est impair (sauf $n = 2$), que s'il contient plus d'un facteur premier il en contient au moins trois.

Il est d'ailleurs facile de trouver des solutions particulières. Par exemple : $561 = 3 . 11 . 17$, $1729 = 7 . 13 . 19$, etc., mais la question n'est pas résolue en général.

Carmichael, *Bull. Americ. Soc.*, t. 16 (1909-10), p. 237 et *Americ. Math. Monthly*, t. 19 (1912), p. 22.

CHAPITRE III

ANALYSE DU SECOND DEGRÉ A UNE INCONNUE

29. Equations diophantiennes du second degré à une inconnue. Une telle équation est de la forme

$$ax^2 + bx + c = 0$$

où a, b, c sont des entiers connus, x un entier inconnu.

Cas particulier. Racine carrée d'un entier. — Nous examinons d'abord le cas particulier de l'équation

$$x^2 = m.$$

Il est visible que la résolution de cette équation n'est autre que l'extraction de la racine carrée, question déjà traitée (I, 94). Nous allons revenir sur cette question.

Si $m < 0$ l'équation n'a pas de solution.

Si $m = 0$ l'équation a une solution $x = 0$.

Soit maintenant $m > 0$. Si m est carré parfait l'équation a deux racines $\pm\sqrt{m}$, sinon elle n'en a pas. Comment peut-on voir si m est carré parfait? Au moyen d'une table des carrés parfaits (I, 94). Mais nous allons montrer ici comment on peut résoudre cette question sans posséder cette table. Pour cela reprenons une définition déjà donnée.

On appelle *racine carrée à une unité près* de m, l'entier r qui satisfait aux conditions :

$$r^2 \leqslant m < (r+1)^2. \tag{1}$$

Cet entier existe, est unique, et se confond avec la racine carrée (sans épithète) quand celle-ci existe. Nous nous proposons de déterminer cet entier, que, pour simplifier le langage, nous appellerons simplement dans ce qui va suivre *racine carrée* de m ou même *racine* de m.

La différence $m - r^2$ que nous poserons égale à R s'appelle le *reste* de l'opération. Ce reste est nul quand m est carré parfait, et réciproquement. On voit donc que si on sait déterminer r et par suite R, on saura reconnaître si m est carré parfait.

Si aux trois membres des inégalités (1) on retranche r^2 on obtient :

$$0 \leqslant R < 2r + 1.$$

Réciproquement si des entiers r, R satisfont aux conditions :

$$m = r^2 + R$$
$$0 \leqslant R < 2r + 1$$

r est la racine de m et R est le reste.

29 *bis*. Règle de l'extraction de la racine carrée d'un entier. — Si l'entier donné est plus petit que 100, il n'y a pas d'autre procédé que celui déjà donné (I, 94) il faut se servir de la table des carrés des 9 premiers entiers :

Entiers	1	2	3	4	5	6	7	8	9
Carrés	1	4	9	16	25	36	49	64	81

Exemple : la racine de 71 est 8, le reste est $71 - 8^2 = 7$.

Examinons maintenant le cas général. Soit à extraire la racine de l'entier

$$100A + 10d + u$$

A étant le *nombre* des centaines, d le *chiffre* des dizaines [1], u celui des unités. Appelons r le nombre des dizaines, h le chiffre des unités de la racine. Ils sont déterminés par les conditions :

$$(10r + h)^2 \leqslant 100A + 10d + u < (10r + h + 1)^2 \tag{2}$$

$$0 \leqslant h < 10. \tag{3}$$

conditions dont on sait à l'avance qu'il y a un système et un seul de valeurs de r et de h qui y satisfont.

[1] Dans 71924 par exemple, 719 est le *nombre* des centaines, 2 est le *chiffre* des dizaines.

On en tire :

$$(10r)^2 \leqslant 100A + 10d + u < [10(r+1)]^2$$

ou en remarquant que $10d + u < 100$

$$(10r)^2 \leqslant 100A < [10(r+1)]^2$$

ou enfin

$$r^2 \leqslant A < (r+1)^2.$$

Ceci prouve que *r est la racine à une unité près de* A.

Supposons donc r connu, reste à déterminer h par les conditions (2) et (3). Soit $R = A - r^2$ le reste de la racine de A, les inégalités (2) donnent :

$$20rh + h^2 \leqslant 100R + 10d + u < 20r(h+1) + (h+1)^2.$$

La première inégalité donne

$$20rh \leqslant 100R + 10d + u$$

ou, puisque $\quad 0 \leqslant u < 10.$

$$h \leqslant E\left(\frac{10R + d}{2r}\right).$$

On essayera donc des valeurs de h décroissant de 1 en 1 à partir de celle-là. La première qui satisfait à la première des deux conditions est la bonne. L'autre condition est satisfaite d'elle-même puisque les valeurs de h essayées ne peuvent être trop petites.

Si l'on avait

$$E\left(\frac{10R + d}{2r}\right) > 9,$$

il suffirait d'essayer les valeurs de h à partir de 9. (Mais il est facile de voir que ce cas ne peut se présenter que lorsque $A + 1$ est carré parfait).

D'ailleurs quand h sera déterminé la différence

$$100R + 10d + u - (20r + h)h$$

sera le reste de l'opération.

La recherche de la racine carrée d'un entier m est ainsi ramenée à celle de la racine d'un entier A qui a deux chiffres de moins et de proche en proche on est ramené à la recherche de la racine d'un entier plus petit que 100.

30. Equation diophantienne du second degré la plus générale. — Soit

$$ax^2 + bx + c = 0.$$

Le coefficient a est différent de zéro sans quoi l'équation ne serait pas du second degré. On peut donc multiplier l'équation par $4a$ et la mettre sous la forme

$$(2ax + b)^2 = b^2 - 4ac.$$

La quantité $b^2 - 4ac$ ainsi mise en évidence s'appelle le *déterminant* de l'équation ou du trinôme $ax^2 + bx + c$. Posons-là égale à Δ.

Donc *si le déterminant est négatif l'équation est impossible. Si le déterminant est nul,* l'équation donne

$$2ax + b = 0.$$

Elle a donc *une* solution *rationnelle* :

$$x = -\frac{b}{2a}$$

laquelle est entière si $2a$ divise b. Si $\Delta = 0$ on dit que l'équation a deux racines égales.

Enfin *si le déterminant est positif*, il y a deux cas à distinguer.

Si *le déterminant n'est pas carré parfait l'équation est impossible.*

Si *le déterminant est carré parfait*, l'équation donne

$$2ax + b = \pm\sqrt{\Delta}$$

d'où *deux solutions rationnelles*

$$(4) \qquad x = \frac{-b \pm \sqrt{\Delta}}{2a}.$$

On verra dans chaque cas particulier si l'une de ces solutions ou les deux sont entières.

Remarque. — En tout cas b et $\sqrt{\Delta}$ sont de même parité. La formule (4) peut donc s'écrire

$$x = \frac{\dfrac{-b \pm \sqrt{\Delta}}{2}}{a}.$$

Lorsque b est pair et égal à $2b'$, Δ est divisible par 4 et égal à $4k$ en posant

$$k = b'^2 - ac$$

et l'on a

$$x = \frac{-b' \pm \sqrt{k}}{a}.$$

Théorème. — *Lorsque l'équation* $ax^2 + bx + c = 0$ *a deux racines rationnelles* x', x'' *(qui peuvent être égales) on a*

$$ax^2 + bx + c = a(x - x')(x - x'')$$

quel que soit x, *et*

$$x' + x'' = -\frac{b}{a}$$

$$x'x'' = \frac{c}{a}.$$

Se vérifie en remplaçant x' et x'' par leurs valeurs.

Nous laissons au lecteur le soin de démontrer le théorème suivant, cas particulier d'une proposition qui sera démontrée plus tard :

Si $ax^2 + bx + c = 0$ *a une racine rationnelle qui réduite à sa plus expression est* $\frac{m}{n}$, *m divise c et n divise a.*

EXERCICES

I. — Résoudre les équations suivantes :

$$x^2 - 3x + 4 = 0, \quad x^2 - 6x + 9 = 0, \quad 15x^2 - 22x + 8 = 0,$$
$$7x^2 + 15x - 8 = 0, \quad x^2 + x - 56 = 0.$$

II.— Calculer la racine carrée à une unité près de l'entier 123.456.789 et le reste de l'opération. Généraliser dans un système de numération quelconque.

III. — Tout carré parfait est congru à 0, 1 ou 4 (mod. 8)
0, 1, 4, 7 (mod. 9)
0, 1, 4, 5, 6, 9 (mod. 10)

d'où des critériums pour voir qu'un entier n'est pas carré parfait.

IV. — Tout cube parfait est congru à 0, 1 ou 8 (mod. 9)
Tout bicarré parfait est congru à 0, 1 (mod. 8)
0, 1, 5, 6 (mod. 10).

Tous ces exercices se rapportent à la théorie des restes de puissance suivant un module.

V. — Le produit de deux entiers positifs consécutifs n'est pas un carré parfait.

Car

$$a^2 < a(a+1) < (a+1)^2.$$

VI. — Le produit de trois entiers positifs consécutifs n'est pas un carré parfait. Un tel produit peut se représenter par $a(a^2-1)$. Si a est carré parfait, a^2-1 ne l'est pas et le théorème est vérifié.

Si a n'est pas carré parfait, il contient au moins un facteur premier à un exposant impair, d'ailleurs ce facteur n'entre pas dans a^2-1, etc.

VII. — Le produit de quatre entiers positifs consécutifs n'est pas un carré parfait. Ce théorème se déduit immédiatement du suivant :

VIII. — Le produit de quatre entiers consécutifs augmenté de 1 est un carré parfait.

On a en effet l'identité

$$a(a+1)(a+2)(a+3)+1=(a^2+3a+1)^2.$$

Tous les théorèmes précédents sont des cas particuliers du suivant :

IX. — Le produit d'un nombre quelconque k $(k>1)$ d'entiers positifs consécutifs n'est pas une puissance $n^{ème}$ parfaite $(n>1)$. Il suffit de montrer que dans le produit il y a au moins un facteur premier qui n'entre qu'à la première puissance. Or le plus grand nombre premier p qui entre dans le produit, jouit de cette propriété. Car sinon c'est que $2p$ ferait partie du produit. Mais entre p et $2p$ il y a toujours d'autres nombres premiers [Cette dernière proposition due à Tchebichef sera démontrée plus tard].

CHAPITRE IV

—

CONGRUENCES DU SECOND DEGRÉ A UNE INCONNUE

31. — Nous abordons l'étude des équations diophantiennes du second degré à deux inconnues. Nous traiterons dans ce chapitre le cas particulier de la *congruence du second degré à une inconnue*, à cause de son analogie avec l'équation du second degré à une inconnue traitée dans le chapitre précédent.

Cas du module 2. — Soit la congruence

$$ax^2 + bx + c \equiv 0 \pmod{2}.$$

On voit immédiatement les résultats suivants :

Si $a + b$ est	pair	et c impair	il n'y pas de solutions
»	impair	» pair	il y a la solution 0
»	impair	» impair	il y a la solution 1
»	pair	» pair	il y a les deux solutions 0 et 1.

32. Cas du module premier impair. — Congruence

$$x^2 \equiv a \pmod{p}.$$

Si $a \equiv 0 \pmod{p}$ il y a la seule solution $x \equiv 0$.

Soit maintenant $a \not\equiv 0 \pmod{p}$.

Le problème est un cas particulier de celui du n° **10**. La condition de possibilité est

$$a^{\frac{p-1}{2}} \equiv 1 \pmod{p}$$

et si cette condition est remplie il y a les deux solutions x', x'', telles que

$$x'' \equiv -x' \pmod{p}.$$

Les entiers $a \not\equiv 0$ (mod. p) pour lesquels la congruence est possible sont dits *carrés parfaits* (mod. p) ou *restes quadratiques* du module p. Les autres sont dits *non carrés parfaits* (mod. p) ou *non-restes quadratiques*. Il y a $\frac{p-1}{2}$ restes quadratiques (mod. p), pour les former il suffit d'élever au carré les entiers $1, 2, \ldots \frac{p-1}{2}$.

Exemples I. — $p = 3$. Il y a un reste quadratique $1^2 \equiv 1$
la congruence $x^2 \equiv 1$ a comme solutions $x \equiv \pm 1$
la congruence $x^2 \equiv -1$ est impossible.

II. — $p = 5$. Les restes quadratiques sont

$$1^2 \equiv 1, \quad 2^2 \equiv -1$$

la congruence $x^2 \equiv 1$ a comme solutions $x \equiv \pm 1$
» $x^2 \equiv -1$ » $x \equiv \pm 2$
les congruences $x^2 \equiv \pm 2$ sont impossibles.

III. — $p = 13$. Les restes quadratiques sont

$$1^2 \equiv 1, \quad 2^2 \equiv 4, \quad 3^2 \equiv -4, \quad 4^2 \equiv 3, \quad 5^2 \equiv -1, \quad 6^2 \equiv -3.$$

Remarque. — Le nombre 0, joue un rôle particulier, puisque la congruence $x^2 \equiv 0$ n'a qu'une solution ; on ne l'appelle pas ordinairement un reste quadratique.

On remarquera l'analogie de tout ceci avec ce qui a été dit au nº **28** de l'équation $x^2 = a$ laquelle a aussi deux solutions, ou n'en a pas, ou en a une, suivant que a est carré parfait, ou ne l'est pas ou est égal à zéro.

33. Congruence $ax^2 + bx + c \equiv 0$ (mod. p). — La résolution est analogue à celle de l'équation $ax^2 + bx + c = 0$.

Le coefficient a est supposé non congru à zéro (mod. p), alors il en est de même de $4a$. On peut donc multiplier la congruence par $4a$ ce qui donne

$$(2ax + b)^2 \equiv \Delta \text{ (mod. } p)$$

en posant

$$b^2 - 4ac = \Delta.$$

Si Δ *est reste quadratique de* p, on déduit de là

$$x \equiv \frac{-b \pm \sqrt{\Delta}}{2a} \text{ (mod. } p).$$

Si b est pair et égal à $2b'$, Δ est divisible par 4 en posant $\Delta = 4k$ la formule se réduit à

$$x \equiv \frac{-b' \pm \sqrt{k}}{a} \pmod{p}.$$

Si Δ *est non-reste de* p, la congruence proposée est impossible.

Si $\Delta \equiv 0$ (*mod.* p) la congruence a une seule solution

$$x \equiv -\frac{b}{2a} \pmod{p}.$$

On peut dire qu'elle a deux solutions *égales*.

On vérifie facilement que *lorsque la congruence a deux solutions* (*qui peuvent être égales*) on a

$$ax^2 + bx + c \equiv a(x - x')(x - x'') \pmod{p}$$

quel que soit x, *et*

$$x' + x'' \equiv -\frac{b}{a}$$

$$x'x'' \equiv \frac{c}{a}.$$

Exemples I.

$$2x^2 - 3x + 4 \equiv 0 \pmod{13}$$
$$\Delta \equiv -23 \equiv 3$$

qui est reste quadratique de 13, donc

$$x \equiv \frac{3 \pm \sqrt{3}}{4} \equiv \frac{3 \pm 4}{4} \equiv \begin{cases} 5 \\ 3 \end{cases}$$

II.

$$7x^2 + 6x + 1 \equiv 0 \pmod{13}$$

$k \equiv 2$ qui n'est pas reste quadratique de 13, la congruence est impossible.

III.

$$4x^2 + x - 4 \equiv 0 \pmod{13}$$
$$\Delta \equiv 65 \equiv 0 \pmod{13},$$

donc une solution double

$$x \equiv \frac{-1}{8} \equiv -5.$$

34. Congruence du second degré à module quelconque. — La méthode a été donnée aux nos **26** et **27**.

Exemples I.

$$2x^2 - 3x + 4 \equiv 0 \pmod{13^2}.$$

On a ici 5 et 3 comme solutions de la congruence (mod. 13). Prenons la solution 5. Posons

$$x = 5 + 13y,$$

il vient après simplifications

$$3 + 4y \equiv 0 \pmod{13}$$

d'où

$$y \equiv -4 \pmod{13}$$

et par suite

$$x \equiv -47 \pmod{13^2}.$$

On trouve de même l'autre solution

$$x \equiv -36.$$

II.

$$2x^2 - 3x + 4 \equiv 0 \pmod{2 . 3 . 13^2}$$

La congruence (mod. 2) a la solution $x \equiv 0$
mod. 3 elle a les solutions ± 1
mod. 13^2 elle a les solutions -47 et -36.

La congruence proposée a donc quatre solutions déterminées respectivement par :

$x' \equiv 0 \pmod{2}$	$x'' \equiv 0 \pmod{2}$	$x''' \equiv 0 \pmod{2}$	$x^{IV} \equiv 0 \pmod{2}$
$x' \equiv 1 \pmod{3}$	$x'' \equiv -1 \pmod{3}$	$x''' \equiv 1 \pmod{3}$	$x^{IV} \equiv -1 \pmod{3}$
$x' \equiv -47 \pmod{13}$	$x'' \equiv -47 \pmod{13^2}$	$x''' \equiv -36 \pmod{13^2}$	$x^{IV} \equiv -36 \pmod{13^2}$

d'où

$$x' \equiv 460 \quad x'' \equiv 122 \quad x''' \equiv 640 \quad x^{IV} \equiv 302 \pmod{2 . 3 . 13^2}.$$

35. — I. *Discussion de* $x^2 \equiv a \pmod{2^\alpha}$

a impair, $\alpha = 1$ une solution $x \equiv 1 \pmod{2}$.
a impair, $\alpha = 2$. Si $a \equiv -1 \pmod{4}$ congruence impossible
Si $a \equiv 1$ deux solutions $x \equiv \pm 1$
a impair, $\alpha \geqslant 3$. Si $a \equiv -1, \pm 3 \pmod{8}$ congruence impossible.
Si $a \equiv 1 \pmod{8}$, quatre solutions. L'une d'elles étant désignée par x_0 les trois autres sont $-x_0$ et $\pm (x_0 + 2^{\alpha-1})$.

On vérifiera que c'est vrai pour $\alpha = 3$ et on démontrera à la façon ordinaire, que si c'est vrai pour une valeur de α c'est encore vrai pour cette valeur augmentée de 1

a pair $\alpha = 1$ une solution $x \equiv 0 \pmod{2}$

a pair $\alpha > 1$. Si $a \equiv 2 \pmod{4}$ congruence impossible.

Si $a \equiv 0 \pmod{4}$ la congruence proposée a deux fois plus de solutions que la congruence

$$x'^2 \equiv \frac{a}{4} \pmod{2^{\alpha-2}}.$$

Discussion de $ax^2 + bx + c \equiv 0 \pmod{2^\alpha}$. — a est supposé impair. Soit d'abord b *pair*. La congruence s'écrit, après multiplication par a

$$\left(ax + \frac{b}{2}\right)^2 \equiv \frac{\Delta}{4} \pmod{2^\alpha}.$$

En posant

$$ax + \frac{b}{2} = X,$$

on a la congruence

$$X^2 \equiv \frac{\Delta}{4} \pmod{2^\alpha}$$

A toute valeur de X déterminée au mod. 2^α près en correspond une de x déterminée au même module près et réciproquement. On est donc ramené à la discussion précédente.

Soit maintenant b impair. La congruence s'écrit, après multiplication par $4a$

$$(2ax + b)^2 \equiv \Delta \pmod{2^{\alpha+2}}.$$

En posant

$$2ax + b \equiv X,$$

on a la congruence

$$X^2 \equiv \Delta \pmod{2^{\alpha+2}}$$

A toute valeur de X déterminée au mod. $2^{\alpha+2}$ près en correspond une seule de x au module 2^α près. Mais à deux valeurs de X différentes de $2^{\alpha+1}$ (lesquelles satisfont ensemble à $X^2 \equiv \Delta \pmod{2^{\alpha+2}}$) ne correspond qu'une valeur de x. La congruence proposée a donc deux fois moins de racines que la congruence

$$X^2 \equiv \Delta \pmod{2^{\alpha+2}}.$$

On est donc encore ramené à la discussion précédente.

II. *Discussion de* $ax^2 + bx + c \equiv 0$ *(mod.* p^α*).*

$$(a \not\equiv 0 \pmod{p}).$$

En posant $2ax + b = X$ la congruence devient

$$X^2 \equiv \Delta \pmod{p^\alpha}. \tag{1}$$

D'ailleurs à chaque valeur de x au module p^α près correspond une seule valeur de X au même module près et réciproquement. On peut donc discuter la seconde congruence au lieu de la première.

Si Δ *n'est pas reste quadratique de* p *la congruence est impossible.*

Si Δ *est reste quadratique de* p, la congruence a deux solutions. C'est vrai pour $\alpha = 1$ et on le voit ensuite de proche en proche. Il suffit d'appliquer la méthode du n° **26**. Soit X_0 une solution de la congruence (1) prise avec le module $p^{\alpha-1}$. Il faut poser

$$X = X_0 + p^{\alpha-1}Y$$

d'où pour Y la congruence

$$\frac{X_0^2 - \Delta}{p^{\alpha-1}} + 2X_0Y \equiv 0 \pmod{p}.$$

Or X_0 n'est pas divisible par p, puisque X_0 satisfait à la congruence (1). Donc Y a une valeur et une seule (mod. p). Donc la congruence (mod. p^α) a autant de solutions que la congruence (mod. $p^{\alpha-1}$).

Si Δ *est divisible par* p, *mais non par* p^2 : pour $\alpha = 1$ la congruence (1) a la solution $X \equiv 0 \pmod{p}$ et pas d'autres ; pour $\alpha > 1$ elle est impossible.

Si Δ *est divisible par* p^2 : pour $\alpha = 1$ la congruence (1) a encore la seule solution $X \equiv 0$, pour $\alpha = 2$ elle a p solutions

$$X = 0, p, 2p, \ldots (p-1)p.$$

Enfin pour $\alpha > 2$, on voit d'abord qu'une solution de (1) doit être divisible par p. Posons $X = pX'$ il restera à déterminer X' au module $p^{\alpha-1}$ près par

$$X'^2 \equiv \frac{\Delta}{p^2} \pmod{p^{\alpha-2}}. \tag{2}$$

A une solution X_0' de (2) correspondront p solutions pour (1), à savoir

$$pX' \quad pX' + p^{\alpha-1} \quad pX' + 2p^{\alpha-1} \ldots \quad pX' + (p-1)p^{\alpha-1}.$$

On est donc ramené à une congruence de même forme où Δ est remplacé par $\frac{\Delta}{p^2}$ et α par $\alpha - 2$. Le reste de la discussion s'achève facilement.

De toute la discussion précédente résulte en particulier le théorème suivant dont nous aurons à faire usage. *Si Δ n'est pas divisible par p^2, la congruence $ax^2 + bx + c \equiv 0 \pmod{p^\alpha}$ n'a jamais plus de deux solutions.*

III. Faisons encore la remarque suivante qui nous sera utile. *Soit la congruence*

$$ax^2 + bx + c \equiv 0 \pmod{p^\alpha} \quad (\alpha > 1).$$

Supposons que Δ ne soit pas divisible par p^2, et que la congruence ait deux solutions x', x'' ; on a :

$$\left.\begin{aligned} x' + x'' &\equiv -\frac{b}{a} \\ x'x'' &\equiv \frac{c}{a} \end{aligned}\right\} \pmod{p^\alpha}.$$

En effet, faisons la transformation $x = 2aX + b$ nous sommes ramenés à démontrer que les deux solutions $X'X''$ de la congruence (1) sont telles que

$$\left.\begin{aligned} X' + X'' &\equiv 0 \\ X'X'' &\equiv -\Delta \end{aligned}\right\} \pmod{p^\alpha}$$

Or X' étant solution, $-X'$ l'est aussi. De plus $-X'$ n'est pas la même solution que X', car on n'a pas

$$X' \equiv -X' \pmod{p^\alpha}$$

ou

$$2X' \equiv 0 \pmod{p^\alpha}$$

puisque si cela était la congruence $X'^2 \equiv \Delta \pmod{p^\alpha}$ montrerait que Δ serait divisible par p^2. On a donc

$$X'' \equiv -X' \pmod{p^\alpha}$$

d'où

$$X' + X'' \equiv 0 \pmod{p^\alpha}$$

et

$$X'X'' \equiv -X'^2 \equiv \Delta \pmod{p^\alpha}.$$

36. Théorèmes sur les restes quadratiques. — Le module est supposé être un nombre premier impair p.

Le produit de deux restes est un reste. Soient a et b deux restes. On a (n° **10**)

$$a^{\frac{p-1}{2}} \equiv 1 \pmod{p}$$

et

$$b^{\frac{p-1}{2}} \equiv 1.$$

Donc

$$(ab)^{\frac{p-1}{2}} \equiv 1.$$

Donc ab est un reste.

On démontre de même que le *produit d'un reste par un non-reste est un non-reste* et que le *produit de deux non-restes est un reste.*

On en déduit que : *le rapport (mod. p) d'un reste à un reste est un reste*, que *le rapport d'un reste à un non-reste ou d'un non-reste à un reste est un non-reste* et enfin que *le rapport de deux non-restes est un reste.*

Comme cas particulier *l'inverse (mod. p) d'un reste est un reste, l'inverse d'un non-reste est un non-reste.*

37. Caractère quadratique. — Soit p un module premier impair, soit a un entier. On appelle *caractère quadratique* de a par rapport à p, et l'on désigne par $\left(\frac{a}{p}\right)$ *le reste minimum de la division de* $a^{\frac{p-1}{2}}$ *par* p.

D'après ce qu'on a dit au n° **10**

$$\left(\frac{a}{p}\right) = +1 \quad \text{si } a \text{ est reste quadratique de } p$$

$$\left(\frac{a}{p}\right) = -1 \quad \text{si } a \text{ est non-reste quadratique de } p$$

$$\left(\frac{a}{p}\right) = 0 \quad \text{si } a \text{ est divisible par } p.$$

THÉORÈME. — *La congruence* $ax^2 + bx + c \equiv 0 \pmod{p}$ *(p nombre premier impair,* $a \not\equiv 0 \pmod{p}$*) a*

$$1 + \left(\frac{\Delta}{p}\right) \textit{ solutions.}$$

En effet on a vu (n° **33**) que si Δ est reste quadratique de p la congruence a deux solutions, que si Δ est non-reste, elle en a zéro et qu'enfin si Δ est divisible par p elle en a une.

Extension au cas du module 2. — La définition de $\left(\frac{a}{p}\right)$ qu'on vient de donner suppose p impair. On est amené dans certaines questions à définir aussi un symbole $\left(\frac{a}{2}\right)$ de la façon suivante :

$$\left(\frac{a}{2}\right) = 1 \quad \text{quand} \quad a \equiv 1 \pmod{8}$$

$$\left(\frac{a}{2}\right) = 0 \quad \text{quand} \quad a \equiv 0 \pmod{2}$$

$$\left(\frac{a}{2}\right) = -1 \quad \text{dans les autres cas.}$$

Comme exemple d'application de ce nouveau symbole, le théorème qu'on vient de démontrer sur la congruence $ax^2 + bx + c \equiv 0 \pmod{p}$ se généralise pour le module 2.

Soit

$$ax^2 + bx + c \equiv 0 \pmod{2} \quad (a \text{ impair}).$$

D'après ce qu'on a dit au n° **31**, a étant ici impair :

si b est impair et c pair il y a deux solutions

si b est pair il y a une solution quel que soit c

si b est impair et c impair il n'y a pas de solution.

Or dans le premier cas $\Delta = b^2 - 4ac$ est congru à 1 (mod. 8), dans le second cas Δ est congru à zéro (mod. 2) et dans le troisième cas $\Delta \equiv -3 \pmod{8}$. Donc : *la congruence*

$$ax^2 + bx + c \equiv 0 \pmod{2} \quad (a \textit{ impair}) \quad a$$

$$1 + \left(\frac{\Delta}{2}\right) \textit{ solutions.}$$

NOTES ET EXERCICES

I. — Résoudre les congruences

$$3x^2 + 5x - 1 \equiv 0 \pmod{11}$$
$$2x^2 + 2x - 3 \equiv 0 \pmod{7}$$
$$8x^2 + 9x + 2 \equiv 0 \pmod{17}$$
$$x^2 + x - 26 \equiv 0 \pmod{45}$$
$$2x^2 + 7x + 23 \equiv 0 \pmod{360}.$$

II. — p étant un nombre premier impair, on a

$$\left(1 \cdot 2 \cdot \ldots \frac{p-1}{2}\right)^2 \equiv (-1)^{\frac{p+1}{2}}.$$

Démonstration. — On écrit

$$1(p-1) \equiv -1^2, \; 2(p-2) \equiv -2^2 \ldots \frac{p-1}{2}\left(p - \frac{p-1}{2}\right) \equiv -\left(\frac{p-1}{2}\right)^2,$$

on multiplie et on applique le théorème de Wilsonn.

Corollaire. — Si $p \equiv -1 \pmod{4}$ on a

(3) $$1 \cdot 2 \cdot \ldots \frac{p-1}{2} \equiv \pm 1.$$

Si $p \equiv 1 \pmod{4}$, on a

(4) $$1 \cdot 2 \cdot \ldots \frac{p-1}{2} \equiv \pm \sqrt{-1}$$

$\sqrt{-1}$ désignant l'un des deux entiers dont le carré est congru à -1 $(\text{mod. } p)$.

Si $p \equiv -1 \pmod{4}$ en élevant les deux membres de (3) à la puissance $\frac{p-1}{2}$ on démontrera que *le signe à prendre dans le second membre est celui de $(-1)^n$, n étant le nombre de non-restes contenus dans la suite $1, 2 \ldots, \frac{p-1}{2}$.*

Si $p \equiv 1 \pmod{4}$, en élevant les deux membres de (4) à la puissance $\frac{p-1}{2}$ on démontrera que *le nombre de non restes contenus dans la suite $1, 2, \ldots \frac{p-1}{2}$ est de même parité que $\frac{p-1}{4}$.*

III. — A propos de l'exercice précédent on peut remarquer que : si l'on appelle r le nombre de restes, n le nombre de non-restes contenus dans la suite $1, 2, \ldots \frac{p-1}{2}$; r' et n' les nombres analogues pour la suite

$$\frac{p+1}{2}, \ldots p-1\,;$$

si $p \equiv 1 \pmod{4}$ on a $(-1)^r = (-1)^n$ $r = r'$ $n = n'$
si $p \equiv -1 \pmod{4}$ on a $(-1)^r = (-1)^{n+1}$ $r = n'$ $n = r'$.

IV. — On considère l'expression $ax + b$. On suppose que x parcourt la série des restes (mod. p). Voir parmi les valeurs que prend l'expression quelles sont celles qui sont restes et quelles sont celles qui sont non-restes.

Si a ou $b \equiv 0$, réponse immédiate. On peut donc supposer $ab \not\equiv 0$. On pose $ax = x'$ lorsque x parcourt la série des restes ax parcourt la série des restes ou des non-restes suivant que $\left(\frac{a}{p}\right) = +$ ou -1. D'ailleurs si l'on étudie l'expression quand x' parcourt la série des non-restes on l'étudie par cela même quand x' parcourt la série des restes. En résumé on peut supposer que l'expression soit $x + b$ ($b \not\equiv 0$) et poser $x \equiv \lambda^2$

$$\left(\lambda = 1, 2, \ldots \frac{p-1}{2}\right).$$

L'expression $\lambda^2 + b$ prend $\frac{p-1}{2}$ valeurs différentes. Cherchons celles qui sont restes.

$$\lambda^2 + b \equiv \mu^2 \quad \text{donne} \quad (\lambda - \mu)(\lambda + \mu) \equiv -b.$$

Posons

$$\lambda + \mu \equiv \rho \quad \text{d'où} \quad \lambda - \mu \equiv \frac{-b}{\rho}.$$

Alors

$$\lambda \equiv \frac{1}{2}\left(\rho - \frac{b}{\rho}\right) \quad (\rho = 1, 2, \ldots p-1).$$

Deux valeurs différentes ρ et ρ' donnent la même valeur de x quand $\rho \equiv -\rho'$ ou quand $\rho\rho' \equiv \pm b$. Les valeurs qui satisfont à $\rho\rho' \equiv \pm b$ sont congrus lorsque $\rho^2 \equiv \pm b$. Il faut aussi remarquer que les valeurs $x \equiv 0$, $x \equiv p-1$ ne comptent pas puisque o n'est compté ni comme reste ni comme non reste. Finalement :

si $p \equiv 1 \pmod{4}$ et $\left(\frac{b}{p}\right) = 1$ il y a $\frac{p-5}{4}$ valeurs de x
pour lesquelles x et $x+b$ sont restes,

si $p \equiv 1 \pmod{4}$ et $\left(\frac{b}{p}\right) = -1$ il y a $\frac{p-1}{4}$ valeurs de x
pour lesquelles x et $x+b$ sont restes,

si $p \equiv -1 \pmod{4}$ il y a $\frac{p-3}{4}$ valeurs de x
pour lesquelles x et $x+b$ sont restes,

etc.

V.— Si l'on écrit la suite $1, 2, \ldots p-1$ on trouve dans cette suite :

si $p \equiv 1 \pmod{4}$ $\frac{p-5}{4}$ restes suivis de restes, $\frac{p-1}{4}$ restes suivis de non restes, $\frac{p-1}{4}$ non-restes suivis de restes, $\frac{p-1}{4}$ non-restes suivis de non-restes,

si $p \equiv -1 \pmod{4}$ les nombres précédents sont remplacés respectivement par

$$\frac{p-3}{4}, \quad \frac{p+1}{4}, \quad \frac{p-3}{4}, \quad \frac{p-3}{4}.$$

On applique les résultats de l'exercice précédent pour $b = 1$.

VI. — Dans la suite des entiers $1, 2, \ldots p-1$, on met dans un même groupe ceux de ces entiers consécutifs qui sont à la fois restes, ou à la fois non-restes. Démontrer qu'il y a $\frac{p+1}{2}$ de ces groupes, et qu'ils sont symétriques par rapport au milieu de la suite.

VII. — Démontrer que

$$\left.\begin{aligned} \sum_{x=0}^{x=p-1} \left(\frac{ax+b}{p}\right) &= 0 \qquad \text{si} \quad a \not\equiv 0 \\ &= p\left(\frac{b}{p}\right) \quad \text{si} \quad a \equiv 0 \end{aligned}\right\} \pmod{p}.$$

Démontrer que

$$\sum_{x=0}^{x=p-1} \left(\frac{ax^2+bx+c}{p}\right) \quad \text{où} \quad a \not\equiv 0$$

est égal à

$$-\left(\frac{a}{p}\right) \quad \text{si} \quad b^2 - 4ac \not\equiv 0$$

à

$$(p-1)\left(\frac{a}{p}\right) \quad \text{si} \quad b^2-4ac\equiv 0.$$

On peut réunir tous les résultats précédents dans la formule unique.

$$\sum_{x=0}^{p-1}\left(\frac{ax^2+bx+c}{p}\right)=\left(\frac{a}{p}\right)\left[p-1-p\left(\frac{b^2-4ac}{p}\right)^2\right]+$$
$$+p\left(\frac{c}{p}\right)\left[1-\left(\frac{a}{p}\right)^2\right]\left[1-\left(\frac{b}{p}\right)^2\right].$$

(E. Jacobstahl, *J. r. a. M.*, t. 132 (1907), p. 238).

VIII. — Démontrer que la fraction

$$\frac{1.3.5.\ldots(2n-3)}{2.4.6.\ldots(2n-2)2n}$$

étant réduite à sa plus simple expression, son dénominateur est une puisssance de 2 d'exposant $2n-1$ au plus.

Pour résoudre la congruence $x^2\equiv a$ (mod. 2^m) (a impair, $m>2$), laquelle n'est possible que si $a\equiv 1$ (mod. 8), on posera $\alpha=\frac{a-1}{8}$ et on calculera l'expression ;

$$1+\frac{1}{2}2^3\alpha-\frac{1}{2.4}2^6\alpha^2+\ldots+(-1)^n\frac{1.3\ldots(2n-3)}{2.4\ldots(2n-1)2n}2^{3n}\alpha^n+\ldots$$

prolongée jusqu'au terme divisible par 2^m exclusivement. La valeur x_0 ainsi trouvée est solution de la congruence, et toutes les autres sont comprises dans les formules $\pm x_0+2^{m-1}y$.

IX. — Si la congruence $x^2\equiv a$ (mod. n) (a premier avec n) est possible, on a

$$a^{\frac{1}{2}\varphi(n)}\equiv 1 \text{ (mod. } n).$$

Si la congruence $x^2\equiv a$ est impossible (mod. n) on a

$$a^{\frac{1}{2}\varphi(n)}\equiv(-1)^{\frac{\nu}{2}} \text{ (mod. } n).$$

ν étant le nombre de solutions de $x^2\equiv 1$ (mod. n).

Dans le cas où $\nu=2$ c'est-à-dire si n a des racines primitives et dans ce cas seulement, on a ainsi un critérium de la possibilité de $x^2=a$ (Généralisation du résultat du n° **10**) (Schering, *Act. mat.*, 1 (1883), p. 159),

Le premier résultat reste vrai si l'on remplace $\varphi(n)$ par $\chi(n)$, mais non le second.

CHAPITRE V

DÉFINITION DES NOMBRES QUADRATIQUES (1)

38. — Nous avons défini (I, 136) les nombres rationnels. On les appelle aussi nombres du *premier degré*. La raison de cette dénomination est la suivante : *tout nombre rationnel, satisfait à une équation du premier degré à coefficients entiers* ; réciproquement *toute équation de cette forme est satisfaite par un nombre rationnel.*

On peut même dire que les nombres fractionnaires ont été introduits dans le calcul justement pour qu'une telle équation ait toujours des solutions.

Considérons maintenant une équation du second degré à coefficients entiers. On a vu (nº **30**) qu'une telle équation, si le déterminant n'est pas carré parfait, n'a pas de solution, entière ni rationnelle. C'est pour lui en donner qu'on va introduire dans le calcul de nouveaux nombres dits du *second degré* ou *quadratiques.*

Soit m un entier positif ou négatif, mais qui n'est pas carré parfait (Ainsi m ne peut être de la forme k^2, mais il peut être de la forme $-k^2$). Considérons l'ensemble de deux nombres rationnels p et q et représentons cet ensemble par la notation

$$p + q\sqrt{m}\ (2).$$

(1) Le lecteur peut passer ce chapitre, car on définira plus tard le nombre dans toute sa généralité. Mais cela se fera par des considérations de continuité et nous avons voulu montrer dans ce chapitre sur un exemple simple qu'on peut s'en passer. On remarquera d'ailleurs combien les démonstrations sont alors compliquées et elles le seraient bien plus pour les nombres algébriques d'un degré quelconque.

(2) $\sqrt{m}$ n'est, pour le moment, qu'un signe, comme + ou — et n'a pas encore la signification de racine carrée de m. D'ailleurs, pour le moment, cett racine n'existe pas puisque m n'est pas carré parfait.

C'est cet ensemble de deux nombres rationnels ainsi représenté qu'on appellera nombre *quadratique*. Comme les règles de calcul de ces nombres dépendront de m, on voit qu'il y a une infinité de systèmes de nombres quadratiques, suivant les valeurs de m. Chacun de ces systèmes s'appelle un *corps* du second degré ou quadratique. Le corps qui correspond à l'entier m sera désigné par $C(\sqrt{m})$. D'ailleurs deux corps $C(\sqrt{m})$ et $C(\sqrt{m'})$ sont identiques si $\frac{m}{m'}$ est le carré d'un nombre rationnel. En particulier la considération des corps où $m = -k^2$ $(k \neq \pm 1)$ est inutile; tous ces corps sont identiques au corps $C(\sqrt{-1})$. Nous ne comparerons et ne combinerons entre eux, dans ce chapitre, que des nombres appartenant à un même corps.

Voici quelques simplifications d'écriture :

Le nombre	$p + 1\sqrt{m}$	s'écrit	$p + \sqrt{m}$
	$p + (-q\sqrt{m})$	»	$p - q\sqrt{m}$
	$0 + q\sqrt{m}$	»	$q\sqrt{m}$.

On *convient* que $p + 0\sqrt{m}$ se réduit à p.

De cette façon tout corps quadratique contient l'ensemble des nombres rationnels. Par suite toutes les définitions que nous allons donner sur les nombres quadratiques seront soumises à cette restriction de ne pas entraîner de contradiction quand on les appliquera à des nombres rationnels. Pour abréger nous ne le ferons pas remarquer explicitement, le lecteur le vérifiera dans chaque cas.

39. Egalité des nombres d'un même corps. Opérations sur ces nombres. — On dit que $p + q\sqrt{m} = p' + q'\sqrt{m}$ lorsque $p = p'$ et $q = q'$. Deux nombres quadratiques égaux à un troisième sont égaux entre eux. La *somme* des nombres

$$p + q\sqrt{m}, \quad p' + q'\sqrt{m}, \ldots$$

est, par définition,

$$p + p' + \ldots + (q + q' + \ldots)\sqrt{m}.$$

L'addition est ainsi commutative, associative et unipare, d'où l'on déduit que dans une somme on peut changer l'ordre des termes ou remplacer plusieurs d'entre eux par leur somme.

Les deux nombres $p + q\sqrt{m}$ et $-p - q\sqrt{m}$ sont dits *égaux mais de signes contraires*. Leur somme est zéro.

La *différence* entre $p + q\sqrt{m}$ et $p' + q'\sqrt{m}$ est, par définition

$$p - p' + (q - q'\sqrt{m}.$$

Ajoutée au second nombre $p' + q'\sqrt{m}$ elle reproduit le premier, et c'est le seul nombre jouissant de cette propriété. Le *produit de deux* nombres

$$(p + q\sqrt{m})(p' + q'\sqrt{m})$$

est, par définition, le nombre

$$pp' + mqq' + (pq' + p'q)\sqrt{m} \text{ (1)}.$$

Le produit de *plus de deux* nombres se définit comme pour les nombres rationnels.

On démontre facilement que la multiplication ainsi définie est commutative et associative ; de plus qu'elle est distributive par rapport à l'addition et à la soustraction. On en déduit les mêmes conséquences que pour les nombres rationnels, en particulier le calcul des polynômes.

40. Nombres conjugués. Norme. — Les deux nombres $p + q\sqrt{m}$ et $p - q\sqrt{m}$ sont dits conjugués. Un nombre réel est son conjugué à lui-même et réciproquement.

On appelle *norme* d'un nombre le produit de ce nombre par son conjugué

$$\mathrm{N}(p + q\sqrt{m}) = (p + q\sqrt{m})(p - q\sqrt{m}) = p^2 - mq^2.$$

On voit que toute norme est un nombre rationnel.

Deux nombres conjugués ont la même norme.

Théorème I. — *Quand un nombre est nul sa norme est nulle et réciproquement.*

En effet si l'on a

$$p + q\sqrt{m} = 0 \quad \text{on a} \quad p = q = 0, \quad \text{donc} \quad p^2 - mq^2 = 0.$$

Réciproquement si $p^2 - mq^2 = 0$ c'est que $p = q = 0$. En effet,

(1) C'est-à-dire ce qu'on obtiendrait si au lieu de supposer que $\sqrt{m}$ est un signe on supposait que ce fût la racine carrée de m.

si l'on avait $q \neq 0$ on aurait $m = \frac{p^2}{q^2}$ ce qui est impossible puisque m n'est pas carré parfait (I. 136). Donc $q = 0$, alors $p = 0$ aussi et par suite $p + q\sqrt{m} = 0$.

Théorème II. — *La norme d'un produit de facteurs est égale au produit des normes de ces facteurs.*

Il suffit de le vérifier pour deux facteurs, c'est-à-dire de vérifier que :

$$(pp' + mqq')^2 - m(pq' + qp')^2 = (p^2 - mq^2)(p'^2 - mq'^2)$$

ce qui est immédiat.

Théorème III. — *Pour qu'un produit de facteurs soit nul il faut et il suffit que l'un des facteurs le soit.* Pour que le produit soit nul il faut et il suffit que sa norme le soit. Or cette norme est le produit des normes des facteurs. Donc il faut et il suffit que l'une de ces normes soit nulle, c'est-à-dire que l'un des facteurs le soit.

Corollaire. — La multiplication des nombres quadratiques différents de zéro est une opération unipare.

En effet de (¹)

$$\alpha\beta = \alpha\gamma$$

α, β, γ, représentant des nombres quadratiques, on tire

$$\alpha(\beta - \gamma) = 0$$

c'est-à-dire, α étant différent de zéro :

$$\beta - \gamma = 0$$

ou

$$\beta = \gamma.$$

41. Division. — Le rapport de $p + q\sqrt{m}$ à $p' + q'\sqrt{m}$ est un nombre qui multiplié par $p' + q'\sqrt{m}$ reproduit $p + q\sqrt{m}$.

Si $p' + q'\sqrt{m} = 0$ et que $p + q\sqrt{m} \neq 0$ ce rapport n'existe pas.

Si $p' + q'\sqrt{m} = p + q\sqrt{m} = 0$ ce rapport est indéterminé.

Supposons enfin $p' + q'\sqrt{m} \neq 0$. En appelant $x + y\sqrt{m}$ le

(¹) Ici et dans ce qui va suivre nous représenterons souvent un nombre quadratique par une seule lettre qui sera une lettre grecque.

rapport inconnu ; on doit avoir

$$p + q\sqrt{m} = (p' + q'\sqrt{m})\,(x + y\sqrt{m})$$

c'est-à-dire

$$\begin{aligned} p'x + mq'y &= p \\ q'x + \ p'y &= q. \end{aligned}$$

Le déterminant de ce système de deux équations $p'^2 - mq'^2$ n'est pas nul car c'est la norme du diviseur $p' + q'\sqrt{m}$ qui n'est pas nul par hypothèse. Ce système a donc une solution et une seule

$$x = \frac{pp' - mqq'}{p'^2 - mq'^2}$$
$$y = \frac{p'q - pq'}{p'^2 - mq'^2}.$$

Il y a donc un rapport et un seul, à savoir :

$$\frac{pp' - mqq'}{p'^2 - mq'^2} + \frac{p'q - pq'}{p'^2 - mq'^2}\sqrt{m}.$$

Théorème. — *Le rapport de deux nombres du corps* $C(\sqrt{m})$ *ne change pas quand on multiplie ces deux nombres par un même troisième.*

Soient α et β deux nombres du corps $C(\sqrt{m})$ et λ leur rapport de façon que

$$\alpha = \beta\lambda.$$

On en déduit, δ étant un autre nombre du même corps :

$$\alpha\delta = (\beta\lambda)\delta$$

ou

$$\alpha\delta = (\beta\delta)\lambda.$$

Donc λ est le rapport de $\alpha\delta$ à $\beta\delta$.

42. Puissances d'un nombre. — Les puissances à exposant entier positif, négatif ou nul d'un nombre se définissent comme celles d'un nombre entier (I. 134, 135). Par exemple le carré de $p + q\sqrt{m}$ est égal à

$$(p + q\sqrt{m})\,(p + q\sqrt{m})$$

où

$$p^2 + mq^2 + 2pq\sqrt{m}.$$

En particulier le carré de $\sqrt{m}$ s'obtient en faisant $p=0$, $q=1$ dans la formule précédente, il est donc égal à m.

Les règles de calcul données pour les puissances des nombres rationnels s'appliquent à celles des nombres quadratiques, c'est-à-dire qu'on a

$$\alpha^m\alpha^n \ldots = \alpha^{m+n+\ldots}$$
$$(\alpha\beta\gamma \ldots)^m = \alpha^m\beta^m\gamma^m \ldots$$
$$\left(\frac{\alpha}{\beta}\right)^m = \frac{\alpha^m}{\beta^m}$$

où α, β, ... désignent des nombres quadratiques d'un même corps ; m, n, ... des entiers quelconques.

43. Racine carrée d'un nombre rationnel. — Tout nombre rationnel a deux racines carrées égales mais de signes contraires. Soit d'abord un nombre entier m différent de zéro. S'il est carré parfait on sait qu'il a deux racines entières. Sinon il a les deux racines $\pm\sqrt{m}$.

Il n'en a pas d'autres, car pour que $(p+q\sqrt{m})^2=m$ il faut que

$$p^2+mq^2=m \quad \text{et} \quad 2pq=0.$$

La seconde égalité donne $p=0$ ou $q=0$. Si $p=0$ la première égalité donne $q^2=1$ d'où $q=\pm 1$ et par conséquent les deux racines $\pm\sqrt{m}$. Si $q=0$ la première égalité donne $p^2=m$ qui est impossible.

Soit ensuite un nombre fractionnaire $\frac{a}{b}$ différent de zéro. On trouve facilement qu'il a les deux racines $\frac{\pm\sqrt{ab}}{b}$.

Enfin le nombre zéro n'a qu'une racine qui est zéro, On peut dire qu'il a deux racines égales.

44. Equation du second degré à coefficients rationnels. — La méthode donnée au n° **30** s'applique maintenant à toute équation du second degré à coefficients rationnels (qu'on peut supposer entiers). Soit

$$ax^2+bx+c=0 \quad (a,\ b,\ c \text{ entiers}).$$

En posant encore

$$\Delta = b^2 - 4ac$$

on trouve

$$x = \frac{-b \pm \sqrt{\Delta}}{2a}.$$

Ainsi lorsque Δ n'est pas carré parfait l'équation a deux racines dans le corps $C(\sqrt{\Delta})$ ou plus simplement dans le corps $C(\sqrt{\Delta_1})$ en appelant Δ_1 le quotient de Δ par le plus grand carré y qui est contenu comme facteur. Δ_1 est ce qu'on appelle le *noyau* de Δ. Ces deux racines sont conjuguées. Si $\Delta = 0$ il n'y en a qu'une. On peut dire qu'il y en a deux égales.

En les appelant x' et x'' on a

$$ax^2 + bx^2 + c = a(x - x')(x - x'')$$

quel que soit x

$$x' + x'' = -\frac{b}{a}$$

$$x'x'' = \frac{c}{a}.$$

Réciproquement, *tout nombre quadratique* $p + q\sqrt{m}$ *est racine d'une équation du second degré à coefficients entiers dont l'autre racine est le nombre conjugué.* Car $p + q\sqrt{m}$ et $p - q\sqrt{m}$ sont racines de l'équation

$$x^2 - 2px + p^2 - mq^2 = 0.$$

En chassant s'il y a lieu les dénominateurs des coefficients $2p$ et $p^2 - mq^2$, on obtient une équation à coefficients entiers.

45. Théorème. — *Si* $f(x, y, \ldots)$ *est une expression rationnelle à coefficients rationnels de* $x, y, \ldots$ *les deux nombres*

$$f(a + b\sqrt{m},\ a' + b'\sqrt{m},\ \ldots) \quad \text{et} \quad f(a - b\sqrt{m},\ a' - b'\sqrt{m},\ \ldots)$$

($a, b, a', b', \ldots$ *rationnels*) *sont conjugués.*

Il suffit de vérifier ce théorème lorsque $f(x, y, \ldots)$ est une somme, une différence, un produit de deux facteurs, un rapport. La vérification est immédiate.

Application. — *Deuxième démonstration du théorème II* (*n°* **40**). Soit

$$(p + q\sqrt{m})(p' + q'\sqrt{m}) = P + Q\sqrt{m}.$$

On en déduit

$$(p - q\sqrt{m})(p' - q'\sqrt{m}) = P - Q\sqrt{m}.$$

Donc, en multipliant membre à membre

$$N(p + q\sqrt{m}) \, . \, N(p' + q'\sqrt{m}) = N \, . \, (P + Q\sqrt{m}).$$

46. Ordre de grandeur de deux nombres d'un même corps quadratique réel. — Le corps $C(\sqrt{m})$ est dit *réel* lorsque m est positif. Lorsque m est négatif le corps $C(\sqrt{m})$ est dit *imaginaire* ou *complexe*. (Le cas de $m = 0$ est hors de question puisque m est supposé n'être pas carré parfait).

Nous allons définir l'ordre de grandeur des nombres d'un même corps réel.

Nous rappellerons d'abord quelques théorèmes classiques relatifs aux inégalités entre nombres rationnels.

I. — *De* $a < b$ *on déduit* $a + c < b + c$.

En particulier (pour $c = -b$),

de $a < b$ *on déduit* $a - b < 0$.

II. — *De* $a < b$ *et* $c > 0$ *on déduit* $ac < bc$.

III. — *De* $a < b$ $a' < b'$ $a'' < b''$ ...

$$a > 0, \quad a' > 0, \ldots \quad b > 0, \quad b' > 0, \ldots$$

on déduit $a\,a'\,a'' \ldots < b\,b'\,b'' \ldots$

En particulier de $a < b$, $a > 0$, $b > 0$

on déduit $a^n < b^n$.

Réciproquement de $a^n < b^n$, $a > 0$, $b > 0$

on déduit $a < b$.

Ces principes permettent de résoudre la question suivante : *Soient p et q des nombres rationnels, m un carré parfait, trouver le signe de* $p + q\sqrt{m}$ *sans calculer* $\sqrt{m}$.

Pour cela considérons le produit

$$(p + q\sqrt{m})(p - q\sqrt{m}) = p^2 - mq^2.$$

Si $p^2 - mq^2 > 0$, c'est que $p + q\sqrt{m}$ et $p - q\sqrt{m}$ ont le même signe, ce signe est celui de leur somme $2p$. Donc :

si $p^2 - mq^2 > 0$ *le signe de* $p + q\sqrt{m}$ *est le même que celui de* p.

Si $p^2 - mq^2 < 0$, c'est que $p + q\sqrt{m}$ et $p - q\sqrt{m}$ ont des signes contraires.

Donc $p + q\sqrt{m}$ et $-p + q\sqrt{m}$ ont le même signe, ce signe est celui de leur somme $2q\sqrt{m}$. Donc :

si $p^2 - mq^2 < 0$ *le signe de* $p + q\sqrt{m}$ *est le même que celui de* q.

Ces théorèmes vont être étendus sous forme de définition aux nombres d'un corps quadratique réel.

Soit m un nombre rationnel positif (non forcément entier), non carré parfait.

Si $p^2 - mq^2 > 0$ *le signe de* $p + q\sqrt{m}$ *est, par définition celui de* p.

Si $p^2 - mq^2 < 0$ *le signe de* $p + q\sqrt{m}$ *est, par définition celui de* q.

On peut maintenant définir l'ordre de grandeur de deux nombres d'un même corps quadratique réel. *On dit que* $\alpha > \beta$ *lorsque* $\alpha - \beta > 0$.

47. Théorème. — *La somme de deux nombres positifs est positive, la somme de deux nombres négatifs est négative.*

Soient $p + q\sqrt{m}$ et $p' + q'\sqrt{m}$ deux nombres positifs, je dis que

$$p + p' + (q + q')\sqrt{m}$$

est aussi positif [1].

On a l'une des deux hypothèses suivantes :

A) $p^2 - mq^2 > 0$ et $p > 0$
B) $p^2 - mq^2 < 0$ $q > 0$

et l'une des deux suivantes

A') $p'^2 - mq'^2 > 0$ $p > 0$
B') $p'^2 - mq'^2 < 0$ $q' > 0$

et il faut en déduire l'une des conclusions suivantes :

C) $(p + p')^2 - m(q + q')^2 > 0$ et $p + p' > 0$
D) $(p + p')^2 - m(q + q')^2 < 0$ $q + q' > 0$.

Les combinaisons des hypothèses A, B avec A', B' sont au nombre de quatre, à savoir : A et A', A et B', B et A', B et B'. Mais

[1] On aurait une démonstration plus simple que celle qui va suivre en considérant des nombres $p + q\sqrt{m'}$, $p' + q'\sqrt{m'}$ où m' différerait peu de m et serait carré parfait. Mais on retomberait ainsi dans les considérations de continuité que nous voulons éviter dans ce chapitre.

la combinaison B et A' se ramène à A et B' par l'échange de p, avec p', et de q avec q'.

De même la combinaison B et B' se ramène à A et A' par le changement de m en $\frac{1}{m}$ et l'échange de p avec q, et de p' avec q'. Reste donc à considérer les combinaisons A et A' et A et B'.

1° Supposons A et A'. On a

$$p^2 > mq^2 \tag{1}$$
$$p'^2 > mq'^2 \tag{2}$$

d'où, par multiplication (m étant positif)

$$p^2p'^2 > m^2q^2q'^2$$

d'où, pp' étant positif,

$$pp' > m \mid qq' \mid$$

et, *a fortiori*,

$$pp' > mqq'. \tag{3}$$

Alors, par combinaison de (1), (2) et (3) on a

$$p^2 + p'^2 + 2pp' > m(q^2 + q'^2 + 2qq')$$

ou

$$(p + p')^2 - m(q + q')^2 > 0.$$

D'ailleurs on a aussi $p + p' > 0$. Donc on a démontré C.

2° Supposons A et B'. La démonstration est analogue. Nous laissons au lecteur le soin de la reconstituer.

Théorème. — *De $\alpha > \beta$ et $\beta > \gamma$ on déduit $\alpha > \gamma$.*

En effet on a

$$\alpha - \beta > 0 \quad \text{et} \quad \beta - \gamma > 0,$$

d'où, d'après le théorème précédent

$$\alpha - \gamma > 0$$

ou

$$\alpha > \gamma.$$

48. Théorème. — *Le produit de deux nombres de même signe est positif, le produit de deux nombres de signes contraires est négatif.*

La seconde partie du théorème se ramène à la première par le changement de signe de l'un des facteurs. Reste à démontrer cette première partie. Soit

$$(p + q\sqrt{m})\,(p' + q'\sqrt{m}) = pp' + mqq' + (pq' + p'q)\sqrt{m}.$$

Il faut distinguer trois cas suivant les signes des normes des facteurs.

Supposons d'abord les normes des facteurs positives, alors les signes des facteurs sont ceux de p et de p'. Donc p et p' ont le même signe. La norme du produit est positive (n° **40**). Le signe du produit est donc celui de $pp' + mqq'$. Or on a

$$p^2 > mq^2 \qquad p'^2 > mq'^2$$

d'où

$$p^2p'^2 > m^2q^2q'^2$$

d'où

$$(pp' - mqq')\,(pp' + mqq') > 0.$$

Les deux facteurs $pp' - mqq'$ et $pp' + mqq'$ ont donc le même signe et ce signe est le même que celui de leur somme $2pp'$, donc ce signe est $+$, donc $pp' + mqq'$ est positif.

Nous laissons au lecteur le soin d'examiner les autres cas.

Les principes relatifs aux inégalités entre nombres rationnels que nous avons rappelés au n° **46** s'appliquent aux nombres quadratiques d'un corps réel. Les énoncés subsistent en supposant que a, b, ... représentent des nombres quadratiques d'un même corps.

CHAPITRE VI

LES FRACTIONS DÉCIMALES.
APPROXIMATION A $\frac{1}{10}$, $\frac{1}{100}$, ... PRÈS

49. — On appelle *fraction décimale*, ou *nombre décimal* une fraction dont le dénominateur est une puissance de 10, par exemple $\frac{2134}{100}$, $\frac{183}{1000}$, etc.

On peut considérer, plus généralement, les fractions dont le dénominateur est une puissance d'un entier positif quelconque b. Dans la pratique ces fractions ne sont intéressantes que lorsque b est la base du système de numération employé. C'est pourquoi nous supposerons $b = 10$. Le lecteur verra sans peine les modifications à apporter à la théorie lorsque b a une autre valeur.

Théorème. — *Toute fraction décimale se décompose en la somme d'un entier et de fractions décimales dont les dénominateurs sont des puissances de* 10 *différentes entre elles et dont les numérateurs sont certains des entiers* 0, 1, 2, ... 9. *Cette décomposition n'est possible que d'une seule manière.*

Les exemples suivants montrent comment la décomposition est possible.

$$\frac{2134}{100} = \frac{2100}{100} + \frac{30}{100} + \frac{4}{100} = 21 + \frac{3}{10} + \frac{4}{100}$$

$$\frac{3205}{1000} = \frac{3000}{1000} + \frac{200}{1000} + \frac{0}{1000} + \frac{5}{1000} = 3 + \frac{2}{10} + \frac{0}{100} + \frac{5}{1000}$$

$$-\frac{7249}{1000} = -8 + \frac{751}{1000} = -8 + \frac{7}{10} + \frac{5}{100} + \frac{1}{1000}$$

$$\frac{987}{1000} = \frac{9}{10} + \frac{8}{100} + \frac{7}{1000}.$$

Cette décomposition n'est possible que d'une seule façon. Pour le voir nous nous appuierons sur la notion de *partie entière* d'un nombre rationnel. On appelle *partie entière* d'un nombre rationnel $\frac{a}{b}$, un entier q satisfaisant aux conditions :

$$q \leqslant \frac{a}{b} < q + 1.$$

Ces conditions définissent un entier q et un seul car elles reviennent à :

$$qb \leqslant a < (q+1)b.$$

Donc q n'est autre chose que le quotient à une unité près de a par b.

Théorème. — *L'expression*

$$\frac{a_1}{10} + \frac{a_2}{100} + \dots + \frac{a_m}{10^m}$$

où $a_1, a_2, \dots a_m$ *sont certains des entiers* 0, 1, ... 9 *est plus petite que* 1.

En effet elle est au plus égale à

$$\frac{9}{10} + \frac{9}{100} + \dots + \frac{9}{10^m}$$

ou

$$\frac{10-1}{10} + \frac{10-1}{100} + \dots + \frac{10-1}{10^m}$$

ou

$$1 - \frac{1}{10} + \frac{1}{10} - \frac{1}{100} + \dots + \frac{1}{10^{m-1}} - \frac{1}{10^m}$$

ou enfin

$$1 - \frac{1}{10^m}.$$

Je dis maintenant que *la décomposition d'un nombre décimal*

$$\frac{a}{10^m} = q + \frac{a_1}{10} + \frac{a_2}{100} + \dots + \frac{a_m}{10^m} \qquad (1)$$

n'est possible que d'une seule manière.

En effet

$$\frac{a_1}{10} + \frac{a_2}{100} + \dots + \frac{a_m}{10^m}$$

étant plus petit que 1, on a

$$q \leqslant \frac{a}{10^m} < q + 1.$$

Donc q est la partie entière de $\frac{a}{10^m}$, donc il est déterminé.

Ensuite de (1) on tire

$$\frac{a}{10^{m-1}} - 10q = a_1 + \frac{a_2}{10} + \ldots + \frac{a_m}{10^{m-1}}.$$

Donc a_1 est la partie entière de $\frac{a}{10^{m-1}} - 10q$, etc.

On voit ainsi une analogie entre fractions décimales et nombres entiers. Tout entier positif peut se mettre, et d'une seule façon, sous la forme

$$(2) \qquad (a_n \times 10^n) + (a_{n-1} \times 10^{n-1}) + \ldots + (a_1 \times 10) + a_0$$

$a_0, a_1, \ldots a_n$ étant certains des entiers 0, 1, 2, ... 9.

De même toute fraction décimale positive peut se mettre, et d'une seule façon, sous la forme

$$(3) \quad (a_n \times 10^n) + (a_{n-1} \times 10^{n-1}) + \ldots + a_0 + (a_{-1} \times 10^{-1}) + (a_{-2} \times 10^{-2}) + \ldots + (a_{-m} \times 10^{-m}),$$

les a étant encore certains des entiers 0, 1, 2, ... 9.

Le nombre entier (2) s'écrit, dans le système de numération décimale (I. 44).

$$\overline{a_n a_{n-1} \ldots a_1 a_0}$$

De même le nombre décimal (3) s'écrira

$$\overline{a_n a_{n-1} \ldots a_0, a_{-1} a_{-2} \ldots a_{-m}}$$

en marquant par une virgule le chiffre des unités.

En somme on a décomposé le nombre en *unités des différents ordres* qui sont, d'une part, des *unités simples*, des *dizaines*, des *centaines*, etc., et de l'autre des *dizièmes*, des *centièmes*, etc. Il y a moins de dix unités de chaque ordre. Les chiffres qui suivent la virgule sont dits *chiffres décimaux*.

50. Théorème. — *Si dans un nombre décimal on néglige un certain nombre de chiffres décimaux à la fin du nombre, l'er-*

reur commise est plus petite qu'une unité du dernier ordre non négligé.

Soit le nombre $\overline{abcd, efgh}$ dans lequel nous négligeons g et h. L'erreur commise est $\frac{g}{1000} + \frac{h}{10000}$. Elle est au plus égale à

$$\frac{9}{1000} + \frac{9}{10000}$$

ou

$$\frac{10-1}{1000} + \frac{10-1}{10000} = \frac{1}{100} - \frac{1}{1000} + \frac{1}{1000} - \frac{1}{10000} = \frac{1}{100} - \frac{1}{10000}$$

donc plus petite que $\frac{1}{100}$.

Comparaison de deux nombres décimaux. — Soient deux nombres décimaux écrits à la façon précédente. S'ils ne sont pas identiques ils ne sont pas égaux. Lequel est le plus grand? Pour le savoir on compare les parties entières. Si elles sont inégales, celui des deux nombres qui a la plus grande partie entière est le plus grand. Si elles sont égales on compare les chiffres des dizièmes. S'ils sont inégaux celui des deux nombres qui a le plus grand est le plus grand. S'ils sont égaux on compare les chiffres des centièmes et ainsi de suite. Cela résulte du théorème précédent.

Addition, soustraction, multiplication, division des nombres décimaux. — On voit immédiatement que pour ajouter ou pour soustraire des nombres décimaux il n'y a qu'à appliquer les mêmes règles que pour les entiers (I, 50 et 64), en commençant l'opération par les unités d'ordre le plus bas.

Pour multiplier deux nombres décimaux on applique la règle suivante, facile à démontrer : *on fait le produit des entiers obtenus en supprimant les virgules dans les facteurs donnés, puis on introduit une virgule dans ce produit de façon qu'il ait autant de chiffres décimaux que les facteurs en ont à eux deux.*

51. Division des nombres décimaux. Fractions ordinaires réductibles en décimales. — On voit que le résultat d'additions, soustractions, multiplications effectuées sur des nombres décimaux est toujours un nombre décimal. Il n'en est pas de même pour la division. Soit par exemple à chercher le rapport de 6,481 à 8,1245. Il est égal à

$$\frac{6481}{1000} : \frac{81245}{10000}$$

c'est à-dire à

$$\frac{64810}{81245}.$$

Cette fraction ordinaire peut-elle se réduire à une fraction décimale. La réponse à cette question est donnée par le théorème suivant :

THÉORÈME. — *La condition nécessaire et suffisante pour qu'une fraction ordinaire soit égale à une fraction décimale est que, étant réduite à sa plus simple expression, son dénominateur ne contienne que les facteurs premiers* 2 *et* 5.

La condition est nécessaire, car si la fraction irréductible $\frac{a}{b}$ est égale à la fraction décimale $\frac{d}{10^n}$, b est un diviseur de 10^n, donc ne contient que les facteurs premiers de 10^n, c'est-à-dire 2 et 5.

La condition est suffisante car la fraction ordinaire $\frac{a}{2^\alpha 5^\beta}$ est égale à $\frac{2^{\beta-\alpha} \cdot a}{10^\beta}$ si $\beta \geqslant \alpha$ et à $\frac{5^{\alpha-\beta} \cdot a}{10^\alpha}$ si $\alpha \geqslant \beta$.

On voit bien alors que le rapport de deux fractions décimales n'est pas, en général une fraction décimale.

En particulier le nombre trouvé plus haut $\frac{64810}{81245}$ n'est pas réductible en décimales car sa plus simple expression est $\frac{12962}{16249}$.

52. Valeur approchée d'un nombre rationnel à $\frac{1}{10^n}$ près. — Soit le nombre rationnel $\frac{a}{b}$. Donnons-nous un entier positif ou nul n, il existe un entier k et un seul tel que

$$\frac{k}{10^n} \leqslant \frac{a}{b} < \frac{k+1}{10^n}.$$

En effet si $n = 0$, nous retombons sur la définition de la partie entière de $\frac{a}{b}$. Si $n > 0$, multiplions les inégalités précédentes par 10^n, nous obtenons les inégalités équivalentes

$$k \leqslant \frac{a \cdot 10^n}{b} < k + 1$$

et nous voyons que k est la partie entière de $\frac{a \cdot 10^n}{b}$.

$\frac{k}{10^n}$ s'appelle la *valeur approchée à* $\frac{1}{10^n}$ *près de* $\frac{a}{b}$ *par défaut.*

$\frac{k+1}{10^n}$ s'appelle la *valeur approchée à* $\frac{1}{10^n}$ *près de* $\frac{a}{b}$ *par excès.*

Lorsqu'on dit *valeur approchée* sans spécifier si c'est par défaut ou par excès, il est sous-entendu que c'est par défaut.

Exemple. — Soit à trouver la valeur approchée de $\frac{15}{7}$ à $\frac{1}{100}$ près.

Divisons 1 500 par 7, le quotient est 214. Donc la valeur à un centième près par défaut est $\frac{214}{100}$ ou 2,14, et la valeur par excès est 2,15.

53. Développement d'un nombre rationnel en décimales. Périodicité des chiffres. — Donnons-nous un nombre rationnel, par exemple $\frac{15}{7}$ et cherchons ses valeurs approchées successivement à une unité, un dixième, un centième, etc., près. Il faut pour cela diviser par 7 successivement les entiers 15, 150, 1500, etc. On dispose ordinairement l'opération de la façon suivante :

```
15 | 7
   | 2,142...
 10
  30
   20
    6
    ..
```

Les valeurs cherchées sont 2 ; 2,1 ; 2,14 ; 2,142 ; ...

La suite

$$2,142 \ldots$$

s'appelle le *développement en décimales* de $\frac{15}{7}$. Le nombre $\frac{15}{7}$ s'appelle le *générateur* de cette suite.

Il est évident qu'un nombre rationnel donné n'a qu'*un* développement en décimales. *Réciproquement* nous allons voir qu'un développement décimal donné ne peut avoir qu'un générateur, s'il en a. Mais nous allons voir aussi que pour qu'il en ait il faut une condition.

Théorème. — *Dans le développement en décimales d'un nombre rationnel la suite des chiffres est périodique à partir de l'un d'eux* (1).

Nous distinguerons trois cas.

1er *Cas.*—*Le dénominateur du nombre rationnel, supposé réduit à sa plus simple expression ne contient ni le facteur premier* 2 *ni le facteur premier* 5.

Soit la fraction irréductible $\frac{a}{b}$. Le dénominateur b étant premier avec 10 on sait que les restes par rapport au modube b des entiers

$$10 \quad 10^2 \quad 10^3 \ldots$$

forment une suite périodique. On voit immédiatement, a étant premier avec b, qu'il en est de même des restes des entiers

$$a.10 \quad a.10^2 \quad a.10^3 \ldots$$

Or ces restes sont les restes successifs de l'opération qu'il faut faire pour réduire $\frac{a}{b}$ en décimales. Les restes se reproduisant périodiquement il en est de même des chiffres au quotient.

Le théorème est donc démontré. On voit que dans ce cas la période commence immédiatement après la virgule, et que le nombre de termes de la période est égal à l'exposant de 10 par rapport à b. Il est indépendant de a.

2e *Cas.* — *Le dénominateur de la fraction supposée réduite à sa plus simple expression contient des facteurs premiers* 2 *ou* 5, *et il en contient d'autres.* Soit la fraction irréductible $\frac{a}{2^\alpha 5^\beta b}$, α et β n'étant pas nuls tous les deux. Soit pour fixer les idées $\alpha \geqslant \beta$. On a

$$\frac{a}{2^\alpha 5^\beta b} = \frac{a.5^{\alpha-\beta}}{10^\alpha b}.$$

(1) Robertson, *Phil. transact.*, 1764.
Bernoulli, *Mém. de l'Ac. de Berlin*, 1771.

Le développement de $\frac{a.5^{\alpha-\beta}}{10^{\alpha}b}$ se déduit de celui de $\frac{a.5^{\alpha-\beta}}{b}$ en reculant la virgule de α rangs vers la gauche. Or le développement de $\frac{a.5^{\alpha-\beta}}{b}$ est, d'après ce qu'on a vu dans le premier cas, périodique, la période commençant immédiatement après la virgule. Donc celui de $\frac{a}{2^{\alpha}5^{\beta}b}$ l'est aussi, et la période commence, au plus tard, α rangs après la virgule. Nous verrons tout à l'heure qu'elle commence juste à cette place.

3e *Cas.* — *Le dénominateur de la fraction supposée réduite à sa plus simple expression ne contient que les facteurs* 2 *et* 5. Nous avons vu (n° **51**) que dans ce cas le développement est limité. On peut dire qu'il est illimité en le complétant par une suite indéfinie de zéros. Par suite il est encore périodique.

54. — Telle est la condition à laquelle satisfait le développement décimal d'un nombre rationnel. Nous allons montrer que réciproquement *tout développement qui satisfait à cette condition admet un nombre générateur et un seul, sauf une exception qui sera précisée plus loin.*

Pour démontrer ce théorème nous pouvons supposer que la partie entière de la suite est zéro, car pour trouver le nombre générateur de $\overline{ab\ldots l},\ a_1a_2\ldots$ il suffit de trouver celui de o, $a_1a_2\ldots$ et de lui ajouter l'entier $\overline{ab\ldots l}$.

Nous distinguerons trois cas.

1er *Cas.*— *Le développement est limité.* Le théorème est évident. Par exemple 0,375 admet un nombre générateur et un seul qui est $\frac{375}{1000}$ ou $\frac{3}{8}$.

2e *Cas.* — *La période commence immédiatement après la virgule.* (Développement immédiatement périodique). Soit le développement o, $\underbrace{\overline{a_1a_2\ldots a_n}}\ldots$ (La notation $\underbrace{a_1a_2\ldots a_n}$ représente une suite périodique de période $a_1a_2\ldots a_n$ et commençant à a_1).

Pour que $\frac{a}{b}$ soit générateur du développement précédent il faut et il suffit que a et b soient tels qu'en divisant $10^n a$ par b le quotient soit $\overline{a_1 a_2 \ldots a^n}$ et le reste a, ce qui s'exprime par les conditions

$$(4) \qquad 10^n a = (\overline{a_1 a_2 \ldots a_n} \times b) + a$$

$$(5) \qquad 0 \leqslant a < b.$$

On tire de (4)

$$\frac{a}{b} = \frac{\overline{a_1 a_2 \ldots a_n}}{10^n - 1} = \frac{\overline{a_1 a_2 \ldots a_n}}{9\,9 \cdots 9} \quad (n \text{ chiffres 9 au dénominateur}).$$

Réciproquement si $\frac{a}{b}$ a cette valeur la condition (4) est satisfaite. La condition (5) l'est aussi pourvu que $\overline{a_1 a_2 \ldots a_n} < 10^n - 1$, c'est-à-dire pourvu que le développement ne soit pas composé que de chiffres 9.

Donc le développement $0, \underbrace{a_1 a_2 \ldots a_n} \ldots$ *a un nombre générateur et un seul, sauf si* $a_1, a_2, \ldots a_n$ *sont tous égaux à* 9. *Le développement* 0,99 ... *n'a pas de nombre générateur.*

3e *Cas.* — *La période ne commence pas immédiatement après la virgule.* (Développement non immédiatement périodique). Soit par exemple le développement $0,49\underbrace{397} \ldots$ de période 397. Ce développement a évidemment un nombre générateur et un seul, à savoir le nombre 0,49 augmenté du générateur de $0,00\underbrace{397}\underbrace{3\ldots}$ Ce dernier est $\frac{397}{99900}$.

Donc le développement proposé a un générateur et un seul qui est égal à

$$\frac{49}{100} + \frac{397}{99900}$$

ou

$$\frac{49 \times 999 + 397}{99900}$$

ou

$$\frac{49(1000 - 1) + 397}{99900}$$

ou enfin :

$$(6) \qquad \frac{49397 - 49}{99900}.$$

Le raisonnement suppose encore que la partie périodique ne se compose pas que de 9. C'est le cas d'exception annoncé.

Nous pouvons démontrer maintenant que dans le deuxième cas du nº **53** la période commence effectivement α rangs après la virgule. Car nous voyons qu'en supposant que la période commence α' rangs après la virgule, il y aura dans la fraction (6) α' zéros au dénominateur. Ce dénominateur contient donc les facteurs 2 et 5 tous les deux à l'exposant α'. Maintenant si l'on réduit la fraction (6) à sa plus simple expression il y aura au plus un des deux facteurs 2, 5 qui disparaîtra. Car pour qu'ils disparaissent tous les deux il faudrait que le numérateur fût terminé par un zéro. Cela exigerait que la période et la partie non périodique fussent terminées par le même chiffre. Mais si cela était, la période commencerait au moins un chiffre plus avant qu'on n'a supposé.

Exemples I. — Le nombre $\frac{3}{7}$ donne naissance à un développement immédiatement périodique $0,\underbrace{428571}\ldots$

On a d'ailleurs

$$\frac{428571}{999999} = \frac{3}{7}.$$

II. — Le nombre $\frac{21}{44}$ dont le dénominateur contient le facteur 2 à l'exposant 2, mêlé avec un autre facteur premier donne naissance au développement non immédiatement périodique $0,47\underbrace{72}\ldots$ et l'on a

$$\frac{4772 - 47}{9900} = \frac{21}{44}.$$

Remarque. — Si au lieu de développements décimaux on considérait les développements dans un autre système de numération, les énoncés précédents subsisteraient en remplaçant 10 par la base du système, et les facteurs 2, 5 par les facteurs premiers de cette base.

55. Valeur approchée d'un nombre quadratique réel à $\frac{1}{10^n}$ près. — La définition est la même que pour le nombre rationnel. La valeur à $\frac{1}{10^n}$ par défaut d'un nombre quadratique réel $p + q\sqrt{m}$, est un nombre $\frac{k}{10^n}$ (k entier) tel que

$$\frac{k}{10^n} \leqslant p + q\sqrt{m} < \frac{k+1}{10^n}. \tag{7}$$

(Nous avons écrit dans la première inégalité le signe $\leqslant$ de façon que la définition s'applique au cas particulier où $q = 0$ et où le nombre quadratique se réduit à un nombre rationnel, mais il est évident que si $q \neq 0$, c'est-à-dire si le nombre est un vrai nombre quadratique, l'égalité ne peut avoir lieu).

Comme pour le nombre rationnel, la recherche de la valeur à $\frac{1}{10^n}$ près se ramène à celle de la valeur à une unité près. Car en multipliant les trois membres des inégalités (7) par 10^n il vient

$$k \leqslant (p + q\sqrt{m})10^n < k + 1.$$

D'ailleurs la valeur à une unité près d'un nombre quadratique s'appelle encore la *partie entière* de ce nombre.

56. Recherche de la partie entière d'un nombre quadratique. — Examinons d'abord le cas particulier où $p = 0$ et soit à trouver la partie entière de $q\sqrt{m}$. On a à trouver un entier k satisfaisant à

$$k \leqslant q\sqrt{m} < k + 1$$

inégalités équivalentes à

$$k^2 \leqslant q^2m < (k+1)^2.$$

ou

$$k^2 \leqslant \mathrm{E}(q^2m) < (k+1)^2$$

Donc k est la racine de $\mathrm{E}(q^2m)$ à une unité près.

Passons au cas général et soit à trouver la partie entière de $p + q\sqrt{m}$. Pour cela cherchons la partie entière de p soit h, et celle de $q\sqrt{m}$ soit k. On a

$$h \leqslant p < h + 1$$
$$k \leqslant q\sqrt{m} < k + 1.$$

Donc

$$h+k \leqslant p+q\sqrt{m} < h+k+2.$$

Il en résulte que la partie entière de $p+q\sqrt{m}$ est $h+k$ ou $h+k+1$ suivant que $h+k+1 > p+q\sqrt{m}$ ou que $h+k+1 \leqslant p+q\sqrt{m}$.

57. Développement d'un nombre quadratique réel en décimales. — La définition est encore la même que pour le nombre rationnel. Soit le nombre $\sqrt{2}$. Les valeurs à une unité, un dixième, un centième, etc., près par défaut sont les nombres

$$1, \quad 1,4, \quad 1,41, \quad 1,414 \ldots$$

La suite indéfinie $1,414 \ldots$ est le développement en décimales de $\sqrt{2}$.

Il est évident qu'un nombre quadratique donné n'a qu'un développement en décimales. Réciproquement, à un développement décimal donné ne peut correspondre qu'un nombre quadratique, s'il en correspond un. Mais il n'en correspond pas toujours. Nous remettons la démonstration de ces théorèmes à plus tard.

EXERCICES

I. — Si le dénominateur d'une fraction est une puissance d'un nombre premier différent de 2 et de 5, si de plus la période du développement décimal engendré par cette fraction a un nombre pair $2n$ de chiffres ; la somme de deux chiffres distants de n rangs dans la période est égale à 9 et la somme des restes correspondants est égal au dénominateur de la fraction.

II. — Si 10 est racine primitive de p^α ($p =$ nombre premier $\neq 2$ et 5), les périodes de toutes les fractions irréductibles ayant p^α comme dénominateur, se déduisent de l'une d'elles par permutation circulaire. La période de $\frac{a}{p^\alpha}$ (a premier avec p) se déduit de celle de $\frac{1}{p^\alpha}$ en la commençant par son $(r+1)^{\text{ème}}$ chiffre, r étant l'indice de a.

Il en résulte que l'entier formé par la période de $\frac{1}{p^\alpha}$ jouit de cette propriété curieuse qu'en le multipliant par les entiers positifs plus petits que p^{α} et premiers avec lui les produits obtenus se déduisant de n par une permutation circulaire de ses chiffres.

1er *Exemple.* — On a $\frac{1}{7} = 0,\underbrace{142857}\ldots$ et

$$2 \times 142857 = 285714, \quad 3 \times 142857 = 428571 \ldots$$

$$6 \times 142857 = 857142.$$

2e *Exemple.* — On a $\frac{1}{19} = 0,\underline{052631578947368421}\ldots$

et

$$2 \times 052631578947368421 = 105263157894736842$$
$$3 \times 052631578947368421 = 157894736842105263$$
$$\ldots\ldots\ldots\ldots\ldots\ldots\ldots\ldots$$
$$18 \times 052631578947368421 = 947368421052631578.$$

CHAPITRE VII

—

DÉFINITION GÉNÉRALE DU NOMBRE [1]

58. On a vu (n° **54**) qu'un développement en décimales ne correspond qu'à un nombre rationnel et réciproquement. Ainsi $\frac{15}{7}$ a pour seul développement $2,\underbrace{142857}\ldots$ et, réciproquement, ce développement a pour seul nombre générateur $\frac{15}{7}$. On peut donc convenir d'écrire

$$\frac{15}{7} = 2,\underbrace{142857}\ldots$$

Le développement d'un nombre rationnel n'est pas quelconque; il est périodique, à partir d'un certain chiffre, la période ne se composant pas que de 9. On se trouve amené à généraliser et à considérer des suites de chiffres décimaux quelconques périodiques ou non.

On appelle *nombre une partie entière* (qui peut être nulle) *suivie d'une suite indéfinie de chiffres décimaux*. Donner un nombre c'est donner le moyen de calculer la suite indéfinie de ses chiffres. Trois cas se présentent : 1° *La suite indéfinie est périodique à partir d'un certain chiffre, la période ne se composant pas que de* 9. C'est le cas qu'on vient d'examiner, on dit que la suite définit le nombre

[1] On doit remarquer que la définition générale du nombre n'est nullement nécessaire dans les théories qui font l'objet de ce volume. On pourrait se borner à celle des nombres quadratiques donnée plus haut. Mais cela n'irait pas sans de grandes difficultés. D'ailleurs, en se plaçant au point de vue historique on sait que la notion générale de nombre était acquise, sinon complètement élucidée avant qu'on ait distingué les différentes espèces de nombres.

rationnel générateur; 2° *La suite indéfinie n'est pas périodique.* Nous dirons qu'elle définit un nombre *irrationnel.* L'existence d'un tel nombre n'est pas évidente. Il n'est pas évident qu'on puisse former une suite indéfinie de chiffres qui ne soit pas périodique. Mais cela sera démontré plus loin.

3° *La suite indéfinie est périodique, la partie périodique ne se composant que de* 9. — Nous dirons qu'elle définit le nombre rationnel décimal obtenu en supprimant cette partie périodique et augmentant d'une unité le dernier chiffre de la partie restante. Par exemple la suite $0,12\underset{\smile}{9}\ldots$ définit le nombre $\frac{13}{100}$.

Il est facile de voir comment on est conduit à cette convention. Il suffit d'appliquer à cette suite la règle donnée au n° **54** pour trouver le nombre générateur bien qu'elle ne s'applique pas. On trouve ainsi

$$\frac{12}{100} + \frac{1}{100}\frac{9}{9} = \frac{12}{100} + \frac{1}{100} = \frac{13}{100}.$$

Mais ce nombre n'engendre pas le développement $0,1299\ldots$, il engendre le développement $0,1300\ldots$ Nous conviendrons que

$$0,12\underset{\smile}{9}\ldots = 0,13.$$

De cette façon tout nombre décimal a deux développements, son développement ordinaire limité, et le développement obtenu en diminuant son dernier chiffre significatif de 1, et le faisant suivre d'une suite indéfinie de chiffres 9.

59. — Nous allons maintenant donner les définitions relatives à l'égalité, à l'inégalité et au calcul des nombres en général. Il est bien entendu que ces définitions, appliquées en particulier aux nombres rationnels devront coïncider avec les définitions données jusqu'à maintenant. Nous nous dispenserons de le faire remarquer lorsque ce sera évident.

Égalité. — On dit que deux nombres sont égaux dans deux cas : 1° lorsque leurs développements décimaux sont identiques ; 2° lorsque l'un d'eux est limité et que l'autre s'en déduit en diminuant le dernier chiffre significatif de 1 et le faisait suivre d'une suite indéfinie de chiffres 9.

Inégalité. — Dans tout autre cas les deux nombres sont dits inégaux et pour savoir lequel est le plus grand on applique la règle du n° 50 laquelle devient ici une définition.

Exemples : 1° Soient les nombres 3,17... et 3,14... Sans connaître les chiffres non écrits on peut affirmer que le premier nombre est plus grand que le second.

2° Soient les nombres 3,15... et 3,14.... Le premier nombre est supérieur au second, sauf le cas où le premier serait 3,15 et le second 3,14999... Dans ce cas ils seraient égaux.

THÉORÈME. — *Les inégalités* $a < b$ *et* $b < c$ *entraînent* $a < c$. C'est évident.

60. Addition. — Définir un nombre c'est définir sa partie entière et ses n premiers chiffres décimaux quel que soit n. Donc pour définir la somme de deux nombres a et b il nous suffit de définir la partie entière et les n premiers chiffres décimaux de cette somme quel que soit n.

Lemme I. — *Si une suite d'entiers est telle que chacun soit égal ou supérieur au précédent ; si de plus n'importe lequel de ces entiers est inférieur à un nombre fixe* A ; *alors, à partir d'un certain rang, ces entiers sont égaux entre eux. Leur valeur commune est inférieure à* A. C'est évident.

Lemme II. — *Si une suite de nombres rationnels, ayant même dénominateur est telle que chacun soit égal ou supérieur au précédent, si de plus n'importe lequel de ces nombres est inférieur à un nombre fixe* A ; *alors à partir d'un certain rang ces nombres sont égaux entre eux. Leur valeur commune est inférieure à* A.

Car soit $\frac{a_1}{d}$, $\frac{a_2}{d}$, ... cette suite ; a_1, a_2, ... et d étant entiers et de plus d étant positif. Les entiers a_1, a_2, ... sont tels que chacun d'eux soit égal ou supérieur au précédent et, de plus, n'importe lequel de ces entiers est plus petit que Ad. On est ramené au lemme I.

Lemmes III *et* IV. — On a deux autres énoncés en échangeant dans les précédents les mots « inférieur » et « supérieur ».

Ceci posé, soient les deux nombres :

$$a = 1{,}73205080 \ldots \quad \text{et} \quad b = 1{,}41421356 \ldots \text{ (1)}.$$

(1) On suppose, bien entendu, qu'on a une règle pour prolonger ces développements indéfiniment.

Nous voulons définir la partie entière et les six premiers chiffres de leur somme. Considérons

$$
\begin{array}{llll}
a_0 + b_0 = 1 & + 1 & = 2 \\
a_1 + b_1 = 1,7 & + 1,4 & = 3,1 \\
a_2 + b_2 = 1,73 & + 1,41 & = 3,14 \\
\cdots & & \\
a_6 + b_6 = 1,732050 & + 1,414213 & = 3,146263 \\
a_7 + b_7 = 1,7320508 & + 1,4142135 & = 3,1462643 \\
a_8 + b_8 = 1,73205080 & + 1,41421356 & = 3,14626436 \\
\cdots & &
\end{array}
$$

et ne gardons dans ces sommes que les six premiers chiffres décimaux. Nous obtenons la suite

2,000000; 3,100000; 3,140000; ... 3,146263; 3,146264; 3,146264; ...

Tous ces nombres ont même dénominateur 10^6 et chacun d'eux est égal ou supérieur au précédent. Ils sont tous plus petits que

$$1,732050 + \frac{1}{10^6} + 1,414213 + \frac{1}{10^6} \quad \text{ou} \quad 3,146265.$$

Donc à partir d'un certain rang ils ont une valeur commune. C'est cette valeur qui, par définition, constitue la partie entière et les six premiers chiffres décimaux de la somme. C'est ici 3,146264, puisque cette valeur est atteinte par le huitième terme de la série et que d'autre part nous savons que la valeur commune est plus petite que 3,146265. Il est facile d'énoncer une règle à ce sujet. Appelons, comme plus haut, a_n et b_n les nombres décimaux obtenus en arrêtant les développements de a et b après le n^e chiffre, c_n le nombre analogue pour la somme.

Si les $(n+1)^{\text{èmes}}$ chiffres décimaux de a et b ont une somme inférieure à 9 on a $c_n = a_n + b_n$. Si les $(n+1)^{\text{èmes}}$ chiffres décimaux de a et b ont une somme supérieure à 9 on a

$$c_n = a_n + b_n + \frac{1}{10^n}.$$

Si les $(n+1)^{\text{èmes}}$ chiffres décimaux de a et b ont une somme égale à 9, on considère les $(n+2)^{\text{èmes}}$ chiffres décimaux. S'ils ont une somme inférieure à 9 on a $c_n = a_n + b_n$. S'ils ont une somme supérieure à 9 on a

$$c_n = a_n + b_n + \frac{1}{10^n}.$$

S'ils ont une somme égale à 9 on considère les $(n+3)^{\text{èmes}}$ *chiffres décimaux, etc.*

Si les $(n+h)^{\text{èmes}}$ *chiffres décimaux de* a *et* b *ont une somme égale à 9 quel que soit* h, *on a* $c_n = a_n + b_n$, *le développement de* c *est* c_n *suivi de 9, la somme dans ce cas est égale à* $c_n + \frac{1}{10^n}$.

La somme de plus de deux nombres se définit d'une façon analogue, ou bien de proche en proche. L'addition est évidemment *commutative, associative et unipare.*

61. Soustraction. — Soient encore les deux nombres

$$a = 1{,}73205080\ldots \quad \text{et} \quad b = 1{,}41421356\ldots$$

Nous voulons définir la partie entière et les six premiers chiffres de la différence $a - b = d$. Pour cela nous opérons comme précédemment, avec une légère modification. Nous considérons

$$\begin{aligned}
a_0 - (b_0 + 1) &= 1 & -\,2 &= -1 \\
a_1 - \left(b_1 + \frac{1}{10}\right) &= 1{,}7 & -\,1{,}5 &= 0{,}2 \\
a_2 - \left(b_2 + \frac{1}{100}\right) &= 1{,}73 & -\,1{,}42 &= 0{,}31 \\
&\ldots\ldots \\
a_6 - \left(b_6 + \frac{1}{10^6}\right) &= 1{,}732050 & -\,1{,}414214 &= 0{,}317836 \\
a_7 - \left(b_7 + \frac{1}{10^7}\right) &= 1{,}7320508 & -\,1{,}4142136 &= 0{,}3178372 \\
a_8 - \left(b_8 + \frac{1}{10^8}\right) &= 1{,}73205080 & -\,1{,}41421357 &= 0{,}31783723 \\
&\ldots\ldots
\end{aligned}$$

et ne gardons dans ces différences que les 6 premiers chiffres. Nous obtenons la suite :

$$(1) \quad -1{,}000000\,;\quad 0{,}200000\,;\quad 0{,}310000\ldots \quad 0{,}317836\,;\quad 0{,}317837\,;\quad 0{,}317837\ldots$$

On a

$$a_0 \leqslant a_1 \leqslant a_2 \leqslant \ldots \leqslant a_6 \leqslant a_7 \leqslant a_8 \leqslant \ldots$$

et

$$b_0 + 1 \geqslant b_1 + \frac{1}{10} \geqslant b_2 + \frac{1}{100} \geqslant \ldots \geqslant b_6 + \frac{1}{10^6} \geqslant b_7 + \frac{1}{10^7} \geqslant b_8 + \frac{1}{10^8} \geqslant \ldots$$

d'où

$$a_0 - (b_0 + 1) \leqslant a_1 - \left(b_1 + \frac{1}{10}\right) \leqslant a_2 - \left(b_2 + \frac{1}{100}\right) \leqslant \ldots$$
$$\leqslant a_6 - \left(b_6 + \frac{1}{10^6}\right) \leqslant a_7 - \left(b_7 + \frac{1}{10^7}\right) \leqslant a_8 - \left(b_8 + \frac{1}{10^8}\right) \leqslant \ldots$$

On en déduit que dans la suite (1) chaque terme est supérieur ou égal au précédent et le raisonnement s'achève comme dans le premier cas.

Nous laissons au lecteur : 1° à trouver la règle à appliquer pour reconnaître qu'on a atteint la valeur commune dans la suite (1) ; 2° à démontrer que $a - b$ satisfait à l'équation $x + b = a$ et que c'en est la seule solution.

62. **Multiplication et division.** — Pour définir ab, on suppose d'abord a et b positifs et on opère comme pour l'addition. Si les facteurs ne sont pas tous deux positifs on définit leur produit comme étant celui de leurs valeurs absolues précédé d'un signe déterminé par la règle des signes. Si l'un des facteurs est nul le produit est nul, par définition.

La multiplication ainsi définie est commutative, associative, et distributive par rapport à l'addition. Elle est unipare quand aucun des facteurs n'est nul.

Le produit de plus de deux facteurs se définit de proche en proche.

Pour définir $\frac{a}{b}$, on suppose d'abord a et b positifs et on opère comme pour la soustraction, en considérant les rapports

$$\frac{a_n}{b_n + \frac{1}{10^n}}.$$

La définition réussit pourvu que $b \neq 0$. Ayant défini $\frac{a}{b}$ pour a et b positifs on le définit pour a et b quelconques par la règle des signes. Le rapport $\frac{a}{b}$ satisfait à l'équation $bx = a$ et s'en est la seule solution.

Resterait, en fait d'opérations élémentaires, à définir l'extraction des racines. Nous traiterons plus loin une question plus générale.

Les théorèmes du n° **46** relatifs aux inégalités entre nombres rationnels subsistent pour des nombres quelconques. Nous laissons au lecteur le soin de le démontrer [1].

Nombres commensurables entre eux. — On dit que deux nombres sont *commensurables* entre eux, lorsque leur rapport est rationnel. Dans le cas contraire les deux nombres sont dits : *incommensurables* entre eux.

63. Notion de limite. Suites convergentes. — Soit $a_1, a_2, \ldots a_n \ldots$ une suite indéfinie de nombres. On dit qu'elle *croît indéfiniment*, ou que a_n *croît indéfiniment*, ou que a_n *tend vers* $+\infty$, lorsque *étant donné un nombre positif* N, *on peut déterminer, quel que soit* N, *un nombre* h *tel que la condition* $n > h$ *entraîne* $a_n > N$.

On dit que a_n *tend vers* $-\infty$ *lorsque* $-a_n$ *tend vers* $+\infty$.

1er *Exemple* : la suite des entiers $1, 2, \ldots n, \ldots$

2e *Exemple* : la suite

$$1a, \quad 2a, \ldots na, \ldots$$

des multiples d'un nombre positif a. En effet, on a

$$na > N$$

pour

$$n > \frac{N}{a}.$$

3e *Exemple* : la suite

$$a^1 \quad a^2 \ldots a^n \ldots$$

des puissances d'un nombre a plus grand que 1.

Car en posant $a = 1 + \alpha$ $(\alpha > 0)$ la formule du binôme de Newton montre que $a^n > 1 + n\alpha$.

64. — Soit une suite de nombres $a_1\ a_2 \ldots a_n \ldots$ On dit qu'elle con-

[1] Nous avons développé en détail les premières définitions sur les nombres irrationnels parce que nous y avons adopté un mode d'exposition qui n'est pas celui qu'on prend ordinairement et qui nous a paru plus adapté à une Théorie des nombres. Mais à partir de maintenant nous retombons sur des sujets classiques et nous nous bornerons, suivant le plan général adopté dans cet ouvrage, à un résumé.

verge vers une limite a, ou que $a_1, a_2, \ldots a_n \ldots$ tendent vers a, ou que a_n *tend vers a* lorsque, *étant donné un nombre positif ε, on peut déterminer, quel que soit ε, un nombre h tel que la condition $n > h$ entraîne*

$$|a_n - a| < \varepsilon.$$

1er *Exemple* : La suite des inverses des entiers $\frac{1}{1}, \frac{1}{2}, \ldots \frac{1}{n}, \ldots$ tend vers o. En effet on a

$$\frac{1}{n} < \varepsilon$$

pour

$$n > \frac{1}{\varepsilon}.$$

2° *Exemple :* la suite

$$a^1 \quad a^2 \ldots a^n \ldots$$

des puissances d'un nombre positif plus petit que 1 tend aussi vers zéro.

En effet on a

$$a^n < \varepsilon$$

lorsque

$$\left(\frac{1}{a}\right)^n > \frac{1}{\varepsilon}.$$

Or $\frac{1}{a} > 1$, on est donc ramené au troisième des exemples précédents.

Théorème. — *Pour que a_n tende vers a, il faut et il suffit que $a - a_n$ tende vers zéro.* C'est évident.

Supposons a_n défini par son développement décimal quel que soit n, et a défini aussi par son développement décimal. Quelle est la condition pour que a_n tende vers a quand n croît indéfiniment? On démontre facilement que *pour que a_n tende vers a il faut et il suffit que, étant donné un entier positif ν, on puisse déterminer, quel que soit ν, un nombre h tel que la condition $n > h$ entraîne que la partie entière et les ν premiers chiffres décimaux du développement de a_n soient identiques à la partie entière et aux ν premiers chiffres du développement de a* (*ou de l'un des deux développements de a dans le cas où a a deux développements*).

Théorème. — *Si une suite de nombres $a_1, a_2, \ldots a_n \ldots$ est telle que n'importe lequel d'entre eux est supérieur ou égal au précédent ; si, de plus, n'importe lequel d'entre eux est inférieur à un nombre fixe A, alors cette suite est convergente et sa limite est inférieure ou égale à A.*

Considérons les nombres formés par la partie entière et les m premiers chiffres décimaux de chaque terme de la suite. Ce sont des nombres ayant pour dénominateur 10^m, et tels que n'importe lequel d'entre eux est égal ou supérieur au précédent, et que n'importe lequel d'entre eux est inférieur ou égal au nombre formé par la partie entière de A et ses m premiers chiffres décimaux. Donc d'après le lemme II du n° **60**, à partir d'un certain rang ces nombres sont constants et égaux à un nombre décimal $\overline{e, \alpha_1 \alpha_2 \ldots \alpha_m}$ inférieur ou égal au nombre formé par la partie entière de A et ses m premiers chiffres décimaux.

Ceci étant vrai quel que soit m nous avons défini un nombre

$$a = \overline{e, \alpha_1 a_2 \ldots \alpha_m \ldots}$$

Les nombres de la suite a_1, a_2, ... tendent vers a. En effet la condition du théorème précédent est remplie.

Théorème. — *Si une suite de nombres a_1, a_2, ... a_n, ... est telle que n'importe lequel d'entre eux est inférieur ou égal au précédent ; si, de plus, n'importe lequel d'entre eux est supérieur à un nombre fixe A ; alors cette suite est convergente et sa limite est supérieure ou égale à A.*

Se démontre d'une façon analogue.

65. Valeur d'un nombre à $\frac{1}{10^n}$ près. — La définition est la même que pour les nombres rationnels (n° **52**). La valeur à $\frac{1}{10^n}$ par défaut d'un nombre a est le nombre $\frac{k}{10^n}$, (k entier) tel que

$$\frac{k}{10^n} \leqslant a < \frac{k+1}{10^n}.$$

On l'obtient en prenant le nombre décimal formé par la partie entière et les n premiers chiffres décimaux de a, sauf lorsque les chiffres qui suivent le n^o chiffre décimal de a sont tous des 9. Dans ce cas il faut ajouter $\frac{1}{10^n}$ à la valeur obtenue par la règle précédente ; la valeur à $\frac{1}{10^n}$ de a est d'ailleurs égale alors à a lui-même.

1er *Exemple* : la valeur à $\frac{1}{1000}$ près de 1,4142... est 1,414.

2e *Exemple* : la valeur à $\frac{1}{100}$ près de $0,23\underset{\smile}{9}\ldots$ est 0,24 et

$$0,23\underset{\smile}{9}\ldots = 0,24.$$

La valeur à $\frac{1}{10^n}$ par excès s'obtient en ajoutant $\frac{1}{10^n}$ à la valeur par défaut.

THÉORÈME. — *La suite des valeurs approchées par défaut à une unité, un dixième, ... $\frac{1}{10^n}$, ... près, par défaut, d'un nombre a forme une suite convergente qui tend vers a. Il en est de même de la suite des valeurs par excès. Il en est de même d'une suite de valeurs approchées tantôt par défaut, tantôt par excès à une unité, un dixième, ... $\frac{1}{10^n}$, ... près.*

En effet le n^e terme de la suite diffère de a de moins de $\frac{1}{10^n}$. Or $\frac{1}{10^n}$ tend vers zéro.

Valeur d'un nombre a à δ près. C'est le nombre de la forme $k\delta$ (k entier) tel que

$$k\delta \leqslant a < (k+1)\delta.$$

66. Coupures. — Étant donné un nombre a on peut diviser les autres nombres en deux classes, ceux qui lui sont inférieurs et ceux qui lui sont supérieurs. Réciproquement si l'on possède une règle permettant de reconnaître quels nombres sont inférieurs à a et quels sont supérieurs ; a est déterminé. Car en particulier on saura reconnaître parmi les nombres de la forme $\frac{k}{10^n}$ quels sont ceux qui sont inférieurs et quels sont ceux supérieurs à a. On aura donc la valeur de a à $\frac{1}{10^n}$ près quel que soit n.

Ceci posé nous appellerons *coupure* une règle permettant de distinguer les nombres en deux classes de façon que : 1° aucun nombre n'échappe à la classification ; 2° n'importe quel nombre de la première classe soit plus petit que n'importe quel nombre de la seconde ; 3° il existe des nombres de chaque classe. On voit qu'une coupure définit un nombre.

On peut supprimer la troisième restriction. S'il n'y a pas de nombre de la seconde classe nous conviendrons de dire que la coupure définit le nombre $+\infty$; s'il n'y a pas de nombre de la première classe nous conviendrons de dire qu'elle définit le nombre $-\infty$. Il ne reste alors que les deux premières restrictions pour qu'une classification soit une coupure.

Mais il est évident que pour déterminer un nombre a, il suffit d'une coupure *dans l'ensemble des nombres rationnels*, c'est-à-dire d'une règle permettant de reconnaître les nombres *rationnels* inférieurs à a et les nombres rationnels supérieurs. Car les nombres de la forme $\frac{k}{10^n}$ sont rationnels.

On peut généraliser. On dit qu'un ensemble de nombres est *dense* dans un intervalle a, b lorsqu'il existe de ces nombres dans tout intervalle contenu dans l'intervalle a, b. Par exemple, l'ensemble des nombres décimaux est dense dans tout intervalle ; de même l'ensemble des nombres rationnels ; de même l'ensemble des carrés des nombres rationnels, etc.

Ceci posé, *une coupure dans un ensemble dense définit un nombre.*

67. Limite supérieure et limite inférieure pour n infini. — La notion de limite se généralise. Soit une suite indéfinie

$$a_1, a_2, \dots a_n, \dots$$

Nous définissons une coupure dans l'ensemble des nombres de la façon suivante. Nous mettons dans la première classe tout nombre α tel qu'on puisse déterminer autant de termes qu'on veut de la série qui soient plus grands que α ; nous mettons dans la seconde classe tout nombre β ne jouissant pas de cette propriété. Il est facile de voir que n'importe quel nombre est ainsi classé et que n'importe quel nombre de la première classe est plus petit que n'importe quel nombre de la seconde. On a donc défini une coupure et par suite un nombre L. C'est ce nombre qui est appelé *limite supérieure de a_n pour n infini* (¹) ; nous le désignerons par la notation $\overline{\lim\limits_{n=\infty}} a_n$, ou plus simplement par $\overline{\lim}\, a_n$. Il peut-être égal à $+\infty$, cela arrive quand il n'y a pas de nombre de la seconde classe, c'est-à-dire quand il y a un nombre illimité de termes de la série plus grands que n'importe quel nombre. Le nombre L peut être égal à $-\infty$, cela arrive quand il n'y a pas de nombres de la première classe, c'est-à-dire quand, étant donné un nombre quelconque, les termes de la série sont à partir d'un certain rang plus petits que ce nombre.

On définit de même la *limite inférieure pour n infini* ou $\underline{\lim}\, a_n$. Il suffit de répéter ce qui précède en échangeant les mots « inférieur » et « supérieur », « plus grand » et « plus petit », « première classe » et « seconde classe ». On peut encore définir $\underline{\lim}\, a_n$ en disant que ce nombre est égal à $-\overline{\lim}\,(-a_n)$.

(¹) Cette notion est due à Cauchy. Elle a été retrouvée et son importance a été développée par M. Hadamard.

On a $\underline{\lim}\, a_n \leqslant \overline{\lim}\, a_n$. Lorsque l'égalité a lieu, la suite est convergente et sa limite est égale à la valeur commune des deux limites, inférieure et supérieure. Réciproquement, si une suite $a_0, a_1, \ldots a_n \ldots$ converge vers une limite l, on a

$$\overline{\lim}\, a_n = \underline{\lim}\, a_n = l.$$

Théorèmes. — Soient $a_0, a_1, \ldots a_n, \ldots$ et $b_0, b_1, \ldots b_n, \ldots$ deux suites, on a

$$\overline{\lim}\,(a_n + b_n) = \overline{\lim}\, a_n + \overline{\lim}\, b_n$$

$$\underline{\lim}\,(a_n + b_n) = \underline{\lim}\, a_n + \underline{\lim}\, b_n$$

$$\overline{\lim}\,(a_n - b_n) = \overline{\lim}\, a_n - \underline{\lim}\, bn$$

$$\underline{\lim}\,(a_n - b_n) = \underline{\lim}\, a_n - \overline{\lim}\, b_n$$

$$\left.\begin{aligned}
\overline{\lim}\, a_n b_n &= \overline{\lim}\, a_n \times \overline{\lim}\, b_n \\
\underline{\lim}\, a_n b_n &= \underline{\lim}\, a_n \times \underline{\lim}\, b_n \\
\overline{\lim}\, \frac{a_n}{b_n} &= \overline{\lim}\, a_n \times \frac{1}{\underline{\lim}\, b_n} \\
\underline{\lim}\, \frac{a_n}{b_n} &= \underline{\lim}\, a_n \times \frac{1}{\overline{\lim}\, b_n}
\end{aligned}\right\} \text{Ces quatre dernières en supposant } a_n \quad b_n > 0.$$

Théorème. — *Pour qu'une suite $a_1, a_2, \ldots a_n \ldots$ soit convergente il faut et il suffit qu'à tout nombre positif ε on puisse faire correspondre un entier n tel que la condition $n' > n$ entraîne $| a_{n'} - a_n | < \varepsilon$.*

En effet ceci entraîne que la limite supérieure et la limite inférieure de la suite sont toutes les deux comprises entre $a_n - \varepsilon$ et $a_n + \varepsilon$ et par conséquent diffèrent de moins de 2ε. Comme ε est quelconque, elles sont égales.

68. Fonctions de variables. Continuité. — Une fonction d'un nombre variable x est un autre nombre dont la valeur est déterminée quand celle de x l'est. Une fonction de plusieurs variables $x, y, z, \ldots$ est un nombre dont la valeur est déterminée quand celles de $x, y, z, \ldots$ le sont. D'ailleurs une fonction peut ne pas exister pour toutes les valeurs des variables. Le résultat de tout calcul fait sur des nombres $x, y, z, \ldots$ est une fonction de ces variables qui est définie pour toutes les valeurs de ces variables telles que les calculs soient possibles. Si ces calculs se bornent à des additions, soustractions et multiplications on dit que c'est une fonction *entière* ou un *polynôme entier* en x,

y, z, ... S'il intervient en plus des divisions, on dit que c'est une fonction rationnelle. C'est alors le rapport de deux polynômes entiers en x, y, z... Si le dénominateur est indépendant de x, y, z, ... la fonction se réduit à une fonction entière qui est ainsi un cas particulier de la fonction rationnelle.

On dit qu'une fonction $f(x)$ est *croissante* pour les valeurs de x comprises dans un certain intervalle (1), lorsque, x' et x'' étant deux valeurs de cet intervalle, l'inégalité $x' < x''$ entraîne $f(x') < f(x'')$. Si, au contraire, l'inégalité $x' < x''$ entraîne $f(x') > f(x'')$, la fonction est dite *décroissante*.

On dit que la fonction $f(x)$ est croissante (décroissante) pour $x = a$ lorsque, on peut trouver un nombre positif ε tel que $f(x)$ soit croissante (décroissante) dans l'intervalle $a - \varepsilon$, $a + \varepsilon$.

On dit que la fonction $f(x)$ est continue pour $x = a$ lorsque, α étant un nombre positif donné, on peut trouver, quel que soit α, un nombre positif ε tel que l'inégalité $|x - a| < \varepsilon$ entraîne 1° que $f(x)$ existe ; 2° que

$$|f(x) - f(a)| < \alpha.$$

Cette seconde condition peut encore s'énoncer en disant que $f(a + h)$ tend vers $f(a)$ lorsque h tend vers zéro d'une façon quelconque.

De même on dit que la fonction de plusieurs variables $f(x, y, z, \ldots)$ est continue pour $x = a$, $y = b$, $z = c$, ... lorsque α étant un nombre positif donné, on peut trouver, quel que soit α, un nombre positif ε tel que les inégalités

$$|x - a| < \varepsilon \quad (y - b) < \varepsilon \quad (z - c) < \varepsilon \ldots$$

entraînent : 1° que $f(x, y, z, \ldots)$ existe ; 2° que

$$|f(x, y, z, \ldots) - f(a, b, c, \ldots)| < \alpha.$$

Cette seconde condition peut encore s'énoncer en disant que

$$f(a + h, \; b + k, \; c + l, \ldots) - f(a, b, c)$$

tend vers zéro lorsque h, k, l, ... tendent vers zéro d'une façon quelconque.

Toute fonction entière est une fonction continue des variables pour toutes valeurs de ces variables. Toute fonction rationnelle est une

(1) On distingue les intervalles en intervalles *ouverts*, c'est-à-dire l'ensemble des valeurs de x telles que $a < x < b$; et intervalles *fermés*, c'est-à-dire l'ensemble des valeurs de x telles que $a \leqslant x \leqslant b$. On peut aussi considérer des ntervalles ouverts d'un côté et fermés de l'autre.

fonction continue des variables sauf pour les systèmes de valeurs qui annullent son dénominateur.

69. Définition d'un nombre comme racine d'une équation. — Théorème. — *Soit une fonction $f(x)$ continue pour toutes les valeurs de x telles que $a \leqslant x \leqslant b$. Soit A un nombre compris entre $f(a)$ et $f(b)$. Il y a au moins une valeur de x comprise entre a et b telle que $f(x) = A$.* Pour la démonstration de ce théorème nous renvoyons aux traités d'Analyse.

Si l'on suppose de plus que $f(x)$ soit constamment croissante ou constamment décroissante pour les valeurs de x, alors il n'y a qu'une valeur de x telle que $f(x) = A$, et l'on a ainsi défini un nombre racine de l'équation $f(x) = A$.

Pour le calcul pratique de cette racine nous renvoyons aux traités d'Analyse (méthode des parties proportionnelles, méthode de Newton, etc.).

70. Application à la définition de la racine $m^{\text{ème}}$ d'un nombre. — Extraire la racine $m^{\text{ème}}$ d'un nombre positif a, c'est trouver un nombre positif x tel que $x^m = a$. Or la fonction x^m est continue et croissante dans l'intervalle $0 + \infty$. En donnant à x une valeur positive suffisamment petite cette fonction prend une valeur plus petite que a; et en donnant à x une valeur positive suffisamment grande elle prend une valeur plus grande que a, donc il existe une valeur de x et une seule telle que $x^m = a$. On la calculera par les méthodes ordinaires de résolution des équations.

En particulier tout nombre rationnel positif m, non carré parfait a une racine carrée $\sqrt{m}$, et par suite on a défini ainsi des nombres de la forme $p + q\sqrt{m}$, p, q étant rationnels. Il faut montrer que ces nombres sont identiques à ceux définis au Chapitre V sous le nom de *nombres quadratiques réels*, et pour cela que leurs propriétés et règles de calcul sont identiques.

Considérons d'abord l'égalité de deux tels nombres. Nous avons à démontrer que pour que deux nombres $p + q\sqrt{m}$ et $p' + q'\sqrt{m}$ définis de la seconde façon soient égaux il faut et il suffit que $p = p'$ et $q = q'$. Or ces conditions sont évidemment suffisantes et pour montrer qu'elles sont nécessaires il suffit de remarquer que l'égalité

$$p + q\sqrt{m} = p' + q'\sqrt{m}$$

entraîne

$$p - p' = (q' - q)\sqrt{m}.$$

Or $\sqrt{m}$ est un nombre irrationnel puisque m n'est pas carré parfait. Il en serait de même de son produit par $q' - q$ si $q' - q$ n'était pas nul. L'égalité serait donc impossible dans ce cas. Donc $q' = q$ et par suite $p' = p$.

Nous laissons au lecteur le soin de compléter la démonstration pour les autres propriétés de ces nombres.

71. Calcul des radicaux. Exposant rationnel. — On a les théorèmes exprimés par les égalités suivantes :

$$\sqrt[m]{abc} = \sqrt[m]{a}\sqrt[m]{b}\sqrt[m]{c}$$

$$\sqrt[m]{\frac{a}{b}} = \frac{\sqrt[m]{a}}{\sqrt[m]{b}}$$

$$\sqrt[m]{a^p} = \left(\sqrt[m]{a}\right)^p$$

$$\sqrt[m]{a} = \sqrt[mp]{a^p}$$

$$\sqrt[m]{\sqrt[p]{\sqrt[q]{a}}} = \sqrt[mpq]{a}$$

dans lesquels a, b, c, désignent des nombres positifs quelconques. Ces résultats sont classiques.

On en déduit la notion d'*exposant fractionnaire*. Par définition

$$a^{\frac{m}{p}} = \sqrt[p]{a^m} \qquad (a > 0).$$

On démontre que la valeur de $a^{\frac{m}{p}}$ ainsi définie ne change pas si $\frac{m}{p}$ change de forme sans changer de valeur. Ainsi $a^{\frac{2}{3}} = a^{\frac{4}{6}}$. L'exposant négatif $-\mu$ où μ désigne un nombre positif rationnel quelconque se définit par l'égalité

$$a^{-\mu} = \frac{1}{a^{\mu}}.$$

L'exposant nul se définit par

$$a^0 = 1.$$

On a ainsi défini a^x pour toute valeur rationnelle de x, a étant positif.

On a

$$(abc)^x = a^x b^x c^x$$
$$\left(\frac{a}{b}\right)^x = \frac{a^x}{b^x}$$
$$(a^x)^y = a^{xy}$$
$$a^x a^y a^z = a^{x+y+z}$$
$$\frac{a^x}{a^y} = a^{x-y}$$

Tous ces résultats sont classiques et nous ne les démontrerons pas.

Exposant irrationnel. — Enfin on définit l'expression a^α où a est positif et α irrationnel comme la limite de a^{α_n}, α_n étant un nombre rationnel tendant vers α. Toutes les règles de calcul rappelées plus haut s'appliquent à ces exposants. Nous renvoyons aux traités d'Analyse pour les détails.

72. Séries. — Les suites convergentes se présentent souvent sous forme de séries.

Soit une suite de nombres $u_1, u_2, \ldots u_n, \ldots$ On considère la suite :

$$S_1 = u_1 \quad S_2 = u_1 + u_2, \ldots \quad S_n = u_1 + u_2 + \ldots + u_n, \ldots$$

On dit que la série $u_1 + u_2 + \ldots + u_n + \ldots$ est convergente et a pour somme S lorsque S_n tend vers S. Nous désignerons souvent S_n par $\sum_1^n u_n$ et S par $\sum_1^\infty u_n$. Nous supposerons connus les résultats suivants qui sont classiques.

Une série dans laquelle u_n ne tend pas vers zéro est divergente. Une série à termes positifs dans laquelle $S_n < A$ quel que soit n, A étant un nombre fixe, est convergente et a une somme $\leqslant A$.

73. — *Règles de convergence de d'Alembert.* 1° *Si dans une série on a, à partir d'un certain rang $\left|\frac{u_{n+1}}{u_n}\right| < q < 1$ (q constant) la série est convergente.*

2° *Si dans une série on a, à partir d'un certain rang, $\left|\frac{u_{n+1}}{u_n}\right| > 1$ la série est divergente.*

3° *Si dans une série on a $\overline{\lim} \left|\frac{u_{n+1}}{u_n}\right| < 1$ la série est convergente.*

4° *Si dans une série on a* $\underline{\lim}\left|\frac{u_{n+1}}{u_n}\right| > 1$ *la série est divergente.*

Règles de convergence de Cauchy. 1° *Si dans une série on a, à partir d'un certain rang* $\sqrt[n]{|u_n|} < q < 1$ *(q constant) la série est convergente.*

2° *Si dans une série on a, à partir d'un certain rang,* $\sqrt[n]{|u_n|} > 1$ *la série est divergente.*

3° *Si dans une série on a* $\overline{\lim}\sqrt[n]{|u_n|} < 1$ *la série est convergente.*

4° *Si dans une série on a* $\overline{\lim}\sqrt[n]{|u_n|} > 1$ *la série est divergente.*

On remarquera le parallélisme des trois premiers énoncés dans les règles de d'Alembert et de Cauchy, qui ne se conserve pas dans les quatrièmes.

Dans les applications il arrive souvent que $\left|\frac{u_{n+1}}{u_n}\right|$ et $\sqrt[n]{|u_n|}$ ont des limites. Dans ce cas on démontre que ces deux limites ont la même valeur et, suivant que cette valeur commune est plus petite ou plus grande que 1, la série est convergente ou divergente.

La série $\Sigma\frac{1}{n^p}$ *est convergente si* $p > 1$, *divergente si* $p \leqslant 1$.

74. *Pour qu'une série soit convergente il suffit que la série formée par les valeurs absolues de ses termes le soit* mais cette condition n'est pas nécessaire. Les séries dans lesquelles elle est remplie sont dites *absolument convergentes.*

Dans une série absolument convergente on peut changer l'ordre des termes sans changer la somme. Dans une série non absolument convergente on peut changer l'ordre des termes de façon que la série ait telle somme que l'on veut.

Rappelons à ce propos ce qu'on appelle *changer l'ordre des termes* dans une suite infinie u_1, u_2, ... C'est écrire une seconde suite v_1, v_2, ... telle que 1° étant donné n on peut trouver n' tel que $v_{n'} = u_n$ et à deux valeurs différentes de n correspondent deux valeurs différentes de n' ; 2° étant donné n' on peut trouver n tel que $u_n = v_{n'}$ et à deux valeurs différentes de n' correspondent deux valeurs différentes de n.

On dit encore que les suites u_1, u_2 ... et v_1, v_2 . . sont composées des *mêmes termes.* Ce n'est pas autre chose que la définition déjà donnée (I. 15) pour les suites finies.

Séries alternées. — On appelle ainsi les séries dans lesquelles les termes sont alternativement positifs et négatifs. Pour qu'une telle série Σu_n soit convergente, *il suffit que la valeur absolue de* u_n *décroisse lorsque n croît et tende vers zéro.* Si l'on suppose $u_1 > 0$ pour fixer les idées (de sorte que $u_2 < 0$, $u_3 > 0$, etc.), *les sommes d'indices pairs* S_2, S_4, ... *vont en croissant et tendent vers la somme* S *de la série par valeurs plus petites qu'elles, les sommes d'indices impairs* S_1, S_3, ... *vont en décroissant et tendent vers* S *par valeurs plus grandes qu'elle. De plus* $|S - S_n| < |u_{n+1}|$.

75. Opérations sur les séries. — *Lorsque deux séries* Σu_n *et* Σv_n *sont convergentes les séries* $\Sigma(u_n + v_n)$ *et* $\Sigma(u_n - v_n)$ *le sont aussi et ont des sommes égales respectivement à* $\Sigma u_n + \Sigma v_n$ *et à* $\Sigma u_n - \Sigma v_n$.

Si les deux séries Σu_n *et* Σv_n *sont convergentes, si de plus l'une d'elles est absolument convergente, la série* $\Sigma(u_1 v_n + u_2 v_{n-1} + \ldots + u_n v_1)$ *est convergente et a pour somme* $\Sigma u_n \times \Sigma v_n$.

76. Produits infinis. — Nous supposons aussi connus les principaux théorèmes relatifs aux *produits infinis*. On considère la suite

$$P_1 = 1 + u_1, \quad P_2 = (1 + u_1)(1 + u_2) \ldots$$
$$P_n = (1 + u_1)(1 + u_2) \ldots (1 + u_n) \ldots$$

On dit que le produit $(1 + u_1)(1 + u_2)\ldots$ est *convergent lorsque la suite* $P_1, P_2, \ldots$ *l'est et que sa limite est différente de zéro.* La limite P de cette suite est dite la valeur de ce produit infini. Nous désignerons aussi P_n par $\prod_1^n (1 + u_n)$ et P par $\prod_1^\infty (1 + u_n)$ ou simplement par $\prod(1 + u_n)$.

La convergence du produit $\prod(1 + u_n)$ se ramène à celle de la série $\sum \log(1 + u_n)$. En particulier, *un produit* $\prod(1 + u_n)$ *dans lequel* u_n *ne tend pas vers zéro n'est pas convergent.*

Si les u_n *sont tous positifs, une condition nécessaire et suffisante pour que le produit* $\prod(1 + u_n)$ *soit convergent est que la série* $\sum u_n$ *le soit.* Il en est de même si les u_n sont tous négatifs.

Si les u_n ne sont pas tous positifs pour que $\prod(1 + u_n)$ soit convergent, il *suffit* que $\prod(1 + |u_n|)$, et par conséquent que $\sum |u_n|$ le soit. Les produits dans lesquels cette condition est remplie sont dits *absolument convergents. On peut y changer l'ordre des facteurs sans y changer le produit. Dans un produit non absolument convergent on peut changer l'ordre des facteurs de façon que le produit ait telle valeur que l'on voudra.*

77. C'est le plus souvent par des suites convergentes, et plus particulièrement par des suites convergentes de nombres rationnels qu'on définit les nombres réels. Par exemple on définit un nombre e comme somme de la série convergente

$$e = 1 + \frac{1}{1!} + \frac{1}{2!} + \dots + \frac{1}{n!} + \dots$$

La question se pose alors, un nombre étant défini de cette façon de calculer sa partie entière et les n premiers chiffres de sa partie décimale, autrement dit de l'évaluer à $\frac{1}{10^n}$ près.

Plus généralement soit $f(a, b, c, \dots)$ une expression contenant les signes d'opérations connues (addition, soustraction, multiplication, division, extraction de racines). *On suppose connus les développements en décimales de $a, b, c, \dots$ trouver celui de $f(a, b, c, \dots)$.*

Pour cela remplaçant $a, b, c, \dots$ par leurs valeurs à une unité, un dixième, un centième, etc., près on peut (par des procédés classiques que nous ne développerons pas ici, évaluer dans chaque cas une limite de l'erreur commise sur $f(a, b, c, \dots)$ [1]. (On appelle erreur commise sur un nombre a quand on le remplace par a_0, la différence $a - a_0$). A cause de la continuité de $f(x, y, z, \dots)$ cette erreur tend vers zéro quand les erreurs commises sur $a, b, c, \dots$ tendent elles-mêmes vers zéro.

78. Nombres complexes. — Enfin nous rappellerons le calcul des nombres *imaginaires* ou *complexes* qui est classique. Un tel nombre est de la forme $a + bi$, a et b étant des nombres réels quelconques, i étant un signe, a est dite la *partie réelle*, bi la *partie imaginaire* du nombre $a + bi$.

[1] Il ne faut pas oublier, dans cette évaluation, que cette erreur provient de deux causes, d'abord des erreurs commises sur $a, b, c, \dots$ et ensuite de l'erreur commise dans le calcul de $f(a, b, c, \dots)$.

On convient que $a + oi$ est la même chose que a, de sorte que les nombres réels sont des cas particuliers des nombres imaginaires. Lorsque $b = 1$ on ne l'écrit pas. Ainsi $2 + i$ signifie $2 + 1i$.

Egalité. — Le nombre $a + bi$ est dit égal à $a' + b'i$ lorsque $a = a'$ et $b = b'$. En particulier $a + bi = 0$ lorsque $a = b = 0$.

Opérations rationnelles entières. — Elles se définissent par les égalités

$$\begin{aligned}(a + bi) + (a' + bi) &= a + a' + (b + b')i \\ (a + bi) - (a' + b'i) &= a - a' + (b - b')i \\ (a + bi)(a' + b'i) &= aa' - bb' + (ab' + a'b)i.\end{aligned}$$

Elles jouissent des mêmes propriétés de commutativité, d'associativité, de distributivité que les opérations de même nom sur les nombres réels.

Division. — Le rapport de deux imaginaires se définit comme celui de deux nombres réels. Il existe quand le diviseur n'est pas nul. On a

$$\frac{a + bi}{a' + b'i} = \frac{aa' + bb'}{a'^2 + b'^2} + \frac{-ab' + a'b}{a'^2 + b'^2} i.$$

Le rapport de deux nombres ne changent pas quand on les multiplie tous deux par un troisième.

79. Nombres conjugués. — Les nombres $a + bi$ et $a - bi$ sont dits conjugués. Si $f(x, y, \ldots)$ est le résultat d'opérations rationnelles exécutées sur des nombres $x, y, \ldots$ $f(a + bi, c + di, \ldots)$ et $f(a - bi, c - di, \ldots)$ sont conjugués.

La formule du binôme, la théorie des déterminants, celle des équations du premier degré se transportent sans difficulté aux nombres imaginaires.

Lorsque a et b sont rationnels, $a + bi$ est un nombre du corps $C(\sqrt{-1})$ défini au chapitre II.

On appelle *module* de $a + bi$, la quantité $\sqrt{a^2 + b^2}$. Lorsque a et b sont rationnels c'est la racine carrée de la norme définie au n° **40.** Lorsque b est nul, le module de a n'est autre que la valeur absolue de a. Pour cette raison le module de $a + bi$ se désignera par la notation $|a + bi|$. Deux nombres conjugués ont le même module. Le module d'un produit de facteurs est égal au produit des modules des facteurs.

Le module d'une somme est au plus égale à la somme des modules des termes de cette somme. L'égalité

$$|a + a' + \ldots + (b + b' + \ldots)i| = |a + bi| + |a' + b'i| + \ldots$$

n'a lieu que lorsque

$$\frac{a}{b} = \frac{a'}{b'} = \dots$$

et que de plus a, a' ... sont tous de même signe.

80. Racine carrée. — Toute imaginaire $a + bi$ a deux racines carrées égales mais de signes contraires, sauf o qui n'a pour racine que o. Ces racines sont données par les formules

$$\pm\left[\sqrt{\frac{\sqrt{a^2+b^2}+a}{2}} + \varepsilon\sqrt{\frac{\sqrt{a^2+b^2}-a}{2}}\, i\right]$$

ε étant $+$ ou $-$ 1 suivant que b est positif ou négatif. En particulier un nombre réel négatif $-a$ a comme racines carrées $\pm\sqrt{a}\,i$.

Les racines carrées de deux nombres conjugués sont conjuguées. Leur module commun est la racine carrée de celui de ces nombres.

Toute équation du second degré à coefficients réels ou imaginaires

$$ax^2 + bx + c = 0$$

a deux racines, réelles ou imaginaires. Si le déterminant $b^2 - 4ac$ est nul, ces racines sont égales. Si a, b, c, sont réels les deux racines sont conjuguées. Les théorèmes du nº **50** sur la somme et le produit des racines s'appliquent dans tous les cas.

81. — La théorie des suites convergentes, celle des séries et celle des produits infinis rappelées plus haut pour les nombres réels, s'appliquent aux nombres complexes. Il faut y remplacer les mots « *valeur absolue* » par le mot « *module* ». Pour qu'une suite

$$u_0 + v_0 i, \quad u_1 + v_1 i, \dots$$

converge vers une limite $u + iv$, il faut et il suffit que la suite $u_0, u_1, \dots$ converge vers u et la suite $v_0, v_1, \dots$ vers v. On distingue encore les séries absolument convergentes et les séries convergentes non absolument, de même pour les produits.

82. Représentation géométrique des nombres réels. — Ayant pris sur un axe dirigé une origine O et choisi une unité de longueur, on a vu (I. 144) comment on représente un entier a par le point A d'abcisse a.

Pour représenter un nombre rationnel $\frac{a}{b}$, (b entier > 0) on divise l'unité en b parties égales (opération que la géométrie apprend à effectuer) et l'on prendra l'une de ces parties comme nouvelle unité de longueur. Le point qui représente l'entier a dans ce nouveau système représente $\frac{a}{b}$ dans l'ancien. On démontrera facilement les propriétés suivantes :

Si $\frac{a}{b} = \frac{c}{d}$ *le point* $\frac{a}{b}$ *coïncide avec le point* $\frac{c}{d}$.

Si $\frac{a}{b} > \frac{c}{d}$ *le point* $\frac{a}{b}$ *est à droite de* $\frac{c}{d}$ (en supposant que le sens positif soit de gauche à droite).

Etant donné les points $\frac{a}{b}$ et $\frac{c}{d}$, pour trouver le point $\frac{a}{b} + \frac{c}{d}$, on opère absolument comme dans le problème analogue sur les entiers (I. 144).

Pour trouver le point $\frac{a}{b} \times \frac{c}{d}$, on prend l'abcisse de $\frac{a}{b}$ comme nouvelle unité de longueur, et dans ce nouveau système on prend le point qui représente $\frac{c}{d}$.

Enfin pour trouver le point qui représente un nombre irrationnel, on transporte aux points les raisonnements faits sur les nombres. Soit le nombre irrationnel 3,14159 .... Nous considérons les valeurs à une unité, un dixième et par défaut etc. par excès. Nous considérons le segment qui va du point 3 au point 4, puis celui qui va du point 3,1 au point 3,2, puis celui qui va du point 3,14 au point 3,15, etc. Nous obtenons ainsi des segments de plus en petits, chacun d'eux étant contenu dans le précédent et qui nous donnent l'intuition d'un point limite. Ce point ainsi imaginé représente l'irrationnelle 3,141 .... Existe-t-il matériellement? La question n'a pas de sens, car un point, n'ayant pas de dimension, n'est pas une chose matérielle. Ce que l'on peut demander, c'est une construction de ce point limite. Une telle construction est facile à trouver pour les irrationnelles quadratiques. Par exemple pour construire l'abcisse $\sqrt{m}$ il suffit de construire un triangle rectangle tel que les projections des côtés de l'angle droit sur l'hypoténuse soient égales à 1 et à m et de prendre la hauteur de ce triangle.

Représentation géométrique des nombres imaginaires. — On représente $a + bi$ par le point A de coordonnées a, b dans un système d'axes rectangulaires. Le point A est dit l'affixe de $a + bi$ et $a + bi$ est dit l'affixe de A. Le module de $a + bi$ est alors égal à OA.

Si deux points $a+bi$, $a'+b'i$ sont représentés par A et A', le point

$$(a+bi)+(a'+b'i)$$

est représenté par le sommet autre que O, A, A' du parallélogramme construit sur OAA'. Les affixes de $a+bi$ et $-(a+bi)$ sont symétriques par rapport à O. Les affixes de deux imaginaires conjugués sont symétriques par rapport à Ox. Ce mode de représentation est d'ailleurs classique et nous n'insisterons pas.

83. Ensembles dénombrables. — On dit qu'un ensemble infini est dénombrable lorsqu'on peut faire correspondre ses éléments d'une façon univoque aux nombres entiers positifs, autrement dit lorsqu'on peut numéroter ses éléments de façon qu'il y en ait un et un seul qui ait le numéro 1, un et un seul qui ait le numéro 2, etc.

Théorème I. — *Tout ensemble infini de nombres entiers* E *où chaque entier n n'est répété qu'un nombre fini de fois $\nu(n)$ est dénombrable.*

En effet écrivons sur une ligne d'abord le nombre 0, $\nu(0)$ fois, puis le nombre 1, $\nu(1)$ fois, puis le nombre -1, $\nu(-1)$ fois, puis le nombre 2, $\nu(2)$ fois, puis le nombre -2, $\nu(-2)$ fois, etc. Il est évident que tout élément de l'ensemble E sera ainsi placé et par conséquent aura un numéro et un seul.

Exemples. — L'ensemble des nombres impairs ; l'ensemble des nombres premiers, etc., sont dénombrables.

Théorème II. — *Soit* E *un ensemble dénombrable. Soit* E' *un ensemble formé avec des éléments de* E *chacun n'étant répété qu'un nombre fini de fois. Cet ensemble* E' *est dénombrable.*

E étant dénombrable, rien n'empêche d'appeler ses éléments un, deux, trois, etc. Le théorème n'est donc qu'un cas particulier du précédent.

Théorème III. — *Tout ensemble infini de systèmes de k nombres entiers* E, *où chaque système $n_1, n_2, \dots n_k$ n'est répété qu'un nombre fini de fois est dénombrable.*

Nous rangerons ces systèmes de la façon suivante. Si deux systèmes $(n_1, n_2, \dots n_k)$ et $(n_1', n_2', \dots n_k')$ sont tels que

$$|n_1|+|n_2|+\dots+|n_k| < |n_1'|+|n_2'|+\dots+|n_k'|$$

nous placerons le système $(n_1, n_2, \dots n_k)$ avant l'autre.

De plus si nous considérons tous les systèmes pour lesquels

$$|n_1|+|n_2|+\dots+|n_k|$$

a une valeur déterminée, ces systèmes sont en nombre fini, et nous les rangerons suivant une loi déterminée, arbitraire d'ailleurs.

Il est évident que le nombre des systèmes qui précèdent ainsi un système donné est fini, et par conséquent les systèmes se trouvent rangés.

Cas particulier. — L'ensemble des nombres rationnels est dénombrable. Car un nombre rationnel $\frac{m}{n}$ n'est qu'un système de deux entiers m, n, satisfaisant d'ailleurs aux conditions : $n > 0$, m premier à n.

Remarque I. — Le théorème III est encore vrai si n_1, n_2, ... n_k au lieu d'être des entiers sont des éléments tirés d'un ensemble dénombrable, les autres conditions restant les mêmes.

Remarque II. — On peut encore dire : *Un ensemble est dénombrable lorsqu'on peut, étant donnés deux éléments de cet ensemble, décider celui qui sera placé avant l'autre, et cela de façon qu'entre deux éléments déterminés ne soient placés qu'un nombre fini d'autres éléments.*

Théorème IV. — *L'ensemble des nombres réels n'est pas dénombrable.* Si l'ensemble des nombres réels était dénombrable il en serait de même de l'ensemble des nombres réels compris entre o et 1. (Th. II). Il y aurait donc une suite de tels nombres,

$$0,\overline{\alpha\beta\gamma}\ldots$$
$$0,\overline{\alpha'\beta'\gamma'}\ldots$$
$$0,\overline{\alpha''\beta''\gamma''}\ldots$$
$$\cdot\quad\cdot\quad\cdot\quad\cdot$$

(représentés par leurs développements décimaux) qui constitueraient l'ensemble de ces nombres. Or cela est impossible parce qu'il est évident que tout nombre compris entre o et 1 et dont le premier chiffre n'est pas α, dont le second chiffre n'est pas β', dont le troisième chiffre n'est pas γ'', etc., n'a pas de place dans cette suite.

NOTES ET EXERCICES

I. — Les Grecs ne connaissaient que les nombres rationnels et ils avaient d'abord crû que toute longueur était mesurable par un tel nombre quelle que fût l'unité. La découverte du théorème sur le carré de l'hypoténuse ou théorème de Pythogore leur montra qu'il n'en était pas ainsi. Car, en construisant un carré de côté égal à l'unité, la diagonale de ce carré ne peut être mesurée par un nombre rationnel, puisqu'il faudrait que le carré de ce nombre rationnel fût égal à 2.

C'est cette impossibilité de mesurer certaines longueurs par des nombres rationnels qui a donné l'idée du nombre irrationnel, et l'on voit que les premiers nombres irrationnels introduits dans les calculs ont été des nombres quadratiques.

On peut définir le nombre irrationnel de bien des façons. En général on le fait par une coupure dans les nombres rationnels. Le principe de cette méthode se trouve déjà d'une façon très claire dans J. BERTRAND, *Traité d'Arithmétique*, Paris, L. Hachette et Cie, 1849. A la page 203 se trouve le passage suivant : « Un nombre incommensurable ne peut se définir qu'en indiquant comment la grandeur qu'il exprime peut se former au moyen de l'unité. Dans ce qui va suivre nous supposons que cette définition consiste à *indiquer quels sont les nombres commensurables plus petits ou plus grands que lui.* » Cette idée a été retrouvée en 1858 par R. DEDEKIND et développée par lui dans *Stetigkeit und irrationale Zahlen* (BRAUNSCHWEIG, *Viewig und Sohn*, 1872, 4e éd., 1912, conforme à la première). Elle a été répandue en France par J. TANNERY, *Introduction à la théorie des fonctions d'une variable* (Paris, A. Hermann, 1886).

Dans sa *Théorie des nombres irrationnels, des limites et de la continuité* (Paris, 1905), R. BAIRE en définissant la soustraction avant les autres opérations simplifie l'exposition de la théorie.

On peut aussi définir les nombres irrationnels par des *suites convergentes*. L'énoncé du dernier théorème du n° **67** est alors pris comme *définition* d'une suite convergente, et toute suite convergente définit un nombre irrationnel. Cette façon de procéder est due à CAUCHY. Voir, par exemple, E. PRUVOST et D. PIÉRON, *Leçons d'Algèbre* (Paris, Paul Dupont, 1893), t. 1, chap. VIII.

Mais il faut faire attention que deux suites convergentes différentes $a_1, a_2, \ldots a_n, \ldots$ et $b_1, b_2, \ldots b_n, \ldots$ peuvent définir le même nombre. Cela arrive quand $a_n - b_n$ tend vers zéro.

Enfin on peut définir le nombre irrationnel comme nous l'avons fait, par une suite infinie de chiffres décimaux. C'est cette méthode qui nous a paru convenir le mieux à une Théorie des Nombres.

II. — Relativement aux nombres quadratiques, on peut remarquer que la théorie développée au chapitre V ne permettait pas d'opérer sur des nombres appartenant à des corps différents. Cela tient à ce que, comme on le verra plus tard, le résultat d'une opération rationnelle effectuée sur des nombres quadratiques n'est pas en général un nombre quadratique (voir exercice V).

Au contraire avec la définition nouvelle et générale des nombres rien ne s'oppose plus à de tels calculs. En particulier on a

$$\sqrt{m}\,.\,\sqrt{m'} = \sqrt{mm'}.$$

Ce qui montre que les nombres du corps C $(\sqrt{mm'})$ peuvent se former rationnellement au moyen de ceux des corps C $(\sqrt{m})$ et C $(\sqrt{m'})$, de sorte que tous les nombres quadratiques, réels ou imaginaires, peuvent se former rationnellement au moyen de ceux des corps C $(\sqrt{p})$ où p est un nombre premier, et du corps C $(\sqrt{-1})$.

III. — Etant donné un nombre positif a on part d'un nombre u_1 quelconque, et l'on calcule une suite $u_1, u_2, \ldots u_n, \ldots$, par la formule de récurrence

$$u_n = \frac{1}{2}\left(u_{n-1} + \frac{a}{u_{n-1}}\right).$$

Démontrer que u_n tend vers $\sqrt{a}$.

Cas particulier de la règle de Newton pour le calcul d'une racine d'une équation quelconque. C'est le procédé qu'employaient les Grecs pour calculer une racine carrée. Toutes les valeurs obtenues ainsi sont par excès sauf peut être la première.

Si l'on appelle ε_n l'erreur commise en prenant u_n comme valeur approchée de $\sqrt{a}$ on a, pour $n > 1$,

$$\varepsilon_n < \frac{\varepsilon_{n-1}^2}{2v},$$

v étant une valeur approchée de $\sqrt{a}$ par défaut.

Appliquer à $a = 2$, $u_1 = 1$. Montrer que $u_4 = \frac{577}{408}$ est approché à moins de $\frac{1}{100.000}$ près.

IV. — Démontrer que $\sqrt{a} + \sqrt{b}$ où a et b représentent deux nombres rationnels non tous les deux carrés parfaits est irrationnel. Il en est de même de $\sqrt{a} - \sqrt{b}$ sauf si $a = b$.

En posant $\sqrt{a} + \sqrt{b} = c$ on trouve

$$\sqrt{a} = \frac{c^2 + a - b}{2c} \qquad \sqrt{b} = \frac{c^2 - a + b}{2c}.$$

Si c était rationnel $\sqrt{a}$ et $\sqrt{b}$ le seraient aussi.

La même démonstration s'applique à $\sqrt{a} - \sqrt{b}$. En posant

$$\sqrt{a} - \sqrt{b} = c$$

on trouve de même

$$\sqrt{a} = \frac{c^2 + a - b}{2c} \quad \text{et} \quad \sqrt{b} = \frac{a - b - c^2}{2c}$$

ce qui exige ou bien que a et b soient carrés parfaits, ou bien que $c = 0$, alors $a = b$.

V. — Démontrer que $\sqrt{a} + \sqrt{b}$ où a et b représentent deux nombres rationnels non carrés parfaits ne peut être un nombre quadratique que si $\frac{b}{a}$ est un carré parfait. Soit

$$\sqrt{a} + \sqrt{b} = p + q\sqrt{m}.$$

On trouve facilement

$$\sqrt{a} = \frac{(p + q\sqrt{m})^2 + a - b}{2(p + q\sqrt{m})} = P + Q\sqrt{m}$$

$$\sqrt{b} = \frac{(p + q\sqrt{m})^2 - a + b}{2(p + q\sqrt{m})} = P_1 + Q_1\sqrt{m}$$

P, Q, P_1, Q_1 étant rationnels. On en déduit

$$\sqrt{Q_1^2 a} - \sqrt{Q^2 b} = PQ_1 - P_1Q$$

ce qui d'après l'exercice précédent exige que

$$Q_1^2 a = Q^2 b \quad \text{d'où} \quad \frac{a}{b} = \left(\frac{Q}{Q_1}\right)^2.$$

VI. — m et p étant deux entiers premiers entre eux, a et b étant deux entiers, on ne peut avoir $\sqrt[m]{a} = \sqrt[p]{b}$ que si a est puissance $m^{\text{ème}}$ parfaite et b puissance $p^{\text{ème}}$ parfaite.

Les exercices précédents prouvent l'existence de nombres qui ne sont ni rationnels ni quadratiques, existence qui n'est pas évidente *a priori*. On pourrait multiplier les énoncés de ce genre. Ils rentrent dans une théorie plus générale qui sera développée plus tard. Voir aussi l'exercice VII.

VI. — *Généralisation du développement en fractions décimales.*

Soit $a_1, a_2, \ldots a_n, \ldots$ une suite donnée, quelconque d'entiers positifs. Soit A un nombre tel que

$$0 \leqslant A \leqslant 1.$$

On peut mettre A sous forme d'une série convergente

$$A = \frac{\alpha_1}{a_1} + \frac{\alpha_2}{a_1 a_2} + \ldots + \frac{\alpha_n}{a_1 a_2 \ldots a_n} + \ldots$$

α_n étant un entier tel que

$$0 \leqslant \alpha_n < a_n.$$

On ne peut mettre A sous cette forme que d'une seule manière. Pour A = o tous les α sont nuls. Pour A = 1 on a

$$\alpha_n = a_n - 1.$$

Pour

$$a_1 = a_2 = \ldots = 10$$

on retrouve le développement décimal.

La valeur de A à moins de $\frac{1}{a_1}$ près est $\frac{\alpha_1}{a_1}$; la valeur de A à moins de $\frac{1}{a_1 a_2}$ près est $\frac{\alpha_1}{a_1} + \frac{\alpha_2}{a_1 a_2}$, etc.

Pour que A soit représentable par un développement limité il faut et il suffit que A soit rationnel et que son dénominateur ait un multiple de la forme $a_1 a_2 \ldots a_n$. Si les a sont tels que l'on puisse trouver n de façon que $a_1 a_2 \ldots a_n$ contienne n'importe quel facteur premier à n'importe quel exposant, par exemple si $a_n = n$, tout nombre rationnel sera représentable par un développement limité.

Mais un nombre rationnel a aussi un développement illimité dans lequel $\alpha_n = a_n - 1$ à partir d'une certaine valeur de n. Réciproquement un développement

$$\sum \frac{\alpha_n}{a_1 a_2 \ldots a_n} \quad \text{où} \quad 0 \leqslant \alpha_n < a_n - 1$$

ne peut avoir une valeur rationnelle que si, à partir d'une certaine valeur de n, on a constamment

$$\alpha_n = 0 \quad \text{ou} \quad \alpha_n = a_n - 1.$$

Application. — Le nombre

$$e = 1 + \frac{1}{1!} + \frac{1}{2!} + \ldots + \frac{1}{n!} + \ldots$$

est irrationnel.

VII. — Démontrer que e n'est pas un nombre quadratique.

On s'appuie sur la formule, démontrée en Analyse

$$\frac{1}{e} = 1 - \frac{1}{1!} + \frac{1}{2!} - \ldots$$

Si l'on avait

$$ae^2 + be + c = 0$$

(a, b, c, entiers), on en déduirait $ae + \frac{c}{e} =$ nombre rationnel, ou

$$\sum_{n=0}^{\infty} \frac{a+c}{(2n)!} + \sum_{n=0}^{\infty} \frac{a-c}{(2n+1)!} = \text{nombre rationnel.}$$

Si $a + c$ et $a - c$ ne sont pas de signes contraires, on est ramené au théorème précédent sur les développements

$$\sum \frac{a_n}{n!}.$$

Si $a + c$ et $a - c$ sont de signes contraires comme on peut changer de signes a, b et c, on peut supposer

$$a + c > 0 \quad \text{et} \quad a - c < 0.$$

Alors on écrit le développement sous la forme :

$$\sum_{n=0}^{\infty} \frac{a+c-1}{(2n)!} + \sum_{n=0}^{\infty} \frac{2n+1+a-c}{(2n+1)!}.$$

Remarque. — On démontrera plus tard que e n'est racine d'aucune équation algébrique à coefficients entiers, et même un théorème plus général.

CHAPITRE VIII

FRACTIONS CONTINUELLES

84. Développement en fraction continuelle d'un nombre rationnel. — Soit un nombre rationnel s. Extrayons le plus grand entier contenu dans ce nombre, soit a_0, de sorte que

$$s = a_0 + r_1.$$

L'entier a_0 peut être positif, négatif ou nul, suivant les cas Quant au nombre r_1 il satisfait aux conditions

$$0 \leqslant r_1 < 1.$$

Si $r_1 = 0$, c'est-à-dire si s est entier l'opération est finie. Sinon, en posant $r_1 = \frac{1}{s_1}$, le nombre s_1 est plus grand que 1. Extrayons le plus grand entier contenu dans s_1, soit a_1, de sorte que

$$s_1 = a_1 + r_2$$

et, par suite :

$$s = a_0 + \frac{1}{a_1 + r_2}.$$

L'entier a_1 est positif, et le nombre r_2 satisfait aux conditions :

$$0 \leqslant r_2 < 1.$$

On pose $r_2 = \frac{1}{s_2}$ et on continue de la même façon. Au bout de $k + 1$ opérations on a :

$$s = a_0 + \cfrac{1}{a_1 + \cfrac{1}{a_2 + \ddots + \cfrac{1}{a_k + r_{k+1}}}}.$$

Nous allons montrer qu'au bout d'un certain nombre d'opérations on arrivera à un r_{k+1} qui sera nul. En effet s étant rationnel et égal à $\frac{b}{c}$ (b, c entiers), les opérations qu'on fait pour déterminer a_0, a_1, ... sont les mêmes que celles par lesquelles on détermine le plus grand commun diviseur de b et de c (I. 96). Ce sont des divisions, et on a vu qu'au bout d'un certain nombre n de ces divisions il y en a une qui se fait exactement. Alors $r_{n+1} = 0$ et

$$s = a_0 + \cfrac{1}{a_1 + \cfrac{1}{a_2 + \ddots + \cfrac{1}{a_n}}}.$$

Nous emploierons la rotation

$$s = a_0 + \frac{1}{a_1 +}\bigg|\frac{1}{a_2 +}\bigg| \cdots + \bigg|\frac{1}{a_n}$$

a_0, a_1, ... a_n sont des entiers ; a_0 peut être un entier quelconque, mais a_1, a_2, ... a_n sont positifs ; a_n est plus grand que 1, car si a_n était égal à 1, on aurait $a_{n-1} + \frac{1}{a_n} = a_{n-1} + 1$, donc l'opération aurait fini à la division précédente.

Un nombre rationnel ne peut se mettre sous la forme précédente, les a étant assujettis à toutes les conditions indiquées, que d'une seule manière. Si l'on n'assujettit pas le dernier a à être plus grand que 1, un nombre rationnel peut se mettre sous la forme précédente de deux manières.

En effet, de

$$s = a_0 + \cfrac{1}{a_1 + \ddots + \cfrac{1}{a_n}}$$

il résulte

$$a_0 < s < a_0 + 1.$$

Donc a_0 est la partie entière de s, il est déterminé. Posant $s = a_0 + \frac{1}{r_0}$ on voit de même que a_1 est la partie entière de r_0, il est donc déterminé aussi, et ainsi de suite. On aboutit à

$$r_{n-2} = a_{n-1} + \frac{1}{a_n}.$$

Si a_n est assujetti à être plus grand que 1, a_{n-1} est la partie entière de r_{n-2}, donc il est déterminé et a_n aussi.

Mais sinon, on peut, ayant obtenu $a_n > 1$, le remplacer par $a_n - 1 + \frac{1}{1}$.

Il est important, comme on le verra plus loin, de remarquer que des deux façons de mettre s sous forme de fraction continuelle il y en a une où le nombre des a est pair, une où il est impair.

1er *Exemple* — Reprenant l'exemple de I. 96, on voit que

$$\frac{77715}{37215} = 2 + \frac{1}{11 +} \Big| \frac{1}{3 +} \Big| \frac{1}{24}.$$

D'ailleurs le plus grand commun diviseur de 77715 et 37215 est 45, de sorte que $\frac{77715}{37215}$ peut se réduire et l'on a

$$\frac{1727}{827} = 2 + \frac{1}{11 +} \Big| \frac{1}{3 +} \Big| \frac{1}{24}.$$

On a aussi

$$\frac{1727}{827} = 2 + \frac{1}{11 +} \Big| \frac{1}{3 +} \Big| \frac{1}{23 +} \Big| \frac{1}{1}.$$

2e *Exemple*

$$\frac{37}{44} = \frac{1}{1 +} \Big| \frac{1}{5 +} \Big| \frac{1}{3 +} \Big| \frac{1}{2}$$

ou

$$\frac{37}{44} = \frac{1}{1 +} \Big| \frac{1}{5 +} \Big| \frac{1}{3 +} \Big| \frac{1}{1 +} \Big| \frac{1}{1}.$$

3e *Exemple*

$$-\frac{37}{44} = -1 + \frac{1}{6 +} \Big| \frac{1}{3 +} \Big| \frac{1}{2}$$

ou

$$-\frac{37}{44} = -1 + \frac{1}{6 +} \Big| \frac{1}{3 +} \Big| \frac{1}{1 +} \Big| \frac{1}{1}.$$

Une expression de la forme précédente s'appellera une *fraction continuelle*; les entiers a s'appellent *éléments* ou *quotients incomplets*; les nombres s s'appellent les *quotients complets*, les quotients complets et les incomplets sont tous plus grands que 1 sauf peut-être le premier, et aussi le dernier quand on écrit la fraction continuelle de la seconde façon.

85. Fractions continuelles algébriques. Réduites. — Dans ce qui précède les éléments sont des entiers positifs à partir du second, le premier pouvant être positif, négatif ou nul, mais nous aurons avantage à étudier d'abord les expressions

$$a_0 + \frac{1}{a_1 +}\Big|\frac{1}{a_2 +}\Big| \cdots + \frac{1}{a_n}$$

où les a seront des nombres quelconques, et que nous appellerons fractions continuelles *algébriques*. Celles où les éléments sont entiers seront dites *arithmétiques*. Celles où de plus a_1, a_2, ... seront positifs, c'est-à-dire celles considérées tout d'abord, seront dites *fractions continuelles ordinaires*.

Donnons-nous une fraction continuelle $a_0 + \frac{1}{a_1 +}\Big| \cdots + \Big|\frac{1}{a_n}$ et et cherchons à la calculer en calculant successivement :

$$a_0, \quad a_0 + \frac{1}{a_1}, \quad a_0 + \frac{1}{a_1 +}\Big|\frac{1}{a_2}, \ldots a_0 + \frac{1}{a_1 +}\Big| \cdots + \Big|\frac{1}{a_n}.$$

On a

$$a_0 = \frac{P_0}{Q_0}$$

en posant

$$P_0 = a_0, \qquad Q_0 = 1.$$

puis

$$a_0 + \frac{1}{a_1} = \frac{a_0 a_1 + 1}{a_1} = \frac{P_1}{Q_1}$$

en posant

$$P_1 = a_0 a_1 + 1$$
$$Q_1 = a_1.$$

Supposons qu'on ait ainsi calculé $a_0 + \frac{1}{a_1 +}\Big| \cdots + \frac{1}{a_k} = \frac{P_k}{Q_k}$.

Je dis qu'on obtient $\frac{P_{k+1}}{Q_{k+1}}$ en posant

$$P_{k+1} = a_{k+1} P_k + P_{k-1}$$
$$Q_{k+1} = a_{k+1} Q_k + Q_{k-1}.$$

La loi se vérifiant pour $k = 0$ et 1 il suffit de la démontrer pour la valeur $k + 1$ de l'indice en la supposant vraie jusqu'à la valeur k.

Par hypothèse

$$a_0 + \frac{1}{a_1 +}\Big| \cdots + \Big|\frac{1}{a_k} = \frac{P_k}{Q_k} = \frac{a_k P_{k-1} + P_{k-2}}{a_k Q_{k-1} + Q_{k-2}}.$$

Or $a_0 + \frac{1}{a_1 +}\Big| \cdots + \Big|\frac{1}{a_k +}\Big|\frac{1}{a_{k+1}}$ se déduit de l'expression précédente en y remplaçant a_k par $a_k + \frac{1}{a_{k+1}}$. Donc, puisque P_{k-1}, P_{k-2}, Q_{k-1}, Q_{k-2} ne dépendent pas de a_k on trouve :

$$a_0 + \frac{1}{a_1 +}\Big| \cdots + \Big|\frac{1}{a_k} = \frac{\left(a_k + \frac{1}{a_{k+1}}\right)P_{k-1} + P_{k-2}}{\left(a_k + \frac{1}{a_{k+1}}\right)Q_{k-1} + Q_{k-2}} =$$

$$= \frac{a_{k+1}(a_k P_{k-1} + P_{k-2}) + P_{k-1}}{a_{k+1}(a_k Q_{k-1} + Q_{k-2}) + Q_{k-1}} = \frac{a_{k+1}P_k + P_{k-1}}{a_{k+1}Q_k + Q_{k-1}}$$

ce qu'il fallait démontrer.

Les expressions $\frac{P_k}{Q_k}$ se nomment les *réduites* de la fraction continuelle. La dernière est la valeur de la fraction continuelle elle-même.

Exemple. — Soit la fraction continuelle $2 + \frac{1}{11 +}\Big|\frac{1}{3 +}\Big|\frac{1}{24}$.

On calcule directement les deux premières réduites

$$\frac{P_0}{Q_0} = \frac{2}{1} \qquad \frac{P_1}{Q_1} = 2 + \frac{1}{11} = \frac{23}{11}$$

puis

$$\frac{P_2}{Q_0} = \frac{3 \times 23 + 2}{3 \times 11 + 1} = \frac{71}{34} \qquad \frac{P_3}{Q_3} = \frac{24 \times 71 + 23}{24 \times 34 + 11} = \frac{1727}{827}.$$

Les réduites $\frac{P_{-1}}{Q_{-2}}$ *et* $\frac{P_{-2}}{Q_{-2}}$. — Au lieu de calculer à part les deux premières réduites de la fraction continuelle on peut les faire rentrer dans la formule générale en les faisant précéder de deux réduites $\frac{P_{-2}}{Q_{-2}} = \frac{0}{1}$ et $\frac{P_{-1}}{Q_{-1}} = \frac{1}{0}$, les mêmes pour toutes les fractions continuelles. On a en effet

$$P_0 = a_0 = a_0 P_{-1} + P_{-2}$$
$$Q_0 = 1 = a_0 Q_{-1} + Q_{-2}$$

et

$$\begin{aligned} P_1 &= a_0a_1 + 1 = a_1P_0 + P_{-1} \\ Q_1 &= \quad a_1 \quad = a_1Q_0 + Q_{-1}. \end{aligned}$$

Remarque. — Il peut se faire que l'une des réduites ainsi calculées n'ait pas de sens, son dénominateur étant nul, et que tout de même la fraction continuelle complète en ait un. Cela n'empêche pas les formules précédentes d'être applicables, puisqu'on y calcule séparément le numérateur et le dénominateur de chaque réduite.

Exemple. — Soit $a_0 + \frac{1}{0 +} \Big| \frac{1}{a_2}$. Les réduites successives sont $\frac{a_0}{1}$, $\frac{1}{0}$, $\frac{a_2 + a_0}{1}$; la seconde n'a pas de sens, la troisième est la valeur de la fraction continuelle.

Ce cas ne se présentera d'ailleurs jamais dans les fractions continuelles arithmétiques, et en général dans les fractions continuelles où l'on a $a_1 > 0$, $a_2, a_3, \ldots \geqslant 0$; car dans ces fractions, les dénominateurs des réduites sont tous positifs.

86. — En posant :

$$P(a_0) = a_0, \qquad P(a_0, a_1) = a_0a_1 + 1$$

et, d'une façon générale, en appelant $P(a_0, a_1, \ldots a_k)$ ce que nous avons appelé P_k, on a :

$$Q_0 = 1 \qquad Q_1 = P(a_1) \ldots \qquad Q_k = P(a_1, a_2, \ldots a_k).$$

D'ailleurs nous continuerons à employer les anciennes notations P_k et Q_k conjointement aux nouvelles.

Théorème. — On a :

$$P(a_0, a_1, \ldots a_k) = P(a_k, a_{k-1}, \ldots a_0).$$

Le théorème est évident pour $k = 0$ et $k = 1$. Nous allons le démontrer pour la valeur k de l'indice en le supposant vrai pour les valeurs $k - 1$ et $k - 2$.

On a

$$\begin{aligned}
P(a_0, a_1, \dots a_k) &= a_k P(a_0, a_1, \dots a_{k-1}) + P(a_0, a_1, \dots a_{k-2}) \\
&= a_k P(a_{k-1}, \dots a_1, a_0) + P(a_{k-2}, \dots a_1, a_0) \\
&= a_k[a_0 P(a_{k-1}, \dots a_1) + P(a_{k-1}, \dots a_2)] + a_0 P(a_{k-2}, \dots a_1) + P(a_{k-2}, \dots a_2) \\
&= a_0[a_k P(a_{k-1}, \dots a_1) + P(a_{k-2}, \dots a_1)] + a_k P(a_{k-1}, \dots a_2) + P(a_{k-2}, \dots a_2) \\
&= a_0[a_k P(a_1, \dots a_{k-1}) + P(a_1, \dots a_{k-2})] + a_k P(a_2, \dots a_{k-1}) + P(a_2, \dots a_{k-2}) \\
&= a_0 P(a_1, a_2, \dots a_k) + P(a_2, \dots a_k) = a_0 P(a_k, \dots a_1) + P(a_k, \dots a_2) \\
&= P(a_k, \dots a_0).
\end{aligned}$$

*Généralisation des relations de récurrence du n° **86**.*

Cherchons P_k en fonction de P_{k-2} et P_{k-3}. Pour cela dans la formule

$$P_k = a_k P_{k-1} + P_{k-2}$$

remplaçons P_{k-1} par $a_{k-1}P_{k-2} + P_{k-3}$. Nous obtenons

$$P_k = (a_k a_{k-1} + 1)P_{k-2} + a_k P_{k-3}$$

ce qui peut s'écrire

$$P_k = P(a_k, a_{k-1})P_{k-2} + P(a_k)P_{k-3}.$$

On trouverait de même :

$$P_k = P(a_k, a_{k-1}, a_{k-2})P_{k-3} + P(a_k, a_{k-1})P_{k-4}$$

ce qui nous met sur la voie de la formule générale :

$$P_k = P(a_k, a_{k-1}, \dots a_{k-r+1})P_{k-r} + P(a_k, a_{k-1}, \dots a_{k-r+2})P_{k-r-1}.$$

Pour démontrer cette formule il suffit de la supposer vraie pour la valeur r de l'indice r et de la démontrer pour la valeur $r+1$, ce qui est facile.

On démontrerait de même que

$$Q_k = P(a_k, a_{k-1}, \dots a_{k-r+1})Q_{k-r} + P(a_k, a_{k-1}, \dots a_{k-r+2})Q_{k-r-1}.$$

87. — Théorème. *On a, entre les termes de deux réduites consécutives, la relation*

$$P_k Q_{k-1} - P_{k-1} Q_k = (-1)^{k-1}. \tag{1}$$

Cette relation se vérifie immédiatement pour $k=1$. Il suffit donc de montrer que si elle est vraie pour la valeur $k-1$ de l'indice elle est vraie aussi pour la valeur k. Or

$$\begin{aligned}
P_k Q_{k-1} - P_{k-1} Q_k &= (a_k P_{k-1} + P_{k-2})Q_{k-1} - P_{k-1}(a_k Q_{k-1} + Q_{k-2}) \\
&= -(P_{k-1}Q_{k-2} - P_{k-2}Q_{k-1}) = (-1)^{k-1}.
\end{aligned}$$

Généralisation. — *On a*

$$P_kQ_{k-r} - P_{k-r}Q_k = (-1)^{k-r}P(a_k, a_{k-1}, \ldots a_{k-r+2}).$$

En effet

$$\begin{aligned} P_kQ_{k-r} - P_{k-r}Q_k = {} & [P(a_k, \ldots a_{k-r+1})P_{k-r} + P(a_k, \ldots a_{k-r+2})P_{k-r-1}]Q_{k-r} \\ & - P_{k-r}[P(a_k, \ldots a_{k-r+1})Q_{k-r} + P(a_k, \ldots a_{k-r+2})Q_{k-r-1}] \\ = {} & (P_{k-r-1}Q_{k-r} - P_{k-r}Q_{k-r-1})P(a_k, \ldots a_{k-r+2}) = (-1)^{k-r}P(a_k, \ldots a_{k-r+2}). \end{aligned}$$

88. — Théorème. *On a*

$$\frac{P_k}{P_{k-1}} = a_k + \frac{1}{a_{k-1} +}\Big| \cdots + \frac{1}{a_0}$$

$$\frac{Q_k}{Q_{k-1}} = a_k + \frac{1}{a_{k-1} +}\Big| \cdots + \frac{1}{a_1}.$$

Ces relations se vérifient immédiatement pour $k = 1$. Supposons-les vraies pour la valeur $k - 1$ de l'indice k et démontrons-les pour la valeur k. On a

$$\frac{P_k}{P_{k-1}} = \frac{a_kP_{k-1} + P_{k-2}}{P_{k-1}} = a_k + \frac{1}{\frac{P_{k-1}}{P_{k-2}}} = a_k + \frac{1}{a_{k-1} +}\Big| \cdots + \Big|\frac{1}{a_0}.$$

Même démonstration pour $\frac{Q_k}{Q_{k-1}}$.

89. Propriétés particulières aux fractions continuelles dont tous les éléments sont supérieurs ou égaux à 1 sauf, peut-être, le premier. — Nous supposons $a_1, a_2 \ldots$ supérieurs ou égaux à 1. Remarquons que c'est le cas des fractions continuelles ordinaires.

I. — *Les dénominateurs des réduites sont tous positifs.* Le théorème est vérifié pour $Q_0 = 1$ et $Q_1 = a_1$, il est général comme on le voit par la relation de récurrence $Q_k = a_{k-1}Q_{k-1} + Q_k$.

Remarquons que ce théorème suppose seulement $a_1, a_2, \ldots$ *positifs*.

II. — *Les dénominateurs des réduites vont en croissant avec l'indice, sauf que* $Q_1 = Q_0$ *si* $a_1 = 1$.

En effet $Q_0 = 1$ et $Q_1 = a_1$. Donc $Q_1 > Q_0$ sauf si $a_1 = 1$. Ensuite pour $k > 1$, $Q_k = a_kQ_{k-1} + Q_{k-2}$. Puisque $a_k \geqslant 1$ et que $Q_{k-2} > 0$ on a $Q_k > Q_{k-1}$.

III. — Si $a_0 > 0$ *les numérateurs des réduites sont tous positifs.*

Si $a_0 = 0$ les numérateurs des réduites sont tous positifs sauf le premier qui est nul. Ces théorèmes supposent seulement a_1, a_2, ... positifs. On les démontre facilement comme le théorème I.

IV. — *Si $a_0 > 0$ les numérateurs des réduites vont en croissant avec l'indice. Si $a_0 = 0$ les numérateurs des réduites vont en croissant avec l'indice sauf que $P_2 = P_1$ si $a_2 = 1$.* On démontre ces théorèmes comme le théorème II.

Nous n'examinerons pas les signes ni la croissance des numérateurs lorsque $a_0 < 0$, les résultats seraient plus compliqués et sans intérêt pour ce qui va suivre.

90. Propriétés particulières aux fractions continuelles arithmétiques.

I. — *Les réduites sont des fractions irréductibles.* En effet dans le cas des fractions continuelles arithmétiques P_k et Q_k sont entiers. Ces entiers sont premiers entre eux car d'après la relation (1) tout commun diviseur de P_k et Q_k divise 1.

II. — *Soit un nombre rationnel $\frac{a}{b}$, on suppose qu'il est irréductible et que son dénominateur soit positif. Dans ces conditions si on le réduit en fraction continuelle ordinaire et que $\frac{P_n}{Q_n}$ soit la dernière réduite on a $P_n = a$* et *$Q_n = b$.*

Car on a $\frac{P_n}{Q_n} = \frac{a}{b}$. Les deux membres de cette égalité étant irréductibles et ayant tous les deux des dénominateurs positifs sont identiques et l'on a $P_n = a$, $Q_n = b$.

91. Application à la résolution de l'équation diophantienne du premier degré à deux inconnues. — Soit l'équation

$$ax + by = c.$$

Nous avons vu (I. 139, 140) qu'il suffit de considérer le cas où a et b sont premiers entre eux, et qu'il suffit de trouver une solution particulière de l'équation. De plus nous avons remarqué (I. 141) que pour avoir cette solution particulière il suffit d'en avoir une de l'équation $ax + by = 1$ et de la multiplier par c.

Or, réduisons $\frac{a}{b}$ en fraction continue. La dernière réduite sera

$\frac{a}{b}$ puisque a et b sont premiers entre eux. Soit $\frac{u}{v}$ l'avant-dernière, on a

$$av - bu = \varepsilon$$

ε étant l'un des nombres ± 1. D'où

$$a(\varepsilon v) + b(-\varepsilon u) = 1.$$

Donc εv et $-\varepsilon u$ est une solution particulière de $ax + by = 1$. (Comparer avec la méthode de I. 141. Les calculs sont les mêmes).

A ce propos on remarquera qu'on peut avoir $av - bu = 1$ ou $av - bu = -1$ à volonté. Car on sait (n° **84**) qu'on peut faire varier de 1 le nombre des quotients incomplets de la fraction continuelle en la terminant soit par a_n, soit par $(a_n - 1) + \frac{1}{1}$. On peut donc faire que la dernière réduite soit d'indice pair ou d'indice impair à volonté.

Exemple. — Soit à résoudre

$$120x - 49y = 13.$$

Voici le calcul des quotients incomplets de $\frac{120}{49}$

	2	2	4	2	2
120	49	22	5	2	1
22	5	2	1	0	

Les réduites successives sont

$$\frac{2}{1} \quad \frac{5}{2} \quad \frac{22}{9} \quad \frac{49}{20} \quad \frac{120}{49}$$

et l'on a

$$120 . 20 - 49 . 49 = -1$$

d'où la solution particulière de l'équation

$$x_0 = -13 . 20 = -260$$
$$y_0 = -13 . 49 = -637$$

et la solution générale

$$x = -260 + 49\lambda$$
$$y = -637 + 120\lambda.$$

En remplaçant λ par $\lambda + 5$ on a la solution sous forme plus simple

$$x = -15 + 49\lambda$$
$$y = -37 + 120\lambda.$$

92. Fractions continuelles ordinaires symétriques. — Soit la fraction continuelle ordinaire

$$a + \frac{1}{b+}\Big| \cdots + \Big|\frac{1}{b+}\Big|\frac{1}{a}$$

dans laquelle les éléments équidistants des extrêmes sont égaux.

Soit $\frac{P}{Q}$ la dernière réduite, $\frac{P'}{Q'}$ l'avant dernière. On a (nº **88**)

$$\frac{P}{P'} = a + \frac{1}{b+}\Big| \cdots + \Big|\frac{1}{b+}\Big|\frac{1}{a} = \frac{P}{Q}$$

donc

$$P' = Q.$$

Alors la relation (1) donne

$$PQ' - Q^2 = \varepsilon$$

($\varepsilon = +$ ou -1 suivant que le nombre d'éléments de la fraction est pair ou impair).

Donc P divise $Q^2 + \varepsilon$ et le rapport $\frac{Q^2 + \varepsilon}{P}$ est égal à Q'.

De plus P et Q sont positifs (P est positif, parce que le premier élément de la fraction étant égal au dernier est positif). Enfin a n'étant pas nul on a $\frac{P}{Q} > 1$ d'où $P > Q$. (Sauf le cas où le fraction continuelle n'aurait qu'un élément qui serait égal à 1.)

Réciproquement, soient P *et* Q *deux entiers positifs, tels que* P *divise* $Q^2 + \varepsilon$, ($\varepsilon = \pm 1$) *et* $P > Q$. *Si l'on réduit* $\frac{P}{Q}$ *en fraction continuelle ordinaire, en s'arrangeant de façon que le nombre des éléments soit pair si* $\varepsilon = +1$, *impair si* $\varepsilon = -1$ $\left(\textit{en remplaçant s'il le faut } a_n \textit{ par } a_n - 1 + \frac{1}{1}\right)$, *la fraction continuelle obtenue est symétrique. De plus l'avant dernière réduite de cette fraction a pour numérateur* Q *et pour dénominateur* $\frac{Q^2 + \varepsilon}{P}$.

En effet, posons $\frac{Q^2 + \varepsilon}{P} = Q'$. Soit

$$a_0 + \frac{1}{a_1 +} \Big| \dots + \Big| \frac{1}{a_h} \tag{2}$$

la fraction continuelle ordinaire développement de $\frac{P}{Q}$.

Puisque P divise $Q^2 + \varepsilon$, P et Q sont premiers entre eux ; donc la dernière réduite de cette fraction continuelle est $\frac{P}{Q}$. Soit $\frac{P_1'}{Q_1'}$ l'avant dernière. On a

$$PQ_1' - P_1'Q = \varepsilon = PQ' - Q^2$$

ou

$$P(Q_1' - Q') = Q(P_1' - Q)$$

P divise le premier nombre de cette égalité, donc le second, mais il est premier avec Q, donc il divise $P_1' - Q$. Mais P_1' et Q sont des nombres positifs plus petits que P. Donc $|P_1' - Q| < P$.

Donc, puisque P divise $P_1' - Q$ c'est que $P_1' - Q = 0$. Donc

$$P_1' = Q$$

d'où aussi

$$Q_1' = Q'$$

Ainsi l'avant-dernière réduite de la fraction est $\frac{Q}{Q'}$.

Mais l'on a (n° **88**)

$$\frac{Q}{Q'} = a_h + \frac{1}{a_{h-1} +} \Big| \dots \Big| \frac{1}{a_1}.$$

Ce développement doit être identique à celui de l'avant-dernière réduite de (2). Donc

$$a_h = a_0 \quad a_{h-1} = a_1 \dots$$

ce qui prouve que la fraction continuelle (2) est symétrique.

Remarque. — Si $P > 2Q$ le premier élément n'est pas 1, donc le dernier non plus ; donc, dans ce cas, la fraction continuelle symétrique est le développement même de $\frac{P}{Q}$ tel qu'il se présente naturellement.

Si $P < 2Q$ le premier élément est 1, donc le dernier aussi, donc la fraction continuelle symétrique est le développement de $\frac{P}{Q}$ modifié à la fin.

93. Simplification du calcul d'une fraction continuelle symétrique (¹). — Supposons d'abord $\varepsilon = 1$, c'est-à-dire que la fraction a un nombre pair d'éléments :

$$a_0 + \frac{1}{a_1 +}\Big| \cdots + \Big|\frac{1}{a_m +}\Big|\frac{1}{a_m +}\Big| \cdots + \Big|\frac{1}{a_1 +}\Big|\frac{1}{a_0} = \frac{P}{Q}.$$

Posons

$$a_0 + \frac{1}{a_1 +}\Big| \cdots + \Big|\frac{1}{a_m} = \frac{R}{S}$$
$$a_0 + \frac{1}{a_1 +}\Big| \cdots + \Big|\frac{1}{a_{m-1}} = \frac{R'}{S'}.$$

On a

$$\frac{P}{Q} = \frac{\left(a_m + \frac{1}{a_{m-1} +}\Big| \cdots + \Big|\frac{1}{a_0}\right) R + R'}{\left(a_m + \frac{1}{a_{m-1} +}\Big| \cdots + \Big|\frac{1}{a_0}\right) S + S'}$$

ou

$$\frac{P}{Q} = \frac{\frac{R}{R'} R + R'}{\frac{R}{R'} S + S'} = \frac{R^2 + R'^2}{RS + R'S'}.$$

Mais $R^2 + R'^2$ et $RS + R'S'$ sont premiers entre eux car

$$(R^2 + R'^2)(S^2 + S'^2) - (RS + R'S')^2 = (RS' - R'S)^2 = 1.$$

Donc

$$P = R^2 + R'^2$$
$$Q = RS + R'S'.$$

Le calcul de la fraction continuelle complète est ainsi ramené à celui de sa première moitié. On est d'ailleurs averti qu'on est arrivé à la réduite $\frac{R}{S}$ par l'égalité $R^2 + R'^2 = P$.

(¹) Stern, *J. r. a. M.*, t. 53 (1857).

Remarque. — Ceci prouve que *tout diviseur* P *d'un entier de la forme* $Q^2 + 1$ *est une somme de deux carrés premiers entre eux* et donne le moyen de calculer ces deux carrés [1].

Exemple. — Soit $Q = 122$ et $P = 1145$ qui est diviseur de $(122)^2 + 1$. Si on réduit $\frac{1145}{122}$ en fraction continuelle voici le commencement de l'opération avec les réduites correspondantes :

$$\begin{array}{r|c|c|c} & 9 & 2 & 1 \\ 1145 & 122 & 47 & 28 \\ & 28 & 19 & \end{array}$$

$$\frac{9}{1} \quad \frac{19}{2} \quad \frac{28}{3}.$$

Comme $(28)^2 + (19)^2 = 1145$ on est arrivé au milieu du développement et l'on a

$$\frac{1145}{122} = 9 + \frac{1}{2 +} \Big| \frac{1}{1 +} \Big| \frac{1}{1 +} \Big| \frac{1}{2 +} \Big| \frac{1}{9}.$$

Supposons maintenant $\varepsilon = -1$, c'est-à-dire que la fonction a un nombre impair d'éléments

$$a_0 + \frac{1}{a_1 +} \Big| \cdots + \frac{1}{a_m +} \Big| \frac{1}{a_{m+1} +} \Big| \frac{1}{a_m +} \Big| \cdots + \Big| \frac{1}{a_1 +} \Big| \frac{1}{a_0} = \frac{P}{Q}.$$

Posons

$$a_0 + \frac{1}{a_1 +} \Big| \cdots + \Big| \frac{1}{a_m} = \frac{R}{S}$$

$$a_0 + \frac{1}{a_1 +} \Big| \cdots + \Big| \frac{1}{a_{m-1}} = \frac{R'}{S'}.$$

On a

$$a_0 + \frac{1}{a_1 +} \cdots + \Big| \frac{1}{a_m +} \Big| \frac{1}{a_{m+1}} = \frac{a_{m+1}R + R'}{a_{m+1}S + S'}$$

et

$$\frac{P}{Q} = \frac{\frac{R}{R'}(a_{m+1}R + R') + R}{\frac{R}{R'}(a_{m+1}S + S') + S} = \frac{R(a_{m+1}R + 2R')}{a_{m+1}RS + RS' + R'S}$$

Les deux termes de cette expression sont premiers entre eux

[1] Tout entier n'est pas une somme de deux carrés. Il est évident, par exemple, que tout entier $\equiv 3 \pmod{4}$ n'est pas une somme de deux carrés. Voir le chapitre XIV.

parce qu'un facteur premier du dénominateur ne peut diviser ni l'un ni l'autre des deux facteurs R et $a_{m+1}R + 2R'$ du numérateur. En effet, d'une part un facteur premier commun à R et à

$$a_{m+1}RS + RS' + R'S$$

diviserait R'S, ce qui est impossible car R est premier à R' et à S; d'autre part un facteur commun à

$$a_{m+1}R + 2R' \quad \text{et} \quad a_{m+1}RS + RS' + R'S$$

diviserait

$$(a_{m+1}R + 2R')S - (a_{m+1}RS + RS' + R'S)$$

ou R'S — RS' c'est-à-dire ± 1. Donc

$$P = R(a_{m+1}R + 2R')$$
$$Q = a_{m+1}RS + RS' + R'S.$$

On est d'ailleurs averti qu'on est arrivé à l'élément a_{m+1} quand

$$P = R(a_{m+1}R + 2R').$$

94. Fractions continuelles généralisées. — Nous appellerons ainsi les expressions de la forme :

$$(3) \qquad a_0 + \cfrac{b_1}{a_1 + \cfrac{b_2}{a_2 + \ddots + \cfrac{b_n}{a_n}}}$$

que nous écrirons

$$a_0 + \frac{b_1}{a_1 +}\Big|\frac{b_2}{a_2 +}\Big|\cdots + \Big|\frac{b_n}{a_n}.$$

Une telle expression peut se ramener à une fraction continuelle non généralisée, car on peut écrire :

$$a_0 + \frac{b_1}{a_1 +}\Big|\frac{b_2}{a_2 +}\Big|\frac{b_3}{a_3 +}\Big|\frac{b_4}{a_4 +}\Big|\ldots =$$
$$a_0 + \frac{1}{\frac{a_1}{b_1} +}\Big|\frac{1}{\frac{b_1}{b_2}a_2 +}\Big|\frac{1}{\frac{b_1}{b_2b_3}a_3 +}\Big|\frac{1}{\frac{b_1b_3}{b_2b_4}a_4 + \ldots}.$$

Mais on a quelquefois avantage à calculer sur la première forme.

95. Réduites. — On appelle réduites de la fraction continuelle généralisée (3) les expressions

$$a_0, \quad a_0 + \frac{b_1}{a_1}, \quad a_0 + \frac{b_1}{a_1 +}\bigg|\frac{b_2}{a_2} \cdots$$

mises sous forme du quotient de deux polynômes entiers par rapport aux a et aux b. On trouve

$$a_0 = \frac{P_0}{Q_0} \quad \text{en posant} \quad P_0 = a_0 \qquad Q_0 = 1$$

$$a_0 + \frac{b_1}{a_1} = \frac{P_1}{Q_1} \quad \text{en posant} \quad P_1 = a_0 a_1 + b_1 \qquad Q_1 = a_1.$$

En posant

$$a_0 + \frac{b_1}{a_1 +}\bigg| \cdots + \bigg|\frac{b_n}{b_n} = \frac{P_n}{Q_n}$$

on voit que les expressions P_k et Q_k se calculent de proche en proche par les formules

$$(4) \qquad \begin{cases} P_{k+1} = a_{k+1}P_k + b_{k+1}P_{k-1} \\ Q_{k+1} = a_{k+1}P_k + b_{k+1}Q_{k-1}. \end{cases}$$

La démonstration est analogue à celle du n° **85**.

On peut d'ailleurs supposer deux réduites :

$$\frac{P_{-1}}{Q_{-1}} = \frac{1}{0} \quad \text{et} \quad \frac{P_{-2}}{Q_{-2}} = \frac{0}{1}.$$

Alors les formules (4) s'appliquent aussi à $\frac{P_0}{Q_0}$ et $\frac{P_1}{Q_1}$ en supposant

$$b_0 = 1.$$

En posant

$$P_k = P(a_0;\, b_1, a_1;\, b_2, a_2;\, \ldots\, b_k, a_k)$$

on a :

$$Q_k = P(a_1;\, b_2, a_2;\, \ldots\, b_k, a_k).$$

Généralisation du théorème du n° **85**. — On a :

$$P(a_0;\, b_1, a_1;\, \ldots\, b_k, a_k) = P(a_k;\, b_k, a_{k-1};\, \ldots;\, b_1, a_0).$$

Généralisation des relations (4). — On a :

$$P_k = P(a_k;\, b_k, a_{k-1}, \ldots\, b_{k-r+2}, a_{k-r+1})P_{k-r} + b_{k-r+1}P(a_k;\, b_k, a_{k-1};\, \ldots\, b_{k-r+3}, a_{k-r+2})P_{k-r-1}$$

et la même relation où P_k, P_{k-r}, P_{k-r-1} sont remplacés par

$$Q_k, Q_{k-r}, Q_{k-r-1}.$$

Généralisation des relations des nos **86**. — On a :

$$P_k Q_{k-1} - P_{k-r} Q_k = (-1)^{k-1} b_1 b_2 \dots b_k$$

et, plus généralement :

$$P_k Q_{k-h} - P_{k-h} Q_k = (-1)^{k-h} b_1 b_2 \dots b_{k-h+1} P(a_k;\, b_k, a_{k-1};\, \dots b_{k-h+3}, a_{h-k+2}).$$

Généralisation des relations du n° **88**. — On a :

$$\frac{P_k}{P_{k-1}} = a_k + \frac{b_k}{a_{k-1} +} \Big| \dots + \Big| \frac{b_1}{a_0}$$

$$\frac{Q_k}{Q_{k-1}} = a_k + \frac{b_k}{a_{k-1} +} \Big| \dots + \Big| \frac{b_2}{a_1}$$

Nous laissons au lecteur le soin de trouver les démonstrations de toutes ces formules, analogues à celles données pour les fractions continuelles non généralisées.

96. Fractions continuelles ordinaires illimitées. Développement des nombres irrationnels. — Soit un nombre irrationnel s. Le procédé du n° **84** s'y applique. On peut extraire le plus grand entier contenu dans ce nombre, soit a_0, puis poser

$$s = a_0 + \frac{1}{s_1} \quad (s_1 > 1)\,;$$

extraire le plus grand entier contenu dans s_1, etc. Seulement, ici, cette suite de calculs ne s'arrêtera pas, car si elle s'arrêtait, s serait égal à la fraction obtenue définitivement, c'est-à-dire à un nombre rationnel.

Un nombre irrationnel ne donne naissance qu'à un seul développement en fraction continuelle ordinaire. — On le voit comme pour le nombre rationnel.

Remarque. — Dans tout ce qui va suivre il ne s'agira que de fractions continuelles *ordinaires*. Nous pourrons supprimer l'épithète « ordinaire » sans inconvénient.

Théorème. — *Supposons qu'en partant d'un nombre irrationnel s on obtienne par le procédé précédent le développement illimité*

$$a_0 + \frac{1}{a_1 +}\left| \frac{1}{a_2 +} \right| \dots + \left| \frac{1}{a_n +} \right| \dots$$

La réduite $\frac{P_n}{Q_n}$ *de ce développement tend vers s lorsque n augmente indéfiniment.*

En effet on a

$$s = a_0 + \frac{1}{a_1 +}\left| \dots + \right| \frac{1}{a_n +} \left| \frac{1}{s_{n+1}} \right.$$

ou

$$s = \frac{P_n s_{n+1} + P_{n-1}}{Q_n s_{n+1} + Q_{n-1}}.$$

On en déduit

$$s - \frac{P_n}{Q_n} = \frac{P_n s_{n+1} + P_{n-1}}{Q_n s_{n+1} + Q_{n-1}} - \frac{P_n}{Q_n} = \frac{(-1)^n}{Q_n(Q_n s_{n+1} + Q_{n-1})}.$$

Or Q_n, Q_{n-1}, s_{n+1} sont positifs. De plus Q_n et Q_{n-1} croissent indéfiniment. Donc $s - \frac{P_n}{Q_n}$ tend vers zéro. Donc $\frac{P_n}{Q_n}$ tend vers s. C'est ce que l'on exprime en écrivant :

$$s = a_0 + \frac{1}{a_1 +}\left| \frac{1}{a_2 +} \right| \dots + \left| \frac{1}{a_n +} \right| \dots$$

Autre expression de $s - \frac{P_n}{Q_n}$. — On a :

$$s = \frac{P_{n+1} s_{n+2} + P_n}{Q_{n+1} s_{n+2} + Q_n}$$

d'où

$$s - \frac{P_n}{Q_n} = \frac{P_{n+1} s_{n+2} + P_n}{Q_{n+1} s_{n+2} + Q_n} - \frac{P_n}{Q_n} = \frac{(-1)^n s_{n+2}}{Q_n(Q_{n+1} s_{n+2} + Q_n)}.$$

Limites de l'erreur $s - \frac{P_n}{Q_n}$. — On a trouvé

$$\varepsilon_n = s - \frac{P_n}{Q_n} = \frac{(-1)^n}{Q_n(Q_n s_{n+1} + Q_{n-1})}.$$

On voit d'abord qu'elle est du signe de $(-1)^n$. Ensuite à cause de

$$a_{n+1} < s_{n+1} < a_{n+1} + 1$$

on a :

$$\frac{1}{Q_n[Q_n(a_{n+1} + 1) + Q_{n-1}]} < |\varepsilon_n| < \frac{1}{Q_n(Q_n a_{n+1} + Q_{n-1})}$$

ou

$$\frac{1}{Q_n(Q_{n+1}+Q_n)} < |\varepsilon_n| < \frac{1}{Q_nQ_{n+1}}.$$

La seconde de ces inégalités nous servira souvent. Elle donne les deux suivantes :

$$(5) \qquad |\varepsilon_n| < \frac{1}{Q_n(Q_n+Q_{n-1})}$$

$$|\varepsilon_n| < \frac{1}{Q_n^2}.$$

Le résultat (5) joint à ce fait que ε_n est de signe de $(-1)^n$ peut encore s'énoncer autrement. Il exprime en effet que s est compris entre

$$\frac{P_n}{Q_n} \quad \text{et} \quad \frac{P_n}{Q_n} + \frac{(-1)^n}{Q_n(Q_n+Q_{n-1})}.$$

Or l'on a

$$\frac{P_n}{Q_n} + \frac{(-1)^n}{Q_n(Q_n+Q_{n-1})} = \frac{P_n}{Q_n} - \frac{P_nQ_{n-1}-P_{n-1}Q_n}{Q_n(Q_n+Q_{n-1})} = \frac{P_n+P_{n-1}}{Q_n+Q_{n-1}}.$$

Ainsi *s est compris entre*

$$\frac{P_n}{Q_n} \quad \text{et} \quad \frac{P_n+P_{n-1}}{Q_n+Q_{n-1}}.$$

97. Réciproque des théorèmes précédents. — Donnons-nous maintenant une fraction continuelle illimitée

$$a_0 + \frac{1}{a_1+}\Big| \ldots,$$

les éléments sont tous des entiers et, de plus, tous positifs à partir de a_1.

1° *Les réduites successives de ce développement convergent vers une limite s ; 2° si l'on applique à s le procédé du n°* **96** *on retrouve le développement dont on est parti.*

1° Soit $\frac{P_n}{Q_n}$ la réduite d'ordre n. Ecrivons :

$$\frac{P_n}{Q_n} = \frac{P_0}{Q_0} + \left(\frac{P_1}{Q_1}-\frac{P_0}{Q_0}\right) + \left(\frac{P_2}{Q_2}-\frac{P_1}{Q_1}\right) + \ldots + \left(\frac{P_n}{Q_n}-\frac{P_{n-1}}{Q_{n-1}}\right)$$
$$= \frac{P_0}{Q_0} + \frac{1}{Q_0Q_1} - \frac{1}{Q_1Q_2} + \ldots + \frac{(-1)^{n-1}}{Q_{n-1}Q_n}.$$

La série illimitée

$$\frac{P_0}{Q_0} + \frac{1}{Q_0Q_1} - \frac{1}{Q_1Q_2} + \ldots$$

est donc telle que la somme de ses $n+1$ premiers termes est égale à $\frac{P_n}{Q_n}$, on l'appelle la série *équivalente* à la fraction continuelle. La question revient à montrer que cette série est convergente. Or les Q étant tous positifs c'est (à partir au moins du second terme) une série alternée. De plus les Q étant des entiers croissants, le terme général décroît constamment et tend vers zéro. La série est donc convergente. Appelons s sa somme.

L'erreur commise en prenant $\frac{P_n}{Q_n}$ pour valeur de s est du même signe et plus petite en valeur absolue que le premier terme négligé qui est $\frac{(-1)^n}{Q_nQ_{n+1}}$. On en déduit comme plus haut :

$$\left| s - \frac{P_n}{Q_n} \right| < \frac{1}{Q_n(Q_n + Q_{n-1})}$$

et

$$\left| s - \frac{P_n}{Q_n} \right| < \frac{1}{Q_n^2}.$$

On en déduit aussi que s est compris entre $\frac{P_n}{Q_n}$ et $\frac{P_n + P_{n-1}}{Q_n + Q_{n-1}}$.

Reste à démontrer la seconde partie du théorème, c'est ce que nous ferons tout à l'heure (n° **99**).

98. Comparaison de deux nombres définis par des fractions continuelles, limités ou non. — Soit

$$s = a_0 + \frac{1}{a_1 +} \Big| \ldots$$

$$s' = a_0' + \frac{1}{a_1' +} \Big| \ldots$$

Comparons les premiers éléments. Supposons d'abord $a_0 < a_0'$. Alors

$$s < a_0 + 1 \leqslant a_0' < s'.$$

Donc

$$s < s'.$$

De même si

$$a_0 > a_0' \qquad \text{on a} \qquad s > s'.$$

Supposons maintenant $a_0 = a_0'$. Comparons a_1 et a_1'. Supposons

$$a_1 < a_1'.$$

Alors

$$s_1 < s_1'$$

et, par suite,

$$s = a_0 + \frac{1}{s_1} > a_0 + \frac{1}{s_1'} > s'.$$

Donc

$$s > s'$$

et ainsi de suite. La règle est la suivante : Si l'on a

$$a_0 = a_0' \quad a_0 = a_1' \dots a_{n-1} = a'_{n-1} \quad \text{et} \quad a_n < a_n'$$

on a

$$s < s' \quad \text{si } n \text{ est pair}$$
$$s > s' \quad \text{si } n \text{ est impair.}$$

Exemples :

$$1 + \frac{1}{2+}\bigg|\frac{1}{3+}\bigg| \dots > 1 + \frac{1}{2+}\bigg|\frac{1}{2+}\bigg| \dots$$

$$1 + \frac{1}{2+}\bigg|\frac{1}{3+}\bigg|\frac{1}{4+}\bigg| \dots < 1 + \frac{1}{2+}\bigg|\frac{1}{3+}\bigg|\frac{1}{2+}\bigg| \dots$$

Cette règle ne s'applique pas si les développements ont leurs n premiers éléments communs, l'un d'eux étant limité à ces n éléments, l'autre en ayant plus de n ou étant illimité. On voit facilement que dans le cas le premier nombre est plus grand ou plus petit que le second suivant que n est impair ou pair. Pour pouvoir appliquer tout de même la règle dans ce cas, il suffit de supposer dans le premier développement un $(n+1)^{\text{ème}}$ élément que l'on pourra représenter par le signe ∞ et que l'on supposera supérieur à tout nombre.

99. Théorème. — *Si un nombre s est compris entre deux nombres s' et s'' et si les développements en fraction continuelle de s' et s'' ont leurs $n+1$ premiers éléments communs, ces $n+1$ éléments appartiennent aussi au développement de s.*

En effet soit

$$s' = a_0 + \frac{1}{a_1 +}\Big| \cdots + \Big|\frac{1}{a_n}\Big| + \cdots$$

$$s'' = a_0 + \frac{1}{a_1 +}\Big| \cdots + \Big|\frac{1}{a_n +}\Big| \cdots$$

$$s = b_0 + \frac{1}{b_1 +}\Big| \cdots$$

Si l'on avait

$$b_0 = a_0 \quad b_1 = a_1 \ldots \quad b_{h-1} = a_{h-1} \quad b_h > a_h \quad (h \leqslant n)$$

on aurait si h est pair

$$s > s_1 \quad \text{et} \quad s > s_2$$

si h est impair

$$s < s_1 \quad \text{et} \quad s < s_2$$

ce qui est contraire à l'hypothèse. De même si $b_h < a_h$.

Théorème. — *Soit une fraction continuelle* $a_0 + \frac{1}{a_1 +}\Big| \cdots$ *et un nombre* s *compris entre* $\frac{P_n}{Q_n}$ *et* $\frac{P_n + P_{n-1}}{Q_n + Q_{n-1}}$. *Dans ces conditions les* $n + 1$ *premiers éléments du développement de* s *en fraction continuelle sont* a_0, a_1, ... a_n.

En effet

$$\frac{P_n}{Q_n} = a_0 + \frac{1}{a_1 +}\Big| \cdots + \Big|\frac{1}{a_n +}\Big|\frac{1}{\infty}$$

et

$$\frac{P_n + P_{n-1}}{Q_n + Q_{n-1}} = a_0 + \frac{1}{a_1 +} \cdots + \Big|\frac{1}{a_n +}\Big|\frac{1}{1}.$$

Donc, d'après le théorème précédent, les $n + 1$ premiers éléments du développement de s sont a_0, a_1, ... a_n.

Application. — Démonstration de la seconde partie du théorème du n° 97. On a vu à la suite de la démonstration de la première partie de ce théorème que s est compris entre $\frac{P_n}{Q_n}$ et $\frac{P_n + P_{n+1}}{Q_n + Q_{n+1}}$. Donc les $n + 1$ premiers éléments du développement de s sont a_0, a_1, ... a_n; et comme cela est vrai quel que soit n, le développement de s est bien

$$a_0 + \frac{1}{a_1 +}\Big| \cdots + \Big|\frac{1}{a_n +}\Big| \cdots$$

100. Exemples de développement.

1er Exemple. — Soit $s = \sqrt{2}$. Ici

$$a_0 = 1 \quad \text{et} \quad s_1 = \frac{1}{\sqrt{2} - 1} = \sqrt{2} + 1.$$

Alors

$$a_1 = 2 \quad \text{et} \quad s_2 = \frac{1}{\sqrt{2} - 1} = s_1.$$

Puisque $s_2 = s_1$ on a $a_2 = a_1$ et $s_3 = s_2$ puis $a_3 = a_2$ et $s_4 = s_3$, et ainsi de suite. Finalement

$$\sqrt{2} = 1 + \frac{1}{2+} \left| \frac{1}{2+} \right| \cdots$$

tous les éléments à partir du deuxième étant égaux à 2.

Cette méthode s'applique chaque fois qu'on a une expression calculable de s.

Dans cet exemple on a trouvé une loi simple pour le calcul des éléments.

On généralisera plus loin pour tous les nombres quadratiques (n° **110**).

2me Exemple. — Soit l'équation

$$x^3 + x - 1 = 0. \tag{6}$$

Elle a une racine et une seule s entre 0 et 1. On demande de la développer.

On a ici

$$a_0 = 0 \quad \text{et} \quad s_0 = \frac{1}{s_1}.$$

Donc s_1 est racine de

$$\left(\frac{1}{x}\right)^3 + \frac{1}{x} - 1 = 0$$

ou

$$x^3 - x^2 - 1 = 0. \tag{7}$$

Puisque l'équation (6) a une racine et une seule entre 0 et 1, l'équation (7) en a une et une seule plus grande que 1. En essayant les entiers successifs 1, 2, ... on voit que cette racine est comprise entre 1 et 2. Donc

$$a_1 = 1 \quad \text{et} \quad s_1 = 1 + \frac{1}{s_2}.$$

Donc s_2 est racine de

$$\left(1+\frac{1}{x}\right)^3-\left(1+\frac{1}{x}\right)^2-1=0$$

ou

$$x^3-x^2-2x-1=0.$$

On voit comme plus haut que cette équation a une racine et une seule plus grande que 1, et l'on continue de la même façon.

On trouve

$$s=0+\frac{1}{1+}\left|\frac{1}{2+}\right|\frac{1}{6+}\left|\frac{1+}{1}\right|\dots$$

dont les premières réduites sont

$$\frac{0}{1}\quad\frac{1}{1}\quad\frac{2}{3}\quad\frac{13}{19}\quad\frac{15}{22}\dots$$

La racine est comprise entre

$$\frac{15}{22}=0,681\dots\qquad\text{et}\qquad\frac{15+13}{22+19}=0,682\dots$$

Cette méthode s'applique chaque fois que l'on a une équation donnant s.

3me *Exemple. — Sachant que* $\pi=3,14159\dots$ *trouver le plus possible des premiers éléments du développement de* π.

On a

$$3,14159<\pi<3,1416$$

On trouve

$$3,14159=3+\frac{1}{7+}\left|\frac{1}{15+}\right|\dots$$

et

$$3,1416=3+\frac{1}{7+}\left|\frac{1}{16+}\right|\dots$$

On en conclut, d'après le premier théorème du n° 99 que les deux premiers quotients incomplets du développement de π sont 3 et 7. Les deux premières réduites sont $\frac{3}{1}$ et $\frac{22}{7}$.

On peut trouver une limite de l'erreur commise en prenant pour π la valeur (par excès) $\frac{22}{7}$. On a la limite $\frac{1}{7Q^2}$, Q étant le dénominateur de la réduite suivante. Or le quotient incomplet qui suit 7 est 15 ou 16.

Donc $Q_n \geqslant 15 \times 7 + 1 = 106$. Donc l'erreur est plus petite que

$$\frac{1}{7 \times 106} = \frac{1}{742}.$$

Cette méthode s'applique chaque fois qu'on a une valeur par défaut et une valeur par excès de s.

101. Condition pour qu'une fraction irréductible $\frac{P}{Q}$ soit une des réduites du développement d'un nombre s. — Si $s = \frac{P}{Q}$ la réponse est évidente. Soit donc $s \neq \frac{P}{Q}$. Réduisons $\frac{P}{Q}$ en fraction continuelle en modifiant s'il le faut la fin du développement (nº **84**) de façon que le nombre des éléments du développement soit impair si $\frac{P}{Q} < s$, pair dans le cas contraire.

Dans ces conditions *pour que $\frac{P}{Q}$ soit une réduite du développement de s il faut et il suffit que s soit compris entre $\frac{P}{Q}$ et $\frac{P+P'}{Q+Q'}$, ou, ce qui revient au même que $\left| s - \frac{P}{Q} \right| < \frac{1}{Q(Q+Q')}$.*

La condition est nécessaire, on l'a vu au nº **96**. Elle est suffisante on l'a vu au nº **99**.

Corollaire. — Pour que $\frac{P}{Q}$ soit égal à une réduite du développement de s il suffit que $\left| s - \frac{P}{Q} \right| < \frac{1}{2Q^2}$. Cet énoncé ne suppose pas $\frac{P}{Q}$ irréductible.

102. Comparaison entre les développements de deux nombres égaux mais de signes contraires. — Soit

$$s = a_0 + \frac{1}{a_1 +} \left| \frac{1}{a_2 +} \right| \cdots$$

On vérifie facilement que

$$-s = -a_0 - 1 + \frac{1}{1 +} \left| \frac{1}{a_1 - 1 +} \right| \frac{1}{a_2 +} \Big| \cdots$$

ce qui est le développement cherché si $a \neq 1$.

Si $a_1 = 1$ on a

$$-s = -a_0 - 1 + \frac{1}{a_2 + 1 +} \; \frac{1}{a_3 +}\Big| \cdots$$

Dans le premier cas les développements de s et de $-s$ sont identiques à partir de a_2 ; dans le second cas, à partir de a_3. Ce résultat va être généralisé.

103. Nombres équivalents. — On appelle *équivalents* deux nombres s, s' reliés par une relation de la forme

$$s = \frac{\alpha s' + \beta}{\gamma s' + \delta}$$

α, β, γ, δ étant quatre entiers tels que

$$\alpha\delta - \beta\gamma = \pm 1.$$

Il faut d'abord, pour justifier la locution employée montrer que s' s'exprime en fonction de s par une expression de même forme. En effet :

$$s' = \frac{\delta s - \beta}{-\gamma s + \alpha}.$$

On dit que s et s' sont *proprement* équivalents lorsque

$$\alpha\delta - \beta\gamma = 1$$

improprement équivalents lorsque

$$\alpha\delta - \beta\gamma = -1.$$

Remarquons que α et β sont premiers entre eux. Il en est de même de α et γ, de δ et β, de δ et γ.

Théorème. — *Deux nombres équivalents à un troisième sont équivalents entre eux.*

Soient s et s'' équivalents à s' de façon que

$$s = \frac{\alpha s' + \beta}{\gamma s' + \delta} \qquad (\alpha\delta - \beta\gamma = \pm 1)$$

$$s' = \frac{\alpha' s'' + \beta'}{\gamma' s'' + \delta'} \qquad (\alpha'\delta' - \beta'\gamma' = \pm 1).$$

On trouve

$$s = \frac{(\alpha\alpha' + \beta\gamma')s'' + \alpha\beta' + \beta\delta'}{(\gamma\alpha' + \delta\gamma')s'' + \gamma\beta' + \delta\delta'}$$

avec

$$(\alpha\alpha'+\beta\gamma')(\gamma\beta'+\delta\delta')-(\alpha\beta'+\beta\delta')(\gamma\alpha'+\delta\gamma')=(\alpha\delta-\beta\gamma)(\alpha'\delta'-\beta'\gamma')=\pm 1.$$

On voit de plus que si les équivalences de s et s', de s' et s'' sont toutes les deux propres ou toutes les deux impropres l'équivalence de s et s'' est propre. Au contraire si les équivalences de s et s', de s' et s'' sont l'une propre et l'autre impropre, l'équivalence de s et s'' est impropre.

104. Rapport avec la théorie des substitutions homographiques sur une variable. — Considérons une substitution linéaire homogène à deux variables

$$(8) \qquad \begin{array}{c|l} x & \alpha x + \beta y \\ y & \gamma x + \delta y. \end{array}$$

puis considérons le rapport $\frac{x}{y} = z$.

On voit que de la substitution (8) résulte pour z la substitution

$$(9) \qquad z \,\Big|\, \frac{\alpha z + \beta}{\gamma z + \delta}$$

dite *homographique*. A une substitution (8) ne correspond qu'une substitution (9), mais à une substitution (9) correspond une infinité de substitution (8) comprises dans la formule générale

$$\begin{array}{c|l} x & \lambda\alpha' x + \gamma\beta' y \\ y & \lambda\gamma' x + \lambda\delta' y \end{array}$$

en désignant par α', β', γ', δ' les quotients de α, β, γ, δ, par leur plus grand commun diviseur et par λ un entier quelconque.

Mais, bornons-nous maintenant aux substitutions homogènes unités. Alors il faut que

$$\lambda^2(\alpha'\delta' - \beta'\gamma') = 1.$$

Donc

$$\lambda = \pm 1 \quad \text{et} \quad \alpha'\delta' - \beta'\gamma' = \pm 1.$$

Dans ce cas à une substitution (9) ne correspond que *deux* substitutions (8) à savoir

$$\begin{pmatrix} \alpha' & \beta' \\ \gamma' & \delta' \end{pmatrix} \quad \text{et} \quad \begin{pmatrix} -\alpha' & -\beta' \\ -\gamma' & -\delta' \end{pmatrix},$$

Les substitutions (9) où

$$\alpha\delta - \beta\gamma = \pm 1$$

seront dites substitutions homographiques *unités*. Lorsque

$$\alpha\delta - \beta\gamma = 1$$

la substitution est dite *modulaire*.

Les substitutions homographiques se composent entre elles comme les substitutions homogènes correspondantes. Par exemple

$$\begin{pmatrix}\alpha\beta\\ \gamma\delta\end{pmatrix}\begin{pmatrix}\alpha'\beta'\\ \gamma'\delta'\end{pmatrix} = \begin{pmatrix}\alpha\alpha' + \beta\gamma' & \alpha\beta' + \beta\delta'\\ \gamma\alpha' + \delta\gamma' & \gamma\beta' + \delta\delta'\end{pmatrix}$$

Les substitutions homographiques unités forment donc un groupe, et les substitutions homographiques modulaires en forment un autre qui est un sous-groupe du précédent.

Deux nombres équivalents sont deux nombres qui se déduisent l'un de l'autre par une substitution homographique unité ; deux nombres proprement équivalents sont deux nombres qui se déduisent l'un de l'autre par une substitution homographique modulaire.

De là résulte immédiatement le théorème du n° **103** et ses compléments sur l'équivalence propre ou impropre.

105. — Si $\omega' = \dfrac{\alpha\omega + \beta}{\gamma\omega + \delta}$ nous dirons que la substitution $\begin{pmatrix}\alpha & \beta\\ \gamma & \delta\end{pmatrix}$ transforme ω en ω'.

Théorème. — *Si une substitution* S_1 *change* ω *en* ω_1, *et qu'une substitution* S_2 *change* ω_1 *en* ω_2, *alors* S_2S_1 *change* ω *en* ω_2. Soit

$$S_1 = \begin{pmatrix}\alpha_1 & \beta_1\\ \gamma_1 & \delta_1\end{pmatrix} \quad \text{et} \quad S_2 = \begin{pmatrix}\alpha_2 & \beta_2\\ \gamma_2 & \delta_2\end{pmatrix}.$$

On a, par hypothèse,

$$\frac{\alpha_1\omega + \beta_1}{\gamma_1\omega + \delta_1} = \omega_1 \qquad \frac{\alpha_2\omega_1 + \beta_2}{\gamma_2\omega_1 + \delta_2} = \omega_2.$$

D'où l'on tire

$$\omega_2 = \frac{(\alpha_2\alpha_1 + \beta_2\gamma_1)\omega + \alpha_2\beta_1 + \beta_2\delta_1}{(\gamma_2\alpha_1 + \delta_2\gamma_1)\omega + \gamma_2\beta_1 + \delta_2\delta_1}$$

ce qui démontre le théorème. On remarquera que, dans cet énoncé, l'ordre des substitutions dans le produit S_2S_1 est inverse de celui des nombres ω_1, ω_2.

Convenons que le résultat d'une substitution S appliqué à un nombre ω sera représenté par $S\omega$. Le théorème précédent s'exprime alors par l'égalité :

$$S_2(S_1\omega) = (S_2S_1)\omega$$

et l'on pourra représenter la valeur commune des deux membres par la notation plus simple $S_2S_1\omega$.

On généralise facilement. On a

$$S_3(S_2S_1\omega) = (S_3S_2S_1)\omega$$

et l'on représentera la valeur commune des deux membres par $S_3S_2S_1\omega$.

D'une façon générale

$$S_n(S_{n-1}S_{n-2}\ldots S_1\omega) = (S_nS_{n-1}\ldots S_1)\omega = S_nS_{n-1}\ldots S_1\omega.$$

On le voit de proche en proche.

Il importe de remarquer la différence entre cet énoncé et l'énoncé analogue pour les substitutions sur des variables. Soit une expression f contenant des variables. Si la substitution S_1 change f en f_1 puis si S_2 change f_1 en f_2, etc., jusqu'à S_n changeant f_{n-1} en f_n alors f est changé en f_n par la substitution $S_1S_2\ldots S_n$. On écrira

$$\begin{aligned} f_1 &= fS_1 \\ f_2 &= f_1S_2 \\ &\cdot\;\cdot\;\cdot\;\cdot \\ f_n &= f_{n-1}S_n \end{aligned}$$

et

$$f_n = fS_1S_2\ldots S_{n-1}S_n.$$

L'ordre des substitutions est inverse du précédent.

106. Théorème. — *Deux nombres rationnels quelconques* $\frac{m}{n}$ *et* $\frac{m'}{n'}$ *sont, à la fois, proprement et improprement équivalents, et d'une infinité de façons.*

Nous allons montrer d'abord que $\frac{m}{n}$ est proprement équivalent à zéro. C'est-à-dire qu'on peut déterminer α, β, γ, δ, par les conditions :

$$\frac{\alpha \frac{m}{n} + \beta}{\gamma \frac{m}{n} + \delta} = 0, \qquad \alpha\delta - \beta\gamma = +1.$$

En effet la première condition s'écrit :

$$\alpha m + \beta n = 0.$$

On y satisfait en prenant

$$\alpha = n, \qquad \beta = -m.$$

Reste à déterminer γ et δ par la condition

$$n\delta + m\gamma = 1.$$

Or on peut supposer m, n, premiers entre eux. Donc il y a des valeurs de δ, γ, satisfaisant à cette condition.

Puisque $\frac{m}{n}$ et $\frac{m'}{n'}$ sont tous deux proprement équivalents à zéro, ils sont proprement équivalents entre eux.

Pour trouver toutes les substitutions unités qui transforment $\frac{m}{n}$ en $\frac{m'}{n'}$ on remarquera que le calcul précédent a donné une substitution modulaire S transformant $\frac{m}{n}$ en zéro et une substitution modulaire S' transformant $\frac{m'}{n'}$ en zéro. Alors toutes les substitutions transformant $\frac{m}{n}$ en $\frac{m'}{n'}$ sont les substitutions STS'^{-1} où T désigne une substitution automorphe de zéro (Même démonstration que pour les formes, I. 251). Les substitutions T qui transforment zéro en lui-même sont d'ailleurs évidentes, ce sont les substitutions $\begin{pmatrix} \alpha & 0 \\ \gamma & \delta \end{pmatrix}$ où α, γ, δ sont quelconques. On obtient ainsi une infinité de substitutions ; celles d'entre elles qui sont modulaires sont celles pour lesquelles $\alpha = \delta = \pm 1$; celles qui sont unités non modulaires sont celles pour lesquelles $\alpha = -\delta = \pm 1$.

107. Théorème. — *Pour que deux nombres soient équivalents ;*

il faut et il suffit que leurs développements en fractions continuelles soient identiques à partir d'un certain élément.

1° *La condition est suffisante.* — Soit

$$s = a_0 + \frac{1}{a_1 +}\Big| \cdots + \Big|\frac{1}{a_h +}\Big|\frac{1}{l_1 +}\Big|\frac{1}{l_2 +}\Big| \cdots$$

$$s' = a_0' + \frac{1}{a_1' +}\Big| \cdots + \Big|\frac{1}{a'_{h'} +}\Big|\frac{1}{l_1 +}\Big|\frac{1}{l_2 +}\Big| \cdots$$

En appelant $\frac{P_h}{Q_h}$ et $\frac{P_{h-1}}{Q_{h-1}}$ la dernière et l'avant-dernière réduites de

$$a_0 + \frac{1}{a_1 +}\Big| \cdots + \Big|\frac{1}{a_h}, \quad \text{puis} \quad \frac{P'_{h'}}{Q'_{h'}} \quad \text{et} \quad \frac{P'_{h-1}}{Q'_{h'-1}}$$

la dernière et l'avant-dernière réduite de

$$a_0' + \frac{1}{a_1' +}\Big| \cdots + \Big|\frac{1}{a'_{h'}},$$

enfin en posant

$$l_1 + \frac{1}{l_2 +}\Big| \dots = t,$$

on a

$$s = \frac{P_h t + P_{h-1}}{Q_h t + Q_{h-1}} \qquad \text{avec} \qquad P_h Q_{h-1} - P_{h-1} Q_h = (-1)^h$$

et

$$s' = \frac{P'_{h'} t + P'_{h'-1}}{Q'_{h'} t + Q'_{h'-1}} \qquad \text{avec} \qquad P'_{h'} Q'_{h'-1} - P'_{h'-1} Q'_{h'-1} = (-1)^{h'}.$$

Donc s et s' sont tous deux équivalents à t, donc ils sont équivalents entre eux. On voit de plus que *l'équivalence de s et s' est propre ou impropre suivant que h et h' sont de même parité ou non.*

2° *La condition est nécessaire.* — Soient deux nombres équivalents s et s' ; il faut montrer que leurs développements en fractions continuelles sont identiques à partir d'un certain rang. Nous allons examiner d'abord des cas particuliers.

1er cas. $s' = -s$. Le théorème a été démontré au n° **102**.

2e cas. $s' = s + \beta$. Le théorème est évident.

3e cas. $s' = \frac{1}{s}$. Si les deux nombres s, s' sont positifs l'un d'eux, par exemple s est plus grand que 1, et l'autre s' est plus petit que 1. Soit alors

$$s = a_0 + \frac{1}{a_1 +}\Big| \cdots$$

On a

$$s' = 0 + \frac{1}{a_0 +}\Big|\frac{1}{a_1 +}\Big| \cdots$$

ce qui démontre le théorème.

Si les deux nombres s et s' sont négatifs, considérons la suite des quatre nombres

$$s, \quad -s, \quad -s', \quad s'$$

et leurs développements. Le théorème s'applique à la comparaison du premier et du second développement, à celle du second et du troisième, à celle du troisième et du quatrième. Donc il s'applique à la comparaison du premier et du quatrième.

Cas général. Soit

$$(10) \qquad s = \frac{\alpha s' + \beta}{\gamma s' + \delta} \qquad (\alpha\delta - \beta\gamma = \pm 1).$$

Considérons

$$s_1 = \frac{-1}{s - q} = \frac{-\gamma s' - \delta}{(\alpha - q\gamma)s' + \beta - q\delta}$$

(q entier, quelconque pour le moment).

Le théorème est vrai pour les développements de s et s_1 (combinaison des trois cas particuliers).

Donc il suffit de le démontrer pour les développements de s_1 et s'. Or si l'on considère la relation qui lie ces deux nombres équivalents :

$$(11) \qquad s_1 = \frac{-\gamma s' - \delta}{(\alpha - q\gamma)s' + \beta - q\delta}$$

on voit qu'en prenant pour l'entier q, le quotient à une unité près de α par γ, le troisième coefficient $\alpha - q\gamma$ de la relation (11) est plus petit en valeur absolue que le troisième coefficient γ de la relation (10).

En commençant cette opération autant de fois qu'il le faut, ce troisième coefficient finit par devenir nul. Or une substitution unité dont le troisième coefficient est nul est de la forme

$$s_n = \pm s' + \delta_n.$$

On est alors ramené au premier et au second cas particuliers.

Remarque. — La relation homographique qui lie s et s' lie aussi les réduites $\frac{P_{h+n}}{Q_{h+n}}$ et $\frac{P'_{h'+n}}{Q'_{h'+n}}$, h et h' ayant les mêmes significations que plus haut, n étant quelconque. Car cette relation ne dépend que des éléments qui entrent dans $\frac{P_h}{Q_h}$ et $\frac{P_{h'}}{Q_{h'}}$. Elle relie donc deux nombres dont les premiers éléments du développement sont respectivement $a_0, a_1, \ldots a_h$; $a_0', a_1', \ldots a'_{h'}$; et dont les suivants sont les mêmes, quelconques d'ailleurs.

108. — Ayant ainsi obtenu, dans le cas où il en existe, une transformation homographique de s en s' on peut les chercher toutes. On voit, comme toujours, que cela à trouver une transformation homographique automorphe de s. Mais il est facile de voir qu'un nombre ne peut avoir de transformation homographique automorphe, différente de la transformation identique $s \mid s$, que si c'est un nombre quadratique. En effet l'égalité

$$s = \frac{\alpha s + \beta}{\gamma s + \delta}$$

donne

$$\gamma s^2 + (\delta - \alpha) s - \beta = 0.$$

Donc, sauf si

$$\gamma = \delta - \alpha = \beta = 0,$$

valeurs qui correspondent à la transformation identique, on voit que s satisfait à une équation du second degré à coefficients entiers. Réciproquement, tout nombre quadratique a-t-il des transformations automorphes? Nous résoudrons cette question plus loin (Chap. XII).

109. Représentation géométrique des fractions continuelles ordinaires [1]. — Nous considérons un réseau de points

[1] F. Klein, *Ausgewählte Kapitel d. Zahlenth*, t. 1, p. 17 et suiv., Göttingen, 1896.

(I. 146) et nous n'en gardons que la portion au-dessus de Ox. Nous représentons un nombre s par la demi-droite issue de O, située au-dessus de Ox et d'équation $x = sy$.

Lorsque s est rationnel on peut aussi le représenter par un sommet du réseau de la façon suivante. Soit $s = \frac{a}{b}$ avec $D(a, b) = 1$ et $b > 0$. Si s est connu a et b sont parfaitement déterminés et réciproquement. On peut donc représenter s par le point (a, b). C'est le premier point autre que O qui se trouve sur la demi-droite $x = sy$ $(y > 0)$.

On peut encore remarquer que si l'on marque la demi-droite $x = sy$ (s quelconque), et un point (a, b), $\frac{a}{b}$ est une valeur approchée de s par défaut si le point est à gauche de la demi-droite ; une valeur par excès dans le cas contraire.

Ceci posé soit le nombre s, représenté par la demi-droite OS, et dont le développement en fraction continuelle est

$$a_0 + \frac{1}{a_1 +}\Big| \cdots + \Big|\frac{1}{a_n +} \quad \cdots$$

Cherchons les points représentatifs des réduites. Appelons A_n celui qui correspond à la réduite $\frac{P_n}{Q_n}$; c'est le point de coordonnées P_n, Q_n. Supposons qu'on ait obtenu A_1, A_2, ... A_{n-1} et cherchons A_n. Or

$$P_n = a_n P_{n-1} + P_{n-2}$$
$$Q_n = a_n Q_{n-1} + Q_{n-2}.$$

Ces deux équations se résument dans l'équation vectorielle [1]

$$\overrightarrow{OA}_n = a_n \overrightarrow{OA}_{n-1} + \overrightarrow{OA}_{n-2}.$$

Donc A_n *est l'extrémité d'un vecteur équipollent à* $a_n \cdot \overrightarrow{OA}_{n-1}$ *et ayant pour origine* A_{n-2}.

Cette construction de A_n exige la connaissance de a_n, mais a_n peut se définir sur la figure. En effet l'entier a_n est défini par le fait que s est compris entre $\frac{a_n P_n + P_{n-1}}{a_n Q_n + Q_{n-1}}$ et $\frac{(a_n + 1) P_n + P_{n-1}}{(a_n + 1) Q_n + Q_{n-1}}$. Par conséquent le point $(a_n P_n + P_{n-1}, a_n Q_n + Q_{n-1})$ ou (P_{n+1}, Q_{n+1}) est du même côté de la droite OS que le point (P_{n-1}, Q_{n-1}), mais le point $((a_n + 1)P_n + P_{n-1}, (a_n + 1)Q_n + Q_{n-1})$ est de l'autre.

[1] Nous supposons connus les éléments de la théorie des vecteurs qui sont classiques.

Par conséquent : *pour obtenir* A_n *on trace de* A_{n-2} *comme origine un vecteur équipollent à* $\overrightarrow{OA}_{n-1}$ *et on le répète autant de fois qu'on le peut sans traverser* OS. *L'extrémité du vecteur ainsi obtenu est* A_n.

D'ailleurs on connaît A_{-2}, c'est le point (0, 1) ; et A_{-1}, c'est le point (1, 0). Donc la règle précédente permet d'obtenir A_n de proche en proche,

On obtient ainsi deux lignes brisées $A_{-2}A_0A_2 \ldots$ et $A_{-1}A_1A_3 \ldots$ l'une à gauche, l'autre à droite de OS. Si s est irrationnel ces deux lignes sont indéfinies toutes les deux. Si s est rationnel elles s'arrêtent toutes deux et l'une d'elles au point représentatif de s.

La relation (1) du n° **87** exprime que le parallélogramme dont deux sommets opposés sont A_k et A_{k-1} et dont un troisième sommet est O a pour surface 1 ; il ne contient donc aucun point du réseau (I. 149) ; c'est un parallélogramme élémentaire du réseau (I. 198).

NOTES ET EXERCICES

I. — *Trouver une limite du nombre des éléments de la fraction continuelle qui représente un nombre rationnel* $\frac{a}{b}$.

Autre énoncé de la même question. — *Trouver une limite du nombre de divisions à effectuer dans la recherche par le procédé ordinaire du plus grand commun diviseur de deux nombres.*

On a déjà donné une telle limite (I. 96) mais on peut en donner une plus petite.

Nous supposons $\frac{a}{b} > 1$, de sorte que l'opération commence par la division de a par b. Soit n le nombre des éléments. Si l'on compare la fraction continuelle qui représente $\frac{a}{b}$ avec une autre dont tous les éléments sont 1, il est évident que les réduites de la première ont des termes au moins égaux à ceux des réduites de la seconde. Cherchons donc les réduites de celle-ci. La première est $\frac{1}{1}$, la seconde $\frac{2}{1}$, la troisième $\frac{3}{2}$, etc. On démontre d'abord facilement que *le numérateur de la* n^e *réduite est égal au dénominateur de la* $(n+1)^{\text{ème}}$, et on en conclut que la n^e réduite est $\frac{u_n}{u_{n-1}}$, les u étant définis par les conditions :

$$u_n = u_{n-1} + u_{n-2} \qquad (12)$$
$$u_0 = 1 \qquad u_1 = 1.$$

Il est évident que ces conditions déterminent une valeur de u_n et une seule. Pour la trouver cherchons si l'on peut satisfaire à l'équation (12) par une expression de la forme $u_n = a^n$. Il suffit pour cela de déterminer a par la condition $a^2 = a + 1$.

On trouve donc deux valeurs pour a, à savoir $\frac{1 \pm \sqrt{5}}{2}$.

Il est évident maintenant que l'expression :

$$u_n = C\left(\frac{1+\sqrt{5}}{2}\right)^n + C'\left(\frac{1-\sqrt{5}}{2}\right)^n$$

satisfait à l'équation (12) quels que soient les nombres C et C'. Si on les détermine de façon que $u_1 = 1$ et $u_2 = 2$, on aura la valeur cherchée de u_n. On trouve ainsi :

$$u_n = \frac{1}{\sqrt{5}}\left[\left(\frac{1+\sqrt{5}}{2}\right)^n - \left(\frac{1-\sqrt{5}}{2}\right)^{n+1}\right].$$

On a alors :

$$b \geqslant u_{n-1} = \frac{1}{\sqrt{5}}\left[\left(\frac{1+\sqrt{5}}{2}\right)^n - \left(\frac{1-\sqrt{5}}{2}\right)^n\right]$$

Pour résoudre le problème posé il suffit de résoudre cette inégalité par rapport à n.

Comme il est évident que u_{n-1} est une fonction croissante de n il suffit pour cela de résoudre l'égalité

$$b = \frac{1}{\sqrt{5}}\left[\left(\frac{1+\sqrt{5}}{2}\right)^n - \left(\frac{1-\sqrt{5}}{2}\right)^n\right]$$

et de prendre la valeur trouvée, diminuée de 1, pour la limite cherchée. On a

$$\left(\frac{1+\sqrt{5}}{2}\right)^n\left(\frac{1-\sqrt{5}}{2}\right)^n = (-1)^n.$$

Ayant le produit et la différence des nombres $\left(\frac{1+\sqrt{5}}{2}\right)^n$ et $\left(\frac{1-\sqrt{5}}{2}\right)^n$ on calcule facilement ces nombres et on trouve

$$\left(\frac{1+\sqrt{5}}{2}\right)^n = \frac{b\sqrt{5} + \sqrt{5b^2 + 4(-1)^n}}{2}$$

d'où

$$n = \frac{\log\left[\frac{b\sqrt{5}+\sqrt{5b^2+4(-1)^n}}{2}\right]}{\log\frac{1+\sqrt{5}}{2}} \leqslant \frac{\log(b\sqrt{5})+\log\left[\frac{1+\sqrt{1+\frac{4}{5b^2}}}{2}\right]}{\log\frac{1+\sqrt{5}}{2}}.$$

La limite cherchée est ce nombre diminué de 1, c'est-à-dire

$$(13)\qquad \frac{\log b + \log\frac{5-\sqrt{5}}{2} + \log\frac{1+\sqrt{1+\frac{4}{5b^2}}}{2}}{\log\frac{1+\sqrt{5}}{2}}.$$

Les logarithmes sont à base quelconque. En prenant la base 10 on trouve comme limite supérieure (en calculant les coefficients à 0,01 par excès)

$$4{,}79 \log b + 0{,}68 + 4{,}79 \log\frac{1+\sqrt{1+\frac{4}{5b^2}}}{2}.$$

On peut remarquer que le dernier terme de cette expression diminue lorsque b croît et tend vers zéro lorsque b croît indéfiniment. Pour $b = 2$ il n'est déjà égal qu'à 0,03 environ.

En appelant ν le nombre des chiffres de b, on a $\log b < \nu$, d'où la limite $4{,}79\nu + 0{,}68 + 4{,}79 \times 0{,}03 = 4{,}79\nu + 0{,}83$.

Lamé trouve comme limite 5ν, par des moyens tout-à-fait élémentaires (C. R. A. S., t. 19 (1844) p. 867). D'ailleurs la limite (13) est la meilleure qu'on puisse trouver puisqu'elle est atteinte quand $b = u_{n-1}$, $a = u_n$ et n pair.

II. — La suite des entiers $u_0\ u_1 \ldots$ considérés dans la note précédente et définis par $u_0 = 1$, $u_1 = 1$, $u_n = u_{n-1} + u_{n-2}$, s'appelle suite de *Fibonacci*.

Démontrer les formules :

$$u_n = \frac{1}{2^n}\left(C^1_{n+1} + 5C^3_{n+1} + 5^2C^5_{n+1} + \ldots\right)$$
$$u_n = 1 + C^1_{n-1} + C^2_{n-2} + \ldots,$$

(les seconds membres étant prolongés tant que l'indice supérieur ne dépasse pas l'indice inférieur).

$$u_n = u_{n-2} + u_{n-3} + \dots + u_1 + 2$$
$$u_{2n+1} = u_{2n} + u_{2n-2} + \dots + u_2 + 1$$
$$u_{2n} = u_{2n-1} + u_{2n-3} + \dots + u_1 + 1$$
$$u_n = [u_{n-1} - u_{n-2} + \dots + (-1)^n u_1] + u_{n-1}$$
$$u_{n+1}u_{n-1} - (u_n)^2 = (-1)^{n+1}$$
$$u^2_n + u^2_{n-1} = u_{2n}$$
$$u^2_1 + u^2_2 + \dots + u^2_n = u_n u_{n+1} - 1$$
$$u_n u_{n+1} - u_{n-2}u_{n-1} = u_{2n}$$
$$u_n u_{n+1} - u_{n-1}u_{n+2} = (-1)^n$$
$$u_1u_2 + u_2u_3 + \dots + u_{n-1}u_n = (u_n)^2 - \frac{3 + (-1)^n}{2}$$
$$u^3_n + u^3_{n+1} - u^3_{n-1} = u_{3n+2}.$$
$$u^4_n - u_{n-2}u_{n-1}u_{n+1}u_{n+2} = 1.$$

III. — Trouver la n^e réduite de la fraction continuelle

$$a + \frac{1}{a +} \Big| \frac{1}{a +} \Big| \dots$$

(CLAUSEN *J. r. a. M.* t. 3 (1828) p. 87).

Rép. — On a pour n éléments

$$P(aa \dots a) = \frac{(a + \sqrt{a^2+4})^{n+1} - (a - \sqrt{a^2+4})^{n+1}}{2^{n+1}\sqrt{a^2+4}}.$$

IV. — Trouver les six premiers éléments du développement en fraction continuelle : 1° de $\sqrt[3]{2}$, 2° du logarithme vulgaire de 2 (c'est-à-dire de la racine positive de $10^x = 2$).

V. — Dans le développement en fraction continuelle d'un nombre s on a

$$\frac{P_n}{Q_n} \cdot \frac{P_{n+1}}{Q_{n+1}} < \text{ou} > s^2,$$

suivant que n est pair ou impair.

VI. — Pour former

$$P(a_0\,;\, b_1,\, a_1\,;\, \dots\, b_n,\, a_n)$$

il suffit de développer le produit

$$a_0a_1 \dots a_n \left(1 + \frac{b_1}{a_0a_1}\right)\left(1 + \frac{b_2}{a_1a_2}\right) \dots \left(1 + \frac{b_n}{a_{n-1}a_n}\right)$$

et de n'en garder que les termes entiers. Tous les coefficients numériques du développement sont égaux à 1. Le nombre de termes du développement est égal au $(n+1)^{\text{ème}}$ terme de la suite de Fibonnaci.

VII. — Une fraction irréductible $\frac{P}{Q}$ sera dite valeur *principale* d'un nombre s lorsque

$$\left| s - \frac{P}{Q} \right| < \frac{1}{Q^2}.$$

Si, de plus,

$$\left| s - \frac{P}{Q} \right| < \frac{1}{2Q^2},$$

$\frac{P}{Q}$ sera dite valeur *principale régulière*. Démontrer que toutes les réduites de s sont des valeurs principales. La réciproque n'est pas vraie.

Démontrer que toutes les valeurs principales singulières sont des réduites. La réciproque n'est pas vraie.

VIII. — De deux réduites consécutives, l'une au moins est une valeur principale singulière.

IX. — Si les quotients incomplets d'ordre impair sont tous des 1, et les autres différents de 1, les réduites sont alternativement des valeurs principales régulières et non.

X. — Démontrer que (notations ordinaires)

$$\frac{P_n}{Q_{n-1}} > s, \qquad \frac{P_{n-1}}{Q_n} < s.$$

XI. — Soit s un nombre, $\frac{m}{n}$ un nombre rationnel plus petit que s et $\frac{m'}{n'}$ un plus grand. On suppose $m'n - mn' = 1$.

Considérons $\frac{m'\lambda + m}{n'\lambda + n}$. Si l'on fait $\lambda = 0, 1, 2, \ldots$ l'expression part de $\frac{m}{n}$ et tend en croissant vers $\frac{m'}{n'}$. Il existe donc une valeur λ_1 de λ qui est la dernière de celles pour lesquelles l'expression est plus petite que s. Soit alors

$$\frac{m_1}{n_1} = \frac{m'\lambda_1 + m}{n'\lambda_1 + n}.$$

On a

$$\frac{m_1}{n_1} < s < \frac{m'}{n'}.$$

On considère alors $\frac{m_1\lambda + m'}{n_1\lambda + n'}$. Si l'on fait $\lambda = 0, 1, 2, \ldots$ l'expression part de $\frac{m'}{n'}$ et tend en décroissant vers $\frac{m_1}{n_1}$. Il existe donc une valeur λ_2 de λ qui est la dernière de celles pour lesquelles l'expression est plus grande que s. Soit alors

$$\frac{m_2}{n_2} = \frac{m_1\lambda_2 + m'}{n_1\lambda_2 + n'}.$$

Puis on recommence sur $\frac{m_2}{n_2}$ les opérations qu'on a faites sur $\frac{m}{n}$ et ainsi de suite.

Montrer que quelles que soient les valeurs initiales $\frac{m}{n}$ et $\frac{m'}{n'}$ la suite des λ sera, à partir d'un certain rang, toujours la même et identique aux quotients incomplets de s.

Pour $\frac{m}{n} = \frac{0}{1}$ et $\frac{m'}{n'} = \frac{1}{0}$ on retrouve le développement en fraction continuelle ordinaire.

CHAPITRE IX

DÉVELOPPEMENT EN FRACTION CONTINUELLE DES NOMBRES QUADRATIQUES RÉELS

110. — En effectuant le développement en fraction continuelle de $\sqrt{2}$ (n° 100) on a trouvé un développement dans lequel les quotients incomplets se reproduisent périodiquement à partir du second. Ce résultat se généralise.

Théorème. — *Toute fraction continuelle périodique est égale à un nombre quadratique réel* (¹). Réciproquement *tout nombre quadratique réel se développe en une fraction continuelle périodique* (²).

(Pour noter une fraction continuelle périodique nous écrirons la première période en la surmontant d'un trait).

Soit d'abord une fraction continuelle *immédiatement périodique*.

$$\theta = \overline{a_0 + \frac{1}{a_1} + \left| \cdots + \right| \frac{1}{a_k} + \Big|} \cdots$$

Le $(k+1)^{\text{ième}}$ quotient complet de cette fraction est égale à θ. On a donc

$$\theta = \frac{P_k\theta + P_{k-1}}{Q_k\theta + Q_{k-1}}$$

d'où

(1) $$Q_k\theta^2 + (Q_{k-1} - P_k)\theta - P_{k-1} = 0.$$

Cette équation du second degré en θ a tous ses coefficients en-

(¹) Euler, De fractionibus continuis, *Com. Petrop.*, 9 (1737).
(²) Lagrange, Mem. Berlin 1770 = *Œuvres*, II, p. 74.

tiers et non nuls. Donc θ est un nombre quadratique ou un nombre rationnel. Mais ce n'est pas un nombre rationnel puisque son développement est illimité. Donc c'est un nombre quadratique.

L'équation (1) a deux racines de signes contraires. En effet a_0 est positif, puisque c'est le $(k+1)^{\text{ème}}$ élément de la fraction continuelle. Donc Q_k et P_{k-1} le sont aussi. D'autre part θ est positif. Donc

$$\theta = \frac{P_k - Q_{k-1} + \sqrt{(P_k - Q_{k-1})^2 + 4Q_k P_{k-1}}}{2Q_k}$$

ce qui peut aussi s'écrire

$$\theta = \frac{P_k - Q_{k-1} + \sqrt{(P_k + Q_{k-1})^2 + 4(-1)^k}}{2Q_k}$$

Soit maintenant une fraction continuelle non immédiatement périodique

$$\omega = b_0 + \frac{1}{b_1} + \Big| \cdots + \Big| \frac{1}{b_h} + \overline{\Big| \frac{1}{a_0} + \Big| \cdots + \Big| \frac{1}{a_k} + \Big|} \cdots$$

En posant

$$\theta = \overline{a_0 + \frac{1}{a_1} + \Big| \cdots + \Big| \frac{1}{a_k} + \Big|} \cdots$$

et désignant par $\frac{R_h}{S_h}$ et $\frac{R_{h-1}}{S_{h-1}}$ la dernière et l'avant-dernière réduites de

$$b_0 + \frac{1}{b_1} + \Big| \cdots + \Big| \frac{1}{b_h},$$

on a

$$\omega = \frac{R_h\theta + R_{h-1}}{S_h\theta + S_{h-1}}.$$

Or θ est un nombre quadratique, donc ω en est un aussi.

Réciproque. — Soit ω un nombre quadratique, racine de l'équation à coefficients entiers :

$$(2) \qquad ax^2 + bx + c = 0$$

ayant ses racines inégales. Développons ω en fraction continuelle.

Nous allons démontrer que le développement est périodique. Soit, avec les notations ordinaires

$$\omega = \frac{P_k \omega_{k+1} + P_{k-1}}{Q_k \omega_{k+1} + Q_{k-1}}.$$

En écrivant que ω satisfait à l'équation (2) on voit que ω_{k+1} satisfait à l'équation

$$a(P_k y + P_{k-1})^2 + b(P_k y + P_{k-1})(Q_k y + Q_{k-1}) + c(Q_k y + Q_{k-1})^2 = 0$$

ou

$$(aP_k^2 + bP_kQ_k + cQ_k^2)y^2 + [2aP_kP_{k-1} + b(P_kQ_{k-1} + P_{k-1}Q_k) + 2cQ_kQ_{k-1}]y + aP^2_{k-1} + bP_{k-1}Q_{k-1} + cQ^2_{k-1} = 0;$$

soit

$$(3) \qquad a^{(k)}y^2 + b^{(k)}y + c^{(k)} = 0.$$

On remarquera sur cette équation que :

1° *Le déterminant* $(b^k)^2 - 4a^{(k)}c^{(k)}$ *de cette équation est indépendant de* k car en remplaçant a_k, b_k, c_k par leurs valeurs on trouve que ce déterminant est égal à $(P_kQ_{k-1} - P_{k-1}Q_k)^2\ (b^2 - 4ac)$ c'est-à-dire à $b^2 - 4ac$.

2° *A partir d'une certaine valeur de* k, *les coefficients* $a^{(k)}$ *et* $c^{(k)}$ *sont de signes contraires.*

En effet en appelant $f(x)$ le premier membre de l'équation (2) on voit que

$$a^{(k)} = Q^2_k f\left(\frac{P_k}{Q_k}\right)$$

$$c^{(k)} = Q^2_{k-1} f\left(\frac{P_{k-1}}{Q_{k-1}}\right).$$

Or pour k suffisamment grands, $\frac{P_k}{Q_k}$ et $\frac{P_{k-1}}{Q_{k-1}}$ sont aussi voisins qu'on le veut de ω, mais l'un est par défaut et l'autre par excès. Dans l'un de ces deux nombres est compris entre les racines de l'équation (2), tandis que l'autre est extérieur à ces racines. Donc, pour ces valeurs de k, les coefficients a_k et c_k sont des signes contraires.

Cela étant, le nombre des systèmes de trois entiers $a^{(k)}$, $b^{(k)}$, $c^{(k)}$ satisfaisant à ces deux conditions

$$(b^{(k)})^2 - 4a^{(k)}c^{(k)} = b^2 - 4ac$$
$$a^{(k)}\,c^{(k)} < 0$$

est limité. En effet on en tire

$$(b^{(k)})^2 < b^2 - 4ac$$

qui ne peut être vérifiée que pour un nombre limité de valeurs de $b^{(k)}$. Et ensuite on a

$$a^{(k)}c^{(k)} = \frac{(b^{(k)})^2 - b^2 + 4ac}{4}$$

qui montre que pour chaque valeur de $b^{(k)}$ il n'y a qu'un nombre limité de valeurs de $a^{(k)}$ et $c^{(k)}$.

Il résulte de ce qui précède que dans la suite des équations (3) à partir du moment ou la condition $a_k\, c_k < 0$ est réalisé on en trouvera deux, d'indices k et k' qui sont les mêmes. Alors $\omega_{k'+1} = \omega_{k+1}$ (puisque chacun de ces deux nombres est la racine positive d'une même équation ayant une racine positive et une racine négative), et la suite des quotients incomplets se reproduit à partir de $\omega_{k'+1}$ identique à ce qu'elle est à partir de ω_{k+1}. Donc elle est périodique.

111. — Voici une autre démonstration de cette réciproque. Reprenons la valeur de $a^{(k)}$

$$a^{(k)} = Q^2_k \left[a\left(\frac{P_k}{Q_k}\right)^2 + b\,\frac{P_k}{Q_k} + c \right]$$

On a (n° 97)

$$\frac{P_k}{Q_k} = \omega + \frac{\varepsilon}{Q^2_k} \quad (0 < |\varepsilon| < 1)$$

Alors

$$a^{(k)} = Q_k^2 \left[a\left(\omega + \frac{\varepsilon}{Q_k^2}\right)^2 + b\left(\omega + \frac{\varepsilon}{Q_k^2}\right) + c \right]$$

ou, en tenant compte de ce que

$$a\omega^2 + b\omega + c = 0$$

$$a^{(k)} = 2a\omega\varepsilon + a\,\frac{\varepsilon^2}{Q_k^2} + b\varepsilon.$$

Donc :

$$|a^{(k)}| < 2\,|a\omega| + |a| + |b|$$

et l'on voit qu'il n'y a qu'un nombre limité de valeurs de l'entier $a^{(k)}$ satisfaisant à cette condition.

Une démonstration analogue s'applique à $c^{(k)}$.

Enfin il n'y a qu'un nombre limité de valeurs pour $b^{(k)}$ puisque $(b^{(k)})^2 - 4a^{(k)}c^{(k)}$ est constant.

112. — Il est facile de trouver une limite du nombre des éléments qui précèdent la période et une limite du nombre des éléments de la période. Cherchons d'abord une limite de l'indice k tel que l'équation (3) ait ses coefficients extrêmes de signes contraires. Pour cela il suffit que des deux nombres $\frac{P_k}{Q_k}$ et $\frac{P_{k-1}}{Q_{k-1}}$ l'un soit intérieur et l'autre extérieur aux racines de l'équation (1), et pour cela que la différence entre les deux nombres $\frac{P_k}{Q_k}$ et $\frac{P_{k-1}}{Q_{k-1}}$ soit inférieure, en valeur absolue, à la différence des racines de l'équation (1), c'est-à-dire qu'on ait

$$\frac{1}{Q_kQ_{k-1}} < \frac{\sqrt{\Delta}}{a} \qquad (a > 0,\ b^2 - 4ac = \Delta).$$

Or $\quad Q_{k-1} \geqslant u_{k-1} \quad$ et $\quad Q_k \geqslant u_k \quad$ (Note I du chapitre VII).

Donc l'inégalité précédente sera satisfaite si

$$u_ku_{k-1} > \frac{a}{\sqrt{\Delta}}$$

ou

$$\left(\frac{\sqrt{5}+1}{2}\right)^{2k+1} - \left(\frac{\sqrt{5}-1}{2}\right)^{2k+1} > \frac{5a}{\sqrt{\Delta}} + (-1)^k.$$

Comme $\frac{\sqrt{5}-1}{2}$ est compris entre 0 et 1, pour que cette inégalité soit satisfaite il suffit que la suivante le soit

$$\left(\frac{\sqrt{5}+1}{2}\right)^{2k+1} > \frac{5a}{\sqrt{\Delta}} + 2$$

d'où

$$k > \frac{1}{2} \frac{\log\left[\frac{5a}{\sqrt{\Delta}} + 2\right]}{\log\left[\frac{\sqrt{5}+1}{2}\right]} - \frac{1}{2} = 2,4 \log\left[\frac{5a}{\sqrt{\Delta}} + 2\right] - 0,5.$$

A partir de cette valeur de k on est certain que $a^{(k)}$ et $e^{(k)}$ sont de signes contraires. Cherchons maintenant une limite du nombre des systèmes d'entiers $a^{(k)}$, $b^{(k)}$, $c^{(k)}$.

De

$$(b^{(k)})^2 - 4a^{(k)}c^{(k)} = \Delta$$

on déduit

$$(b^{(k)})^2 < \Delta.$$

Donc $b^{(k)}$ ne peut prendre les valeurs $0, \pm 1, \pm 2, \ldots \pm E(\sqrt{\Delta})$. De plus $b^{(k)}$ est de même parité que b. Donc $b^{(k)}$ a, au plus $(\sqrt{\Delta}) + 1$ valeurs possibles.

Ensuite de

$$a^{(k)}(-c^{(k)}) = \frac{\Delta - (b_k)^2}{4}$$

on déduit que, une fois $b^{(k)}$ choisi, le nombre de valeurs de $a^{(k)}$ est au plus égal à deux fois la racine carrée de $\frac{\Delta - (b_k)^2}{4}$, et par conséquent au plus égal à $\sqrt{\Delta}$. Le nombre de systèmes de valeurs a_k, b_k, c_k est donc au plus égal à

$$\sqrt{\Delta}\,(\sqrt{\Delta} + 1) \quad \text{ou} \quad \Delta + \sqrt{\Delta}.$$

En résumé on a comme limite du nombre de termes de la période : $\Delta + \sqrt{\Delta}$ et comme limite du nombre des termes irréguliers

$$\Delta + \sqrt{\Delta} + 2,4 \log\left[\frac{5a}{\sqrt{\Delta}} + 2\right] - 0,5.$$

Exemples de développements de nombres quadratiques.

1er *exemple.* — La fraction continuelle $1 + \left.\frac{1}{1+}\right| \ldots$ a pour valeur la racine positive de l'équation $x = 1 + \frac{1}{x}$, c'est-à-dire $\frac{1+\sqrt{5}}{2}$.

Ce résultat aurait pu se déduire de ceux de la note I du chapitre VIII.

On a vu que la n^e réduite de cette fraction est $\frac{u_n}{u_{n-1}}$ ou

$$\frac{\left(\frac{1+\sqrt{5}}{2}\right)^{n+1}-\left(\frac{1-\sqrt{5}}{2}\right)^{n+1}}{\left(\frac{1+\sqrt{5}}{2}\right)^{n}-\left(\frac{1-\sqrt{5}}{2}\right)^{n}}.$$

Or $\left(\frac{1-\sqrt{5}}{2}\right)^n$ tend vers zéro. La limite est donc $\frac{1+\sqrt{5}}{2}$.

2e *exemple*. — La fraction continuelle

$$1+\frac{1}{2+}\overline{\left|\frac{1}{3+}\right|\frac{1}{4+}}\Big|\cdots$$

a comme valeur $\frac{4+\sqrt{3}}{4}$.

Autres exemples. — On a vu plus haut (n° **100**) comment on trouve le développement

$$\sqrt{2}=1+\overline{\frac{1}{2+}}\Big|\cdots$$

On trouvera de même

$$\sqrt{3}=1+\overline{\frac{1}{1+}\Big|\frac{1}{2+}}\Big|\cdots$$

$$\sqrt{5}=2+\overline{\frac{1}{4+}}\Big|\cdots$$

$$\frac{1-\sqrt{2}}{3}=-1+\frac{1}{1+}\Big|\frac{1}{6+}\Big|\overline{\frac{1}{4+}\Big|\frac{1}{8+}}\Big|\cdots$$

113. Relations entre les développements de deux nombres conjugués. — Rappelons qu'on appelle nombres *conjugués* deux nombres $p+q\sqrt{m}$ et $p-q\sqrt{m}$ (p, q, rationnels, m rationnel non carré parfait) (n° **40**). Les deux racines d'une équation du second degré à coefficients rationnels sont conjuguées quand elles ne sont pas rationnelles (n° **44**).

Quand nous désignerons un nombre quadratique par une seule lettre, nous désignerons le nombre conjugué par la même lettre surmontée d'un trait. Ainsi le conjugué de α sera désigné par $\bar{\alpha}$.

Théorème de Galois [1]. — *Si une fraction continuelle immédiatement périodique*

$$(4) \qquad \overline{a_0 + \frac{1}{a_1 +}\Big| \cdots + \Big|\frac{1}{a_k +}\Big|} \cdots$$

a pour valeur le nombre quadratique θ, la fraction renversée

$$(5) \qquad \overline{a_k + \frac{1}{a_{k-1} +}\Big| \cdots + \frac{1}{a_0 +}\Big|} \cdots$$

a pour valeur $-\frac{1}{\theta}$.

En effet si l'on appelle $\frac{P_k}{Q_k}$ et $\frac{P_{k-1}}{Q_{k-1}}$ la dernière et l'avant-dernière réduite de la fraction (4), on sait que celles de la fraction (5) sont respectivement $\frac{P_k}{P_{k-1}}$ et $\frac{Q_k}{Q_{k-1}}$.

Il en résulte que θ est (n° **110**) la racine positive de

$$Q_k x^2 + (Q_{k-1} - P_k)x - P_{k-1} = 0$$

et que la valeur de la fraction (5) est la racine positive de

$$P_{k-1}y^2 + (Q_{k-1} - P_k)y - Q_k = 0.$$

Or cette équation se déduit de la précédente par la transformation $y = -\frac{1}{x}$. Il en résulte que la valeur de la fraction (5) est égale à $-\frac{1}{\theta}$ où à $-\frac{1}{\bar{\theta}}$. Mais comme elle est positive, elle ne peut-être égale à $-\frac{1}{\theta}$; donc elle est égale à $-\frac{1}{\bar{\theta}}$.

Corollaire. — On en déduit le développement de $\bar{\theta}$. On a en effet :

$$-\bar{\theta} = 0 + \frac{1}{a_k +}\Big| \overline{\frac{1}{a_{k-1} +}\Big| \cdots + \Big|\frac{1}{a_0 +}\Big|} \cdots$$

et par suite (n° **102**)

$$\bar{\theta} = -1 + \frac{1}{1 +}\Big|\frac{1}{a_k - 1 +}\Big| \overline{\frac{1}{a_{k-1} +}\Big| \cdots + \Big|\frac{1}{a_0 +}\Big|\frac{1}{a_k +}\Big|} \cdots$$

[1] *Ann. math.* de M. Gergonne, t. 19 (1828-29) p. 294 = *Œuvres mathém.*, Paris, 1897, t. 1.

si $a_k \neq 1$, et

$$\theta = -1 + \frac{1}{a_{k-1}} + 1 + \overline{\left| \frac{1}{a_{k-2} +} \right| \cdots + \left| \frac{1}{a_0 +} \right| \frac{1}{a_k +} \left| \frac{1}{a_{k-1} +} \right|} \cdots$$

si $a_k = 1$.

On voit que dans les deux cas les périodes de θ et $\overline{\theta}$ se déduisent l'une de l'autre par un renversement de l'ordre des éléments suivis d'une permutation circulaire. Ce résultat se généralise pour les nombres quadratiques quelconques.

114. — Théorème. *Deux nombres quadratiques conjugués ont des développements dont les périodes se déduisent l'une de l'autre par un renversement de l'ordre des éléments suivis d'une permutation circulaire de ces éléments* (1).

Soit ω un nombre quadratique quelconque et

$$\omega = b_0 + \frac{1}{b_1 +} \Big| \cdots + \Big| \frac{1}{b_h +} \overline{\Big| \frac{1}{a_0 +} \Big| \cdots + \Big| \frac{1}{a_k +} \Big|} \cdots$$

En appelant $\frac{P}{Q}$ et $\frac{R}{S}$ la dernière et l'avant dernière réduite de la partie non périodique, et en posant

$$\theta = \overline{a_0 + \frac{1}{a_1 +} \Big| \cdots + \Big| \frac{1}{a_k +} \Big|} \cdots$$

on a

$$\omega = \frac{P\theta + R}{Q\theta + S}$$

On a donc aussi (n° **45**)

$$\overline{\omega} = \frac{P\overline{\theta} + R}{Q\overline{\theta} + S}$$

Ceci posé la période de ω est la même que celle de θ ; la période de $\overline{\omega}$ est la même que celle de $\overline{\theta}$ ou tout au moins s'en déduit par une permutation circulaire (n° **117**). Or la propriété annoncée est vraie pour θ et $\overline{\theta}$, donc elle est vraie aussi pour ω et $\overline{\omega}$.

115. *Conditions pour qu'un nombre quadratique ait un développement immédiatement périodique.*

(1) Legendre, *Th. d. N.*, 3e éd., p. 95.

Ces conditions sont que *ce nombre, soit plus grand que* I *et que son conjugué soit compris entre* — I *et* o.

1° *Ces conditions sont nécessaires*, car si l'on a

$$\theta = \overline{a_0 + \frac{1}{a_1 +} \Big| \cdots + \Big| \frac{1}{a_k +} \Big|} \cdots$$

on a

$$-\frac{1}{\bar{\theta}} = \overline{a_k + \frac{1}{a_{k-1} +} \Big| \cdots + \Big| \frac{1}{a_0 +} \Big|} \cdots$$

Or a_0 et a_k sont des entiers supérieurs ou égaux à I, donc $\theta > 1$ et $\frac{-1}{\bar{\theta}} > 1$. La deuxième de ces inégalités donne $-1 < \bar{\theta} < 0$.

2° *Ces conditions sont suffisantes.* Nous allons démontrer que si elles sont remplies il est impossible qu'il y ait des éléments précédant la période.

1er cas. *Il n'y aurait qu'un élément avant la période.* Soit

$$\theta = b + \overline{\frac{1}{a_0 +} \Big| \frac{1}{a_1 +} \Big| \cdots + \Big| \frac{1}{a_k +} \Big|} \cdots$$

et, par suite,

$$\bar{\theta} = b - \left[\overline{a_k + \frac{1}{a_{k-1} +} \Big| \cdots + \Big| \frac{1}{a_0 +} \Big|} \cdots\right]$$

Les inégalités $\bar{\theta} < 0$ et $\bar{\theta} > -1$ donneraient *a fortiori* $b - a_k - 1 < 0$ et $b - a_k > -1$
d'où

$$a_k - 1 < b < a_k + 1.$$

Donc $b = a_k$ et par suite la période commencerait dès le premier élément.

2e cas. *Il y aurait deux éléments avant la période.* Soit

$$\theta = b + \frac{1}{c +} \overline{\Big| \frac{1}{a_0 +} \Big| \cdots + \Big| \frac{1}{a_k +} \Big|} \cdots$$

et par suite

$$\bar{\theta} = b + \frac{1}{c - \left[a_k + \frac{1}{a_{k-1} +} \Big| \cdots\right]}.$$

L'inégalité $\theta > 1$ donne

$$b \geqslant 1$$

L'inégalité $\bar{\theta} < 0$ donne

$$\left[a_k + \frac{1}{a_{k-1} +}\Big| \cdots\right] - \frac{1}{b} < c < a_k + \frac{1}{a_{k-1}}\Big| \cdots$$

d'où

$$a_k - 1 < c < a_k + 1$$

Donc $c = a_k$ et par suite la période commencerait avant le troisième élément.

3ᵉ cas. — *Il y aurait plus de deux éléments avant la période.* Soit

$$\theta = \cdots + \Big| \frac{1}{a +} \Big| \frac{1}{b +} \Big| \frac{1}{c +} \Big| \overline{\frac{1}{a_0 +} \Big| \cdots + \Big| \frac{1}{a_k +} \Big|} \cdots$$

Soit

$$\frac{P}{Q} = \cdots + \Big| \frac{1}{a +} \frac{1}{b} \qquad \frac{R}{S} = \cdots + \Big| \frac{1}{a}$$

Puisque $\theta > 1$ les quatre entiers P, Q, R, S sont positifs, de plus $R < P$ et $S < Q$.

On aurait

$$\theta = \frac{P\left[c + \frac{1}{a_0 +}\Big| \frac{1}{a_1 +}\Big| \cdots\right] + R}{Q\left[c + \frac{1}{a_0 +}\Big| \frac{1}{a_1 +}\Big| \cdots\right] + S}$$

et

$$\bar{\theta} = \frac{P\left[c - \left(a_k + \frac{1}{a_{k-1} +}\Big| \cdots\right)\right] + R}{Q\left[c - \left(a_k + \frac{1}{a_{k-1} +}\Big| \cdots\right)\right] + S}$$

L'inégalité $\bar{\theta} < 0$ montre que

$$c - \left(a_k + \frac{1}{a_{k-1} +}\Big| \cdots\right)$$

est compris entre $-\frac{R}{P}$ et $-\frac{S}{Q}$. Or ces deux quantités sont comprises entre o et — 1. Donc

$$\left(a_k + \frac{1}{a_{k-1} +}\Big| \cdots\right) - 1 < c < a_k + \frac{1}{a_{k-1} +}\Big| \cdots$$

d'où

$$a_k - 1 < c < a_k + 1$$

Donc $c = a_k$ et par suite la période commençait avant a_0.

116. Théorème. — *Dans le développement en fraction continuelle de $\sqrt{r}$, r étant un nombre rationnel, non carré, plus grand que 1 :*

1° *Il y a un terme irrégulier et un seul.*

2° *Le dernier élément de la période est égal au double de l'élément irrégulier.*

3° *Si on supprime le dernier élément de la période, ce qui reste de cette période est symétrique* [1].

1° Le premier élément a_0 du développement de $\sqrt{r}$ est égal à la racine à une unité près par défaut de $\sqrt{r}$. Pour trouver les éléments suivants il faut développer

$$\theta = \frac{1}{\sqrt{r} - a_0}.$$

Or θ satisfait aux conditions du n° **115** car l'on a bien

$$\frac{1}{\sqrt{r} - a_0} > 1 \qquad -1 < \frac{1}{-\sqrt{r} - a_0} < 0.$$

Donc à partir du second élément le développement est périodique. Reste à montrer qu'il ne l'est pas à partir du premier, c'est-à-dire que a_0 n'est pas égal au dernier élément de la période. Cela résulte de ce que $\sqrt{r}$ ne satisfait pas à la deuxième condition du n° **115**. Son conjugué, $-\sqrt{r}$, est plus petit que 1.

2° et 3°. Soit

$$\sqrt{r} = a_0 + \overline{\frac{1}{a_1 +}\Big| \cdots + \Big|\frac{1}{a_k +}}\Big| \cdots$$

On a, d'après le n° **113**

$$-\sqrt{r} = a_0 - \left(a_k + \frac{1}{a_{k-1} +}\Big| \cdots\right)$$

(1) Stern, *J. r. a. m.*, t. 11 (1834), p. 114.

d'où

$$a_0 + \sqrt{r} = a_k + \frac{1}{a_{k-1} +}\Big| \cdots$$

Mais d'autre part on a

$$a_0 + \sqrt{r} = 2a_0 + \frac{1}{a_1 +}\Big| \cdots$$

On a ainsi deux développements de $a_0 + \sqrt{r}$ qui sont deux développements ordinaires. En écrivant qu'ils sont identiques on a :

$$\begin{aligned} a_k &= 2a_0 \\ a_{k-1} &= a_1 \\ a_{k-2} &= a_2 \\ &\cdots \end{aligned}$$

ce qui démontre les propositions énoncées.

Réciproque. — *Un développement de la forme*

$$\omega = a_0 + \overline{\frac{1}{a_1 +}\Big| \frac{1}{a_2 +}\Big| \cdots + \Big|\frac{1}{a_2 +}\Big| \frac{1}{a_1 +}\Big| \frac{1}{2a_0 +}}\Big| \cdots$$

représente la racine carrée d'un nombre rationnel plus grand que 1.

En effet considérons

$$a_1 + \frac{1}{a_2 +}\Big| \cdots + \Big| \frac{1}{a_1}.$$

On sait (n° **92**) qu'en appelant $\frac{P}{Q}$ la dernière réduite, l'avant dernière est $\frac{Q}{S}$.

Alors la dernière réduite de

$$a_1 + \frac{1}{a_2 +}\Big| \cdots + \Big| \frac{1}{a_1 +}\Big| \frac{1}{2a_0}$$

est

$$\frac{2a_0P + Q}{2a_0Q + S}$$

et l'avant dernière est $\frac{P}{Q}$.

Il en résulte que le nombre

$$a_1 + \overline{\frac{1}{a_2 +}\Big| \cdots + \Big| \frac{1}{a_1 +}\Big| \frac{1}{2a_0 +}}\Big| \cdots$$

est la racine de l'équation

$$\theta = \frac{(2a_0P + Q)\theta + P}{(2a_0Q + S)\theta + Q}$$

et comme

$$\theta = \frac{1}{\omega - a_0}$$

ω est la racine, plus grande que a_0, de l'équation

$$\frac{1}{\omega - a_0} = \frac{2a_0P + Q + (\omega - a_0)P}{2a_0Q + S + (\omega - a_0)Q}$$

En développant cette équation on trouve :

$$P\omega^2 = Pa_0^2 + 2Qa_0 + S$$

d'où

$$\omega = \sqrt{\frac{Pa_0^2 + 2Qa_0 + S}{P}}$$

ce qui démontre le théorème.

Remarque. — On en déduit immédiatement la forme du développement d'un nombre rationel, non carré et *plus petit* que 1. C'est

$$0 + \frac{1}{a_0 +}\overline{\left|\frac{1}{a_1 +}\right|\frac{1}{a_2 +}\left|\cdots + \right|\frac{1}{a_2 +}\left|\frac{1}{a_1 +}\right|\frac{1}{2a_0 +}}\Big|\cdots$$

117. Théorème. — *Dans le développement en fraction continuelle de* $-\frac{1}{2} + \sqrt{r}$, *r étant un nombre rationnel, non carré, plus grand que* $\frac{1}{4}$:

1° *Il y a un terme irrégulier et un seul* ;

2° *Le dernier élément de la période est égal au double augmenté de* 1 *de l'élément irrégulier* ;

3° *Si on supprime le dernier élément de la période, ce qui reste de cette période est symétrique.*

1° Le premier élément a_0 du développement de $-\frac{1}{2} + \sqrt{r}$ est égal à la valeur à une unité près par défaut de $-\frac{1}{2} + \sqrt{r}$. Pour trouver les éléments suivants il faut développer

$$\theta = \frac{1}{-\frac{1}{2} + \sqrt{r} - a_0}.$$

Or θ satisfait aux conditions du n° **115** car l'on a bien

$$\frac{1}{-\frac{1}{2} + \sqrt{r} - a_0} > 1, \qquad -1 < \frac{1}{-\frac{1}{2} - \sqrt{r} - a_0} < 0.$$

$\Bigg($L'inégalité $-1 < \dfrac{1}{-\frac{1}{2} - \sqrt{r} - a_0}$ résulte de ce que $r > \dfrac{1}{4}\Bigg)$

etc...

2° et 3°. Soit

$$-\frac{1}{2} + \sqrt{r} = a_0 + \overline{\frac{1}{a_1 +}\Big| \cdots + \Big|\frac{1}{a_k +}\Big|} \cdots$$

On a

$$-\frac{1}{2} - \sqrt{r} = a_0 - \left(a_k + \frac{1}{a_{k-1} +}\Big| \cdots\right)$$

d'où

$$a_0 + \frac{1}{2} + \sqrt{r} = a_k + \frac{1}{a_{k-1} +}\Big| \cdots$$

Mais d'autre part on a

$$a_0 + \frac{1}{2} + \sqrt{r} = 2a_0 + 1 + \frac{1}{a_1 +}\Big| \cdots$$

On écrit que les deux développements sont identiques et l'on a

$$a_k = 2a_0 + 1$$
$$a_{k-1} = a_1$$
$$\cdots\cdots$$

Réciproque. — *Un développement de la forme*

$$a_0 + \overline{\frac{1}{a_1 +}\Big|\frac{1}{a_2 +}\Big| \cdots + \Big|\frac{1}{a_2 +}\Big|\frac{1}{a_1 +}\Big|\frac{1}{2a_0 + 1 +}\Big|} \cdots$$

représente $-\frac{1}{2} +$ *la racine carrée d'un nombre rationnel plus grand que* $\frac{1}{4}$.

En appelant $\frac{Q}{P}$ et $\frac{Q}{S}$ la dernière et l'avant dernière réduite de

$$a_1 + \frac{1}{a_2 +}\Big| \cdots + \Big| \frac{1}{a_1}$$

on trouve par un calcul analogue à celui du numéro précédent

$$\omega = -\frac{1}{2} + \sqrt{\frac{(2a_0 + 1)^2 P + 4(2a_0 + 1)Q + 4S}{4P}}.$$

Remarque. — On en déduit immédiatement la forme du développement de $\omega = -\frac{1}{2} + \sqrt{r}$ avec $r < \frac{1}{4}$, car en posant

$$\omega_1 = -\frac{1}{2} + \sqrt{\frac{1}{16r}}$$

la quantité $\frac{1}{16r}$ est plus grande que $\frac{1}{4}$ et d'autre part on a

$$\omega = \cfrac{1}{2 + \cfrac{1}{\omega_1}}$$

Par suite on déduit facilement le développement de ω de celui de ω_1.

Exemples :

$$\sqrt{2} = 1 + \overline{\frac{1}{2 +}}\Big| \cdots$$

$$\sqrt{\frac{109}{53}} = 1 + \overline{\frac{1}{2 +}\Big| \frac{1}{3 +}\Big| \frac{1}{3 +}\Big| \frac{1}{2 +}\Big| \frac{1}{2 +}}\Big| \cdots$$

$$\sqrt{\frac{3}{5}} = 0 + \frac{1}{1 +}\Big| \overline{\frac{1}{3 +}\Big| \frac{1}{2 +}}\Big| \cdots$$

$$-\frac{1}{2} + \sqrt{\frac{1}{2}} = 0 + \overline{\frac{1}{4 +}\Big| \frac{1}{1 +}}\Big| \cdots$$

$$-\frac{1}{2} + \sqrt{\frac{19}{5}} = 1 + \overline{\frac{1}{2 +}\Big| \frac{1}{4 +}\Big| \frac{1}{2 +}\Big| \frac{1}{3 +}}\Big| \cdots$$

$$-\frac{1}{2} + \sqrt{\frac{1}{40}} = -1 + \frac{1}{1 +}\Big| \frac{1}{1 +}\Big| \frac{1}{1 +}\Big| \overline{\frac{1}{12 +}\Big| \frac{1}{3 +}}\Big| \cdots$$

$$-\frac{1}{2} + \sqrt{\frac{5}{36}} = -1 + \frac{1}{1 +}\Big| \frac{1}{6 +}\Big| \overline{\frac{1}{1 +}\Big| \frac{1}{5 +}}\Big| \cdots$$

Remarque. — On peut réunir les énoncés des deux numéros précédents en un seul (ce qui nous sera commode plus tard).

Dans le développement en fraction continuelle de $-\frac{\rho}{2}+\sqrt{r}$, *ρ désignant* o *ou* 1, *et r un nombre rationnel, non carré, plus grand que* $\left(1-\frac{\rho}{2}\right)^2$.

1° *Il y a un terme irrégulier et un seul.*

2° *Le dernier élément de la période est égal au double, augmenté de ρ, de l'élément irrégulier.*

3° *Si l'on supprime le dernier élément de la période ce qui reste de cette période est symétrique.*

118. — Pour effectuer le développement de

$$-\frac{\rho}{2}+\sqrt{r}=a_0+\overline{\frac{1}{a_1+}\left|\frac{1}{a_2+}\right|\cdots+\left|\frac{1}{a_1+}\right|\frac{1}{2a_0+\rho+}}\Big|\cdots$$

il suffit de faire le calcul jusqu'au milieu de la suite symétrique $a_1, a_2, \ldots a_2, a_1$.

Comment sera-t-on averti qu'on est arrivé à ce point.

1er *Cas.* — *Le nombre d'éléments de la période est impair*, de façon qu'il y a au milieu un élément a_i qui est à lui-même son symétrique.

Lorsqu'on arrive au quotient complet ω_i qui précède cet élément on a

$$\omega_i=\overline{a_i+\frac{1}{a_{i-1}}\left|\cdots+\left|\frac{1}{a_1+}\right|\frac{1}{2a_0+\rho+}\right|\frac{1}{a_1+}\left|\cdots+\right|\frac{1}{a_{i-1}+}}\Big|\cdots$$

et, d'après le théorème de Galois,

$$-\frac{1}{\omega_i}=\overline{a_{i-1}+\frac{1}{a_{i-2}}\left|\cdots+\left|\frac{1}{a_{i-1}+}\right|\frac{1}{a_i+}\right.}\Big|\cdots$$

On a donc

$$-\frac{1}{\omega_i}=\omega_{i+1}.$$

Réciproquement, si l'on arrive à deux quotients complets consécutifs ω_i, ω_{i+1} vérifiant cette relation le nombre d'éléments de la période est impair et a_i est l'élément du milieu.

2° *Cas.* — *Le nombre d'éléments de la période est pair*, de façon qu'il y a au milieu de la période deux éléments consécutifs symétriques l'un de l'autre et égaux, soit a_i la valeur commune de ces deux éléments, on voit facilement que dans ce cas

$$-\frac{1}{\overline{\omega_i}} = \omega_i$$

et réciproquement.

NOTES ET EXERCICES

I. — Développer en fractions continuelles les nombres :

$$\sqrt{\frac{57}{7}} \quad \frac{2}{\sqrt{29}} \quad -\frac{1}{2}+\sqrt{\frac{2}{3}} \quad -\frac{1}{2}+\frac{1}{2}\sqrt{\frac{1}{11}} \quad -\frac{1}{2}+\frac{\sqrt{7}}{6}.$$

II. — *Une représentation géométrique des nombres quadratiques réels.* Ayant tracé deux axes rectangulaires, on représente le nombre quadratique réel ω par le point d'abscisse ω et d'ordonnée $\overline{\omega}$.

Etant donnés deux nombres quelconques a, b, on peut trouver un nombre quadratique ω (et même une infinité) tel que ω soit aussi voisin qu'on le veut de a, et $\overline{\omega}$ de b (Ce théorème sera démontré plus tard, pour le moment nous l'admettons). Il en résulte que dans la représentation géométrique précédente il y a des points représentant des nombres quadratiques dans n'importe quelle région du plan si petite qu'elle soit.

Deux points voisins représentent des nombres quadratiques voisins mais la réciproque n'est pas vraie. Pour que deux points représentent des nombres quadratiques voisins il suffit que leurs abscisses soient voisines.

Tout nombre rationnel peut être défini comme un nombre quadratique égal à son conjugué. Il en résulte que les nombres rationnels sont représentés par des points sur la bissectrice de l'angle des axes.

Quelle est la région du plan correspondant aux nombres quadratiques ayant un développement immédiatement périodique (n° **115**) ? aux nombres du n° **116** ? à ceux du n° **117** ?

III. — Les conditions nécessaires et suffisantes pour qu'un nombre ω soit développable en une fraction continuelle ayant un seul élément avant la période sont que $\overline{\omega} < E(\omega) - 1$ et que $\overline{\omega}$ soit extérieur à l'intervalle — 1,0. Déterminer la région du plan correspondante dans la représentation géométrique précédente.

IV. — Dans le développement de $\sqrt{k} = a_0 + \frac{1}{a_1 +}\Big| \ldots$ tout quotient complet $a_h + \frac{1}{a_{h+1} +}\Big| \ldots$ est de la forme $\frac{A_h + \sqrt{k}}{C_h}$; A_h et C_h étant positifs ($h > 1$). Démontrer que $A_h = A_{n-h+1}$ et $C_h = C_{n-h}$, n étant le nombre de termes de la période.

V. — Développer en fraction continuelle $\sqrt{9a^2 + 10a + 3}$ et $\sqrt{\frac{5a^2 + 6a + 2}{5}}$, a désignant un entier positif.

Réponses

$$3a + 1 + \overline{\frac{1}{1 +}\Big| \frac{1}{2 +}\Big| \frac{1}{3a + 1 +}\Big| \frac{1}{2 +}\Big| \frac{1}{1 +}\Big| \frac{1}{6a + 2 +}\Big|} \ldots$$

et

$$a + \overline{\frac{1}{1 +}\Big| \frac{1}{1 +}\Big| \frac{1}{1 +}\Big| \frac{1}{1 +}\Big| \frac{1}{2a +}\Big|} \ldots$$

(Th. Muir, *The expression of a quadratic surd as a continued fraction*, Glasgow, 1874).

En remplaçant a par $5a + 3$ dans le deuxième développement on a celui de $\sqrt{25a^2 + 36a + 13}$.

VI. — Développer en fraction continuelle $\sqrt{a^2 + \frac{2a}{b}}$ et $\sqrt{a^2 - \frac{2a}{b}}$.

Réponses

$$a + \overline{\frac{1}{b +}\Big| \frac{1}{2a +}\Big|} \ldots \text{ et } a - 1 + \overline{\frac{1}{1 +}\Big| \frac{1}{b - 2 +}\Big| \frac{1}{1 +}\Big| \frac{1}{2a - 2 +}\Big|} \ldots$$

La première réponse est à modifier légèrement si $b = 2a$; la seconde, si $b = 2$ ou si $b = 2a$ ou si $a = 1$.

VII. — Démontrer que dans le développement de $\sqrt{a^2 + \frac{2a}{b}}$ on a

$$\frac{P_{2n-1}}{Q_{2n-1}} = \frac{(P_{n-1})^2 + \left(a^2 + \frac{2a}{b}\right)Q_{n-1}^2}{2P_{n-1}Q_{n-1}}$$

(Mirimanoff, *Enseign. math.*, 14e année (1912), p. 294).

CHAPITRE X

EQUATION DIOPHANTIENNE DU SECOND DEGRE A DEUX VARIABLES (¹)

119. — La forme la plus générale de l'équation diophantienne du second degré à deux variables est (²)

$$(1) \qquad ax^2 + bxy + cy^2 + dx + ey + f = 0$$

toutes les lettres représentant des entiers.

La quantité $b^2 - 4ac$ sera posée égale à Δ et s'appellera le *déterminant* de l'équation (nº **30**). Lorsque Δ sera négatif nous poserons souvent $\Delta = -D$ de manière à mettre le signe en évidence. La quantité $D = 4ac - b^2$ sera alors positive. Dans tous les cas D sera dit le *discriminant* de l'équation.

Nous distinguerons dans la résolution de l'équation trois cas suivant que Δ sera négatif, positif, ou nul.

120. *Cas de* $\Delta < 0$. *Equations du genre ellipse.* — Lorsque Δ est négatif l'équation est dite du genre *ellipse*. On démontre en géométrie analytique, que si on la considère comme représentant une courbe ; cette courbe, si elle est réelle, est une ellipse (pouvant se réduire à un point). Dans ce cas on arrive à la solution par la méthode dite de *décomposition en carrés*.

La condition $b^2 - 4ac < 0$ montre que a n'est pas nul.

(¹) La première solution générale de cette question est de Lagrange, *Hist. de l'Ac. de Berlin*, 1767, p. 165 et 1768, p. 181.

(²) Au sujet de la forme du coefficient de xy dans cette équation voir la préface.

Multiplions donc l'équation par (¹) $4a$. Elle devient :

$$(2) \quad (2ax + by + d)^2 + Dy^2 + 2(2ae - bd)y + 4af - d^2 = 0$$
$$[D = 4ac - b^2 > 0].$$

Multiplions maintenant par (²) D nous obtenons

$$D(2ax + by + d)^2 + Dy + (2ae - bd)^2 =$$
$$= 4a(ae^2 + cd^2 + fb^2 - bde - 4acf).$$

La quantité entre parenthèses sera désignée par E,

$$E = ae^2 + cd^2 + fb^2 - bde - 4acf$$

et l'équation s'écrit :

$$(3) \qquad D(2ax + by + d)^2 + (Dy + 2ae - bd)^2 = 4aE.$$

Le coefficient D du premier carré est positif. Il y a trois cas à distinguer suivant le signe du second membre.

1°) $4aE < 0$ (L'équation représente une ellipse imaginaire). L'équation est impossible.

2°) $E = 0$ (L'équation représente une ellipse point). L'équation ne peut être satisfaite que si

$$2ax + by + d = 0$$
$$Dy + 2ae - bd = 0$$

d'où l'on tire x et y, puisque a et D sont différents de zéro.

Ces valeurs sont rationnelles. Il faut de plus qu'elles soient entières. Si cette condition est remplie l'équation diophantienne a une solution, sinon elle est impossible.

3°) $4aE > 0$ (L'équation représente une ellipse réelle).

Posons :

$$(4) \qquad \begin{cases} 2ax + by + d = X \\ Dy + 2ae - bd = Y \end{cases}$$

(¹) Il suffit de multiplier par un facteur tel que le coefficient de x^2 devienne un carré et que le coefficient de xy devienne divisible par le double de la racine carrée du précédent. Dans les applications numériques il arrivera que ce facteur puisse être pris inférieur à $4a$. Par exemple si dans l'équation donnée le coefficient b est pair il suffit de multiplier par a.

(²) Il suffit de multiplier par un facteur tel que le coefficient de y^2 devienne carré parfait, et que le coefficient de y devienne divisible par le double de la racine carrée du précédent.

de sorte que X et Y sont des inconnues entières. L'équation (3) s'écrit

$$DX^2 + Y^2 = 4aE$$

laquelle est facile à résoudre. En effet on en tire :

$$X^2 \leqslant \frac{4aE}{D}.$$

On essayera donc pour X toutes les valeurs entières dont le carré ne dépasse pas $\frac{4aE}{D}$. A chacune de ces valeurs correspondent pour Y les deux valeurs $\pm\sqrt{4aE - DX^2}$. Si aucune de ces valeurs de Y n'est entière, l'équation proposée est impossible. Si certaines le sont on a des solutions pour X et Y, d'où l'on tire, par les équations (4), des solutions pour x et y. Si aucune de ces solutions n'est entière (1), l'équation est impossible ; si certaines le sont ce sont les solutions cherchées.

Exemple. — Soit l'équation

$$2x^2 + 3xy + 2y^2 - 5x + 6y - 52 = 0.$$

Elle se transforme en

$$7(4x + 3y - 5)^2 + (7y + 39)^2 = 4608.$$

Posant

$$4x + 3y - 5 = X$$
$$7y + 39 = Y$$

elle devient

$$7X^2 + Y^2 = 4608.$$

Avant de lui appliquer la méthode générale on peut la simplifier par les considérations suivantes :

Cette équation transformée en congruence (mod 3) donne

$$X^2 + Y^2 \equiv 0 \pmod 3$$

ce qui exige

$$X \equiv 0, \quad Y \equiv 0.$$

(1) Rappelons qu'au cas de plusieurs inconnues, nous appelons solutions *entières* des solutions où *toutes* les valeurs des inconnues sont entières.

On posera donc $X = 3X'$, $Y = 3Y'$ et l'équation devient

$$7X'^2 + Y'^2 = 512.$$

On trouve les solutions :

$$\begin{cases} X' = \pm 2 \\ Y' = \pm 22 \end{cases} \quad \begin{cases} X' = \pm 4 \\ Y' = \pm 20 \end{cases} \quad \begin{cases} X' = \pm 7 \\ Y' = \pm 13 \end{cases} \quad \begin{cases} X' = \pm 8 \\ Y' = \pm 8 \end{cases}$$

Or

$$x = \frac{7X - 3Y + 152}{28} = \frac{21X' - 9Y' + 152}{28}$$

$$y = \frac{Y - 39}{7} = \frac{3(Y' - 13)}{7}.$$

Finalement on trouve les solutions

$$\begin{cases} x = 11 \\ y = -15 \end{cases} \quad \begin{cases} x = 2 \\ y = 3 \end{cases} \quad \begin{cases} x = -4 \\ y = 3 \end{cases} \quad \begin{cases} x = -4 \\ y = 0 \end{cases} \quad \begin{cases} x = 14 \\ y = -9 \end{cases} \quad \begin{cases} x = 2 \\ y = -9 \end{cases}$$

121. *Cas de* $\Delta = 0$. *Equations du genre parabole*. — Lorsque $\Delta = 0$ l'équation représente une parabole (pouvant se réduire à deux droites parallèles réelles ou imaginaires, ou à une droite double). La condition $\Delta = 0$ montre que a et c ne sont pas tous les deux nuls, car sinon il faudrait que b le fût aussi, et l'équation ne serait pas du second degré. Soit par exemple $a \neq 0$. En multipliant l'équation par $4a$, on obtient comme plus haut la forme d'équation (2) et puisque $D = 0$, elle se réduit à

$$(2ax + by + d)^2 + 2(2ae - bd)y + 4af - d^2 = 0. \tag{5}$$

Distinguons deux cas.

1er *Cas*.

$$2ae - bd = 0$$

$\left(\text{ou } E = 0, \text{ car } E = \frac{(2ae - bd)^2}{4a} - \frac{\Delta(d^2 - 4af)}{4a}\right.$; si donc $\Delta = 0$, E se réduit à $\left.\frac{(2ae - bd)^2}{4a}\right)$.

L'équation se réduit alors à

$$(2ax + by + d)^2 = d^2 - 4af.$$

Si $d^2 - 4af < 0$ (l'équation représente deux droites parallèles imaginaires), l'équation est impossible.

Si $d^2 - af = 0$ (l'équation représente une droite double), l'équation se ramène à l'équation diophantienne du premier degré

$$2ax + by + d = 0.$$

Si $d^2 - af > 0$ (l'équation représente deux droites parallèles réelles), l'équation se ramène aux deux équations

$$2ax + by + d = \pm \sqrt{d^2 - 4af}.$$

Si $d^2 - 4af$ n'est pas carré parfait, l'équation diophantienne proposée est impossible ; si $d^2 - 4af$ est carré parfait, l'équation proposée se ramène à deux équations diophantiennes du premier degré.

2° *Cas.*

$$2ae - bd \neq 0 \qquad (\text{ou } E \neq 0).$$

Posons

$$(6) \quad \begin{cases} 2ax + by + d = X \\ (4ae - 2bd)y + 4af - d^2 = Y \end{cases}$$

X et Y sont entiers et l'équation (5) devient

$$X^2 + Y = 0.$$

La solution générale de cette équation est évidente, X est un entier arbitraire et $Y = -X^2$. Alors des équations (6) on tire

$$\begin{cases} x = \dfrac{bX^2 + 2(2ae - bd)X + 4abf + bd^2 - 4ade}{4a(2ae - bd)} \\ y = \dfrac{-X^2 - 4af + d^2}{2(2ae - bd)} \end{cases}.$$

Reste à trouver les valeurs de X qui satisfont aux conditions :

$$(7) \begin{cases} bX^2 + 2(2ae - bd)X + 4abf + bd^2 - 4ade \equiv 0 \,[\mathrm{mod}\, 4a(2ae - bd)] \\ -X^2 - 4af + d^2 \equiv 0 \,[\mathrm{mod}\, 2(2ae - bd)] \end{cases}$$

pour que x et y soient aussi entiers.

Or ce sont là des congruences du second degré. Prenons l'une d'elles par exemple la seconde. Si elle est impossible l'équation proposée est impossible. Sinon elle a des solutions

$$X = X_0 + 2(2ae - bd)\mu$$
$$X = X_1 + 2(2ae - bd)\mu$$

. . . .

μ étant un entier arbitraire. Prenons l'une d'elles, portons la valeur de X dans la première des congruences (7). On obtient une congruence du second degré en μ. Si elle est impossible, l'équation proposée est impossible. Sinon elle donne pour μ une ou plusieurs séries de valeurs dont chacune contient un entier arbitraire λ, d'où de proche en proche des séries de valeurs de x et y contenant chacune un entier arbitraire.

1er *Exemple.*

$$4x^2 - 12xy + 9y^2 + 5x - 7y - 23 = 0$$

s'écrit

$$(8x - 12y + 5)^2 + 8y - 393 = 0.$$

Posant

$$8x - 12y + 5 = X$$

on a

$$8y - 393 = - X^2$$

d'où

$$x = \frac{- 3X^2 + 2X + 1169}{16}$$

$$y = \frac{- X^2 + 393}{8}.$$

La condition que y soit entier donne $X = 2\mu + 1$.
Alors

$$x = \frac{- 3\mu^2 - 2\mu + 292}{4} \qquad y = \frac{- \mu(\mu + 1)}{2} + 49.$$

La condition que x soit entier donne ensuite $\mu = 2\lambda$.
Alors

$$\begin{cases} x = - 3\lambda^2 - \lambda + 73 \\ y = - 2\lambda^2 - \lambda + 49 \end{cases}$$

2[e] *Exemple.*

$$9x^2 + 30xy + 25y^2 + 7x + 11y - 222 = 0$$

se transforme en

$$(18x + 30y + 7)^2 - 24y - 8041 = 0.$$

Posant

$$18x + 30y + 7 = X$$

on a

$$24y + 8041 = X^2$$

d'où

$$x = \frac{-5X^2 + 4X + 40177}{72} \qquad y = \frac{X^2 - 8041}{24}.$$

La condition que y soit entier donne

$$X = 6\mu + 1 \qquad \text{ou} \qquad X = 6\mu - 1$$

etc. On trouve finalement

$$x = \frac{-5\lambda^2 - \lambda + 1116}{2} \qquad y = \frac{3\lambda^2 + \lambda - 670}{2}.$$

3^e^ *Exemple.*

$$x^2 - 2xy + y^2 + 2x - 5y + 6 = 0$$
$$(x - y + 1)^2 - 3y + 5 = 0$$
$$\begin{cases} x - y + 1 = X \\ 3y - 5 = X^2 \end{cases}$$
$$\begin{cases} x = \dfrac{X^2 + 3x + 2}{3} \\ y = \dfrac{X^2 + 5}{3} \end{cases}$$

On trouve que X doit être de l'une des deux formes $6\lambda \pm 1$. Donc on a deux séries de solutions.

$$\begin{cases} x = 3\lambda^2 + 5\lambda + 2 \\ y = 3\lambda^2 + 2\lambda + 2 \end{cases} \qquad \begin{cases} x = 3\lambda^2 + \lambda \\ y = 3\lambda^2 - 2\lambda + 2 \end{cases}$$

122. *Remarque I.* — Il est évident d'après le mode de calcul que les expressions trouvées pour x, y sont des polynômes du second degré en λ à coefficients rationnels. Ces polynômes jouissent donc de cette propriété qu'*ils prennent des valeurs entières pour toute valeur entière de la variable.* On est donc amené à se demander la forme générale de tels polynômes du second degré. Je dis que c'est

$$a + b\lambda + \frac{c\lambda(\lambda - 1)}{2}$$

a, b, c étant entiers.

En effet 1° *Les polynômes de cette forme jouissent de la propriété indiquée* car $\frac{\lambda(\lambda - 1)}{2}$ est évidemment entier pour toute valeur entière de λ.

2° *Tout polynôme du second degré jouissant de la propriété indiquée est de cette forme.* En effet on démontre facilement que tout polynôme du second degré peut se mettre sous la forme

$$f(\lambda) = a + b\lambda + \frac{c\lambda(\lambda - 1)}{2}$$

avec

$$a = f(0)$$
$$b = f(1) - f(0)$$
$$c = f(2) - 2f(1) + f(0).$$

Donc si $f(0)$, $f(1)$, $f(2)$ sont entiers a, b, c le sont aussi.

Remarque II. — Dans les expressions trouvées pour x, y, on peut remplacer λ par $\pm\lambda + h$, h étant entier. Cela peut simplifier ces expressions.

Remarque III. — Lorsqu'il y a plusieurs séries de solutions, il est évident que chacune de ces séries donne tous les points de la courbe si on donne à λ toutes les valeurs possibles. On en déduit que l'une des séries se déduit de l'autre par une substitution $\lambda \mid r\lambda + s$, r et s étant rationnels. Ainsi, dans le troisième exemple traité plus haut, la seconde solution se déduit de la première par la substitution $\lambda \mid \lambda - \frac{2}{3}$.

123. — *Cas de $\Delta > 0$. Equations du genre hyperbole.* Lorsque $\Delta > 0$ l'équation représente une hyperbole (pouvant se réduire à deux droites concourantes).

Il est facile de vérifier qu'après avoir multiplié l'équation (1) par Δ^2 elle s'écrit [1]

$$a(\Delta x - 2cd + be)^2 + b(\Delta x - 2cd + be)(\Delta y - 2ae + bd) + \\ + c(\Delta y - 2ae + bd)^2 = -\Delta E$$

$$(E = ae^2 + cd^2 + fb^2 - bde - 4acf).$$

Posons

$$\Delta x + 2cd + be = X$$
$$\Delta y - 2ae + bd = Y$$

(1) Cette transformation correspond à celle qui, en géométrie analytique, consiste à transporter l'origine au point $x = \frac{2ad - be}{\Delta}$, $y = \frac{2ae - bd}{\Delta}$. Ce point est le *centre* de l'hyperbole.

l'équation prend la forme

$$aX^2 + bXY + cY^2 = -\Delta E.$$

On voit qu'on est ramené à deux problèmes :

1° résoudre l'équation

$$aX^2 + bXY + cY^2 = -\Delta E. \tag{8}$$

2° ne garder que les solutions qui satisfont aux conditions :

$$\left.\begin{aligned} X &\equiv -2cd + be \\ Y &\equiv -2ae + bd \end{aligned}\right\} \pmod{\Delta}. \tag{9}$$

Nous allons généraliser ces deux problèmes de la façon suivante :

1° résoudre l'équation

$$aX^2 + bXY + cY^2 = m.$$

2° trouver les solutions qui satisfont aux conditions

$$\left.\begin{aligned} X &\equiv \alpha \\ Y &\equiv \beta \end{aligned}\right\} \pmod{\mu}$$

m, α, β, μ étant des entiers quelconques.

124. *Résolution de* $ax^2 + bxy + cy^2 = m$ (1).

Remarques préliminaires. — I. On peut, si c'est utile, supposer $D(a, b, c) = 1$. Car si a, b, c ont un diviseur commun différent de 1 qui ne divise pas m l'équation est impossible, et s'ils en ont un qui divise m on peut diviser toute l'équation par ce diviseur.

II. On peut se borner à chercher les solutions dans lesquelles les valeurs de x et y sont premières entre elles, c'est-à-dire les solutions *primitives* (2). Car une solution dans laquelle x et y auraient un plus grand commun diviseur d différent de 1 ne peut exister que si m est divisible par d^2. Soit donc d^2 un diviseur de m ; en posant $x = dx'$, $y = dy'$, x' et y' forment une solution primitive de

$$ax'^2 + bx'y' + cy'^2 = \frac{m}{d^2}.$$

(1) Nous changeons les notations et mettons x, y au lieu de X, Y.

(2) Voir I. 266 et l'erratum correspondant.

Nous passons maintenant à la résolution de l'équation

$$ax^2 + bxy + cy^2 = m \tag{10}$$

et nous examinons d'abord des cas particuliers.

Cas où l'un des coefficients a, c est nul. — Soit $a = 0$, l'équation (10) s'écrit

$$y(bx + cy) = m.$$

Pour la résoudre il suffit de décomposer de toutes les façons possibles m en un produit de deux facteurs, d'égaler l'un de ces facteurs à y et l'autre à $bx + cy$, de tirer de là x et y et de ne garder que les solutions entières.

Exemple.

$$y(3x + 4y) = 10.$$

On trouve les solutions

$$\begin{cases} x = 2 \\ y = 1 \end{cases} \quad \begin{cases} x = -2 \\ y = -1 \end{cases} \quad \begin{cases} x = 13 \\ y = -10 \end{cases} \quad \begin{cases} x = -13 \\ y = 10 \end{cases}$$

125. — *Cas où a et c sont différents de zéro, Δ étant un carré parfait.*

Soit $\Delta = \delta^2$. L'équation (10) étant multipliée par $4a$ qui est différent de zéro peut s'écrire

$$[2ax + (b + \delta)y][2ax + (b - \delta)y] = 4am.$$

Pour la résoudre il suffit de décomposer de toutes les façons possibles $4am$ en un produit de deux facteurs, d'égaler l'un de ces facteurs à $2ax + (b + \delta)y$ et l'autre à $2ax + (b - \delta)y$, de tirer de là x et y et de ne garder que les solutions entières.

Exemple. — Résoudre

$$x^2 + 5xy + 4y^2 = 1287.$$

Ici $\Delta = 3^2$, l'équation s'écrit

$$(x + 4y)(x + y) = 1287.$$

On trouve

$$\begin{cases} x = \mp 139 \\ y = \pm 142 \end{cases} \quad \begin{cases} x = \pm 31 \\ y = \pm 2 \end{cases} \quad \begin{cases} x = \pm 41 \\ y = \mp 2 \end{cases} \quad \begin{cases} x = \pm 571 \\ y = \mp 142 \end{cases}$$

(les signes supérieurs se correspondant ainsi que les signes inférieurs).

126. — *Cas où Δ n'est pas carré parfait. Équations de Fermat.* Dans les deux cas précédents Δ était carré parfait. Nous supposons maintenant qu'il ne l'est pas, et nous commencerons par la résolution d'une forme particulière d'équations, à savoir

$$t^2 + \rho tu - ku^2 = \pm 1$$

dans laquelle t et u désignent les inconnues, ρ est égal à zéro ou à un, k est un entier *positif*. Nous verrons ensuite comment on ramène la forme générale à cette forme particulière. Le déterminant d'une telle équation est $4k + \rho^2$ ou $4k + \rho$ (car $\rho^2 = \rho$). Nous supposons qu'il n'est pas carré parfait.

Ces équations se nomment *équations de Fermat* (¹).

Les équations où $\rho = 0$ c'est-à-dire

$$t^2 - ku^2 = \pm 1$$

seront dites équations de Fermat de *première espèce* ; celles où $\rho = 1$, c'est-à-dire

$$t^2 + tu - ku^2 = \pm 1$$

seront dites équations de Fermat de *seconde espèce*.

Nous distinguerons aussi lorsqu'il sera nécessaire entre les équations *avec le signe* + et les équations *avec le signe* — suivant que le second membre est + ou — 1.

Nous résoudrons à la fois l'équation avec le signe + et l'équation avec le signe —, c'est-à-dire que nous résoudrons

$$(t^2 + \rho tu - ku^2)^2 = 1$$

puis nous distinguerons ensuite entre les deux.

Nous aurons à considérer dans les calculs qui vont suivre les deux racines de l'équation

$$x^2 + \rho x - k = 0.$$

(¹) Euler dit : équation de Pell et pendant longtemps cette dénomination s'est conservée. Mais c'est une erreur d'Euler. Le mathématicien anglais Pell ne s'est jamais occupé de cette équation.

Dès le VIIe siècle les Hindous possédaient une méthode de résolution (Voir H. T. Colebrooke, *Algebra with Arithmetic*, traduit du sanscrit. Londres, 1817, p. 175) mais ne savaient pas démontrer qu'il y a toujours des solutions pour les équations avec le signe + ni voir quand il y en a pour les équations avec le signe —. Cette lacune fut comblée par Lagrange, *Misc. Taurinenses*, 4 (1766/9), *math.*, p. 45 (marquée 41) (1768) = *Œuvres*, I, Paris, 1867, p. 671.

à savoir

$$\omega = \frac{-\rho + \sqrt{4k+\rho}}{2} \qquad \bar{\omega} = \frac{-\rho - \sqrt{4k+\rho}}{2}$$

$$(\omega = \sqrt{k} \text{ et } \bar{\omega} = -\sqrt{k} \text{ si } \rho = 0,$$

$$\omega = \frac{-1 + \sqrt{4k+1}}{2} \qquad \bar{\omega} = \frac{-1 - \sqrt{4k+1}}{2} \text{ si } \rho = 1).$$

On voit immédiatement que l'on a toujours

$$\bar{\omega} < -1$$

et $\omega > 1$ sauf dans le cas de $\rho = 1$, $k = 1$, alors $\omega = \frac{-1+\sqrt{5}}{2}$ est compris entre 0 et 1.

Solutions banales. — Les deux systèmes de valeurs $t = \pm 1$, $u = 0$ sont solutions quels que soient k et ρ. Nous les appellerons les solutions *banales*. Une solution non banale est une solution dans laquelle la valeur de u n'est pas nulle.

Solutions associées. Facteur d'une solution. — Il est évident que si $t = a$, $u = b$ est une solution, $t = -a$, $u = -b$ en est une autre.

Mais d'une solution a, b on peut encore en déduire deux autres de la façon suivante :

Ecrivons l'équation

$$(t - u\omega)(t - u\bar{\omega}) = \pm 1.$$

Puisque a, b est solution on a

$$(a - b\omega)(a - b\bar{\omega}) = \pm 1.$$

Si on détermine c, d, par les conditions

$$(11) \qquad c - d\omega = a - b\bar{\omega} \qquad c - d\bar{\omega} = a - b\omega.$$

il est évident que le système de valeurs c, d satisfera aussi à l'équation.

D'ailleurs c, d sont entiers, car en résolvant les égalités (11) par rapport à c et d on trouve

$$c = a - b(\omega + \bar{\omega}) = a + b\rho$$
$$d = -b.$$

Enfin le système de valeurs égal et de signe contraire au précédent $-a - b\rho$, b, satisfait aussi à l'équation.

Les quatre solutions ainsi trouvées

$$\begin{cases} t = a \\ u = b \end{cases} \quad \begin{cases} t = -a \\ u = -b \end{cases} \quad \begin{cases} t = a + b\rho \\ u = -b \end{cases} \quad \begin{cases} t = -a - b\rho \\ u = b \end{cases}$$

sont dites *associées*. Elles sont différentes deux à deux sauf pour les deux solutions banales qui sont associées l'une de l'autre.

Facteur d'une solution. — Nous appellerons *facteur* de la solution a, b la quantité $a - b\bar{\omega}$.

Théorème. — *Si l'on désigne par* F *le facteur d'une solution, les facteurs des trois solutions associées seront* $-$ F, $\frac{1}{F}$ *et* $-\frac{1}{F}$.

Soit a, b une solution et $F = a - b\bar{\omega}$ son facteur. Le facteur de la solution $-a$, $-b$ est $-a + b\bar{\omega}$ ou $-$ F.

Soit c, d la solution déterminée par les égalités (11), son facteur $c - d\bar{\omega}$ est égal à $a - b\omega$. Or

$$(a - b\omega)(a - b\bar{\omega}) = \pm 1.$$

Donc

$$c - d\bar{\omega} = a - b\omega = \pm \frac{1}{F}$$

et enfin le facteur de la solution $(-c, -d)$ est $\mp \frac{1}{F}$.

Corollaire. — Parmi les quatre solutions associées (nous laissons de côté les solutions banales) il y en a une et une seule dont le facteur est plus grand que 1. Nous appellerons ces solutions les solutions *positives* et nous voyons que pour résoudre une équation de Fermat il suffit d'en trouver les solutions positives.

Remarque. — On peut définir autrement les solutions positives, et cette nouvelle définition explique le nom de solutions *positives*. *Une solution positive est une solution dans laquelle la valeur de* u *est positive, et celle de* t *positive ou nulle.*

1° Si $a \geqslant 0$ et $b > 0$ on a $F > 1$.

En effet

$$F = a - b\bar{\omega}.$$

Or $-\bar{\omega} > 1$, $b \geqslant 1$ et $a \geqslant 0$, donc $F > 1$

2° Si $F > 1$ on a $a \geqslant 0$ et $b > 0$.

En effet de

$$a - b\bar{\omega} = F, \qquad a - b\omega = \frac{\varepsilon}{}$$

on tire :

$$b = \frac{F^2 - \varepsilon}{F\sqrt{4k + \rho}} \qquad a = \frac{\varepsilon}{F} + b\omega.$$

Puisque $F > 1$ la valeur de b est évidemment positive. Quant à celle de a ; si $\varepsilon = 1$ comme, de plus $b > 0$ et $\omega > 0$, elle est positive.

Si $\varepsilon = -1$, $a = -\frac{1}{F} + b\omega > \frac{-1}{F} > -1$.

Donc $a \geqslant 0$.

Il est d'ailleurs facile de voir que le cas de $a = 0$ ne se présente que pour la solution 0, 1, de l'équation $t^2 + tu - u^2 = -1$.

127. — Pour résoudre les équations $t^2 + \rho tu - ku^2 = \pm 1$, réduisons ω en fraction continuelle ([1]). Si $\rho = 0$ on a $\omega = \sqrt{k}$ et si $\rho = 1$ on a $\omega = \frac{-1 + \sqrt{4k + 1}}{2}$.

Dans les deux cas on sait (nos **116** et **117**) que le développement est périodique et qu'il y a un terme précédant la première période.

Je dis que *pour résoudre les équations $t^2 + \rho tu - ku^2 = \pm 1$, il faut, dans le développement de ω, calculer les réduites $\frac{t_n}{u_n}$ obtenues en s'arrêtant un élément avant la fin de la $n^{\text{ème}}$ période, les valeurs $t = t_n$, $u = u_n$ $(n = 1, 2, \ldots)$ constituent toutes les solutions positives.*

1° *Les systèmes d'entiers ainsi obtenus sont des solutions.*

En effet soit

$$(12) \qquad \omega = a_0 + \overline{\frac{1}{a_1 +} \Big| \frac{1}{a_2 +} \Big| \cdots + \Big| \frac{1}{a_k +}} \Big| \cdots$$

([1]) On peut être amené à cette opération par les considérations suivantes. De $t^2 + \rho tu - ku^2 = \pm 1$ on tire $\left(\frac{t}{u}\right)^2 + \rho\frac{t}{u} - k = \pm\frac{1}{u^2}$. Donc pour u un peu grand la valeur de $\frac{t}{u}$ (étant d'ailleurs $\geqslant 0$) doit être voisine de ω. On est donc amené à les chercher parmi les réduites de ω.

Considérons ce développement poussé jusqu'à sa $n^{\text{ième}}$ période soit

$$\frac{v_n}{w_n} = a_0 + \overbrace{\frac{1}{a_1 +} \left| \frac{1}{a_2 +} \right| \cdots + \left| \frac{1}{a_{k-1} +} \right| \frac{1}{a_k}}^{n \text{ périodes}}$$

$$\frac{t_n}{u_n} = a_0 + \overbrace{\frac{1}{a_1 +} \left| \frac{1}{a_2 +} \right| \cdots + \left| \frac{1}{a_{k-1}} \right.}^{n \text{ périodes moins un élément}}.$$

Posons

$$\theta = \overline{a_1 + \frac{1}{a_2 +} \left| \cdots + \right| \frac{1}{a_k +}} \left| \cdots \right.$$

On a

$$\omega = a_0 + \frac{1}{\theta}$$

et

$$\omega = \frac{v_n\theta + t_n}{w_n\theta + u_n}.$$

Eliminant θ entre ces deux équations il vient

$$u_n\omega^2 + (w_n - a_0u_n - t_n)\omega - (v_n - a_0t_n) = 0.$$

Mais l'on a aussi

$$\omega^2 + \rho\omega - k = 0.$$

Ces deux équations du second degré à coefficients rationnels, ayant une racine commune non rationnelle, ont leurs deux racines communes. Elles ont donc leurs coefficients proportionnels

$$(13) \qquad \frac{u_n}{1} = \frac{w_n - a_0u_n - t_n}{\rho} = \frac{v_n - a_0t_n}{k}$$

Maintenant, l'on a

$$(14) \qquad u_nv_n - t_nw_n = (-1)^{nk+1}.$$

Eliminant v_n et w_n entre les équations (13) et (14) on obtient

$$t_n^2 + \rho t_nu_n - ku_n^2 = (-1)^{nk}$$

ce qui démontre la proposition.

2° *Toute solution positive de l'équation peut s'obtenir de cette façon.*

Soit a, b une solution positive. On a

(15) $$a^2 + \rho ab - kb^2 = \varepsilon \qquad (\varepsilon = \pm 1).$$

Soit

(16) $$\frac{a}{b} = c_0 + \frac{1}{c_1 +} \Big| \frac{1}{c_2 +} \Big| \cdots + \frac{1}{c_h}$$

le développement de $\frac{a}{b}$ écrit de façon que $(-1)^h = \varepsilon$ (n° **84**).

Soit

(17) $$\frac{a'}{b'} = c_0 + \frac{1}{c_1 +} \Big| \cdots + \Big| \frac{1}{c_{h-1}}.$$

On a

$$ab' - ba' = (-1)^h = \varepsilon = a^2 + \rho ab - kb^2$$

d'où

(18) $$\frac{a}{b} = \frac{kb - a'}{a + \rho b - b'}$$

Or a et b satisfaisant à l'équation (15) sont premiers entre eux. L'égalité (18) donne donc

(19) $$\begin{cases} kb - a' = \lambda a \\ a + \rho b - b' = \lambda b \end{cases}$$

λ étant un entier. Cet entier est positif. En effet, si $\rho = 0$ on a $a - b' = \lambda b$. Mais $a^2 = kb^2 + \varepsilon$, et $k > 1$ (puisque dans le cas de $\rho = 0$ on suppose que k n'est pas carré parfait il ne peut être égal à 1). Donc $a > b$ et, à fortiori, $a > b'$ donc $\lambda > 0$. Si $\rho = 1$ on a $a + b - b' = \lambda b$, Or $b > b'$ donc $\lambda > 0$.

On a

$$\omega^2 + \rho\omega - k = 0$$

d'où

$$b\omega^2 + b\rho\omega - bk = 0$$

ou

$$b\omega^2 + (a + b\rho)\omega = a\omega + bk$$

d'où

$$\omega = \frac{a\omega + bk}{b\omega + a + b\rho}$$

c'est-à-dire d'après (19)

$$\omega = \frac{a(\omega + \lambda) + a'}{b(\omega + \lambda) + b'}.$$

d'où d'après (16) et (17) :

$$\omega = c_0 + \frac{1}{c_1 +}\Big| \frac{1}{c_2 +}\Big| \cdots + \Big| \frac{1}{c_h +}\Big| \frac{1}{\omega + \lambda +}\Big|$$

c'est-à-dire

$$\omega = c_0 + \frac{1}{c_1 +}\Big| \cdots + \Big| \frac{1}{c_h +}\Big| \frac{1}{\lambda + a_0 +}\Big| \overline{\frac{1}{a_1 +}\Big| \frac{1}{a_2 +}\Big| \cdots + \frac{1}{a_k +}\Big|} \cdots$$

L'élément $\lambda + a_0$ qui entre dans ce développement est un entier positif. En effet a_0 est un entier non négatif et λ est positif. Donc le développement précédent de ω est le développement en fraction continuelle ordinaire. Par suite il est identique au développement (11) ce qui prouve bien que $c_0 + \frac{1}{c_1 +}\Big| \cdots + \Big| \frac{1}{c_h}$ est identique au développement de ω arrêté un rang avant la fin d'une période.

Cela prouve aussi que $\lambda + a_0$ est égal à a_k. Or $a_k = 2a_0 + \rho$ (nos **117** et **118**). Donc $\lambda = a_0 + \rho$. Les égalités (19) donnent alors

$$(20) \qquad \begin{cases} a' = kb - (a_0 + \rho)a \\ b' = a - a_0 b. \end{cases}$$

128. — Nous avons ainsi résolu l'ensemble des deux équations $t^2 + \rho tu - ku^2 = \pm 1$. Il faut maintenant distinguer entre les solutions des deux équations. Or on vient de voir que la solution t_n, u_n obtenue en arrêtant le développement de ω un rang avant la fin de la n^e période satisfait à l'équation

$$t_n^2 + \rho t_n u_n - k u_n^2 = (-1)^{nk}.$$

Donc t_n, u_n sera solution de l'équation avec le signe + ou avec le signe — suivant que nk sera pair ou impair.

On en conclut que :

Si le nombre k des termes de la période de ω est pair, toutes les solutions obtenues sont solutions de $t^2 + \rho tu - ku^2 = 1$. Dans ce cas l'équation $t^2 + \rho tu - ku^2 = -1$ n'a pas de solutions.

Si le nombre k des termes de la période de ω est impair, les solutions t_n, u_n sont solutions de $t^2 + \rho tu - ku^2 = 1$ pour les valeurs paires de n, et de $t^2 + \rho tu - ku^2 = -1$ pour les valeurs impaires de n.

Corollaires. — L'équation de Fermat avec le signe + est toujours *possible. L'équation de Fermat avec le signe — est possible quand le nombre des termes de la période de ω est impair et dans ce cas seulement.*

Remarques. — On aperçoit, à priori, des cas où l'équation avec le signe — est impossible. Nous pouvons écrire cette équation sous la forme

$$(2t + \rho u)^2 - (4k + \rho)u^2 = -4$$

d'où

$$(2t + \rho u)^2 \equiv -4 \qquad (\text{mod } 4k + \rho).$$

Donc, pour qu'elle soit possible, il faut que l'on ait pour tout facteur
premier impair p de $4k + \rho$ la condition

$$\left(\frac{-4}{p}\right) = 1$$

ou (n° **36**)

$$\left(\frac{-1}{p}\right) = 1$$

c'est-à-dire (n° **10**)

$$p \equiv 1 \ (\text{mod } 4).$$

Ainsi *l'équation avec le signe — est impossible quand $4k + \rho$ a des facteurs premisrs de la forme $4h - 1$.*

Corollaire. — Lorsque $4k + \rho$ a des facteurs premiers de la forme $4h - 1$ le développement en fraction continuelle de $\frac{-\rho + \sqrt{4k + \rho}}{2}$ présente une période d'un nombre pair de termes.

Exemple.

$$k = 3 \qquad \rho = 0 \qquad \sqrt{3} = 1 + \overline{\frac{1}{1 +} \Big| \frac{1}{2 +} \Big|} \cdots$$

Pour l'équation avec le signe —, de première espèce, on voit encore d'autres cas où elle est impossible. En effet, en transformant cette équation $t^2 - ku^2 = -1$ en congruence (mod 8) et remarquant que le carré d'un entier est congru à 0, 1 ou 4 (mod 8) on voit qu'elle est impossible lorsque k est congru à 0, 3, 4, 6 ou 7 (mod 8). Ainsi *l'équation avec le signe —, de première espèce, est impossible quand $k \equiv 0, 3, 4, 6, 7$ (mod 8).*

Corollaire. — Lorsque $k \equiv 0, 3, 4, 6, 7$ (mod 8) le développe-

ment de $\sqrt{k}$ en fraction continuelle présente une période d'un nombre pair de termes.

Remarquons d'ailleurs que si $k \equiv 3$, 6 ou 7 (mod 8), il a certainement des facteurs de la forme $4h - 1$, de sorte que pour ces cas le résultat que nous venons d'obtenir rentre dans le précédent.

Exemple.

$$k = 8 \qquad \sqrt{8} = 2 + \overline{\frac{1}{1+} \Big| \frac{1}{4+}} \Big| \dots$$

Les réciproques des théorèmes précédents ne sont pas vraies. Il peut se faire que k ne rentre dans aucune des formes précédentes et que l'équation soit néanmoins impossible. (Voir n°).

129. — *Formules donnant t_n, u_n.*

On a :

$$\frac{t_n}{u_n} = a_0 + \overbrace{\frac{1}{a_1 +} \Big| \frac{1}{a_2 +} \Big| \dots + \Big| \frac{1}{a_{k-1}}}^{n \text{ périodes moins un élément}}.$$

Appelons $\frac{t_n'}{u_n'}$ la réduite qui précède $\frac{t_n}{u_n}$. On a

$$\frac{t_{n+1}}{u_{n+1}} = \frac{\left(a_k + \frac{1}{a_1 +} \Big| \dots + \Big| \frac{1}{a_{k-1}}\right) t_n + t'_n}{\left(a_k + \frac{1}{a_1 +} \Big| \dots + \Big| \frac{1}{a_{k-1}}\right) u_n + u'_n}$$

la fraction continuelle $a_k + \frac{1}{a_1} \Big| \dots + \Big| \frac{1}{a_{k-1}}$ ayant k éléments. Cette fraction continuelle peut s'écrire, en remplaçant a_k par $2a_0 + \rho$ (n° **117**)

$$a_0 + \rho + a_0 + \frac{1}{a_1 +} \Big| \dots + \Big| \frac{1}{a_{k-1}}$$

c'est-à-dire

$$a_0 + \rho + \frac{t_1}{u_1}.$$

Donc

$$\frac{t_{n+1}}{u_{n+1}} = \frac{\left(a_0 + \rho + \frac{t_1}{u_1}\right) t_n + t_n'}{\left(a_0 + \rho + \frac{t_1}{u_1}\right) u_n + u_n'} = \frac{[(a_0 + \rho)u_1 + t_1]t_n + u_1 t_n'}{[(a_0 + \rho)u_1 + t_1]u_n + u_1 u_n'}$$

Mais d'ailleurs t_n' et u_n' s'expriment en fonction de t_n et u_n par les formules (20), car t_n et u_n ne sont autres que ce que nous avons appelé à ce moment a et b, et t_n' et u_n' sont a' et b'. On a

$$t_n' = ku_n - (a_0 + \rho)t_n$$
$$u_n' = t_n - a_0 u_n.$$

Il en résulte

$$\frac{t_{n+1}}{u_{n+1}} = \frac{t_1 t_n + ku_1 u_n}{u_1 t_n + (t_1 + \rho u_1)u_n}. \tag{21}$$

La fraction qui est au second membre de cette égalité est irréductible car un facteur commun à ses deux membres doit diviser

$$(t_1 t_n + ku_1 u_n)u_1 - [u_1 t_n + (t_1 + \rho u_1)u_n]t_1$$

et

$$(t_1 t_n + ku_1 u_n)(t_1 + \rho u_1) - [u_1 t_n + (t_1 + \rho u_1)u_n]ku_1$$

quantités qui d'après l'égalité $t_1^2 + \rho t_1 u_1 - ku_1^2 = \pm 1$ se réduisaient à $\mp u_n$, $\mp t_n$. Or t_n et u_n sont premiers entre eux.

Les deux fractions égales qui figurent dans l'égalité (21) étant irréductibles sont identiques et l'on a

$$\left\{\begin{array}{l} t_{n+1} = t_1 t_n + ku_1 u_n \\ u_{n+1} = u_1 t_n + (t_1 + \rho u_1)u_n. \end{array}\right. \tag{22}$$

On a ainsi des formules de récurrence pour calculer t_n, u_n, une fois le calcul de t_1, u_1 effectué. On peut en déduire des formules donnant directement t_n, u_n en fonction de l'indice n. Pour cela nous introduisons dans le calcul le facteur de cette solution $t_n - \overline{\omega} u_n$ [1].

[1] Voici comment on y est conduit. Soit t, u une solution de l'équation de Fermat. On a

$$(t - \omega u)(t - \overline{\omega} u) = \pm 1$$

d'où

$$(t - \omega u)^n (t - \overline{\omega} u)^n = \pm 1.$$

En posant

$$(t - \overline{\omega} u)^n = t_n - \overline{\omega} u_n$$

on a

$$(t - \omega u)^n = t_n - \omega u_n.$$

Donc t_n, u_n est aussi une solution. Et l'on doit se demander si en prenant pour t, u la solution positive la plus simple on n'aurait pas ainsi toutes les solutions positives.

Les équations (22) donnent

$$t_{n+1} - \bar{\omega} u_{n+1} = (t_1 - \bar{\omega} u_1) t_n + [k u_1 - \bar{\omega}(t_1 + \rho u_1)] u_n.$$

Mais, à cause de $\bar{\omega}^2 + \rho\bar{\omega} - k = 0$ on a

$$k u_1 - \bar{\omega}(t_1 + \rho u_1) = -(t_1 - \bar{\omega} u_1)\omega.$$

Donc

$$t_{n+1} - \bar{\omega} u_{n+1} = (t_1 - \bar{\omega} u_1)(t_n - \bar{\omega} u_n).$$

On en déduit, de proche en proche,

$$t_n - \bar{\omega} u_n = (t_1 - \bar{\omega} u_1)^n. \tag{23}$$

On a ainsi une formule donnant directement $t_n - \omega u_n$. Pour en déduire des formules donnant directement t_n et u_n, nous écrivons l'égalité précédente en remplaçant $\bar{\omega}$ par sa valeur

$$t_n + \frac{\rho}{2} u_n + \frac{\sqrt{4k+\rho}}{2} u_n = \left[t_1 + \frac{\rho u_1}{2} + \frac{\sqrt{4k+\rho}}{2} u_1\right]^n.$$

Cette égalité entraîne l'égalité conjuguée

$$t_n + \frac{\rho}{2} u_n - \frac{\sqrt{4k+\rho}}{2} u_n = \left[t_1 + \frac{\rho}{2} u_1 - \frac{\sqrt{4k+\rho}}{2} u_1\right]^n$$

d'où, par addition et soustraction

$$\sqrt{4k+\rho}\, u_n = \left[t_1 + \frac{\rho}{2} u_1 + \frac{\sqrt{4k+\rho}}{2} u_1\right]^n - \left[t_1 + \frac{\rho}{2} u_1 - \frac{\sqrt{4k+\rho}}{2} u_1\right]^n$$

$$2\left(t_n + \frac{\rho}{2} u_n\right) = \left[t_1 + \frac{\rho}{2} u_1 + \frac{\sqrt{4k+\rho}}{2} u_1\right]^n + \left[t_1 + \frac{\rho}{2} u_1 + \frac{\sqrt{4k+\rho}}{2} u_1\right]^n.$$

En développant par la formule du binôme on trouve

$$u_n = C_n^1\left(t_1 + \frac{\rho}{2} u_1\right)^{n-1} u_1 + C_n^3\left(t_1 + \frac{\rho}{2} u_1\right)^{n-3} \frac{4k+\rho}{2^2} u_1^3 + \\ + C_n^5\left(t_1 + \frac{\rho}{2} u_1\right)^{n-5} \frac{(4k+\rho)^2}{2^4} u_1^5 + \ldots$$

$$t_n + \frac{\rho}{2} u_n = \left(t_1 + \frac{\rho}{2} u_1\right)^n + C_n^2\left(t_1 + \frac{\rho}{2} u_1\right)^{n-2} \frac{4k+\rho}{2^2} u_1^2 + \ldots$$

C_n^1, C_n^2, ... étant, comme à l'ordinaire, les coefficients du binôme.

La formule (23) donne les facteurs de toutes les solutions *posi–*

tives quand on donne à n les valeurs 1, 2, ... Voyons ce qu'elle donne si l'on fait $n = 0, -1, -2, \ldots$

D'abord pour $n = 0$ elle donne

$$t_1 - \bar{\omega} u_1 = 1$$

d'où $t_1 = 1$, $u_1 = 0$, elle donne donc la solution banale 1, 0.

Pour $n < 0$ elle donne, en posant $n = -n'$

$$t_{-n'} - \bar{\omega} u_{-n'} = (t_1 - \bar{\omega} u_1)^{-n'}$$

ou

$$t_{-n'} - \bar{\omega} u_{-n'} = \frac{(t_1 - \omega u_1)^{n'}}{(t_1 - \omega u_1)^{n'}(t_1 - \bar{\omega} u_1)^{n'}}$$
$$= \frac{(t_1 - \omega u_1)^{n'}}{(t_1^2 + \rho t_1 u_1 - k u_1^2)^{n'}} = \frac{(t_1 - \omega u_1)^{n'}}{\varepsilon^{n'}}$$

ε étant égal à ∓ 1 suivant que l'équation $t^2 + \rho t u - k u^2 = -1$ est possible ou non.

L'égalité

$$t_{-n'} - \bar{\omega} u_{-n'} = \frac{(t_1 - \omega u_1)^{n'}}{\varepsilon^{n'}}$$

donne l'égalité conjuguée

$$t_{-n'} - \omega u_{-n'} = \frac{(t_1 - \bar{\omega} u_1)^{n'}}{\varepsilon^{n'}}$$

ou

$$t_{-n'} - \omega u_{-n'} = \frac{t_{n'} - \bar{\omega} u_{n'}}{\varepsilon^{n'}} = \frac{t_{n'} + (\rho + \omega) u_{n'}}{\varepsilon^{n'}}$$

d'où l'on tire

$$t_{-n'} = \frac{t_{n'} + \rho u_{n'}}{\varepsilon^{n'}}$$

$$u_{-n'} = \frac{-u_{n'}}{\varepsilon^{n'}}.$$

Donc $t_{-n'}$, $u_{-n'}$ est l'une des solutions associées de $t_{n'}$, $u_{n'}$ (n° **126**) différente d'ailleurs de la solution $-t_{n'}$, $-u_{n'}$.

En combinant les résultats précédents on arrive finalement au résultat suivant :

Les facteurs de toutes les solutions sont compris dans les formules $\pm (t_1 - \bar{\omega} u_1)^n$ *où l'on donne à u toutes les valeurs entières, positives et négatives et la valeur zéro.*

La solution t_1, u_1 qui peut ainsi servir à trouver toutes les autres s'appelle solution *fondamentale* de l'équation $t^2+\rho tu-ku^2=\pm 1$.

131. — Les formules (22) et (23) donnent, en y faisant $n=1, 2, 3, \ldots$ toutes les solutions positives des deux équations $t^2+\rho tu-ku^2=\pm 1$.

Si l'équation avec le signe moins n'a pas de solutions ces formules donnent donc toutes les solutions positives de l'équation avec le signe plus. Si l'équation avec le signe moins a des solutions, pour avoir toutes les solutions positives de l'équation avec le signe plus il faudra dans ces formules faire $n=2, 4, 6, \ldots$

Ces solutions sont donc données par la formule

$$T_n-\bar{\omega}U_n=(t_1-\bar{\omega}u_1)^{2n}$$

ou

$$T_n-\bar{\omega}U_n=(T_1-\bar{\omega}U_1)^n.$$

Quant à l'ensemble de toutes les solutions, positives ou non, de l'équation avec le signe plus on voit comme plus haut que *les facteurs de toutes les solutions de l'équation avec le signe plus sont compris dans les formules :*

$$\pm(t_2-\bar{\omega}u_2)^n$$

où l'on donne à n toutes les valeurs entières positives et négatives et la valeur zéro.

La solution t_2, u_2, s'appelle alors la solution fondamentale de l'équation avec le signe plus.

132. — *Simplification du calcul de t_1, u_1.*

Soit

$$\frac{t_1}{u_1}=a_0+\frac{1}{a_1+}\Big|\cdots+\Big|\frac{1}{a_{k-1}}$$

On sait que

$$a_1+\frac{1}{a_2+}\Big|\cdots+\Big|\frac{1}{a_{k-1}}$$

est symétrique (nos **116** et **117**). On a vu (no **92**) comment on ramène le calcul de cette fraction à celui de sa première moitié seulement. Soit $\frac{P}{Q}$ cette fraction. On aura

$$t_1=a_0P+Q \qquad u_1=P.$$

133. — *Cas où l'équation de seconde espèce peut se ramener à une de première.*

1° Lorsque k est pair l'équation de seconde espèce

$$(25) \qquad t^2 + tu - ku^2 = \pm 1$$

peut se ramener à une de première. En effet dans ce cas la valeur de u est paire.

Posons

$$t = t' - u' \qquad u = 2u'.$$

Aux valeurs entières de t, u, correspondent des valeurs entières de t', u' et réciproquement. L'équation devient

$$t'^2 - (4k + 1)u'^2 = \pm 1$$

donc de première espèce.

2° Supposons k impair. La transformation précédente peut encore se faire. Mais elle ne donnera que les solutions de (25) dans lesquelles la valeur de u est paire. Au moyen des formules de récurrence (22) on voit immédiatement que si u_1 est pair toutes les valeurs de u sont paires aussi.

Si u_1 est impair on démontrera de proche en proche que u_{3h+1} et u_{3h+2} sont impairs tandis que u_{3h} est pair.

Lorsque $t^2 + \rho tu - ku^2 = -1$ est possible u_1 est impair.

133. — **Exemples de résolution d'équations de Fermat.**

1er *Exemple.*

$$t^2 - 2u^2 = \pm 1.$$

On a

$$\sqrt{2} = 1 + \overline{\left.\frac{1+}{2}\right|}\ldots$$

Le nombre d'éléments de la période est impair. Donc l'équation avec le signe moins est possible. La réduite $\frac{t_1}{u_1}$ est ici $\frac{1}{1}$. Donc $t_1 = 1$ et $u_1 = 1$.

La solution positive générale est donnée par

$$t_n + u_n\sqrt{2} = (1 + \sqrt{2})^n$$

d'où

$$t_n = 1 + \frac{n(n-1)}{2.2} 2 + \frac{n(n-1)(n-2)(n-3)}{1.2.3.4} 2^2 + \dots$$

$$u_n = \frac{n}{1} + \frac{n(n-1)(n-2)}{1.2.3} 2 + \frac{n(n-1)(n-2)(n-3)(n-4)}{1.2.3.4.5} 2^2 + \dots$$

En particulier

$$t_2 = 3 \qquad u_2 = 2$$

est la solution fondamentale de l'équation avec le signe plus, dont la solution générale est donnée par

$$T_n + U_n\sqrt{2} = (3 + 2\sqrt{2})^n$$

d'où

$$T_n = 3^n + \frac{n(n-1)}{1.2} 3^{n-2}2^3 + \frac{n(n-1)(n-2)(n-3)}{1.2.3.4} 3^{n-4}2^6 + \dots$$

$$U_n = \frac{n}{1} 3^{n-1}2 + \frac{n(n-1)(n-2)}{1.2.3} 3^{n-3}2^4 + \dots$$

2° *Exemple.*

$$t^2 - 3u^2 = \pm 1$$

$$\sqrt{3} = 1 + \overline{\frac{1}{1+}\Big|\frac{1}{2+}}\Big| \dots$$

Le nombre d'éléments de la période est pair. L'équation avec le signe moins est impossible. La réduite $\frac{t_1}{u_1}$ est $\frac{2}{1}$. Donc $t_1 = 2$, $u_1 = 1$.

La solution positive générale de l'équation avec le signe plus est donnée par

$$t_n + u_n\sqrt{3} = (2 + \sqrt{3})^n$$

d'où

$$t_n = 2^n + \frac{n(n-1)}{1.2} 2^{n-2}.3 + \frac{n(n-1)(n-2)(n-3)}{1.2.3.4} 2^{n-4}.3^2 + \dots$$

$$u_n = \frac{n}{1} 2^{n-1} + \frac{n(n-1)(n-2)}{1.2.3} 2^{n-3}.3 + \dots$$

3° *Exemple.*

$$t^2 + tu - u^2 = \pm 1$$

$$\omega = \frac{-1 + \sqrt{5}}{2} = 0 + \overline{\frac{1}{1+}}\Big| \dots$$

Le nombre d'éléments de la période est impair. Donc l'équation avec le signe moins est possible. La réduite $\frac{t_1}{u_1}$ est $\frac{0}{1}$. Donc $t_1 = 0$, $u_1 = 1$. La solution positive générale est donnée par

$$t_n + u_n \left(\frac{1+\sqrt{5}}{2}\right) = \left(\frac{1+\sqrt{5}}{2}\right)^n$$

d'où

$$u_n = \frac{\frac{n}{1} + \frac{n(n-1)(n-2)}{1.2.3} 5 + \ldots}{2^{n-1}}$$

$$t_n = \frac{1 + \frac{n(n-1)}{1.2} 5 + \frac{n(n-1)(n-2)(n-3)}{1.2.3.4} 5^2 + \ldots}{2^n} - \frac{u_n}{2}.$$

En particulier

$$t_2 = 1 \qquad u_2 = 1$$

est la solution fondamentale de l'équation avec le signe plus, dont la solution générale est donnée par

$$T_n + U_n \frac{1+\sqrt{5}}{2} = \left(\frac{3+\sqrt{5}}{2}\right)^n.$$

En particulier

$$T_2 = 2 \qquad U_2 = 3,$$

134. — Il nous faut maintenant revenir au problème du n° **124**, et montrer comment la résolution de l'équation

$$(26) \qquad ax^2 + bxy + cy^2 = m$$

se ramène à celle d'une équation de Fermat. La façon la meilleure d'y arriver, tant au point de vue de la théorie qu'à celui de la simplicité des calculs, consiste à se servir de la théorie des formes quadratiques binaires. Nous renvoyons pour cette méthode au chapitre XIII). Néanmoins pour être complet et parce que la chose est intéressante, nous allons montrer ici comment on peut résoudre le problème dès maintenant. Le lecteur pourra passer ce qui suit jusqu'au n° **137** inclus. Nous avons déjà vu qu'on peut se borner à chercher les solutions *primitives* de l'équation (26). Je dis de plus qu'on peut se borner à chercher les solutions *primitives dans lesquelles la valeur de y est première à m*.

En effet, soit d le plus grand commun diviseur de y et m; d'après l'équation, d divise ax^2; mais il est premier à x puisque x et y sont premiers entre eux, donc il divise a, donc d est un diviseur commun à a et m.

Réciproquement, soit d un diviseur commun à a et m; pour chercher les solutions dans lesquelles y et m ont d pour plus grand commun diviseur on posera $y = dy'$, on divisera l'équation par d et l'on cherchera les solutions de la nouvelle équation où la valeur de y' est première à celle de m.

135. — Nous nous bornons donc maintenant, dans la résolution de l'équation (25) à la recherche des solutions où la valeur de y est première à m.

Puisque y et m sont premiers entre eux on peut poser

$$x = vy + mz \tag{27}$$

avec

$$-\frac{m}{2} < v \leqslant \frac{m}{2}. \tag{28}$$

L'équation proposée devient

$$(av^2 + bv + c)y^2 + (2av + b)myz + am^2z^2 = m. \tag{29}$$

On en déduit que l'on doit avoir

$$av^2 + bv + c \equiv 0 \pmod{m}. \tag{30}$$

Si cette congruence est impossible l'équation (26) *l'est aussi.* Si elle est possible soit v une solution. L'équation (29) peut s'écrire

$$\frac{av^2 + bv + c}{m} y^2 + (2av + b)yz + amz^2 = 1 \tag{31}$$

équation de même forme que la proposée mais où le second membre est égal à 1.

Remarquons que son déterminant $(2av + b)^2 - 4a(av^2 + bv + c)$ se réduit à $b^2 - 4ac$, il est donc le même que celui de l'équation primitive. En résumé :

Si la congruence (30) *est impossible, l'équation* (26) *l'est aussi. Si la congruence* (30) *est possible on cherchera toutes ses solutions satisfaisant aux conditions* (28). *Pour chaque solution on fera la transformation* (27) *et l'on sera ramené à l'équation* (31), *de même forme que la proposée mais où le second membre est égal à* 1.

135. — Ainsi nous sommes amenés à une équation de la forme

$$ax^2 + bxy + cy^2 = 1. \tag{32}$$

(Les notations sont changées ; a, b, c, x, y ne désignent plus les mêmes quantités que dans l'équation (26), mais le déterminant est resté le même).

Supposons que nous ayons une solution particulière $x = x_0$, $y = y_0$.

Nous ferons dans l'équation (31) le changement de variables

$$\begin{cases} x = x_0 t - \left(\frac{b - \rho}{2} x_0 + c y_0\right) u \\ y = y_0 t + \left(a x_0 + \frac{b + \rho}{2} y_0\right) u \end{cases} \tag{33}$$

ρ désignant 0 ou 1 suivant que b est pair ou impair.

Les relations (33) peuvent se résoudre par rapport à t et u, comme le dénominateur commun des valeurs de t et u, à savoir

$$x_0\left(a x_0 + \frac{b + \rho}{2} y_0\right) + y_0\left(\frac{b - \rho}{2} x_0 + c y_0\right)$$

se réduit à $ax_0^2 + bx_0y_0 + cy_0^2$ c'est-à-dire à 1, on a tout simplement

$$t = \left(a x_0 + \frac{b + \rho}{2} y_0\right) x + \left(\frac{b - \rho}{2} x_0 + y_0\right) y$$
$$u = -y_0 x + x_0 y$$

de sorte qu'*à des valeurs entières de* x, y *correspondent des valeurs entières de* t, u, *et réciproquement* (¹). La résolution en nombres entiers de l'équation (32) est donc ramenée à celle en nombres entiers de l'équation obtenue par la substitution (33).

Or cette nouvelle équation se réduit à

$$(ax_0^2 + bx_0y_0 + cy_0^2)t^2 + \rho(ax_0^2 + bx_0y_0 + cy_0^2)tu$$
$$- \frac{\Delta - \rho}{4}(ax_0^2 + bx_0y_0 + cy_0^2) = 1.$$

Mais $ax_0^2 + bx_0y_0 + cy_0^2 = 1$. De plus $\frac{\Delta - \rho}{4}$ est entier car

(¹) Autrement dit la substitution (33) est modulaire. Voir I, 242.

si b est pair on a $\Delta \equiv 0 \pmod 4$ et si b est impair on a $\Delta \equiv 1 \pmod 4$. Posons $\frac{\Delta - \rho}{4} = k$. Finalement on est ramené à l'équation

$$t^2 + \rho t u - k u^2 = 1 \tag{34}$$

c'est-à-dire à une équation de Fermat avec le signe plus [1]. La solution générale de l'équation (29) est donc donnée par les formules (33) où l'on remplacera t, u, par la solution générale de l'équation (33).

Introduisons dans le calcul la quantité [2] $x - \alpha y$, α étant l'une des racines de $a\alpha^2 + b\alpha + c = 0$ à savoir

$$\alpha = \frac{-b + \sqrt{4k + \rho}}{2a} = \frac{-b + 2\omega + \rho}{2a}.$$

On a

$$x - \alpha y = (x_0 - \alpha y_0)t_r - \left[\frac{b - \rho}{2} x_0 + c y_0 + \alpha\left(a x_0 + \frac{b + \rho}{2} y_0\right)\right]u.$$

Mais on vérifie facilement que

$$\frac{b - \rho}{2} x_0 + c y_0 + \alpha\left(a x_0 + \frac{b + \rho}{2} y_0\right) = (x_0 - \alpha y_0)\omega.$$

Donc

$$x - \alpha y = (x_0 - \alpha y_0)(t - \omega u).$$

Donc enfin la solution générale de l'équation (31) est donnée par

$$x - \alpha y = \pm (x_0 - \alpha y_0)(t_1 - \omega u_1)^n \tag{35}$$

où l'on donne à n toutes les valeurs entières positives, négatives, et la valeur zéro.

136. — Mais tout ceci suppose qu'on ait une solution particulière x_0, y_0 de l'équation (32). Reste à en trouver une s'il y en a. Pour cela appuyons-nous sur la remarque suivante :

(1) De sorte qu'il nous aurait suffi aux nos **126** et suivants de traiter seulement l'équation de Fermat avec le signe plus. Mais il était plus commode comme on l'a vu de traiter en même temps les équations avec le signe moins, et d'ailleurs nous aurons besoin plus tard de ces dernières.

(2) On y est conduit comme pour l'équation de Fermat (voir la note du no **129**), l'équation proposée pouvant s'écrire $a(x - \alpha y)(x - \bar{\alpha} y) = 1$.

Si l'on considère une progression géométrique indéfinie dans les deux sens, dont la raison q et tous les termes sont positifs, il y a un terme de cette progression et un seul Aq^n qui satisfait aux conditions

$$1 \leqslant Aq^n < q \qquad \text{si } q > 1$$
$$1 \geqslant Aq^n > q \qquad \text{si } q < 1.$$

En effet ces conditions reviennent à

$$-\frac{\log A}{\log q} \leqslant n < -\frac{\log A}{\log q} + 1$$

et il y a bien un entier n et un seul satisfaisant à ces conditions.

Ceci posé considérons la solution générale donnée par la formule (35).

La quantité $t_1 - \omega u_1$ est comprise entre 0 et 1.

En effet on a

$$(t_1 - \omega u_1) + (t_1 - \bar{\omega} u_1) = 2t_1 + \rho u_1 > 0$$

et

$$(t_1 - \omega u_1)(t_1 - \bar{\omega} u_1) = 1 > 0.$$

Donc les deux quantités $t_1 - \omega u_1$ et $t_1 - \bar{\omega} u_1$ sont positives.

Leur produit étant égal à 1 la plus petite est comprise entre 0 et 1.

Or c'est $t_1 - \omega u_1$, car

$$(t_1 - \bar{\omega} u_1) - (t_1 - \omega u_1) = (\omega - \bar{\omega}) u_1 = \sqrt{4k + \rho}\, u_1 > 0.$$

Maintenant l'égalité (35) donne

$$|x - \alpha y| = |x_0 - \alpha y_0|\,(t_1 - \omega u_1)^n.$$

Donc s'il y a des solutions il y en a une pour laquelle

$$t_1 - \omega u_1 < |x - \alpha y| \leqslant 1$$

et même une pour laquelle

$$t_1 - \omega u_1 < x - \alpha y \leqslant 1$$

(puisque les solutions sont deux à deux égales mais de signes contraires). L'égalité

$$a(x - \alpha y)(x - \bar{\alpha} y) = 1$$

donne alors

$$\frac{1}{|a|} \leqslant |x - \bar{\alpha} y| < \frac{1}{|a|(t_1 - \omega u_1)}.$$

Or il n'y a qu'un nombre limité de valeurs entières de x et y qui satisfassent à toutes ces conditions. On le voit immédiatement par une représentation géométrique. Si l'on veut opérer uniquement par le calcul il faut distinguer suivant que a est positif ou négatif.

Soit a positif. On a alors

$$t_1 - \omega u_1 < x - \alpha y \leqslant 1$$

$$\frac{1}{a} < x - \bar{\alpha} y < \frac{1}{a(t_1 - \omega u_1)}.$$

On en déduit

$$\frac{1}{a} - 1 < (\alpha - \bar{\alpha}) y < \frac{1}{a(t_1 - \omega u_1)} - (t_1 - \omega u_1)$$

d'où

$$\frac{1 - a}{\sqrt{4k + \rho}} < y < \frac{1 - a(t_1 - \omega u_1)^2}{\sqrt{4k + \rho}\,(t_1 - \omega u_1)}.$$

On a ainsi des limites pour y. On essayera les valeurs entières de y satisfaisant à ces conditions et l'on verra pour chacune de ces valeurs si l'équation $ax^2 + bxy + cy^2 = 1$ donne pour x une valeur entière.

Si aucun de ces essais ne réussit l'équation proposée est impossible.

Si l'un d'eux réussit on a une solution particulière.

Si $a < 0$ on trouve de même

$$\frac{1 - a(t_1 - \omega u_1)}{\sqrt{4k + \rho}} < y < \frac{1 - a(t_1 - \omega u_1)}{\sqrt{4k + \rho}\,(t_1 - \omega u_1)}.$$

137. — Ayant résolu par cette méthode l'équation (31) on a la solution générale donnée par

$$y - \alpha z = \pm (y_0 - \alpha z_0)(t_1 - \omega u_1)^n$$

α étant égal à

$$\frac{\dfrac{-(2av + b) + \sqrt{b^2 - 4ac}}{2(av^2 + bv + c)}}{m}.$$

Remarquons que ces solutions satisfont toutes à la condition $D(y, m) = 1$ d'après la forme de l'équation (31).

On revient alors aux inconnues x, y de l'équation (26) et l'on trouve facilement la formule

$$x - \alpha y = \pm (x_0 - \alpha y_0)(t_1 - \omega u_1)^n$$

α étant racine de $a\alpha^2 + b\alpha + c = 0$

$$\alpha = \frac{-b + \sqrt{b^2 - 4ac}}{2a}.$$

Telle est la forme des solutions de l'équation (26) correspondant à la racine v de la congruence (30). Il faudra recommencer ces calculs pour toutes les solutions de cette congruence et l'on pourra ainsi obtenir plusieurs séries de solutions.

138. — On a ainsi résolu la première question du n° **123**, on a les solutions de l'équation $ax^2 + bxy + cy^2 = m$. Reste la seconde question : *trouver parmi les solutions, celles qui satisfont à* $x \equiv \alpha \pmod{\mu}$, $y \equiv \beta \pmod{\mu}$.

Or par les formules (27) et (33) on voit qu'une série de solutions est de la forme

$$x = At + Bu$$
$$y = Ct + Du$$

t, u, étant la solution générale d'une équation de Fermat et A, B, C, D certains coefficients entiers. Il faut donc écrire

$$\left.\begin{aligned} At + Bu &\equiv \alpha \\ Ct + Du &\equiv \beta \end{aligned}\right\} \pmod{\mu}.$$

Si ces congruences en t, u, sont impossibles, la série de solutions envisagée n'en donne aucune satisfaisant aux conditions $x \equiv \alpha$, $y \equiv \beta \pmod{\mu}$.

Si ces congruences sont possibles il faut en prendre toutes les solutions.

Soit $t \equiv H$, $u \equiv K$ l'une d'elles. On est ramené à la question *Parmi toutes les solutions d'une équation de Fermat déterminer celles qui satisfont aux conditions* $t \equiv H$, $u \equiv K \pmod{\mu}$.

La solution générale étant donnée par

$$t_n - \omega u_n = \pm (t_1 - \omega u_1)^n$$

on peut évidemment se borner aux solutions données par

$$t_n - \omega v_n = (t_1 - \omega u_1)^n \qquad (n \text{ entier positif négatif ou nul}).$$

Je dis que si l'on considère la suite de ces solutions t_n, u_n de $n = -\infty$ à $n = +\infty$, les systèmes de restes de t_n, u_n (mod μ) forment une suite périodique.

En effet comme il n'y a que μ restes (mod μ), il n'y a que μ^2 systèmes de deux restes. Donc si l'on parcourt la suite formée par les systèmes de restes de t_n, u_n, on trouve forcément deux de ces systèmes qui sont identiques par exemple

$$\left.\begin{aligned} t_{k+i} &\equiv t_k \\ u_{k+i} &\equiv u_k \end{aligned}\right\} \pmod{\mu}.$$

A cause des formules de récurrence (22) on aura aussi

$$\left.\begin{aligned} t_{n+i} &\equiv t_n \\ u_{n+i} &\equiv u_n \end{aligned}\right\} \pmod{\mu}$$

pour $n > k$.

De plus les formules (22) peuvent se résoudre par rapport à t_n, u_n car le déterminant est égal à 1. On a

$$\begin{aligned} t_n &= (t_1 + pu_1)t_{n+1} - ku_1u_{n+1}. \\ u_n &= -u_1t_{n+1} + t_1t_{n+1}. \end{aligned}$$

On aura donc aussi

$$\left.\begin{aligned} t_{n+1} &\equiv t_n \\ u_{n+1} &\equiv u_n \end{aligned}\right\} \pmod{\mu}$$

pour $n < k$.

Donc les systèmes de restes de t_n, u_n par rapport à μ forment une suite périodique de période i.

Il en résulte la solution du problème. On forme les solutions successives t_1, u_1 ; t_2, u_2, ... jusqu'à ce qu'on arrive à une solution t_i, u_i telle que

$$\left.\begin{aligned} t_i &\equiv t_0 \equiv 1 \\ u_i &\equiv u_0 \equiv 0 \end{aligned}\right\} \pmod{\mu}.$$

Si cela n'arrive pour aucune valeur de i inférieure à μ^2 le problème est impossible. Si cela arrive on prend parmi les solutions t_0, u_0 ; t_1, u_1 ; ... t_{i-1}, u_{i-1}, toutes celles qui satisfont aux conditions

$$\begin{aligned} t_n &\equiv H \\ u_n &\equiv K \end{aligned}$$

et chacune d'elles en donne une infinité d'autres dont les facteurs sont donnés par

$$(t_r - \bar{\omega} u_r)(t_i - \bar{\omega} u_i)^m$$

m entier positif négatif ou nul.

139. — *Exemple.*

Résoudre l'équation diophantienne

$$2x^2 - 6xy + y^2 - 14x + 10y + 4 = 0.$$

On trouve pour coordonnées du centre $\frac{8}{7}$, $\frac{-11}{7}$ et l'équation s'écrit

$$2\left(x - \frac{8}{7}\right)^2 - 6\left(x - \frac{8}{7}\right)\left(y + \frac{11}{7}\right) + \left(y + \frac{11}{7}\right)^2 = \frac{83}{7}$$

ou en posant :

$$X = 7x - 8$$
$$Y = 7y + 11$$
$$2X^2 - 6XY + Y^2 = 7 \times 83.$$

Il n'y a pas de solutions impropres. De plus $a = 2$ et $m = 7 \times 83$ n'ont pas de facteur commun. On posera donc

$$X = vY + 7 \times 83Z$$

avec

(36) $$-\frac{7 \times 83}{2} < v < \frac{7 \times 83}{2}$$

et l'on obtient pour v la congruence

(37) $$2v^2 - 6v + 1 \equiv 0 \pmod{7.83}$$

qui a comme solutions satisfaisant aux conditions (36) — 198 et 201.

Servons-nous d'abord de la solution 201. Alors

$$X = 201Y + 7.83Z$$

et l'on trouve

(38) $$137Y^2 + 798YZ + 2.7.83Z^2 = 1$$
$$k = \left(\frac{798}{2}\right)^2 - 2.7.83.137 = 7.$$

L'équation de Fermat est

(39) $$t^2 - 7u^2 = 1.$$

Or

$$\sqrt{7} = 2 + \frac{1}{1+}\Big|\frac{1}{1+}\Big|\frac{1}{1+}\Big|\frac{1}{4+}\Big|\cdots$$

L'équation $t^2 - 7u^2 = -1$ est impossible, et la solution fondamentale de l'équation (39) est donnée par

$$\frac{t_1}{u_1} = 2 + \frac{1}{1+}\Big|\frac{1}{1+}\Big|\frac{1}{1}$$

d'où

$$t_1 = 8 \qquad u_1 = 3.$$

Ensuite il y a une solution particulière de (38) telle que

$$\frac{1-137}{\sqrt{7}} < Z < \frac{1}{\sqrt{7}}\left(8 + 3\sqrt{7} - \frac{137}{8+3\sqrt{7}}\right)$$

ou

$$-52 < Z < 3.$$

On trouve après essais, $Z = 1$, $Y = -3$.
Alors la solution générale est donnée par

$$137Y + (399 + \sqrt{7})Z = \pm(-12 + \sqrt{7})(t_n + u_n\sqrt{7})$$

avec

$$t_n + u_n\sqrt{7} = (8 + 3\sqrt{7})^n.$$

On en déduit

$$Y = \pm(-3t_n + 35u_n)$$
$$Z = \pm(t_n - 12u_n)$$

par suite

$$X = \pm(-22t_n + 63u_n)$$
$$Y = \pm(-3t_n + 35u_n).$$

En prenant successivement le signe + et le signe — on a une double série de solutions

$$\begin{cases} x = \dfrac{-22t_n + 63u_n + 8}{7} \\ y = \dfrac{-3t_n + 35u_n - 11}{7} \end{cases}$$

et

$$\begin{cases} x = \dfrac{22t_n - 63u_n + 8}{7} \\ y = \dfrac{3t_n - 35u_n - 11}{7} \end{cases}$$

Mais il faut que x, y soient entiers, ce qui donne, pour la première série de solutions $t_n \equiv 1 \pmod 7$ et, pour la seconde, $t_n \equiv -1 \pmod 7$.

En formant la période des restes de t_n, u_n par rapport à 7 on découvre que la première condition est remplie pour toute valeur de n, la seconde ne l'est pour aucune.

Finalement nous trouvons les solutions

$$x = \frac{-22t_n + 63u_n + 8}{7}$$

$$y = \frac{-3t_n + 35u_n - 11}{7}$$

$$t_n + u_n\sqrt{7} = (8 + 3\sqrt{7})^n \qquad n = \dots -2, -1, 0, 1, 2, \dots$$

Pour

$$\begin{array}{lll} n = 0 & x = -2 & y = -2 \\ n = 1 & x = 3 & y = 10 \\ n = -1 & x = -51 & y = -20 \end{array}$$

etc.

Restent à faire les calculs relatifs à la solution $v = -198$ de la congruence (37), ce que nous laissons au lecteur.

140. Résolution de l'équation de Fermat indépendante des fractions continuelles. — La méthode que nous avons exposée dans les nos **126** à **133** repose sur la périodicité du développement en fractions continuelles des nombres quadratiques. Son application est donc essentiellement bornée aux équations du second degré et l'on ne peut espérer la généraliser pour les équations de degré supérieur. Il n'en est pas de même de celle que nous allons donner maintenant. (Pour les applications numériques la première méthode est préférable) (1).

Le problème de la résolution de l'équation de Fermat peut se

(1) La première résolution de l'équation de Fermat, indépendante des fractions continuelles, est de Lejeune-Dirichlet.

subdiviser en deux : 1° démontrer l'existence d'une solution, 2° trouver toutes les solutions.

Il s'agira de la double équation $t^2 + \rho tu - ku^2 = \pm 1$, mais tout ce que nous dirons pourra s'appliquer à l'équation avec le signe plus considérée toute seule.

141. — Nous allons prendre comme point de départ le théorème suivant dû à Minkowski ([1]).

THÉORÈME I. — *Etant données deux formes linéaires à deux variables $ax + by$ et $a'x + b'y$ dont le déterminant $ab' - ba'$ est égal à + ou — 1 (les coefficients a, b, a', b' étant d'ailleurs des nombres réels quelconques), il existe des valeurs entières de x, y, non nulles toutes les deux, telles que l'on ait*

$$|ax + by| \leqslant 1 \qquad |a'x + b'y| \leqslant 1.$$

Nous allons donner de ce théorème une démonstration géométrique. Il est évident qu'il peut s'énoncer de la façon suivante : *Considérons le réseau carré formé par les points à coordonnées entières (I. 147). Si l'on trace les quatre droites*

$$ax + by = \pm 1 \qquad a'x + b'y = \pm 1$$

il y a des points du réseau autres que O situés à l'intérieur ou sur le contour du parallélogramme formé par ces quatre droites.

Or il est facile de calculer la surface de ce parallélogramme, elle est égale à $4\,|ab' - ba'|$ c'est-à-dire à 4. On est donc ramené au théorème suivant : *Si l'on trace un parallélogramme ayant l'origine pour centre et une surface égale à 4, il y a des points du réseau autres que O situés à l'intérieur ou sur le contour de ce parallélogramme.*

142. — Pour démontrer ce théorème nous le considèrerons comme cas particulier d'un théorème dû également à Minkowski et relatif aux contours *non concaves*.

Un contour fermé est dit *non concave* lorsque par chacun de ses points passe au moins une droite qui ne le traverse pas.

Par exemple le contour d'une ellipse, celui de toute courbe

([1]) MINKOWSKI, *Geom. d. Zahlen*, Leipzig, 1896, p. 104. Dans cet ouvrage, le théorème est démontré pour un nombre quelconque de variables.

fermée convexe, celui d'un parallélogramme, sont des contours non concaves.

Théorème (1) II. — *Si dans le réseau carré formé par les points à coordonnées entières (I. 147) on trace un contour fermé C non concave ayant un des points O du réseau comme centre et de surface (2) égale à 4, ce contour contient à son intérieur ou sur lui-même, outre le point O, au moins deux autres points du réseau (3).*

Pour le démontrer construisons un contour Γ homothétique de C en prenant O comme centre d'homothétie. Si le rapport d'homothétie est suffisamment voisin de zéro, le contour Γ ne contiendra pas d'autre point du réseau que O. Si ensuite le rapport d'homothétie croît à partir de zéro, le contour Γ s'agrandira et il y aura un moment où il passera par un sommet A du réseau. A ce moment il passera aussi par A' symétrique de A par rapport à O, et peut-être encore par d'autres sommets. Soit C_1 le contour ainsi obtenu ; le théorème revient à démontrer que la surface de C_1 est au plus égale à 4.

Maintenant traçons le contour Γ homothétique de C_1 avec O pour centre et $\frac{1}{2}$ pour rapport d'homothétie ; le théorème revient à démontrer que la surface de Γ est au plus égale à 1.

Pour cela considérons les différents contours obtenus en transportant Γ parallèlement à lui-même de manière à lui donner comme centre les différents sommets du réseau. Je dis que deux quelconques de ces réseaux peuvent au plus se toucher en un point mais que leurs surfaces n'ont pas de partie commune. Il suffit évidemment de le démontrer pour le contour Γ et un autre.

Si l'on considère d'abord Γ et le contour ayant pour centre le point A, ces deux contours passent tous deux par le point I milieu de OA, mais leurs surfaces n'ont pas de partie commune parce qu'ils sont symétriques par rapport à ce point I et d'ailleurs

(1) Minkowski, *Geom. d. Zahlen*, Leipzig 1896, p. 76. Dans cet ouvrage le théorème est démontré pour un espace à *n* dimensions. Il en résulte que les notions de distance, de convexité, etc., n'y sont pas intuitives et qu'il leur faut des définitions algébriques. Nous nous en passons ici où la représentation géométrique n'est qu'un auxiliaire.

(2) Nous appelons, pour abréger, *surface d'un contour*, la surface enveloppée par ce contour.

(3) Le lecteur est prié de faire la figure.

convexes. Il en sera de même pour Γ et le contour ayant pour centre le point A'.

Si maintenant l'on considère Γ et le contour ayant pour centre un point B différent de A ou A', on remarque que le point où Γ coupe le segment OB est à une distance de O au plus égale à la moitié de OB car sinon le contour variable de tout à-l'heure aurait, en grandissant, passé par B avant de passer par A. Si Γ coupe OB entre O et le milieu H de OB, les deux contours n'ont aucun point commun. Si Γ coupe OB en H, les deux contours ont le point H commun mais leurs surfaces n'ont aucune partie commune.

Ceci posé prenons tous les sommets du réseau dont les coordonnées ne dépassent pas en valeur absolue un entier h. Ils sont au nombre de $(2h+1)^2$. Chacun d'eux est le centre d'un contour construit comme on vient de le dire. En appelant S la surface du contour Γ, la somme des surfaces de tous ces contours est $(2h+1)^2S$. Or toutes ces surfaces sont à l'intérieur d'un carré dont le centre est O, dont les côtés sont parallèles aux axes et ont comme longueur $2h+a$, a étant une longueur indépendante de h.

Puisque ces surfaces n'ont aucun point commun sauf sur leurs contours on a

$$(2h+1)^2S \leqslant (2h+a)^2$$

d'où

$$S \leqslant \left(\frac{2h+a}{2h+1}\right)^2.$$

Ceci est vrai quel que soit h. Faisons croître h indéfiniment, le second membre tend vers 1. Donc

$$S \leqslant 1.$$

Le théorème est donc démontré.

THÉORÈME III. — *Étant données deux formes linéaires homogènes indépendantes $ax+by$, $a'x+b'y$ et deux nombres positifs e, e' dont le produit est égal à la valeur absolue du déterminant $ab'-ba'$, on peut trouver des valeurs entières de x et y, non toutes les deux nulles, telles que*

$$|ax+by| < e \qquad |a'x+b'y| < e'.$$

En effet, il suffit d'appliquer le théorème I aux deux formes $\frac{ax + by}{e}$ et $\frac{a'x + b'y}{e'}$.

143. Théorème IV. — *Etant donnée une forme linéaire homogène $ax + by$ et un nombre positif quelconque ε on peut trouver des valeurs entières de x, y, non toutes les deux nulles telles que*

$$| ax + by | < \varepsilon.$$

On peut trouver une infinité de ces systèmes de valeurs.

En effet il suffit d'adjoindre à $ax + by$ une forme quelconque $a'x + b'y$ tel que $ab' - ba' \neq 0$, puis de prendre pour e la valeur ε et pour e' la valeur $\frac{|ab' - ba'|}{\varepsilon}$ et enfin d'appliquer le théorème précédent pour avoir un système de valeurs d'x et y répondant à la question. Pour montrer qu'il y en a une infinité il faut distinguer deux cas suivant que le rapport $\frac{b}{a}$ est irrationnel ou non.

1° *le rapport $\frac{b}{a}$ est irrationnel.*

Déterminons un premier système x_0, y_0, satisfaisant à la condition imposée

$$| ax_0 + by_0 | < \varepsilon.$$

$ax_0 + by_0$ n'est pas nul, car $ax_0 + by_0 = 0$ donnerait $\frac{a}{b} = -\frac{y_0}{x_0}$ c'est-à-dire que $\frac{a}{b}$ serait rationnel. On peut donc déterminer un second système x_1, y_1 par la condition

$$| ax_1 + by_1 | < | ax_0 + by_0 |$$

puis un troisième par

$$| ax_2 + by_2 | < | ax_1 + by_1 |$$

et ainsi de suite. On a ainsi une infinité de systèmes répondant à la condition $| ax + by | < \varepsilon$, et deux quelconques de ces systèmes ne sont pas égaux puisqu'ils ne donnent pas à $ax + by$ la même valeur.

De plus aucun de ces systèmes ne donne à $ax + by$ la valeur zéro.

2° *le rapport $\frac{b}{a}$ est rationnel.*

On a

$$a = hc$$
$$b = kc$$

h, k étant des entiers, c un certain nombre. Donc

$$ax + by = c(hx + ky).$$

Les valeurs de $ax + by$ sont donc des multiples de c. Donc pour que $|ax + by|$ tombe au-dessous de $|c|$ il faut que $hx + ky = 0$. Il y a bien encore une infinité de valeurs de x, y satisfaisant à cette condition, mais elles donnent toutes à $ax + by$ la même valeur, à savoir zéro.

THÉORÈME V. — *Etant données deux formes linéaires homogènes indépendantes $ax + by$, $a'x + b'y$ on peut trouver des valeurs entières de x, y, non toutes les deux nulles telles que*

$$|(ax + by)(a'x + b'y)| < |ab' - ba'|.$$

On peut trouver une infinité de ces systèmes de valeurs.

La démonstration de ce théorème est contenue dans celle du précédent [1].

[1] Pour démontrer ce théorème à l'aide des fractions continuelles on remarquera que

$$(ax + by)(a'x + b'y)$$

peut s'écrire

$$(ax + by)\left[\frac{a'}{a}(ax + by) + \frac{ab' - ba'}{a} y\right].$$

Si l'on considère les valeurs $x = -P_n$, $y = Q_n$ trouvées plus haut on remarque que y est positif, et de plus qu'on peut choisir la parité de n de façon que $ax + by$ ait le signe contraire à $\frac{ab' - ba'}{a}$. Alors

$$|(ax + by)(a'x + b'y)| < |ax + by| \left|\frac{ab' - ba'}{a} y\right|.$$

Mais $|ax+by| = \left|\frac{a\varepsilon}{y}\right| < \frac{|a|}{y}$. Donc

$$|(ax + by)(a'x + b'y)| < |ab' - ba'|.$$

Si l'on prend pour $\frac{P_n}{Q_n}$ une valeur principale on n'est pas sûr de pouvoir choisir la parité de n. On trouve alors

$$|(ax + by)(a'x + b'y) < \left|\frac{ab' - ba'}{2}\right| + \left|\frac{aa'}{4y^2}\right|.$$

Remarque. — La généralisation des théorèmes précédents au cas de trois variables est immédiate. Le théorème II est alors remplacé par le suivant :

Si dans le réseau cubique formé dans l'espace par les points à coordonnées entières on trace une surface fermée, non concave, ayant un des points O *du réseau comme centre et de volume égal à* 8, *cette surface contient, à son intérieur ou sur elle-même, outre le point* O, *au moins deux autres points du réseau.*

La généralisation se fait aussi pour n variables mais la représentation géométrique réelle fait alors défaut. Nous n'en parlerons pas ici.

144. Théorème VI. — *Etant donnée une forme quadratique binaire $ax^2 + bxy + cy^2$ à déterminant $\Delta = b^2 - 4ac$ positif, on peut déterminer une infinité de systèmes de valeurs entières de x et y telles que*

$$| ax^2 + bxy + cy^2 | < \sqrt{\Delta}.$$

En effet on a

$$ax^2 + bxy + cy^2 = a(x - \alpha y)(x - \bar{\alpha} y)$$
$$\left(\alpha = \frac{-b + \sqrt{\Delta}}{2a} \qquad \bar{\alpha} = \frac{-b - \sqrt{\Delta}}{2a}\right).$$

Considérons le système des deux formes linéaires

$$x - \alpha y$$
$$x - \bar{\alpha} y.$$

Leur déterminant est $\alpha - \bar{\alpha}$, c'est-à-dire $\frac{\sqrt{\Delta}}{a}$.

On est donc immédiatement ramené au théorème V.

Cas particulier où a, b, c sont entiers, Δ n'étant pas carré parfait.

Dans ce cas toutes les valeurs prises par $ax^2 + bxy + cy^2$ pour des valeurs entières de x, y, sont elles-mêmes entières. De plus aucune d'elles n'est nulle.

145. — *Recherche d'une solution particulière de l'équation de Fermat $t^2 + ptu - ku^2 = \pm 1$.*

On cherchera par la méthode précédente une suite de systèmes de deux entiers tels que pour tous ces systèmes on ait

$$| t^2 + \rho tu - ku^2 | < \sqrt{4k+\rho}.$$

Les valeurs trouvées pour l'expression $t^2 + \rho tu - ku^2$ étant toutes entières et comprises entre $-\sqrt{4k+\rho}$ et $+\sqrt{4k+\rho}$ certaines [1] d'entre elles doivent se répéter indéfiniment. Appelons l une de ces valeurs et t', u' ; t'', u'' deux systèmes de valeurs de t, u, donnant à $t^2 + \rho tu - ku^2$ cette valeur. On aura

$$(39) \qquad t'^2 + \rho t'u' - ku'^2 = t''^2 + \rho t''u'' - ku''^2 = l$$

d'où

$$(40) \qquad (t'^2 + \rho t'u' - ku'^2)(t''^2 + \rho t''u'' - ku''^2) = l^2$$

Or le premier membre de cette égalité est identique à

$$(t't'' - ku'u'')^2 + \rho(t't'' - ku'u'')(t''u' - t'u'') - k(t''u' - t'u'')^2$$

(Voir chapitre XXI).

L'égalité (40) s'écrit donc

$$(41) \qquad (t't'' - ku'u'')^2 + \rho(t't'' - ku'u'')(t''u' - t'u'') - k(t''u' - t'u'')^2 = l^2.$$

Si maintenant on suppose que t', u' et t'', u'' satisfont aux conditions

$$(42) \qquad \left.\begin{array}{l} t' \equiv t'' \\ u' \equiv u'' \end{array}\right\} \pmod{l}$$

on voit d'abord que $t''u' - t'u''$ sera divisible par l, puis l'égalité (41) montre que $t't'' - ku'u''$ l'est aussi, et en posant

$$\frac{t't'' - ku'u''}{l} = \mathrm{T} \qquad \frac{t''u' - t'u''}{l} = \mathrm{U}$$

T, U sera une solution de

$$t^2 + \rho tu - ku^2 = 1.$$

Or comme le nombre des systèmes de deux entiers incongrus (mod l) est limité (égal à l^2), on trouvera forcément dans la suite des systèmes satisfaisant à la condition (39), deux systèmes satisfaisant aux conditions (42). On aura donc ainsi une solution de l'équation de Fermat. D'ailleurs ce ne sera pas une solution

[1] Il résultera de la solution définitive que *toutes* se répètent indéfiniment.

banale, c'est-à-dire qu'on n'aura pas $t''u' - t'u'' = 0$. En effet ceci entraînerait

(43)
$$\frac{t''}{u''} = \frac{t'}{u'}.$$

Alors l'égalité

$$t''^2 + \rho t''u'' - ku''^2 = t'^2 + \rho t'u' - ku'^2$$

étant écrite

$$u''^2\left(\left(\frac{t''}{u''}\right)^2 + \rho\,\frac{t''}{u''} - k\right) = u'^2\left(\left(\frac{t'}{u'}\right)^2 + \rho\,\frac{t'}{u'} - k\right)$$

montrerait que $u''^2 = u'^2$, d'où $u'' = \varepsilon u'$ ($\varepsilon = \pm 1$) et l'égalité (43) donnerait alors $t'' = \varepsilon u'$. Donc le système t'', u'' serait le même au signe près que le système t', u', ce qui n'est pas.

146. — Maintenant que nous sommes sûrs de l'existence de solutions différentes des solutions banales, nous allons montrer comment on peut les trouver toutes. Nous suivrons pour cela la méthode de Lagrange.

Théorème I. — *Le produit de deux facteurs de solutions est un facteur de solution.* Car soit

$$(t' - \bar{\omega} u')(t'' - \bar{\omega} u'') = \mathrm{T} - \bar{\omega}\mathrm{U}.$$

On en déduit

$$(t' - \omega u')(t'' - \omega u'') = \mathrm{T} - \omega\mathrm{U}.$$

Donc en multipliant

$$(t'^2 + \rho t'u' - ku'^2)(t''^2 + \rho t''u'' - ku''^2) = \mathrm{T}^2 + \rho\mathrm{TU} - k\mathrm{U}^2.$$

Donc si t', u' ; t'', u'' sont deux solutions, T, U en est une aussi.

Théorème II. — *L'inverse d'un facteur de solution est un facteur de solution.*

Démontré au n° **126**.

Théorème III. — *Le rapport de deux facteurs de solutions est un facteur de solution.*

Résulte des deux précédents.

Théorème IV. — *Dans l'ensemble des facteurs de solutions plus grands que 1 il y en a un plus petit que tous les autres.*

Il suffit de démontrer qu'il n'y a qu'un nombre limité de ces facteurs plus petits qu'un nombre donné a plus grand que 1. Ecrivons

$$1 < t - u\bar{\omega} < a \tag{44}$$

$t - u\bar{\omega}$ est, au signe près, l'inverse de $t - u\omega$. On a donc

$$-1 < t - u\bar{\omega} < 1$$

ou

$$-1 < u\bar{\omega} - t < 1. \tag{45}$$

En additionnant membre à membre les inégalités (44) et (45) on trouve

$$0 < u(\omega - \bar{\omega}) < 1 + a$$

ou

$$0 < \sqrt{4k + \rho}\, u < 1 + a.$$

Il n'y a qu'un nombre limité de valeurs de u satisfaisant à cette condition, à savoir les valeurs entières négatives plus grandes que $\frac{-(1 + a)}{\sqrt{4k + \rho}}$.

Alors l'égalité $t^2 + \rho tu - ku^2 = \pm 1$ montre qu'il n'y a qu'un nombre limité de valeurs de t correspondantes.

Théorème VI. — *Si l'on appelle* F *le plus petit facteur de solution plus grand que 1 la formule* F^n $(n = 1, 2, \ldots)$ *donnera tous les facteurs de solution plus grands que* 1.

D'abord tous les termes de cette suite sont des facteurs de solution d'après le théorème I et ce sont des facteurs plus grands que 1. Ce sont les termes d'une progression géométrique de raison plus grande que 1, ils sont donc rangés par ordre de grandeur. Reste à montrer que tous les facteurs de solution plus grands que 1 sont dans cette suite.

Soit F′ un facteur de solution plus grand que 1 qui n'y serait pas. Il serait compris entre deux termes consécutifs de la suite. On aurait

$$F^n < F' < F^{n+1}$$

d'où

$$1 < \frac{F'}{F^n} < F.$$

Alors $\frac{F'}{F''}$ serait un facteur de solution (Th. III), il serait plus grand que 1 et plus petit que F. Donc F ne serait pas le plus petit facteur de solution plus grand que 1 ce qui est contre l'hpothèse.

L'on voit ainsi que l'équation est complètement résolue quand on connaît la solution fondamentale de facteur F, et l'on retrouve les résultats de la première méthode.

NOTES ET EXERCICES

I. — L'équation diophantienne $2x^2 - 2xy - y^2 = 1$ est impossible (Transformer en congruence mod 3).

II. — Résoudre l'équation diophantienne $x^2 - y^2 = a$. Montrer que cette équation est impossible quand a est simplement pair et possible dans les autres cas. Quel est le nombre de solutions ? Examiner le cas particulier où a est une puissance. Celui où a est premier. En déduire qu'une condition nécessaire et suffisante pour qu'un entier a soit premier est que le plus petit entier positif dont le carré ajouté à a donne un carré soit $\frac{a-1}{2}$.

III. — Trouver un entier qui augmenté soit d'un entier a soit d'un entier b donne dans les deux cas un carré parfait. Application $a = 9$, $b = 24$ (Diophante).

IV. — Résoudre les équations de Fermat

$$x^2 - 109y^2 = 1$$
$$x^2 - 211y^2 = 1$$
$$x^2 - 991y^2 = 1.$$

Rép. Les solutions fondamentales sont

pour la première $x = 158070671986249$ $y = 15140424455100$
seconde $x = 278354373650$ $y = 19162705353$
troisième $x = 379516300906811930638014896080$
$y = 12055735790331359446442538767.$

On voit par ces exemples que même pour des valeurs relativement petites de k on aurait tort de chercher à déterminer la solution fondamentale par simples tâtonnements.

V. — Au n° **133** on a été amené à s'occupper de la parité de u_1. Démontrer à ce propos la règle suivante. Pour déterminer la parité de $P(a_0, a_1, \dots a_n)$ on pourra 1° supprimer les groupes de deux éléments pairs consécutifs, 2° supprimer les groupes de trois éléments impairs consécutifs, 3° remplacer les éléments pairs qui restent par des zéros et les impairs par des uns.

VI. — Résoudre les équations de Fermat $x^2 - (a^2 \pm 2d)u^2 = \pm 1$ d étant un diviseur de a.

Voir exercice VI du chapitre IX.

VII. — Résoudre les équations diophantiennes suivantes :

$$x^2 + xy + y^2 - 2x + 3y + 5 = 0$$
$$4x^2 - 4xy + y^2 + 5x - 3y + 3 = 0$$
$$2x^2 + xy - 3y^2 + x + y - 46 = 0$$
$$3x^2 - 8xy + 2y^2 - 15x + 11y - 169 = 0$$
$$2x^2 - 5xy + y^2 - 4x + 10y - 7 = 0$$
$$x^2 - 2y^2 = 7967.$$

VIII. — Trouver les valeurs entières de x pour lesquelles un trinôme du second degré à coefficients entiers est carré parfait. Application aux trinômes $-2x^2 + 3x + 11$, $9x^2 + 5x + 1$, $2x^2 - 3x + 7$, $3x^2 + 6x - 1$.

IX. — Trouver deux entiers consécutifs dont la différence des cubes soit un carré parfait.

Rép. Le plus petit des deux entiers est de la forme

$$\frac{(2 + \sqrt{3})^{2n+1} - (2 - \sqrt{3})^{2n+1} - 2\sqrt{3}}{4\sqrt{3}}.$$

X. — On appelle nombres *triangulaires* les entiers de la forme $\frac{h(h+1)}{2}$ $(h \geqslant 0)$. Les entiers $\frac{h(h+1)}{2}$ où h est négatif sont aussi triangulaires car, en posant $h = -h'$ on a $\frac{h(h+1)}{2} = \frac{(h'-1)h'}{2}$.

Démontrer que tout entier est la différence de deux triangulaires. En particulier $a = \frac{a(a+1)}{2} - \frac{(a-1)a}{2}$. Cette solution est la seule quand a est une puissance de 2.

XI. — Trouver des nombres qui soient à la fois triangulaires et carrés.

Rép. $\frac{x(x+1)}{2}$ où $x = \frac{(3 + \sqrt{8})^n + (3 - \sqrt{8})^n - 2}{4}$.

XII. — Le seul nombre triangulaire dont le quadruple le soit aussi est zéro.

XIII. — Le seul nombre triangulaire égal à la somme de deux carrés consécutifs est 1.

XIV. — Le seul nombre triangulaire égal à la somme des carrés de deux nombres impairs consécutifs est 10.

XV. — *Généralisation de la question du* n° **122**. Forme générale des polynômes à une variable de degré m qui prennent des valeurs entières pour toutes valeurs entières de la variable.

Rép.

$$f(\lambda)=a_0+\frac{a_1}{1}\lambda+\frac{a_2}{1.2}\lambda(\lambda-1)+\ldots+\frac{a_m}{1.2\ldots m}\lambda(\lambda-1)\ldots(\lambda-m+1)$$

λ étant la variable ; a_0, a_1, ... a_m des coefficients entiers arbitraires.

XVI. — Le théorème IV du n° **143** peut se démontrer à l'aide des fractions continuelles (que nous avons voulu éviter à cet endroit). Le cas de $\frac{b}{a}$ rationnel étant évident, examinons celui de $\frac{b}{a}$ irrationnel. Réduisons $\frac{b}{a}$ en fraction continuelle, soit $\frac{P_n}{Q_n}$ une réduite. On a

$$\frac{b}{a}=\frac{P_n}{Q_n}+\frac{\varepsilon}{Q_n^2}\ (\,|\,\varepsilon\,|<1)$$

d'où

$$|\,a(-P_n)+bQ_n\,|<\frac{|a|}{Q_n}$$

Q_n croissant indéfiniment avec n on voit que $a(-P_n)+bQ_n$ tend vers zéro.

Si l'on prend pour $\frac{P_n}{Q_n}$ une valeur principale (Exercice VII du chapitre VIII) on a

$$|\,a(-P_n)+bQ_n\,|<\frac{|a|}{2Q_n}.$$

XVII. — Le théorème V du n° **143** peut se démontrer de la façon suivante :

On remarque que

$$(ax+by)(a'x+b'y)=(ax+by)\left[\frac{a'}{a}(ax+by)+\frac{ab'-ba'}{a}y\right].$$

Si l'on considère les valeurs $x=-P_n$, $y=Q_n$ trouvées plus haut, on remarque que y est positif et que de plus on peut choisir la parité de n de façon que $ax + by$ ait le signe contraire à $\frac{ab' - ba'}{2}$. Alors

$$|(ax + by)(a'x + b'y)| < |ax + by| \left| \frac{ab' - ba'}{a} y \right|.$$

Mais

$$|ax + by| < \frac{|a|}{y}.$$

Donc

$$|(ax + by)(a'x + b'y)| < |ab' - ba'|.$$

Si l'on prend pour $\frac{P_n}{Q_n}$ une valeur principale on n'est pas sûr de pouvoir choisir la parité de n. On trouve alors

$$|(ax + by)(a'x + b'y)| < \left| \frac{ab' - ba'}{2} \right| + \left| \frac{aa'}{4y^2} \right|.$$

Donc $|(ax + by)(a'x + b'y)|$ peut devenir supérieur à toute quantité supérieure à $\left| \frac{ab' - ba'}{2} \right|$.

Si l'on applique ces résultats à $ax^2 + bxy + cy^2 = a(x - \alpha y)(x - \bar{\alpha} y)$, les coefficients a, b, c étant entiers et Δ n'étant pas carré parfait on voit que $|ax^2 + bxy + cy^2|$ peut devenir inférieur à toute quantité supérieure à $\frac{\sqrt{\Delta}}{2}$. Mais comme de plus $|ax^2 + bxy + cy^2|$ est entier et que $\frac{\sqrt{\Delta}}{2}$ ne l'est pas on voit que $|ax^2 + bxy + cy^2|$ peut devenir inférieure à $\frac{\sqrt{\Delta}}{2}$.

XVIII. — *Réciproque du précédent.* Soit l'équation diophantienne $ax^2 + bxy + cy^2 = m$ où l'on peut toujours supposer $a > 0$.

1° Si $m > 0$ et $m < \frac{\sqrt{\Delta}}{2}$, toute solution x, y de l'équation $(y > 0)$ est telle que $\frac{x}{y}$ est une réduite de α si $\frac{x}{y} > \alpha$, une réduite de $\bar{\alpha}$ si $\frac{x}{y} < \bar{\alpha}$.

2° Si $m < 0$ et $-m < \frac{\sqrt{\Delta}}{2}$, toute solution x, y de l'équation $(y > 0)$ est une réduite de α et une réduite de $\bar{\alpha}$, pourvu que de plus on ait

$$y > \sqrt{\frac{a}{2(\sqrt{\Delta} + 2m)}}.$$

On pose $\frac{x}{y} = \alpha + \frac{\varepsilon}{y^2}$ ou $\bar{\alpha} + \frac{\varepsilon}{y^2}$ et on démontre que dans les hypothèses faites on a $|\varepsilon| < \frac{1}{2}$.

XIX. — *Dans le développement en fraction continuelle d'un nombre quadratique α racine de $ax^2 + bx + c = 0$ tous les éléments de la période sont plus petits que $\sqrt{\Delta}$.*

$$\alpha = \frac{P_n\alpha_{n+1} + P_{n-1}}{Q_n\alpha_{n+1} + Q_{n-1}} = \frac{P_n}{Q_n} - \frac{\varepsilon}{Q_n(Q_n\alpha_{n+1} + Q_{n-1})}.$$

En calculant $aP_n^2 + bP_nQ_n + cQ_n^2 = a(P_n - \alpha Q_n)(P_n - \bar{\alpha}Q_n)$ on trouve

$$aP_n^2 + bP_nQ_n + cQ_n^2 = \frac{a\varepsilon^2}{(Q_n\alpha_{n+1} + Q_{n-1})^2} + \frac{\varepsilon\sqrt{\Delta}}{\alpha_{n+1} + \frac{Q_{n-1}}{Q_n}}.$$

Or $|aP_n^2 + bP_nQ_n + cQ_n^2| \geqslant 1$ et $\frac{a\varepsilon^2}{(Q_n\alpha_{n+1} + Q_{n-1})^2}$ tend vers zéro. On trouve $\alpha_{n+1} \leqslant \frac{\sqrt{\Delta}}{1 - \eta}$, η étant aussi petit qu'on veut, d'où $\alpha_{n+1} < \sqrt{\Delta}$.

Table des solutions fondamentales des équations

$$x^2 - ky^2 = \pm 1$$

pour les entiers k non carrés parfaits depuis $k = 2$ jusqu'à

$$k = 99$$

L'inspection des derniers chiffres de x, y, suffit pour montrer s'ils sont solutions de $x^2 - ky^2 = +$ ou -1.

Ces tables donnent facilement le développement en fraction continuelle de $\sqrt{k}$. Il suffit de réduire $\frac{x}{y}$ en fraction continuelle. Soit $\frac{x}{y} = a_0 + \frac{1}{a_1 +}\Big| \cdots + \Big|\frac{1}{a_n}$, le dernier élément étant modifié s'il le faut (n° **92**) de façon que la suite $a_1, a_2, \ldots a_n$ devienne symétrique. Alors $\sqrt{k} = a_0 + \frac{1}{a_1 +}\Big| \cdots + \Big|\frac{1}{a_n +}\Big|\frac{1}{2a_0 +}\Big| \cdots$

k	x	y	k	x	y
2	1	1	53	1 82	25
3	2	1	54	4 85	66
5	2	1	55	89	12
6	5	2	56	15	2
7	8	3	57	1 51	20
8	3	1	58	99	13
10	3	1	59	5 30	69
11	10	3	60	31	4
12	7	2	61	2 97 18	38 05
13	18	5	62	63	8
14	15	4	63	8	1
15	4	1	65	8	1
17	4	1	66	65	8
18	17	4	67	4 88 42	59 67
19	1 70	39	68	33	4
20	9	2	69	77 75	9 36
21	55	12	70	2 51	30
22	1 97	42	71	34 80	4 13
23	24	5	72	17	2
24	5	1	73	10 68	1 25
26	5	1	74	43	5
27	26	5	75	26	3
28	1 27	24	76	5 77 99	66 30
29	70	13	77	3 51	40
30	11	2	78	53	6
31	15 20	2 73	79	80	9
32	17	3	80	9	1
33	23	4	82	9	1
34	35	6	83	82	9
35	6	1	84	55	6
37	6	1	85	3 78	41
38	37	6	86	1 04 05	11 22
39	25	4	87	28	3
40	19	3	88	1 97	21
41	32	5	89	5 00	53
42	13	2	90	19	2
43	34 82	5 31	91	15 74	1 65
44	1 99	30	92	11 51	1 20
45	1 61	24	93	1 21 51	12 60
46	2 43 35	35 88	94	2 54 32 95	22 10 64
47	48	7	95	39	4
48	7	1	96	49	5
50	7	1	97	56 04	5 69
51	50	7	98	99	10
52	6 49	90	99	10	1

Table des solutions fondamentales des équations

$$x^2 + xy - ky^2 = +1$$

pour les entiers k impairs depuis $k = 1$ jusqu'à $k = 23$

L'inspection des derniers chiffres de x, y suffit à montrer s'ils sont solutions de $x^2 + xy - ky^2 = +$ ou $- 1$.

Ces tables donnent facilement le développement de $\frac{-1 + \sqrt{4k+1}}{2}$

Il suffit de réduire $\frac{x}{y}$ en fraction continuelle. Soit

$$\frac{x}{y} = a_0 + \frac{1}{a_1 +} \Big| \cdots + \Big| \frac{1}{a_n}$$

le dernier élément étant modifié s'il le faut de façon que la suite $a_1, a_2, \ldots a_n$ devienne symétrique. Alors

$$\frac{-1 + \sqrt{4k+1}}{2} = a_0 + \overline{\frac{1}{a_1 +} \Big| \cdots + \Big| \frac{1}{a_n +} \Big| \frac{1}{2a_0 + 1 +}} \Big| \cdots$$

On n'a pas mis dans ce tableau les valeurs paires de k parce qu'on a vu (n° **133**) que pour ces valeurs l'équation de Fermat de seconde espèce se ramène à celle de première.

k	x	y	k	x	y
1	0	1	13	3	1
3	1	1	15	17	5
5	2	1	17	11	3
7	2	1	19	4	1
9	5	2	21	4	1
11	3	1	23	13	3

CHAPITRE XI

FORMES QUADRATIQUES BINAIRES
THÉORIE ALGÉBRIQUE
ÉQUIVALENCE ARITHMÉTIQUE DES FORMES DÉFINIES

148. — Une forme quadratique binaire est une expression de la forme $ax^2 + bxy + cy^2$ où a, b, c sont des nombres donnés et x, y, deux indéterminées. Nous désignerons souvent la forme $ax^2 + bxy + cy^2$ par la notation (a, b, c).

a s'appellera le *premier* coefficient de la forme, b le *second* et c le *troisième*.

$b^2 - 4ac$ s'appelle le *déterminant* de la forme, nous le désignerons par Δ.

$4ac - b^2 = -\Delta$ s'appelle le *discriminant*, nous le désignerons par D.

Les racines de l'équation $ax^2 + bx + c = 0$ soient $\dfrac{-b \pm \sqrt{\Delta}}{2a}$ s'appelleront aussi les racines de la forme. En appelant ω_1 et ω_2 ces deux racines, la forme $ax^2 + bxy + cy^2$ est identique à $a(x - \omega_1 y)(x - \omega_2 y)$.

Pour le moment nous nous occupons de la théorie *algébrique* des formes binaires quadratiques. Alors a, b, c sont quelconques.

THÉORÈME. — *Le déterminant Δ (et par suite le discriminant D) est un invariant de la forme* [1]. (I. 258).

[1] On est conduit à ce théorème par les considérations suivantes. La condition $\Delta = 0$ exprime que les racines de la forme sont égales. Or cette particularité se conserve par une substitution linéaire. Donc $\Delta = 0$ doit entraîner $\Delta' = 0$.

1re *Démonstration.* — En effet si l'on effectue sur (a, b, c) la substitution $\begin{pmatrix} \alpha & \beta \\ \gamma & \delta \end{pmatrix}$ elle devient a', b', c', et l'on trouve, par un calcul facile,

$$a' = a\alpha^2 + b\alpha\gamma + c\gamma^2$$
$$b' = 2a\alpha\beta + b(\alpha\delta + \beta\gamma) + 2c\gamma\delta$$
$$c' = a\beta^2 + b\beta\delta + r\delta^2.$$

On vérifie facilement que

$$b'^2 - 4a'c' = (\alpha\delta - \beta\gamma)^2(b^2 - 4ac)$$

2e *Démonstration.* — En appelant ω_1, ω_2 les racines de la forme on a

$$\Delta = a^2(\omega_1 - \omega_2)^2.$$

D'autre part, si l'on fait la substitution $\begin{pmatrix} \alpha & \beta \\ \gamma & \delta \end{pmatrix}$ sur la forme $a(x - \omega_1 y)(x - \omega_2 y)$ elle se transforme en $a'(x - \omega_1' y)(x - \omega_2' y)$.

Donc $x - \omega_1 y$ se transforme en $l_1(x - \omega_1' y)$

$x - \omega_2 y$ se transforme en $l_2(x - \omega_2' y)$

l_1, l_2 étant certains coefficients constants et l'on a

$$a l_1 l_2 = a'.$$

Ceci posé appliquons le théorème sur l'invariance du déterminant des formes linéaires (I. 261) un système des deux formes $x - \omega_1 y$, $x - \omega_2 y$, il montre que l'on a

$$l_1 l_2(\omega_1' - \omega_2') = (\alpha\delta - \beta\gamma)(\omega_1 - \omega_2)$$

ou

$$\frac{a'}{a}(\omega_1' - \omega_2') = (\alpha\delta - \beta\gamma)(\omega_1 - \omega_2).$$

Elevant au carré, remplaçant $(\omega_1 - \omega_2)^2$ par $\frac{\Delta}{a_2}$ et $(\omega_1' - \omega_2')^2$ par $\frac{\Delta'}{a_2'}$ il vient

$$\Delta' = (\alpha\delta - \beta\gamma)^2\Delta.$$

149. — Du déterminant Δ on déduit une infinité d'autres invariants, à savoir $C\Delta^m$, C et m étant des constantes quelconques. Nous allons démontrer qu'il n'y en a pas d'autres en général, c'est-à-dire si les coefficients a, b, c sont quelconques (1).

(1) On peut dire : car les deux racines ω_1, ω_2 pouvant, si elles ne sont pas égales, être transformées par une substitution linéaire en deux nombres quelconques elles ne peuvent avoir d'autre propriété invariante que d'être égales.

Soit $I(a, b, c)$ un invariant tel que

$$I(a', b', c') = \varphi\begin{pmatrix} \alpha & \beta \\ \gamma & \delta \end{pmatrix} I(a, b, c), \tag{1}$$

Faisons dans cette égalité $a = c = 0$, $b = 1$, il vient :

$$I(\alpha\gamma, \alpha\delta + \beta\gamma, \beta\delta) + \varphi\begin{pmatrix} \alpha & \beta \\ \gamma & \delta \end{pmatrix} I(0, 1, 0).$$

Posons

$$J(a, b, c) = \frac{I(a, b, c)}{I(0, 1, 0)}$$

il vient :

$$J(\alpha\gamma, \alpha\delta + \beta\gamma, \beta\delta) = \varphi\begin{pmatrix} \alpha & \beta \\ \gamma & \delta \end{pmatrix}$$

et l'équation (1) devient

$$J(a', b', c') = J(\alpha\gamma, \alpha\delta + \beta\gamma, \beta\delta) J(a, b, c).$$

Prenons les dérivées de cette équation successivement par rapport à $\alpha, \beta, \gamma, \delta$, et dans les résultats faisons $\alpha = \delta = 1$, $\beta = \gamma = 0$, il vient :

$$2a \frac{\partial J}{\partial a} + b \frac{\partial J}{\partial b} = \frac{\partial J}{\partial b}(0, 1, 0) \cdot J(a, b, c)$$

$$2a \frac{\partial J}{\partial b} + b \frac{\partial J}{\partial c} = \frac{\partial J}{\partial c}(0, 1, 0) \cdot J(a, b, c)$$

$$b \frac{\partial J}{\partial a} + 2c \frac{\partial J}{\partial b} = \frac{\partial J}{\partial a}(0, 1, 0) \cdot J(a, b, c)$$

$$b \frac{\partial J}{\partial b} + 2c \frac{\partial J}{\partial c} = \frac{\partial J}{\partial a}(0, 1, 0) \cdot J(a, b, c)$$

$\left(\frac{\partial J}{\partial a}(0, 1, 0) \text{ signifie } \frac{\partial J(a, b, c)}{\partial a} \text{ dans lequel on fait } a = c = 0 \text{ et } b = 1\right)$

d'où, en résolvant la première et la troisième équation par rapport à $\frac{\partial J}{\partial a}$ et $\frac{\partial J}{\partial b}$, puis la seconde et la quatrième par rapport à $\frac{\partial J}{\partial b}$ et $\frac{\partial J}{\partial c}$

$$(b^2 - 4ac) \frac{\partial J}{\partial a} = \left[b \frac{\partial J}{\partial a}(0, 1, 0) - 2c \frac{\partial J}{\partial b}(0, 1, 0)\right] J(a, b, c)$$

$$(b^2 - 4ac) \frac{\partial J}{\partial b} = \left[b \frac{\partial J}{\partial b}(0, 1, 0) - 2a \frac{\partial J}{\partial a}(0, 1, 0)\right] J(a, b, c)$$

$$(b^2 - 4ac) \frac{\partial J}{\partial b} = \left[-2c \frac{\partial J}{\partial c}(0, 1, 0) + b \frac{\partial J}{\partial b}(0, 1, 0)\right] J(a, b, c)$$

$$(b^2 - 4ac) \frac{\partial J}{\partial c} = \left[b \frac{\partial J}{\partial c}(0, 1, 0) - 2a \frac{\partial J}{\partial b}(0, 1, 0)\right] J(a, b, c).$$

Comparant les deux valeurs de $(b^2 - 4ac)\frac{\partial J}{\partial b}$ qui doivent être identiques on voit que

$$\frac{\partial J}{\partial a}(0, 1, 0) = \frac{\partial J}{\partial o}(0, 1, 0) = 0$$

et on a alors, en posant la constante $\frac{\partial J}{\partial b}(0, 1, 0) = 2m$:

$$(b^2 - 4ac)\frac{\partial J}{\partial b} + 4mcJ(a, b, c) = 0$$

$$(b^2 - 4ac)\frac{\partial J}{\partial b} - 2mbJ(a, b, c) = 0$$

$$(b^2 - 4ac)\frac{\partial J}{\partial c} + 4maJ(\alpha, b, c) = 0$$

équations qui expriment que les trois dérivées partielles de $\frac{J}{(b^2 - 4ac)^m}$ sont nulles.

Donc $\frac{J}{(b^2 - 4ac)^m}$ est une constante (1) et comme I ne diffère de J que par un autre facteur constant, le théorème est démontré.

150. — *Toute forme quadratique binaire à racines distinctes est équivalente, algébriquement* (I. 246), *à xy ; toute forme quadratique binaire à racines égales est équivalente algébriquement à x^2.*

En effet la forme $a(x - \omega_1 y)(x - \omega_2 y)$ où l'on suppose $\omega_1 \neq \omega_2$ se transforme en xy par la substitution réversible

$$\begin{array}{c|c} x & \dfrac{-\omega_1 x + \omega_1 y}{\sqrt{a}} \\ y & \dfrac{-x + y}{\sqrt{a}} \end{array}$$

La forme $a(x - \omega_1 y)^2$ se transforme en x^2 par les substitutions réversibles

$$\begin{array}{c|c} x & \lambda x + \mu y \\ y & \dfrac{\left(\lambda - \frac{1}{\sqrt{a}}\right)x' + \mu y'}{\omega_1} \end{array}$$

où λ, μ sont quelconques, $\mu \neq 0$.

(1) D'ailleurs cette constante est égale à 1, puisque $\frac{\partial J}{\partial b}(0, 1, 0) = 2m$.

Il en résulte que deux formes à racines inégales sont équivalentes entre elles.

De même deux formes à racines égales. Une forme à racines distinctes contient toute forme à racine égale mais n'est pas contenue dans elle.

151. Formes définies et formes indéfinies. — Ici il ne s'agit que des formes à coefficients *réels*. L'identité

$$ax^2 + bxy + cy^2 = a(x + \frac{b}{2a}y)^2 - \frac{\Delta}{4a}y^2$$

montre que si $\Delta < 0$ la forme prend pour toutes valeurs réelles de x, y une valeur de même signe que a. Elle est dite *définie*. Elle est dite définie *positive* si $a > 0$, définie *négative* si $a < 0$.

Si $\Delta > 0$ les racines sont réelles. L'identité

$$ax^2 + bxy + cy^2 = (x - \omega_1 y)(x - \omega_2 y)$$

montre alors que la forme prend des valeurs du signe de a si $\frac{x}{y}$ est extérieur à l'intervalle ω_1, ω_2 ; des valeurs de signe contraire à a si $\frac{x}{y}$ est intérieur à cet intervalle. La forme est dite *indéfinie*. Elle s'annule si $\frac{x}{y} = \omega_1$ ou ω_2.

Si $\Delta = 0$ la forme est carré parfait. On a dans ce cas

$$ax^2 + bxy + cy^2 = a(x + \frac{b}{2a}y)^2.$$

Elle prend pour toutes valeurs réelles de x, y une valeur de même signe que a, sauf pour les systèmes de valeurs

$$x = b\lambda \quad , y = -2a\lambda$$

λ étant arbitraire, pour lesquels elle prend la valeur zéro.

152. Théorie arithmétique des formes quadratiques binaires à coefficients entiers. — A partir de maintenant, sauf avis contraire, les coefficients des formes, les valeurs particulières données aux variables, enfin les coefficients des substitutions seront des nombres entiers. Rappelons quelques définitions déjà données.

On dit que la forme $f(x, y)$ *représente* l'entier m pour le système de valeurs $x = x_0$, $y = y_0$ des variables lorsque $f(x_0, y_0) = m$ (I. 265). La représentation est dite *primitive* si x_0, y_0 sont premiers entre eux. On peut se borner à l'étude des représentations *primitives* (I. 266) ([1]).

La forme (a, b, c) est dite *primitive* quand a, b, c sont premiers dans leur ensemble. En tout cas, un diviseur commun de a, b, c est dit un *diviseur* de la forme, et le plus grand s'appelle le *plus grand diviseur* de la forme. L'étude des formes non primitives se ramène à celle des formes primitives (I. 267).

Toute forme $f(\alpha x + \beta y, \gamma x + \delta y)$ (α, β, γ, δ, entiers), est dite *contenue arithmétiquement* ou plus simplement, lorsqu'il n'y a pas d'ambiguïté possible, *contenue* dans $f(x, y)$. Tous les entiers représentables par $f(\alpha x + \beta y, \gamma x + \delta y)$ le sont aussi par $f(x, y)$ (I. 268).

Si $\alpha\delta - \beta\gamma = \pm 1$ les formes $f(x, y)$ et $f(\alpha x + \beta y, \gamma x + \delta y)$ se contiennent l'une l'autre. Elles sont dites *équivalentes* (I. 270). Elles représentent les mêmes entiers et les représentations correspondantes d'un même entier par les deux formes sont en même temps primitives ou non.

L'équivalence des deux formes $f(x, y)$ et $f(\alpha x + \beta y, \gamma x + \delta y)$ est dite *propre* quand $\alpha\delta - \beta\gamma = +1$, c'est-à-dire quand la substitution $\begin{pmatrix} \alpha & \beta \\ \gamma & \delta \end{pmatrix}$ est modulaire. Elle est impropre quand $\alpha\delta - \beta\gamma = -1$.

Deux formes équivalentes *proprement* sont dites de *la même classe*.

Deux formes équivalentes et en particulier deux formes de même classe ont le même déterminant (n° **148**). La réciproque n'est pas vraie, c'est-à-dire que le déterminant ne forme pas à lui seul un système complet d'invariants (I. 294). Pour le montrer sur un exemple considérons les deux formes $(1, 0, 3)$ et $(2, 2, 2)$, elles ont le même déterminant égal à -12, et cependant elles ne sont pas équivalentes, puisque la première peut évidemment représenter des nombres impairs et non la seconde.

([1]) Dans le premier volume de cet ouvrage (I. 266), nous avons dit à l'exemple de nombreux auteurs « représentation *propre* », mais nous adopterons à partir de maintenant la dénomination de « représentation *primitive* » qui nous semble bien meilleure.

153. Ordres de classes.

Théorème. — *Quand une forme en contient une autre, le plus grand diviseur de la seconde est un multiple de celui de la première.*

Ce théorème a été démontré pour les formes arithmétiques de n'importe quel degré (I. 273). Voici une nouvelle démonstration reposant sur une nouvelle définition du plus grand diviseur d'une forme.

Le plus grand diviseur d'une forme quadratique binaire est le plus grand commun diviseur des entiers représentés par cette forme.

D'abord il est évident que le plus grand diviseur de la forme (a, b, c), c'est-à-dire le plus grand commun diviseur de a, b, c, divise tout entier de la forme $ax^2 + bxy + cy^2$.

Ensuite un entier qui divise tous les entiers de la forme $ax^2 + bxy + cy^2$ divise en particulier a, c et $a + b + c$; donc il divise a, b, c, donc il divise le plus grand commun diviseur de ces trois entiers.

Il en résulte le théorème annoncé.

Corollaire. — Deux formes équivalentes ont le même plus grand diviseur.

Ce plus grand diviseur δ est donc encore un invariant arithmétique de la forme. Avec le déterminant Δ cela fait deux invariants que nous connaissons.

Remarquons que Δ est divisible par δ^2. On peut se demander si Δ et δ ne formeraient pas un système complet d'invariants, mais cela n'est pas vrai non plus, on peut le voir sur l'exemple suivant. Les formes $(1, 0, -10)$ et $(2, 0, -5)$ sont toutes deux primitives et de déterminant égal à 40, mais la première ne peut représenter que des entiers congrus à $\pm 1 \pmod 5$, tandis que la seconde ne peut représenter que des entiers congrus à $\pm 2 \pmod 5$.

On est ainsi amené à considérer les *ordres* de classes. Toutes les formes, toutes les classes ayant même déterminant et même plus grand diviseur sont dites appartenir à un même ordre. En particulier les formes ou classes primitives de déterminant Δ forment l'ordre *primitif* de déterminant Δ.

154. Formes et classes de première et de seconde espèce.

Théorème. — *Dans deux formes équivalentes les seconds coefficients sont de même parité.*

En effet si l'on passe de (a, b, c) à (a', b', c') par la substitution $\begin{pmatrix} \alpha & \beta \\ \gamma & \delta \end{pmatrix}$ on a

$$\begin{aligned} b' &= 2a\alpha\beta + b(\alpha\delta + \beta\gamma) + 2c\gamma\delta = 2(a\alpha\beta + b\beta\gamma + c\gamma\delta) + b(\alpha\delta - \beta\gamma) \\ &= 2(a\alpha\beta + b\beta\gamma + 2\gamma\delta) \pm b \end{aligned}$$

ce qui démontre le théorème.

On pourra donc distinguer les formes et classes où le second coefficient est pair et qui seront dites de *première espèce*, et les formes et classes où le second coefficient est impair et qui seront dites de *seconde espèce*.

Dans les formes et classes de première espèce le déterminant Δ *est congru à zéro (mod 4), dans les formes et classes de seconde espèce le déterminant est congru à* 1 *(mod 4).*

En effet, $\Delta = b^2 - 4ac$ est évidemment congru à zéro ou à un (mod 4) suivant que b est pair ou impair.

Réciproquement, tout entier congru à zéro (mod 4) est déterminant de formes de première espèce, tout entier congru à un (mod 4) est déterminant de formes de seconde espèce. En effet dans l'équation $\Delta = b^2 - 4ac$, où Δ est supposé connu et où il s'agit de déterminer a, b, c, donnons à b une valeur, paire si Δ est congru à zéro (mod 4) ; impaire si Δ est congru à un (mod 4), on en tirera $ac = \frac{b^2 - \Delta}{4}$, valeur entière d'où l'on déduira des valeurs pour a et c.

On peut ajouter que Δ est *déterminant de formes primitives*. En effet, parmi les systèmes de valeurs de a et c on peut prendre $a = 1$, $c = \frac{b^2 - \Delta}{4}$; la forme obtenue est primitive.

155. Formes arithmétiques définies ou indéfinies. — Nous remarquons que les formes d'une même classe sont toutes définies, ou toutes indéfinies, ou toutes carrés parfaits puisque leur déterminant est le même (n° **151**). Si elles sont définies, elles sont toutes définies de même signe. On peut donc parler de *classes définies*, d'un signe ou de l'autre, et de *classes indéfinies*.

Une forme définie prend pour toutes valeurs de x, y une valeur du même signe que a.

Une forme indéfinie peut représenter des entiers des deux signes. En effet on a vu (n° **151**) qu'elle prend des valeurs d'un signe ou de l'autre suivant que $\frac{x}{y}$ est intérieur ou extérieur à l'intervalle ω_1, ω_2. Or il existe des systèmes de valeurs entières de x et y satisfaisant à l'une ou à l'autre de ces conditions. Il en existe une infinité. De plus il en existe une infinité dans lesquelles les valeurs de x, y sont premières entre elles, c'est-à-dire pour lesquelles la représentation est primitive.

Enfin pour une forme carré parfait $ax^2 + bxy + cy^2 = \frac{(2ax + by)^2}{4a}$ si l'on pose $\frac{-b}{2a} = \frac{\alpha}{\beta}$, α et β étant premiers entre eux, cette forme représente primitivement zéro pour $x = \alpha$, $y = \beta$ et pour $x = -\alpha$, $y = -\beta$; elle représente zéro, non primitivement, pour $x = \alpha\lambda$, $y = \beta\lambda$ (λ entier différent de ± 1), elle prend une valeur du signe de a pour tout autre système de valeurs de x, y.

156. Equivalence des formes définies. — Les problèmes fondamentaux sont :

1° *Reconnaître si deux formes sont équivalentes.*

2° *Au cas où elles le sont trouver les substitutions unités par lesquelles on passe de l'une à l'autre.*

Une première condition pour que deux formes soient équivalentes est qu'elles aient même déterminant et même plus grand diviseur. Mais on sait (n° **153**) que ces conditions ne sont pas suffisantes.

Il faudra distinguer entre l'équivalence propre et l'équivalence impropre. Mais l'un des deux cas se ramène à l'autre. Car si les deux formes (a, b, c) et (a', b', c') sont équivalentes proprement les deux formes (a, b, c) et $(a', -b', c')$ le sont improprement.

Définition. — Les classes des formes (a, b, c) et $(a, -b, c)$ seront dites *inverses* [1].

[1] La plupart des auteurs emploient, d'après Gauss, le mot « *opposées* ».

On peut remarquer que (a, b, c) et $(c, -b, a)$ sont de même classe puisque l'on passe de l'une à l'autre par la substitution modulaire $\begin{pmatrix} 0 & 1 \\ -1 & 0 \end{pmatrix}$.

Donc deux classes inverses peuvent être représentées par les formes (a, b, c) et (c, b, a).

Les problèmes fondamentaux sont maintenant les suivants :

A. — *Reconnaître si deux formes sont de même classe.*

B. — *Au cas où elles le sont trouver les substitutions modulaires par lesquelles on passe de l'une à l'autre.*

On pourra supposer les formes primitives, car si (a, b, c) $(a' \ b' \ c')$ sont de même classe il en est de même de (da, db, dc) et (da', db', dc'). Mais nous n'aurons pas besoin de faire cette supposition dans ce qui va suivre.

Nous nous occupperons d'abord du cas où $\Delta < 0$, c'est-à-dire des formes définies.

Pour que deux formes définies soient de même classe il faut qu'elles soient toutes les deux définies de même signe. Mais si les deux formes (a, b, c) et (a', b', c') sont de même classe il en est de même des formes $(-a, -b, -c)$ et $(-a', -b', -c')$. Nous nous bornerons donc à la considération des formes et classes *définies positives*. Dans ces formes le premier et le troisième coefficients sont positifs.

Définition. — Les deux formes (a, b, c) et $(-a, -b, -c)$ seront dites *égales mais de signes contraires*. Il en sera de même des classes auxquelles elles appartiennent.

La solution des problèmes A et B repose sur la considération des formes réduites.

157. *Définition.* — La forme définie positive (a, b, c) est dite *réduite* lorsque les conditions suivantes sont remplies

$$-a < b \leqslant a \tag{2}$$

$$a \leqslant c \tag{3}$$

Mais le mot « *inverse* » s'accorde mieux avec la théorie de la composition ou multiplication (Ch. XXI). Gauss avait d'abord assimilé la composition des formes à une addition, mais tout le monde est d'accord maintenant pour l'assimiler à une multiplication.

et de plus, au cas où $a = c$

(4) $$b \geqslant 0.$$

THÉORÈME. — *Toute forme définie positive est de même classe qu'une forme réduite.*

Soit (a, b, c) la forme donnée. Ne nous préoccupons pas d'abord de la condition (4) et cherchons une forme de même classe que (a, b, c) et satisfaisant aux conditions (2) et (3).

Si la forme (a, b, c) ne satisfait pas à la condition (2) appliquons-lui la substitution modulaire $\begin{pmatrix} 1 & m \\ 0 & 1 \end{pmatrix}$, nous obtenons la forme $(a, 2am + b, am^2 + bm + c)$. Nous pourrons déterminer l'entier m par la condition que cette forme satisfasse à la condition (2),

$$-a < 2am + b \leqslant a.$$

Il suffit de prendre $m = \mathrm{E}\left(\frac{a - b}{2a}\right)$.

On peut donc supposer que la forme dont on part satisfasse aux conditions (2). Pour ne pas multiplier les notations désignons cette forme par (a, b, c). Ainsi on part de (a, b, c) satisfaisant à la condition $-a < b \leqslant a$.

Si de plus $a \leqslant c$ notre but est atteint, la forme (a, b, c) satisfait aux conditions (2) et (3). Supposons maintenant que cela ne soit pas, c'est-à-dire que $a > c$.

Appliquons à (a, b, c) la substitution modulaire $\begin{pmatrix} 0 & -1 \\ 1 & m \end{pmatrix}$.

La forme (a, b, c) se trouve remplacée par la forme

(5) $$(c \quad 2cm - b \quad cm^2 - bm + a)$$

et l'on déterminera m de façon qu'elle satisfasse aux conditions (2)

$$-c < 2cm - b \leqslant c$$

il suffit de prendre $m = \mathrm{E}\left(\frac{b + c}{2c}\right)$.

De cette façon la forme (a, b, c) est remplacée par la forme (5) qui satisfait encore à la condition (2), mais dans laquelle le premier coefficient est plus petit que dans la forme (a, b, c).

Si cette forme (5) satisfait en outre à la condition (3) notre but est atteint. Sinon, en continuant le même procédé on obtient une suite de formes satisfaisant toutes à la condition (2) mais dans lesquelles, aussi longtemps que la condition (3) n'est pas remplie, le premier coefficient diminue d'une forme à la suivante. Comme cette diminution ne peut se prolonger indéfiniment puisque ce premier coefficient est un entier positif on arrive nécessairement à une forme satisfaisant aux conditions (2) et (3).

Reste la condition (4). Or si la forme obtenue n'y satisfait pas elle est de la forme (a, b, a) avec $b < 0$; il suffit de lui appliquer la substitution modulaire $\begin{pmatrix} 0 & 1 \\ -1 & 0 \end{pmatrix}$; elle devient $(a, -b, a)$ qui satisfait à la condition (4). Le théorème est donc démontré. Ce théorème peut encore s'énoncer :

Dans chaque classe définie positive il y a une forme réduite.

158. — Nous allons maintenant montrer que :

Dans chaque classe définie positive il n'y a qu'une forme réduite ou, ce qui revient au même,

Deux formes réduites ne peuvent être de même classe que si elles sont identiques.

Lemme. — *Dans une forme réduite définie* (a, b, c) *on a* [1] $D \geqslant 3a^2$. *L'égalité n'a lieu que si* $a = b = c$.

En effet $D = 4ac - b^2$. En remplaçant au second membre c et $|b|$ par a on diminue ce second membre, sauf si $a = c = |b|$. Donc

$$D > 3a^2 \tag{6}$$

sauf si $a = c = |b|$. Si $a = c = |b|$, comme la forme est réduite on a $b > 0$, donc $a = b = c$ et alors $D = 3a^2$.

Remarque. — On voit aussi facilement que $D \geqslant 3b^2$ et $D \geqslant 3ac$, les égalités n'ayant lieu que lorsque $a = c = b$.

Passons maintenant à la démonstration du théorème annoncé.

Supposons que dans une classe il y ait deux formes réduites (a, b, c) et (a', b', c'), nous voulons montrer qu'elles sont identiques.

[1] Nous rappelons que $D = -\Delta$.

Soit $\begin{pmatrix}\alpha & \beta \\ \gamma & \delta\end{pmatrix}$ la substitution modulaire par laquelle on passe de la première à la seconde. On a

$$(7)\quad \left\{\begin{aligned} a\alpha^2 + b\alpha\gamma + c\gamma^2 &= a' \\ 2a\alpha\beta + b(\alpha\delta + \beta\gamma) + 2c\gamma\delta &= b' \\ a\beta^2 + b\beta\delta + c\delta^2 &= c' \\ \alpha\delta - \beta\gamma &= 1. \end{aligned}\right.$$

Remarquons d'abord que si la substitution $\begin{pmatrix}\alpha & \beta \\ \gamma & \delta\end{pmatrix}$ satisfait à ces conditions, la substitution $\begin{pmatrix}-\alpha & -\beta \\ -\gamma & -\delta\end{pmatrix}$ y satisfait aussi. Ceci posé, la première des équations (7) donne

$$(8)\quad (2a\alpha + b\gamma)^2 + D\gamma^2 = 4aa'.$$

Or, les deux formes étant réduites, on a $D \geqslant 3a^2$ et $D' \geqslant 3a'^2$. Donc $D \geqslant 3aa'$.

Alors l'égalité (8) montre que γ ne peut dépasser 1. Donc $\gamma = 0$ ou + ou − 1.

1° Supposons $\gamma = 0$. Alors la dernière des équations (7) donne $\alpha\delta = 1$ d'où $\alpha = \delta = \pm 1$, et d'après une remarque faite plus haut on peut se borner à $\alpha = \delta = 1$. Avec ces valeurs de α, γ, δ, les équations (7) donnent

$$(9)\quad \left\{\begin{aligned} a &= a' \\ 2a\beta + b &= b' \\ a\beta^2 + b\beta + c &= c'. \end{aligned}\right.$$

Or

$$-a \leqslant b < a$$

et

$$-a' \leqslant b' < a'$$

d'où (puisque $a = a'$)

$$-a \leqslant b' < a.$$

Donc

$$-2a < b' - b < 2a.$$

Par suite la seconde des égalités (9) donne $\beta = 0$. Alors $b = b'$ et $c = c'$ et le théorème est démontré.

2° Supposons maintenant $\gamma = \pm 1$, ou plus simplement d'après la remarque préliminaire $\gamma = 1$. On peut, puisque rien ne distingue les formes (a, b, c), (a', b', c') supposer

(10) $$a' \leqslant a.$$

L'égalité (8) où $\gamma = 1$ donne

$$(2a\alpha + b)^2 = 4aa' - D$$

c'est-à-dire, d'après (6) et (10)

$$(2a\alpha + b)^2 \leqslant a^2.$$

Comme $|b| \leqslant a$, ceci exige que $\alpha = 0, +1$ ou -1. Nous diviserons donc le cas de $\gamma = 1$ en trois autres.

a) $$\gamma = 1, \quad \alpha = 0.$$

La dernière égalité (7) donne $\beta = -1$ et la première donne $c = a'$.

Comme $a' \leqslant a \leqslant c$ on voit que

(11) $$a' = a = c.$$

La deuxième des égalités (7) donne alors

(12) $$2c\delta = b + b'.$$

Or

$$-a - a' < b + b' \leqslant a + a'$$

ou, d'après (11)

$$-2c < b + b' \leqslant 2c.$$

Donc (12) donne

$$-1 < \delta \leqslant 1.$$

Ainsi $\delta = 0$ ou 1.

Si $\delta = 0$ la substitution $\begin{pmatrix} \alpha & \beta \\ \gamma & \delta \end{pmatrix}$ se réduit à $\begin{pmatrix} 0 & -1 \\ 1 & 0 \end{pmatrix}$. La première forme est (a, b, a) et la seconde est $(a, -b, a)$. Mais d'après (4) ces deux formes ne peuvent être réduites en même temps que si $b = 0$, alors les deux formes sont identiques.

Si $\delta = 1$, la substitution $\begin{pmatrix} \alpha & \beta \\ \gamma & \delta \end{pmatrix}$ se réduit à $\begin{pmatrix} 0 & -1 \\ 1 & 1 \end{pmatrix}$.
La première forme est (a, b, a) et la seconde est $(a, 2a - b, 2a - b)$.
La seconde étant réduite c'est que $2a - b \leqslant a$ d'où $a \leqslant b$.
Mais déjà $b \leqslant a$. Donc $a = b$. Alors les deux formes sont

identiques à (a, a, a).

$b)$ $$\gamma = 1 \qquad \alpha = 1.$$

La première des égalités (7) donne

$$a + b + c = a'$$

ce qui est impossible puisque $a' \leqslant a$ et que $b > -a \geqslant -c$.

$c)$ $$\gamma = 1 \qquad \alpha = -1.$$

La première des égalités (7) donne

$$a - b + c = a'.$$

Or $a' \leqslant a$. Donc $b \geqslant c$. Mais $b \leqslant a \leqslant c$. Donc $a = b = c$, et la première forme est (a, a, a). La première des égalités (7) donne alors $a' = a$. La seconde donne

$$a(\delta - \beta) = b'.$$

Or

$$-a' < b' \leqslant a'$$

d'où

$$-a < b' \leqslant a.$$

Donc $\delta - \beta = 0$ ou 1.

Mais la dernière des équations (7) donne

$$\delta + \beta = -1.$$

Comme $\delta - \beta$ et $\delta + \beta$ sont de même parité on a donc nécessairement $\delta - \beta = 1$. Alors $\delta = 0$, $\beta = -1$. La substitution $\begin{pmatrix} \alpha & \beta \\ \gamma & \delta \end{pmatrix}$ se réduit à $\begin{pmatrix} -1 & -1 \\ 1 & 0 \end{pmatrix}$. Elle transforme la forme (a, a, a) en elle-même. Donc dans ce cas encore les deux formes sont identiques et le théorème est démontré.

159. Substitutions automorphes d'une forme réduite. — En même temps qu'on a démontré ce théorème on a trouvé les valeurs de $\alpha, \beta, \gamma, \delta$; par conséquent les substitutions modulaires qui transforment une forme réduite en elle-même c'est-à-dire les substitutions modulaires *automorphes* de cette forme (I. 248).

On a ainsi les résultats suivants :

Toute forme définie réduite a les deux substitutions modulaires automorphes suivantes :

$$I = \begin{pmatrix} 1 & 0 \\ 0 & 1 \end{pmatrix} \quad \text{(substitution identique),}$$

$$\text{et} \quad J = \begin{pmatrix} -1 & 0 \\ 0 & -1 \end{pmatrix} \quad \text{(substitution identique changée de signe).}$$

En général il n'y en a pas d'autres. Mais les formes (a, o, a) *ont en plus les deux substitutions modulaires automorphes :*

$$T = \begin{pmatrix} 0 & 1 \\ -1 & 0 \end{pmatrix} \quad \text{et} \quad TJ = \begin{pmatrix} 0 & -1 \\ 1 & 0 \end{pmatrix}$$

et les formes (a, a, a) *ont en plus de* I *et* J *les substitutions modulaires automorphes :*

$$U = \begin{pmatrix} 0 & 1 \\ -1 & -1 \end{pmatrix}, \qquad UJ = \begin{pmatrix} 0 & -1 \\ 1 & 1 \end{pmatrix},$$

$$U^{-1} = \begin{pmatrix} -1 & -1 \\ 1 & 0 \end{pmatrix}, \qquad U^{-1}J = \begin{pmatrix} 1 & 1 \\ -1 & 0 \end{pmatrix}.$$

Remarquons à ce propos que $U^{-1} = U^2$ (d'où $U^3 = 1$).

On introduit souvent dans les calculs la substitution $S = \begin{pmatrix} 1 & 1 \\ 0 & 1 \end{pmatrix}$. On a $U = TS$. Alors les six substitutions automorphes de (a, a, a) sont I, J, TS, TSJ, $S^{-1}T$, $S^{-1}TJ$ (en remarquant que $T^{-1} = T$)

En particulier si l'on ne considère que des formes réduites on a les résultats suivants :

Toute forme définie réduite primitive différente de $(1, 0, 1)$ *et de* $(1, 1, 1)$ *a comme substitutions automorphes* I *et* J.

La forme $(1, 0, 1)$ *a comme substitutions automorphes* I, J, T *et* TJ.

La forme $(1, 1, 1)$ *a comme substitutions automorphes* I, J, TS, TSJ, $S^{-1}T$, $S^{-1}TJ$.

160. Résolution des problèmes A et B. — Nous pouvons maintenant résoudre les problèmes A et B. Pour voir si deux formes f et g sont de même classe on cherche leurs formes réduites. Si celles-ci sont identiques f et g sont de même classe, sinon, non.

En faisant ce calcul on a trouvé des substitutions modulaires Σ

et Σ_1 par lesquelles on passe de f et g respectivement à la forme réduite commune h.

Alors *toutes* les substitutions modulaires permettant de passer de f à g sont de la forme $\Sigma A \Sigma_1^{-1}$, A étant une substitution automorphe de h (I. 251). Or on sait trouver toutes les substitutions automorphes de h (n° **159**).

Le problème B est donc résolu.

1er *Exemple.* — Soient les deux formes (97, — 160, 66) et (34, — 20, 3) de même discriminant 8.

1° Cherchons la forme réduite de (97, — 160, 66). La forme donnée ne satisfait pas à la condition (2). Ici

$$E\left(\frac{a-b}{2a}\right)=E\left(\frac{257}{194}\right)=1.$$

On applique donc la substitution $\begin{pmatrix}1 & 1\\ 0 & 1\end{pmatrix}$ la forme devient (97, 34, 3). Celle-ci ne satisfait pas à la condition (3). Ici

$$E\left(\frac{b+c}{2c}\right)=E\left(\frac{37}{6}\right)=6,$$

on applique donc la substitution $\begin{pmatrix}0 & -1\\ 1 & 6\end{pmatrix}$, la forme devient (3, 2, 1) qui ne satisfait pas encore à la condition (3).

Ici

$$E\left(\frac{b+c}{2c}\right)=E\left(\frac{3}{2}\right)=1.$$

On applique donc la substitution $\begin{pmatrix}0 & -1\\ 1 & 1\end{pmatrix}$, la forme devient (1, 0, 2) qui est réduite.

On passe d'ailleurs de (97, — 160, 66) à (1, 0, 2) par la substitution

$$\begin{pmatrix}1 & 1\\ 0 & 1\end{pmatrix}\times\begin{pmatrix}0 & -1\\ 1 & 6\end{pmatrix}\times\begin{pmatrix}0 & -1\\ 1 & 1\end{pmatrix}=\begin{pmatrix}5 & 4\\ 6 & 5\end{pmatrix}.$$

2° Appliquant le même procédé à la forme (34, — 20, 3) on trouve la substitution $\begin{pmatrix}1 & 1\\ 3 & 4\end{pmatrix}$ conduisant à la même forme réduite (1, 0, 2). Les deux formes sont donc de même classe.

3° Les deux seules substitutions automorphes de (1, 0, 2) sont $\begin{pmatrix}1 & 0\\ 0 & 1\end{pmatrix}$ et $\begin{pmatrix}-1 & 0\\ 0 & -1\end{pmatrix}$.

Donc les deux seules substitutions modulaires par lesquelles on passe de (97, — 160, 66) à (34, — 20, 3) sont $\begin{pmatrix} 17 & 21 \\ 21 & 6 \end{pmatrix}$ et $\begin{pmatrix} -17 & -21 \\ -21 & -6 \end{pmatrix}$.

2° *Exemple. — Trouver la forme réduite de (39, 123, 97) et les substitutions modulaires par lesquelles on y passe.*

On trouve (1, 1, 1) comme forme réduite et la substitution $\Sigma = \begin{pmatrix} 3 & 11 \\ -2 & -7 \end{pmatrix}$.

Il y a 6 substitutions répondant à la question à savoir Σ, ΣJ, ΣU, ΣUJ, ΣU^2, $\Sigma U^2 J$.

3° *Exemple. — Reconnaître que les deux formes (204, — 284, 101) et (21, — 2, 21) sont équivalentes improprement, et trouver les substitutions de déterminant — 1 par lesquelles on passe de la première à la seconde.*

Il suffit d'appliquer le procédé précédent à la première forme et à la forme inverse de la seconde (n° **156**) soit (21, 2, 21). On trouve ainsi que l'on passe de (204, — 284, 101) à (21, — 2, 21) par les deux substitutions $\begin{pmatrix} 1 & -2 \\ 1 & -3 \end{pmatrix}$ et $\begin{pmatrix} -1 & 2 \\ -1 & 3 \end{pmatrix}$.

Système complet d'invariants pour une classe de formes quadratiques binaires définies (I. 294). — Un tel système est formé par les trois coefficients de la forme réduite.

161. Réponse à la question (I. 270) pour deux formes quadratiques binaires définies. — Deux formes quadratiques binaires définies à coefficients entiers qui représentent les mêmes entiers sont équivalentes.

Il suffit de démontrer que leurs formes réduites sont identiques ou inverses. Pour cela nous allons donner une signification des coefficients de la forme réduite au moyen des entiers représentés par la forme. On suppose toujours, pour fixer les idées, a et c positifs.

Théorème. — *Considérons la suite, par ordre de grandeur non décroissante, des entiers différents de zéro représentés par une forme réduite positive (a, b, c), chacun d'eux étant écrit autant de fois qu'il est représenté (ce nombre de fois est limité (n° 120)).*

1° *Le premier de ces entiers est a.*

2° *Chacun des entiers a, $4a$, $9a$, ... n^2a, ... se trouve au moins* *deux fois dans la suite. Si on supprime chacun deux fois, le premier et le second de ceux qui restent sont égaux à c et le troisième est égal à a — | b | + c.*

Lemme. — Si dans la forme réduite $f(x, y) = ax^2 + bxy + cy^2$ *la valeur de y est fixe et qu'on donne à x la valeur entière qui rend la valeur de f la plus petite possible, cette valeur de f augmente avec | y |.*

En effet, cette valeur de x est l'entier le plus voisin de $-\frac{by}{2a}$

$$x = -\frac{by}{2a} + \theta \qquad \left(-\frac{1}{2} \leqslant \theta \leqslant \frac{1}{2}\right).$$

(S'il y a deux entiers équidifférents de $-\frac{by}{4a}$, ces deux entiers répondent à la question, elles donnent la même valeur à f). La valeur la plus petite de f est donc

$$a\left(-\frac{by}{2a} + \theta\right)^2 + b\left(-\frac{by}{2a} + \theta\right)y + cy^2$$

ou

$$\frac{D}{4a}y^2 + a\theta^2. \tag{13}$$

Or si $|y|$ augmente, y^2 augmente au moins de 1, et par suite $\frac{Dy^2}{4a}$ augmente au moins de $\frac{D}{4a}$ tandis que $a\theta^2$ diminue au plus de $\frac{a}{4}$. Or

$$\frac{D}{4a} > \frac{a}{4}$$

car on a vu (n° **158**) que $D \geqslant 3a^2$.

Donc si $|y|$ augmente, la valeur (13) augmente. Le lemme est ainsi démontré.

Ceci posé faisons $y = 0$; les valeurs que prend f correspondantes aux différentes valeurs de x sont

x	...	$-n$	...	-2	-1	0	1	2	...	n	...
f	...	an^2	...	$4a$	a	0	a	$4a$	...	an^2	...

(les flèches indiquent le sens de croissance de f).

La plus petite de ces valeurs de f est o et elles vont en croissant dans chaque sens à partir de o, elles sont deux à deux égales, la plus petite après o est la valeur a qui est atteinte deux fois.

Faisons maintenant $y = 1$, la plus petite valeur de f est atteinte pour $x = -\frac{b}{2a} + \theta, \left(-\frac{1}{2} \leqslant \theta \leqslant \frac{1}{2}\right)$. Or, puisque la forme est réduite, on a $-a < b \leqslant a$, d'où

$$-\frac{1}{2} \leqslant -\frac{b}{2a} < \frac{1}{2}.$$

Si $b < a$ la valeur la plus voisine de $-\frac{b}{2a}$ est o et l'on a le tableau suivant :

x	...	$-n$	...	-2	-1	0	1	2	...	n	...
f	...	an^2-bn+c	...	$4a-2b+c$	$a-b+c$	c	$a+b+c$	$4a+2b+c$	...	an^2+bn+c	...

la plus petite des valeurs de f est c et ces valeurs vont en croissant dans chaque sens à partir de c. Elles ne sont atteintes chacune qu'une fois, en effet si l'on avait

$$an^2 + bn + c = an'^2 - bn' + c \qquad (n > 0 \quad n' > 0)$$

on en déduirait après simplifications

$$b = a(n' - n)$$

ce qui est impossible puisque $b < a$.

La plus petite valeur après c est alors $a - |b| + c$.

Si $b = a$ il y a deux valeurs entières de x qui sont les plus voisines de $-\frac{b}{2a}$ à savoir -1 et 0, et on a le tableau suivant

x	...	-2	-1	0	1	...
f	...	$4a-2b+c$	c	c	$a+b+c$	...

Les valeurs de f sont deux à deux égales car

$$an^2 + bn + c = a(n+1)^2 - b(n+1) + c.$$

Si donc on range ces valeurs par ordre la première est c et la seconde aussi. Mais ici $c = a - |b| + c$ on peut donc encore dire que la seconde est $a - |b| + c$.

Il faut ensuite faire $y = -1$, mais on retrouve les mêmes valeurs pour f.

Faisons maintenant $y = 2$. Je dis que n'importe quelle valeur atteinte par la forme est plus grande que $a - |b| + c$

$$ax^2 + 2bx + c > a - |b| + c$$

ou

$$ax^2 + 2bx - a + |b| + 3c > 0.$$

Pour le démontrer il suffit de démontrer que le déterminant du premier membre est négatif. Or il est égal à

$$|b|[|b| - a] + a(a - 3c)$$

qui est négatif puisque $|b| \leqslant a \leqslant c$.

De toute cette discussion résulte le théorème annoncé.

On en conclut qu'étant donnée la suite des entiers que représente une forme définie on peut en déduire les valeurs de a, de c et de $a - |b| + c$, par suite celles de $|b|$. Donc si deux formes définies représentent les mêmes entiers leurs formes réduites sont identiques ou inverses ; dans les deux cas elles sont équivalentes.

Remarque I. — Les résultats de ce numéro sont indépendants de ceux des nos **158** et **159**. Si on les suppose acquis auparavant on peut simplifier beaucoup les démonstrations de ces numéros.

En effet dans les équations (7) on sait tout de suite que $a' = a$, $c' = c$, $b' = \pm b$. De plus si $a \neq c$ on sait que la valeur a est atteinte uniquement pour $x = \pm 1$, $y = 0$; on sait donc que dans ces équations $\alpha = \pm 1$, $\beta = 0$. Le lecteur achèvera facilement.

Remarque II. — Si l'on ne considère que les entiers représentés *primitivement* par la forme, et si on ne considère pas comme distinctes les deux représentations $x = x_0$, $y = y_0$ et $x = -x_0$, $y = -y_0$ on a l'énoncé simple suivant :

Les trois plus petits entiers représentés primitivement par la forme sont, par ordre de grandeur non décroissante : a, c, $a - |b| + c$.

Mais cet énoncé ne suffit pas pour démontrer le résultat que nous avions en vue sur l'équivalence de deux formes qui représentent les mêmes entiers.

162. Formes définies à coefficients non entiers. — Les formes considérées jusqu'à maintenant étaient à coefficients entiers. Supposons maintenant que ce soient des nombres réels quelconques. Mais les variables recevront encore des valeurs entières. Voyons ce qui subsiste des résultats précédents et ce qu'il faut y modifier.

La définition des formes équivalentes et celle des formes de même classe subsiste, mais non celle des formes primitives et celle du plus grand diviseur d'une forme.

La définition des formes réduites subsiste. *Le théorème du n°* **157** *subsiste.*

En effet sa démonstration subsiste sauf le point suivant. On s'est appuyé sur ce que les premiers coefficients des formes successives qu'on considère ne peuvent diminuer indéfiniment parce que ce sont des entiers positifs. Ici les premiers coefficients ne sont pas en général des entiers. Mais on remarque que le premier coefficient d'une forme est toujours un nombre représentable par la forme (pour $x = 1$, $y = 0$).

Comme les formes successives qu'on considère dans la démonstration sont équivalentes, leurs premiers coefficients sont représentables par la première forme. Alors la démonstration du n° **157** subsiste pourvu qu'on ait démontré au préalable que : *Les nombres représentables par une forme définie positive* (a, b, c) *pour des valeurs entières de* x, y *et inférieurs à une limite donnée* A *sont en nombre fini.* Or de

$$ax^2 + bxy + cy^2 = m$$

on déduit

$$(2ax + by)^2 + (4ac - b^2)y^2 = 4am.$$

Donc

$$y^2 \leqslant \frac{4am}{4ac - b^2} < \frac{4aA}{4ac - b^2}.$$

Les valeurs entières de y satisfaisant à cette inégalité sont en nombre fini et la démonstration s'achève facilement.

Le théorème du n° **161** s'applique aussi aux formes définies à coefficients quelconques.

163. — On a défini au n° **148** les racines d'une forme (a, b, c). La connaissance d'une forme entraîne celles de ses racines. La réciproque n'est pas vraie ; la connaissance des racines n'entraîne celle de la forme qu'à un facteur constant près, les formes $f(x, y)$ et $\lambda f(x, y)$ ayant les mêmes racines.

Mais si l'on se borne aux formes *à coefficients entiers* et *primitives, la connaissance des racines entraîne celle de la forme au signe près* ; il n'y a que les deux formes f et $-f$ ayant des racines données.

Dans le théorème qui va suivre il s'agira de formes binaires quelconques.

Théorème. — *Si $f(x, y)$ est une forme binaire et $F(x, y)$ sa transformée par la substitution homogène $\begin{pmatrix}\alpha & \beta \\ \gamma & \delta\end{pmatrix}$ les racines de f sont les transformées de celles de F par la substitution homographique $\begin{pmatrix}\alpha & \beta \\ \gamma & \delta\end{pmatrix}$.*

En effet :

$$F(x, y) = f(\alpha x + \beta y, \gamma x + \delta y).$$

Si dans cette égalité on remplace x par une racine Ω de F et y par 1, il vient

$$0 = f(\alpha\Omega + \beta, \gamma\Omega + \delta)$$

et en divisant par $(\gamma\Omega + \delta)^m$ (m = degré de f) [1].

$$0 = f\left(\frac{\alpha\Omega + \beta}{\gamma\Omega + \delta}, 1\right).$$

Donc $\dfrac{\alpha\Omega + \beta}{\gamma\Omega + \delta}$ est une racine de f.

Corollaire. — *Si f et F sont proprement équivalentes, chacune des racines de f est proprement équivalent à une racine de F. Si f*

[1] Ce raisonnement ne s'applique pas si $\Omega = -\dfrac{\delta}{\gamma}$. Dans ce cas f contient γ en facteur et le théorème est encore vrai en admettant que f a une racine infinie.

et F *sont improprement équivalentes, chacune des racines de* f *est improprement équivalente à une racine de* F (la définition du n° **103** pour les nombres équivalents étant étendue aux nombres imaginaires).

164. Théorème I. — *Si deux nombres imaginaires sont équivalents les coefficients de leurs parties imaginaires sont de même signe ou de signes contraires suivant que les nombres sont équivalents proprement ou improprement.*

Soient $a+bi$ et $\frac{\alpha(a+bi)+\beta}{\gamma(a+bi)+\delta}$ $(\alpha\delta-\beta\gamma=\pm 1)$ ces deux nombres. On calcule facilement le coefficient de la partie imaginaire du deuxième de ces nombres. Il est égal à

$$\frac{(\alpha\delta-\beta\gamma)b}{(\gamma a+\delta)^2+\gamma^2 b^2}.$$

Il est donc du même signe que b ou de signe contraire suivant que $\alpha\delta-\beta\gamma=+$ ou -1.

Définition. — Nous appellerons *première racine* d'une forme définie (a, b, c) la racine $\omega=\frac{-b+i\sqrt{D}}{2a}$, la deuxième est $\frac{-b-i\sqrt{D}}{2a}$. Autrement dit la première racine est celle dans laquelle le coefficient de i est du signe de a, la deuxième est celle dans laquelle le coefficient de i est du signe contraire de a.

Remarque. — Les deux formes f et λf ($\lambda=$ constante) ont les mêmes racines. Si $\lambda>0$ elles ont même première racine et même deuxième racine. Si $\lambda<0$ la première racine de l'une est la deuxième racine de l'autre. Cette dernière remarque s'applique en particulier aux deux formes f et $-f$.

Théorème II. — *Si* f *et* g *sont deux formes binaires quadratiques définies de même classe leurs premières racines sont équivalentes entre elles. Si* f *et* g *sont improprement équivalentes la première racine de l'une est improprement équivalente à la deuxième de l'autre.*

Théorème III. — *Pour que deux formes quadratiques binaires définies positives soient de même classe il faut et il suffit que leurs premières racines le soient.*

Ces deux théorèmes sont les conséquences immédiates de ce qui précède.

Le problème de l'équivalence de deux formes quadratiques binaires définies est ainsi ramené à celui de l'équivalence de deux nombres imaginaires. (Les formes sont à coefficients réels quelconques, non forcément entiers).

Conséquences. — Soit une forme définie positive (a, b, c); sa première racine est

$$\xi + \eta i = \frac{-b + i\sqrt{D}}{2a}.$$

On a

$$\xi = \frac{-b}{2a} \qquad \eta = \frac{\sqrt{D}}{2a}$$

d'où

$$\frac{b}{a} = -2\xi \qquad \frac{c}{a} = \xi^2 + \eta^2.$$

Alors les conditions (2), (3) et (4) pour que la forme soit réduite s'écrivent :

$$-\frac{1}{2} \leqslant \xi < \frac{1}{2} \qquad \xi^2 + \eta^2 \geqslant 1$$

et, dans le cas où $\xi^2 + \eta^2 = 1$, la condition supplémentaire $\xi \leqslant 0$. On a d'ailleurs $\eta > 0$.

Nous dirons qu'un nombre imaginaire à partie réelle positive est *réduit* quand il satisfait à ces conditions. Alors une forme définie positive est réduite quand sa première racine l'est et le théorème démontré précédemment, à savoir que toute forme définie positive est équivalente à une forme réduite et à une seule nous montre que *tout nombre imaginaire à partie réelle positive est proprement équivalent à un nombre réduit et à un seul.*

Les substitutions automorphes d'une forme correspondent aux substitutions automorphes de sa première racine. Cependant il faut remarquer qu'aux deux substitutions

$$\begin{array}{c|l} x & \alpha x + \beta y \\ y & \gamma x + \delta y \end{array} \qquad \begin{array}{c|l} x & -\alpha x - \beta y \\ y & -\gamma x - \delta y \end{array}$$

distinctes pour une forme, ne corresponde pour sa racine qu'une seule substitution

$$\omega \left| \frac{\alpha\omega + \beta}{\gamma\omega + \delta}. \right.$$

En particulier la substitution J (n° **159**) n'en fait plus qu'une avec la substitution identique. Plus généralement deux substitutions A et AJ deviennent les mêmes. On a alors les résultats suivants.

Tout nombre imaginaire qui n'est équivalent ni à i ni à $\frac{-1+i\sqrt{3}}{2}$ *n'a qu'une substitution automorphe, la substitution identique.*

Tout nombre imaginaire équivalent à i a deux substitutions automorphes. Les deux substitutions automorphes de i sont $\begin{pmatrix} 1 & 0 \\ 0 & 1 \end{pmatrix}$ *et* $\begin{pmatrix} 0 & -1 \\ 1 & 0 \end{pmatrix}$, *celles de* $\frac{\alpha i + \beta}{\gamma i + \delta}$ $(\alpha\delta - \beta\gamma = \pm 1)$ *s'en déduisent facilement.*

Tout nombre imaginaire équivalent à $\frac{-1+i\sqrt{3}}{2}$ *a trois substitutions automorphes. Les trois substitutions automorphes de* $\frac{-1+i\sqrt{3}}{2}$ *sont* $\begin{pmatrix} 1 & 0 \\ 0 & 1 \end{pmatrix}$, $\begin{pmatrix} 1 & 1 \\ -1 & 0 \end{pmatrix}$ *et* $\begin{pmatrix} 0 & -1 \\ 1 & 1 \end{pmatrix}$, *celles de*

$$\frac{\alpha\left(\frac{-1+i\sqrt{3}}{2}\right)+\beta}{\gamma\left(\frac{-1+i\sqrt{3}}{2}\right)+\delta}$$ *s'en déduisent facilement.*

Nous continuerons à appeler I la substitution homographique $\begin{pmatrix} 1 & 0 \\ 0 & 1 \end{pmatrix}$, U la substitution $\begin{pmatrix} 0 & 1 \\ -1 & -1 \end{pmatrix}$, S la substitution $\begin{pmatrix} 1 & 1 \\ 0 & 1 \end{pmatrix}$ et T la substitution $\begin{pmatrix} 0 & 1 \\ -1 & 0 \end{pmatrix}$. Il ne peut pas y avoir de confusion entre ces substitutions et les substitutions homogènes correspondantes.

165. — De la théorie précédente on peut déduire un résultat important relatif au groupe des substitutions modulaires.

Considérons d'abord les substitutions homographiques. Prenons un nombre quadratique imaginaire à partie réelle positive ω qui ne soit ni de la classe de i ni de celle de $\frac{-1+i\sqrt{3}}{2}$. Appliquons-lui une substitution modulaire quelconque Σ ; il se transforme en un nombre ω' et il n'y a que la substitution Σ qui transforme ω en ω'. Or on a vu (n° **157**) qu'on peut passer de ω à ω' par une suite de substitutions $\begin{pmatrix} 1 & m \\ 0 & 1 \end{pmatrix}$ c'est-à-dire S^m et $\begin{pmatrix} 0 & -1 \\ 1 & m \end{pmatrix}$ c'est-à-dire TS^m. Donc *toute substitution du groupe modulaire homographique est décomposable en un produit de substitutions* S *et* T.

Pour cette raison S et T seront appelées substitutions fondamentales de ce groupe.

Mais la décomposition est possible d'une infinité de manières à cause des relations faciles à vérifier :

$$T^2 = 1 \qquad (ST)^3 = 1.$$

On en déduit facilement, pour le groupe des substitutions modulaires homogènes à deux variables que *toute substitution de ce groupe est décomposable en un produit de substitutions* S *et* T, *ou en un tel produit multiplié par* J.

166. — Le résultat précédent peut aussi se déduire de la théorie des formes linéaires. C'est ce que nous allons faire en le généralisant par extension au cas des substitutions à n variables.

Théorème. — *Toute substitution unité Σ linéaire homogène sur n variables, Σ, est décomposable en un produit de substitutions fondamentales qui sont :*

1° *Le changement de x_1 en $-x_1$;*

2° *Les transpositions de x_1 avec chacune des autres variables x_2, x_3, ... x_n ;*

3° *La substitution $x_1 \mid x_1 + x_2$;*

en tout $n + 1$ substitutions fondamentales.

En effet, prenons un système de n formes linéaires indépendantes à n variables et à coefficients entiers, A. Appliquons-lui la substitution Σ, nous obtenons un nouveau système de n formes linéaires indépendantes. Appelons-le B,

On sait (I. 288) qu'on ne peut passer de A à B que par la substitution Σ.

D'autre part (I. 285 et suiv.), on passe de A à B par une suite de substitutions des formes suivantes :

(a) Substitutions de la forme

$$x_h \mid q_1x_1 + q_2x_2 + \ldots + x_h + \ldots + q_nx_n$$

(le coefficient de x_h du côté droit étant 1).

(b) Transpositions de x_1 avec les autres variables.

(c) Changements de signe.

Maintenant, les substitutions (a) se ramènent encore à un produit de substitutions plus simples. Car la substitution

$$x_h \mid q_1x_1 + q_2x_2 + \ldots + x_h + \ldots + q_nx_n$$

est égale au produit des suivantes

$$(x_h \mid q_1x_1 + x_h)(x_h \mid q_2x_2 + x_h) \ldots (x_h \mid q_nx_n + x_h).$$

L'une de ces dernières $x_h \mid x_h + q_kx_k$ par exemple est égale, si q_k est positif à $(x_h \mid x_h + x_k)^{q_k}$. Si q_k est négatif elle est égale à $(x_h \mid x_h - x_k)^{-q_k}$ et d'ailleurs

$$x_h \mid x_h - x_k = (x_k \mid - x_k)(x_h \mid x_h + x_k)(x_k \mid - x_k).$$

Nous avons ainsi ramené la substitution Σ à un produit de substitutions des formes suivantes :

(a') $\qquad x_h \mid x_h + x_k.$

(b') Transpositions.

(c') Changements de signe.

Maintenant la substitution $x_h \mid x_h + x_k$ peut se remplacer par le produit

$$(x_1 \| x_h)(x_2 \| x_k)(x_1 \mid x_1 + x_2)(x_k \| x_2)(x_h \| x_1)\ (^1)$$

Donc toutes les substitutions (a') se ramènent à la substitution $x_1 \mid x_1 + x_2$ et à des transpositions.

Ensuite la transposition $x_h \| x_k$ peut se remplacer par le produit

$$(x_1 \| x_h)(x_1 \| x_k)(x_1 \| x_h).$$

Et enfin un changement de signe $x_h \mid - x_h$ peut se remplacer par le produit

$$(x_1 \| x_h)(x_1 \mid - x_1)(x_1 \| x_h).$$

Le théorème est alors démontré.

Remarque. — De ces $n + 1$ substitutions fondamentales les n premières ont un déterminant égal à -1, et la $(n + 1)^{\text{ème}}$ un déterminant égal à $+1$. En remarquant que

$$(x_1 \| x_h) = \begin{pmatrix} x_1 & x_h \\ x_h & -x_1 \end{pmatrix}(x_1 \mid - x_1)$$

(1) Rappelons que la notation $x_h \| x_k$ signifie la transposition ou l'échange de x_h et x_k.

on voit qu'on peut prendre comme substitutions fondamentales les suivantes :

(a'') Les $n - 1$ substitutions :

$$\begin{array}{c|c} x_1 & x_h \\ x_h & -x_1 \end{array} \qquad h = (2, 3, \dots n)$$

(b'') La substitution

$$x_1 \mid x_1 + x_2$$

(c'') Changement de signe de x_1.

Alors toutes ces substitutions ont le déterminant $+1$, sauf la dernière.

Théorème. — *Une substitution unité étant mise sous forme de produit des substitutions précédentes, on peut faire que la substitution $x_1 \mid -x_1$ n'entre qu'une fois au plus dans ce produit et soit placée la dernière.*

En effet si cette substitution se trouve dans le produit précédant une substitution $\begin{array}{c|c} x_1 & x_h \\ x_h & -x_1 \end{array}$ on pourra la faire passer après au moyen de l'égalité

$$(x_1 \mid -x_1)\begin{pmatrix} x_1 & x_h \\ x_h & -x_1 \end{pmatrix} = \begin{pmatrix} x_1 & x_h \\ x_h & -x_1 \end{pmatrix}^3 (x_1 \mid -x_1).$$

Si elle se trouve précédant la substitution $x_1 \mid x_1 + x_2$ on pourra la faire passer après au moyen de l'égalité

$$(x_1 \mid -x_1)(x_1 \mid x_1 + x_2) =$$
$$= \begin{pmatrix} x_1 & x_2 \\ x_2 & -x_1 \end{pmatrix}\left(x_1 \middle| x_1 + x_2\right)\begin{pmatrix} x_1 & x_2 \\ x_2 & -x_1 \end{pmatrix}\left(x_1 \middle| x_1 + x_2\right)\begin{pmatrix} x_1 & x_2 \\ x_2 & -x_1 \end{pmatrix}\left(x_1 \middle| -x_1\right)$$

Toutes les substitutions $x_1 \mid -x_1$ étant ainsi rejetées à la fin du produit, on peut d'ailleurs réduire leur nombre à zéro ou un au moyen de l'égalité

$$(x_1 \mid -x_1)^2 = 1$$

La substitution est alors modulaire (de déterminant $= +1$) ou de déterminant $= -1$, suivant que cette substitution $x_1 \mid -x_1$ n'existe pas ou existe. On voit ainsi que toute substitution modulaire est un produit de substitutions $\begin{array}{c|c} x_1 & x_h \\ x_h & -x_1 \end{array}$, soit T_h, et $x_1 \mid x_1 + x_2$, soit S. On peut aussi prendre comme substitutions fondamentales les substitutions $T_h = \begin{array}{c|c} x_1 & x_h \\ x_h & -x_1 \end{array}$ et $V = \begin{array}{c|c} x_1 & -x_1 + x_2 \\ x_2 & -x_1 \end{array}$.

De plus la relation $T_h^4 = 1$ permet de réduire les exposants des T_h

de à 0, 1, 2 ou 3 et la relation $V^3 = 1$ permet de réduire les exposants de V à 0, 1 ou 2.

Reste à savoir si avec ces nouvelles substitutions fondamentales la décomposition d'une substitution modulaire n'est possible que d'une seule manière (les exposants des T_h n'étant, bien entendu, déterminés qu'au module 4 près et ceux de V au module 3 près). Cela n'est pas pour $n > 2$, car on a par exemple :

$$(T_h T_k)^3 = 1.$$

Mais pour $n = 2$ il n'y a qu'un T_h, les relations de la forme précédente n'existent donc pas et la question peut se poser (Voir la note III de ce chapitre).

Remarque. — Ces résultats s'étendent immédiatement aux substitutions homographiques à $n - 1$ variables $\frac{x_1}{x_n}, \frac{x_2}{x_n}, \ldots \frac{x_{n-1}}{x_n}$, mais dans ce cas l'exposant des T_h est réduit à 2.

167. — Les résultats précédents relatifs aux substitutions sont aussi des résultats relatifs aux tableaux. Ils permettent d'énoncer le théorème suivant :

Tout déterminant égal à 1 et à éléments entiers peut se former en partant du déterminant dont tous les éléments de la diagonale principale sont égaux à 1 et les autres nuls, et faisant sur ce déterminant un certain nombre de fois les deux opérations suivantes : 1° Echange d'une colonne avec la première avec changement de signe des éléments de la nouvelle première colonne ; 2° addition des éléments de la première colonne à ceux de la seconde.

NOTES ET EXERCICES

I. — Vérifier l'équivalence des couples de formes suivants et trouver les substitutions modulaires par lesquelles on passe de la première à la seconde

(5, — 7, 4)	et	(32, 79, 49)
(19, — 118, 81)	et	(114, 292, 187)
(13, 36, 25)	et	(25, 64, 41)
(61, 149, 91)	et	(127, — 293, 169).

II. — En faisant les mêmes hypothèses que dans la remarque II du n° **161** démontrer que dans la suite des entiers considérés et dont les trois premiers sont $a, c, a - |b| + c$; le quatrième est $a + |b| + c$, le cinquième est $4a - 2|b| + c$, le sixième et le septième sont $4a + 2|b| + c$ et $a - 2|b| + 4c$; mais on a

$$4a + 2|b| + c \lesseqgtr a - 2|b| + 4c$$

suivant les cas (¹).

III. — *Dans le groupe des substitutions homographiques à une variable, modulaires, si l'on prend comme substitutions fondamentales*

$$T = z \left| -\frac{1}{z} \right. \qquad V = z \left| \frac{z-1}{z} \right.$$

chaque substitution modulaire n'est décomposable que d'une façon en produit de substitutions T *et* V, *les exposants de* T *étant* o *ou* 1, *et ceux des* V *étant* o, 1 *ou* 2.

IV. — Appelons substitutions modulaires de première famille les substitutions $z \left| \frac{\alpha z + \beta}{\gamma z + \delta} \right.$ où $\alpha, \beta, \gamma, \delta$ sont > 0 et où l'on a $\alpha > \beta$ et $\alpha > \gamma$. Démontrer que le produit de deux substitutions de première famille est une substitution de première famille. En déduire une théorie de la divisibilité de ces substitutions analogue à celle des entiers. (Il faut distinguer la divisibilité première manière et la divisibilité seconde manière.

V. — Résultats analogues pour les substitutions modulaires dans lesquelles $\alpha, \beta, \gamma, \delta$ sont > 0 et où $\alpha < \beta$ et $\alpha < \gamma$.

VI. — Il n'y a pas entre les substitutions du groupe modulaire homographique à une variable de relation non identique, indépendante des relations $T^2 = 1$, $V^3 = 1$ (²).

(¹) G. Humbert, *C. R. A. S.*, 160 (1915), p. 647.
G. Julia, *id.* 162 (1916), p. 151.

(²) Pour les exercices III à VI voir E. Cahen, *Bullet. de la Soc. Math. de France*, t. 43 (1915), p. 69.

CHAPITRE XII

—

EQUIVALENCE ARITHMETIQUE DES FORMES QUADRATIQUES BINAIRES INDEFINIES

168. *Formes carrées.* — Avant d'examiner le cas des formes indéfinies, c'est-à-dire dans lesquelles $\Delta = b^2 - 4ac$ est positif, il faut examiner le cas intermédiaire ou $\Delta = 0$ (formes carrées). Ce cas est d'ailleurs très simples. On a alors :

$$ax^2 + bxy + cy^2 = \frac{(2x + by)^2}{4a}.$$

La forme $2ax + by$ a une forme réduite qui est $D(2a, b)x$, donc $ax^2 + bxy + cy^2$ a la forme réduite [1] :

$$\frac{D^2(2a, b)}{4a} x^2.$$

D'ailleurs

$$\frac{D^2(2a, b)}{4a} = \frac{D(4a^2, b^2)}{4a} = \frac{D(4a^2, 4ac)}{4a} = D(a, c).$$

Finalement $ax^2 + bxy + cy^2$ a comme forme réduite $D(a, c)x^2$. On voit alors que deux formes carrées (a, b, c) et (a', b', c') sont de même classe ou non suivant que $D(a, c) = D(a', c')$ ou non.

En particulier deux formes carrées *primitives* sont de même classe. Car dans une forme carrée primitive on a $D(a, c) = 1$. En effet lorsque a et c ont un facteur premier commun ce facteur divise aussi b et la forme n'est pas primitive.

[1] Rappelons que D (a, b) désigne le plus grand commun diviseur de a et b.

169. *Formes décomposables.* — Nous arrivons maintenant au cas des formes indéfinies. Le déterminant Δ est positif et les racines $\frac{-b \pm \sqrt{\Delta}}{2a}$ sont réelles. Mais il y a un cas particulier à examiner celui où Δ est *carré parfait* (Comparer n° 125). Alors les racines de la forme sont rationnelles, la forme se décompose donc en un produit de deux formes linéaires à coefficients rationnels. On démontre même *qu'elle se décompose en deux formes linéaires à coefficients entiers* (Cas particulier d'un théorème dû à Gauss, qui sera démontré plus tard). En effet, soit :

$$b^2 - 4ac = m^2 \tag{1}$$

Alors

$$ax^2 + bxy + cy^2 = \frac{1}{a}\left(ax + \frac{b+m}{2}y\right)\left(ax + \frac{b-m}{2}y\right).$$

$\frac{b+m}{2}$ et $\frac{b-m}{2}$ sont deux entiers, car on tire de (1) que b et m sont de même parité. De plus leur produit est égal à ac, il est donc divisible par a. Il y a donc deux diviseurs complémentaires d' et d'' de a tels que $d'd'' = a$ et que $\frac{b+m}{2}$ soit divisible par d' et $\frac{b-m}{2}$ par d''. Alors

$$ax^2 + bxy + cy^2 = \left(d''x + \frac{b+m}{2d'}y\right)\left(d'x + \frac{b-m}{2d''}y\right).$$

Forme réduite. — Par une substitution unité on peut réduire en même temps (I. 286)

$$d''x + \frac{b+m}{2d'}y \quad \text{à} \quad Ax$$

$$d'x + \frac{b-m}{2d''}y \quad \text{à} \quad Bx + Cy$$

avec

$$0 < A, \quad 0 \leqslant B < C.$$

Alors en posant $AB = u$ et $AC = v$ la forme est réduite à

$$x(ux + vy)$$

avec

$$0 \leqslant u < v.$$

Mais la substitution employée est seulement une substitution unité, elle n'est pas forcément modulaire. Or ici, voulant distinguer entre l'équivalence propre et l'équivalence impropre (n° **152**) nous ne voulons employer que des substitutions modulaires. Il sera donc nécessaire, si la substitution employée précédemment est de déterminant -1, de lui adjoindre la substitution $\begin{pmatrix} 1 & 0 \\ 0 & -1 \end{pmatrix}$ de manière à en faire une substitution modulaire. On peut seulement dire alors que la forme réduite est :

$$x(ux + vy)$$

avec

$$0 \leqslant u < |v|$$

mais sans que l'on soit sûr du signe de v.

Néanmoins, par une nouvelle substitution modulaire on peut faire que ce coefficient soit positif. En effet, étant donnée la forme $x(ux + vy)$ où l'on suppose $v < 0$, choisissons deux entiers α, γ, satisfaisant aux conditions

$$\alpha u + \gamma v = \mathrm{D}(u, v), \qquad \alpha > 0$$

et faisons la substitution modulaire

$$\begin{pmatrix} \alpha & \dfrac{-v}{\mathrm{D}(u, v)} \\ \gamma & \dfrac{u}{\mathrm{D}(u, v)} \end{pmatrix}$$

Alors $x(ux + vy)$ se transforme en

$$x[\alpha \mathrm{D}(u, v)x - vy]$$

de sorte que les coefficients de x et de y sont maintenant tous les deux positifs.

En résumé la forme réduite est :

$$x(ux + vy)$$

avec

$$0 < u < v$$

THÉORÈME. — *Deux formes réduites de même classe sont identiques.*

Soient les deux formes

$$x(ux + vy) \quad \text{et} \quad x(u'x + v'y)$$

Puisqu'elles sont de même classe elles ont même déterminant. Donc $v^2 = v'^2$ et puisque v et v' sont positifs on en déduit $v = v'$.

Écrivons alors que la première forme devient la seconde par la substitution modulaire $\begin{pmatrix}\alpha\beta\\ \gamma\delta\end{pmatrix}$ nous avons

$$\begin{aligned} u\alpha^2 + v\alpha\gamma &= u' \\ 2u\alpha\beta + v(\alpha\delta + \beta\gamma) &= v \\ u\beta^2 + v\beta\delta &= 0 \end{aligned}$$

La dernière équation donne

$$\text{soit} \quad \beta = 0 \quad \text{soit} \quad u\beta + v\delta = 0$$

Si

$$\beta = 0 \quad \text{on a} \quad \alpha = \delta = \varepsilon \quad (\varepsilon = \pm 1)$$

et la première équation donne

$$\varepsilon v\gamma = u' - u.$$

Or

$$0 < u' < v \quad \text{et} \quad 0 < u < v, \quad \text{donc} \quad \gamma = 0 \quad \text{et} \quad u' = u.$$

Les deux formes sont identiques.

Si

$$u\beta + v\delta = 0$$

la seconde équation donne

$$u\alpha\beta + v\beta\gamma = v$$

Des deux équations précédentes on tire

$$v(\alpha\delta - \beta\gamma) = -v$$

d'où, puisque $\alpha\delta - \beta\gamma = 1$, on tire $v = 0$. Mais si $v = 0$ la forme n'est pas seulement décomposable, elle est carrée. Ce cas est écarté ici.

Substitutions automorphes de la forme réduite. — On a trouvé $\alpha = \delta = \varepsilon \quad \beta = \gamma = 0$ donc les deux seules substitutions automorphes d'une forme réduite sont I et J (n° 159).

170. — Nous considérons à partir de maintenant les formes indéfinies non décomposables. Le déterminant $\Delta = b^2 - 4ac$ est positif et non carré parfait. Les racines $\frac{-b \pm \sqrt{\Delta}}{2a}$ sont des nombres quadratiques réels.

La solution du problème d'équivalence donnée pour les formes définies ne s'applique pas aux formes indéfinies, car les calculs faits à cette occasion supposent essentiellement $D > 0$. Nous ferons reposer la solution du problème pour les formes indéfinies sur de tout autres principes.

Nous distinguerons, comme nous l'avons déjà fait pour les formes définies, la *première* et la *seconde* racine.

$$\omega = \frac{-b + \sqrt{\Delta}}{2a} \quad \text{est la première}$$

$$\bar{\omega} = \frac{-b - \sqrt{\Delta}}{2a} \quad \text{est la seconde.}$$

Le théorème du nº 163 et sa démonstration s'appliquent, sans modification, aux formes indéfinies. Les théorèmes II et III du nº 164 s'appliquent aussi aux formes indéfinies mais la démonstration est à modifier.

Soit la forme (a, b, c) dont la première racine est $\omega = \frac{-b + \sqrt{\Delta}}{2a}$. Si l'on fait sur (a, b, c) la substitution modulaire $\begin{pmatrix} \alpha & \beta \\ \gamma & \delta \end{pmatrix}$, la racine de la forme transformée qui correspond à ω est $\frac{\delta\omega - \beta}{-\gamma\omega + \alpha}$
c'est-à-dire

$$\frac{-[2a\alpha\beta + b(\alpha\delta + \beta\gamma) + 2c\gamma\delta] + (\alpha\delta - \beta\gamma)\sqrt{\Delta}}{2(a\alpha^2 + b\alpha\gamma + c\gamma^2)}$$

ou

$$\frac{-b' + (\alpha\delta - \beta\gamma)\sqrt{\Delta}}{2a'}$$

a' et b' étant le premier et le second coefficient de la forme transformée. On voit que si la substitution est modulaire $\alpha\delta - \beta\gamma = 1$, et cette racine est bien la première de la forme transformée. Si la substitution est unité et non modulaire la première racine d'une forme correspond à la seconde de l'autre.

171. — L'équivalence de deux formes indéfinies est ainsi ramenée à celle de leurs racines. Provisoirement nous ne distinguerons pas entre l'équivalence propre et l'équivalence impropre. On sait (n° 107) qu'une condition nécessaire et suffisante pour l'équivalence de deux nombres réels est que leurs développements en fractions continuelles soient identiques à partir d'un certain élément. Ici, de plus, les nombres en question étant quadratiques, leurs développements sont périodiques. Alors la condition précédente s'énonce : *pour que deux nombres quadratiques soient équivalents il faut et il suffit que leurs périodes se déduisent l'une de l'autre par une permutation circulaire.*

Supposant cette condition satisfaite cherchons toutes les substitutions unités par lesquelles on passe d'un nombre à l'autre.

Puisque les périodes se déduisent l'une de l'autre par permutation circulaire on peut supposer qu'elles sont identiques en rejetant, s'il le faut, les premiers éléments de l'une des deux dans la partie non périodique. Écrivons donc

$$\omega = b_0 + \frac{1}{b_1 +}\Big| \cdots + \Big|\frac{1}{b_h +}\Big|\overline{\frac{1}{a_1 +}\Big| \cdots + \Big|\frac{1}{a_r +}}\Big| \cdots$$

$$\omega' = b_0' + \frac{1}{b_1' +}\Big| \cdots + \Big|\frac{1}{b'_{h'} +}\Big|\overline{\frac{1}{a_1 +}\Big| \cdots + \Big|\frac{1}{a_r +}}\Big| \cdots$$

Posons

$$\theta = \overline{a_1 + \frac{1}{a_2 +}\Big| \cdots + \Big|\frac{1}{a_r +}}\Big| \cdots$$

Désignons par $\frac{P_h}{Q_h}$ et $\frac{P_{h-1}}{Q_{h-1}}$ la dernière et l'avant-dernière réduite de $b_0 + \frac{1}{b_1 +}\Big| \cdots + \Big|\frac{1}{b_h}$; par $\frac{P_h'}{Q_h'}$ et $\frac{P_h'{}_{-1}}{Q_h'{}_{-1}}$ la dernière et l'avant-dernière de $b_0' + \frac{1}{b_1' +}\Big| \cdots + \Big|\frac{1}{b'_{h'}}$.

On aura

$$\omega = \frac{P_h\theta + P_{h-1}}{Q_h\theta + Q_{h-1}} \qquad \omega' = \frac{P_h'\theta + P'_{h-1}}{Q_h'\theta + Q'_{h-1}}$$

On passe de ω à θ par la substitution $\Sigma = \begin{pmatrix} Q_{h-1} & -P_{h-1} \\ -Q_h & P_h \end{pmatrix}$ et de θ à ω' par la substitution $\Sigma' = \begin{pmatrix} P_h' & P'_{h-1} \\ Q_h' & Q'_{h-1} \end{pmatrix}$. On voit alors comme toujours que la forme générale des substitutions par lesquelles on passe de ω à θ est $\Sigma T \Sigma'$, T étant la forme générale des substitutions automorphes de θ.

D'ailleurs comme Σ et Σ' sont des substitutions unités pour que $\Sigma T \Sigma'$ le soit aussi il faut et il suffit que T le soit. Donc *la forme générale des substitutions unités par lesquelles on passe de ω à θ est* $\Sigma T \Sigma'$, T *étant la forme générale des substitutions automorphes unités du nombre quadratique immédiatement périodique* θ, et on est ramené à chercher ces dernières.

172. — *Substitutions automorphes unités d'un nombre quadratique immédiatement périodique.*

Soit

$$\theta = \overline{a_1 + \frac{1}{a_2 +} \Big| \cdots + \Big| \frac{1}{a_r +} \Big|} \cdots$$

Considérons la fraction continuelle formée par n périodes

$$a_1 + \frac{1}{a_2 +} \Big| \cdots + \Big| \frac{1}{a_r +} \Big| \frac{1}{a_1 +} \Big| \cdots + \Big| \frac{1}{a_r}$$

Soit $\frac{\alpha_n}{\gamma_n}$ la dernière réduite de cette fraction continuelle et $\frac{\beta_n}{\delta_n}$ l'avant dernière. On a

$$\theta = \frac{\alpha_n \theta + \beta_n}{\gamma_n \theta + \delta_n} \qquad \alpha_n \delta_n - \beta_n \gamma_n = (-1)^{nr}$$

Faisant $n = 1, 2, \ldots$ on a ainsi des substitutions unités automorphes de θ. On a de plus les substitutions inverses de celles-là et enfin la substitution unité. Je dis que ce sont là *toutes* les substitutions unités automorphes. En effet soit

$$(2) \qquad \theta = \frac{\alpha\theta + \beta}{\gamma\theta + \delta}$$

une telle substitution. On a

$$(3) \qquad \gamma\theta^2 + (\delta - \alpha)\theta - \beta = 0.$$

Si $\gamma = 0$, comme θ n'est pas rationnel on a $\alpha = \delta$ et $\beta = 0$ la substitution (2) est alors la substitution identique.

Si $\gamma \neq 0$, on peut supposer $\gamma > 0$, sinon on changerait le signe des quatre coefficients $\alpha, \beta, \gamma, \delta$.

Exprimons que θ est immédiatement périodique c'est-à-dire (nº **115**) que l'équation (3) a une racine plus grande que 1 et une racine comprise entre 0 et — 1. On trouve aussi (puisque $\gamma > 0$)

(4) $$\begin{cases} \beta > 0 \\ \gamma + \delta - \alpha - \beta < 0 \\ \gamma - \delta + \alpha - \beta > 0. \end{cases}$$

De plus on a

(5) $$\alpha\delta - \beta\gamma = \varepsilon \qquad (\varepsilon = \pm 1)$$

β et γ étant positifs, on en déduit

$$\alpha\delta \geqslant 0.$$

Soit d'abord $\alpha\delta > 0$. On peut supposer $\alpha > 0$ et $\delta > 0$, car sinon on considèrerait, au lieu de la substitution (2) la substitution inverse

$$\theta = \frac{-\delta\theta + \beta}{\gamma\theta - \alpha}.$$

Portons dans la troisième des inégalités (4) la valeur de δ tirée de (5). Il vient

$$(\alpha - \beta)(\gamma + \alpha) > \varepsilon \geqslant 0.$$

Donc

$$\beta \leqslant \alpha.$$

Ceci posé développons $\frac{\alpha}{\gamma}$ en fraction continuelle. Soit

$$\frac{\alpha}{\gamma} = a + \frac{1}{b +} \Big| \cdots + \Big| \frac{1}{l}$$

ce développement écrit de façon (nº **83**) qu'en appelant $\frac{\beta'}{\delta'}$ l'avant-dernière réduite on ait

$$\alpha\delta' - \beta'\gamma = \alpha\delta - \beta\gamma.$$

Cette dernière égalité s'écrit

(6) $$\alpha(\delta' - \delta) = \gamma(\beta' - \beta)$$

α divise $\gamma(\beta - \beta)$, or il est premier avec γ donc il divise $\beta' - \beta$.

Or

$$0 < \beta \leqslant \alpha$$

et

$$0 < \beta' \leqslant \alpha.$$

Donc puisque α divise $\beta' - \beta$ c'est que $\beta' = \beta$. Alors l'égalité (16) donne $\delta' = \delta$.

Alors l'égalité (2) s'écrit

$$\theta = \frac{\alpha\theta + \beta'}{\gamma\theta + \delta'}$$

ce qui entraîne

$$\theta = a + \frac{1}{b +} \Big| \cdots + \Big| \frac{1}{l +} \Big| \frac{1}{\theta},$$

et par suite

$$\theta = a + \overline{\frac{1}{b +} \Big| \cdots + \Big| \frac{1}{l +}} \Big| \cdots$$

et par suite démontre le théorème.

Soit maintenant $\alpha\delta = 0$. Nous subdiviserons ce cas en deux.

Soit d'abord $\alpha = 0$. Alors

$$\theta = \frac{\beta}{\gamma\theta + \delta}$$

avec

$$\beta\gamma = \pm 1$$

On peut, comme tout à l'heure, supposer $\gamma > 0$ et la première des inégalités (4) donne $\beta > 0$, donc $\beta = \gamma = 1$, et la seconde des inégalités (4) donne $\delta < 0$. Ainsi :

$$\theta = \frac{1}{\theta + \delta} \tag{7}$$

avec $\delta < 0$. Ceci s'écrit

$$\theta^2 + \delta\theta - 1 = 0$$

d'où

$$\theta = \frac{-\delta + \sqrt{\delta^2 + 4}}{2} = -\delta + \overline{\frac{1}{-\delta +}} \Big| \cdots \tag{8}$$

Mais la substitution (7) est l'inverse de

$$\theta = \frac{-\delta\theta + 1}{\theta}$$

dont les coefficients $\begin{pmatrix} -\delta & 1 \\ 1 & 0 \end{pmatrix}$ sont bien formés par la première période de la fraction continuelle (8) de la façon indiquée.

Le cas de $\delta = 0$ se traite de la même façon.

173. Théorème. — *Les substitutions homographiques unités automorphes d'un nombre quadratique forment un groupe qui est constitué par les puissances de l'une d'elles.*

Pour les nombres immédiatement périodiques le théorème résulte immédiatement de ce qu'on a dit au numéro précédent. Car la substitution $T_n = \begin{pmatrix} \alpha_n & \beta_n \\ \gamma_n & \delta_n \end{pmatrix}$ $(n > 0)$ est évidemment la puissance $n^{\text{ième}}$ de T_1, et comme il faut adjoindre à ces substitutions leurs inverses et aussi la substitution unité, on obtient le groupe formé par l'ensemble des puissances à exposant positif négatif ou nul, de T_1.

Soit maintenant un nombre non immédiatement périodique ω. La forme générale de ses substitutions est (n° **171**)

$$S^{-1}(T_1)^n S.$$

Or

$$S^{-1}(T_1)^n S = (S^{-1}T_1 S)^n$$

ce qui démontre le théorème.

La substitution $A = S^{-1}T_1S$ qui sert ainsi à former toutes les autres s'appellera la substitution automorphe unité *fondamentale* de ω.

Remarque. — Si cette substitution A est modulaire, toutes les substitutions automorphes unités de ω le sont aussi ; si la substitution A n'est pas modulaire une substitution A^n est modulaire ou non suivant que n est pair ou impair. Dans les deux cas toutes les substitutions automorphes modulaires sont les puissances de l'une d'elles qu'on appellera *automorphe modulaire fondamentale.*

On remarquera l'analogie des raisonnements précédents avec ceux qui nous ont servi à résoudre l'équation de Fermat. C'est qu'en effet, le problème des substitutions automorphes unités d'un nombre quadratique peut se ramener à la solution d'une équation de Fermat. Ce procédé conduira d'ailleurs aux mêmes calculs que le précédent, puisque la résolution d'une équation de Fermat se fait elle-même par la réduction d'un nombre quadratique en fraction continuelle. Soit le nombre ω racine de

$$a\omega^2 + b\omega + c = 0$$

où l'on suppose a, b, c premiers dans leur ensemble ; et soit

$$\omega = \frac{\alpha\omega + \beta}{\gamma\omega + \delta}$$

une substitution automorphe unité de ω. En écrivant que les deux équations du second degré qu'on a ainsi pour ω sont les mêmes on obtient

$$\frac{\gamma}{a} = \frac{\delta - \alpha}{b} = \frac{-\beta}{c}.$$

Puisque a, b, c sont premiers dans leur ensemble la valeur commune de ces rapports est un entier u. Posons de plus $\alpha + \delta = t'$, nous trouvons

$$\alpha = \frac{t' - bu}{2}, \quad \beta = -cu, \quad \gamma = au, \quad \delta = \frac{t' + bu}{2}$$

d'où, en portant dans $\alpha\delta - \beta\gamma = \pm 1$, on a

$$t'^2 - \Delta u^2 = \pm 4.$$

Mais de plus, il faut que α et δ soient entiers, ce qui exige que t' et bu soient de même parité. On posera donc

$$t' = 2t + \rho u$$

($\rho = 0$ ou 1 suivant que b est pair ou impair) et l'équation en t, u, sera

$$t^2 + \rho tu - \frac{\Delta - \rho^2}{4} u^2 = \pm 1.$$

C'est l'équation de Fermat.

On a ainsi le résultat suivant : En appelant t_n, u_n la solution générale de l'équation $t^2 + \rho tu - \frac{\Delta - \rho^2}{4} u^2 = \pm 1$, la forme générale des substitutions automorphes unités de ω est

$$\begin{pmatrix} t_n - \frac{b - \rho}{2} u_n & -cu_n \\ au_n & t_n + \frac{b + \rho}{2} u_n \end{pmatrix}.$$

La même formule donne la forme générale des substitutions automorphes *modulaires* de ω, en appelant t_n, u_n la solution générale de $t^2 + \rho tu - \frac{\Delta - \rho^2}{4} u^2 = 1$.

D'ailleurs ce qui précède s'applique aussi aux nombres quadratiques imaginaires. Seulement dans ce cas Δ est négatif, alors l'équation de Fermat se résout immédiatement et n'a qu'un nombre limité de solutions. On retrouvera ainsi les résultats du n° **159**.

174. — On a vu au n° **171** que : *Pour que deux nombres quadratiques réels soient équivalents, il faut et il suffit que leurs périodes se déduisent l'une de l'autre par une permutation circulaire.* On peut maintenant ajouter : La condition précédente étant remplie, pour que les deux nombres soient équivalents *proprement* il faut et il suffit, *ou bien que le nombre des éléments de la période soit impair ; ou bien, si ce nombre est pair, que les éléments qui dans chaque développement précèdent un même élément de la période soient en nombres de même parité.*

En effet la forme générale des substitutions qui transforment ω' en ω est $\Sigma(T_1)^n\Sigma'$, T_1 étant la substitution fondamentale de θ. Le déterminant de cette substitution est égal au produit des déterminants de ses trois facteurs, c'est-à-dire à

$$(-1)^{h-1} \times (-1)^{nr} \times (-1)^{h'-1} \quad \text{ou} \quad (-1)^{h+h'+nr}$$

(mêmes notations qu'au n° **171**).

Si r est impair il n'y a qu'à prendre n de même parité que $h + h'$ pour que ce déterminant soit égal à $+1$.

Si au contraire r est pair, ce déterminant est égal à $(-1)^{h+h'}$ quel que soit n: Si $h + h'$ est pair toutes les substitutions $\Sigma(T_1)^n\Sigma'$ sont modulaires. Si $h + h'$ est impair, aucune ne l'est.

Application à l'équivalence de deux formes quadratiques binaires indéfinies. — On a vu (n° **170**) que l'équivalence propre de deux telles formes se ramène à l'équivalence propre de leurs premières racines, et que l'équivalence impropre de deux formes se ramène à l'équivalence impropre de la première racine de l'une avec la seconde racine de l'autre. Il ne faut pas oublier que les deux substitutions $\begin{pmatrix} \alpha & \beta \\ \gamma & \delta \end{pmatrix}$ et $\begin{pmatrix} -\alpha & -\beta \\ -\gamma & -\delta \end{pmatrix}$ qui ne sont pas considérées comme distinctes quand il s'agit des nombres, le sont quand il s'agit des formes.

Remarquons à ce propos que si la première racine d'une forme (a, b, c) est improprement équivalente à la première racine d'une forme (a', b', c') cela veut dire que (a, b, c) est improprement équivalente à $(-a', -b', -c')$.

Exemples. — 1° Soient les deux formes $f=(3, -16, 9)$ et $f'=(53, 558, 1468)$.

On a

$$\omega = \frac{8+\sqrt{37}}{3} = 4 + \overline{\frac{1}{1+}\Big|\frac{1}{2+}\Big|\frac{1}{3+}}\Big| \cdots$$

$$\omega' = \frac{-279+\sqrt{37}}{53} = -6 + \frac{1}{1+}\Big|\frac{1}{5+}\Big|\overline{\frac{1}{1+}\Big|\frac{1}{2+}\Big|\frac{1}{3+}}\Big| \cdots$$

En posant

$$\theta = \overline{1 + \frac{1}{2+}\Big|\frac{1}{3+}}\Big| \cdots$$

On a

$$\omega = \frac{4\theta+1}{\theta}$$

$$\omega' = \frac{-31\theta-5}{6\theta+1}.$$

Donc ω' se transforme en θ par la substitution $\begin{pmatrix} 1 & 5 \\ -6 & -31 \end{pmatrix}$,

θ se transforme en ω par la substitution $\begin{pmatrix} 4 & 1 \\ 1 & 0 \end{pmatrix}$

et les substitutions automorphes de θ sont $\begin{pmatrix} 10 & 3 \\ 7 & 2 \end{pmatrix}^n$.

Donc les substitutions qui transforment ω' en ω sont les substitutions

$$S_n = \begin{pmatrix} 4 & 1 \\ 1 & 0 \end{pmatrix}\begin{pmatrix} 10 & 3 \\ 7 & 2 \end{pmatrix}^n\begin{pmatrix} 1 & 5 \\ -6 & -31 \end{pmatrix}.$$

Le déterminant de S_n est

$$(-1)^n$$

il ne faut donc garder que les valeurs paires de n, c'est-à-dire les substitutions

$$S_{2h} = \begin{pmatrix} 4 & 1 \\ 1 & 0 \end{pmatrix}\begin{pmatrix} 10 & 3 \\ 7 & 2 \end{pmatrix}^{2h}\begin{pmatrix} 1 & 5 \\ -6 & -31 \end{pmatrix}.$$

Elles transforment f en f'. Donc f et f' sont de même classe.
Pour $h = 0$ par exemple on trouve

$$S_2 = \begin{pmatrix} -2 & -11 \\ 1 & 5 \end{pmatrix}.$$

Les substitutions S_{2h+1} de déterminant — 1 transformeraient f en $-f'$. Donc f et $-f'$ sont de classes opposées.

2° Soient les deux formes $(1, 0, -3)$ et $(-1, 6, -6)$

$$\omega = \sqrt{3} = 1 + \overline{\frac{1}{1+} \Big| \frac{1}{2+}} \Big| \ldots$$

$$\omega' = 3 - \sqrt{3} = 1 + \frac{1}{3+} \Big| \overline{\frac{1}{1+} \Big| \frac{1}{2+}} \Big| \ldots$$

$$\theta = \overline{1 + \frac{1}{2+}} \Big| \ldots$$

$$\omega = \frac{\theta + 1}{\theta}$$

$$\omega' = \frac{4\theta + 1}{3\theta + 1}.$$

Les substitutions qui transforment ω' en ω sont les substitutions

$$S_n = \begin{pmatrix} 1 & 1 \\ 1 & 0 \end{pmatrix} \begin{pmatrix} 3 & 1 \\ 2 & 1 \end{pmatrix}^n \begin{pmatrix} 1 & -1 \\ -3 & 4 \end{pmatrix}.$$

Ces substitutions ont toutes comme déterminant — 1. Donc f et f' ne sont pas de même classe. Les substitutions S_n transforment f en $-f'$. Donc f et $-f'$ sont de classes inverses.

Remarque. — Contrairement à ce qui a lieu pour les formes définies, il peut arriver que deux formes opposés soient de même classe, autrement dit que deux classes opposées soient identiques. On vérifiera par exemple que $(1, 0, -2)$ et $(-1, 0, 2)$ sont de même classe. (Voir n° **178**). Enfin il peut arriver qu'une classe soit identique à *l'inverse de son opposé*, autrement dit que (a, b, c) et $(-a, b, -c)$ soient de même classe. Les deux formes $(1, 0, -2)$ et $(-1, 0, 2)$ en donnent aussi un exemple.

175. — *Formes réduites.* — La solution du problème de l'équivalence de deux formes indéfinies est ainsi obtenue sans la considération de formes réduites. Il est cependant utile de définir de telles formes. C'est ce qu'on peut faire de la façon suivante : Nous dirons qu'une forme indéfinie est réduite quand *sa première racine est développable en fraction continuelle immédiatement périodique.*

Dans chaque classe il y a des formes réduites, en général plus d'une, mais toujours en nombre limité. En effet soit une classe définie par une forme dont la première racine est

$$\omega = b_0 + \frac{1}{b_1 +} \Big| \cdots + \Big| \frac{1}{b_h +} \Big| \overline{\frac{1}{a_1 +} \Big| \cdots + \Big| \frac{1}{a_r +}} \Big| \cdots$$

Si h est impair considérons les formes dont les premières racines sont les nombres

$$\overline{a_1 + \frac{1}{a_2 +} \Big| \cdots + \Big| \frac{1}{a_r +}} \Big| \cdots$$

$$\overline{a_3 + \frac{1}{a_5 +} \Big| \cdots + \Big| \frac{1}{a_2 +}} \Big| \cdots$$

. . . .

et qui ont le même plus grand diviseur que f (en particulier qui sont primitives si f est primitive).

Si h est pair considérons les formes dont les premières racines sont les nombres

$$\overline{a_2 + \frac{1}{a_3 +} \Big| \cdots + \Big| \frac{1}{a_r +} \Big| \frac{1}{a_1 +}} \Big| \cdots$$

$$\overline{a_4 + \frac{1}{a_5 +} \Big| \cdots + \Big| \frac{1}{a_2 +} \Big| \frac{1}{a_3 +}} \Big| \cdots$$

. . . .

et qui satisfont à la même condition que plus haut relativement à leur plus grand diviseur.

Ces formes répondent à la question et ce sont les seules. Il y en a $\frac{r}{2}$ si r est pair et r si r est impair. Elles forment une chaine fermée.

Exemple. — Reprenons la forme (3, — 16, 9) du n° **174.** Sa première racine est

$$4 + \overline{\frac{1}{1 +} \Big| \frac{1}{2 +} \Big| \frac{1}{3 +}} \Big| \cdots$$

Donc dans la classe de cette forme il y a trois formes réduites, qui ont pour premières racines respectivement :

$$\overline{2 + \frac{1}{3+} \Big| \frac{1}{1+} \Big|} \cdots$$

$$\overline{1 + \frac{1}{2+} \Big| \frac{1}{3+} \Big|} \cdots$$

$$\overline{3 + \frac{1}{1+} \Big| \frac{1}{2+} \Big|} \cdots$$

et qui sont primitives. Ce sont les formes

$$(4, -6, 7) \quad (7, -8, -3) \quad (3, -10, -4)$$

Prenons comme deuxième exemple la forme $(1, 0, -3)$ du même n°.

Sa première racine est

$$1 + \overline{\frac{1}{1+} \Big| \frac{1}{2+} \Big|} \cdots$$

Il n'y a qu'une forme réduite de même classe, à savoir celle dont la première racine est

$$\overline{2 + \frac{1}{1+} \Big|} \cdots$$

et qui est primitive.

C'est $$(1, -2, -2)$$

Conditions pour qu'une forme soit réduite. — D'après le n° **115** pour exprimer qu'une forme (a, b, c) est réduite il n'y a qu'à exprimer que sa première racine est plus grande que 1 et que sa deuxième est comprise entre 0 et -1. Ce qui, d'après les propriétés élémentaires du trinôme du second degré, s'exprime par les conditions nécessaires et suffisantes :

$$(9) \qquad \begin{cases} a > 0 \\ a + b + c < 0 \\ c < 0 \\ a - b + c > 0 \end{cases}$$

Remarquons que ces conditions entraînent $b < 0$ [1].

[1] La solution du problème de l'équivalence des formes indéfinies et la considération des formes réduites sont dues à Gauss (Disq. arithm. art. 183 et suiv.). La définition des formes réduites de Gauss n'est pas tout à fait la même que la nôtre. Elle s'y ramène facilement, mais la nôtre nous paraît un peu plus simple.

176. Différence essentielle entre ces formes réduites et celles relatives aux formes définies. — Le fait que dans les formes définies (n° **157**) il n'y a qu'une forme réduite par classe tandis que dans les formes indéfinies il peut y en avoir plusieurs ne constitue pas une différence essentielle. Car on arriverait facilement à fixer dans les formes indéfinies une seule forme réduite par classe. Il suffirait de conditions supplémentaires (par exemple on pourrait choisir la forme dont la première racine est la plus petite).

La différence essentielle est que la réduction des formes définies dépend de conditions algébriques et par suite s'applique aux formes à coefficients quelconques (n° **162**) ; tandis que la réduction des formes indéfinies dépend de conditions arithmétiques et ne peut s'appliquer qu'aux formes à coefficients rationnels. Pour les formes indéfinies à coefficients non rationnels, leurs racines ne sont pas des nombres quadratiques, elles ne se développent pas en fractions continuelles périodiques et rien ne subsiste des définitions du n° **175**.

Au n° **164** on a défini des nombres imaginaires réduits $\xi + \eta i$ par des conditions de grandeur entre ξ et η. Une définition semblable est impossible pour les nombres réels. On ne peut pas définir des nombres réels réduits par des conditions de grandeur de façon que tout nombre réel soit de même classe qu'un seul ou même qu'un nombre limité de nombres réduits. Pour le voir il suffit de montrer que *tout nombre réel a des nombres de même classe qui sont aussi voisins de lui qu'on veut.*

Soit

$$\alpha = a_0 + \frac{1}{a_1 +} \Big| \cdots + \Big| \frac{1}{a_{n-1} +} \Big| \frac{1}{a_n +} \Big| \frac{1}{a_{n+1} +} \Big| \cdots$$

Prenons

$$\beta = a_0 + \frac{1}{a_1 +} \Big| \cdots + \Big| \frac{1}{a_{n-1} +} \Big| \frac{1}{b_n +} \Big| \frac{1}{a_{n+1} +} \Big| \cdots$$

de façon que les éléments du second développement soient identiques à ceux du premier sauf a_n. Le nombre β est équivalent au nombre α, et pour n pair il est de même classe. Or on peut prendre n assez grand pour qu'il diffère de α d'aussi peu qu'on le veut.

On remarquera en effet que les conditions du n° **175** ne sont pas des conditions de grandeur sur la première racine ω seulement, mais sur les deux racines ω et $\overline{\omega}$. Lorsque la forme est à coefficients rationnels la connaissance de ω entraîne celle de $\overline{\omega}$. Il n'est donc pas étonnant qu'on puisse exprimer ces conditions au moyens de ω tout seul. Mais rien de pareil n'a lieu pour les formes à coefficients quelconques.

NOTES ET EXERCICES

NOTE I. — *Sur les puissances d'une substitution linéaire.* — Si l'on compare les deux expressions qu'on a trouvées pour l'expression générale des substitutions automorphes unités d'une forme indéfinie (a, b, c) on en déduit :

$$\begin{pmatrix} t_1 - \frac{b-\rho}{2} u_1 & -c\, u_1 \\ a\, u_1 & t_1 + \frac{b-\rho}{2} u_1 \end{pmatrix}^n = \begin{pmatrix} t_n - \frac{b-\rho}{2} u_n & -c u_n \\ a u_n & t_n + \frac{b-\rho}{2} u_n \end{pmatrix}.$$

D'ailleurs t_n et u_n s'expriment en fonction de ω et $\overline{\omega}$ qui sont les racines de

$$\omega^2 + \rho\omega - \frac{b^2 - 4ac - \rho}{4} = 0.$$

Ce résultat peut se généraliser pour les substitutions linéaires quelconques. *On peut exprimer les coefficients de la puissance $n^{\text{ème}}$ d'une substitution linéaire d'ordre* p *à coefficients quelconques (ou d'un tableau) au moyen des racines d'une équation de degré* p *formée avec les coefficients de la substitution.*

Soit la substitution :

$$\begin{pmatrix} \alpha_{11} & \alpha_{12} & \cdots & \alpha_{1p} \\ \alpha_{21} & . & . & . \\ . & . & . & . \\ \alpha_{p1} & . & . & \alpha_{pp} \end{pmatrix}$$

Considérons le système d'équations linéaires suivant :

$$(9) \qquad \begin{cases} \alpha_{11}x_1 + \alpha_{12}x_2 + \dots + \alpha_{1p}x_p = Sx_1 \\ \alpha_{21}x_1 + \dots\dots\dots + \alpha_{2p}x_p = Sx_2 \\ \dots\dots\dots\dots\dots\dots \\ \alpha_{p1}x_1 + \dots\dots\dots + \alpha_{pp}x_p = Sx \end{cases}$$

et cherchons les valeurs de S pour lesquelles il a des solutions non toutes nulles. Elles sont données par l'équation

$$(10)\qquad \begin{vmatrix} \alpha_{11}-S & \alpha_{12}\ldots\ldots & \alpha_{1p} \\ \alpha_{21} & \alpha_{22}-S\ldots & \alpha_{2p} \\ \cdot & \cdot & \cdot \\ \alpha_{p1}\ldots\ldots & \ldots & \alpha_{pp}-S \end{vmatrix} = 0.$$

Cette équation est dite équation *caractéristique* de la substitution (ou du tableau). En général elle a n racines distinctes, n'annullant pas les mineurs du déterminant (10) et à chacune d'elles correspondent pour $x_1, x_2, \ldots x_p$ des valeurs dont les rapports sont déterminés et peuvent se tirer, par exemple, des $p-1$ premières équations (9).

Soit

$$\frac{x_1}{A_1(S)} = \frac{x_2}{A_2(S)} = \ldots = \frac{x_p}{A_p(S)}.$$

Pour les valeurs particulières

$$x_1 = A_1(S) \qquad x_2 = A_2(S) \ldots \qquad x_p = A_p(S)$$

la substitution proposée est équivalente à la substitution :

$$\begin{pmatrix} S & 0\ldots\ldots 0 \\ 0 & S\ldots\ldots 0 \\ \cdot & \cdot\;\cdot\;\cdot \\ 0 & 0\ldots\ldots S \end{pmatrix}$$

Donc sa puissance $n^{\text{ème}}$ est équivalente à

$$\begin{pmatrix} S^n & 0\ldots\ldots 0 \\ 0 & S^n\ldots\ldots 0 \\ \cdot & \cdot\;\cdot\;\cdot \\ 0 & 0\ldots\ldots S^n \end{pmatrix}$$

Si donc on appelle

$$\begin{pmatrix} \alpha^n_{11} & \alpha^n_{12}\ldots\ldots\alpha^n_{1p} \\ \alpha^n_{21} & \ldots\ldots\ldots\alpha^n_{2p} \\ \cdot & \cdot\;\cdot\;\cdot \\ \alpha^n_{p1} & \ldots\ldots\ldots\alpha^n_{pp} \end{pmatrix}$$

cette puissance $n^{\text{ème}}$ on a les relations

$$\begin{aligned} \alpha^n_{11}A_1(S) + \alpha^n_{12}A_2(S) + \ldots + \alpha^n_{1p}A_p(S) &= S^nA_1(S) \\ \alpha^n_{21}A_1(S) + \alpha^n_{22}A_2(S) + \ldots + \alpha^n_{2p}A_p(S) &= S^nA_2(S) \\ \cdots\cdots\cdots\cdots\cdots\cdots\cdots & \\ \alpha^n_{p1}A_1(S) + \alpha^n_{p2}A_2(S) + \ldots + \alpha^n_{pp}A_p(S) &= S^nA_p(S). \end{aligned}$$

Et en écrivant ces relations successivement pour les p racines de l'équation en S on a p^2 relations du premier degré d'où l'on peut tirer les α.

Le raisonnement précédent serait en défaut pour des valeurs particulières des α telles que les mineurs du déterminant (10) soient nuls, ou bien telles que l'équation en S ait des racines multiples. Mais comme les valeurs trouvées pour les α dans le cas général sont des fonctions entières des a et comme elles constituent des identités elles ne cessent pas d'être vraies dans ce cas particulier.

Soit par exemple $p = 2$ et la substitution $\begin{array}{c|c} x & \alpha x + \beta y \\ y & \gamma x + \delta y \end{array}$. L'équation en S est

$$S^2 - (\alpha + \delta)S + \alpha\delta - \beta\gamma = 0.$$

Soient S_1, S_2 ses racines. On trouvera :

$$(11)\quad \begin{cases} \alpha^{(n)} = \dfrac{S_1^n - S_2^n}{S_1 - S_2}\alpha - (\alpha\delta - \beta\gamma)\dfrac{S_1^{n-1} - S_2^{n-1}}{S_1 - S_2} \\ \beta^{(n)} = \dfrac{S_1^n - S_2^n}{S_1 - S_2}\beta \\ \gamma^{(n)} = \dfrac{S_1^n - S_2^n}{S_1 - S_2}\gamma \\ \delta^{(n)} = \dfrac{S_1^n - S_2^n}{S_1 - S_2}\delta - (\alpha\delta - \beta\gamma)\dfrac{S_1^{n-1} - S_2^{n-1}}{S_1 - S_2} \end{cases}$$

Les quantités $\dfrac{S_1^n - S_2^n}{S_1 - S_2}$ et $\dfrac{S_1^{n-1} - S_2^{n-1}}{S_1 - S_2}$ sont des fonctions symétriques entières de S_1, S_2 et par suite des fonctions entières de α, β, γ, δ.

(Dans le cas particulier où $(\alpha + \delta)^2 - 4(\alpha\delta - \beta\gamma) = 0$ on a $S_1 = S_2$; les formules (11) ne subsistent qu'à condition de remplacer $\dfrac{S_1^n - S_2^n}{S_1 - S_2}$ par $S_1^{n-1} + S_1^{n-2} + \ldots + S_2^{n-1}$ c'est-à-dire par $n\left(\dfrac{\alpha+\delta}{2}\right)^{n-1}$ et $\dfrac{S_1^{n-1} - S_2^{n-1}}{S_1 - S_2}$ par $(n-1)\left(\dfrac{\alpha+\delta}{2}\right)^{n-2}$.

On peut déduire des formules (11) les conséquences suivantes :

Les quantités $\dfrac{\alpha_n - \delta_n}{\gamma_n}$ et $\dfrac{\beta_n}{\gamma_n}$ sont indépendantes de n et égales respectivement à $\dfrac{\alpha - \delta}{\gamma}$ et $\dfrac{\beta}{\gamma}$.

Note II. *Sur les couples de nombres réduits.* — Un nombre quadratique réel ω est dit réduit lorsqu'il est plus grand que 1 et que son conjugué est compris entre -1 et 0. Cette définition ne s'applique qu'aux nombres quadratiques, mais en considérant des *couples* de nombres on peut étendre la définition à tous les nombres réels.

Nous appellerons *couple réduit* un ensemble de deux nombres réels dont l'un est plus grand que 1, et l'autre compris entre — 1 et 0.

Nous appellerons couples *équivalents* deux couples ω, ω' et φ, φ' tels que $\varphi = \frac{\alpha\omega' + \beta}{\gamma\omega' + \delta}$, $\varphi' = \frac{\alpha\omega + \beta}{\gamma\omega + \delta}$ (α, β, γ, δ, entiers ; $\alpha\delta - \beta\gamma = \pm 1$).

L'équivalence sera *propre* si $\alpha\delta - \beta\gamma = +1$; impropre si $\alpha\delta - \beta\gamma = -1$.

Etant donné un couple ω, ω', trouver les couples réduits proprement équivalents.

Cherchons-en d'abord un. Soit ω_{2n} un quotient complet, d'indice pair, du développement de ω en fraction continuelle. On a

$$\omega = \frac{P_{2n-1}\omega_{2n} + P_{2n-2}}{Q_{2n-1}\omega_{2n} + Q_{2n-2}} \qquad (P_{2n-1}Q_{2n-2} - P_{2n-2}Q_{2n-1} = 1)$$

et d'ailleurs $\omega_{2n} > 1$. Si donc de plus le nombre ω'_{2n} défini par

$$\omega' = \frac{P_{2n-1}\omega'_{2n} + P_{2n-2}}{Q_{2n-1}\omega'_{2n} + Q_{2n-2}}$$

est compris entre — 1 et 0, le couple ω_{2n}, ω'_{2n} répondra à la question.

En exprimant ces deux conditions en fonction de ω' on trouve facilement :

$$\frac{\omega' - \frac{P_{2n-2}}{Q_{2n-2}}}{\omega' - \frac{P_{2n-1}}{Q_{2n-1}}} > 0 \qquad \text{et} \qquad \frac{\omega' - \frac{P_{2n-1} - P_{2n-2}}{Q_{2n-1} - Q_{2n-2}}}{\omega' - \frac{P_{2n-1}}{Q_{2n-1}}} > 0.$$

Or $\frac{P_{2n-2}}{Q_{2n-2}}$, $\frac{P_{n-1}}{Q_{2n-1}}$ et $\frac{P_{2n-1} - P_{2n-2}}{Q_{2n-1} - Q_{2n-2}}$ tendent vers ω. Donc pour n suffisamment grand les conditions précédentes sont réalisées et l'on obtient *un* couple réduit équivalent à ω, ω'.

On peut maintenant, dans le problème de trouver *tous* les couples réduits φ, φ', proprement équivalents à un couple ω, ω', supposer que ω, ω' est lui-même réduit.

Soit alors

$$\omega = \frac{\alpha\varphi + \beta}{\gamma\varphi + \delta} \qquad \omega' = \frac{\alpha\varphi' + \beta}{\gamma\varphi' + \delta} \qquad (\alpha\delta - \beta\gamma = 1)$$

où l'on suppose $\gamma > 0$ (car on peut changer α, β, γ, δ, tous les quatre de signes). Nous supposons que ω et φ sont plus grands que 1, et que ω' et φ' sont compris entre — 1 et 0.

De $\omega > 1$ et $\varphi > 1$, on déduit facilement que l'une des deux conditions suivantes :

$$(12) \qquad -\frac{\delta}{\gamma} > 1 \qquad \frac{\alpha}{\gamma} > 1$$

est remplie.

De $\omega < 1$ et $\varphi < 1$, on déduit que l'une des deux conditions suivantes :

$$(13) \qquad \frac{\alpha}{\beta} > 1 \qquad -\frac{\delta}{\beta} > 1$$

est remplie.

Ensuite on voit facilement que la première des conditions (12) et la première des conditions (13) prises ensemble sont incompatibles avec $\alpha\delta - \beta\gamma = 1$.

De même la seconde des conditions (12) et la seconde des conditions (13).

Restent donc les hypothèses

$$\text{A)} \qquad \frac{\alpha}{\gamma} > 1 \quad \text{et} \quad \frac{\alpha}{\beta} > 1$$

$$\text{B)} \qquad \frac{-\delta}{\gamma} > 1 \quad \text{et} \quad \frac{-\delta}{\beta} > 1.$$

Dans l'hypothèse A, puisque $\gamma > 0$ on trouve $\alpha > 0$ et $\beta > 0$; puis

$$\delta = \frac{1 + \beta\gamma}{\alpha} < \frac{1 + \alpha\gamma}{\gamma} = \alpha + \frac{1}{\gamma}.$$

Donc puisque δ ne peut être égal à γ, on a $\delta < \gamma$.

Cela étant, si l'on réduit $\frac{\alpha}{\gamma}$ en fraction continuelle de manière qu'il y ait un nombre pair d'éléments soit pour un instant $\frac{\beta'}{\delta'}$ l'avant dernière réduite. On aura

$$\alpha\delta' - \beta\gamma' = 1 \quad \text{avec} \quad 0 < \delta' < \gamma$$

et comme l'on a

$$\alpha\delta - \beta\gamma = 1 \quad \text{avec} \quad 0 < \delta < \gamma$$

on en déduit

$$\beta' = \beta \qquad \delta' = \delta.$$

Alors l'égalité $\omega = \frac{\alpha\varphi + \beta}{\gamma\varphi + \delta}$ montre que φ est un quotient complet du développement de ω en fraction continuelle.

L'hypothèse B se déduit de l'hypothèse A par le changement de $\alpha, \beta, \gamma, \delta$, respectivement en $-\delta, \beta, \gamma, -\alpha$. Donc le raisonnement qu'on a fait sur la relation $\omega = \frac{\alpha\varphi + \beta}{\gamma\varphi + \delta}$ peut se faire sur la relation $\varphi = \frac{-\delta\omega + \gamma}{\beta\omega - \alpha}$ c'est-à-dire que, dans l'hypothèse B, c'est ω qui est un quotient complet du développement de φ.

On peut encore remarquer que l'hypothèse B se déduit aussi de l'hypothèse A par le changement de $\alpha, \beta, \gamma, \delta$ en $\delta, -\gamma, -\beta, \alpha$ et comme l'on a :

$$-\frac{1}{\omega'} = \frac{\delta\left(-\frac{1}{\varphi'}\right) - \gamma}{-\beta\left(-\frac{1}{\varphi'}\right) + \alpha}$$

et que d'ailleurs $-\frac{1}{\omega'}$ et $-\frac{1}{\varphi'}$ sont plus grands que 1, il en résulte que $-\frac{1}{\varphi'}$ est une réduite du développement de $-\frac{1}{\omega'}$ en fraction continuelle.

En résumé : *étant donné un couple réduit ω, ω', on réduit ω et $-\frac{1}{\omega'}$ en fractions continuelles. Soit $\frac{P_h}{Q_h}$ la réduite de rang h du premier développement et $\frac{P_{-h}}{Q_{-h}}$ la réduite de rang h du second. Les substitutions*

$$\begin{pmatrix} Q_{2n-2} & -P_{2n-2} \\ -Q_{2n-1} & P_{2n-1} \end{pmatrix}$$

où n prend toutes les valeurs entières de $-\infty$ à $+\infty$, étant appliquées au couple ω, ω', donnent tous les couples réduits proprement équivalents.

On trouve ainsi une infinité de substitutions modulaires. Mais cela donne-t-il une infinité de couples réduits ? Pour que le nombre des couples soit limité il faut et il suffit qu'on trouve deux couples identiques.

$$\frac{Q_{2n-2}\omega - P_{2n-2}}{-Q_{2n-1}\omega + P_{2n-1}} = \frac{Q_{2m-1}\omega - P_{2m-2}}{-Q_{2m-1}\omega + P_{2m-1}}$$
$$\frac{Q_{2n-2}\omega' - P_{2n-2}}{-Q_{2n-1}\omega' + P_{2n-1}} = \frac{Q_{2m-2}\omega' - P_{2m-2}}{-Q_{2m-1}\omega' + P_{2m-2}}.$$

Il faut donc que ω et ω' soient deux nombres quadratiques conjugués. Réciproquement, cette conditon est suffisante, comme on l'a vu au n° **175**.

Pour les formes indéfinies (a, b, c) dans lesquelles les coefficients sont dans des rapports rationnels il y a un nombre limité de formes réduites.

Pour celles dans lesquelles les coefficients ne sont pas dans des rapports rationnels il y a comme au n° **175** une chaîne de formes réduites, mais cette chaîne ne se ferme pas et s'étend à l'infini dans les deux sens.

III. — Dans chaque classe de formes quadratiques binaires indéfinies il existe des formes (a, b, c) telles que $|b| \leqslant |a| \leqslant |c|$. (Comparer avec n° **157**). Ces conditions entraînent $ac < 0$. Il n'y a qu'un nombre limité de telles formes dans chaque classe. Elles peuvent par suite servir de formes réduites.

IV. — Vérifier l'équivalence des couples de formes suivants :

$$(1, 2, -4) \quad \text{et} \quad (-145, -210, -76)$$
$$(77, -40, 5) \quad \text{et} \quad (5, -10, 2)$$

et trouver les substitutions modulaires par lesquelles on passe de l'une à l'autre.

CHAPITRE XIII

QUESTIONS COMMUNES AUX FORMES DÉFINIES ET AUX INDÉFINIES APPLICATION DES THÉORIES PRÉCÉDENTES A L'ANALYSE DIOPHANTIENNE

177. — Deux formes peuvent-elles être équivalentes à la fois proprement et improprement ? Formes bilatères.

Si f est équivalente à la fois proprement et improprement à f', il en résulte évidemment que f (et f') est équivalente improprement à elle-même.

Réciproquement si on trouve une forme f équivalente improprement à elle-même, toute forme f' qui lui est équivalente d'une façon l'est aussi de l'autre.

Le problème est donc ramené au suivant : *Trouver les formes équivalentes improprement à elles-mêmes* ou encore : *Trouver les formes qui sont de même classe que leurs inverses* (nº **156**). D'ailleurs la propriété en question appartient en même temps à toutes les formes d'une même classe.

Le problème peut donc s'énoncer : *Trouver les classes identiques à leurs inverses.*

Définition. — Une classe identique à son inverse s'appelle *ambiguë* ou *bifide* ou *bilatère.* Nous adopterons cette dernière dénomination. Toute forme appartenant à une telle classe sera dite elle-même une forme bilatère.

On aperçoit immédiatement les formes bilatères suivantes : les formes $(a, 0, c)$ qui admettent la substitution automorphe $\begin{pmatrix} 1 & 0 \\ 0 & -1 \end{pmatrix}$ et les formes (a, a, c) qui admettent la substitution $\begin{pmatrix} 1 & 1 \\ 0 & -1 \end{pmatrix}$. On les appellera : *formes bilatères simples.*

Recherche des classes bilatères. — Nous allons suivre une méthode due à Lejeune-Dirichlet [1]. Elle s'applique aux classes définies et aux indéfinies, elle ne suppose pas les coefficients des formes entiers ni même rationnels.

I. — *Si une forme est bilatère toute substitution automorphe de déterminant égal à* -1 *de cette forme est de la forme* $\begin{pmatrix}\alpha & \beta \\ \gamma & -\alpha\end{pmatrix}$.

Soit (a, b, c) la forme, $\begin{pmatrix}\alpha & \beta \\ \gamma & \delta\end{pmatrix}$ la substitution. On a

$$(1)\qquad \begin{cases} a\alpha^2 + b\alpha\gamma + c\gamma^2 = a \\ 2a\alpha\beta + b(\alpha\delta + \beta\gamma) + 2c\gamma\delta = b \\ a\beta^2 + b\beta\delta + c\delta^2 = c \\ \alpha\delta - \beta\gamma = -1. \end{cases}$$

Multiplions la première de ces égalités par $-\delta$, la seconde par $\frac{\gamma}{2}$, la quatrième par $\frac{b\gamma}{2} + a\alpha$ et ajoutons, il vient :

$$a(\alpha + \delta) = 0.$$

De même en multipliant la seconde par $\frac{\beta}{2}$, la troisième par $-\alpha$, la quatrième par $\frac{b\beta}{2} + c\delta$ on obtient

$$c(\alpha + \delta) = 0.$$

Donc à moins que $a = c = 0$ on a $\alpha + \delta = 0$.

Le cas de $a = c = 0$ n'est pas intéressant mais d'ailleurs on voit facilement que, dans ce cas, le théorème est encore vrai la substitution se réduisant à

$$\begin{pmatrix}0 & \varepsilon \\ \varepsilon & 0\end{pmatrix} \qquad (\varepsilon = \pm 1).$$

II. — *Dans toute classe bilatère on peut trouver une forme* $(a, a\beta, c)$ *qui admet la substitution automorphe* $\begin{pmatrix}1 & \beta \\ 0 & -1\end{pmatrix}$.

Remarquons d'abord que si une forme (a, b, c) admet la substitution automorphe $\begin{pmatrix}1 & \beta \\ 0 & -1\end{pmatrix}$ la seconde des équations (1) donne

$$b = a\beta$$

[1] J. d. M. (2), tome 1 (1857), p. 273 ; *Werke*, tome 2, p. 209.

et que par suite

$$(a, b, c) = (a, a\beta, c).$$

Il suffit donc de démontrer qu'on peut trouver dans la classe bilatère une forme admettant la substitution automorphe

$$\begin{pmatrix} 1 & \beta \\ 0 & -1 \end{pmatrix}.$$

En effet, prenons dans la classe une forme (a, b, c) admettant la substitution $\begin{pmatrix} \alpha & \beta \\ \gamma & -\alpha \end{pmatrix}$. Si $\gamma = 0$ le théorème est démontré.

Sinon considérons la forme $(a, b, c)\begin{pmatrix} \lambda, & \mu \\ \nu, & \rho \end{pmatrix}$ $(\lambda\rho - \mu\nu = 1)$. Elle est de même classe que (a, b, c) et elle admet la substitution automorphe de déterminant -1 :

$$\begin{pmatrix} \rho & -\mu \\ -\nu & \lambda \end{pmatrix}\begin{pmatrix} \alpha & \beta \\ \gamma & -\alpha \end{pmatrix}\begin{pmatrix} \lambda & \mu \\ \nu & \rho \end{pmatrix} = \begin{pmatrix} \alpha' & \beta' \\ \gamma' & \delta' \end{pmatrix}.$$

On va déterminer λ, μ, ν, ρ pour que $\gamma' = 0$ ce qui donne

$$\gamma' = \gamma\lambda^2 - 2\alpha\lambda\nu - \beta\nu^2 = 0.$$

On en tire

$$\frac{\lambda}{\nu} = \frac{\alpha \pm \sqrt{\alpha^2 + \beta\gamma}}{\gamma} = \frac{\alpha \pm 1}{\gamma}.$$

Prenons par exemple le signe + dans le second membre.

λ et ν devant être premiers entre eux on prendra

$$\lambda = \frac{\alpha + 1}{D(\alpha + \gamma, \gamma)} \qquad \nu = \frac{\gamma}{D(\alpha + 1, \gamma)}.$$

Puis on prendra μ et ρ satisfaisant à $\lambda\rho - \nu\mu = 1$.

III. — *Dans toute classe bilatère il y a des formes bilatères simples.*

Ayant obtenu dans la classe une forme $(a, a\beta, c)$, on appliquera à cette forme la substitution $\begin{pmatrix} 1 & -\frac{\beta - \rho}{2} \\ 0 & 1 \end{pmatrix}$ ($\rho = 0$, ou 1 suivant que β est pair ou impair). On obtient ainsi la forme

$$(a, a\rho, -a(\beta^2 - \rho^2) + 4c)$$

qui est bilatère simple.

Conclusion. — Les classes bilatères sont celles des formes (a, o, c) et (a, a, c).

Resterait à voir toutes les classes bilatères distinctes que cela donne, ce qui sera fait plus loin (Ch. XXIII).

Remarque. — Une forme (a, a, c) transformée par la substitution $\begin{pmatrix} 1 & 0 \\ -1 & 1 \end{pmatrix}$ devient $(c, a - 2c, c)$ dans laquelle le premier et le dernier coefficient sont égaux. Réciproquement, une forme (a, b, a) transformée par la substitution $\begin{pmatrix} 1 & 0 \\ 1 & 1 \end{pmatrix}$ devient $(2a + b, 2a + b, a)$.

On peut donc dire : *les classes bilatères sont celles des formes* (a, o, c) *et* (a, b, a).

178. — On traite d'une façon analogue un problème posé au n° **174**.

Trouver une forme (a, b, c) *de même classe que son opposée* $(-a, -b, -c)$, c'est-à-dire *Trouver les classes identiques à leurs opposées.*

On a comme solutions évidentes les classes des formes $(a, b, -a)$ qui se transforment en leurs opposées $(-a, -b, a)$ par la substitution $\begin{pmatrix} 0 & 1 \\ -1 & 0 \end{pmatrix}$.

Nous allons montrer qu'il n'y en a pas d'autres.

On aura ici

$$(2) \quad \begin{cases} a\alpha^2 + b\alpha\gamma + c\gamma^2 & = -a \\ a\alpha\beta + b(\alpha\delta + \beta\gamma) + 2c\gamma\delta & = -b \\ a\beta^2 + b\beta\delta + c\delta^2 & = -c \\ \alpha\delta - \beta\gamma & = 1. \end{cases}$$

On trouve d'abord comme précédemment que $\alpha = -\delta$.

Ensuite considérant la forme $(a, b, c)\begin{pmatrix} \lambda & \mu \\ \nu & \rho \end{pmatrix}$ on cherche à déterminer λ, μ, ν, ρ de façon que dans la substitution

$$\begin{pmatrix} \rho & -\mu \\ -\nu & \lambda \end{pmatrix}\begin{pmatrix} \alpha & \beta \\ \gamma & -\alpha \end{pmatrix}\begin{pmatrix} \lambda & \mu \\ \nu & \rho \end{pmatrix}$$

le premier et le quatrième coefficients soient nuls ; on trouve

$$(\alpha\lambda + \beta\nu)\rho - (\gamma\lambda - \alpha\nu)\mu = 0$$

équation qui jointe à $\lambda\rho - \mu\nu = 1$ donne

$$\rho = \frac{\gamma\lambda - \alpha\nu}{\gamma\lambda^2 - 2\alpha\lambda\nu - \beta\nu^2}$$

$$\mu = \frac{\alpha\lambda + \beta\nu}{\gamma\lambda^2 - 2\alpha\lambda\nu - \beta\nu^2}.$$

Le dénominateur commun à ces deux expressions est une forme quadratique en λ, ν, à coefficients entiers dont le déterminant $4(\alpha^2 + \beta\gamma)$ est égal à -4. Elle est donc équivalente à la forme $(1, 0, 1)$ car on démontrera (Ch. XIV) qu'il n'existe qu'une classe de déterminant égal à 4. Or la forme $(1, 0, 1)$ représente primitivement l'entier 1. Il en est donc de même de la forme

$$(\gamma, -2\alpha, -\beta)$$

et l'on peut déterminer des valeurs entières de λ, ν, premières entre elles pour lesquelles

$$\gamma\lambda^2 - 2\alpha\lambda\nu - \beta\nu^2 = 1.$$

Ces valeurs déterminées on a

$$\rho = \gamma\lambda - \alpha\nu \qquad \mu = \alpha\lambda + \beta\nu.$$

La substitution modulaire ainsi obtenue dans laquelle le premier et le quatrième coefficient sont nuls est la substitution $\begin{pmatrix} 0 & 1 \\ -1 & 0 \end{pmatrix}$ ou la substitution $\begin{pmatrix} 0 & -1 \\ 1 & 0 \end{pmatrix}$.

Alors la première des équations (2) donne $c = -a$, ce qui prouve bien que la classe est représentable par une forme $(a, b, -a)$.

Voici encore un problème dont l'énoncé est analogue aux deux précédents. *Trouver les classes identiques à leur inverse-opposée* (inverse de l'opposée ou opposée de l'inverse. Les classes des formes (a, b, c) et $(-a, b, -c)$ sont inverses opposées). Mais la solution de cette question est d'une nature différente de celles des précédentes et sera donnée plus tard (n° **269**).

179. Problème. — *Reconnaître si une forme (a, b, c) contient arithmétiquement une autre forme (a', b', c') et trouver les substitutions par lesquelles on passe de la première à la seconde.*

En appelant Δ le déterminant de la première, Δ' celui de la seconde et $\begin{pmatrix} \alpha & \beta \\ \gamma & \delta \end{pmatrix}$ une substitution par laquelle on passe de la première à la seconde on a :

$$\Delta' = \Delta(\alpha\delta - \beta\gamma)^2.$$

Une première condition nécessaire est donc que $\frac{\Delta'}{\Delta}$ *soit le carré d'un entier.*

Cette condition remplie soit $\frac{\Delta'}{\Delta} = m^2$, reste à voir s'il est possible de trouver $\alpha, \beta, \gamma, \delta$ telles que

$$\alpha\delta - \beta\gamma = \pm m$$

(3) $$(a, b, c)\begin{pmatrix} \alpha & \beta \\ \gamma & \delta \end{pmatrix} = (a', b', c')$$

Or la substitution $\begin{pmatrix} \alpha & \beta \\ \gamma & \delta \end{pmatrix}$ peut se mettre (I, 374) sous la forme

$$\begin{pmatrix} \alpha_1 & 0 \\ \gamma_1 & \delta_1 \end{pmatrix} \times U$$

avec

(4) $$\alpha_1 > 0 \qquad \delta_1 > 0 \qquad 0 \leqslant \gamma_1 < \delta_1 \qquad \alpha_1\delta_1 = \pm m$$

et U étant une substitution unité.

Alors l'égalité (3) s'écrit

$$(a, b, c)\begin{pmatrix} \alpha_1 & 0 \\ \gamma_1 & \delta_1 \end{pmatrix} U = (a', b', c')$$

et elle exprime que $(a, b, c)\begin{pmatrix} \alpha_1 & 0 \\ \gamma_1 & \delta_1 \end{pmatrix}$ est équivalente à (a', b', c').

Or les tableaux $\begin{pmatrix} \alpha_1 & 0 \\ \gamma_1 & \delta_1 \end{pmatrix}$ satisfaisant aux conditions (4) sont en nombre limité (I. 295). (Ce nombre est égal à la somme des diviseurs de m).

On les formera tous puis on formera tous les produits (a, b, c) $\begin{pmatrix} \alpha_1 & 0 \\ \gamma_1 & \delta_1 \end{pmatrix}$ et on verra si l'un d'eux est équivalent à (a', b', c').

On obtient ainsi une substitution Σ transformant f en f'. On a toutes ces substitutions par la formule $A\Sigma$ où A représente toutes les substitutions automorphes de f, ou par la formule $\Sigma A'$ où A' représente toutes les substitutions automorphes de f'.

Classe contenue dans une autre. — Si f contient f' n'importe quelle forme f_1 de même classe que f contient n'importe quelle classe f_1' de même classe que f'. En effet on a, par hypothèse

$$f_1 = fS \qquad f_1' = f'S' \qquad f' = f\Sigma$$

S et S' étant modulaires. Donc

$$f_1' = f_1 S^{-1}\Sigma S'$$

ce qui démontre le théorème.

On pourra dire que la classe de f contient la classe de f'.

180. — Application de la théorie des formes quadratiques binaires à la résolution de l'équation diophantienne du second degré à deux variables.

Nous nous bornons au cas de $\Delta \neq 0$ (équation du genre ellipse ou du genre hyperbole (nos **120, 123**)). On a vu (n° **123**), qu'une telle équation se ramène à

$$ax^2 + bxy + cy^2 = m.$$

Nous supposons de plus Δ non carré parfait.

Il suffit de trouver les solutions primitives (n° **124**). La question peut alors être posée ainsi : *Une forme donnée (a, b, c) peut-elle représenter d'une façon primitive un entier donné m?*

Théorème I. — *Pour qu'un entier m soit représenté d'une façon primitive dans une classe C il faut et il suffit qu'il existe dans C une forme dont le premier coefficient soit m.*

Cette condition est nécessaire. En effet, soit (a, b, c) une forme de la classe.

Par hypothèse il existe deux entiers α, γ premiers entre eux tels que

$$a\alpha^2 + b\alpha\gamma + c\gamma^2 = m.$$

Prenons deux entiers β, δ tels que $\alpha\delta - \beta\gamma = 1$ et faisons sur (a, b, c) la substitution $\begin{pmatrix} \alpha & \beta \\ \gamma & \delta \end{pmatrix}$, nous obtenons une forme de même classe que (a, b, c) et dont le premier coefficient est m.

Cette condition est suffisante. En effet soit (m, n, p) la forme appartenant à la classe en question et dont le premier coefficient est m. Elle représente primitivement m pour $x = 1$, $y = 0$.

Théorème II. — *Pour qu'un entier m soit représentable d'une* *façon primitive dans l'une des classes de déterminant* Δ *il faut et il suffit que la congruence*

(5) $$x^2 + \rho x - \frac{\Delta - \rho}{4} \equiv 0 \pmod m$$

soit résoluble.

Cette condition est nécessaire. En effet si m est représentable d'une façon primitive dans une classe de déterminant Δ il y a dans cette classe une forme dont le premier coefficient est égal à m ; soit $(m, 2n + \rho, p)$ cette forme. On a

$$(2n + \rho)^2 - 4mp = \Delta$$

d'où

$$n^2 + \rho n - \frac{\Delta - \rho}{4} \equiv 0 \pmod m.$$

(se rappeler que $\rho^2 = \rho$)

Donc la congruence (5) est possible.

Réciproquement, si cette congruence est possible, soit n une solution. En posant

$$n^2 + \rho n - \frac{\Delta - \rho}{4} = mp$$

on voit que la forme $(m, 2n + \rho, p)$ a comme déterminant Δ et qu'elle représente primitivement m pour $x = 1, y = 0$.

181. — *Recherche des solutions primitives de*

(6) $$ax^2 + bxy + cy^2 = m.$$

D'après ce qui précède, pour que de telles solutions existent il faut d'abord que la congruence (5) soit résoluble.

Si cette condition est remplie, soient $n_0, n_1, \ldots$ les solutions et soient

$$p_0 = \frac{n_0^2 + \rho n_0 - \frac{\Delta - \rho}{4}}{m} \qquad p_1 = \frac{n_1^2 + \rho n_1 - \frac{\Delta - \rho}{4}}{m} \quad \ldots$$

L'entier m est représentable primitivement dans les classes auxquelles appartiennent les formes $(m, 2n_0 + \rho, p_0)$, $(m, 2n_1 + \rho, p_1)$, ... et dans celles-là seulement. Il faut donc voir celles de ces formes qui sont de même classe que (a, b, c). Si aucune ne satisfait à cette condition l'équation proposée est impossible. Si, au contraire, il y a de ces classes par exemple celle de $(m_0, 2n_0 + \rho, p_0)$ satisfaisant à cette condition ; soit $\begin{pmatrix} \alpha & \beta \\ \gamma & \delta \end{pmatrix}$ une substitution modulaire transformant (a, b, c) en $(m, 2n_0 + \rho, p_0)$ on a la solution primitive $x = \alpha, y = \gamma$, de l'équation (6) ; et l'on obtient ainsi toutes les solutions. Reste à voir si on obtient plusieurs fois la même.

Théorème. — *Deux solutions de la congruence* (5) *identiques au module m près donnent la même solution de l'équation* (6).

Réciproquement deux solutions de la congruence donnant la même solution de l'équation sont identiques au module m près.

Soient n_0 et $n_0 + m\lambda$ deux solutions de (5) identiques au module m près. La valeur de p correspondante à n_0 est

$$p_0 = \frac{n_0^2 + \rho n_0 - \frac{\Delta - \rho}{4}}{m}.$$

Celle correspondante à $n_0 + m\lambda$ est

$$\frac{(n_0 + m\lambda)^2 + \rho(n_0 + m\lambda) - \frac{\Delta - \rho}{4}}{m}$$

ou

$$p_0 + (2n_0 + \rho)\lambda + m\lambda^2.$$

La valeur p_0 conduit à la forme

$$\varphi = (m, 2n_0 + \rho, p_0).$$

La valeur $p_0 + (2n_0 + \rho)\lambda + m\lambda^2$, à la forme

$$\varphi' = [m, 2n_0 + \rho + 2m\lambda, (p_0 + 2n_0 + \rho)\lambda + m\lambda^2].$$

Or on passe de φ à φ' par la substitution modulaire $\begin{pmatrix} 1 & \lambda \\ 0 & 1 \end{pmatrix}$. Donc si l'on passe de la forme (a, b, c) à φ par la substitution $\begin{pmatrix} \alpha & \beta \\ \gamma & \delta \end{pmatrix}$, qui donne comme solution de (6) $x = \alpha, y = \gamma$; on passe de (a, b, c) à φ' par la substitution $\begin{pmatrix} \alpha & \beta \\ \gamma & \delta \end{pmatrix}\begin{pmatrix} 1 & \lambda \\ 0 & 1 \end{pmatrix}$ ou $\begin{pmatrix} \alpha & \alpha\lambda + \beta \\ \gamma & \gamma\lambda + \delta \end{pmatrix}$ qui donne aussi comme solution $x = \alpha, y = \gamma$.

Réciproquement, supposons qu'une même solution α, γ, soit donnée par deux racines n_0 et n_1 de la congruence (5). Soit $\begin{pmatrix}\alpha & \beta \\ \gamma & \delta\end{pmatrix}$ la substitution qui transforme (a, b, c) en $(m, 2n_0 + \rho, p_0)$ et $\begin{pmatrix}\alpha & \beta' \\ \gamma & \delta'\end{pmatrix}$ celle qui transforme (a, b, c) en $(m', 2n_1 + \rho, p_1)$. On a

$$2n_0 + \rho = 2a\alpha\beta + b(\alpha\delta + \beta\gamma) + 2c\gamma\delta$$
$$2n_1 + \rho = 2a\alpha\beta' + b(\alpha\delta' + \beta'\gamma) + 2c\gamma\delta'.$$

D'autre part de

$$\alpha\delta - \beta\gamma = \alpha\delta' - \delta\gamma'$$

on tire

$$\beta' = \beta + \lambda\alpha$$
$$\delta' = \delta + \lambda\gamma$$

λ étant un entier. Donc

$$2n_1 + \rho = 2a\alpha(\beta + \lambda\alpha) + b[\alpha(\delta + \lambda\gamma) + \gamma(\beta + \lambda\alpha)] + 2c\gamma(\lambda + \delta\gamma$$
$$= 2n_0 + \rho + 2(a\alpha^2 + b\alpha\gamma + c\gamma^2)\lambda = 2n_0 + \rho + 2m\lambda$$

d'où

$$n_1 = n_0 + m\lambda$$

de sorte que n_0 et n_1 sont la même solution au module m près.

Enfin nous remarquons que toutes les substitutions qui transforment (a, b, c) en $\left(m, 2n_0 + \rho, \frac{n_0^2 + n_0\rho - \frac{\Delta - \rho}{4}}{m}\right)$ se déduisent de l'une d'elles $\begin{pmatrix}\alpha_0 & \beta_0 \\ \gamma_0 & \delta_0\end{pmatrix}$ par la formule

$$\begin{pmatrix}\lambda & \mu \\ \nu & \rho\end{pmatrix}\begin{pmatrix}\alpha_0 & \beta_0 \\ \gamma_0 & \delta_0\end{pmatrix}$$

$\begin{pmatrix}\lambda & \mu \\ \nu & \rho\end{pmatrix}$ étant une substitution automorphe de (a, b, c), de sorte que les valeurs générales de α et γ sont $\lambda\alpha_0 + \mu\gamma_0$, $\nu\alpha_0 + \rho\gamma_0$.

Résumé. — Pour trouver les solutions de l'équation diophantienne

$$ax^2 + bxy + cy^2 = m$$

il faut poser la congruence

$$n^2 + \rho n - \frac{\Delta - \rho}{4} \equiv 0 \pmod{m}.$$

Si cette congruence est impossible l'équation l'est aussi. Si cette congruence est possible on cherche toutes ses solutions satisfaisant à

$$(7) \qquad 0 \leqslant n < m.$$

Soit n_0 l'une d'elles. On cherche si les formes

$$(a, b, c) \quad \text{et} \quad \left[m,\ 2n_0 + \rho,\ \frac{(n_0)^2 + \rho n_0 - \frac{\Delta - \rho}{4}}{m}\right]$$

sont de même classe. Si elles ne le sont pas, à la solution n_0 de la congruence ne correspond pas de solution pour l'équation. Si elles le sont, soit $\begin{pmatrix}\alpha_0 & \beta_0\\ \gamma_0 & \delta_0\end{pmatrix}$ une substitution modulaire par laquelle on passe de la première forme à la seconde.

A la valeur n_0 correspond la solution $x = \alpha$, $y = \gamma$ et d'une façon générale toutes les solutions $x = \lambda\alpha_0 + \mu\gamma_0$, $y = \nu\alpha_0 + \rho\gamma_0$ où $\begin{pmatrix}\lambda, & \mu\\ \nu, & \rho\end{pmatrix}$ désignent toutes les substitutions automorphes de (a, b, c).

Le nombre des solutions ainsi obtenues est égal au nombre des valeurs de n satisfaisant à la congruence (5) et aux conditions (7), multiplié par le nombre des substitutions automorphes de (a, b, c).

Ce nombre est fini si (a, b, c) est une forme définie, il est infini dans le cas contraire.

De cette façon, à une solution de l'équation correspond une racine de la congruence (on dit que cette solution *appartient* à cette racine), mais à une racine de la congruence peut correspondre toute une série de solutions de l'équation en nombre fini ou infini.

Exemple. — Résoudre l'équation diophantienne (nº **139**)

$$2x^2 - 6xy + y^2 = 7 \times 83.$$

Ici b est pair. La congruence (5) est

$$n^2 \equiv 7 \pmod{7 \times 83}$$

qui a deux solutions (mod 7×83), à savoir

$$\left.\begin{matrix} n_0 \equiv -7 \times 26 \\ n_1 \equiv 7 \times 26 \end{matrix}\right\} \pmod{7 \times 83}.$$

Il y a à considérer les deux formes

$$(7 \times 83, \ -2 \times 7 \times 26, \ 57) \quad \text{et} \quad (7 \times 83, \ 2 \times 7 \times 26, \ 57).$$

Prenons d'abord la première. Il faut voir si elle est de même classe que $(2, -6, 1)$. La première racine de $(7 \times 83, -2 \times 7 \times 26, 57)$, développée en fraction continuelle donne

$$\frac{182 + \sqrt{7}}{581} = 0 + \frac{1}{3+} \left| \frac{1}{6+} \right| \overline{\frac{1}{1+} \left| \frac{1}{4+} \right| \frac{1}{1+} \left| \frac{1}{1+} \right|} \cdots$$

La première racine de $(2, -6, 1)$ donne

$$\frac{3 + \sqrt{7}}{2} = 2 + \overline{\frac{1}{1+} \left| \frac{1}{4+} \right| \frac{1}{1+} \left| \frac{1}{1+} \right|} \cdots$$

Les deux formes sont de même classe. On trouve que les substitutions par lesquelles on passe de la seconde à la première sont :

$$\begin{pmatrix} 2 & 1 \\ 1 & 0 \end{pmatrix} \times \begin{pmatrix} 11 & 6 \\ 9 & 5 \end{pmatrix}^n \times \begin{pmatrix} 3 & -1 \\ -19 & 6 \end{pmatrix}$$

ou

$$\begin{pmatrix} 6\alpha_n + 3\gamma_n - 38\beta_n - 19\delta_n & \cdots \\ 3\alpha_n - 19\beta_n & \cdots \end{pmatrix}$$

en posant

$$\begin{pmatrix} 11 & 6 \\ 9 & 5 \end{pmatrix}^n = \begin{pmatrix} \alpha_n & \beta_n \\ \gamma_n & \delta_n \end{pmatrix}.$$

On a donc les solutions

$$x = 6\alpha_n + 3\gamma_n - 38\beta_n - 19\delta_n$$
$$y = 3\alpha_n - 19\beta_n.$$

La forme $(7 + 83, 2 \times 7 \times 26, 57)$ fournirait aussi des solutions.

Théorème. — *Si un entier m est représentable primitivement dans une classe de déterminant Δ, tout diviseur m' de m est aussi représentable primitivement dans une classe de même déterminant (les deux classes dans lesquelles sont représentées m et m' n'étant pas forcément les mêmes).*

Ce théorème résulte immédiatement du théorème II du n° **180**.

182. — On vient de montrer que la résolution de l'équation diophantienne du second degré à deux variables se ramène à la question de l'équivalence de deux formes quadratiques. Réciproquement on peut ramener la seconde question à la première. On est ainsi conduit à une expression de l'équivalence de deux formes qui nous sera utile.

Pour que deux formes (a, b, c) et (a', b', c') soient de même classe il faut et il suffit évidemment qu'il existe quatre entiers $\alpha, \beta, \gamma, \delta$ satisfaisant aux équations

$$(8)\quad \begin{cases} \alpha\delta - \beta\gamma = 1 \\ a\alpha^2 + b\alpha\gamma + c\gamma^2 = a' \\ 2a\alpha\beta + b(\alpha\delta + \beta\gamma) + 2c\gamma\delta = b' \\ a\beta^2 + b\beta\delta + c\delta^2 = c'. \end{cases}$$

Mais on sait que ces conditions entraînent que les deux formes ont même déterminant. Supposons cette condition remplie, elle supprime la dernière des conditions précédentes, car si deux formes ont même premier coefficient, même second coefficient et même déterminant, elles ont même dernier coefficient. On peut donc dire que les conditions nécessaires et suffisantes pour que (a, b, c) et (a', b', c') soient équivalentes sont que

1° elles aient même déterminant ;

2° que l'équation diophantienne

$$a\alpha^2 + b\alpha\gamma + c\gamma^2 = a'$$

soit résoluble ;

3° que les valeurs de β et δ tirées de la première et de la troisième des équations (8) c'est-à-dire

$$\beta = \frac{\frac{b' - b}{2}\alpha - c\gamma}{a'} \qquad \delta = \frac{\frac{b' + b}{2}\gamma + a\alpha}{a'}$$

soient entières (b et b' sont de même parité, puisque les deux formes ont même déterminant.

En résumé *pour que les formes* (a, b, c) *et* (a', b', c') *soient de même classe il faut et il suffit*

1° *qu'elles aient même déterminant ;*

2° *qu'il existe des entiers* α, γ, *satisfaisant aux conditions*

$$a\alpha^2 + b\alpha\gamma + c\gamma^2 = m$$

$$\left.\begin{aligned} \frac{b' - b}{2}\alpha - c\gamma \equiv 0 \\ \frac{b' + b}{2}\gamma + a\alpha \equiv 0 \end{aligned}\right\} \pmod{a'}$$

183. — Nous terminerons ce chapitre par des théorèmes qui seront d'un usage fréquent dans la suite.

THÉORÈME I. — *Étant donnée une forme primitive* (a, b, c) *et un nombre premier* p, *on peut trouver un entier représenté par la forme et non divisible par* p.

En effet si $a \not\equiv 0 \pmod p$ cet entier a répond à la question.

De même si $c \not\equiv 0 \pmod p$ il répond à la question.

Enfin si $a \equiv c \equiv 0 \pmod p$, alors on a $b \not\equiv 0 \pmod p$ puisque la forme est primitive. Alors l'entier $a + b + c$ (représenté pour $x = y = 1$) répond à la question.

THÉORÈME II. — *Étant donnée une forme primitive* $f(x, y)$ *et un entier* m, *on peut trouver un entier représenté primitivement par* $f(x, y)$ *et premier à* m.

En effet soient $p_1, p_2, \ldots$ les facteurs premiers de m.

On déterminera x_1, y_1 de façon que $f(x_1, y_1)$ ne soit pas divisible par p_1 puis x_2, y_2, de façon que $f(x_2, y_2)$ ne soit pas divisible par p_2, etc.

Ensuite on détermine x, y, par les conditions

$$\begin{array}{ll} x \equiv x_1 \pmod{p_1} & y \equiv y_1 \pmod{p_1} \\ x \equiv x_2 \pmod{p_2} & y \equiv y_2 \pmod{p_2} \\ \ldots\ldots\ldots\ldots & \ldots\ldots\ldots\ldots \end{array}$$

On aura

$$f(x, y) \equiv f(x_1, y_1) \pmod{p_1}$$

donc $f(x, y)$ n'est pas divisible par p_1. De même il ne l'est pas par $p_2, \ldots$, donc $f(x, y)$ est premier à m.

Si x et y sont premiers entre eux le problème est résolu. Sinon on considère $f\left(\frac{x}{D(x, y)}, \frac{y}{D(x, y)}\right)$.

THÉORÈME III. — *Dans toute classe primitive on peut trouver une forme dont le premier coefficient soit premier à un entier donné* m.

On prendra une forme $f(x, y)$ appartenant à la classe. On déterminera α, γ premiers entre eux de façon que $f(\alpha, \gamma)$ soit premier à m. Puis on déterminera β, δ par la condition $\alpha\delta - \beta\gamma = 1$; et enfin on fera sur $f(x, y)$ la substitution $\begin{pmatrix} \alpha & \beta \\ \gamma & \delta \end{pmatrix}$; on obtiendra une forme répondant à la question.

On voit même qu'il existe une infinité de ces formes.

NOTES ET EXERCICES

I. — Vérifier que les couples de formes suivants sont à la fois proprement et improprement équivalents, et trouver les substitutions par lesquelles on passe de la première à la seconde

$$(251, 240, 66) \quad \text{et} \quad (5, 16, 14)$$
$$(1, 2, -4) \quad \text{et} \quad (-145, -210, -76)$$
$$(2. 3, -4) \quad \text{et} \quad (64, 51, 10).$$

II. — Vérifier que la forme (3, 2, — 2) contient la forme (3, — 14, — 21) et trouver les substitutions par lesquelles on passe de la première à la seconde.

III. — Vérifier que la forme (1, 1, 2) contient la forme (7, — 7, 8) et trouver les substitutions par lesquelles on passe de la première à la seconde.

Remarquer que les formes sont bilatères; il y a des substitutions de déterminant + 5 et des substitutions de déterminant — 5 répondant à la question.

CHAPITRE XIV

DETERMINATION DES CLASSES APPARTENANT A UN DETERMINANT DONNE

184. — Nous avons eu, dans le chapitre précédent, à considérer toutes les classes appartenant à un déterminant donné. Le problème se pose donc maintenant naturellement, de rechercher toutes ces classes. C'est ce que nous allons faire en cherchant toutes les formes *réduites* dont le déterminant est égal à ce déterminant donné. En particulier nous démontrerons que *le nombre des classes appartenant à un déterminant donné est fini* (1).

Cas des formes définies. — On se donne un discriminant D positif. On veut former toutes les classes ayant ce discriminant. On peut se borner aux formes définies *positives*, car si (a, b, c) est une forme définie positive ayant un discriminant D ;

$$(-a, -b, -c)$$

est une forme définie négative ayant le même discriminant et réciproquement. D'ailleurs une forme positive et une forme négative ne peuvent être de même classe. Donc *on formera toutes les classes positives de discriminant* D, *on leur adjoindra les classes opposées et l'on aura toutes les classes de discriminant* D.

Enfin puisque dans chaque classe il y a une forme réduite et une seule (n° **158**) le problème se ramène à *former toutes les formes réduites positives de discriminant* D.

On a vu (n° **158**) que dans une forme définie réduite on a

$$D \geqslant 3a^2.$$

(1) Lagrange, *Nouv. mém. Ac. Berlin*, 1773, p. 262, et 1775, p. 323.

On en déduit, a étant positif

$$a \leqslant \sqrt{\frac{D}{3}}.$$

Etant donné D on prendra donc tous les entiers positifs a satisfaisant à cette condition ; leur nombre est fini.

Ensuite dans une forme réduite on a

$$-a < b \leqslant a$$

de plus b est de même parité que D. Donc, ayant choisi a on prendra toutes les valeurs de b satisfaisant à ces conditions ; leur nombre est fini.

Ayant choisi a et b on détermine c par l'égalité

$$c = \frac{D + b^2}{4a},$$

On ne retiendra la valeur de c ainsi trouvée que si elle est entière et si (a, b, c) est réduite. Le problème est ainsi résolu, et l'on voit qu'il n'a qu'un nombre fini de solutions.

On est d'ailleurs sûr qu'il en a (n° **154**).

Exemples. I. — $D = 3$.

$$a \leqslant 1$$

donc $a = 1$, alors $b = \pm 1$ et $c = 1$, on a donc les deux formes $(1, 1, 1)$ et $(1, -1, 1)$. Mais la seconde n'est pas réduite.

Donc il n'y a qu'une classe de formes réduites positives, et de discriminant 1, celle caractérisée par la forme réduite $(1, 1, 1)$.

II. — $D = 4$.

$$a \leqslant \sqrt{\frac{4}{3}}$$

donc $a = 1$, alors $b = 0$ et $c = 1$. Une classe caractérisée par la forme réduite $(1, 0, 1)$.

III. — $D = 7$.

$$a \leqslant \sqrt{\frac{7}{3}}$$

donc $a = 1$, alors $b = 1$ et $c = 2$. Une classe caractérisée par la forme réduite $(1, 1, 2)$.

IV. — $D = 8$. Une classe caractérisée par la forme réduite $(1, 0, 2)$.

V. — $D = 12$

$$a \leqslant \sqrt{4} \qquad a = 1 \text{ ou } 2.$$

Si $a = 1$, $b = 0$, $c = 3$ d'où la forme réduite $(1, 0, 3)$.

Si $a = 2$, $b = 0$ ou 2. Pour $b = 0$, $c = \frac{3}{2}$ valeur non entière.

Pour $b = 2$; $c = 2$ d'où la forme $(2, 2, 2)$.

On trouve deux classes l'une primitive, l'autre de plus grand diviseur égal à 2.

D'une façon générale si D est divisible par un carré δ^2, si de plus $\frac{D}{\delta^2} \equiv 0$ ou $-1 \pmod 4$, parmi les classes de discriminant D on trouvera les produits par δ des classes de discriminant $\frac{D}{\delta^2}$.

Soit par exemple $D = 500$. D est divisible par trois carrés 4, 25 et 100. Or $\frac{D}{4}$ et $\frac{D}{100}$ ne sont pas des discriminants, tandis que $\frac{D}{25} = 20$ en est un. Donc les classes de discriminant D se répartissent en deux ordres (n° **153**), celui des classes primitives et celui des classes de diviseur 5 obtenues en multipliant par 5 les classes primitives de déterminant 20.

VI. — $D = 15$. A priori on ne trouvera que des classes primitives. On en trouve deux représentées par les formes $(1, 1, 4)$ et $(2, 1, 2)$.

185. Cas des formes indéfinies. — On se donne un déterminant Δ positif, on veut trouver toutes les classes et pour cela toutes les formes réduites ayant ce déterminant. On a vu (n° **175**) que dans une forme réduite indéfinie a et c sont de signes contraires.

Donc, puisque $b^2 - 4ac = \Delta$ il en résulte :

$$b^2 < \Delta$$

d'où, b étant négatif (n° **175**)

$$-\sqrt{\Delta} < 0 < b.$$

On prendra tous les entiers b satisfaisant à ces inégalités et qui sont de même parité que Δ ; leur nombre est fini.

Ayant choisi b, on a

$$ac = \frac{b^2 - \Delta}{4}.$$

On décomposera de toutes les façons possibles l'entier négatif

$\frac{b^2 - \Delta}{4}$ en un produit de deux facteurs. On prendra le facteur positif pour a, le facteur négatif pour c. On ne retiendra de ces valeurs que celles qui satisfont aux conditions (nº **175**)

$$(1) \qquad b < a + c < -b$$

leur nombre est fini. Les formes ainsi trouvées sont toutes les formes réduites de déterminant Δ. Mais deux formes réduites indéfinies peuvent être de même classe. Il restera donc à voir parmi les formes obtenues quelles sont celles qui sont de même classe.

Exemples. I. — $\Delta = 5$. On a

$$-\sqrt{5} < b < 0$$

et b est impair. Donc $b = -1$.

Alors $ac = -1$. Donc $a = 1$, $c = -1$. Il n'y a donc qu'une classe de déterminant 5 représentée par la forme réduite $(1, -1, -1)$.

II. — $\Delta = 8$.

$$-\sqrt{8} < b < 0$$

et b est pair. Donc $b = -2$.

Alors $ac = -1$; donc $a = 1$, $c = -1$. Il n'y a donc qu'une classe de déterminant 8 représentée par la forme réduite $(1, -2, -1)$.

III. — $\Delta = 12$.

$$-\sqrt{12} < b < 0$$

et b est pair. Donc $b = -2$.

Alors $ac = -2$; donc $a = 1$, $c = -2$ ou $a = 2$, $c = -1$.

Ces deux systèmes de valeurs de a et c satisfont d'ailleurs aux conditions de plus haut. Donc deux formes réduites : $(1, -2, -2)$ et $(2, -2, -1)$. On vérifie d'ailleurs qu'elles ne sont pas de la même classe. Donc il y a deux classes.

IV. — $\Delta = 20$.

On trouve quatre formes réduites $(2 -2, -2)$, $(1, -2, -4)$, $(4, -2, -1)$ et $(1, -4, -1)$. Les trois dernières sont de même classe. Donc, deux classes, une primitive représentée par $(1, -2, -4)$ et une non primitive représentée par $(2, -2, -2)$.

Remarque. — Si à un déterminant ne correspond qu'une

classe, cette classe est nécessairement identique à son inverse. Donc elle est bilatère.

Exemple : pour $\Delta = 5$, la forme $(1, -1, -1)$ est bilatère, elle est équivalente à la forme bilatère simple $(1, 1, -1)$.

De même, si à un déterminant ne correspond qu'une classe *primitive*, cette classe est bilatère.

Exemple : pour $\Delta = 20$, la forme $(1, -2, -4)$ est bilatère, elle est équivalente à la forme bilatère simple $(1, 0, -5)$.

186. Formes et classes principales. — On appelle forme *principale* de déterminant Δ la forme $\left(1, \rho, -\frac{\Delta - \rho}{4}\right)$, c'est-à-dire $\left(1, 0, -\frac{\Delta}{4}\right)$ si Δ est pair $\left(1, 1, -\frac{\Delta - 1}{4}\right)$ si Δ est impair.

On appelle classe *principale* la classe de cette forme.

La classe principale est bilatère, car la forme principale est bilatère simple.

Lorsqu'il n'y a qu'une classe de déterminant Δ, et même lorsqu'il n'y a qu'une classe *primitive* de déterminant Δ, c'est la forme principale.

Théorème. — *L'entier* 1 *est représentable primitivement dans la classe principale. Réciproquement si l'entier* 1 *est représentable primitivement dans une classe cette classe est la classe principale.*

Ce théorème est une conséquence immédiate du théorème I du n° **180**, joint à ce fait que le premier coefficient de la classe principale est égal à 1.

NOTES ET EXERCICES

I. — Trouver toutes les classes correspondant aux discriminants 108, 135.

II. — Trouver toutes les classes correspondant aux déterminants 101, 104, 108, 117.

CHAPITRE XV

DECOMPOSITION DES ENTIERS EN UNE SOMME DE DEUX CARRES

187. — Un entier m satisfaisant à la condition (5) du chapitre XIII, nous savons qu'il est représentable primitivement dans une ou plusieurs classes de déterminant Δ. Nous savons de plus trouver ces classes lorsque l'entier m est donné numériquement. Mais on peut demander de plus quels sont les caractères communs à tous les entiers représentés par une même classe. Autrement dit, connaissant les différentes classes de déterminant Δ, pourra-t-on reconnaître a priori par certains caractères, qu'un entier m est représentable dans telle ou telle classe.

Ce problème ne sera résolu (autant qu'il peut l'être) que plus loin. Pour le moment nous allons examiner un cas particulier dont la solution nous guidera pour le cas général, à savoir le cas de $D = 4$.

Il n'y a qu'une classe de discriminant 4 (n° **184**) celle de la forme (1, 0, 1). Dire qu'un entier est représentable dans cette classe c'est donc dire qu'on peut le mettre sous la forme $x^2 + y^2$; autrement dit qu'on peut le mettre sous la forme d'une somme de deux carrés.

D'après le n° **180** la condition nécessaire et suffisante pour qu'un entier m soit représentable primitivement par la forme (1, 0, 1), autrement dit pour qu'il soit décomposable en la somme de deux carrés premiers entre eux est que la congruence

$$x^2 \equiv -1 \pmod m \tag{1}$$

soit possible.

188. Nombre des solutions. — Nous distinguerons les *représentations* d'un entier par une somme de deux carrés, et les *décompositions* d'un entier en une somme de deux carrés. Deux *représentations* $x^2 + y^2$ et $x'^2 + y'^2$ ne sont dites identiques que si $x = x'$, $y = y'$. Alors le nombre des représentations *primitives* d'un entier m est égal (nº **181**) au nombre de solutions de la congruence (1) multiplié par le nombre des substitutions automorphes de (1, 0, 1) ; c'est-à-dire à *quatre fois le nombre des solutions* de la congruence (1).

Au contraire deux *décompositions* d'un entier en sommes de deux carrés sont considérées comme identiques lorsque les carrés constituants sont les mêmes dans les deux décompositions quel que soit leur ordre et le signe de leurs racines. Le nombre des décompositions est donc plus petit que le nombre des représentations.

Considérons les quatre substitutions qui transforment (1, 0, 1) en $(m, 2n, p)$. L'une d'elles étant $\begin{pmatrix}\alpha & \beta\\ \gamma & \delta\end{pmatrix}$ les autres sont

$$\begin{pmatrix}-\alpha & -\beta\\ -\gamma & -\delta\end{pmatrix} \quad \begin{pmatrix}\gamma & \delta\\ \alpha & \beta\end{pmatrix} \quad \begin{pmatrix}-\gamma & -\delta\\ -\alpha & -\beta\end{pmatrix}.$$

Donc à une solution de la congruence correspondent quatre représentations primitives :

$$m = \alpha^2 + \gamma^2,\ m = (-\alpha)^2 + (-\gamma)^2,\ m = \gamma^2 + \alpha^2,\ m = (-\gamma)^2 + (-\alpha)^2.$$

Ces quatre représentations sont distinctes sauf si l'un des deux nombres α, γ est égal à zéro, ou s'ils sont égaux en valeur absolue, ce qui joint à ce que ces deux nombres sont premiers entre eux fait que cela ne peut arriver que si $m = 1$ ou 2.

Laissant ces cas de côté, ces quatre représentations sont distinctes, mais elles ne donnent qu'une décomposition de m en deux carrés.

De plus si la congruence (1) a la solution n elle a aussi la solution $-n$ qui en est distincte (m n'étant égal ni à 1 ou à 2). A la solution $-n$ correspondent les quatre représentations

$$m = \alpha^2 + (-\gamma)^2,\ m = (-\alpha)^2 + \gamma^2,\ m = \gamma^2 + (-\alpha)^2,\ m = (-\gamma)^2 + \alpha^2$$

distinctes des quatre précédentes, mais qui donnent la même décomposition de m en deux carrés. De sorte qu'en résumé il y a huit fois moins de décompositions que de représentations et l'on a le théorème suivant :

Le nombre de décompositions de m en deux carrés premiers entre eux est égal à la moitié du nombre de solutions de la congruence, sauf si $m = 1$ ou 2.

Pour $m = 1$ ou 2 le nombre de décompositions est *un* car $1 = 0^2 + 1^2$ et $2 = 1^2 + 1^2$.

THÉORÈME I. — *Tout nombre premier m congru à 1 (mod 4) est représentable de huit façons par la forme $x^2 + y^2$ et décomposable d'une seule façon en une somme de deux carrés* (1).

Car dans ce cas la congruence (1) a deux solutions. Donc m n'est décomposable que d'une façon en une somme de deux carrés premiers entre eux. D'ailleurs m étant premier n'est pas décomposable en une somme de deux carrés non premiers entre eux.

Exemples.

$$5 = 1^2 + 2^2, \quad 13 = 2^2 + 3^2, \quad 17 = 1^2 + 4^2, \quad \text{etc}$$

THÉORÈME II. — *Tout nombre premier congru à -1 (mod 4) n'est pas décomposable en une somme de deux carrés.*

Car dans ce cas la congruence n'a pas de solutions. Donc m n'est pas décomposable en une somme de deux carrés premiers entre eux. Et il ne l'est évidemment pas non plus en une somme de deux carrés non premiers entre eux.

D'ailleurs ce théorème se démontre sans peine indépendamment de la théorie précédente, car on voit que, quelques valeurs entières qu'on donne à x et y, l'expression $x^2 + y^2$ ne peut être congrue à -1 (mod 4).

THÉORÈME III. — *Tout entier impair différent de 1 et dont tous les facteurs premiers sont congrus à 1 (mod 4) a 2^{h+2} représentations et 2^{h-1} décompositions primitives,* h étant le nombre de facteurs premiers différents. En effet, dans ce cas, la congruence (1) est possible et elle a 2^h solutions.

Exemples.

$$65 = 5.13 = 1^2 + 8^2 = 4^2 + 7^2$$
$$85 = 5.17 = 2^2 + 9^2 = 6^2 + 7^2.$$

Remarque. — Le premier de ces résultats relatif aux *représen-*

(1) Enoncé par Fermat, démontré par Euler.

tations primitives s'applique aussi à l'entier 1, car dans ce cas $h = 0$ et il y a bien *quatre* représentations primitives. Mais le second résultat relatif aux décompositions primitives ne s'applique pas.

Théorème IV. — *Tout entier impair dont les facteurs premiers ne sont pas tous congrus à 1 (mod 4) n'est pas décomposable en une somme de deux carrés premiers entre eux.*

Car dans ce cas la congruence (1) est impossible.

Théorème V. — *Tout entier simplement pair $2m'$ a autant de représentations et de décompositions primitives que l'entier m'.*

Car la solution de la congruence (1) se ramène à celle des deux suivantes

$$x^2 \equiv -1 \pmod{m'},$$
$$x^2 \equiv -1 \pmod{2}$$

et la seconde a une solution.

Ce théorème peut aussi se démontrer de la façon suivante :

De

$$m' = a^2 + b^2$$

on déduit

$$2m' = (a+b)^2 + (a-b)^2$$

et l'on verra facilement qu'à toute décomposition primitive de m' correspond ainsi une décomposition primitive de $2m'$ et réciproquement.

Le résultat s'applique aussi au cas de $m' = 1$ car 2 et 1 ont chacun *quatre* représentations primitives et *une* décomposition primitive.

Théorème VI. — *Un entier divisible par 4 n'est pas décomposable en une somme de deux carrés premiers entre eux.*

Car dans ce cas la congruence (1) est impossible.

D'ailleurs ce théorème se démontre sans peine indépendamment de la théorie précédente, car il est évident que si l'on donne à x, y deux valeurs entières premières entre elles et par conséquent non toutes les deux paires, l'expression $x^2 + y^2$ ne peut être divisible par 4.

189. Décompositions non primitives. — Pour trouver les

décompositions d'un entier m en une somme de deux carrés non premiers entre eux, il faut diviser m par tous les carrés d^2 différents de 1 par lesquels il est divisible, chercher les décompositions primitives de $\frac{m}{d^2}$ et multiplier les deux termes de chaque décomposition par d^2.

THÉORÈME I. — *Si un entier contient un ou des facteurs premiers congrus à* -1 *(mod 4), et si ces facteurs ne sont pas tous à un exposant pair, cet entier n'est pas décomposable en une somme de deux carrés.*

En effet, par quelque carré d^2 qu'on le divise, le quotient contiendra toujours un ou des facteurs premiers non congrus à 1 (mod 4) et par conséquent ne sera pas décomposable en une somme de deux carrés premiers entre eux.

THÉORÈME II. — *Si un entier m contient un ou des facteurs premiers congrus à* -1 *(mod 4) et si ces facteurs sont tous à un exposant pair, soit n^2 leur produit; pour avoir toutes les décompositions de m en deux carrés il faut prendre toutes celles de* $\frac{m}{n^2}$

$$\frac{m}{n^2} = x^2 + y^2$$

et l'on a toutes les décompositions de m :

$$m = (nx)^2 + (ny)^2.$$

Il suffit de démontrer que si l'on a

$$m = X^2 + Y^2$$

le plus grand commun diviseur d de X et Y est divisible par n. En effet, on a la décomposition primitive de $\frac{m}{d^2}$

$$\frac{m}{d^2} = \left(\frac{X}{d}\right)^2 + \left(\frac{Y}{d}\right)^2.$$

Si d n'était pas divisible par n, l'entier $\frac{m}{d^2}$ contiendrait encore des facteurs premiers congrus à -1 (mod 4) et la décomposition primitive précédente serait impossible.

THÉORÈME III. — *Si un entier m contient le facteur 2 à l'exposant k, pour avoir toutes les décompositions de m en deux carrés il* *faut prendre celles de* $\frac{m}{2^{k-\rho}}$ ($\rho = 0$ *ou* 1 *suivant que* k *est pair ou impair*)

$$\frac{m}{2^{k-\rho}} = x^2 + y^2$$

et l'on a toutes les décompositions de m

$$m = \left(2^{\frac{k-\rho}{2}} x\right)^2 + \left(2^{\frac{k-\rho}{2}} y\right)^2.$$

Ce théorème se démontre comme le précédent, en s'appuyant sur les théorèmes V et VI du n° précédent.

190. Théorème. — *Si un entier est la somme de deux carrés premiers entre eux, il en est de même d'un diviseur quelconque de cet entier.*

Ce théorème est un cas particulier de celui de la fin du n° **181**. On peut aussi le déduire directement de ce qui précède. Car on voit que les conditions nécessaires et suffisantes pour qu'un entier soit décomposable en une somme de deux carrés premiers entre eux est qu'il ne contienne comme facteurs premiers que des facteurs congrus à 1 (mod 4) et le facteur 2 à la première puissance au plus.

Or si ces propriétés appartiennent à un entier, elles appartiennent aussi à ses diviseurs.

Les résultats de ce chapitre s'étendent à toute forme de même classe que $x^2 + y^2$. En effet à toute représentation primitive d'un entier par l'une de ces formes correspond une représentation primitive par l'autre.

Seulement il ne faut tenir compte que des résultats relatifs au nombre de solutions de $x^2 + y^2 = m$ et non de ceux relatifs à la décomposition de m en deux carrés.

Exemple. — L'entier 5 est représentable de huit façons par la forme $x^2 + y^2$ et ces huit représentations ne donnent qu'une décomposition en deux carrés.

Si au lieu de $x^2 + y^2$ on prend la forme de même classe $2x^2 + 6xy + 5y^2$ on a encore huit représentations de 5, à savoir pour

$$\begin{cases}x=0\\y=1\end{cases} \begin{cases}x=-4\\y=3\end{cases} \begin{cases}x=3\\y=-1\end{cases} \begin{cases}x=5\\y=-3\end{cases} \begin{cases}x=0\\y=-1\end{cases} \begin{cases}x=4\\y=-3\end{cases} \begin{cases}x=-3\\y=1\end{cases} \begin{cases}x=-5\\y=3\end{cases}$$

qui donnent *quatre* décompositions de 5

$$5 = 2.0^2 + 6.0.1 + 5.1^2 = 2.4^2 - 6.4.3 + 5.3^2$$
$$= 2.3^2 - 6.3.1 + 5.1^2 = 2.5^2 - 6.5.3 + 5.3^2.$$

NOTES ET EXERCICES

I. — *Trouver tous les entiers décomposables en une somme de deux triangulaires.*

De

$$\frac{x(x+1)}{2} + \frac{y(y+1)}{2} = m$$

on déduit

$$(x+y+1)^2 + (x-y)^2 = 4m + 1$$

etc.

II. — Sur le nombre total des représentations, primitives ou non, d'un entier par la forme $x^2 + y^2$.

Théorème. — *Si l'on pose*

$$m = 2^k p^\alpha p'^{\alpha'} \dots q^\beta q'^{\beta'} \dots$$

p, p' ... étant les facteurs premiers de m congrus à $+1$ (mod 4) et q, q', ... étant les facteurs premiers congrus à -1 (mod 4), le nombre total $\nu(m)$ des représentations de m par la forme $x^2 + y^2$ est

$$\nu(m) = 0 \qquad \textit{si les } \beta \textit{ ne sont pas tous pairs}$$

$$\nu(m) = 4 \prod_\alpha (\alpha + 1) \qquad \textit{si les } \beta \textit{ sont tous pairs.}$$

La première partie de ce théorème n'est autre que le théorème I du nº **189**. Pour la seconde partie les théorèmes II et III du même numéro donnent

$$\nu(m) = \nu(p^\alpha p'^{\alpha'} \dots).$$

On démontrera d'abord que la fonction $\frac{\nu(m)}{4}$ est régulière (I. 404) donc que $\nu(m) = \nu(p^\alpha)\nu(p'^{\alpha'}) \dots$, ensuite que

$$\nu(p^\alpha) = \frac{1}{4}(\alpha + 1).$$

Théorème. — *Le nombre total des représentations de m par la forme x^2+y^2 est égal à quatre fois l'excès du nombre de ses diviseurs qui sont congrus à* 1 (*mod* 4) *sur le nombre de ses diviseurs qui sont congrus à* — 1 (*mod* 4) [1].

Il suffira de démontrer que cet excès est égal à $\prod(\alpha+1)$.

Pour cela on démontrera que c'est une fonction régulière de m, ensuite on examinera successivement les cas de $m=p^\alpha$, $m=q^\beta$, $m=2^k$.

On peut aussi écrire

$$\nu(m)=4\prod_\alpha(\alpha+1)\prod_\beta\frac{1+(-1)^\beta}{2}.$$

Enfin si l'on pose

$$m=2^k p^\alpha p'^{\alpha'}\ldots$$

$p, p', \ldots$ représentant ici tous les facteurs premiers de m sans distinction, on peut écrire :

$$\nu(m)=4\prod_\alpha\left\{\frac{1+(-1)^{\frac{p-1}{2}}}{2}(\alpha+1)+\frac{\left[1+(-1)^{\frac{p+1}{2}}\right]\left[1+(-1)^\alpha\right]}{4}\right\}$$

(1) Lejeune Dirichlet, *J. r. a. M.*, t. 21 (1840), p. 3 = Werke, t. 1, p. 463. Lejeune Dirichlet démontre ce théorème par de tout autres procédés, que nous rencontrerons plus tard.

CHAPITRE XVI

NOMBRES PREMIERS DONT UN ENTIER DONNÉ EST RESTÉ QUADRATIQUE LOI DE RÉCIPROCITÉ

191. — On a, dans le chapitre précédent, étudié les propriétés générales des entiers représentés dans la classe de la forme $(x^2 + y^2)$; en particulier on a démontré que ceux d'entre eux qui sont premiers sont identiques aux nombres premiers congrus à 1 (mod 4).

Si nous voulons chercher des propriétés analogues pour une classe quelconque nous commencerons par remarquer qu'une condition nécessaire pour qu'un nombre premier p soit représentable primitivement est que la congruence

$$x^2 + \rho x - \frac{\Delta - \rho}{4} \equiv 0 \pmod p$$

soit possible. Ce qui exige

$$\left(\frac{\Delta}{p}\right) = 1 \quad \text{ou} \quad \left(\frac{\Delta}{p}\right) = 0$$

et l'on est amené à la question suivante :

Étant donné un entier a, trouver les nombres premiers impairs p tels que $\left(\frac{a}{p}\right) = 1$.

Mais l'entier a peut se mettre sous forme d'un produit de facteurs premiers, multiplié, si a est négatif, par -1. Or le caractère quadratique d'un produit de facteurs est égal au produit des caractères quadratiques des facteurs. Nous aurons donc à résoudre le problème proposé successivement pour $a = -1$, pour $a = 2$, pour $a =$ un nombre premier impair.

Cas de $a = -1$. — Ce cas a déjà été traité (n° **10**), on a vu que $\left(\frac{-1}{p}\right) = +1$ lorsque p est congru à 1 (mod 4) et $\left(\frac{-1}{p}\right) = -1$ lorsque p est congru à -1 (mod 4).

Pour traiter les autres cas nous ferons usage d'un lemme dû à Gauss.

192. Lemme de Gauss. — *Soit un nombre premier impair p et un entier a non divisible par p. On forme les produits*

$$(1) \qquad 1a \quad 2a \quad \ldots \quad \frac{p-1}{2}a$$

et on calcule leurs restes minimums (I. 87) par rapport à p.

1° *Ces restes sont, en valeur absolue, égaux à* $1, 2, \ldots \frac{p-1}{2}$ *(mais non pas en général dans cet ordre).*

2° *Si parmi ces restes il y en a ν négatifs, on a*

$$\left(\frac{a}{p}\right) = (-1)^{\nu}.$$

En effet 1° les valeurs absolues des restes minimums sont certains des nombres $1, 2, \ldots \frac{p-1}{2}$. De plus elles sont au nombre de $\frac{p-1}{2}$; il suffit donc de montrer que deux d'entre elles sont différentes.

Or si deux d'entre elles correspondant aux produits ha et ka étaient égales, on aurait

$$ha \equiv \pm ka \pmod{p} \qquad (h > k)$$

ou

$$(h \mp k)a \equiv 0 \pmod{p}.$$

ce qui est impossible, car les entiers $h - k$ et $h + k$ sont tous deux compris entre 0 et p et a n'est pas divisible par p.

2° Soient

$$\alpha_1, \quad \alpha_2, \quad \ldots \quad \alpha_{\frac{p-1}{2}} \quad \text{ces restes.}$$

On a

$$(1.a)\,(2a)\,\ldots\left(\frac{p-1}{2}\,a\right)\equiv \alpha_1\alpha_2\,\ldots\,\alpha_{\frac{p-1}{2}} \quad \text{mod } p)$$

ou

$$1.2\,\ldots\,\frac{p-1}{2}\,.\,a^{\frac{p-1}{2}}\equiv(-1)^{\nu}\,1.2\,\ldots\,\frac{p-1}{2} \quad (\text{mod } p)$$

ou enfin

$$a^{\frac{p-1}{2}}\equiv(-1)^{\nu} \quad (\text{mod } p).$$

Donc

$$(-1)^{\nu}=\left(\frac{a}{p}\right).$$

Application du lemme au cas de $a=-1$.

Bien que le cas de $a=-1$ ait déjà été traité, on peut le traiter à nouveau comme application du lemme précédent.

Si $a=-1$, les produits (1) sont égaux à

$$-1, \quad -2, \quad \ldots \quad -\frac{p-1}{2}.$$

Ils sont à eux mêmes leurs restes minimums. Alors

$$\nu=\frac{p-1}{2}.$$

Donc

$$\left(\frac{a}{p}\right)=(-1)^{\frac{p-1}{2}}.$$

193. *Application du lemme au cas de* $a=2$.

Si $a=2$ les produits (1) sont égaux à

$$(2) \qquad 2, \quad 4, \quad \ldots, \quad (p-1).$$

Les premiers d'entre eux inférieurs à $\frac{p}{2}$ sont à eux mêmes leurs restes minimums, lesquels sont par conséquent positifs. Les restes minimums suivants sont au contraire négatifs. Le nombre ν est donc le nombre des termes de la suite (2) qui sont plus grands que $\frac{p}{2}$. Nous distinguerons maintenant deux cas.

1er *Cas.* — $p \equiv 1 \pmod 4$. Alors le premier nombre de la suite (2) qui est plus grand que $\frac{p}{2}$ est $2 \cdot \frac{p+3}{4}$. Le nombre ν est égal aux nombres des termes

$$2 \cdot \frac{p+3}{4}, \quad 2\,\frac{p+5}{4}, \quad \ldots \quad 2\,\frac{p-1}{2}$$

c'est-à-dire à

$$\frac{p-1}{4}.$$

Ce nombre est pair et $\left(\frac{2}{p}\right) = 1$ si $p \equiv 1 \pmod 8$;

ce nombre est impair et $\left(\frac{2}{p}\right) = -1$ si $p \equiv -3 \pmod 8$.

2e *Cas.* — $p \equiv -1 \pmod 4$. Alors le premier terme de la suite (2) qui est plus grand que $\frac{p}{2}$ est $2\,\frac{p+1}{4}$. Le nombre n est alors égal à $\frac{p+1}{4}$. Ce nombre est pair et $\left(\frac{2}{p}\right) = 1$ si $p \equiv -1$ (mod 8), ce nombre est impair et $\left(\frac{2}{p}\right) = -1$ si $p \equiv 3 \pmod 8$.

On voit ainsi que : *L'entier 2 est reste quadratique des nombres premiers $\equiv \pm 1$ (mod 8), il est non reste de ceux $\equiv \pm 3$ (mod 8)* (¹).

On peut résumer ces résultats dans l'égalité :

$$\left(\frac{2}{p}\right) = (-1)^{\frac{p^2-1}{8}}.$$

Car si

$$p = 8h \pm 1 \qquad \frac{p^2-1}{8} = 8h^2 \pm 2h \text{ est pair}$$

si

$$p = 8h \pm 3 \qquad \frac{p^2-1}{8} = 8h^2 \pm 6h + 1 \text{ est impair.}$$

194. Loi de réciprocité. — *Entre deux nombres premiers impairs p et q on a la relation*

$$\left(\frac{p}{q}\right)\left(\frac{q}{p}\right) = (-1)^{\frac{p-1}{2} \cdot \frac{q-1}{2}}.$$

(¹) Ce théorème était connu de Fermat. La première démonstration publiée est de Lagrange (*Nouv. mém. de l'Ac. de Berlin*, 1775, p. 349, 351).

Autrement dit :

$$\left(\frac{p}{q}\right) = \left(\frac{q}{p}\right)$$

sauf si p et q sont tous deux congrus à -1 *(mod 4)* (1)

Parmi les nombreuses démonstrations qui ont été données de ce théorème nous choisirons ici celle de Kronecker (2).

Considérons la suite

$$1.q, \quad 2.q, \quad \ldots, \quad \frac{p-1}{2}\,q.$$

Nous allons chercher à quelles conditions un terme hq de cette suite donne un reste minimum négatif par rapport à k. Il faut pour cela et il suffit qu'il existe un entier k tel que

$$(3) \qquad \frac{hq}{p} < k < \frac{hq}{p} + \frac{1}{2}.$$

Ces deux inégalités se résument en une seule

$$\left(\frac{hq}{p} - k\right)\left(\frac{hq}{p} + \frac{1}{2} - k\right) < 0$$

ou

$$\left(\frac{h}{p} - \frac{k}{q}\right)\left(\frac{h}{p} + \frac{1}{2q} - \frac{k}{q}\right) < 0.$$

D'après la forme (3) de la condition on voit que si l'entier k existe il est unique, que d'ailleurs il est positif et plus petit que $\frac{p-1}{2}\frac{q}{p} + \frac{1}{2}$ lequel est lui même plus petit que $\frac{q-1}{2} + 1$. Donc si k existe c'est un et un seul des nombres $1, 2, \ldots \frac{q-1}{2}$. Il en résulte que le reste minimum de hq par rapport à p est de même signe que l'expression

$$\prod_{k=1}^{k=\frac{q-1}{2}} \left(\frac{h}{p} - \frac{k}{q}\right)\left(\frac{h}{p} + \frac{1}{2q} - \frac{k}{q}\right).$$

(1) Ce théorème a été énoncé par Euler (*Opusc. anal. Petersb.* 1783) et a été démontré pour la première fois complètement par Gauss qui en a donné sept démonstrations.

Le démonstration de Legendre (*T. d. N.*, 3e éd., t. I, p. 230) n'est pas valable dans tous les cas. Depuis de nombreuses démonstrations ont été données dont nous rencontrerons quelques unes dans la suite.

(2) L. Kronecker. *Monatsber. d. Berlin Akad.* 1872.

Alors, d'après le lemme de Gauss le signe de $\left(\frac{p}{q}\right)$ est le même que celui de

$$(4)\qquad \prod_{h=1}^{h=\frac{p-1}{2}} \prod_{k=1}^{k=\frac{q-1}{2}} \left(\frac{h}{p}-\frac{k}{q}\right)\left(\frac{h}{p}+\frac{1}{2q}-\frac{k}{q}\right).$$

De même le signe de $\left(\frac{q}{p}\right)$ est le même que celui de l'expression déduite de (4) en échangeant p et q. Si de plus on fait un changement de notation en échangeant les lettres h et k, on voit que le signe de $\left(\frac{q}{p}\right)$ est le même que celui de

$$(5)\qquad \prod_{k=1}^{k=\frac{q-1}{2}} \prod_{h=1}^{h=\frac{p-1}{2}} \left(\frac{k}{q}-\frac{h}{p}\right)\left(\frac{k}{q}+\frac{1}{2p}-\frac{h}{p}\right).$$

On peut modifier cette seconde expression de la façon suivante. On peut intervertir l'ordre des signes $\prod$, et l'on peut séparer le produit des facteurs $\frac{k}{q}-\frac{h}{p}$ de celui des facteurs $\frac{k}{q}+\frac{1}{2p}-\frac{h}{p}$ de façon à écrire

$$(6)\qquad \prod_{h=1}^{h=\frac{p-1}{2}} \prod_{k=1}^{k=\frac{q-1}{2}} \left(\frac{k}{q}-\frac{h}{p}\right) \times \prod_{h=1}^{h=\frac{p-1}{2}} \prod_{k=1}^{k=\frac{q-1}{2}} \left(\frac{k}{q}+\frac{1}{2p}-\frac{h}{p}\right).$$

Dans le second de ces doubles produits on peut poser

$$h=\frac{p+1}{2}-h'$$

$$k=\frac{q+1}{2}-k'.$$

Alors h' varie de 1 à $\frac{p-1}{2}$ et k' de 1 à $\frac{q-1}{2}$. Si alors on change de notations en remplaçant h' par h et k' par k

le deuxième facteur de l'expression (6) s'écrit

$$\prod_{h=1}^{h=\frac{p-1}{2}} \prod_{k=1}^{k=\frac{q-1}{2}} \left(\frac{h}{p} + \frac{1}{2q} - \frac{k}{q}\right)$$

et l'expression (6) elle-même, s'écrit

$$(7) \qquad \prod_{h=1}^{h=\frac{p-1}{2}} \prod_{k=1}^{k=\frac{q-1}{2}} \left(\frac{k}{q} - \frac{h}{p}\right)\left(\frac{h}{p} + \frac{1}{2q} - \frac{k}{q}\right).$$

Si maintenant nous comparons les expressions (6) et (7) qui donnent, la première le signe de $\left(\frac{p}{q}\right)$, la seconde celui de $\left(\frac{q}{p}\right)$, nous voyons qu'elles sont identiques au signe près des facteurs. Comme ces facteurs sont au nombre de $\frac{p-1}{2} \cdot \frac{q-1}{2}$, on voit que le produit $\left(\frac{p}{q}\right)\left(\frac{q}{p}\right)$ est du signe de $(-1)^{\frac{p-1}{2} \cdot \frac{q-1}{2}}$. Comme d'ailleurs $\left(\frac{p}{q}\right)$ et $\left(\frac{q}{p}\right)$ sont égaux à $+$ ou -1, il en résulte que

$$\left(\frac{p}{q}\right)\left(\frac{q}{p}\right) = (-1)^{\frac{p-1}{2} \cdot \frac{q-1}{2}}.$$

La loi de réciprocité est donc démontrée. Les théorèmes relatifs aux cas $a = -1$ et $a = 2$ s'appellent les *théorèmes complémentaires* de la loi de réciprocité.

195. — L'ensemble de ces trois propositions permet de résoudre complètement la question posé : *Etant donné un entier a trouver les modules premiers impairs p tels que* $\left(\frac{a}{p}\right) = 1$. Nous allons le montrer sur des exemples. Le cas de $a = 1$, $a = -1$, $a = 2$ ont déjà été examinés.

Soit

$$a = -2.$$

On a

$$\left(\frac{-2}{p}\right) = \left(\frac{-1}{p}\right)\left(\frac{2}{p}\right).$$

Or -1 est reste quadratique de tous les nombres premiers $\equiv 1 \pmod 4$ et de ceux-là seulement; 2 est reste quadratique de tous les nombres premiers $\equiv \pm 1 \pmod 8$ et de ceux-la seulement. La valeur de $\left(\frac{-2}{p}\right)$ dépend donc du reste de la division de p par 8, et l'on a le tableau suivant

$p \equiv$ (mod. 8)	$\left(\frac{-1}{p}\right)$	$\left(\frac{2}{p}\right)$	$\left(\frac{-2}{p}\right)$
1	1	1	1
3	-1	-1	1
-3	1	-1	-1
-1	-1	1	-1

-2 est donc reste quadratique des nombres premiers de la forme $8h+1$ et $8h+3$, et non-reste des nombres premiers de la forme $8h-1$ et $8h-3$.

Soit $a=3$. On a

$$\left(\frac{3}{p}\right) = (-1)^{\frac{p-1}{2}} \left(\frac{p}{3}\right).$$

La valeur $(-1)^{\frac{p-1}{2}}$ dépend du reste de la division de p par 4 et la valeur de $\left(\frac{p}{3}\right)$ dépend du reste de la division de p par 3.

$$\left(\frac{p}{3}\right) = +1 \text{ si } p \equiv 1 \pmod 3 \text{ et } \left(\frac{p}{3}\right) = -1 \text{ si } p \equiv -1 \pmod 3.$$

Donc la valeur de $\left(\frac{3}{p}\right)$ dépend du reste de la division de p par 12. On a le tableau suivant :

$p \equiv$ (mod 12)	$(-1)^{\frac{p-1}{2}}$	$\left(\frac{p}{3}\right)$	$\left(\frac{3}{p}\right)$
1	1	1	1
5	1	-1	-1
-5	-1	1	-1
-1	-1	-1	1

3 est reste quadratique des nombres premiers de la forme $12h \pm 1$ et non reste des nombres premiers de la forme $12h \pm 5$.

Le nombre premier $p = 3$ est excepté de l'énumération précédente. Pour $p = 3$, on a :

$$\left(\frac{3}{3}\right) = 0.$$

Soit $a = -360$. On a :

$$\left(\frac{-360}{p}\right) = \left(\frac{36}{p}\right)\left(\frac{-10}{p}\right) = \left(\frac{-10}{p}\right) = \left(\frac{-1}{p}\right)\left(\frac{2}{p}\right)\left(\frac{5}{p}\right).$$

Or

$$\left(\frac{-1}{p}\right) = (-1)^{\frac{p-1}{2}}$$

$$\left(\frac{2}{p}\right) = (-1)^{\frac{p^2-1}{8}}$$

et

$$\left(\frac{5}{p}\right) = \left(\frac{p}{5}\right)(-1)^{\frac{5-1}{2}\frac{p-1}{2}} = \left(\frac{p}{5}\right).$$

On voit que $\left(\frac{-360}{p}\right) = \left(\frac{-10}{p}\right)$ dépend du reste de la division de p par 40.

$p \equiv$ (mod 40)	$(-1)^{\frac{p-1}{2}}$	$(-1)^{\frac{p^2-1}{8}}$	$\left(\frac{p}{5}\right)$	$\left(\frac{-360}{p}\right) = \left(\frac{-10}{p}\right)$
1	1	1	1	1
3	− 1	− 1	− 1	− 1
7	− 1	1	− 1	1
9	1	1	1	1
11	− 1	− 1	1	1
13	1	− 1	− 1	1
17	1	1	− 1	− 1
19	− 1	− 1	1	1
− 19	1	− 1	1	− 1
− 17	− 1	1	− 1	1
− 13	− 1	− 1	− 1	1
− 11	1	− 1	1	− 1
− 9	− 1	1	1	− 1
− 7	1	1	− 1	− 1
− 3	1	− 1	− 1	1
− 1	− 1	1	1	− 1

Sont exceptés de l'énumération précédente les nombres premiers facteurs de 360, c'est-à-dire 2, 3, 5. Le caractère quadratique de — 360 par rapport à l'un de ces nombres est nul.

Pour tout facteur premier impair sauf pour $p = 3$, qui divise — 360 et non — 10 on a

$$\left(\frac{-360}{p}\right) = \left(\frac{-10}{p}\right).$$

Appelons *noyau* d'un entier le quotient de cet entier par le plus grand carré par lequel il est divisible on a le théorème :

Si l'on considère un entier a et son noyau a', on a

$$\left(\frac{a}{p}\right) = \left(\frac{a'}{p}\right)$$

pour tout nombre premier p sauf pour ceux qui divisent a' sans diviser a.

196. — On vient de voir que la valeur de $\left(\frac{a}{p}\right)$ dépend du reste de la division de p par un certain entier A. Nous allons déterminer cet entier. Mais auparavant, ce qui simplifiera les calculs, nous parlerons d'une généralisation du caractère quadratique $\left(\frac{a}{p}\right)$, nous allons définir le caractère quadratique $\left(\frac{a}{n}\right)$, *n étant un entier impair positif, quelconque* (¹).

Définition. — n étant un entier impair positif, et p, p₁, p'',... ses facteurs premiers différents ou non, de façon que

$$n = p\,p'\,p''\ldots$$

on a par définition :

$$\left(\frac{a}{n}\right) = \left(\frac{a}{p}\right)\left(\frac{a}{p'}\right)\left(\frac{a}{p''}\right)\ldots$$

On pose de plus

$$\left(\frac{a}{1}\right) = 1.$$

Voici quelques propriétés immédiates de ce symbole.

(¹) Jacobi, *J. r. a. M.*, t. 30 (1846), p. 172. = Werke 6 Berlin 1891, p. 262.

1. — *Si a est premier à n on a*

$$\left(\frac{a}{n}\right) = + \text{ ou } - 1$$

suivant que le nombre des facteurs premiers de n dont a est resté quadratique est pair ou impair.

2. — *Si a n'est pas premier à n on a*

$$\left(\frac{a}{n}\right) = 0.$$

3. — On a

$$\left(\frac{a}{n\,n'\,n''\,\ldots}\right) = \left(\frac{a}{n}\right)\left(\frac{a}{n'}\right)\left(\frac{a}{n''}\right)\ldots$$

4. — *La condition* $a' \equiv a \pmod{n}$ *entraine* $\left(\frac{a'}{n}\right) = \left(\frac{a}{n}\right)$.

5. — *Si n est carré parfait on a* $\left(\frac{a}{n}\right) = 1$ *lorsque a n'est pas premier à n, et* $\left(\frac{a}{n}\right) = 0$ *dans le cas contraire.*

197. — *Si n n'est pas carré parfait il y a des entiers a pour lesquels* $\left(\frac{a}{n}\right) = +1$ *et d'autres pour lesquels* $\left(\frac{a}{n}\right) = -1$. *De plus, si l'on ne considère pas comme distincts deux entiers congrus (mod n) (puisqu'ils ont même caractère quadratique par rapport à n) parmi les* $\varphi(n)$ *entiers premiers à n il y en a* $\frac{\varphi(n)}{2}$ *pour lesquels* $\left(\frac{a}{n}\right) = +1$ *et* $\frac{\varphi(n)}{2}$ *pour lesquels* $\left(\frac{a}{n}\right) = -1$.

D'abord il existe au moins un entier a pour lequel $\left(\frac{a}{n}\right) = -1$. En effet soit p un facteur premier de n ayant un exposant impair. Un tel facteur existe puisque n n'est pas carré parfait. Prenons un entier a_0 non reste de p, puis des entiers a_1, a_2, ... tous restes respectivement des autres facteurs premiers p', p'', ... de n. Ensuite déterminons a par les conditions :

$$a \equiv a_0 \ (\text{mod. } p)$$
$$a \equiv a_1 \ (\text{mod. } p')$$
$$a \equiv a_2 \ (\text{mod. } p'')$$
$$\cdots\cdots$$

On aura

$$\left(\frac{a}{p}\right) = -1 \quad \text{et} \quad \left(\frac{a}{p'}\right) = \left(\frac{a}{p''}\right) = \ldots = 1.$$

Donc

$$\left(\frac{a}{n}\right) = -1.$$

Ceci posé posé considérons tous les entiers

(8) $a \quad a' \quad a'' \ldots$

pour lesquels le caractère quadratique est -1. Multiplions-les par a nous obtenons des produits

(9) $aa \quad a'a \quad a''a \ldots$

pour lesquels le caractère quadratique est 1. Mais réciproquement tout entier pour lequel le caractère quadratique est 1 peut être obtenue de cette manière, car en appelant A un tel entier, le rapport $\frac{A}{a}$ (mod n) a pour caractère -1, et par conséquent appartient à la série (8). Or comme les séries (8) et (9) ont le même nombre de termes, et qu'à elles deux elles en ont $\varphi(n)$, chacune d'elles en a $\frac{\varphi(n)}{2}$.

198. Théorème. — *Pour que la congruence $x^2 \equiv a \pmod n$ soit possible il faut que $\left(\frac{a}{n}\right) = 1$ ou 0, mais cette condition n'est pas suffisante.*

En effet pour que la congruence en question soit possible il faut que $\left(\frac{a}{p}\right)$, $\left(\frac{a}{p'}\right)$, $\left(\frac{a}{p''}\right)$, ... soient tous égaux à 0 ou à 1, ce qui entraîne $\left(\frac{a}{n}\right) = 0$ ou 1 ; mais la réciproque n'est pas vraie.

Théorème. — *On a*

$$\left(\frac{aa'a'' \ldots}{n}\right) = \left(\frac{a}{n}\right)\left(\frac{a'}{n}\right)\left(\frac{a''}{n}\right) \ldots$$

C'est évident.

Théorème. — *On a*

$$\left(\frac{-1}{n}\right) = (-1)^{\frac{n-1}{2}}.$$

Soit, comme plus haut, $n = pp'p'' \dots$

On a

$$\left(\frac{-1}{n}\right) = \left(\frac{-1}{p}\right)\left(\frac{-1}{p'}\right) \dots = (-1)^{\frac{p-1}{2} + \frac{p'-1}{2} + \dots}$$

Il suffit donc de montrer que

$$\frac{p-1}{2} + \frac{p'-1}{2} + \dots \equiv \frac{pp' \dots -1}{2} \pmod 2.$$

Or chacun des deux membres est pair ou impair suivant que le nombre des facteurs p, p', ... qui sont congrus à $-1 \pmod 4$ est pair ou impair.

Théorème. — On a

$$\left(\frac{2}{n}\right) = (-1)^{\frac{n^2-1}{8}}.$$

Il suffit de montrer que

$$\frac{p^2-1}{8} + \frac{p'^2-1}{8} + \dots \equiv \frac{p^2p'^2 \dots -1}{8} \pmod 2.$$

En effet, chacun des deux membres est pair ou impair suivant que le nombre des facteurs p, p', ... qui sont congrus à $\pm 3 \pmod 8$ est pair ou impair.

Loi de réciprocité. m et n étant deux entiers impairs positifs on a

$$\left(\frac{m}{n}\right)\left(\frac{n}{m}\right) = (-1)^{\frac{m-1}{2} \cdot \frac{n-1}{2}}.$$

Soit

$$m = pp'p'' \dots \qquad \text{et} \qquad n = qq'q'' \dots$$

On a

$$\left(\frac{m}{n}\right)\left(\frac{n}{m}\right) = \prod \left(\frac{p}{q}\right)\left(\frac{q}{p}\right)$$

le produit étant étendu à toutes les combinaisons possibles d'un facteur p avec un facteur q.

Or

$$\left(\frac{p}{q}\right)\left(\frac{q}{p}\right) = (-1)^{\frac{p-1}{2} \cdot \frac{q-1}{2}}$$

Donc le premier membre de l'égalité à démontrer est égal à

$$(-1)^{\left(\frac{p-1}{2}+\frac{p'-1}{2}+\cdots\right)\left(\frac{q-1}{2}+\frac{q'-1}{2}+\cdots\right)}$$

Or on a vu que

$$\frac{p-1}{2}+\frac{p'-1}{2}+\cdots\equiv\frac{pp'\cdots-1}{2}\pmod 2$$

et

$$\frac{q-1}{2}+\frac{q'-1}{2}+\cdots\equiv\frac{qq'\cdots-1}{2}\pmod 2.$$

L'égalité est donc démontrée.

199. *Cas de* $n < 0$. — Comme dernière généralisation on peut encore définir $\left(\frac{a}{n}\right)$ quand n est un entier négatif.

En posant $n = -n'$, on a par définition :

$$\left(\frac{a}{n}\right)=\left(\frac{a}{n'}\right).$$

Mais les propriétés précédentes ne subsistent pas toutes. On a pour $n < 0$

$$\left(\frac{-1}{n}\right)=-(-1)^{\frac{n-1}{2}}.$$

Mais l'on a

$$\left(\frac{2}{n}\right)=(-1)^{\frac{n^2-1}{8}}.$$

La loi de réciprocité

$$\left(\frac{m}{n}\right)\left(\frac{n}{m}\right)=(-1)^{\frac{m-1}{2}\cdot\frac{n-1}{2}}$$

subsiste pourvu que l'un au moins des entiers m, n soit positif. Mais s'ils sont tous les deux négatifs on a

$$\left(\frac{m}{n}\right)\left(\frac{n}{m}\right)=-(-1)^{\frac{m-1}{2}\cdot\frac{n-1}{2}}.$$

Remarquons d'ailleurs qu'on peut écrire toutes ces formules sous une forme telle qu'elles soient vraies quel que soient les signes de m et n. Désignons par Sgn (m) [1] la quantité $+$ ou $-$ 1 suivant que m est positif ou négatif; on aura dans tous les cas :

$$\left(\frac{-1}{n}\right) = (-1)^{\frac{n - \mathrm{Sgn}(n)}{2}}$$

$$\left(\frac{2}{n}\right) = (-1)^{\frac{n^2-1}{8}}$$

$$\left(\frac{m}{n}\right)\left(\frac{n}{m}\right) = (-1)^{\frac{m-1}{2}\cdot\frac{n-1}{2} + \frac{1-\mathrm{Sgn}(m)}{2}\cdot\frac{1-\mathrm{Sgn}(n)}{2}}.$$

200. — *Etant donné un entier a, trouver les entiers impairs positifs n tels que* $\left(\frac{a}{n}\right) = 1$.

La solution est identique à celle relative au cas où n est premier et les résultats sont identiques. Ainsi

$\left(\frac{-360}{n}\right)$ est égale à 1 lorsque $n \equiv 1, 7, 9, 11, 13, 19, -17, -3 \pmod{40}$

$\left(\frac{-360}{n}\right)$ est égale à -1 lorsque $n \equiv 3, 17, -19, -13, -11, -9, -7, -1 \pmod{40}$.

Déterminons maintenant l'entier A dont on a parlé au commencement du n° **196**.

Comme on peut, sans changer $\left(\frac{a}{n}\right)$ diviser a par un carré, supposons a réduit à son noyau.

Nous distinguerons plusieurs cas.

1er *Cas.* $a \equiv 1 \pmod 4$. On a

$$\left(\frac{a}{n}\right) = \left(\frac{n}{a}\right)$$

(n est toujours supposé positif).

La valeur de $\left(\frac{n}{a}\right)$ ne dépend que du reste de la division de n par a. De plus n doit être impair et premier à a ou, ce qui revient au même, n doit être premier à $2a$.

L'entier A sera donc égal à $2a$.

Considérons tous les entiers [2]

$$n_1, n_2, \ldots n_{\varphi(a)}$$

[1] Qu'on prononce : *signe de m.*
[2] Remarquer que $\varphi(2a) = \varphi(a)$.

premiers à $2a$ et compris entre zéro et $2a$ et déterminons leurs caractères quadratiques. Il y en a $\frac{\varphi(a)}{2}$ pour lesquels ce caractère est $+1$, et $\frac{\varphi(a)}{2}$ pour lesquels il est -1 (n° **197**). Chacun d'eux n_i est le premier terme d'une progression arithmétique de raison $2a$ dont tous les termes $n_i + 2ha$ sont tels que

$$\left(\frac{a}{n_i + 2ha}\right) = \left(\frac{a}{n_i}\right)$$

Si l'on revient maintenant au problème de déterminer tous les nombres premiers p tels que $\left(\frac{a}{p}\right) = 1$ on voit qu'il suffira de prendre dans les $\frac{1}{2}\varphi(a)$ progressions dont les termes jouissent de cette propriété les termes qui sont premiers.

1er *Exemple*. $a = 5$. — Les entiers positifs plus petits que 10 et premiers avec 10 sont 1, 3, 7, 9. On trouve que les entiers tels que $\left(\frac{5}{n}\right) = 1$ sont les termes positifs des progressions $1 + 10h$ et $9 + 10h$; les entiers tels que $\left(\frac{5}{n}\right) = -1$ sont les termes positifs des progressions $3 + 10h$ et $7 + 10h$.

2[e] *Exemple*. $a = -3$. — On trouve que

$$\left(\frac{-3}{n}\right) = 1 \quad \text{si} \quad n = 6h + 1$$

et

$$\left(\frac{-3}{n}\right) = -1 \quad \text{si} \quad n = 6h - 1.$$

2e *Cas*. $a \equiv -1 \pmod 4$. On a

$$\left(\frac{a}{n}\right) = (-1)^{\frac{n-1}{2}} \left(\frac{n}{a}\right).$$

Donc la valeur de $\left(\frac{a}{n}\right)$ dépend des restes des divisions de n par a et par 4, donc du reste de la division de n par $4a$. L'entier A sera donc égal à $4a$. On formera $\frac{1}{2}\varphi(4a)$ c'est-à-dire $\varphi(a)$ progressions arithmétiques dont les termes $n_1 + 4ha$ seront telles que

$$\left(\frac{a}{n_1 + 4ha}\right) = 1,$$

et $\varphi(a)$ progressions pour lesquelles la même quantité sera égale à -1. Restera aussi à voir ceux des termes de ces progressions qui sont premiers.

Exemple. $a = 3$. — Les entiers impairs positifs n pour lesquels $\left(\frac{a}{n}\right) = 2$ sont ceux des progressions $1 + 12h$ et $11 + 12h$, ceux pour lesquels $\left(\frac{a}{n}\right) = -1$ sont ceux des progressions $5 + 12h$, $7 + 12h$.

3° *Cas.* — Soit $a = 2a'$ avec $a' \equiv 1 \pmod 4$. On a

$$\left(\frac{a}{n}\right) = (-1)^{\frac{n^2-1}{8}} \left(\frac{n}{a'}\right).$$

On trouve $A = 4a$ etc.

Exemple. $a = 10$. — On a $\left(\frac{10}{n}\right) = 1$ lorsque n est un entier impair positif de l'une des progressions ;

$$1,\ 3,\ 9,\ 13,\ 27,\ 31,\ 37,\ 39 + 40h$$

et $\left(\frac{10}{n}\right) = -1$ lorsque n appartient aux progressions

$$7,\ 11,\ 17,\ 19,\ 21,\ 23,\ 29,\ 33 + 40h.$$

4° *Cas.* — $a = 2a'$ avec $a' \equiv -1 \pmod 4$. Alors

$$\left(\frac{a}{n}\right) = (-1)^{\frac{n^2-1}{8} + \frac{n-1}{2}} \left(\frac{n}{a'}\right).$$

On trouve encore $A = 4a$.

Exemple. $a = -10$. — On a $\left(\frac{-10}{n}\right) = 1$ pour

$$n = 1,\ 7,\ 9,\ 11,\ 13,\ 19,\ 23,\ 37 + 40h$$

et $\left(\frac{-10}{n}\right) = -1$ pour

$$n = 3,\ 17,\ 21,\ 27,\ 29,\ 31,\ 33,\ 39 + 40h.$$

Remarque. — Il est bien entendu que les résultats précédents ont été démontrés pour $n > 0$. On a facilement les résultats relatifs aux entiers n négatifs par la relation $\left(\frac{a}{n}\right) = \left(\frac{a}{-n}\right)$.

Exemple. — Les entiers négatifs $-n$ tels que $\left(\frac{5}{-n}\right) = 1$ sont les termes négatifs des deux progressions $-1 - 10h$ et $-9 - 10h$.

Il se trouve ici que ces progressions sont les prolongements des progressions à termes positifs $1 + 10h$ et $9 + 10h$.

Les entiers négatifs $-n$ tels que $\left(\frac{-3}{-n}\right) = 1$ sont les termes négatifs de la progression $-1 - 6h$ qui n'est pas le prolongement de la progression à termes positifs $1 + 6h$.

Il est facile de voir pour quelles valeurs de a les progressions se prolongent et pour quelles valeurs elles ne se prolongent pas.

201. — Application de la loi de réciprocité et des théorèmes complémentaires à la simplification du calcul de $\left(\frac{a}{n}\right)$.

La méthode à suivre ressortira clairement des exemples suivants.

1er *Exemple.* — Soit à calculer $\left(\frac{366}{9973}\right)$. On a

$$\left(\frac{366}{9973}\right) = \left(\frac{2}{9973}\right)\left(\frac{183}{9973}\right).$$

Or $9973 \equiv -3 \pmod 8$. Donc $\left(\frac{2}{9973}\right) = -1$.

D'autre part $9973 \equiv 1 \pmod 4$. Donc

$$\left(\frac{183}{9973}\right) = \left(\frac{9973}{183}\right) = \left(\frac{91}{183}\right) = \left(\frac{7}{183}\right)\left(\frac{13}{183}\right)^{(1)}$$

On a ensuite

$$\left(\frac{7}{183}\right) = -\left(\frac{183}{7}\right) = -\left(\frac{1}{7}\right) = -1$$

et

$$\left(\frac{13}{183}\right) = \left(\frac{183}{13}\right) = \left(\frac{1}{13}\right) = 1.$$

Donc finalement $\left(\frac{366}{9973}\right) = 1$.

(1) Cette décomposition en facteurs de 91 n'est pas nécessaire, mais elle simplifie le calcul.

2° *Exemple.* — Soit à calculer $\left(\frac{1234}{56789}\right)$. On a

$$\left(\frac{1234}{56789}\right) = \left(\frac{2}{56789}\right)\left(\frac{617}{56789}\right)$$

Or $56789 \equiv -3 \pmod 8$. Donc $\left(\frac{2}{56789}\right) = -1$.
D'autre part $617 \equiv 1 \pmod 4$. Donc

$$\left(\frac{617}{56789}\right) = \left(\frac{56789}{617}\right) = \left(\frac{25}{617}\right).$$

Or 25 est un carré parfait. Donc $\left(\frac{25}{617}\right) = 1$. Donc

$$\left(\frac{1234}{56789}\right) = -1.$$

202. Enoncé du théorème de Lejeune Dirichlet sur la progression arithmétique. Démonstration pour les progressions de raisons 4, 6, 8. — Nous avons dans ce qui précède considéré *les nombres premiers appartenant à une progression arithmétique dont le premier terme et la raison sont des entiers premiers entre eux.* Nous sommes donc amenés à nous demander comment ces nombres premiers se placent dans la progression, et en particulier s'il y en a une infinité. Ces questions seront traitées plus tard. La seconde a été résolue par Lejeune Dirichlet.

Dans une progression arithmétique dont le premier terme et la raison sont des entiers premiers entre eux il y a une infinité de nombres premiers. Nous nous bornerons ici à des cas particuliers de ce théorème.

On peut se borner au cas où la raison est un nombre pair. Car si la raison est un nombre impair $2k+1$, les seuls termes de la progression $(2k+1)n+a$ qui puissent être premiers sont (sauf 2) ceux qui sont impairs, c'est-à-dire ceux pour lesquels $n = a + 2n' + 1$. Ils appartiennent donc à la progression $2(2k+1)n' + (2k+1)(a+1) + a$ de raison paire $2(2k+1)$.

On peut remarquer que si le théorème est démontré pour une certaine valeur de la raison il est par cela même démontré pour toute valeur de la raison diviseur de la précédente.

Si la raison est 6 il y a deux progressions pouvant contenir des nombres premiers, celle des nombres $6h - 1$ et celle des nombres $6h + 1$.

Il y a une infinité de nombres premiers de la forme $6h - 1$.

D'abord il y a de tels nombres par exemple 5. Ensuite soit p un tel nombre, nous allons en trouver un plus grand. Pour cela considérons $N = 2.3 \ldots p$, puis formons

$$P = N - 1.$$

Tout facteur premier de P est plus grand que p. Mais il y a au moins un de ces facteurs premiers qui est de la forme $6h - 1$. Car si tous les facteurs premiers de P étaient de la forme $6h + 1$, P le serait aussi. Or P est de la forme $6h - 1$. Donc, etc.

Il y a une infinité de nombres premiers de la forme $6h + 1$.

D'abord il y a de tels nombres par exemple 7. Ensuite soit p un tel nombre; considérons l'entier $P = N^2 + N + 1$ ou $N = 2,3 \ldots p$. Tout facteur premier de P est plus grand que p, d'autre part un tel facteur premier q est tel que la congruence

$$x^2 + x + 1 \equiv 0 \pmod q$$

soit possible. On a donc $\left(\frac{-3}{q}\right) = 1$ ou 0. La seconde hypothèse est inadmissible. Donc q est de la forme $6h + 1$.

203. — Si la raison est 8 il y a quatre progressions $8h + 1$, $8h - 1$, $8h - 3$, $8h + 3$.

Il y a une infinité de nombres premiers de la forme $8h + 1$.

Nous démontrerons le théorème plus général :

Il y a une infinité de nombres premiers de la forme $2^n h + 1$.

Lemme. — Soit a un entier, tout facteur premier impair de $a^{(2^{n-1})} + 1$ *est congru à* 1 (*mod* 2^n).

Soit q un tel facteur. On a

$$(a^{2^{n-1}} + 1)(a^{2^{n-1}} - 1) = a^{2^n} - 1 \equiv 0 \pmod q.$$

Donc l'exposant de a par rapport à q est 2^n ou un sous-multiple de 2^n. Mais ce ne peut être un sous-multiple de 2^n car si cela était on aurait $a^{2^{n-1}} - 1 \equiv 0 \pmod q$ ce qui est contradictoire avec $a^{2^{n-1}} + 1 \equiv 0 \pmod q$. Donc cet exposant est égal à 2^n. Mais cet exposant est un diviseur de $q - 1$. Donc

$$q \equiv 1 \pmod{2^n}.$$

Ce lemme étant démontré, on voit d'abord qu'il y a des nombres premiers congrus à 1 (mod 2^n) en donnant à a une valeur particulière, par exemple 2 et prenant un facteur premier de $2^{2^{n-1}} - 1$.

Ensuite on voit qu'il y en a une infinité, car soit p un tel nombre. On forme

$$N = 2.3 \dots p$$

puis

$$P = N^{2^{n-1}} + 1.$$

etc.

Remarque. — Lorsque $a = 2$ et $n > 2$, l'énoncé précédent peut se perfectionner ([1])

Tout facteur premier impair p de $2^{2^{n-1}} + 1$ est congru à 1 (mod 2^{n+1}) ($n > 2$).

En effet on sait que p est congru à 1 (mod 2^n) par conséquent congru à 1 (mod 8).

Donc 2 est un reste quadratique de p. Soit

$$2 \equiv a^2 \pmod{p}.$$

Alors

$$2^{2^{n-1}} + 1 \equiv a^{2^n} + 1 \pmod{p}.$$

Donc si $2^{2^{n-1}} + 1$ est divisible par p, $a^{2^n} + 1$ l'est aussi, par suite p est congru à 1 (mod 2^{n+1}).

Il y a une infinité de nombres premiers de la forme $8h - 1$.

On forme

$$N = 3.5 \dots p$$

(le nombre 2 ne figurant pas comme facteur dans N), puis

$$P = N^2 - 2.$$

Un facteur premier q de P est tel que $\left(\frac{2}{q}\right) = 1$. Donc q est de l'une des formes $8h \pm 1$. Mais si tous les facteurs premiers de P étaient de la forme $8h + 1$, P le serait aussi, ce qui n'est pas. Donc etc.

Il y a une infinité de nombres premiers de la forme $8h - 3$.

(1) Lucas, *Atti R. Acc. Sc.*, tome 13 (1877-78), p. 271.
Hadamard, *Interm. des math.*, 3 (1896), p. 214.

On forme

$$N = 2.3 \dots p$$

puis

$$P = N^2 + 1.$$

On voit que tous ses facteurs premiers sont de l'une des deux formes $8h + 1$, $8h - 3$. Mais P est de la forme $8h - 3$, etc.

Il y a une infinité de nombres premiers de la forme $8h + 3$.

On forme

$$N = 3.4 \dots p$$

puis $P = N^2 + 2$, et on raisonne comme dans le cas précédent.

204. — Si la raison est $2p$ (p = nombre premier impair) il y a $\varphi(p)$ progressions pouvant contenir des nombres premiers. Nous examinerons seulement les progressions $2hp + 1$.

Il y a une infinité de nombres premiers de la forme $2hp + 1$.

Lemme. — Soit a un entier non congru à 1 (*mod p*), *si l'on considère l'entier*

$$A = \frac{a^p - 1}{a - 1}$$

tout facteur premier de cet entier est congru à 1 (*mod p*).

Soit q un tel facteur. On a

$$(a - 1)A = a^p - 1 \equiv 0 \pmod{q}.$$

Donc p est un multiple de l'exposant de a par rapport à q (n° **3**). Donc cet exposant 1 ou p. Mais cet exposant n'est pas 1 puisque a n'est pas congru à 1 (mod p). Donc cet exposant est p. Or cet exposant est un diviseur de $q - 1$ (n° **3**). Donc q est congru à 1 (mod p).

Ce lemme étant démontré, on voit d'abord qu'il y a des nombres premiers congrus à 1 (mod p) en donnant à a une valeur particulière par exemple $a = 2$ et prenant un diviseur de $2^p - 1$.

Ensuite on voit qu'il y en a une infinité. Soit r un nombre premier congru à 1 (mod p). On forme

$$N = 2.3 \dots r$$

puis

$$P = \frac{N^p - 1}{N - 1}.$$

Tous les facteurs de P sont congrus à 1 (mod p). Or aucun de ces facteurs ne peut être inférieur ou égal à r, car dans ce cas il diviserait N et par conséquent ne pourrait diviser $N^p - 1$.

NOTES ET EXERCICES

I. — *Loi de réciprocité*, 3ᵉ *démonstration de Gauss* [1].
Nous gardons les mêmes notations qu'au n° 192.
1° *a étant impair* on a :

$$\nu = \sum E\left(\frac{ha}{p}\right) \quad (\text{mod}, 2).$$

(Ici et dans ce qui va suivre les sommes sont étendues aux valeurs entières de h, de $h = 1$ à $h = \frac{p-1}{2}$, à moins d'indication contraire. (E(x) désigne le plus grand entier contenu dans x). En effet on a :

$$ha = E\left(\frac{ha}{p}\right)p + \alpha_h \qquad \text{si } \alpha_h > 0$$

$$ha = \left[E\left(\frac{ha}{p}\right) + 1\right]p - \alpha_h \qquad \text{si } \alpha_h < 0$$

d'où :

$$h \equiv E\left(\frac{ha}{p}\right) + \alpha_h \quad (\text{mod. } 2), \qquad \text{si } \alpha_h > 0$$

$$h \equiv E\left(\frac{ha}{p}\right) + 1 + \alpha_h \quad (\text{mod. } 2), \qquad \text{si } \alpha_h < 0$$

Faisons $h = 0, 1, \ldots \frac{p-1}{2}$ et ajoutons :

$$\sum h \equiv \sum E\left(\frac{ha}{p}\right) + \nu + \sum \alpha_h \quad (\text{mod. } 2)$$

Or $\sum h = \sum \alpha_h$. Donc etc.
2° Il en résulte :

$$\left(\frac{a}{p}\right) = (-1)^{\Sigma E\left(\frac{ha}{p}\right)}.$$

(1) Comm Gött = Werke t, 2, p. 1.

Donc pour démontrer la loi de réciprocité il suffit de démontrer que :

$$(10) \quad \sum_{h=1}^{h=\frac{q-1}{2}} E\left(\frac{hp}{q}\right) + \sum_{h=1}^{h=\frac{p-1}{2}} E\left(\frac{hq}{p}\right) \equiv \frac{p-1}{2} \cdot \frac{q-1}{2} \pmod 2.$$

3° Nous allons démontrer le théorème plus général suivant :

Soit ω *un nombre positif rationnel ou irrationnel mais non entier. Soit* m *un entier tel que aucun des nombres* $1\omega, 2\omega, .., m\omega$ *ne soit entier. Posons* $E(m\omega) = n$. *Dans ces conditions on a :*

$$(11) \quad \sum_{h=1}^{h=m} E(h\omega) + \sum_{h=1}^{h=n} \left(\frac{h}{\omega}\right) = mn.$$

Si dans cette égalité on fait $\omega = \frac{p}{q}$ et $m = \frac{q-1}{2}$, on trouve $n = \frac{p-1}{2}$ pourvu que $p < q$, ce que l'on peut toujours supposer. La congruence (10) résultera donc de l'égalité (11).

La démonstation la plus simple de l'égalité (11) est une démonstration géométrique [1]. Considérons le réseau des points à coordonnées entières. Marquons la droite $y = \omega x$ et considérons aussi le rectangle formé par les axes, la droite $x = m$, et la droite $y = n$. Comptons les points du réseau appartenant à ce rectangle à la manière de I. 149.

On sait que le nombre de ces points ainsi comptés est égal à la surface du rectangle c'est-à-dire à mn. Mais d'autre part si on compte séparément le nombre de points au-dessous de la droite $y = \omega x$ et le nombre de points au-dessus, on trouve $\sum_{h=1}^{h=m} E(h\omega)$ pour le premier nombre, et $\sum_{h=1}^{h=n} E\left(\frac{\omega}{h}\right)$ pour le second. L'égalité (11) est donc démontrée.

II. — *Loi de réciprocité ; démonstration de Zolotarev.* — Soit un module premier impair p et un entier a non divisible par p. On forme les produits :

$$1a, 2a, \dots (p-1)a$$

[1] EISENSTEIN, *J. r. u. M.*, t. 28 (1844) p. 246.

et on calcule leurs restes ordinaires par rapport à p. Soit :

$$\alpha_1, \alpha_2, \ldots \alpha_p$$

la suite de ces restes. Démontrer que $\left(\frac{a}{p}\right) = (-1)^i$ en désignant par i le nombre d'inversions (I. 160) présenté par cette suite.

On en déduit une démonstration de la loi de réciprocité et des théorèmes complémentaires (G. Zolotarev. N. A. de Math. 2ᵉ série t. 11 (1872) p. 354).

III. — *Loi de réciprocité ; démonstration d'Eisenstein.* — On a :

$$\frac{\sin \frac{hq}{p} 2\pi}{\sin \frac{h}{p} 2\pi} = \frac{\sin \frac{\alpha_h}{p} 2\pi}{\sin \frac{h}{p} 2\pi}$$

(mêmes notations que plus haut).

Si dans cette égalité on fait $h = 1, 2, \ldots \frac{p-1}{2}$ et qu'on multiplie, l'ensemble des quantités $\sin \frac{\alpha_h}{p} 2\pi$ prend les mêmes valeurs que l'ensemble des quantités $\sin \frac{h}{p} 2\pi$, mais avec un changement de signe pour tout α_h négatif. On a donc d'après le lemme de Gauss :

$$\left(\frac{q}{p}\right) = \prod_{h=1}^{h=\frac{p-1}{2}} \frac{\sin \frac{\alpha_h}{p} 2\pi}{\sin \frac{h}{p} 2\pi} = \prod_{h=1}^{h=\frac{p-1}{2}} \frac{\sin \frac{hq}{p} 2\pi}{\sin \frac{h}{p} 2\pi}.$$

Or on a :

$$\frac{\sin (qx)}{\sin x} = (-1)^{\frac{q-1}{2}} 2^{q-1} \prod_{k=1}^{k=\frac{q-1}{2}} \left(\sin^2 x - \sin^2 \frac{2k\pi}{q}\right).$$

(Cette formule se démontre en remarquant que $\frac{\sin qx}{\sin x}$, q étant impair, est un polynôme entier en $\sin x$ de degré $q-1$ dont les racines sont $\pm \sin \frac{2k}{q} \pi \left(k = 1, 2, \ldots \frac{q-1}{2}\right)$ et dont le premier coefficient est $(-1)^{\frac{q-1}{2}} 2^{q-1}$.

Alors :

$$\left(\frac{q}{p}\right) = (-1)^{\frac{p-1}{2}\cdot\frac{q-1}{2}}\, 2^{\frac{p-1}{2}\cdot\frac{q-1}{2}} \prod_{h=1}^{h=\frac{p-1}{2}} \prod_{k=1}^{k=\frac{q-1}{2}} \left(\sin^2\frac{h}{p}2\pi - \sin^2\frac{k}{q}2\pi\right).$$

Si l'on permute p et q rien ne change dans le second membre que le signe des facteurs $\sin^2 \frac{h}{p} 2\pi - \sin^2 \frac{h}{q} 2\pi$. Or ces facteurs sont au nombre de $\frac{p-1}{p} \cdot \frac{q-1}{q}$. Donc, etc.

IV. — *Extension du lemme de Gauss au cas où le nombre premier p est remplacé par un entier positif impair n premier à a* (1). — Si l'on calcule les restes minimums des divisions par n des produits $1a, 2a, \ldots \frac{n-1}{2} a$, et que l'on appelle ν le nombre de ces restes qui sont négatifs on a :

$$\left(\frac{a}{n}\right) = (-1)^{\nu}.$$

En supposant ce résultat les démonstrations données précédemment de la loi de réciprocité s'appliquent à deux entiers impairs premiers entre eux, non forcément premiers absolus.

V. — Soient a, b deux entiers impairs positifs, premiers entre eux. On divise a par b en s'arrangeant de manière à ce que le reste soit impair (I. 87).

Soit εr ce reste, r étant positif, ε étant $+$ ou -1. On divise b par r soit de même $\varepsilon' r'$ le reste impair, etc. jusqu'à ce qu'on obtienne un reste égal à ± 1. Démontrer que $\left(\frac{a}{b}\right) = (-1)^k$, k étant le nombre des couples :

$$b,\ \varepsilon r; \qquad r,\ \varepsilon' r'; \qquad r',\ \varepsilon'' r''; \qquad \ldots\ldots$$

dans lequel les deux entiers sont congrus à -1 (mod 4). (EISENSTEIN, *J. r. a. M.* t. 27 (1844) p. 317).

V. — Soient a, b, deux entiers impairs, positifs, premiers entre eux. On divise a par b en s'arrangeant de manière à ce que le reste soit impair.

Soit r ce reste positif ou négatif. On divise b par r, soit r' le reste positif ou négatif; etc jusqu'à ce qu'on obtienne un reste égal à $+$ ou -1. On a ainsi une suite d'entiers impairs :

$$a, \quad b, \quad r, \quad r', \quad \ldots$$

(1) SCHERING, *Berl. Monatsber*, 1876, p. 330.

On considère aussi la suite des restes minimums par 4 des termes de la suite précédente, soit :

$$\varepsilon, \quad \varepsilon'. \quad \varepsilon'', \quad \ldots$$

tous les ε sont égaux à $+$ ou $-$ 1.

On appelle α le nombre de couples de termes négatifs consécutifs qu'il y a dans la première suite, et β le même nombre pour la seconde suite. Démontrer que :

$$\left(\frac{a}{b}\right) = (-1)^{\alpha+\beta}.$$

(SYLVESTER, *C. R. Ac. Sc. Par.* t. 90 (1880) p. 1053).

VI. — Gardant les mêmes notations que dans la question précédente on a :

$$\left(\frac{a}{b}\right) = (-1)^{f(a,b)+f(b,r)+f(r,r')+\ldots}$$

en posant :

$$f(m, n) = \frac{m-1}{2} \cdot \frac{n-1}{2} - \varepsilon$$

ε étant égal à 1 lorsque m et n sont tous les deux négatifs et à zéro dans les autres cas. On peut écrire :

$$\varepsilon = \frac{\frac{|m|}{m} - 1}{2} \cdot \frac{\frac{|n|}{n} - 1}{2}.$$

VII. — Soit :

$$p = a^2 + b^2$$

p étant premier. Démontrer que ab est reste quadratique de p ou non suivant que $p \equiv 1$ ou 5 (mod 8).

VIII. — Soit p un nombre premier congru à 1 (mod 4). Démontrer que tout facteur premier d'un entier de la forme $\frac{p-1}{4} - n(n+1)$ est reste quadratique de p. (EULER, *opusc. analyt.*, t. 1 p. 276).

IX. — Soit p un nombre premier congru à -1 (mod 4). Démontrer que tout facteur premier d'un entier de la forme $\frac{p+1}{4} + n(n+1)$ est reste quadratique de p. (EULER, *opusc. analyt.*, t. 1 p. 281).

X. — Soit un nombre premier p ; on partage l'intervalle de 0 à p en quatre intervalles égaux. On appelle A_i le nombre de restes quadratiques contenus dans le $i^{\text{ème}}$ intervalle. On appelle A_i' le nombre de ces restes qui sont pairs et A_i'' le nombre de ceux qui sont impairs. On appelle B_i, B_i', B_i'' les mêmes nombres relatifs aux non-restes. Démontrer que si $p \equiv 1 \pmod 4$ on a :

$$A_i = A_{5-i}$$
$$A_i' = A''_{5-i}$$
$$A_1 + A_2 = A_3 + A_4 = \frac{p-1}{4}$$

et les égalités qu'on obtient en mettant B à la place de A dans les précédentes.

Si $p \equiv -1 \pmod 4$ on a :

$$A_i = B_{5-i}$$
$$A_i' = B''_{5-i}$$

et les égalités qu'on obtient en mettant B à la place de A et A à la place de B dans les précédentes.

Si $p \equiv 3 \pmod 8$, on a :

$$A_1 = B_1,$$

Si $p \equiv -1 \pmod 8$, on a :

$$A_2 = A_3 = B_2$$
$$B_2 = B_3 = A_3 = A_3' + A_4'.$$

Si $p \equiv \pm 1 \pmod 8$, on a :

$$B_2 = B''_1 + B''_2,$$

XI. Le théorème de Dirichlet a été démontré par les progressions de raison 4 puisqu'il a été démontré pour les progressions de raison 8. On pourra le démontrer directement pour la progression $4h - 1$ en considérant l'expression $2(2.\ 3.\ 5\ \ldots\ p) - 1$ et pour la progression $4h + 1$ en considérant $(2.\ 3.\ \ldots\ p)^2 + 1$.

XII. — *Démonstration du théorème de Dirichlet pour la progression* $5h - 1$.

On s'appuie sur ce que tout diviseur premier d'un entier de la forme $x^2 - x - 1$ est de l'une des formes $5h \pm 1$, et que ces diviseurs ne sont pas tous de la forme $5h + 1$. Soit p un nombre premier de la forme $5h - 1$, on considère :

$$N = 2.\ 3.\ 5.\ \ldots\ p$$

puis :

$$P = N^2 - N - 1.$$

Table des progressions des entiers impairs positifs n tels que $\left(\frac{a}{n}\right) = 1$; jusqu'à $a = 50$

a	
-1	$4h + 1$
2	$8h \pm 1$
-2	$8h + 1, + 3$
3	$12h \pm 1$
-3	$6h + 1$
5	$10h \pm 1$
-5	$20h + 1, 3, 7, 9$
6	$24h \pm 1, \pm 5$
-6	$24h + 1, + 5, + 7, + 11$
7	$28h \pm 1, \pm 3, \pm 9$
-7	$14h + 1, - 3, - 5$
10	$40h \pm 1, \pm 3, \pm 9, \pm 13$
-10	$40h + 1, - 3, + 7, + 9, + 11, + 13, - 17, + 19$
11	$44h \pm 1, \pm 5, \pm 7, \pm 9, \pm 19$
-11	$22h + 1, + 3, + 5, - 7, + 9$
13	$26h \pm 1, \pm 3, \pm 9$
-13	$52h + 1, - 3, - 5, + 7, + 9, + 11, + 15, + 17, + 19, - 21, - 23, + 25$
14	$56h \pm 1, \pm 9, \pm 11, \pm 25, \pm 43, \pm 51$
-14	$56h + 1, + 3, + 5, + 9, - 11, + 13, + 15, - 17, + 19, + 23, + 25, + 27$
15	$60h \pm 1, \pm 7, \pm 11, \pm 17$
-15	$30h + 1, - 7, - 11, - 13$
17	$34h \pm 1, \pm 9, \pm 13, \pm 15$
-17	$68h + 1, + 3, - 5, + 7, + 9, + 11, + 13, - 15, - 19, + 21, + 23, + 25,$ $+ 27, - 29, + 31, + 33$
19	$76h \pm 1, \pm 3, \pm 5, \pm 9, \pm 15, \pm 17, \pm 25, \pm 27 \pm 31$
-19	$38h + 1, - 3, + 5, + 7, + 9, + 11, - 13, - 15, + 17$
21	$42h \pm 1, \pm 5, \pm 17$
-21	$84h + 1, + 5, + 11, - 13, + 17, + 19, + 23, + 25, - 29, + 31, + 37, + 41$
22	$88h \pm 1, \pm 3, \pm 7, \pm 9, \pm 13, \pm 21, \pm 25, \pm 27, \pm 29, \pm 39$
-22	$88h + 1, - 3, - 5, - 7, + 9, + 13, + 15, - 17, + 19, + 21, + 23, + 25,$ $- 27, + 29, + 31, + 35, - 37, - 39, - 41, - 45$
23	$92h \pm 1, \pm 7, \pm 9, \pm 11, \pm 13, \pm 15, \pm 19, \pm 25, \pm 29, \pm 41, \pm 43$
-23	$46h + 1, + 3, - 5, - 7, + 9, - 11, + 13, - 15, - 17, - 19, - 21$
26	$104h \pm 1, \pm 5, \pm 11, \pm 17, \pm 19, \pm 21, \pm 23, \pm 25, \pm 37, \pm 45, \pm 49$
-26	$104h + 1, + 3, + 5, + 7, + 9, - 11, + 15, + 17, - 19, + 21, - 23, + 25,$ $+ 27, - 29, + 31, - 33, + 35, + 37, - 41, + 43, + 45, + 47, + 49, + 51$
29	$58h \pm 1, \pm 5, \pm 7, \pm 9, \pm 13, \pm 23, \pm 25$
-29	$116h + 1, + 3, + 5, - 7, + 9, + 11, + 13, + 15, - 17, + 19, - 21, - 23$ $+ 25, + 27, + 31, + 33, - 35, - 37, + 39, - 41, + 43, + 45, + 47,$ $+ 49, - 51, + 53, - 55, + 57$
30	$120h \pm 1, \pm 7, \pm 13, \pm 17, \pm 19, \pm 29 \pm 37 \pm 49$

a	
− 30	120*h* + 1, + 7, + 11, + 13, + 17, − 19, + 23, + 29, + 31, + 37, − 41, + 43, + 47, + 49 − 53, + 59
31	124*h* ± 1, ± 3, ± 5, ± 9, ± 11, ± 15, ± 23, ± 25, ± 27, ± 33, ± 41, ± 43, ± 45, ± 49, ± 55
− 31	62*h* + 1, − 2, + 5, + 7, + 9, − 11, − 13, − 15, − 17, + 19, − 21, − 23, + 25, − 27, − 29
33	66*h* ± 1, ± 17, ± 25, ± 29, ± 31
− 33	132*h* + 1, − 5, + 7, − 13, + 17, + 19, + 23, + 25, + 29, − 31, − 35, + 37, + 41, + 43, − 47, + 49, − 53, − 57, + 59, − 61
34	136*h* ± 1, ± 3, ± 5, ± 9, ± 11, ± 15, ± 25, ± 27, ± 29, ± 33, ± 37, ± 45, 47, ± 49, ± 55, ± 61
− 34	136*h* + 1, − 3, + 5, + 7, + 9, − 11, − 15, + 19, − 21, + 23, + 25, − 27, + 29, + 31, + 33, + 35, + 37, + 39, − 41, + 43, + 45, − 47, + 49, − 53, − 55, − 57, + 59, + 61, + 63, − 65, + 67
35	140*h* ± 1, ± 9, ± 13, ± 19, ± 23, ± 29, ± 31, ± 33, ± 43, ± 53 ± 59 ± 67
− 35	70*h* + 1, + 3, + 9, + 11, + 13, + 17, − 19, − 23, + 27, + 29, − 31, + 37
37	74*h* ± 1, ± 3, ± 7, ± 9, ± 11, ± 21, ± 25, ± 27, ± 33
− 37	148*h* + 1, − 3, − 5, − 7, + 9, − 11, − 13, + 15, − 17, + 19, + 21, + 23, + 25, − 27, − 29, + 31, + 33, + 35, + 39, + 41, + 43, − 45, − 47, + 49, + 51, + 53, + 55, − 57, + 59, − 61, − 63, + 65, − 67, − 69, − 71, + 73
38	152*h* ± 1, ± 9, ± 11, ± 13, ± 15, ± 17, ± 23, ± 25, ± 29, ± 31, ± 35, ± 37, ± 43, ± 49, ± 53, ± 69, ± 71, ± 73
− 38	152*h* + 1, + 3, − 5, + 7, + 9, − 11, + 12, − 15, + 17, + 21, + 23, + 25, + 27, + 29, − 31, − 33, + 35, + 37, + 39, − 41, − 43, − 45, + 47, + 49, + 51, + 53, + 55, + 59, − 61, + 63, − 65, + 67, + 69, − 71, + 73, + 75
39	156*h* ± 1, ± 5, ± 7, ± 19, ± 23, ± 25, ± 31, ± 35, ± 41, ± 49, ± 61, ± 67
− 39	78*h* + 1, + 5, − 7, + 11, − 17, − 19, + 25, − 29, − 31, − 33, − 35, − 37
41	82*h* ± 1, ± 5, ± 9, ± 21, ± 23, ± 25, ± 31, ± 33, ± 37, ± 39
− 41	164*h* + 1, + 3, + 5, + 7, + 9, + 11, − 13, + 15, − 17, + 19, + 21, − 23, + 25, + 27, − 29, − 31, + 33, + 35, + 37, − 39, − 43, + 45, + 47, + 49, − 51, − 53, + 55, + 57, − 59, + 61, 63, − 65, + 67, − 69, + 71, + 73, + 75, + 77, + 79, + 81
42	168*h* ± 1, ± 11, ± 13, ± 17, ± 19, ± 25, ± 29, ± 41, ± 47, ± 53, ± 61, ± 79
− 42	168*h* + 1, − 5, − 11, + 13, + 17, + 23, + 25, + 29, + 31, − 37, − 39, + 41, + 43, − 47, + 53, + 55, + 59, + 61, − 65, + 67, + 71, − 73, − 79, + 83
43	172*h* ± 1, ± 3, ± 7, ± 9, ± 13, ± 17, ± 19, ± 21, ± 25. ± 27, ± 39, ± 41, ± 49, ± 51, ± 53, ± 55, ± 57, ± 63, ± 71, ± 75, ± 81
− 43	86*h* + 1, − 3, − 7, + 9, + 11, + 13, + 15, + 17, − 19, + 21, + 23, + 25, − 27, − 29, + 35, − 33, + 35, − 37, − 39, + 41
46	184*h* ± 1, ± 3, ± 5, ± 7, ± 9, ± 15, ± 21, ± 25, ± 27, ± 35, ± 37, ± 41, ± 45, ± 49, ± 53, ± 59, ± 61, ± 63, ± 73, ± 76, ± 79, ± 81
− 46	184*h* + 1, − 3, + 5, − 7, + 9, + 11, − 13, − 15, − 17, + 19, + 21, + 25, − 27, − 29, + 31, − 33, − 35, + 37, + 39, + 43, + 45, + 47, + 49, + 51, + 53, + 55, − 57, − 59, + 61, − 63, − 65 + 67, + 71, + 73, − 75, − 77, − 79, + 81, + 83, − 85, + 87, − 89, + 91

a	
47	$188h \pm 1, \pm 7, \pm 11, \pm 15, \pm 17, \pm 21, \pm 23, \pm 25, \pm 31, \pm 35, \pm 37, \pm 39, \pm 43, \pm 49, \pm 53, \pm 61, \pm 65, \pm 67, \pm 81, \pm 87, \pm 89, \pm 91$
-47	$94h + 1, + 3 - 5, + 7, + 9, - 11, - 13, - 15, + 17, - 19, + 21, - 23, + 25, + 27, - 29, - 31, - 33, - 35, + 37, - 39, - 41, - 43, - 45.$

On n'a inscrit dans cette table que les entiers a qui n'ont pas d'autre facteur carré que 1. On a, en effet $\left(\frac{ad^2}{n}\right) = \left(\frac{a}{n}\right)$.

CHAPITRE XVII

EXTENSION DES RESULTATS DU CHAPITRE XV AUX DETERMINANTS AUXQUELS NE CORRESPOND QU'UNE CLASSE PRIMITIVE

205. — Nous pouvons maintenant étendre à d'autres classes qu'à celle de la forme (1, 0, 1) les résultats du chapitre XV. Nous nous bornerons à considérer des formes, des classes et des représentations *primitives*.

Nous ne nous occuperons que des *représentations* et non des *décompositions* qui peuvent en résulter (n° **188**).

Nous nous occupons d'abord des classes *définies*.

Le nombre des représentations d'un entier m est égal au nombre de substitutions automorphes d'une forme de la classe, multiplié par la moitié du nombre de solutions de la congruence

$$x^2 + \rho x - \frac{\Delta - \rho}{4} \equiv 0 \pmod{m}.$$

Or le nombre des substitutions automorphes d'une forme de la classe est en général 2, il est égal à 4 pour la classe de la forme (1, 0, 1) déjà examinée et à 6 pour la classe de la forme (1, 1, 1). C'est pourquoi nous allons examiner cette dernière particulièrement.

206. — *Pour qu'un entier m soit représentable primitivement dans la classe de la forme* (1, 1, 1) *il faut et il suffit que la congruence*

$$x^2 + x + 1 \equiv 0 \pmod{m}$$

soit possible.

Car on a vu que c'est la condition nécessaire et suffisante pour que m soit représentable dans une classe de discriminant 3. Or il n'y a qu'une classe de ce déterminant, à savoir celle considérée ici.

D'ailleurs le nombre de transformations automorphes de $(1, 1, 1)$ étant égal à 6, le nombre de représentations de m est égal à six fois le nombre de solutions de la congruence (1). Examinons les différentes valeurs de m.

1er *Cas.* $m = 1$. — La congruence (1) a une solution $x = 1$. Donc il y a 6 représentations. En effet

$$1 = 1^2 + 1 \cdot 0 + 0^2 = (-1)^2 + (-1)0 + 0^2 = 0^2 + 0 \cdot 1 + 1^2$$
$$= 0^2 + 0(-1) + (-1)^2 = 1^2 + 1(-1) + (-1)^2$$
$$= (-1)^2 + (-1)(1) + 1^2.$$

2e *Cas. m est un nombre premier impair différent de* 3.

La congruence (1) a deux solutions si $\left(\frac{-3}{m}\right) = 1$ c'est-à-dire $m \equiv 1 \pmod 6$, elle n'en a pas si $m \equiv -1 \pmod 6$.

Donc : *tout nombre premier congru à* 1 (*mod* 6) *est représentable de douze façons dans la classe de la forme* $x^2 + xy + y^2$, *et tout nombre premier congru à* -1 (*mod* 6) *n'est pas représentable dans cette classe.*

Exemple

$7 = x^2 + xy + y^2$ pour

$x = 1$	$x = 1$	$x = -1$	$x = -1$	$x = 2$	$x = 2$
$y = 2$	$y = -3$	$y = -2$	$y = 3$	$y = 1$	$y = -3$
$x = -2$	$x = -2$	$x = 3$	$x = 3$	$x = -3$	$x = -3$
$y = -1$	$y = 3$	$y = -1$	$y = -2$	$y = 1$	$y = 2$

Si l'on ne considère pas comme distinctes les quatre représentations

$x = \alpha$	$x = -\alpha$	$x = \gamma$	$x = -\gamma$
$y = \gamma$	$y = -\gamma$	$y = \alpha$	$y = -\alpha$

il n'y a que *trois* représentations par la forme $(1, 1, 1)$

$$7 = 1^2 + 1 \cdot 2 + 2^2 = 1^2 + 1(-3) + (-3)^2 = 2^2 + 2(-3) + (-3)^2$$

La seconde partie du théorème peut se démontrer indépendamment de la théorie précédente ; il est évident que quelques valeurs entières qu'on donne à x et y, l'expression x^2+xy+y^2 ne peut être congrue à $-1 \pmod 6$.

3e *Cas. m est un entier impair différent de 1 et non divisible par 3.*

Si tous les facteurs premiers de m sont congrus à $1 \pmod 6$, la congruence (1) a 2^k solutions, k étant le nombre de facteurs premiers de m, donc il y a $6 \cdot 2^k$ représentations; si les facteurs premiers de m ne sont pas tous congrus à $1 \pmod 6$ il n'y pas de représentation de m.

4e *Cas. m est un entier impair divisible par 3.* — Soit $m = 3^\alpha m'$. La solution de (1) se ramène à celle des deux congruences

$$x^2+x+1 \equiv 0 \pmod{3^\alpha}$$
$$x^2+x+1 \equiv 0 \pmod{m'}.$$

Si $\alpha > 1$ la première de ces congruences est impossible donc on n'a pas de représentations primitives. Si $\alpha = 1$ la première de ces congruences a *une* solution, donc m a autant de représentations primitives que m'. D'ailleurs les représentations de $3m'$ par la forme $(1, 1, 1)$ se déduisent de celles de m' de la façon suivante.

De

$$m' = a^2+ab+b^2$$

on déduit

$$3m' = (2a+b)^2+(2a+b)(-a-2b)+(-a-2b)^2.$$

Réciproquement de

$$3m' = \alpha^2+\alpha\beta+\beta^2$$

on déduit, d'abord

$$\alpha \equiv \beta \pmod 3$$

puis

$$m' = \left(\frac{2\alpha+\beta}{3}\right)^2+\left(\frac{2\alpha+\beta}{3}\right)\left(\frac{-\alpha-2\beta}{3}\right)+\left(\frac{-\alpha-2\beta}{3}\right)^2.$$

5e *Cas. m est pair.* — La congruence (1) est impossible, m n'a donc pas de représentations primitives. C'est d'ailleurs très facile à voir directement.

Nous laissons au lecteur le soin de s'occuper des représentations non primitives.

Corollaire. — Si un entier est représenté primitivement dans la classe de la forme x^2+xy+y^2 il en est de même de tout diviseur de ce nombre.

207. — *Généralisation pour les classes définies ayant un déterminant auquel ne correspond qu'une classe.* — Nous allons maintenant considérer les classes définies autres que celle de la forme $(1, 0, 1)$ et celle de la forme $(1, 1, 1)$. Le nombre des substitutions automorphes d'une forme de la classe est alors égal à 2.

Mais nous supposerons de plus que le déterminant de la classe ne contient pas d'autre classe qu'elle même.

Cela arrive par exemple pour les discriminants 7, 8, 11, 19, 43, 67, ...

La classe est représentée par la forme principale $\left(1, \rho, \frac{D+\rho}{4}\right)$.

Alors la condition nécessaire et suffisante pour que n soit représentable primitivement dans la classe est que la congruence

$$x^2+\rho x+\frac{D+\rho}{4}\equiv 0 \pmod m$$

soit possible. Cette condition se traduit par le fait que les facteurs premiers de m doivent appartenir à certaines progressions arithmétiques. D'ailleurs le nombre de représentations de la forme est égal à 2 fois le nombre de solutions de la congruence.

Pour discuter la congruence il faudra distinguer plusieurs cas.

1° *Cas.* $m=1$. — On trouve deux représentations

$$1=1^2+\rho\,.\,1(0)+\frac{D+\rho}{4}0^2=(-1)^2+\rho\,.\,(-1)0+\frac{D+\rho}{4}0^2.$$

2° *Cas. m est un nombre premier impair non facteur de D.*

La congruence a deux solutions si $\left(\frac{-D}{m}\right)=1$, c'est-à-dire si m appartient à certaines progressions arithmétiques, elle n'en a pas dans le cas contraire. Dans le premiers cas m a quatre représentations, dans le second cas il n'en a pas.

Pour $D=7$, par exemple, on a : *tout nombre premier congru à* 1, 2, 4 (*mod* 7) *est représentable de quatre façons dans la classe de la forme* (1, 1, 2), *tout nombre premier impair congru à* 3, 5, 6 (*mod* 7) *n'est pas représentable dans cette classe.*

Exemple :

$$11 = 1^2 + 1 \cdot 2 + 2 \cdot 2^2 = (-1)^2 + (-1)(-2) + 2(-2)^2$$
$$= 3^2 + 3(-2) + 2(-2)^2 = (-3)^2 + (-3)2 + 2 \cdot 2^2.$$

Pour $D = 8$ on a : *tout nombre premier congru à* 1, 3 (*mod* 8) *est représentable de quatre façons dans la classe de la forme* (1, 0, 2), *tout nombre premier congru à* -1, -3 (*mod* 8) *n'est pas représentable dans cette classe.*

Exemple

$$3 = 1^2 + 2 \cdot 1^2 = 1^2 + 2(-1)^2 = (-1)^2 + 2 \cdot 1^2 = (-1)^2 + 2(-1)^2.$$

Remarquons ici que les quatre représentations de m ne donnent qu'*une* seule décomposition de m en *un carré et le double d'un carré.*

Nous laissons au lecteur le soin d'achever la discussion et de démontrer que *si un nombre impair est représentable primitivement dans une des classes précédentes il en est de même de chacun de ses diviseurs.*

208. Même question pour les classes indéfinies. — Nous allons maintenant considérer des classes *indéfinies*, mais en supposant toujours que le déterminant est tel qu'il n'y a qu'*une* classe correspondante. Cela arrive, par exemple, pour les déterminants 5, 8, 12, 13, 17, 29, ...

Les résultats sont les mêmes que pour les classes indéfinies, seulement les entiers qui sont représentables le sont d'une infinité de façons.

Pour $\Delta = 5$ par exemple, on trouvera les résultats suivants : *tout entier impair non divisible par* 5 *est représentable primitivement d'une infinité de façons dans la classe de la forme* (1, 1, -1) *si tous ses facteurs premiers sont congrus à* ± 1 (*mod* 5) ; *il ne l'est pas si ses facteurs premiers ne sont pas tous de cette forme.*

Exemples :

$$11 = 3^2 + 3.1 - 1^2 = 3^2 + 3.2 - 2^2$$
$$= 4^2 + 4(-1) - (-1)^2 = 4^2 + 4.5 - 5^2 = \ldots$$
$$209 = 13^2 + 13.8 - 8^2 = 13^2 + 13.5 - 5^2$$
$$= 14^2 + 14.13 - 13^2 = 14^2 + 14.1 - 1^2 = \ldots$$

Pour $\Delta = 8$ on trouvera, le résultat suivant : *Tout entier impair est représentable primitivement d'une infinité de façons dans la classe de* $(1, 0, -2)$ *(c'est-à-dire décomposable en la différence d'un carré et du double d'un carré), si tous ses facteurs premiers sont congrus à* $\pm 1 \pmod 8$*; il ne l'est pas si ses facteurs premiers ne sont pas tous de cette forme.*

Exemple :

$$7 = 3^2 - 2 . 1^2 = 5^2 - 2 . 3^2 = \dots$$

Remarque. — La classe de $(1, 0, -2)$ contient aussi $(2, 0, -1)$. D'ailleurs

$$x^2 - 2y^2 = 2(x + y)^2 - (x + 2y)^2.$$

Ainsi

$$7 = 2 . 4^2 - 5^2 = 2 . 8^2 - 11^2 = \dots$$

209. Extension aux déterminants auxquelles ne correspond qu'une classe primitive.

Supposons maintenant qu'à un déterminant donné correspondent plusieurs classes, mais une seule *primitive*. Les résultats précédents sont encore vrais avec quelques modifications. Donnons des exemples.

$D = 12$. Il y a deux classes l'une primitive représentée par la forme $(1, 0, 3)$, l'autre de diviseur 2, représentée par la forme $(2, 2, 2)$. Pour que m soit représenté primitivement dans l'une ou l'autre de ces classes il faut et il suffit que la congruence

$$x^2 \equiv -3 \pmod m$$

ait des solutions.

Appelons a le nombre de solutions, il y a $2a$ représentations primitives de m dans les deux classes précédentes. Si m est impair il n'a pas de représentations dans la classe de $(2, 2, 2)$, donc *il a* $2a$ *représentations dans la classe de* $(1, 0, 3)$.

Si m est pair il a autant de représentations primitives dans la classe de $(2, 2, 2)$ que $\frac{m}{2}$ en a dans la classe de $(1, 1, 1)$.

Ce nombre est égal à $6b$, b étant le nombre de solutions de la congruence

$$x^2 + x + 1 \equiv 0 \quad \left(\text{mod } \frac{m}{2}\right).$$

Il y alors $2a - 6b$ représentations primitives de m dans la classe de $(1, 0, 3)$.

Etudions maintenant le nombre de représentations primitives dans la classe $(1, 0, 3)$ dans les différents cas particuliers.

1er *Cas.* $m = 1$. — Alors $a = 1$, $b = 0$ il y a deux représentations primitives de 1 dans la classe de $(1, 0, 3)$

$$1 = 1^2 + 3 \cdot 0^2 = (-1)^2 + 3 \cdot 0^2.$$

2e *Cas.* — m est un entier impair différent de 1 et non divisible par 3. Alors $b = 0$. De plus si les facteurs premiers de m sont tous congrus à 1 (mod 9), on a $= 2^k$, k étant le nombre de ces facteurs premiers, donc m a 2^{k+1} représentations par la forme $(1, 0, 3)$. Si les facteurs premiers de m ne sont pas tous congrus à 1 (mod 6), m n'a pas de représentations par la forme $(1, 0, 3)$.

En particulier : *tout nombre premier congru à 1 (mod 6) a 4 représentations par la forme* $(1, 0, 3)$ [*c'est-à-dire* une *décomposition en un carré et le triple d'un carré*].

Exemple :

$$7 = 2^2 + 3 \cdot 1^2.$$

3e *Cas. m est un entier impair divisible par* 3. — Soit $m = 3^\alpha m'$ (m' non divisible par 3). On voit d'abord que si $\alpha > 1$ il n'y a pas de representation primitive de m dans la classe de $(1, 0, 3)$. Si $\alpha = 1$ m a autant de représentations primitives que m'.

D'ailleurs de

$$m' = a^2 + 3b^2$$

on déduit

$$3m' = (3b)^2 + 3a^2$$

et réciproquement de

$$3m' = \alpha^2 + 3\beta^2$$

on déduit d'abord

$$\alpha \equiv 0 \pmod 3$$

puis

$$m' = \beta^2 + 3\left(\frac{\alpha}{3}\right)^2.$$

4e *Cas.* m est pair. — Soit $m = 2^\alpha m'$ (m impair)

Si $\alpha > 2$ il n'y a aucune représentation primitive de m ni dans la classe de (1, 0, 3) ni dans celle de (2, 2, 2).

Si $\alpha = 2$ l'entier $4m'$ n'a pas de représentations primitives dans la classe de (1, 1, 1), et il en a deux fois plus que m' dans la classe de (1, 0, 3).

Si $\alpha = 1$, l'entier $2m'$ n'a pas de représentation dans la classe de (1, 0, 3) et il en a dans la classe de (2, 2, 2) autant que m' dans la classe de (1, 1, 1). D'ailleurs de

$$m' = \alpha^2 + \alpha\beta + \beta^2$$

on déduit

$$2m' = 2\alpha^2 + 2\beta + 2\beta^2$$

et réciproquement.

NOTES ET EXERCICES

I. — Etudier la représentation des entiers dans les classes définies de discriminants 11, 27, 28.

II. — Etudier les représentations des entiers dans les classes indéfinies de déterminants 5, 52.

III. — Le nombre total des représentations de m par la forme $x^2 + xy + y^2$ est égal à six fois l'excès du nombre de ses diviseurs qui sont congrus à 1 (mod 4) sur le nombre de ses diviseurs qui sont congrus à — 1 (mod 4).

CHAPITRE XVIII

—

GENRE DES FORMES QUADRATIQUES BINAIRES [1]

210. — Nous voulons maintenant étendre les résultats précédents aux déterminants auxquels correspondent plusieurs classes primitives. Nous allons d'abord traiter un exemple particulier, $D = 15$.

Il y a deux classes, qui sont toutes les deux primitives, ce sont les classes des formes (1, 1, 4) et (2, 1, 2).

La condition nécessaire et suffisante pour que m ait des représentations primitives dans l'une des deux classes est que la congruence

$$x^2 + x + 4 \equiv 0 \pmod{m}$$

soit possible. Pour cela il faut et il suffit que les facteurs premiers de m différents de 2, 3, 5 soient de l'une des formes $30h + 1$, -7, -11, -13 ; que le facteur 3 et le facteur 5 n'entrent chacun dans m qu'à l'exposant 0 ou 1. Reste à distinguer dans laquelle des deux classes a lieu la représentation primitive.

Or si on laisse d'abord de côté les entiers m divisibles par 3, on voit que la classe de (1, 1, 4) ne peut représenter que des entiers congrus à 1 (mod 3), tandis que la classe de (2, 1, 2) ne peut représenter que des entiers congrus à -1 (mod 3).

On a, en effet, les identités :

$$\left.\begin{aligned} x^2 + xy + 4y^2 &\equiv (x - y)^2 \\ 2x^2 + xy + 2y^2 &\equiv -(x+y)^2 \end{aligned}\right\} \pmod{3}.$$

[1] La notion de genre est due à Gauss, *Disquis. arithm.*, art. 229 et suiv.

Considérons maintenant les entiers $m = 3m'$ divisibles par 3. De

$$x^2 + xy + 4y^2 = 3m'$$

on déduit d'abord

$$x \equiv y \pmod 3$$

puis en posant

$$\frac{x - y}{3} = t \qquad \frac{-x - 2y}{3} = u$$

on voit que t, u sont des entiers premiers entre eux et que

$$2t^2 + tu + 2u^2 = m'.$$

Donc $3m'$ a autant de représentations primitives dans la classe de (1, 1, 4) que m' dans la classe de (2, 1, 2).

On verrait d'une façon analogue que $3m'$ a autant de représentations primitives dans la classe de (2, 1, 2) que m' dans celle de (1, 1, 4).

Ainsi les entiers représentables dans la classe (1, 1, 4) se distinguent de ceux représentables dans la classe (2, 1, 2) par les restes qu'ils donnent relativement au module 3.

On pourrait d'ailleurs tout aussi bien faire cette distinction au moyen du module 5. Car les identités

$$\left.\begin{aligned} x^2 + xy + 4y^2 &\equiv -(2x + y)^2 \\ 2x^2 + xy + 2y^2 &\equiv 2(x - y)^2 \end{aligned}\right\} \text{mod } 5$$

montrent que, en laissant de côté les entiers divisibles par 5, la classe de (1, 1, 4) ne peut représenter que des entiers congrus à + ou − 1 (mod 5) et la classe de (2, 1, 2) que des entiers congrus à + ou − 2 (mod 5).

Pour les entiers divisibles par 5, on démontrera que $5m'$ a autant de représentations primitives dans l'une des classes que m' dans l'autre.

211. — Si nous voulons généraliser les résultats précédents pour un déterminant quelconque nous sommes amenés au problème suivant :

Quels restes peuvent donner par rapport à un module μ les entiers représentés primitivement par une forme (a, b, c) ?

Pour cela il suffit de discuter le problème suivant :

PROBLÈME. — *Résoudre la congruence*

$$ax^2 + bxy + cy^2 \equiv m \pmod{\mu}$$

(a, b, c) étant une forme primitive. Trouver les solutions où x et y sont premiers entre eux.

Nous distinguerons plusieurs cas.

1er *Cas.* $\mu = p =$ *nombre premier impair non facteur de* Δ, *et m n'est pas divisible par p.*

On peut supposer $a \not\equiv 0 \pmod{p}$ (n° **183**). La congruence

$$(1) \qquad ax^2 + bxy + cy^2 \equiv m \pmod{p}$$

n'est possible que si

$$(2) \qquad \left(\frac{\Delta y^2 + 4am}{p}\right) = 1 \text{ ou } 0$$

et elle donne

$$(3) \qquad x \equiv \frac{-by \pm \sqrt{\Delta y^2 + 4am}}{2a}.$$

Il faut donc déterminer y de façon à satisfaire à la condition (2).

Or si l'on donne à y les $\frac{p+1}{2}$ valeurs $0, 1, 2, \ldots \frac{p-1}{2}$ on trouve $\frac{p+1}{2}$ valeurs pour $\Delta y^2 + 4am$ dont deux quelconques sont incongrues (mod p) (à cause de $\Delta \not\equiv 0 \pmod{p}$). Donc il y a au moins une de ces valeurs pour laquelle on n'a pas

$$\left(\frac{\Delta y^2 + 4am}{p}\right) = -1\,;$$

et, par suite, au moins une valeur de y satisfaisant à la condition (3).

Ainsi la congruence (1) est résoluble.

Je dis, de plus, qu'elle est satisfaite par des valeurs de x, y, premières entre elles. En effet, soit x_0, y_0 une solution. On n'a pas $x_0 \equiv y_0 \equiv 0 \pmod{p}$ puisque $m \not\equiv 0 \pmod{p}$. Donc si x_0, y_0 ne sont pas premiers entre eux on peut déterminer des entiers x, y, respectivement congrus à x_0, y_0 (mod p) et qui soient premiers entre eux (I. 393. Voir aussi l'exercice de la fin du chapitre XX tome I) (¹).

Exemple. — Soit la forme $x^2 + xy + 4y^2$ de discriminant 15 et soit $\mu = 7$. La forme représente :

pour	$x \equiv 1$	$y \equiv 0$	un entier $\equiv$	1	(mod 7)
	» 3	» 1	»	2	»
	» 2	» 1	»	3	»
	» 0	» 1	»	4	»
	» 1	» 2	»	5	»
	» 1	» 1	»	6	»

Conséquence. — Dans le cas qui nous occupe, les entiers représentés primitivement par la forme, ou par la classe, ne présentent aucun caractère particulier par rapport au module p.

2ᵉ *Cas.* $\mu = p =$ *nombre premier impair facteur de* Δ *et* m *n'est pas divisible par* p.

On peut encore supposer $a \not\equiv 0 \pmod{p}$. Alors puisque Δ est divisible par p tandis que ni a ni m ne le sont, la condition (2) s'écrit :

$$\left(\frac{4am}{p}\right) = 1$$

ou, plus simplement :

$$\left(\frac{am}{p}\right) = 1$$

c'est-à-dire :

$$\left(\frac{m}{p}\right) = \left(\frac{a}{p}\right).$$

Dans ce cas et dans ce cas seulement, la congruence (1) a des solutions, et l'on voit comme dans le premier cas qu'elle a des solutions où les valeurs de x, y sont premières entre elles. On a donc le résultat suivant :

Soit (a, b, c) *une forme primitive de déterminant* Δ. *Soit* p *un facteur premier impair de* Δ. *Pour tous les entiers* m *non divisibles*

(¹) Directement : on détermine deux entiers λ, μ, par la condition $\lambda y_0 - \mu x_0 = D(x_0, y_0)$; les entiers $x_0 + \lambda p$, $y_0 + \mu p$ sont premiers entre eux.

par p, représentables primitivement par la forme, l'expression $\left(\frac{m}{p}\right)$ a la même valeur.

Exemple. — On a vu (n° **210**) que la forme $x^2 + xy + 4y^2$ dont le déterminant a comme facteurs premiers 3 et 5 ne représente primitivement que des entiers congrus à 0 ou 1 (mod 3) et des entiers congrus à 0 ou 1 (mod 5).

Cette valeur de $\left(\frac{m}{p}\right)$ est dite un *caractère* de la forme, ou de la classe.

3° *Cas.* $\mu = 8$, Δ *impair, m impair.*

Dans ce cas la congruence $ax^2 + bxy + cy^2 \equiv m$ (mod 8) est toujours résoluble par des valeurs de x, y premières entre elles.

En effet on peut supposer a impair. Alors les valeurs

$$x = 1 \qquad y = (a - m)[b - c(a - m) - 2]$$

répondent à la question. Car en substituant dans $ax^2 + bxy + cy^2 - m$ on trouve

$$(a-m)(b-1)^2 + bc(a-m)^2(b-1) + c(a-m)^2[2+c(a-m)]^2 - 2bc(a-m)^2$$

quantité évidemment divisible par 8, puisque a, b, m sont impairs.

4° *Cas.* $\mu = 8$, $\Delta \equiv 0$ (*mod* 8), *m impair.*

Nous pouvons encore supposer m impair. Pour voir si la congruence

$$ax^2 + bxy + cy^2 \equiv m \pmod 8$$

est possible nous allons donner à x et y tous les systèmes de valeurs possibles non toutes les deux paires (mod 8) et examiner les résultats obtenus dans $ax^2 + bxy + cy^2$.

Nous simplifierons le calcul de la façon suivante. On a :

$$ax^2 + bxy + cy^2 \equiv a^2(ax^2 + bxy + cy^2) = a\left[\left(ax + \frac{b}{2}y\right)^2 - \frac{\Delta}{4}y^2\right] \pmod 8$$

Posant

$$\left.\begin{aligned} ax + \frac{b}{2}y &\equiv X \\ y &\equiv Y \end{aligned}\right\} \pmod 8$$

on en tire

$$\left.\begin{array}{l} x \equiv a(X - \frac{b}{2} Y) \\ y \equiv Y \end{array}\right\} \pmod{8}.$$

De plus si X et Y ne sont pas tous les deux pairs, x et y ne le sont pas non plus.

Donc les valeurs que prend (mod 8) l'expression $ax^2 + bxy + cy^2$ sont les mêmes que celles que prend l'expression $a\left(X^2 - \frac{\Delta}{4} Y^2\right)$ quand on donne à X, Y tous les systèmes de valeurs possibles (mod 8) c'est-à-dire à X^2 et Y^2 les valeurs 0, 1, 4. D'ailleurs on négligera les résultats pairs. On trouve ainsi

$$\frac{-a\Delta}{4}, \quad a, \quad a\left(1 - \frac{\Delta}{4}\right), \quad a\left(1 - 4 \cdot \frac{\Delta}{4}\right), \quad a\left(4 - \frac{\Delta}{4}\right).$$

On voit qu'on est amené à distinguer suivant les valeurs de $\frac{\Delta}{4}$.

Si $\frac{\Delta}{4} \equiv 1$ *ou* $-3 \pmod{8}$ on voit que m peut être congru à $\pm a$, $\pm 3a$, c'est-à-dire à n'importe quel reste impair (mod 8).

Dans ce cas *la considération du module* 8 *ne donne aucun caractère.*

Si $\frac{\Delta}{4} \equiv 3$, 4 *ou* $-1 \pmod{8}$ on voit que m peut être congru à a ou $-3a$ et non à d'autres valeurs. Donc $m \equiv a \pmod{4}$.

D'où

$$(-1)^{\frac{m-1}{2}} = (-1)^{\frac{a-1}{2}}.$$

Dans ce cas *la valeur* $(-1)^{\frac{m-1}{2}}$ *est un caractère de la forme ou de la classe.*

Si $\frac{\Delta}{4} \equiv 2 \pmod{8}$ on voit que m peut être congru (mod 8) à $\pm a$ et non à d'autres valeurs ce que l'on peut exprimer par

$$(-1)^{\frac{m^2-1}{8}} = (-1)^{\frac{a^2-1}{8}}.$$

Dans ce cas *la valeur de* $(-1)^{\frac{m^2-1}{8}}$ *est un caractère.*

Si $\frac{\Delta}{4} \equiv -2$ (*mod* 8) on voit que m peut être congru (mod 8) à a ou à $3a$ et non à d'autres valeurs.

Dans ce cas $(-1)^{\frac{m-1}{2}+\frac{m^2-1}{8}}$ *est un caractère.*

Enfin si $\frac{\Delta}{4} \equiv 0$ (mod 8) on voit que m ne peut être congru (mod 8) qu'à a. Dans ce cas *on trouve deux caractères, à savoir* $(-1)^{\frac{m-1}{2}}$ et $(-1)^{\frac{m^2-1}{8}}$.

4e *Cas. μ est quelconque.* — Il serait maintenant facile de discuter la congruence $ax^2 + bxy + cy^2 \equiv m \pmod{\mu}$ quel que soit μ. Cette discussion n'offre pas de difficulté, mais nous n'aurons pas besoin de ses résultats et nous ne la développerons pas.

212. Caractères d'une classe primitive. Genre. — Soit une classe primitive de déterminant Δ, soient p, q, ... les facteurs premiers de Δ. Soit m un entier impair premier à Δ et représentable d'une façon primitive dans la classe. On vient de voir que les quantités $\left(\frac{m}{p}\right)$, $\left(\frac{m}{q}\right)$ ... ont les mêmes valeurs pour tous les entiers m.

Si de plus Δ est pair et que

$\frac{\Delta}{4} \equiv 3, 4$ ou -1 (mod 8) la quantité $(-1)^{\frac{m-1}{2}}$ a aussi la même valeur pour tous les entiers m

si $\frac{\Delta}{4} \equiv 2$ (mod 8) » $(-1)^{\frac{m^2-1}{8}}$ »

» $\frac{\Delta}{4} \equiv -2$ » » $(-1)^{\frac{m-1}{2}+\frac{m^2-1}{8}}$ »

» $\frac{\Delta}{4} \equiv 0$ » les quantités $(-1)^{\frac{m-1}{2}}$ et $(-1)^{\frac{m^2-1}{8}}$ ont ...

Ce sont toutes ces quantités, invariables pour les différents entiers m, qu'on appelle les *caractères* de la classe. Soit ν le nombre des facteurs premiers impairs de Δ. Il y a

ν caractères si Δ impair

ν » » » pair et $\frac{\Delta}{4} \equiv +1$ ou -3 (mod 8)

$\nu+1$ » » » » » » $\equiv -1, \mp 2, 3, 4$ »

$\nu+2$ » » » » » » $\equiv 0$ »

Quand deux classes ont les mêmes caractères, on dit qu'elles sont du même *genre*. Le genre d'une classe étant connu on en déduit certaines formes linéaires auxquelles appartiennent forcément les entiers représentables primitivement par cette classe.

1er *Exemple.* $D = 15 = 3.5$. — Il y a deux classes primitives, celles des formes $(1, 1, 4)$ et $(2, 1, 2)$.

On trouve dans la première classe

$$\left(\frac{m}{3}\right) = 1 \qquad \text{et} \qquad \left(\frac{m}{5}\right) = 1$$

dans la seconde

$$\left(\frac{m}{3}\right) = -1 \qquad \text{et} \qquad \left(\frac{m}{5}\right) = -1.$$

Il y a donc deux genres, chacun d'eux ne contenant qu'une classe.

Au premier genre correspondent les expressions linéaires

$$m = 15h + 1, \qquad 15h + 4$$

au second les expressions linéaires

$$m = 15h + 2, \qquad 15h + 8.$$

2e *Exemple* $\Delta = 96 = 2^5 . 3$. — Il y a quatre classes primitives, celles des formes

$$(1, 0, -24), \quad (-1, 0, 24), \quad (4, 4, -5), \quad (-4, -4, 5).$$

Il y a trois caractères :

$$\left(\frac{m}{3}\right), \quad (-1)^{\frac{m-1}{2}}, \quad (-1)^{\frac{m^2-1}{8}}.$$

On construira facilement le tableau suivant :

	$\left(\frac{m}{3}\right)$	$(-1)^{\frac{m-1}{2}}$	$(-1)^{\frac{m^2-1}{8}}$	Formes linéaires
$(1, 0, -24)$	1	1	1	$24h + 1$
$(-1, 0, 24)$	-1	-1	1	$24h - 1$
$(4, 4, -5)$	1	-1	-1	$24h - 5$
$(-4, -4, 5)$	-1	1	-1	$24h + 5$

Il y a quatre genres, ne contenant chacun qu'une classe.

3° *Exemple* $D = 56 = 2^3 . 7$. — Il y a quatre classes primitives, celles des formes

$$(1, 0, 14), \quad (2, 0, 7), \quad (3, 2, 5), \quad (3, -2, 5).$$

Il y a deux caractères : $\left(\frac{m}{7}\right)$ et $(-1)^{\frac{m^2-1}{8}}$. On construira le tableau suivant :

	$\left(\frac{m}{7}\right)$	$(-1)^{\frac{m^2-1}{8}}$	Formes linéaires
(1, 0, 14)	1	1	$56h + 1, + 9, + 15, + 23, + 25, - 17$
(2, 0, 7)	1	1	
(3, 2, 5)	— 1	— 1	$56h + 3, + 5, + 13, + 19, + 27, - 11$
(3, —2, 5)	— 1	— 1	

Il y a deux genres contenant chacun deux classes.

213. Théorème. — *Les caractères de la classe principale sont tous égaux à* 1.

Car dans la forme principale le premier coefficient est 1. Les caractères sont donc $\left(\frac{1}{p}\right)$, $(1)^{\frac{p-1}{2}}$, etc., ils sont donc tous égaux à 1.

Définition. — Le genre auquel appartient la classe principale et dont tous les caractères sont égaux à 1 s'appelle le *genre principal.*

Théorème. *Deux classes inverses appartiennent au même genre.* — Car elles représentent d'une façon primitive les mêmes entiers.

214. Relation entre les caractères d'une classe primitive. — Entre les différents caractères d'une classe primitive existe une relation qui ne dépend que du déterminant. Et même si l'on se borne aux déterminants-noyaux (c'est-à-dire qui ne sont divisibles par aucun carré différent de 1), cette relation est indépendante du déterminant et elle se réduit à ceci :

Le produit de tous les caractères d'une classe primitive appartenant à un déterminant noyau est égal à 1.

Soit

$$\Delta = (-1)^{\zeta} 2^{\varepsilon} p^{\alpha} q^{\beta} \ldots$$

$p, q, \ldots$ étant les facteurs premiers impairs de Δ.

Soit m un entier impair, positif, premier à Δ, représentable primitivement par une forme primitive de déterminant Δ. La congruence

$$x^2 + \rho x - \frac{\Delta - \rho}{4} \equiv 0 \pmod{m}$$

est possible. Donc

$$\left(\frac{\Delta}{m}\right) = 1$$

$\frac{\Delta}{m}$ étant le caractère quadratique généralisé (n° **196**).

Donc

$$\left(\frac{-1}{m}\right)^{\zeta} \left(\frac{2}{m}\right)^{\varepsilon} \left(\frac{p}{m}\right)^{\alpha} \left(\frac{q}{m}\right)^{\beta} \ldots = 1.$$

D'après la loi de réciprocité et les théorèmes complémentaires, cette relation peut s'écrire

$$(4) \quad \left\{ \begin{aligned} &\left[(-1)^{\frac{m-1}{2}}\right]^{\zeta} \left[(-1)^{\frac{m^2-1}{8}}\right]^{\varepsilon} \left(\frac{m}{p}\right)^{\alpha} \left(\frac{m}{q}\right)^{\beta} \ldots \\ &\qquad = (-1)^{\frac{m-1}{2}\left(\alpha \cdot \frac{p-1}{2} + \beta \cdot \frac{q-1}{2} + \ldots\right)} \end{aligned} \right.$$

D'autre part, on a :

$$\frac{\Delta}{(-1)^{\zeta} 2^{\varepsilon}} = p^{\alpha} q^{\beta} \ldots = \left(1 + 2\,\frac{p-1}{2}\right)^{\alpha} \left(1 + 2\,\frac{q-1}{2}\right)^{\beta} \ldots$$

Mais

$$\left. \begin{aligned} \left(1 + 2\,\frac{p-1}{2}\right)^{\alpha} &\equiv 1 + 2\alpha\,\frac{p-1}{2} \\ \left(1 + 2\,\frac{q-1}{2}\right)^{\beta} &\equiv 1 + 2\beta\,\frac{q-1}{2} \\ \ldots\ldots &\ldots\ldots \end{aligned} \right\} \pmod{4}$$

Donc

$$\frac{\Delta}{(-1)^{\zeta} 2^{\varepsilon}} \equiv \left(1 + 2\alpha\,\frac{p-1}{2}\right) \left(1 + 2\beta\,\frac{q-1}{2}\right) \ldots \pmod{4}.$$

ou

$$\frac{\Delta}{(-1)^{\zeta} 2^{\varepsilon}} \equiv 1 + 2\left(\alpha \frac{p-1}{2} + \beta \frac{q-1}{2} + \ldots\right) \pmod 4.$$

Donc

$$\alpha \frac{p-1}{2} + \beta \frac{q-1}{2} + \ldots \equiv \frac{1}{2}\left[\frac{\Delta}{(-1)^{\zeta} 2^{\varepsilon}} - 1\right] \pmod 2.$$

L'égalité (4) donne alors

$$(-1)^{\frac{m^2-1}{8}\varepsilon}\left(\frac{m}{p}\right)^{\alpha}\left(\frac{m}{q}\right)^{\beta}\ldots = (-1)^{\frac{m-1}{2}\left[\frac{\frac{\Delta}{(-1)^{\zeta}2^{\varepsilon}} - 1}{2} + \zeta\right]}.$$

Mais d'ailleurs

$$\frac{\frac{\Delta}{(-1)^{\zeta} 2^{\varepsilon}} - 1}{2} + \zeta \equiv \frac{\frac{\Delta}{2^{\varepsilon}} - 1}{2} \pmod 2.$$

Donc

$$(5) \qquad \left(\frac{m}{p}\right)^{\alpha}\left(\frac{m}{q}\right)^{\beta}\ldots(-1)^{\frac{m^2-1}{8}\varepsilon}(-1)^{\frac{m-1}{2}\frac{\frac{\Delta}{2^{\varepsilon}}-1}{2}} = 1.$$

Considérons maintenant différents cas :

1er *Cas. Δ impair.* — Alors $\varepsilon = 0$ et $\Delta \equiv 1 \pmod 4$.

La relation (5) s'écrit

$$(6) \qquad \left(\frac{m}{p}\right)^{\alpha}\left(\frac{m}{q}\right)^{\beta}\ldots = 1.$$

Or dans ce cas $\left(\frac{m}{p}\right)$, $\left(\frac{m}{q}\right)$, ... sont les seuls caractères. La relation (6) est donc une relation entre les caractères. Cette relation ne se réduit pas à une identité car pour cela il faudrait que α, β, ... fussent tous pairs. Si $\Delta > 0$ cela voudrait dire que Δ est carré parfait, ce qui n'est pas ; et si $\Delta < 0$ cela serait incompatible avec $\Delta \equiv 1 \pmod 4$.

De plus si Δ est un déterminant noyau, les exposants α, β, ... sont tous égaux à 1 et la relation (6) se réduit à ce que le produit des caractères est égal à 1.

2° *Cas.* Δ *pair*, $\frac{\Delta}{4} \equiv 3$ *ou* -1 (*mod* 8). — Alors $\varepsilon = 2$ et $\frac{\Delta}{2^\varepsilon} \equiv -1 \pmod 4$. La relation (5) s'écrit :

$$\left(\frac{m}{p}\right)^\alpha \left(\frac{m}{q}\right)^\beta \dots (-1)^{\frac{m-1}{2}} = 1. \tag{7}$$

Mais dans ce cas les caractères sont $\left(\frac{m}{p}\right)$, $\left(\frac{m}{q}\right)$, ... et $(-1)^{\frac{m-1}{2}}$.

La relation (7) est donc une relation entre les caractères, et qui ne se réduit pas à une identité puisque l'exposant du dernier caractère dans la relation est égal à 1.

De plus si Δ est un noyau les exposants α, β, ... sont tous égaux à 1 et la relation se réduit à ce que les produits des caractères est égal à 1.

3° *Cas.* Δ *pair*, $\frac{\Delta}{4} \equiv 4$ (*mod* 8). — Alors $\varepsilon = 4$ et la relation (5) s'écrit :

$$\left(\frac{m}{p}\right)^\alpha \left(\frac{m}{q}\right)^\beta \dots \left[(-1)^{\frac{m-1}{2}}\right]^{\frac{\frac{\Delta}{16}-1}{2}} = 1. \tag{8}$$

Les caractères sont $\left(\frac{m}{p}\right)$, $\left(\frac{m}{q}\right)$, ... et $(-1)^{\frac{m-1}{2}}$. La relation (8) est donc une relation entre les caractères, et qui ne se réduit pas à une identité, car pour cela il faudrait que α, β, ... $\frac{\frac{\Delta}{16}-1}{2}$ fussent tous pairs ce qui est impossible, car α, β, ... étant pairs il en résulterait ; si Δ était positif qu'il serait carré parfait, ce qui n'est pas ; et si Δ était négatif il en résulterait que $-\Delta$ serait carré parfait par suite aussi $\frac{-\Delta}{16}$ et l'on aurait

$$\frac{-\Delta}{16} \equiv 1 \pmod 4.$$

Alors $\frac{\frac{\Delta}{16}-1}{16}$ serait impair, ce qui n'est pas.

Dans ce cas Δ n'est jamais un noyau puisqu'il est divisible par 16.

4e *Cas.* Δ *pair*, $\frac{\Delta}{4} \equiv \pm 2$ (*mod* 8). — Alors $\varepsilon = 3$ et la relation (5) s'écrit

$$\left(\frac{m}{p}\right)^\alpha \left(\frac{m}{q}\right)^\beta \cdots (1)^{3\frac{m^2-1}{8}} (-1)^{\frac{m-1}{2}\frac{\frac{\Delta}{8}-1}{2}} = 1$$

c'est-à-dire, puisque $\frac{\Delta}{8} - 1$ est pair

$$(9) \qquad \left(\frac{m}{p}\right)^\alpha \left(\frac{m}{q}\right)^\beta \cdots (-1)^{\frac{m^2-1}{8}} = 1,$$

Les caractères sont $\left(\frac{m}{p}\right)$, $\left(\frac{m}{q}\right)$, ... et $(-1)^{\frac{m^2-1}{8}}$. La relation (9) est donc une relation entre les caractères et qui ne se réduit pas à une identité puisque l'exposant du dernier caractère est égal à 1.

De plus si Δ est un noyau les exposants α, β, ... sont tous égaux à 1 et la relation se réduit à ce que le produit des caractères est égal à 1.

5e *Cas.* Δ *pair*, $\frac{\Delta}{4} \equiv 0$ (*mod* 8). — Alors $\varepsilon \geqslant 5$ les caractères sont $\left(\frac{m}{p}\right)$, $\left(\frac{m}{q}\right)$, ... $(-1)^{\frac{m^2-1}{8}}$, $(-1)^{\frac{m-1}{2}}$ et la relation (5) est donc une relation entre les caractères et qui ne se réduit pas à une identité, car pour cela il faudrait que

$$\alpha, \beta, \ldots, \varepsilon, \frac{\frac{\Delta}{2^\varepsilon} - 1}{2}$$

fussent tous pairs ce qui est impossible, car α, β, ... étant tous pairs il en résulterait si Δ était positif qu'il serait carré parfait, et si Δ était négatif il serait de la forme $-2^\varepsilon(4h+1)$ et $\frac{\frac{\Delta}{2^\varepsilon} - 1}{2}$ serait égal à $-2h-1$ et par conséquent impair, ce qui n'est pas.

Dans ce cas Δ n'est jamais un noyau puisqu'il est divisible par 16.

Exemples. — Dans le premier exemple du n° **212** les caractères satisfont à la relation

$$\left(\frac{m}{3}\right)\left(\frac{m}{5}\right) = 1,$$

dans le deuxième, à la relation

$$\left(\frac{m}{3}\right)(-1)^{\frac{m-1}{2}}(-1)^{\frac{m^2-1}{8}} = 1.$$

dans le troisième, à la relation

$$\left(\frac{m}{7}\right)(-1)^{\frac{m^2-1}{8}} = 1,$$

215. — On est maintenant conduit à se demander réciproquement si : *étant donnés des caractères satisfaisant à la relation* (5) *il y a une ou des classes de déterminant* Δ *possédant ces caractères.*

La réponse est affirmative et sera démontrée plus loin. On démontrera aussi que *tous les genres contiennent le même nombre de classes.*

Admettant provisoirement ce résultat il est facile de voir combien il y a de genres. Car il y a λ caractères, λ étant étant égal à ν, $\nu+1$ ou $\nu+2$ suivant les cas (n° **212**). Chaque caractère est susceptible de deux valeurs $+$ ou -1, mais la relation (5) détermine un de ces caractères connaissant les $\lambda-1$ autres. On voit ainsi qu'*il y a* $2^{\lambda-1}$ *genres.* Mais pour le moment nous savons seulement qu'il y a *au plus* $2^{\lambda-1}$ genres.

216. — Il est facile maintenant de généraliser les résultats des chapitres XV et XVII. Parmi tous les entiers représentables primitivement dans les classes primitives de déterminant Δ il sera facile de distinguer, d'après leurs caractères, ceux qui sont représentés par les classes d'un certain genre. Et au cas où chaque genre ne contient qu'une classe on a une généralisation absolue des résultats précédents.

1er *Exemple.* $\Delta = 96$. — (Voir le tableau des classes et des genres dans le second exemple du n° **212**).

La condition nécessaire et suffisante pour que m ait des représentations par une forme de déterminant 96 est que la congruence

$$x^2 \equiv 24 \pmod{m}$$

soit possible. Pour cela il faut et il suffit que les facteurs premiers de

m différents de 2 et 3 soient de l'une des formes $24h \pm 1, \pm 5$ que le facteur 2 n'entre dans m qu'à l'exposant 0, 1, 2 ou 3 et le facteur 3 à l'exposant 0 ou 1. Si on laisse de côté les entiers divisibles par 2 ou 3, on voit d'après le tableau du n° **212** que les entiers de la forme $24h+1$ sont représentables par la classe $(1, 0, -24)$ ceux de la forme $24h-1$ par la classe $(-1, 0, 24)$ etc. En particulier tout nombre premier de la forme $24h+1$ est décomposable (d'une infinité de façons) en la différence entre un carré et 24 fois un carré :

$$73 = \overline{13}^2 - 24 \cdot 2^2 = \overline{17}^2 - 24 \cdot 3^2 = \dots$$

2e *Exemple.* $\Delta = -D = -56$. — Les entiers impairs non divisibles par 7, représentables par une classe de déterminant -56, sont ceux dont tous les facteurs premiers sont de l'une des formes $56h+1$, 3, 5, 9, 13, 15, 19, 23, 25, 27, 39, 45. Ceux qui sont de l'une des formes $56h+19$, 15, 23, 25, 39 sont représentables primitivement par l'une des classes $(1, 0, 14)$, $(2, 0, 7)$; ceux qui sont de l'une des formes $56h+3$, 5, 13, 19, 27, 45 le sont par l'une des classes $(3, 2, 5)$, $(3, -2, 5)$.

Remarque. — Pour les entiers de l'une des formes $56h+3$, 5, ... ils sont représentables à la fois par les deux classes $(3, 2, 5)$, $(3, -2, 5)$ car ces deux classes sont inverses. Pour les entiers de l'une des formes $56h+1$, $+9$, ... une pareille remarque ne s'applique pas, car chacune des classes $(1, 0, 14)$, $(2, 0, 7)$ est l'inverse d'elle-même.

Or on verra plus loin qu'un nombre premier n'est représentable que dans une classe et dans son inverse. Donc les nombres premiers représentables par $(1, 0, 14)$ ne le sont pas par $(2, 0, 7)$ et inversement.

Exemple. $23 = 1 \cdot 3^2 + 14 \cdot 1^2$ n'est pas représentable par la forme $2, 0, 7$

$71 = 2 \cdot 2^2 + 7 \cdot 3^2$ n'est pas représentable par la forme $(1, 0, 14)$.

216. — La théorie des genres est en rapport avec la question de la possibilité de l'équation $t^2 + ptu - ku^2 = 1$.

Pour que cette équation soit possible il faut et il suffit que la classe principale et cette classe changée de signe soient identiques. Pour cela il *faut* qu'elles soient de même genre.

Or si la première représente un entier m la seconde représente primitivement l'entier $-m$, donc, pour qu'elles aient même genre il faut et il suffit que m et $-m$ aient les mêmes caractères, c'est-à-dire qu'il n'y ait que des caractères qui ne changent pas par le changement de m en $-m$. Or les caractères qui jouissent de cette propriété sont les caractères $\left(\frac{m}{p}\right)$ où $p \equiv 1 \pmod 4$, et le caractère $(-1)^{\frac{m^2-1}{8}}$, tandis que les autres caractères changent.

Donc pour que l'équation soit possible il *faut* que les premiers caractères seuls existent. On retrouve ainsi les conditions du nº **128** à savoir que les facteurs premiers impairs de Δ soient congrus à 1 (mod 4), et de plus, si Δ est pair, que $\frac{\Delta}{4} \equiv 1, 2, 5 \pmod 8$.

Mais ces conditions étant remplies il s'ensuit seulement que la classe principale et cette classe changée de signe sont de même genres et non qu'elles sont identiques.

NOTES ET EXERCICES

I. — Etudier la représentation par les formes $(1, 1, 9)$ et $(3, 1, 3)$ par les formes $(1, 1, -5)$ et $(-1, -1, 5)$.

II. — Trouver tous les genres de classes primitives correspondant aux discriminants 108, 135 (Voir exercice I, chapitre XIV).

III. — Trouver tous les genres de classes primitives correspondant aux déterminants 101, 104, 108, 117 (Voir exercice II, chapitre XIV).

CHAPITRE XIX

DIFFERENTES ESPÈCES DE DÉVELOPPEMENTS EN FRACTIONS CONTINUELLES RÉGULIÈRES

217. — On peut varier le procédé indiqué au n° 83 pour le développement en fraction continuelle. Dans ce procédé on posait :

$$s = a_0 + \frac{1}{s_1}, \quad s_1 = a_1 + \frac{1}{s_2}, \ldots \quad s_k = a_k + \frac{1}{s_{k+1}}, \ldots$$

de façon que a_k fût la valeur à une unité près par *défaut* de s_k. On peut, au lieu de cela, prendre pour a_k la valeur à une unité près par *excès* de s_k ; ou bien prendre tantôt la valeur par excès, tantôt la valeur par défaut. On obtient ainsi différentes espèces de développement dont nous allons examiner les propriétés.

Développement par excès. — Ce développement est constitué de façon que toutes les réduites y soient par excès. Pour cela il faut évidemment prendre pour a_0 la valeur de s à une unité près par *excès*, pour a_1 la valeur de s_1 à une unité près par *défaut*, et ainsi de suite en alternant. Mais alors s_1 est négatif, donc a_1 l'est aussi ; s_2 est positif, donc a_2 l'est aussi ; et ainsi de suite. Pour mettre les signes en évidence nous changerons de notations et nous poserons :

$$s_0 = a_0 - \frac{1}{s_1}$$

a_0 étant la valeur de s_0 à une unité près par excès, alors :

$$s_1 > 1$$

puis :

$$s_1 = a_1 - \frac{1}{s_2}$$

a_1 étant encore la valeur de s_1 à une unité près par excès.

Alors :

$$a_1 \geqslant 2 \qquad s_2 > 1$$

et ainsi de suite. Au bout de $k + 1$ opérations on a :

$$s = a_0 - \frac{1}{a_1 -}\Big|\frac{1}{a_2 -}\Big| \dots - \Big|\frac{1}{a_k -}\Big|\frac{1}{s_{k+1}}$$

les a sont des entiers ; a_0 est quelconque, $a_1, a_2, \dots$ sont $\geqslant 2$, s_{k+1} est plus grand que 1.

Si s est irrationnel ce procédé ne s'arrête pas.

On obtient ainsi des réduites successives, toutes par excès :

$$\frac{P_0}{Q_0} = \frac{a_0}{1}, \qquad \frac{P_1}{Q_1} = \frac{a_0 a_1 - 1}{a_1}, \qquad \frac{P_2}{Q_2} = \frac{a_0 a_1 a_2 - a_0 - a_2}{a_1 a_2 - 1}, \dots$$

avec les formules de récurrence :

$$P_n = a_n P_{n-1} - P_{n-2} \qquad Q_n = a_n Q_{n-1} - Q_{n-2}.$$

On a de plus :

$$P_n Q_{n-1} - P_{n-1} Q_n = 1.$$

On démontre facilement que les dénominateurs Q_n sont positifs et vont en croissant.

Réciproquement, dans une fraction continuelle illimitée de cette espèce, $\frac{P_n}{Q_n}$ a une limite.

Pour le démontrer on remarque (cf n° **97**) que

$$\frac{P_n}{Q_n} = \frac{P_0}{Q_0} + \left(\frac{P_1}{Q_1} - \frac{P_0}{Q_0}\right) + \left(\frac{P_2}{Q_2} - \frac{P_1}{Q_1}\right) + \dots + \left(\frac{P_n}{Q_n} - \frac{P_{n-1}}{Q_{n-1}}\right)$$
$$= \frac{P_0}{Q_0} + \frac{1}{Q_0 Q_1} + \frac{1}{Q_1 Q_2} + \dots + \frac{1}{Q_{n-1} Q_n}.$$

Donc pour démontrer que $\frac{P_n}{Q_n}$ a une limite il suffit de démontrer que la série dont le terme général est $\frac{1}{Q_{n-1} Q_n}$ est convergente.

Or on a :

$$Q_n - Q_{n-1} = (a_n - 1)Q_{n-1} - Q_{n-2} \geqslant Q_{n-1} - Q_{n-2}.$$

De même

$$Q_{n-1} - Q_{n-2} \geqslant Q_{n-2} - Q_{n-3}$$
$$\dots\dots\dots\dots$$
$$Q_2 - Q_1 \geqslant Q_1 - Q_0.$$

Ajoutant membre à membre il vient :

$$Q_n - Q_1 \geqslant Q_{n-1} - Q_0.$$

Or $Q_0 = 1$ et $Q_1 = a_1 \geqslant 2$. Donc

$$Q_n \geqslant Q_{n-1} + 1.$$

De même

$$Q_{n-1} \geqslant Q_{n-2} + 1$$

$$\cdot \quad \cdot \quad \cdot \quad \cdot \quad \cdot \quad \cdot \quad \cdot$$

$$Q_1 \geqslant Q_0 + 1.$$

Ajoutant membre à membre il vient, en remarquant que $Q_0 = 1$

$$Q_n \geqslant n + 1.$$

La série dont le terme général est $\frac{1}{Q_{n-1}Q_n}$ est donc une série à termes positifs dont le terme général est plus petit que $\frac{1}{(n-1)n}$. Or cette dernière est convergente car

$$\frac{1}{(n-1)n} = \frac{1}{n-1} - \frac{1}{n}$$

et par suite

$$\frac{1}{1.2} + \frac{1}{2.3} + \ldots + \frac{1}{(n-1)n} = 1 - \frac{1}{n}.$$

La série en question est donc aussi convergente.

Exemples :

$$\sqrt{2} = 2 - \frac{1}{2 -}\overline{\left| \frac{1}{4 -} \right|} \ldots$$

$$e = 2 - \frac{1}{4 -}\left| \frac{1}{3 -} \right| \left| \frac{1}{2 -} \right| \ldots$$

Les réduites successives sont :

$$\frac{2}{1} \quad \frac{3}{2} \quad \frac{10}{7} \quad \frac{17}{12} \quad \ldots,$$

pour le premier développement :

$$\frac{2}{1} \quad \frac{7}{4} \quad \frac{19}{11} \quad \frac{31}{18} \quad \ldots..$$

pour le second.

218. — Cherchons une limite de l'erreur commise en prenant $\frac{P_n}{Q_n}$ pour valeur approchée de s. Cette valeur est par excès, a_n est la valeur de s_n par excès. Si au lieu de a_n on mettait $a_n - 1$, on aurait une valeur de s par défaut, alors au lieu de :

$$\frac{P_n}{Q_n} = \frac{a_n P_{n-1} - P_{n-2}}{a_n Q_{n-1} - Q_{n-2}}$$

on obtiendrait :

$$\frac{(a_n - 1)P_{n-1} - P_{n-2}}{(a_n - 1)Q_{n-1} - Q_{n-2}} \quad \text{ou} \quad \frac{P_n - P_{n-1}}{Q_n - Q_{n-1}}.$$

Donc :

$$\frac{P_n - P_{n-1}}{Q_n - Q_{n-1}} < s < \frac{P_n}{Q_n},$$

L'erreur de $\frac{P_n}{Q_n}$ est donc plus petite que :

$$\frac{P_n}{Q_n} - \frac{P_n - P_{n-1}}{Q_n - Q_{n-1}} \quad \text{ou} \quad \frac{1}{Q_n(Q_n - Q_{n-1})}.$$

219. Comparaison entre deux développements par excès. Soit :

$$a = a_0 - \frac{1}{a_1 -}\Big|\frac{1}{a_2 -}\Big| \ldots\ldots$$

$$b = b_0 - \frac{1}{b_1 -}\Big|\frac{1}{b_2 -}\Big| \ldots\ldots$$

Si $a_0 < b_0$ on a $a < b$; si $a_0 > b_0$ on a $a > b$.

Si $a_0 = b_0$ et $a_1 < b_1$ on a $a < b$; si $a_1 > b_1$ on $a > b$, etc,

On en déduit, comme au n° **99**, que *si un nombre est compris entre* $\frac{P_k - P_{k-1}}{Q_k - Q_{k-1}}$ *et* $\frac{P_k}{Q_k}$, *réduites de* a, *les* $k + 1$ *premiers éléments de son développement en fraction continuelle par excès sont :*

$$a_0,\ a_2, \ldots\ a_k.$$

On démontre aussi comme pour les fractions continuelles ordinaires que *si une fraction continuelle par excès illimitée est telle que* $\frac{P_n}{Q_n}$ *tende vers* s, *inversement,* s *réduit en fraction continuelle par excès donne justement cette fraction là.*

Le résultat du n° **101** devient ici : *Une condition nécessaire et* *suffisante pour que* $\frac{P}{Q}$ *appartienne au développement de* s $\left(s < \frac{P}{Q}\right)$ *est que :*

$$\frac{P}{Q} - s < \frac{1}{Q(Q - Q')}$$

en appelant Q' *le dénominateur de l'avant dernière réduite dans le développement de* $\frac{P}{Q}$.

220. — Quelles sont les particularités qui se présentent lorsque le nombre que l'on développe est rationnel ? Dans ce cas on peut le mettre sous forme de développement limité par exemple :

$$\frac{84}{19} = 5 - \frac{1}{2 -} \Big| \frac{1}{4 -} \Big| \frac{1}{3}.$$

On peut augmenter le nombre des éléments en remplaçant 3 par $4 - \frac{1}{1}$ et écrire :

$$\frac{84}{19} = 5 - \frac{1}{2 -} \Big| \frac{1}{4 -} \Big| \frac{1}{4 -} \Big| \frac{1}{1}.$$

Ceci n'est pas vraiment un développement du genre de ceux que nous considérons parce que le dernier élément est 1. Mais on peut continuer le procédé en remplaçant ce dernier élément 1 par $2 - \frac{1}{1}$ et ainsi de suite. On a ainsi :

$$\frac{84}{19} = 5 - \frac{1}{2 -} \Big| \frac{1}{4 -} \Big| \frac{1}{4 -} \Big| \overline{\frac{1}{2 -} \Big|} \cdots\cdots$$

Les nombres rationnels sont ainsi représentés par un développement illimité périodique, la période étant formée du seul élément 2.

Réciproquement un tel développement est convergent et tend vers le nombre rationnel qui lui a donné naissance. Pour le démontrer il suffit de démontrer que le développement $2 - \frac{1}{2 -} \Big| \cdots$ est convergent et tend vers 1. Or on démontrera facilement que la n^{me} réduite est égale à $\frac{n+1}{n}$.

Tout développement illimité dont les éléments ne sont pas, à partir d'un certain rang, tous égaux à 2 représente un nombre irrationnel.

221. Développement par défaut. — Ce développement est constitué de façon que toutes les réduites y soient par défaut. Pour cela on prend pour a_0 la valeur de s par défaut puis, posant :

$$s = a_0 + \frac{1}{s_1}$$

on développe s_1 en fraction continuelle par excès. On obtient ainsi :

$$s = a_0 + \frac{1}{a_1 -} \Big| \frac{1}{a_2 -} \Big| \ldots\ldots \tag{1}$$

dans lequel l'élément a_1 est précédé du signe + et tous les éléments suivants du signe —.

On voit que si (1) est un développement par défaut, le développement :

$$\frac{1}{s - a_0} = a_1 - \frac{1}{a_2 -} \Big| \ldots\ldots$$

est un développement par excès. Il en est de même du développement :

$$-s = -a_0 - \frac{1}{a_1 -} \Big| \frac{1}{a_2 -} \Big| \ldots\ldots$$

Ces remarques nous dispensent de plus de détails sur cet autre genre de développement.

224. — Pour généraliser les résultats du n° **107** et ceux relatifs aux nombres quadratiques, il faut considérer à la fois des développements par excès et des développements par défaut. On démontrera que :

Si deux nombres sont proprement équivalents leurs développements par excès sont identiques à partir d'un certain quotient incomplet ; il en est de même de leurs développements par défaut.

Si deux nombres sont improprement équivalents le développement par excès de l'un est identique à partir d'un certain rang au développement par défaut de l'autre.

Les réciproques sont vraies.

La relation homographique qui lie les deux nombres lie aussi leurs réduites arrêtées aux mêmes éléments, à partir d'un certain rang.

223. Développement des nombres quadratiques réels. — *Toute fraction continuelle (par défaut ou par excès) périodique est égale à un nombre quadratique (sauf une exception). Réciproquement, tout nombre quadratique se développe en fraction continuelle (par défaut ou par excès) périodique.*

Soit d'abord une fraction immédiatement périodique par excès. Imitant la démonstration et les notations du n° **110** on trouve :

$$\theta = \frac{P_k\theta - P_{k-1}}{Q_k\theta - Q_{k-1}}$$

ou :

$$(2) \qquad Q_k\theta^2 - (Q_{k-1} + P_k)\theta + P_{k-1} = 0.$$

Donc θ est quadratique ou rationnel. D'ailleurs on sait que le seul cas où il est rationnel est lorsque tous les éléments sont égaux à 2. C'est le cas d'exception.

Le cas de la fraction non immédiatement périodique s'en déduit comme au n° **110**.

Pour la réciproque on imitera la méthode du n° **111**. Pour que cette méthode s'applique il n'est pas besoin qu'en posant :

$$\frac{P_k}{Q_k} = \omega + \frac{\varepsilon}{Q_k^2}$$

on ait $|\varepsilon_k| < 1$ pour toute valeur de k, il suffit que $|\varepsilon_k|$ soit borné, pour une infinité de valeurs de k. Or :

$$\left|\frac{P_k}{Q_k} - \omega\right| < \frac{1}{Q_k(Q_k - Q_{k-1})} = \frac{\frac{1}{1 - \frac{Q_{k-1}}{Q_k}}}{Q_k^2}.$$

D'autre part :

$$\frac{Q_k}{Q_{k-1}} = a_k - \frac{1}{a_{k-1}} \Big| \cdots\cdots - \Big| \frac{1}{a_1} \geqslant a_k - 1.$$

Or puisque, par hypothèse, ω n'est pas rationnel il y a une infinité de a_k qui sont plus grands que 2. Donc, pour une infinité de valeurs de k on a $\frac{Q_k}{Q_{k-1}} \geqslant 2$, et par suite :

$$\left|\frac{P_k}{Q_k} - \omega\right| < \frac{2}{Q_k^2}.$$

Pour ces valeurs de k, ε est plus petit que 2.

Quelle est celle des deux racines de l'équation (2) qui est égale à la valeur de la fraction rationnelle. C'est la plus grande. En effet, puisque $\theta = a_0 - \frac{1}{a_1-}\Big| \dots$ est immédiatement périodique on a $a_0 \geqslant 2$. Donc $\theta > 1$. Or si dans le premier nombre de l'équation (2) on substitue 1 on trouve $Q_k - Q_{k-1} - P_k + P_{k-1}$, c'est-à-dire

$$(a_k - 1)(Q_{k-1} - P_{k-1}) + Q_{k-2} - P_{k-2}$$

D'autre part

$$\frac{P_{k-2}}{Q_{k-2}} > \theta > 1 \quad \text{et} \quad \frac{P_{k-1}}{Q_{k-1}} > \theta > 1.$$

Donc l'expression précédente est négative, etc.

Analogue du théorème de Galois (*n°* **113**). *Si l'on considère une fraction continuelle par excès immédiatement périodique.*

$$\theta = a_0 - \frac{1}{a_1-}\Big| \cdots - \Big| \frac{1}{a_k-}\Big| \cdots$$

et l'équation (2) *à laquelle elle satisfait, l'autre racine de cette équation est*

$$\bar{\theta} = \cfrac{1}{a_k - \frac{1}{a_{k-1}-}\Big| \cdots - \Big|\frac{1}{a_0-}\Big| \cdots} = 0 + \frac{1}{a_k-}\Big|\frac{1}{a_{k-1}-}\Big| \cdots$$

C'est le développement de $\bar{\theta}$ par défaut.

Nous laissons au lecteur le soin d'établir la démonstration, analogue à celle du n° **113**. On généralise comme au n° **114**.

Pour qu'un nombre quadratique réel soit développable en une fraction continuelle par excès immédiatement périodique il faut et il suffit que ce nombre soit plus grand que 1 *et que son conjugué soit compris entre* 0 *et* 1.

Nous laissons au lecteur le soin de la faire la démonstration analogue à celle du n° **115**.

Les énoncés des nos **116** et **117** s'appliquent aux développements par excès.

La méthode du n° **127** pour la résolution des équations de Fermat s'applique aussi. Mais à cause de

$$P_nQ_{n-1} - P_{n-1}Q_n = +1$$

elle ne donne que les solutions de l'équation :

$$t^2 + \rho tu - ku^2 = +1 \ \text{[1]}.$$

Relativement à l'équivalence des nombres quadratiques réels et à celle des formes quadratiques binaires indéfinies, les développements en fractions par excès donnent des énoncés plus simples que ceux des nos **171** et **174**, ces nouveaux énoncés sont :

Pour que deux nombres quadratiques soient proprement équivalents il faut et il suffit que leurs périodes se déduisent l'une de l'autre par une permutation circulaire et *pour que deux formes indéfinies soient de même classe il faut et il suffit que leurs premières racines satisfassent à cette condition* [2].

On définira sans peine des formes réduites (n° **175**), les couples de nombres réduits, les chaînes de couples réduits (Note II du chapitre XII).

[1] On en déduit d'ailleurs facilement celles de l'équation $t^2 + \rho tu - ku^2 = -1$. Car on sait que, si cette dernière est possible, en appelant $t_1\ u_1$, sa solution fondamentale, la solution fondamentale de l'autre est donnée par

$$t = t_1^2 + ku_1^2$$
$$u = 2t_1u_1 + \rho u_1^2.$$

Donc, connaissant t, u, il ne reste qu'à voir s'il y a des valeurs entières de t_1, u_1, satisfaisant aux conditions précédentes, ce qui est facile vu que la première, à cause de $k > 0$, se résout facilement par tâtonnements.

[2] Mais il faut remarquer que cette simplification dans l'énoncé ne tient pas à la nature des fractions continuelles par excès mais à la façon dont nous les avons écrites. Soit une fraction continuelle ordinaire $a_0 + \frac{1}{a_1 +}\Big| \dots$; on peut l'écrire $b_0 - \frac{1}{b_1 -}\Big|\frac{1}{b_2 -}\Big| \dots$, en posant

$$b_0 = a_0, \ b_1 = -a_1 \ \dots \ b_{2n} = a_{2n} \quad b_{2n+1} = -a_{2n+1}$$

Avec cette notation l'énoncé pour les fractions continuelles ordinaires serat identique à celui donné ici. Inversement si les fractions continuelles par excès étaient écrites $a_0 + \frac{1}{a_1 +}\Big| \dots$ l'énoncé relatif à ces fractions serait celui du n° **171**.

Nous donnerons plus loin les relations qui existent entre le développement ordinaire, le développement par excès et le développement par défaut d'un même nombre.

224. Autres développements en fractions continuelles. — Étant donné un nombre s on peut toujours poser

$$s = a_0 + \frac{1}{a_1 +}\Big| \cdots + \Big|\frac{1}{a_{n-1} +}\Big| \frac{s_n}{1}.$$

a_0, a_1, ... a_{n-1} étant des entiers quelconques. On ne peut espérer de résultats intéressants qu'en les assujettissant à certaines conditions. Par exemple dans le développement ordinaire a_n est la valeur à une unité près par défaut de s_n ; dans le développement par excès a_0, a_2, ... sont par excès et a_1, a_3, ... par défaut ; c'est le contraire dans le développement par défaut.

On aperçoit tout de suite une quatrième espèce de développement, celui dans lequel a_n est toujours la valeur de s_n par excès. A partir du second les a_n sont tous négatifs. En mettant leurs signes en évidence on obtient un développement

$$s = a_0 - \frac{1}{a_1 +}\Big|\frac{1}{a_2 +}\Big| \cdots$$

de sorte que $a_1 + \frac{1}{a_1 +}\Big| \ldots$ est le développement ordinaire de $\frac{1}{a_0 - s}$. Ainsi des quatre développements considérés jusqu'à maintenant le troisième se ramène immédiatement au second et le quatrième au premier.

Ces quatre développements font partie d'une classe plus générale de développements, ceux dans lesquels a_n est toujours une valeur à une unité près de s_n, tantôt par défaut, tantôt par excès, suivant les valeurs de n et suivant une loi qui caractérise le développement. Nous les appellerons *développements réguliers* (1). Nous écrirons ces développements sous la forme :

$$s = a_0 + \frac{\varepsilon_1}{a_1 +}\Big|\frac{\varepsilon_2}{a_2 +}\Big| \cdots$$

(1) Quelques auteurs les appellent *semi-réguliers*, réservant le nom de régulier à celui que nous appelons développement *ordinaire*.

les a étant tous positifs, les ε égaux à + ou — 1. Et nous posons :

$$a_n + \frac{\varepsilon_{n+1}}{a_{n+1} +} \Big| \ldots = s_n.$$

Étant donné un nombre s, pour définir un développement régulier de ce nombre il suffit de donner une règle définissant la suite des ε. Ainsi dans le développement ordinaire les ε sont tous positifs, dans le développement par excès ils sont tous négatifs. Tout élément a_n est l'entier compris entre s_n et $s_n - \varepsilon_{n+1}$, sauf le dernier a_k, si le développement est limité, qui est égal à s_k, Dans ce dernier cas s est rationnel et réciproquement, tout nombre rationnel peut se mette sous forme de développement limité. On le voit comme plus haut.

Dans un développement régulier les quotients incomplets, sauf peut-être le dernier, sont plus grands que 1, et, réciproquement, cette propriété caractérise les développements réguliers.

Dans un développement régulier si $a_{n-1} = 1$ $(n > 1)$ on a $\varepsilon_n > 0$. En effet, puisque $s_n > 1$, si $a_{n-1} = 1$ c'est que a_{n-1} est une valeur de s_n par défaut. Donc $\varepsilon_n > 0$.

La réciproque est vraie. Tout développement où les a égaux à 1 sont toujours suivis d'un $\varepsilon > 0$ est régulier.

225. — Les réduites $\frac{P_n}{Q_n}$ se calculant de proche en proche par les formules (n° **94**)

$$P_n = a_n P_{n-1} + \varepsilon_n P_{n-2}$$
$$Q_n = a_n Q_{n-1} + \varepsilon_n Q_{n-1}.$$

Cherchons les signes des dénominateurs Q_n et s'ils croissen avec l'indice.

Si

$$\varepsilon_n > 0 \qquad \text{on a} \qquad Q_n > Q_{n-1}.$$

Donc, comme $Q_1 = 1$, on voit que : *parcourant la suite* Q_1, Q_2, *tant qu'on arrive pas à un indice* n *tel que* $\varepsilon_n < 0$, *les termes de cette suite sont positifs et croissent avec l'indice.*

Supposons qu'on arrive à un ε_n égal à — 1. Alors

$$Q_n = a_n Q_{n-1} - Q_{n-2}.$$

$$\text{Si } a_n > 1, \qquad \text{on a encore} \qquad Q_n > Q_n.$$

Mais si

$$a_n = 1$$

on a

$$Q_n = Q_{n-1} - Q_{n-2}$$

On a donc encore $Q_n > 0$, mais $Q_n < Q_{n-1}$. Considérons alors Q_{n+1}. Remarquons que de $a_n = 1$ on déduit $\varepsilon_{n+1} = +1$. Donc

$$Q_{n+1} = a_{n+1}Q_n + Q_{n-1}.$$

Donc

$$Q_{n+1} \geqslant Q_{n-1}.$$

On voit ainsi que :

Les dénominateurs Q_n sont positifs. En général ils croissent avec l'indice. Il y a exception lorsque $a_n = 1$ et $\varepsilon_{n-1} = -1$. On a dans ce cas $Q_n < Q_{n-1}$; mais l'on a, en tout cas, $Q_{n+1} > Q_{n-1}$ de sorte que la décroissance des Q_n ne peut se prolonger et que, dans tous les cas, Q_n augmente indéfiniment avec l'indice.

On en déduit que toute fraction continuelle régulière illimitée est convergente [1]. En effet, de l'inégalité $Q_{n+1} > Q_{n-1}$ on déduit : $Q_{2n-1} \geqslant n$ et $Q_{2n} \geqslant 2n + 1$. Donc le terme général de la série équivalente à la fraction continuelle (nº **97**) qui est $\dfrac{(-1)^{k-1}\varepsilon_1\varepsilon_2 \ldots \varepsilon_k}{Q_{k-1}Q_k}$ à une valeur absolue plus petite que $\dfrac{1}{\dfrac{k}{2}\left(\dfrac{k}{2} + 1\right)}$ si k est pair et que $\dfrac{1}{\left(\dfrac{k-1}{2} + 1\right)\left(\dfrac{k+1}{2}\right)}$ si k est impair. On en déduit qu'elle est convergente.

On démontrera que la valeur d'une fraction continuelle régulière est comprise entre $\dfrac{P_k}{Q_k}$ et $\dfrac{P_k + \varepsilon_{k+1}P_{k-1}}{Q_k + \varepsilon_{k+1}Q_{k-1}}$. L'erreur commise en prenant $\dfrac{P_k}{Q_k}$ pour valeur de la fraction continuelle est du signe de $(-1)^k \varepsilon_1\varepsilon_2 \ldots \varepsilon_{k+1}$ et plus petite, en valeur absolue que

$$\frac{1}{Q_k(Q_k + \varepsilon_{k+1}Q_{k-1})}.$$

(1) Plus généralement : toute fraction continuelle $a_0 + \dfrac{\varepsilon_1}{a_2 +}\Big|\dfrac{\varepsilon_2}{a_1 +}\Big| \ldots$ où les a sont des nombres réels *quelconques* est convergent si l'on a $a_2 \geqslant 1$ pour toute valeur de i et de plus $a_2 \geqslant 2$, lorsque $\varepsilon_{i+1} = -1$. (H. Tietze, *Math. Ann.*, t. 70 (1911) p. 236).

226. Développement court. — Un développement régulier intéressant est celui où l'on choisit toujours celui des deux quotients incomplets qui est le plus approché [1]. Nous l'appellerons le développement *court* (voir n° **228**). Dans ce développement tous les quotients complets sont supérieurs à 2, sauf, peut-être, le dernier s'il y en a un. Les quotients incomplets sont donc égaux ou supérieurs à 2, et quand un quotient incomplet est égal à 2, il est suivi du signe + (à moins que ce ne soit le dernier). Réciproquement, un développement qui jouit de ces propriétés est un développement court.

Exemple :

$$\sqrt{2} = 1 + \left| \overline{\frac{1}{2+}} \right| \dots$$

$$\sqrt{3} = 2 - \left| \overline{\frac{1}{4-}} \right| \dots$$

$$\sqrt{5} = 2 + \left| \overline{\frac{1}{4+}} \right| \dots$$

$$e = 3 - \frac{1}{4-} \left| \frac{1}{2+} \right| \frac{1}{5-} \Big| \dots$$

Dans ce développement puisque aucun élément n'est égal à 1, les Q_n sont positifs et croissent avec l'indice (n° **225**). Mais il y a plus et l'on peut voir que

$$\frac{Q_n}{Q_{n-1}} > \frac{1+\sqrt{5}}{2} = 1{,}618\dots$$

En effet, on a :

$$\frac{Q_n}{Q_{n-1}} = a_n + \frac{\varepsilon_n}{a_{n-1}+} \Big| \dots + \Big| \frac{\varepsilon_1}{a_1}.$$

Pour avoir la valeur la plus petite possible de $\frac{Q_n}{Q_{n-1}}$ il faut donner à a_n sa valeur la plus petite possible, soit 2, et prendre $\varepsilon_n = -1$; puis il faut prendre pour a_{n-1} la valeur la plus petite possible et, puisque $\varepsilon_n = -1$, cette valeur est 3 ; il faut prendre $\varepsilon_{n-1} = -1$ et $a_{n-2} = 3$, etc. Donc :

$$\frac{Q_n}{Q_{n-1}} > 2 - \frac{1}{3-} \Big| \frac{1}{3-} \Big| \dots - \Big| \frac{1}{3}$$

(1) Minnigerode, *Nachr. v. d. K. Gesellsch. d. Wiss. in Götting* (1873). — A. Hurwitz, *Act. math.*, t. 12 (1889) p. 367.

la fraction continuelle du second membre ayant n éléments, *a fortiori*

$$\frac{Q_n}{Q_{n-1}} > 2 - \frac{1}{3 -} \Big| \frac{1}{3 -} \Big| \cdots$$

la fraction continuelle étant prolongée indéfiniment; ou enfin

$$\frac{Q_n}{Q_{n-1}} > \frac{1 + \sqrt{5}}{2}.$$

On voit même que $\frac{Q_n}{Q_{n-1}}$ ne peut tomber au-dessous de 2 que si $a_n = 2$ et $\varepsilon_n = -1$.

227. Limite de l'erreur commise en s'arrêtant à une réduite $\frac{P}{Q_k}$. On a :

$$\left| s - \frac{P_k}{Q_k} \right| = \frac{1}{Q_k(Q_k s_{k+1} + \varepsilon_{k+1} Q_{k-2})} = \frac{1}{Q^2{}_k\left(s_{k+1} + \varepsilon_{k+1}\frac{Q_{k-1}}{Q_k}\right)}.$$

Soit d'abord $\varepsilon_{k+1} = 1$. On a alors :

$$\left| s - \frac{P_k}{Q_k} \right| < \frac{1}{Q^2{}_k s_{k+1}} < \frac{1}{2Q^2{}_k},$$

car $s_{k+1} \geqslant 2$.

Soit ensuite $\varepsilon_{k+1} = -1$. Alors

$$\left| s - \frac{P_k}{Q_k} \right| = \frac{1}{Q^2{}_k\left(s_{k+1} - \frac{Q_{k-1}}{Q_k}\right)}.$$

Or :

$$\left| \frac{Q_{k-1}}{Q_k} = a_k + \frac{\varepsilon_k}{a_{k-1} +} \right| \cdots > a_k - \frac{1}{3 -} \Big| \cdots = a_k - \frac{3 - \sqrt{5}}{2}.$$

Donc

$$\left| s - \frac{P_k}{Q_k} \right| < \frac{1}{Q^2{}_k\left(s_{k+1} - \cfrac{1}{a_k - \cfrac{3 - \sqrt{5}}{2}}\right)}$$

Mais $\varepsilon_{k+1} = -1$ entraîne $a_k \geqslant 3$, et d'autre part $s_{k+1} > 2$. Donc :

$$\left| s - \frac{P_k}{Q_k} \right| < \frac{1}{Q^2{}_k\left(2 - \cfrac{1}{3 - \cfrac{3 - \sqrt{5}}{2}}\right)} = \frac{\sqrt{5} - 1}{2} \frac{1}{Q_k{}^2} = \frac{0{,}618}{Q^2{}_k}.$$

On voit que que, dans tous les cas, l'erreur est inférieure à

$$\frac{\sqrt{5}-1}{2}\frac{1}{Q^2_k}.$$

228. *Parmi tous les développements réguliers d'uu nombre rationnel il n'y en a pas qui ait moins d'éléments que le développement court* (¹). — En effet soit un développement régulier qui ne soit pas le développement court. Nous allons montrer qu'on peut le transformer et l'amener a être le développement court sans augmenter le nombre de ses éléments.

Puisque le développement proposé n'est pas le développement court il y a dans ce développement un ou plusieurs quotients complets, différents de s lui même, et plus petits que 2.

Considérons le premier de ces quotients ; il sera de l'une des deux formes :

$$2-\frac{1}{a_k+}\left|\frac{\varepsilon_{k+1}}{a_{k+1}+}\right|\cdots$$

ou

$$1+\frac{1}{a_k+}\left|\frac{\varepsilon_{k+1}}{a_{k+1}+}\right|\cdots$$

avec, dans les deux cas, $k>1$.

Dans le premier cas

$$s_{k-2}=a_{k-2}+\left|\frac{\varepsilon_{k-1}}{2-}\right|\frac{1}{a_k+}\left|\frac{\varepsilon_{k+1}}{a_{k+1}+}\right.\cdots$$

peut se remplacer par

$$a_{k-2}+\varepsilon_{k-1}-\left|\frac{\varepsilon_{k-1}}{2+}\right|\frac{1}{a_k-1+}\left|\frac{\varepsilon_{k+1}}{a_{k+1}+}\right|\cdots$$

Dans le second cas il peut se remplacer par

$$a_{k-2}+\varepsilon_{k-1}-\frac{\varepsilon_{k-1}}{a_k+1+}\left|\frac{\varepsilon_{k+1}}{a_{k+1}+}\right|\cdots$$

Dans les deux cas on a remplacé la fraction continuelle proposée par une autre qui n'a certainement pas plus d'éléments qu'elle, qui en a même moins si $a_{k-2}+\varepsilon_{k-1}=0$ avec $k>2$, et dans laquelle le rang du premier quotient incomplet inférieur à 2 a diminué. En

(¹) TH. VAHLEN, *J. r. a. M.*, 115 (1895), p. 221.

continuant ce procédé on remplacera le développement proposé par un autre ou il n'y aura plus de quotient incomplet plus petit que 2, qui sera par conséquent un développement court, et où le nombre d'éléments ne sera certainement pas plus grand que dans le développement primitif.

229. Relation entre le développement court et le développement ordinaire. — Appliquons la méthode du n° précédent pour déduire le développement court du développement ordinaire. Soit

$$s = a_0 + \frac{1}{a_1 +} \left| \frac{1}{a_2 +} \right| \ldots$$

le développement ordinaire.

Si $a_1 > 1$, a_0 est le premier élément du développement de s en fonction continuelle courte, et la première réduite est $\frac{a_0}{1}$, identique à la première réduite ordinaire. Après quoi il faut développer

$$s_1 = a_1 + \frac{1}{a_2 +} \Big| \ldots$$

Si $a_2 > 1$, a_1, est le second élément du développement court et la seconde réduite de ce développement est identique à celle du développement ordinaire. Et ainsi de suite jusqu'à ce qu'on arrive à un quotient complet s_n précédant un quotient incomplet a_{n+1} égal à 1

$$s_n = a_n + \frac{1}{1 +} \left| \frac{1}{s_{n+2}} \right. .$$

Le quotient incomplet a_n doit alors être remplacé par $a_n + 1$ et l'on doit écrire :

$$s_n = a_n + 1 - \frac{1}{s_{n+2} + 1}.$$

Alors la réduite d'ordre n n'est pas $\frac{P_n}{Q_n}$ mais

$$\frac{(a_n + 1)P_{n-1} + P_{n-2}}{(a_n + 1)Q_{n-1} + Q_{n-2}}$$

ou

$$\frac{P_n + P_{n-1}}{Q_n + Q_{n-1}}.$$

Mais, à cause de $a_{n+1} = 1$, on a

$$P_n + P_{n-1} = P_{n+1}, \quad Q_n + Q_{n-1} = Q_{n+1}.$$

Donc la réduite d'ordre n du développement court est $\frac{P_{n+1}}{Q_{n+1}}$.

Après quoi, il faut introduire un signe — dans le développement et développer en développement court $s_{n+2} + 1$, c'est-à-dire :

$$a_{n+2} + 1 + \frac{1}{a_{n+3} +} \bigg| \frac{1}{s_{n+4}}.$$

Si $a_{n+3} > 1$, le premier élément de ce développement est $a_{n+2} + 1$, la réduite correspondante est $\frac{(a_{n+2} + 1)P_{n+1} - P_{n-1}}{(a_{n+2} + 1)Q_{n+1} - Q_{n-1}}$ qui se réduit à $\frac{P_{n+2}}{Q_{n+2}}$. Et ainsi de suite. En résumé :

La suite des réduites du développement court se déduit de celle du développement ordinaire en supprimant les réduites qui précèdent les éléments égaux à 1, sauf que, s'il y a plusieurs éléments consécutifs égaux à 1, il ne faut dans cette règle tenir compte ni du deuxième, ni du quatrième, etc.

Exemple ; du développement ordinaire :

$$s = 1 + \frac{1}{9 +} \bigg| \frac{1}{1 +} \bigg| \frac{1}{2 +} \bigg| \frac{1}{4 +} \bigg| \frac{1}{1 +} \bigg| \frac{1}{1 +} \bigg| \frac{1}{1 +} \bigg| \frac{1}{3 +} \bigg| \cdots$$

on déduit le développement court :

$$1 + \frac{1}{10 -} \bigg| \frac{1}{3 +} \bigg| \frac{1}{5 -} \bigg| \frac{1}{3 -} \bigg| \frac{1}{4} \cdots$$

Les réduites du premier sont :

$$\frac{1}{1} \quad \frac{10}{9} \quad \frac{11}{10} \quad \frac{32}{29} \quad \frac{139}{126} \quad \frac{171}{155} \quad \frac{310}{281} \quad \frac{481}{436} \quad \frac{1\,753}{1\,589} \cdots$$

celles du second sont :

$$\frac{1}{1} \quad \frac{11}{10} \quad \frac{32}{29} \quad \frac{171}{155} \quad \frac{481}{436} \quad \frac{1\,753}{1\,589} \cdots$$

Ce qui précède permet de déduire les propriétés des fractions continuelles courtes de celles des fractions continuelles ordinaires.

Par exemple on retrouve ainsi la propriété $\frac{Q_n}{Q_{n-1}} > \frac{1 + \sqrt{5}}{2}$.

On voit aussi immédiatement de cette façon que *le développement en fraction courte d'un nombre quadratique est périodique.*

On peut, par suite, appliquer les fractions continuelles courtes à la réduction des formes quadratiques et à l'équation de Fermat (¹).

230. Développement long. — C'est celui où l'on choisit toujours celui des deux quotients incomplets qui est le *moins* approché. Les quotients incomplets sont toujours égaux à 1 où à 2. De plus tout quotient incomplet égal à 1 est suivi du signe +, tout quotient incomplet égal à 2 est suivi du signe —. Réciproquement, un développement dans lequel ces conditions sont remplies est un déloppement long.

Exemple :

$$\sqrt{2} = 2 - \overline{\frac{1}{1+}\Big|} \cdots$$

$$e = 2 + \frac{1}{2-}\Big| \frac{1}{1+}\Big| \frac{1}{1+}\Big| \cdots$$

$$\frac{35}{22} = 1 + \frac{1}{1+}\Big| \frac{1}{2-}\Big| \frac{1}{1+}\Big| \frac{1}{2-}\Big| \frac{1}{2-}\Big| \frac{1}{1+}\Big| \frac{1}{2}.$$

Dans ce dernier développement, la fin $1 + \frac{1}{2}$ peut être remplacée par $2 - \frac{1}{2}$. Tout développement d'un nombre rationnel peut ainsi se terminer de deux façons différentes puisqu'on a :

$$1 + \frac{1}{2} = 2 - \frac{1}{2} \qquad 1 + \frac{1}{1} = 2 \qquad \text{et} \qquad 2 - \frac{1}{1} = 1.$$

Parmi tous les développements réguliers d'un nombre rationnel il n'y en a pas qui ait plus d'éléments que le développement long.

Nous laissons au lecteur le soin de démontrer cette propriété et d'achever la théorie du développement long.

231. Transformation d'une fraction continuelle régulière quelconque en fraction continuelle ordinaire.

Soit la fraction régulière :

$$s = a_0 + \frac{\varepsilon_1}{a_1 +}\Big| \cdots \tag{3}$$

(¹) Minnigerode. *Nachr. v. d. K. Gesells. d. Wiss. in Göttingen* (1873) p. 619.

dont on cherche le développement D en fraction continuelle ordinaire.

Si $\varepsilon_1 = 1$ le premier élément de D est a_0. Si de plus $\varepsilon_2 = 1$ le second élément de D est a_1, etc.

Soit :

$$\varepsilon_1 = \varepsilon_2 = \dots = \varepsilon_i = 1 \qquad \text{et} \qquad \varepsilon_{i+1} = -1.$$

(Nous dirons que le développement (3) est ordinaire jusqu'au quotient complet s_{i+1}, on peut d'ailleurs avoir $i = 0$). On voit que $a_0, a_1, \dots a_{i-1}$ sont les i premiers éléments de D. On a d'ailleurs :

$$(4) \quad s = a_0 + \frac{1}{a_1 +}\bigg| \dots + \bigg|\frac{1}{a_{i-1} +}\bigg|\frac{1}{a_i - 1} + \bigg|\frac{1}{1 +}\bigg|\frac{1}{a_{i+1} - 1 +}\bigg|\frac{\varepsilon_{i+2}}{s_{i+2}}$$

car on constate que les réduites d'indices $i + 1$ et $i + 2$ de (4) sont identiques respectivement à celles d'indices i et $i + 1$ de (3) et que par conséquent, à partir de là, la suite des réduites de (4) est identique à la suite des réduites de (3).

Si a_i et a_{i+1} sont différents de 1 le développement (4) est ordinaire jusqu'au quotient complet s_{i+2}.

Si $a_i = 1$ et $a_{i+1} > 1$ on écrit :

$$s = a_0 + \frac{1}{a_1 +}\bigg| \dots + \bigg|\frac{1}{a_{i-1} + 1 +}\bigg|\frac{2}{a_{i+1} - 1 +}\bigg|\frac{\varepsilon_{i+1}}{s_{i+2}}.$$

Si $a_i > 1$ et $a_{i+1} = 1$ (alors $\varepsilon_{i+2} = 1$) on écrit :

$$s = a_0 + \frac{1}{a_i +}\bigg| \dots + \bigg|\frac{1}{a_{i-1} +}\bigg|\frac{1}{a_i - 1 +}\bigg|\frac{1}{s_{i+2} + 1}.$$

Si $a_i = a_{i+1} = 1$ on écrit :

$$s = a_0 + \frac{1}{a_1 +}\bigg| \dots + \bigg|\frac{1}{a_{i-1} + 1 + s_{i+2}}.$$

Dans tous les cas on obtient un nouveau développement qui est ordinaire jusqu'à s_{i+2} au moins. On obtiendra donc ainsi autant d'éléments qu'on le voudra du développement ordinaire.

NOTES ET EXERCICES

I. — *Combien un nombre rationnel positif $\frac{m}{n}$ a-t-il de développements réguliers?* [1] (Les développements sont toujours supposés limités au premier quotient complet entier qui se présente).

Il y en a n. En effet soit a_0 la valeur à une unité près par défaut de $\frac{m}{n}$. Tout développement régulier de $\frac{m}{n}$ commence par a_0 ou par $a_0 + 1$. Or on peut écrire :

$$\frac{m}{n} = a_0 + \frac{r}{n} \quad \text{et} \quad \frac{m}{n} = a_0 + 1 - \frac{n-r}{n} \quad (0 < r < n)$$

ou :

$$\frac{m}{n} = a_0 + \frac{1}{\frac{n}{r}} \quad \text{et} \quad \frac{m}{n} = a_0 + 1 - \frac{1}{\frac{n}{n-r}}.$$

Pour trouver tous les développements réguliers de $\frac{m}{n}$ il faut trouver tous ceux de $\frac{n}{r}$ et de $\frac{n}{n-r}$. Or en supposant le théorème vrai pour les nombres rationnels de dénominateur plus petit que n, on voit que $\frac{n}{r}$ a r développements réguliers et que $\frac{n}{n-r}$ en a $n-r$, etc.

Exemple :

$$\frac{3}{5} = 0 + \frac{1}{1+} \left| \frac{1}{2+} \right| \frac{1}{2} = 0 + \frac{1}{1+} \left| \frac{1}{2-} \right| \frac{1}{2} = 0 + \frac{1}{2-} \left| \frac{1}{3} \right.$$
$$= 1 - \frac{1}{2+} \left| \frac{1}{2} = 1 - \frac{1}{2-} \right| \frac{1}{2}.$$

II. — Si l'on considère tous les développements réguliers d'un nombre rationnel, si l'on appelle i le nombre des quotients complets d'un des développements, la somme $\sum \frac{1}{2^i}$ étendue à tous les développements est égale à 2 [2].

(1) Vahlen, *J. r. a. M.*, t. 115 (1895) p. 227.
(2) Vahlen, *J. r. a. M.*, t. 115 (1895) p. 228.

III. — Transformer le développement :

$$\frac{1}{1 -}\bigg|\frac{1}{3 -}\bigg|\cdots - \bigg|\frac{1}{2n + 1 -}\bigg|\cdots$$

en développement ordinaire.

Réponse :

$$1 + \frac{1}{1 +}\bigg|\frac{1}{1 +}\bigg|\frac{1}{3 +}\bigg|\frac{1}{1 +}\bigg|\frac{1}{5 +}\bigg|\frac{1}{1 +}\bigg|\cdots + \bigg|\frac{1}{1 +}\bigg|\frac{1}{2n + 1 +}\bigg|\cdots$$

(On démontre que la valeur de ce développement est égale à la tangente du radian).

IV. — Etudier le développement d'un nombre, obtenu en prenant toujours pour a_k la valeur à une unité près par excès de s_k. Démontrer que les réduites de ce développement sont, à partir de la seconde, les mêmes que celles du développement ordinaire.

V. — *Développements inverses.* — Soit le développement régulier :

$$s = a_0 + \frac{\varepsilon_1}{a_1 +}\bigg|\cdots + \bigg|\frac{\varepsilon_n}{a_n +}\bigg|\cdots$$

On a :

$$\frac{Q_n}{Q_{n-1}} = a_n + \frac{\varepsilon_n}{a_{n-1} +}\bigg|\cdots + \bigg|\frac{\varepsilon_1}{a_1}.$$

Mais ce second développement n'est pas forcément régulier car on peut avoir $a_k = 1$ et $\varepsilon_k = -1$.

Lorsque la loi du premier développement est telle que $a_k = 1$ entraîne $\varepsilon_k = 1$ le second développement est régulier aussi. Si de plus cette loi est indépendante de la valeur de s, le second mode de développement sera dit *l'inverse* du premier. Il y a réciprocité, le premier mode de développement est l'inverse du second.

Exemple. — Si le premier développement est ordinaire, il y a un mode de développement inverse qui est aussi le développement ordinaire.

Si le premier développement est par excès il y a un mode de développement inverse qui est aussi par excès.

Si le premier développement est un développement court, il y a un mode de développement inverse caractérisé par la loi suivante : *tous les a_k sont $\geqslant 2$; de plus $a_k = 2$ entraîne $\varepsilon_k = 1$.* Nous appellerons un tel développement un développement *singulier.* Il peut se définir de la façon suivante : a_k est l'entier défini par :

$$s_k - \frac{\sqrt{5} - 1}{2} \leqslant a_k \leqslant s_k + \frac{3 - \sqrt{5}}{2}$$

il n'y a qu'une valeur pour a_k sauf si s_k est de la forme $n + \frac{\sqrt{5}-1}{2}$ (n entier) auquel cas il y a deux valeurs pour a_k, à savoir n et $n+1$.

Il en résulte que tout nombre a un développement singulier et un seul sauf les nombres équivalents à $\frac{\sqrt{5}-1}{2}$ qui en ont deux. En particulier :

$$\frac{\sqrt{5}-1}{2} = \frac{1}{2} - \left|\frac{1}{3-}\right| \ldots = 1 - \frac{1}{3-}\Big| \ldots$$

VI. — *Fractions continuelles à éléments pairs.* — L'élément a_k est l'entier pair le plus voisin de s_k. Au cas ou s_k est ún entier impair il y a deux valeurs de a_k possibles, à savoir : $s_k - 1$ et $s_k + 1$, et la fraction se termine par $\pm 2 \mp \left|\frac{1}{2-}\right| \ldots$ Il a un mode de développement inverse qui est le même.

VII. — *Fractions continuelles à éléments impairs.* — L'élément a_k est l'entier impair le plus voisin de s_k. Au cas où s_k est un entier pair il y a deux valeurs de a_k possibles : $s_k - 1$ et $s_k + 1$ et la fraction se termine par ± 1.

VIII. — Etant donnée une fraction continuelle $a_0 + \frac{\varepsilon_1}{a_1 +}\Big| \ldots$, on suppose qu'un élément a_{k+1} est égal à 1. On demande de former une nouvelle fraction continuelle qui ait les mêmes réduites que la précédente et dans le même ordre, sauf que la réduite $\frac{P_k}{Q_k}$ y soit omise. Si l'on suppose la fraction donnée régulière, la fraction obtenue le sera-t-elle aussi ? Montrer que cela arrive si la fraction donnée est ordinaire.

Réponse : Il faut, dans la fraction donnée remplacer :

$$a_k + \frac{\varepsilon_{k+1}}{1+}\Big| \frac{\varepsilon_{k+2}}{a_{k+2}+}\Big| \ldots\ldots$$

par :

$$a_k + \varepsilon_{k+1} - \frac{\varepsilon_{k+1}\varepsilon_{k+2}}{a_{k+2} + \varepsilon_{k+2} +}\Big| \ldots\ldots$$

En appliquant cette méthode à une fraction continuelle ordinaire on peut faire disparaître les réduites qui ne sont pas des valeurs principales singulières, exercice VII, chapitre VIII. On obtient alors un développement en fonction continuelle régulière qui a pour réduites successives les valeurs principales singulières par ordre de dénominateur croissant.

CHAPITRE XX

SUITES DE MEILLEURE APPROXIMATION

232. — Dans ce qui va suivre on supposera toujours que les dénominateurs des fractions employées sont positifs (ce que l'on peut toujours obtenir en changeant, s'il le faut, le signe du numérateur).

Le premier théorème en date ([1]) dans l'ordre d'idées qui va nous occuper est le suivant :

Soit $\frac{P}{Q}$ *une réduite du développement en fraction continuelle ordinaire d'un nombre s. Si* $\frac{m}{n}$ *est une fraction qui s'approche plus de s que* $\frac{P}{Q}$, *on a* $n > Q$. *Si* $\frac{m}{n}$ *et* $\frac{P}{Q}$ *s'approchent également de* $\frac{P}{Q}$ *l'un d'un côté, l'autre de l'autre, on a encore* $n > Q$ *sauf, peut-être, si* $\frac{P}{Q}$ *est la première réduite.*

Nous ferons dépendre ce résultat du résultat plus général suivant :

Appelons fractions *conjointes* deux fractions $\frac{P}{Q}$, $\frac{P'}{Q'}$ telles que $PQ' - P'Q = \pm 1$. Remarquons que deux fractions conjointes sont irréductibles.

Lemme. — *Si une fraction* $\frac{m}{n}$ *est comprise entre deux fractions conjointes* $\frac{P}{Q}$ *et* $\frac{P'}{Q'}$, *son dénominateur n est plus grand que* Q *et* Q'.

([1]) Huyghens, *Descriptio automati planetarii.*

En effet, soit, pour fixer les idées $\frac{P'}{Q'} > \frac{P}{Q}$ de façon que

(1) $$\frac{P}{Q} < \frac{m}{n} < \frac{P'}{Q'}.$$

On en déduit

$$o < \frac{m}{n} - \frac{P}{Q} < \frac{P'}{Q'} - \frac{P}{Q}$$

ou

$$o < \frac{mQ - nP}{nQ} < \frac{1}{QQ'}.$$

La deuxième de ces inégalités donne

$$n > (mQ - nP)Q'$$

et comme $mQ - nP$ est un entier positif,

$$n > Q'.$$

On voit ainsi que n est plus grand que Q'. D'autre part les inégalités (1) peuvent s'écrire

$$\frac{-P'}{Q'} < \frac{-m}{n} < \frac{-P}{Q}$$

et le même calcul appliqué aux trois fractions $\frac{-P'}{Q'}$, $\frac{-m}{n}$ et $\frac{-P}{Q}$ montrera que $n > Q$.

Revenant au théorème énoncé d'abord, considérons la réduite qui précède $\frac{P}{Q}$, soit $\frac{P'}{Q'}$. Les fractions $\frac{P}{Q}$ et $\frac{P'}{Q'}$ sont conjointes.

Comme la fraction $\frac{P'}{Q'}$ est moins approchée de s que $\frac{P}{Q}$ elle est à fortiori moins approchée que $\frac{m}{n}$. D'ailleurs $\frac{P}{Q}$ et $\frac{P'}{Q'}$ sont de part et d'autre de s. Donc $\frac{m}{n}$ est compris entre $\frac{P}{Q}$ et $\frac{P'}{Q'}$.

Donc $n > Q$.

Il peut y avoir exception pour la première réduite $\frac{P_0}{Q_0}$, car la réduite précédente étant $\frac{1}{0}$ le raisonnement ne s'applique plus. En fait la première réduite $\frac{a_0}{1}$, est peut-être moins approchée que $\frac{a_0+1}{1}$ dont le dénominateur n'est pas plus grand.

Il est naturel de mesurer la *simplicité* d'une fraction irréductible à la grandeur de son dénominateur et de dire que les nombres entiers sont plus simples que les fractions irréductibles de dénominateur 2, celles-ci que les fractions irréductibles de dénominateur 3, etc. On peut alors dire que :

Toute fraction qui approche plus de s qu'une réduite de s est moins simple que cette réduite (sauf peut-être pour la première réduite).

La réciproque de cette proposition est-elle vraie ? N'y a-t-il que es réduites de s qui jouissent de cette propriété ? Nous allons voir que non en cherchant toutes les fractions irréductibles qui en jouissent.

233. — Dans cette recherche nous distinguerons d'abord les fractions plus petites que s et les fractions plus grandes et nous poserons les deux problèmes suivants :

1° *Parmi les fractions inférieures à s trouver celles* $\frac{m}{n}$ *qui jouissent de la propriété suivante : toute fraction inférieure à s et plus approchée de s que* $\frac{m}{n}$ *est plus simple que* $\frac{m}{n}$. Les fractions $\frac{m}{n}$ ainsi trouvées seront dites *valeurs de meilleure approximation, par défaut*, pour s.

2° *Parmi les fractions supérieures à s* trouver etc. Les fractions ainsi trouvées seront dites *valeurs de meilleure approximation, par excès*, pour s.

D'abord, on peut former ces suites directement de la façon suivante. Soit par exemple $s = \sqrt{2}$.

Parmi toutes les fractions de dénominateur 1, celle qui approche le plus de $\sqrt{2}$ par défaut est $\frac{1}{1}$. C'est évidemment une des fractions cherchées.

Parmi toutes les fractions de dénominateur 2, celle qui approche le plus de $\sqrt{2}$ par défaut est $\frac{2}{2}$. Mais $\frac{2}{2} = \frac{1}{1}$ qui a déjà été considérée.

Parmi toutes les fractions de dénominateur 3, celle qui approche le plus de $\sqrt{2}$ par défaut est $\frac{4}{3}$. Or $\frac{4}{3}$ approche plus de $\sqrt{2}$ que $\frac{1}{1}$. Donc $\frac{4}{3}$ est une des fractions cherchées.

Et ainsi de suite ; considérant successivement les dénominateurs 4, 5, ... on cherchera parmi toutes les fractions de dénominateur k celle qui approche le plus de $\sqrt{2}$ par défaut. Si la fraction ainsi obtenue approche plus de $\sqrt{2}$ que toutes celles déjà trouvées elle fait partie de la suite de meilleure approximation par défaut. Sinon, non.

On obtient ainsi la suite

$$\frac{1}{1}, \quad \frac{4}{3}, \quad \frac{7}{5}, \quad \frac{24}{17}, \ldots$$

On trouverait de même la suite de meilleure approximation par excès pour $\sqrt{2}$ à savoir :

$$\frac{2}{1}, \quad \frac{3}{2}, \quad \frac{10}{7}, \quad \frac{17}{12}, \ldots$$

Cas où le nombre s est rationnel. — Si l'on s'en tient à la définition donnée plus haut les deux suites de meilleure approximation pour un nombre rationnel sont illimitées. Car ces suites ne devant contenir, la première que des nombres *inférieurs* à s, et la seconde que des nombres *supérieurs* le nombre s lui-même en est exclu. Ainsi pour $s = \frac{84}{19}$ les suites sont

$$\frac{4}{1}, \quad \frac{13}{3}, \quad \frac{22}{5}, \quad \frac{53}{12}, \quad \frac{137}{31}, \quad \frac{221}{50}, \ldots$$

et

$$\frac{5}{1}, \quad \frac{9}{2}, \quad \frac{31}{7}, \quad \frac{115}{26}, \quad \frac{199}{45}, \quad \frac{283}{64}, \ldots$$

Mais si l'on modifie la définition et si l'on admet dans la première suite les nombres inférieurs ou *égaux* à s, et dans la seconde les nombres supérieurs ou *égaux* à s, les deux suites sont limitées et se terminent à s. Elles sont alors :

$$\frac{4}{1}, \quad \frac{13}{3}, \quad \frac{22}{5}, \quad \frac{53}{12}, \quad \frac{84}{19}$$

et

$$\frac{5}{1}, \quad \frac{9}{2}, \quad \frac{31}{7}, \quad \frac{84}{19}.$$

234. — Nous allons maintenant donner d'autres façons de former les suites précédentes. La comparaison des procédés nous fournira des résultats intéressants.

Formation des suites de meilleure approximation par les développements en fractions contenuelles par défaut et par excès.

Lemme. — Lorsqu'une suite de fractions à dénominateurs positifs

$$(2) \qquad \frac{m_0}{n_0} \; \frac{m_1}{n_1} \cdots \; \frac{m_i}{n_i} \cdots$$

est telle que l'on ait

$$n_i > n_{i-1}$$
$$m_i n_{i-1} - m_{i-1} n_i = 1$$

pour toute valeur de i *; si de plus* $n_0 = 1$

1° *cette suite converge vers un nombre* s *;*

2° *cette suite est la suite de meilleure approximation par défaut pour le nombre* s.

1° On a

$$\frac{m_i}{n_i} - \frac{m_{i-1}}{n_{i-1}} = \frac{1}{n_{i-1} n_i}.$$

Donc

$$\frac{m_i}{n_i} = \frac{m_0}{1} + \frac{1}{1 . n_1} + \frac{1}{n_1 n_2} + \dots + \frac{1}{n_{i-1} n_i}.$$

Or, à cause de $n_i > n_{i-1}$ et $n_0 = 1$ on a $n_i \geqslant i + 1$.

Donc $\frac{m_i}{n_i}$ va en croissant avec i tout en restant plus petit que

$$m_0 + \frac{1}{1.2} + \frac{1}{2.3} + \dots + \frac{1}{i(i+1)}$$

ou

$$m_0 + 1 - \frac{1}{i+1}.$$

Donc $\frac{m_i}{n_i}$ tend vers une limite s.

D'ailleurs

$$m_0 < s < m_0 + 1.$$

Donc $\frac{m_0}{1}$ est la valeur approchée de s à une unité près par défaut.

2° Soit $\frac{m}{n}$ une fraction plus approchée, par défaut, de s que $\frac{m_i}{n_i}$; je dis que $n > n_i$. En effet, d'abord, si $\frac{m}{n}$ appartient à la suite (2), puisqu'elle est plus approchée de s que $\frac{m_i}{n_i}$ c'est qu'elle est plus loin que $\frac{m_i}{n_i}$ dans la suite, donc $n > n_i$. Ensuite, si la fraction $\frac{m}{n}$ n'appartient pas à la suite (2) elle tombe entre deux termes consécutifs de cette suite dont le premier est $\frac{m_i}{n_i}$ ou un terme suivant :

$$\frac{m_j}{n_j} < \frac{m}{n} < \frac{m_{j+1}}{n_{j+1}} \qquad (j \geqslant i).$$

Mais $\frac{m_j}{n_j}$ et $\frac{m_{j+1}}{n_{j+1}}$ sont conjointes. Donc

$$n > n_j \geqslant n_i.$$

Il en résulte que $\frac{m_i}{n_i}$ est une valeur de meilleure approximation par défaut pour s.

Réciproquement soit $\frac{m}{n}$ une valeur de meilleure approximation par défaut pour s, je dis qu'elle est dans la suite (2).

D'abord $\frac{m}{n} > \frac{m_0}{n_0}$ car $\frac{m_0}{n_0}$ est à la valeur de s à une unité près par défaut. Ensuite si la fraction $\frac{m}{n}$ n'était pas dans la suite (2) elle serait comprise entre deux termes de cette suite :

$$\frac{m_j}{n_j} < \frac{m}{n} < \frac{m_{j+1}}{n_{j+1}}$$

d'où

$$n > n_{j+1}.$$

Il y aurait donc une fraction $\frac{m_{j+1}}{n_{j+1}}$, plus simple que $\frac{m}{n}$ et plus approchée qu'elle de s, ce qui est contre l'hypothèse. Donc $\frac{m}{n}$ est dans la suite (2).

Remarque. — Si une suite de fractions satisfaisait aux conditions de l'énoncé précédent sauf à la condition $n_0 = 1$, elle serait la suite de meilleure approximation par défaut, de s, privée de quelques-uns de ses premiers termes.

De même : *Lorsqu'une suite de fractions à dénominateurs positifs*

$$\frac{m_0}{n_0} \quad \frac{m_1}{n_1} \quad \frac{m_i}{n_i} \cdots$$

est telle que l'on ait :

$$n_i > n_{i-1}$$
$$m_i n_{i-1} - m_{i-1} n_i = -1$$

pour toute valeur de i, si de plus $n_0 = 1$

1° *cette suite converge vers un nombre s ;*

2° *cette suite est la suite de meilleure approximation par excès pour le nombre s.*

Si une suite satisfait aux conditions précédentes sauf à la condition $n_0 = 1$ elle est la suite de meilleure approximation par excès de s privée de quelques-uns de ses premiers termes.

Corollaire. — Etant donné un nombre s considérons son développement en fraction continuelle par excès (n° **217**). La suite des réduites de ce développement satisfait aux conditions du premier des lemmes précédents, donc c'est la suite de meilleure approximation par défaut. De même la suite des réduites du développement en fraction continuelle par excès (n° **221**) constitue la suite de meilleure approximation par défaut.

Exemple. — Soit $s = \sqrt{2}$; on a pour le développement par défaut

$$\sqrt{2} = 1 + \frac{1}{3-}\left|\frac{1}{2-}\right|\frac{1}{4-}\right| \cdots$$

dont les réduites sont

$$\frac{1}{1} \quad \frac{4}{3} \quad \frac{7}{5} \quad \frac{24}{17} \quad \frac{41}{29} \cdots$$

c'est la suite de meilleure approximation par défaut ; et pour le développement par excès

$$\sqrt{2} = 2 - \frac{1}{2-}\left|\frac{1}{4-}\right| \cdots$$

dont les réduites sont

$$\frac{2}{1} \quad \frac{3}{2} \quad \frac{10}{7} \quad \frac{17}{12} \quad \frac{58}{41} \ldots$$

c'est la suite de meilleure approximation par excès ; ce sont bien les suites déjà trouvées au nº **233**.

Dans le cas où le nombre donné est rationnel on a vu (nº **220**) que les développements par défaut et par excès peuvent être dirigés de façon à être limités ou illimités. On obtient ainsi soit les suites limitées, soit les suites illimitées du nº **233**.

235. *Formation des suites de meilleure approximation par le développement en fraction continuelle ordinaire.*

Mais les deux suites de meilleure approximation peuvent aussi se retrouver en partant du développement en fraction continuelle ordinaire.

Considérons la suite des réduites d'indices pairs du développement d'un nombre s en fraction continuelle ordinaire. Cette suite jouit des propriétés de la suite (2) sauf que l'on n'a pas en général

$$P_{2n}Q_{2n-2} - P_{2n-2}Q_{2n} = 1$$

mais bien

$$P_{2n}Q_{2n-2} - P_{2n-2}Q_{2n} = a_{2n}.$$

On voit que si tous les a_{2n} sont égaux à 1, la suite des réduites d'indices pairs coïncide avec la suite de meilleure approximation par défaut.

Mais supposons maintenant qu'il n'en soit pas ainsi et soit $a_{2k} \neq 1$.

On a

$$\frac{P_{2k}}{Q_{2k}} = \frac{a_{2k}P_{2k-1} + P_{2k-2}}{a_{2k}Q_{2k-1} + Q_{2k-2}}.$$

Considérons l'expression

$$\frac{\lambda P_{2k-1} + P_{2k-2}}{\lambda Q_{2k-1} + Q_{2k-2}}$$

et faisons-y successivement $\lambda = 0, 1, 2, \ldots a_{2k}$.

Pour les valeurs extrêmes $\lambda = 0$, $\lambda = a_k$ on trouve respectivement

$$\frac{P_{2k-2}}{Q_{2k-2}} \quad \text{et} \quad \frac{P_{2k}}{Q_{2k}}.$$

Pour les valeurs intermédiaires $1, 2, \ldots a_k - 1$ on trouvera $a_k - 1$ *fractions intermédiaires.*

La suite formée en adjoignant à la suite des réduites d'indices pairs les fractions intermédiaires est identique à la suite de meilleure approximation par défaut. Car on voit immédiatement qu'elle jouit de toutes les propriétés caractéristiques de la suite (2).

Corollaire. — On a ainsi le moyen de déduire le développement par défaut du développement ordinaire.

Réciproquement cherchons à déduire le développement ordinaire du développement par défaut. Pour cela nous allons supprimer du développement par défaut les réduites qui sont des fractions intermédiaires. Or d'après la loi de formation de ces dernières on voit que, dans la suite (2), *le dénominateur d'une fraction intermédiaire est moyen arithmétique entre les dénominateurs des fractions précédente et suivante,* tandis que *cette propriété n'appartient pas aux fractions non intermédiaires.*

On formera donc ainsi la suite des réduites d'indices pairs du développement ordinaire. On en déduira les éléments d'indices pairs par les formules :

$$a_{2h} = P_{2h}Q_{2h-2} - P_{2h-2}Q_{2h}$$

puis ceux d'indices impairs par les formules :

$$a_{2h+1} = \frac{a_{2h}(P_{2h+2} - P_{2h}) - a_{2h+2}(P_{2h} - P_{2h-2})}{a_{2h}a_{2h+2}P_{2h}}.$$

Tout ce que nous venons dire sur la suite de meilleure approximation par défaut et les réduites d'ordre pair du développement ordinaire s'applique, avec les modifications convenables, à la suite de meilleure approximation par excès et les réduites d'ordre impair du développement impair. Seulement il faut faire commencer la suite des réduites d'ordre impair à $\frac{P_{-1}}{Q_{-1}} = \frac{1}{0}$, de façon qu'en intercalant des fractions intermédiaires entre celle-ci et

$$\frac{P_1}{Q_1} = \frac{a_0a_1 + 1}{a_1}$$

la première intercalée soit $\frac{a_0 + 1}{1}$.

Exemple. — Soit le développement en fraction continuelle ordinaire

$$a = 1 + \frac{1}{2+} \Big| \frac{1}{3+} \Big| \frac{1}{4+} \Big| \frac{1}{5+} \Big| \cdots$$

dont les réduites sont

$$\frac{1}{0}, \quad \frac{1}{1}, \quad \frac{3}{2}, \quad \frac{10}{7}, \quad \frac{43}{30}, \quad \frac{225}{157}, \quad \cdots$$

on forme facilement la suite de meilleure approximation par défaut

$$\frac{1}{1} \quad \frac{4}{3} \quad \frac{7}{5} \quad \frac{10}{7} \quad \frac{53}{37} \quad \frac{96}{67} \quad \frac{139}{97} \quad \frac{182}{127} \quad \frac{225}{157}, \quad \cdots$$

d'où le développement par défaut

$$a = 1 + \frac{1}{3-} \Big| \frac{1}{2-} \Big| \frac{1}{2-} \Big| \frac{1}{6-} \Big| \frac{1}{2-} \Big| \frac{1}{2-} \Big| \frac{1}{2-} \Big| \frac{1}{2-} \Big| \cdots$$

et la suite de meilleure approximation par excès.

$$\frac{2}{1}, \quad \frac{3}{2}, \quad \frac{13}{9}, \quad \frac{23}{16}, \quad \frac{33}{23}, \quad \frac{43}{30}, \quad \cdots$$

d'où le développement par excès

$$a = 2 - \frac{1}{2-} \Big| \frac{1}{5-} \Big| \frac{1}{2-} \Big| \frac{1}{2-} \Big| \frac{1}{2-} \Big| \cdots$$

Nous laissons au lecteur le soin de trouver les lois de ces deux développements.

236. — Par le procédé précédent les suites de meilleure approximation se trouvent partagées en groupes de termes qui sont, dans l'exemple précédent

$$\overbrace{\frac{1}{1}}^{0} \quad \overbrace{\frac{4}{3} \quad \frac{7}{5} \quad \frac{10}{7}}^{2} \quad \overbrace{\frac{53}{37} \quad \frac{96}{67} \quad \frac{139}{97} \quad \frac{182}{127} \quad \frac{225}{157}}^{4} \quad \cdots$$

$$\overbrace{\frac{2}{1} \quad \frac{3}{2}}^{1} \quad \overbrace{\frac{13}{9} \quad \frac{23}{16} \quad \frac{33}{23} \quad \frac{43}{30}}^{3} \quad \cdots$$

Nous donnons aux groupes qui forment la suite par défaut les indices 0, 2, 4, ... et à ceux qui forment la suite par excès les indices 1, 3, 5, ...

On voit que le groupe d'indice i contient a_i termes et que son dernier terme est la réduite $\frac{P_i}{Q_i}$ du développement en fraction continuelle ordinaire.

D'après la façon dont les fractions intermédiaires ont été formées on voit que dans le groupe qui commence après $\frac{P_{i-1}}{Q_{i-1}}$ et qui va jusqu'à $\frac{P_{i+1}}{Q_{i+1}}$ inclus les numérateurs forment une progression arithmétique de raison P_i et les dénominateurs une progression arithmétique de raison Q_i. Ainsi : *dans un groupe d'indice quelconque les numérateurs successifs forment une progression arithmétique dont la raison est le numérateur du dernier terme du groupe dont l'indice est inférieur d'une unité. La même loi s'applique aux dénominateurs.*

237. — La propriété précédente permet de reconstituer les suites de meilleure approximation par un nouveau procédé.

Donnons d'abord la définition suivante : On appelle *médiante* de deux fractions $\frac{a}{b}$, $\frac{a'}{b'}$ la fraction $\frac{a+a'}{b+b'}$.

Ceci posé on voit facilement la règle suivante : Ayant formé le groupe d'indice $i-1$, relatif à un nombre a pour former le groupe d'indice i on forme la médiante entre la dernière fraction du groupe d'indice $i-2$ et la dernière du groupe d'indice $i-1$, puis la médiante entre la fraction trouvée et la dernière du groupe d'indice $i-1$ et ainsi de suite, en prenant toujours la médiante entre la dernière fraction formée et la dernière du groupe d'indice $i-1$, jusqu'à ce qu'on obtienne une fraction qui soit, par rapport à a, approchée dans un sens différent des précédentes. Cette fraction est alors la première du groupe d'indice $i+1$.

Remarquons que le premier groupe, celui d'indice zéro, peut s'obtenir de la même façon en partant des deux groupes d'indice -2 et -1 formés, le premier de la fraction $\frac{0}{1}$, le second de la fraction $\frac{1}{0}$.

Exemple. — Soit à former les suites de meilleure approximation pour le nombre e. On part des deux fractions $\frac{0}{1}$, $\frac{1}{0}$ et on écrit en rangeant les nombres par ordre de grandeur

$$\frac{0}{1},\quad e,\quad \frac{1}{0}.$$

Entre $\frac{0}{1}$, et $\frac{1}{0}$ on intercale la médiante $\frac{1}{1}$, on la compare à e, elle est plus petite, on écrit

$$\frac{0}{1},\quad \frac{1}{1},\quad e,\quad \frac{1}{0}.$$

Entre $\frac{1}{1}$ et $\frac{1}{0}$ on intercale la médiante $\frac{2}{1}$; elle est encore plus petite que e et l'on écrit :

$$\frac{0}{1},\quad \frac{1}{1},\quad \frac{2}{1},\quad e,\quad \frac{1}{0}.$$

Entre $\frac{2}{1}$ et $\frac{1}{0}$ on intercale la médiante $\frac{3}{1}$, celle-ci est plus grande que e et l'on écrit

$$\frac{0}{1},\quad \frac{1}{1},\quad \frac{2}{1},\quad e,\quad \frac{3}{1},\quad \frac{1}{0}.$$

Entre $\frac{2}{1}$ et $\frac{3}{1}$ on intercale la médiante $\frac{5}{2}$, elle est plus petite que e et l'on écrit

$$\frac{0}{1},\quad \frac{1}{1},\quad \frac{2}{1},\quad \frac{5}{2},\quad e,\quad \frac{3}{1},\quad \frac{1}{0},$$

Alors on intercale une médiante entre $\frac{5}{2}$ et $\frac{3}{1}$ et ainsi de suite en intercalant toujours la médiante dans l'intervalle qui contient e. Au bout de onze opérations par exemple, on arrive à

$$\frac{0}{1},\ \overbrace{\frac{1}{1},\ \frac{2}{1}}^{0},\ \overbrace{\frac{5}{2},\ \frac{8}{3}}^{2},\ \overbrace{\frac{19}{7}}^{4},\ e\ \overbrace{\frac{87}{32}\ \ \frac{68}{25}\ \ \frac{49}{18}\ \ \frac{30}{11}}^{5}\ \ \overbrace{\frac{11}{4}}^{3}\ \ \overbrace{\frac{3}{1}}^{1}\ \ \frac{1}{0}.$$

Les deux suites ainsi formées sont les suites de meilleure approximation et l'on a formé les groupes d'indices 0, 1, ... 5.

237. Démonstration directe. — Au lieu de faire dépendre le résultat précédent du développement en fraction continuelle on peut le démontrer directement. On démontre d'abord, ce qui est facile, que :

1° *La médiante de deux fractions à dénominateurs positifs a une valeur comprise entre celles de ces deux fractions.*

2° *Si deux fractions sont conjointes leur médiante est conjointe à chacune d'elles.*

Ceci démontré, il devient évident que les suites formées par le procédé du n° **236** jouissent des propriétés énoncées dans les lemmes du n° **234**. Donc elles sont des suites de meilleure approximation chacune pour le nombre vers lequel elles convergent. Reste à démontrer qu'elles convergent toutes les deux vers e. Comme tous les termes de la première suite sont plus petits que e, et tous ceux de la seconde plus grands, il suffit de montrer que la différence entre deux termes comprenant e tend vers zéro. En appelant $\frac{a}{b}$, $\frac{a'}{b'}$ ces deux termes, comme ils sont conjoints leur différence est $\frac{1}{bb'}$ qui tend vers zéro.

Remarque I. — Lorsqu'on obtient la suite de meilleure approximation par défaut au moyen du développement en fraction continuelle par défaut le groupe d'indice zéro ne s'y trouve pas en entier, mais seulement son dernier terme. Soit par exemple un nombre s compris entre 4 et 5. Le groupe d'indice zéro est formé des fractions $\frac{0}{1}$, $\frac{2}{1}$, $\frac{3}{1}$, $\frac{4}{1}$, tandis que le développement est

$$s = 4 + \frac{1}{a_1 -} \Big| \frac{1}{a_2 -} \Big| \frac{1}{a_3 -} \Big| \cdots$$

On peut modifier ce développement de façon à retrouver tous les termes du groupe d'indice zéro. Il suffit d'écrire :

$$s = 1 + \frac{1}{1 -} \Big| \frac{1}{2 -} \Big| \frac{1}{2 -} \Big| \frac{1}{a_1 + 1 -} \Big| \frac{1}{a_2 -} \Big| \frac{1}{a_3 -} \Big| \cdots$$

Remarque II. — Si le nombre à développer est rationnel soit $\frac{c}{d}$ il arrive un moment où la médiante que l'on intercale est justement $\frac{c}{d}$. Car sinon $\frac{c}{d}$ serait toujours compris entre deux termes consécutifs $\frac{a}{b}$ et $\frac{a'}{b'}$ de la suite, et comme ces termes sont conjoints on aurait $d > b$ et $d > b'$ (n° **232**) ce qui est impossible puisque b et b' croissent indéfiniment.

Au moment où ce résultat est obtenu, on peut continuer à intercaler des médiantes de chaque côté de $\frac{c}{d}$. On obtient alors deux suites infinies comme au n° **233**.

238. — La condition pour qu'une fraction donnée appartienne à la suite par excès d'un nombre donné s a été donnée au n° **219**. La condition pour qu'une fraction appartienne à la suite par défaut est la même.

La relation entre les suites de meilleure approximation pour deux nombres équivalents a été donnée au n° **222**. Elle consiste en ce que les suites de meilleure approximation de

$$\frac{\alpha s + \beta}{\gamma s + \delta} \ (\alpha, \beta, \gamma, \delta, \text{ entiers}, \alpha\delta - \beta\gamma = \pm 1)$$

se déduisent de celles de s à partir d'un certain rang en effectuant sur les termes de ces dernières la substitution $\begin{pmatrix} \alpha & \beta \\ \gamma & \delta \end{pmatrix}$. Si $\alpha\delta - \beta\gamma = 1$ les suites par excès se correspondent ainsi que les suites par défaut ; si $\alpha\delta - \beta\gamma = -1$, la suite par excès de l'un des nombres correspond à la suite par défaut de l'autre, et inversement. La répartition des termes en groupes est la même pour les deux nombres (à partir du rang pour lequel la première propriété est vérifiée).

239. Relations entre les suites de meilleure approximation et les développements en fractions continuelles régulières (¹).

Nous avons montré (nos **234** et **235**) comment on peut, dans les suites de meilleure approximation, retrouver les réduites du développement en fraction continuelle ordinaire, celles du développement par excès et celles du développement par défaut. On peut, de même, y retrouver les réduites d'un développement en fraction continuelle régulière quelconque.

Soit un tel développement

$$s = a_0 + \frac{\varepsilon_1}{a_1 +} \Big| \frac{\varepsilon_2}{a_2 +} \Big| \cdots \tag{3}$$

(¹) *Vahlen* J. r. a. M. t 115 (1895) p. 226.

Le nombre s est compris entre a_0 et $a_0 + \varepsilon_1$. Le procédé du n° **236** nous donne donc $\frac{a_0}{1}$ et $\frac{a_0 + \varepsilon_1}{1}$ comme valeurs de meilleure approximation pour s.

Ensuite s est compris entre

$$a_0 + \frac{\varepsilon_1}{a_1} \qquad \text{et} \qquad a_0 + \frac{\varepsilon_1}{a_1 + \varepsilon_2}$$

($a_1 + \varepsilon_2$ n'est pas nul, puisque si $a_1 = 1$, ε_2 est positif).

Or, si entre $\frac{a_0}{1}$ et $\frac{a_0 + \varepsilon_1}{1}$ nous intercalons une médiante ce sera $\frac{2a_0 + \varepsilon_1}{2}$ ou $a_0 + \frac{\varepsilon_1}{2}$. Si s est compris entre $a_0 + \frac{\varepsilon_1}{1}$ et $a_0 + \frac{\varepsilon_1}{2}$, c'est que le couple d'entiers a_1, $a_1 + \varepsilon_2$ est identique au couple 1, 2. Sinon, il faut encore intercaler une médiante entre $\frac{2a_0 + \varepsilon_1}{2}$ et $\frac{a_0}{1}$, ce sera $\frac{3a_0 + \varepsilon_1}{3}$ ou $a_0 + \frac{\varepsilon_1}{3}$. Si s est compris entre $a_0 + \frac{\varepsilon_1}{2}$ et $a_0 + \frac{\varepsilon_1}{3}$, c'est que le couple d'entiers a_1, $a_1 + \varepsilon_2$ est identique au couple 2, 3, et ainsi de suite. Donc par le procédé du n° **236** on est amené aux deux fractions $a_0 + \frac{\varepsilon_1}{a_1}$ et $a_0 + \frac{\varepsilon_1}{a_1 + \varepsilon_2}$ comme comprenant le nombre s et faisant partie l'un de la suite de meilleure approximation par défaut et l'autre de la suite de meilleure approximation par excès. Le raisonnement se continue de la même façon.

On voit ainsi que : *La réduite* $\frac{P_0}{Q_0}$ *du développement* (3) *est le dernier terme du groupe d'indice* 0 *dans les suites de meilleure approximation si* $\varepsilon_1 = 1$, *c'est le premier terme du groupe* 1 *si* $\varepsilon_1 = -1$. *Supposons que* $\frac{P_{n-1}}{Q_{n-1}}$ *appartienne au groupe d'indice* k; *si* $\varepsilon_{n+1} = -1$ *le terme qui suit* $\frac{P_{n-1}}{Q_{n-1}}$ [1] *sera* $\frac{P_n}{Q_n}$; *si* $\varepsilon_{n+1} = 1$, *avec* $a_n > 1$ *ou avec* $a_n = \varepsilon_n = 1$, $\frac{P_n}{Q_n}$ *sera le der-*

[1] Nous entendons par là le terme qui est à droite de $\frac{P_n}{Q_n}$ si $\frac{P_n}{Q_n}$ est par défaut le terme qui est à gauche si $\frac{P_n}{Q_n}$ est par excès.

nier terme du groupe d'indice $k+1$; *enfin si* $\varepsilon_{n+1}=1$ *avec* $a_n=1$ *et* $\varepsilon_n=-1$, $\frac{P_n}{Q_n}$ *sera le dernier terme de groupe d'indice* $k-1$.

240. Suite de meilleure approximation absolue (1). — La suite de meilleure approximation *absolue* d'un nombre s, est la suite de fractions $\frac{m}{n}$ jouissant de cette propriété que : *toute fraction qui approche de s plus que* $\frac{m}{n}$ *est moins simple que* $\frac{m}{n}$, sans distinction entre les valeurs par défaut et celles par excès. Comme il est bien évident que les termes de cette suite doivent être cherchés dans les suites par défaut et par excès on a la règle suivante :

On range l'ensemble des termes de ces deux suites suivant l'ordre de grandeur croissante de leurs dénominateurs, et l'on supprime toute fraction qui est moins approchée que les précédente.

Exemple. — Soit le nombre a du n° **235**. On a formé la suite par défaut et la suite par excès. Prenons dans ces deux suites les fractions de dénominateur 1, celle qui approche le plus de a est $\frac{1}{1}$; elle fait partie de la suite cherchée tandis que $\frac{2}{1}$ n'en fait pas partie. Cherchons parmi les fractions autre que celles-ci celle dont le dénominateur est le plus petit. C'est $\frac{3}{2}$. Or $\frac{3}{2}$ approche plus de a que $\frac{1}{1}$, donc $\frac{3}{2}$ fait partie de la suite cherchée. Parmi les fractions autres que les précédentes celle dont le dénominateur est le plus petit est $\frac{4}{3}$. Mais $\frac{4}{3}$ approche moins de a que $\frac{3}{2}$. Donc $\frac{4}{3}$ ne fait pas partie de la suite cherchchée, etc. En continuant ainsi on trouve qu'il faut supprimer le premier terme du groupe d'indice 2, le premier du groupe d'indice 3, les deux premiers du groupe d'indice 4, les deux premiers du groupe d'indice 5, etc.

Il est facile de donner une règle indiquant quels sont les termes à supprimer. Soient respectivement $\frac{P_{k-1}}{Q_{k-1}}$ et $\frac{P_k}{P_k}$ les derniers termes des groupes d'indices $k-1$ et k. Les termes du groupe d'indice $k+1$ sont :

$$\frac{P_{k-1}+\lambda P_k}{Q_{k-1}+\lambda Q_k} \; (\lambda = 1, 2, \ldots a_k).$$

(1) C. R. Ac. Sc P.

$\frac{P_{k-1}}{Q_{k-1}}$ est la réduite d'indice $k - 1$ et $\frac{P_k}{Q_k}$ la réduite d'indice k du développement de s en fraction continulle ordinaire, a_k est le quotient incomplet d'indice k du même développement.

Tous ces termes du groupe d'indice $k + 1$ sont plus approchés de s que $\frac{P_{k-1}}{Q_{k-1}}$, il n'y a qu'à supprimer ceux qui sont moins approchés que $\frac{P_k}{Q_k}$ c'est-à-dire qui sont tels que :

$$\left|s - \frac{P_{k-1} + \lambda P_k}{Q_{k-1} + \lambda Q_k}\right| > \left|\frac{P_k}{Q_k} - s\right|$$

ou

$$(-1)^{k-1}\left(s - \frac{P_{k-1} + \lambda P_k}{Q_{k-1} + \lambda Q_k}\right) > (-1)^{k-1}\left(\frac{P_k}{Q_k} - s\right)$$

ce qui s'écrit

$$\frac{1}{Q_k(Q_{k-1} + \lambda Q_k)} > 2(-1)^{k-1}\left(\frac{P_k}{Q_k} - s\right)$$

ou

$$\frac{1}{Q_k(Q_{k-1} + \lambda Q_k)} > \frac{2}{Q_k(Q_{k-1} + s_{k+1}Q_k)}$$

s_{k+1} étant le quotient complet qui suit $\frac{P_k}{Q_k}$ ou enfin :

$$\lambda < \frac{s_{k+1} - \frac{Q_{k-1}}{Q_k}}{2}.$$

Le nombre n des termes à supprimer est donc déterminé par la double inégalité :

$$\frac{s_{k+1} - \frac{Q_{k-1}}{Q_k}}{2} - 1 < n < \frac{s_{k+1} - \frac{Q_{k-1}}{Q_k}}{2}.$$

Remarque I. — On a

$$a_{k+1} < s_{k+1} < a_{k+1} + 1$$
$$0 < \frac{Q_{k-1}}{Q_k} < 1.$$

Donc

$$\frac{a_{k+1} - 1}{2} - 1 < n < \frac{a_{k+1} + 1}{2}.$$

Donc si

$$a_{k+1} \text{ est pair,} \quad n = \frac{a_{k+1}}{2} \text{ ou } \frac{a_{k+1}}{2} - 1 \text{ suivant les cas}$$

si

$$a_{k+1} \text{ est impair,} \quad n = \frac{a_{k+1} - 1}{2}.$$

Remarque II. — En comparant cette règle avec celle du n° **239** on voit qu'en général la suite des valeurs de meilleure approximation absolue n'est pas donnée par un développement en fraction continuelle régulière.

241. — Reprenons les suites formees au n° **236** à savoir, pour le nombre e :

$$\frac{0}{1}, \quad \frac{1}{0}$$

$$\frac{0}{1}, \quad \frac{1}{1}, \quad \frac{1}{0}$$

$$\frac{0}{1}, \quad \frac{1}{1}, \quad \frac{2}{1}, \quad \frac{1}{0}$$

. . . .

$$\frac{0}{1}, \frac{1}{1}, \frac{2}{1}, \frac{5}{2}, \frac{8}{3}, \frac{19}{7}, \frac{87}{32}, \frac{68}{25}, \frac{49}{18}, \frac{30}{11}, \frac{11}{4}, \frac{3}{1}, \frac{1}{0}$$

. . . .

Chacune se déduit de la précédente en intercalant une médiante dans un certain intervalle. Cet intervalle est toujours adjacent au dernier terme qu'on avait intercalé auparavant. Laissons cette condition de côté et procédons de la façon plus générale suivante : On part de deux fractions conjointes quelconques ; entre ces deux fractions on intercale une médiante ; dans l'un quelconque des deux intervalles formés on intercale une médiante ; dans l'un quelconque des trois intervalles formés on intercale une médiante et ainsi de suite. La suite obtenue à un moment quelconque de cette opération jouit des propriétés suivantes :

1° *Les fractions y sont rangées par ordre de grandeur* puisque la valeur d'une médiante est toujours intermédiaire entre les valeurs des deux fractions entre lesquelles on l'intercale.

2° *Deux fractions consécutives dans une suite sont conjointes*, déjà démontré (n° **237**).

3° *Chacune de ces fractions est égale à la médiante des deux qui la comprennent* (mais non forcément identique).

Soit à un moment donné la suite :

$$\ldots \quad \frac{a}{b}, \quad \frac{c}{d}, \quad \frac{f}{e}, \quad \frac{g}{h} \quad \ldots$$

On intercale une médiante entre $\frac{c}{d}$ et $\frac{e}{f}$ et l'on obtient :

$$\frac{a}{b}, \quad \frac{c}{d}, \quad \frac{c+e}{d+f}, \quad \frac{e}{f}, \quad \frac{g}{h}.$$

Il faut montrer que $\frac{c}{d}$ est égale à la médiante de $\frac{a}{b}$ et $\frac{c+e}{d+f}$, et que $\frac{e}{f}$ est égale à celle de $\frac{c+e}{d+f}$ et $\frac{g}{h}$, c'est-à-dire que :

$$\frac{c}{d} = \frac{a+c+e}{b+d+f} \qquad \text{et} \qquad \frac{e}{f} = \frac{c+e+g}{d+f+h}$$

ou :

$$bc - ad = de - cf = fg - eh$$

Or ces trois quantités sont égales à 1.

242. Suites de Farey (1). — *En particulier partons de la suite :*

$$\frac{0}{1}, \quad \frac{1}{1}$$

et déduisons la $n^{\text{ième}}$ suite de la $(n-1)^{\text{ième}}$ par la règle suivante : On intercale des médiantes dans les intervalles où la somme des dénominateurs est égale à n. Les suites obtenues seront dites *suites de Farey*. Ce sont :

$$\frac{0}{1} \quad \frac{1}{1}$$

$$\frac{0}{1} \quad \frac{1}{2} \quad \frac{1}{1}$$

$$\frac{0}{1} \quad \frac{1}{3} \quad \frac{1}{2} \quad \frac{2}{3} \quad \frac{1}{1}$$

$$\frac{0}{1} \quad \frac{1}{4} \quad \frac{1}{3} \quad \frac{1}{2} \quad \frac{2}{3} \quad \frac{3}{4} \quad \frac{1}{1}$$

$$\frac{0}{1} \quad \frac{1}{5} \quad \frac{1}{4} \quad \frac{1}{3} \quad \frac{2}{5} \quad \frac{1}{2} \quad \frac{3}{5} \quad \frac{2}{3} \quad \frac{3}{4} \quad \frac{4}{5} \quad \frac{1}{1}$$

. . . .

(1) J. FAREY, *Phil. mag. and Journ.*, 47 (1816), p. 385 ; *Bull. Soc. philom.*, (3), t. 3 (1816), p. 112 (sans démonstration).

A. L. CAUCHY, *Bull. Soc. philom.*, (3), t. 3 (1816), p. 133 ; *Exerc. math.*, t. 1, p. 114 ; *Œuvres*, (2), 6, p. 146.

Nous allons démontrer que *la n^{eme} suite de Farey est formée de toutes les fractions irréductibles comprises entre* 0 *et* 1 *et de dénominateur non supérieur à n.*

Il est évident que la n^{eme} suite de Farey est composée de telles fractions. Il n'y a qu'à démontrer que ces fractions y sont toutes. C'est vrai pour la première suite ; nous allons démontrer que si c'est vrai pour la $(n-1)^{\text{eme}}$ c'est vrai pour la n^{eme}.

Comme la n^{eme} suite contient toutes les fractions que contient la $(n-1)^{\text{eme}}$, elle contient toutes les fractions irréductibles comprises entre 0 et 1 et de dénominateurs plus petits que n, il suffit donc de démontrer qu'elle contient celles de dénominateur égal à n. Soit $\frac{a}{n}$ une telle fraction.

Soient $\frac{h}{k}$ et $\frac{h'}{k'}$ les deux termes consécutifs de la $(n-1)^{\text{eme}}$ suite qui comprennent entre eux $\frac{a}{n}$. On a :

$$\frac{h}{k} < \frac{a}{n} < \frac{h'}{k'}.$$

Or on a :

$$\frac{h'}{k'} - \frac{h}{k} = \left(\frac{a}{n} - \frac{h}{k}\right) + \left(\frac{h'}{k'} - \frac{a}{n}\right)$$

d'où, en se rappelant que $\frac{h}{k}$ et $\frac{h'}{k'}$ sont conjoints :

$$\frac{1}{kk'} = \frac{ak - nh}{nk} + \frac{nh' - ak'}{nk'}$$

ou :

$$n = (ak - nh)k' + (nh' - ak')k.$$

Dans cette égalité les quantités $ak - nh$ et $nh' - ak'$ sont des entiers positifs. Donc :

$$n \geqslant k + k'.$$

Mais si l'on avait $k + k' < n$, la médiante entre $\frac{h}{k}$ et $\frac{h'}{k'}$ à savoir $\frac{h+h'}{k+k'}$ appartiendrait à la $(n-1)^{\text{eme}}$ suite, ce qui n'est pas. Donc :

$$k + k' = n$$

et les entiers positifs $ak - nh$ et $nh' - ak'$ sont tous deux égaux à 1. Leur différence $a(k + k') - n(h + h')$ est donc nulle. On en tire que $h + h' = a$. Donc $\frac{a}{n}$ est la médiante entre $\frac{h}{k}$ et $\frac{h'}{k'}$ et par suite se trouve dans la n^{eme} suite.

On voit que dans la suite de Farey : 1° deux fractions consécutives sont conjointes ; 2° une fraction quelconque est égale à la médiante des deux qui la comprennent.

NOTES ET EXERCICES

I. — Trouver les suites de meilleure approximation jusqu'au groupe d'ordre 5 pour le nombre 0,2422.

Ce nombre est l'excès de l'année tropique, exprimée en jours, sur 365.

Parmi les termes des suites demandées on remarquera $\frac{1}{4}$ avec erreur par excès égale à 0,0078 qui correspond au calendrier Julien ; $\frac{8}{33}$ avec une erreur par excès plus petite que 0,00023 qui correspond au calendrier Persan. La valeur $\frac{97}{400}$ qui correspond au calendrier Grégorien est moins approchée que la précédente (erreur égale 0,0003). Elle n'est donc pas dans les suites de meilleure approximation.

II. — Donner la règle pour retrouver dans les suites de meilleure approximation les réduites du développement court.

III. — Toute fraction de meilleure approximation absolue pour s est une valeur principale.

IV. — Si l'on considère deux fractions qui, dans la suite des opérations par le procédé de Farey, se trouvent à un certain moment voisines et comprennent s, celle qui a le plus petit dénominateur est principale, et il y en a au moins une des deux qui est principale singulière. (VAHLEN, *J. r. a. M.*, t. 115 (1895) p. 221).

CHAPITRE XXI

REPRESENTATION GEOMETRIQUE POUR LE GROUPE MODULAIRE ET LA REDUCTION DES FORMES QUADRATIQUES [1] REDUCTION CONTINUELLE D'HERMITE

243. — Soit $z = x + iy$ un nombre quelconque *non réel* ($y \neq 0$). On le représente par le point M de coordonnées x, y, dans un système de coordonnées rectangulaires.

Soit $z' = \frac{\alpha z + \beta}{\gamma z + \delta}$ ($\alpha, \beta, \gamma, \delta$ entiers ; $\alpha\delta - \beta\gamma = 1$) un nombre proprement équivalement à z (n° **163**) représenté par le point M'.

Nous dirons, pour abréger, que M et M' sont *proprement équivalents* ou de *même classe*. Alors la question se pose : Comment se distribuent dans le plan les points de même classe ?

Tout d'abord ils sont du même côté de Ox parce qu'ils ont leurs parties imaginaires de même signe (n° **164**). Nous supposerons, pour fixer les idées, que ce signe est le signe +. Alors tous les points en question sont au-dessus de Ox.

Nous avons vu (n° **164**) que z est proprement équivalent à un nombre réduit et à un seul, en appelant nombre réduit un nombre $\xi + \eta i$ satisfaisant aux conditions :

$$\eta > 0 \qquad -\frac{1}{2} \leqslant \xi < \frac{1}{2} \qquad \xi^2 + \eta^2 \geqslant 1$$

et à la condition supplémentaire :

$$\xi \leqslant 0 \quad \text{lorsque} \quad \xi^2 + \eta^2 = 1.$$

Ces conditions s'interprêtent géométriquement de la façon suivante :

Traçons les deux droites $x = \pm \frac{1}{2}$ et le cercle $x^2 + y^2 = 1$ (fig. 1).

(1) Dedekind, *J. r. a. M.*, t. 83 (1877) p. 27.

Ces lignes entourent une portion du plan, CAA′ (C à l'infini dans la direction Oy). Les points réduits sont les points à l'intérieur de cette portion du plan, ou bien sur la partie de sa frontière qui est à gauche de Oy, le point I compris, le point C non compris. L'ensemble des points réduits s'appellera *domaine fondamental*. Les points A et A′ sont dits *sommets* de ce domaine, le point C en est la *pointe* (1). Les angles CAA′ et CA′A sont égaux à $\frac{\pi}{3}$, l'angle ACA′ est égal à zéro. Des trois côtés du domaine fondamental les deux côtés CA et CA′ opposés aux sommets, s'appelleront plus particulièrement les *côtés*; le côté AA′ opposé à la pointe s'appellera la *base*.

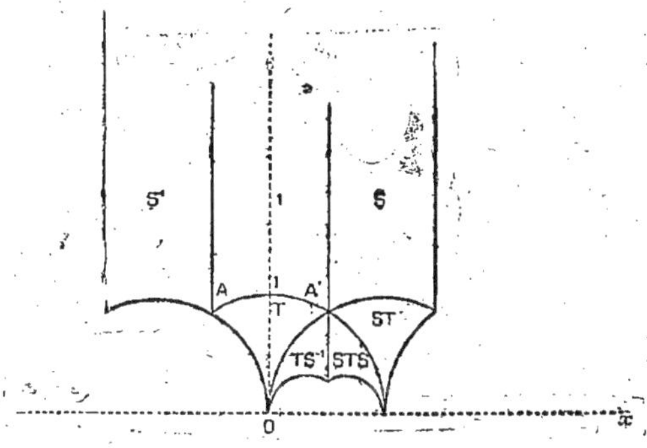

Fig. 1.

On vient donc de voir que *tout point du plan est de même classe qu'un point et un seul du domaine fondamental*. En particulier : *dans le domaine fondamental, il n'y a pas deux points qui soient de même classe*.

De plus, en général, un point du domaine fondamental ne se transforme en lui-même que par la substitution identique. Il y a exception pour le point I affixe de i, pour le point A affixe de $\frac{-1+i\sqrt{3}}{2}$ et enfin pour le point C, affixe de $z = \infty$ qui se

(1) Ces dénominations utiles sont dues à M. G. Humbert *C. R. A. S.* t. 161 (1915) p. 718.

transforme en lui-même par toutes les substitutions modulaires

$$\begin{pmatrix} 1 & \delta \\ 0 & 1 \end{pmatrix}.$$

Ces énoncés sont les traductions géométriques des résultats du n° **164**.

244. — Considérons une substitution modulaire Σ. Cette substitution transforme un point quelconque du domaine fondamental en un autre et par conséquent transforme tout le domaine fondamental en un autre D_Σ. Voyons ce que l'on peut dire de D_Σ. Pour cela nous ferons usage du théorème suivant relatif à la transformation homographique la plus générale.

Dans la transformation homographique (¹) *consistant à remplacer un point* z *par le point* $\frac{\alpha z + \beta}{\gamma z + \delta}$ (α, β, γ, δ, *nombres quelconques, réels ou imaginaires*, $\alpha\delta - \beta\gamma \neq 0$).

1° *Un cercle se transforme en un cercle* ;

2° *L'angle sous lequel se coupent deux courbes en un point* M *est égal à celui sous lequel se coupent les courbes transformées au point transformé de* M. Autrement dit : *la transformation conserve les angles.*

En effet, la substitution $z \left| \frac{\alpha z + \beta}{\gamma z + \delta} \right.$ est le produit des suivantes :

$$z \left| z + \frac{\alpha}{\gamma}, \right. \qquad z \left| -\frac{1}{z}, \right. \qquad z \left| \frac{\gamma^2}{\alpha\delta - \beta\gamma} z, \right. \qquad z \left| z + \frac{\delta}{\gamma}. \right.$$

La première est une translation ; la seconde est une inversion de pôle O suivie d'une symétrie par rapport à Ox ; la troisième est une homothétie de pôle O suivie d'une rotation autour de O ; la dernière une translation. Or :

1° Chacune de ces transformations transforme un cercle en un cercle, il est donc de même de leur produit ;

2° Parmi ces transformations, les translations, l'homothétie et

(¹) On appelle souvent transformation homographique la transformation qui remplace un point de coordonnée x, y par le point de coordonnées

$$X = \frac{ax + bx + c}{a''x + b''y + c''} \qquad Y = \frac{a'x + b'y + c'}{a''x + b''y + c''}$$

Ici le mot est employé dans un autre sens.

la rotation conservent les angles. Quand à l'inversion et à la symétrie elles les changent de signe. Donc leur produit conserve les angles.

Dans le *cas particulier où α, β, γ, δ sont réels*, Ox se transforme en lui-même. Il résulte de là et de la conservation des angles que tout cercle ayant son centre sur Ox (et par conséquent coupant Ox orthogonalement) se transforme en un cercle ayant aussi son centre sur Ox. Dans des cas particuliers ces cercles peuvent devenir des droites perpendiculaires à Ox. On voit de plus facilement que si $\alpha\delta - \beta\gamma > 0$, les demi-cercles au-dessus de Ox se correspondent, si $\alpha\delta - \beta\gamma < 0$ un demi-cercle au-dessus de Ox se transforme en un demi-cercle au-dessous.

Revenons aux domaines D_Σ dont il a été parlé plus haut. On voit d'abord qu'un tel domaine est borné, comme D, par trois arcs de cercle orthogonaux à Ox, et situés au-dessus de Ox. Ces arcs de cercle se coupent deux à deux en trois points. En deux d'entre eux, correspondant à A et A', les angles formés sont égaux à $\frac{\pi}{3}$, ces points sont les *sommets* du domaine D_Σ. Le troisième correspond à C, c'est la *pointe* du domaine D_Σ. L'angle formé en ce point est nul. La pointe du domaine D_Σ $\left(\Sigma = \binom{\alpha\beta}{\gamma\delta}\right)$ est le point $z = \frac{\alpha}{\gamma}$. Il est donc sur Ox si $\gamma \neq 0$, et à l'infini si $\gamma = 0$.

Le domaine D_S correspondant à la substitution $S = z \mid z + 1$ s'obtient en donnant à D une translation parallèle à Ox et égale à 1.

Le domaine D_{S^m} s'obtient en donnant à D une translation parallèle à Ox et égale à m.

Le domaine D_T correspondant à la substitution $T = z \left| -\frac{1}{z}\right.$ s'obtient en faisant sur D une inversion par rapport au cercle de centre O et de rayon 1, suivie d'une symétrie par rapport à Oy. Le sommet A se transforme en A', le sommet A' en A, la pointe C se transforme en O. L'arc A'IA se transforme en lui-même. Le côté A'C se transforme en un arc AO qui est le prolongement de la base du domaine D_S. De même AC se transforme en A'O symétrique du précédent par rapport à Oy.

Finalement, le domaine D_Γ est le triangle curviligne OAA′, y compris les arcs IA et AO, le point I compris, le point O non compris.

L'ensemble des domaines D_Σ couvre le demi-plan au-dessus de Ox sans doublure et sans lacune, c'est-à-dire que tout point du plan : 1° appartient à un domaine ; 2° appartient à un seul, sauf quelques points des frontières. En effet : 1° tout point du plan est proprement équivalent à un point du domaine réduit, il s'en déduit par une substitution Σ, dont il appartient au domaine D_Σ; 2° s'il appartient à deux domaines D_Σ, $D_{\Sigma'}$, c'est qu'il se déduit de deux points M, M′ du domaine D par des substitutions Σ, Σ'. Mais dans D il n'y a pas deux points équivalents. Donc M et M′ coïncident. Alors M se transforme en lui-même par la substitution non identique $\Sigma^{-1}\Sigma'$. Donc M est l'un des trois points A, I, C.

245. Formation des domaines D_Σ par symétries successives. — Nous allons étendre le sens ordinaire du mot symétrie. Nous dirons que deux points M, M′ sont symétriques par rapport à un cercle de centre O et de rayon R lorsque O, M, M′ sont en ligne droite et que $\overline{OM} . \overline{OM'} = R^2$. L'un de ces points est nécessairement à l'intérieur et l'autre à l'extérieur du cercle.

Théorème, I. — *Si deux points* M *et* M′ *sont symétriques par rapport à un cercle* C *tout cercle* Γ *passant par* M *et* M′ *est orthogonal à* C.

II. — *Si deux points* M *et* M′ *sont tels que deux cercles* Γ *et* Γ' *passant par ces points sont orthogonaux à un cercle* C.

1° M *et* M′ *sont symétriques par rapport à* C.

2° *Tout cercle passant par* M *et* M′ *est orthogonal à* C.

En effet, 1° De OM . OM′ = R² on déduit que O est en dehors du segment MM′. On peut donc mener de O une tangente ON au cercle Γ. On aura

$$\overline{ON}^2 = OM . OM' = R^2.$$

Donc ON = R par suite N est sur le cercle C, etc.

II. — Soit N un point commun à Γ et C, N′ un point commun à Γ' et à C′. Menons la tangente en N à Γ et la tangente en N′ à Γ', elles se coupent au centre O de C. Alors ON = ON′. Donc

O est sur l'axe radical de Γ et Γ' c'est-à-dire sur MM'. De plus

$$OM \cdot OM' = \overline{ON}^2.$$

Donc M et M' sont symétriques par rapport à C, etc.

Pour justifier l'emploi du mot « symétrique » dans ce qui précède, il faut montrer que *si le centre* C *devient une droite la symétrie par rapport à* C *devient la symétrie ordinaire par rapport à cette droite.* Or cela résulte du théorème I, car si deux points M et M' sont tels que tout cercle passant ces points est orthogonal à une droite D, il en résulte évidemment que ces points sont symétriques, au sens ordinaire, par rapport à cette droite.

THÉORÈME. — *Soient deux points* M *et* M' *symétriques par rapport à un cercle* C, *cette propriété se conserve par une transformation homographique.*

En effet la propriété que tous les cercles passant par les deux points M et M' coupent orthogonalement le cercle C se conserve par une transformation homographique.

Nous pouvons maintenant former les domaines D_Σ par symétries successives en partant du domaine fondamental D_1. On constate d'abord que les trois domaines adjacents à D_1, à savoir D_S, D_{S-1} et D_T sont les symétriques de D_1 par rapport à ses trois côtés. Si nous transformons ceci par une substitution Σ nous voyons que les trois domaines adjacents à D_Σ sont $D_{S\Sigma}$, $D_{S^{-1}\Sigma}$ et $D_{T\Sigma}$, et qu'ils sont les symétriques de D_Σ par rapport à ses trois côtés. Alors, pour construire la figure 1, il suffit, après avoir construit les trois domaines symétriques de D_1 successivement par rapport à ses trois côtés, de refaire la même construction pour ces trois nouveaux domaines, et ainsi de suite.

Il faut remarquer que tout point de Ox d'abscisse rationnelle $\frac{\alpha}{\gamma}$ $\left(\frac{\alpha}{\gamma}\text{ irréductible}\right)$ est la pointe d'une infinité de domaines, à savoir tous les domaines D_Σ où $\Sigma = \begin{pmatrix}\alpha & \beta \\ \gamma & \delta\end{pmatrix}$. Mais les points de Ox d'abscisses irrationnelles n'appartiennent pas à la figure. Il y a là un fait qu'il est impossible de représenter géométriquement.

Un certain nombre de résultats donnés précédemment deviennent immédiatement visibles sur la figure 1. D'abord, puisque tout domaine se déduit du domaine D_1 par une suite de symétries qui équivalent à l'une des substitutions S, S^{-1} et T, on en déduit que S et T sont des substitutions fondamentales du groupe (nº **165**).

Si l'on tourne autour du point A, dans les environs de ce point, en partant du domaine D, on y revient après avoir traversé six domaines dont chacun se déduit du précédent alternativement par la substitution S et par la substitution T. On obtient ainsi la relation $(ST)^3 = 1$ (nº **165**).

Cherchons les nombres réduits ayant des substitutions automorphes autres que la substitution identique. Un tel nombre doit appartenir à la fois à D et à un autre domaine. Il est donc sur la frontière de D. En examinant les choses de plus près on voit facilement qu'on trouve le point $z = i$ qui se transforme en lui-même par la substitution T, le point $z = \frac{1 + \sqrt{3}}{2}$ qui se transforme en lui-même par deux substitutions ST et $(ST)^2$, (nº **164**) et enfin le point ∞ qui se transforme en lui-même par les substitutions S^m.

Considérons la réduction des nombres réels [1]. Les affixes des nombres réels non rationnels n'appartiennent pas à la figure. Mais considérons un *couple* de nombres réels ω, ω', les affixes correspondantes A, A′ et le demi-cercle décrit au-dessus de AA′ pris comme diamètre. La connaissance de ω, ω' entraine celle de ce demi-cercle et réciproquement. Or le demi-cercle appartient à la figure, sauf ses points A et A′. On a ainsi un moyen d'appliquer non aux nombres réels mais aux couples de nombres réels les considérations géométriques précédentes.

On dira qu'un couple ω, ω' est *réduit* quand le *demi-cercle correspondant à ce couple traverse le domaine fondamental.* La forme (a, b, c) est dite *réduite* quand *ses deux racines forment un couple réduit.*

Cette définition s'applique aux couples de nombres quelconques et, par conséquent, aux formes (a, b, c) à coefficients quelconques, rationnels ou non.

Il est facile de trouver les conditions nécessaires et suffisantes pour qu'une forme (a, b, c) soit réduite. Il n'y a qu'à exprimer que l'un au moins des sommets A, A′, du domaine fondamental

(1) F. Klein, *Vorl. ub. d. Theor. d. elliptischen Modulfunctionen.* Leipzig Teubner 1890, p. 250.

est à *l'intérieur* du cercle relatif à la forme, le point A' au sens *large* du mot, le point A au sens *étroit* (1). On trouve ainsi que *l'une au moins des deux conditions suivantes doit être remplie* :

$$a(2a + b + 2c) < 0 \qquad a(2a - b + 2c) \leqslant 0$$

En fonction des racines ces conditions deviennent :

$$2 - (\omega + \omega') + 2\omega\omega' < 0 \qquad 2 + (\omega + \omega') + 2\omega\omega' \leqslant 0$$

Pour obtenir toutes les substitutions qui réduisent un couple de nombre ou une forme, on prend tous les domaines D_Σ que traverse le demi-cercle correspondant, les substitutions Σ sont les subtitutions demandées.

On en obtient ainsi une infinité. En prenant les domaines D_Σ dans l'ordre où les traverse successivement le demi-cercle, ces substitutions sont rangées en une suite. A cette suite de substitutions correspond une suite de couples de nombres réduits ou de formes réduites. Ayant l'un de ces couples ou l'une de ces formes, il est facile de former la suite.

Soit la forme représentée par le demi-cercle Γ traversant D_Σ puis $D_{\Sigma'}$ etc.

L'arc MP de ce demi-cercle situé dans le domaine D_Σ correspond à un arc M_0P_0 situé dans le domaine fondamental ; l'arc PQ situé dans $D_{\Sigma'}$ correspond à un arc $P'_0Q'_0$ du domaine fondamental, etc.

Donc on passe d'une forme réduite à la suivante par l'une des substitutions qui transforment le domaine fondamental en un domaine adjacent, c'est-à-dire par l'une des substitutions S, S^{-1} ou T.

On peut former ainsi une *chaîne* (2) de substitutions et en général une *chaîne* de formes réduites, indéfinie dans les deux sens.

Mais quand le couple de nombres est formé de deux nombres quadratiques, ou ce qui est la même chose quand la forme est à coefficients commensurables entre eux, cette infinité de substitutions ne donne qu'un nombre limité de formes ou de couples réduits.

En effet, d'abord on peut supposer a, b, c entiers. Ensuite le rayon du cercle correspondant à la forme (a, b, c) est $\frac{\sqrt{\Delta}}{2\,|\,a\,|}$.

(1) L'intérieur d'un domaine, au sens *étroit* du mot, c'est ce domaine, non compris son contour. L'intérieur d'un domaine, au sens *large* du mot, c'est ce domaine, y compris son contour.

(2) Nous appelons *chaîne* une suite indéfinie dans les deux sens.

Pour que ce cercle traverse le domaine fondamental, il faut que ce rayon soit plus grand que la distance du sommet A à Ox, c'est-à-dire que :

$$\frac{\sqrt{\Delta}}{2\,|a|} > \frac{\sqrt{3}}{2}$$

ou

$$|a| < \sqrt{\frac{\Delta}{3}}.$$

Comme Δ est le même pour toutes les formes de même classe, et que a est entier cette inégalité limite le nombre de valeurs de a.

La valeur de a étant choisie, le rayon R du cercle est déterminé, et pour que ce cercle traverse le domaine fondamental il faut que l'abcisse de son centre, c'est-à-dire $-\frac{b}{2a}$, soit compris entre

$$\frac{1}{2} + \sqrt{R^2 - \frac{3}{4}} \quad \text{et} \quad -\frac{1}{2} + \sqrt{R^2 - \frac{3}{4}}$$

ce qui limite le nombre des valeurs de b. D'ailleurs quand a et b sont déterminés, c s'ensuit. Il en résulte qu'en parcourant la chaîne des formes réduites on en retrouve une qui a le même demi-cercle que celle dont on est parti. Elle lui est identique, ou identique mais de signe contraire. Si le deuxième de ces cas se présente, en continuant à parcourir la suite, au bout d'un nombre d'opérations égal on retrouve la forme même dont on était parti.

Pour que deux formes soient de même classe il faut et il suffit qu'elles donnent la même chaîne.

Exemple :

La forme réduite	$(1, 1, -3)$	devient par la substitution		S
	$(1, 3, -1)$	qui	»	T
	$(-1, -3, +1)$	»	»	S^{-1}
	$(-1, -1, 3)$	»	»	S
	$(-1, -3, 1)$	»	»	T
	$(1, 3, -1)$	»	»	S
	$(1, 1, -3)$	dont on est parti.		

Remarque. — Cette définition des formes réduites ne coïncide pas avec celle du nº **176**. En effet les conditions (9) du nº **176** ne sont pas les mêmes que les conditions trouvées plus haut. La définition du nº **176** (ou celle de la note II du chapitre XII pour les couples de nombres) se traduirait géométriquement de la façon suivante :

Pour qu'une forme ou un couple de nombre soit réduit il faut et il suffit que le demi-cercle correspondant soit situé tout entier dans la position du plan comprise entre le cercle $x^2 + y^2 - x = 0$ et la droite $x = -1$. A cette définition correspondrait aussi une chaîne qui serait limitée dans le cas des formes à coefficients commensurables entre eux.

246. Réduction continuelle d'Hermite. — Hermite a exposé [1] une méthode de réduction qu'il a appelé *réduction continuelle.* Elle acquiert beaucoup d'importance de ce fait qu'elle ne s'applique pas seulement aux formes binaires quadratiques indéfinies. Pour ces dernières elle est identique à la réduction précédente.

Soit la forme indéfinie

$$f = (a, b, c) = a(x - \omega y)(x - \omega' y).$$

A côté de cette forme indéfinie considérons la forme définie positive :

$$\varphi_\lambda = (x - \omega y)^2 + \lambda^2 (x - \omega' y)^2$$

dans laquelle λ est un paramètre que nous ferons varier de 0 à $+\infty$.

Nous avons ainsi un ensemble de formes définies que nous appellerons *attachées* à la forme f. En particulier φ_λ sera dit attachée à f *pour la valeur* λ *du paramètre.*

D'après Hermite nous dirons que la forme f est réduite quand, *dans l'ensemble des formes définies qui lui sont attachées il y en a de réduites.*

La réduction des formes indéfinies est ainsi ramenée à celle des formes définies. Montrons que cette définition des formes réduites revient à celle du n° **245**.

Les racines de φ_λ sont :

$$\frac{\omega \pm \lambda\omega' i}{1 + \lambda i}$$

ce qui peut s'écrire

$$\frac{\omega + \lambda^2\omega' \mp \lambda(\omega - \omega')i}{1 + \lambda^2}$$

(1) *J. r. a. M.* 41 (1851) p. 203. — *Œuvres* t. I, Paris (1905) p. 178.

de sorte que la racine dans laquelle le coefficient de i est positif est

$$\frac{\omega + \lambda^2\omega' + \lambda \mid \omega - \omega' \mid i}{1 + \lambda^2}.$$

Son affixe a pour coordonnées

$$x = \frac{\omega + \lambda^2\omega'}{1 + \lambda^2}, \qquad y = \frac{\lambda \mid \omega - \omega' \mid}{1 + \lambda^2}.$$

Or, quand λ varie de 0 à $+\infty$ on voit sans peine que cette affixe décrit le demi-cercle, allant de ω à ω', au dessus de Ox. Donc, dire que φ_λ est réduite pour certaines valeurs de λ, c'est dire que ce cercle traverse le domaine fondamental. On retombe donc bien sur la définition du n° précédent [1].

247. Réduction en fraction continuelle correspondant à la réduction continuelle d'Hermite. — Considérons une forme quadratique binaire indéfinie f, réduite et le demi-cercle correspondant. Soit MP l'arc de ce demi-cercle qui est dans le domaine fondamental.

Parcourons ce demi-cercle de gauche à droite par exemple, nous sortons du domaine fondamental soit par la frontière CA soit par la frontière AA'.

Supposons que ce soit par CA. Alors la forme suivante $f^{(1)}$ de la chaîne se déduit de la première par la substitution S. Appelons ω la racine de f, que l'on atteindrait en continuant à parcourir le demi-cercle dans le même sens que précédemment jusqu'à ce qu'on atteigne Ox ; c'est donc ici la plus grande racine. A la racine ω correspondra pour $f^{(1)}$ une racine $\omega^{(1)} = \omega - 1$, d'où

$$\omega = 1 + \omega^{(1)}.$$

Le demi-cercle de $f^{(1)}$, parcouru dans le sens correspondant au précédent c'est-à-dire aussi de droite à gauche, sort de même du domaine fondamental, soit par la frontière CA soit par la frontière AA'. Supposons que ce soit par CA. Il en résulte une nouvelle forme $f^{(2)}$ et une nouvelle racine $\omega^{(2)} = \omega^{(1)} - 1$. D'où

$$\omega = 2 + \omega^{(2)}.$$

[1] C'est M. Lerch qui a remarqué l'identité de la réduction géométrique de Klein avec la réduction continuelle d'Hermite. Voir *Encyclopédie des Sc. Math.*, I_3 fasc. 2, p. 119.

En poursuivant l'opération on aura un certain nombre de fois à sortir par la frontière CA ; mais cela ne pourra continuer indéfiniment puisqu'à chaque opération le demi-cercle recule de 1 vers la gauche. Supposons que cela se présente a_0 fois.

On arrive à une forme $f^{(a_0)}$ ayant une racine $\omega^{(a_0)}$ telle que :

$$\omega = a_0 + \omega^{(a_0)}.$$

Dans l'opération suivante on sortira du domaine fondamental par la base AA' et on obtiendra une forme f', ayant une racine ω' telle que $\omega' = -\frac{1}{\omega^{(a_0)}}$. Donc

$$\omega = a_0 - \frac{1}{\omega'}. \tag{1}$$

Si on avait eu à sortir du domaine fondamental par la base dès le début de l'opération, on aurait eu

$$\omega = -\frac{1}{\omega'}$$

ce qui n'est qu'un cas particulier de l'égalité précédente ou $a_0 = 0$.

Arrivé à ce point de l'opération deux cas se présentent, parce que lorsqu'on applique à un cercle orthogonal à Ox la transformation $z \,\Big|\, -\frac{1}{z}$ il arrive que le sens dans lequel est parcouru le nouveau cercle est le même que celui dans lequel est parcouru le précédent ou le sens contraire, suivant que le premier cercle coupe Ox en deux points qui sont du même côté de O ou non. Dans le premier cas le nouveau cercle quitte encore le domaine fondamental par la frontière CA, cela se présentera a_1 fois de suite et l'on arrivera à une égalité de la formo :

$$\omega = a_0 - \cfrac{1}{a_1 - \cfrac{1}{\omega''}}.$$

Dans le second cas le nouveau cercle quitte le domaine fondamental par la frontière CA' et l'on arrivera à une égalité de la forme :

$$\omega = a_0 - \cfrac{1}{a_1 + \cfrac{1}{\omega''}}$$

et ainsi de suite. On obtient ainsi

$$(1) \qquad \omega = a_0 - \frac{1}{a_1 +} \Big| \frac{\varepsilon_2}{a_2 +} \Big| \dots + \Big| \frac{\varepsilon_n}{\omega^{(n)}}.$$

On est alors amené à supposer que la fraction continuelle indéfinie

$$(2) \qquad a_0 - \frac{1}{a_1 +} \Big| \frac{\varepsilon_2}{a_2 +} \Big| \dots + \Big| \frac{\varepsilon_n}{a_n +} \Big| \dots$$

est convergente et représente l'une des deux racines de la forme f.

Nous allons montrer que cela a lieu en effet et que la racine représentée est celle vers laquelle on se dirige dans la première opération.

Pour cela remarquons d'abord que les quantités $\omega^{(n)}$ sont toutes plus grande que 1. En effet un arc de cercle ayant son centre sur Ox, partant d'un point de AA' et allant à un point de AC ou de A'C et étant prolongé se tient évidemment en dehors du demi-cercle de centre o et de rayon 1. Donc il coupe Ox en un point extérieur au segment $-1, +1$.

Il en résulte (n° **224**) que la fraction continuelle (2) est régulière et convergente, et à cause de l'égalité (1) sa valeur est ω.

Si au début de l'opération on avait parcouru le premier demi-cercle de *droite à gauche*, on aurait obtenu un développement de l'autre racine.

Dans le cas où la forme est à coefficients entiers ou simplement commensurables entre eux, la suite des substitutions S, T, S^{-1} est périodique dans les deux sens. Donc elle est immédiatement périodique à partir du commencement dans l'un quelconque des sens. En résulte-t-il que les fractions continuelles qui représentent les racines soient immédiatement périodiques ? On voit facilement que, si dans la suite des opérations on retombe sur ω après une substitution T, la fraction est immédiatement périodique. Si l'on retombe sur ω après une substitution S ou une substitution S^{-1}, la fraction n'est périodique qu'à partir du second élément.

Signification géométrique des réduites. Les réduites du développement précédent sont égales aux abcisses des pointes des domaines que traverse le demi-cercle C. En effet le demi-cercle partant du domaine fondamental passe d'abord, en traversant des côtés, par

a_0 domaines dont la pointe est à l'infini, et pénètre, par sa base, dans le domaine correspondant à la substitution

$$z \left| a_0 - \frac{1}{z} \right.$$

dont la pointe a pour abcisse $\frac{a_0}{1}$ qui est bien la réduite d'indice zéro du développement. Puis il passe en traversant des côtés par a_1 domaines qui ont la même pointe que le précédent et entre par sa base, dans le domaine correspondant à la substitution

$$z \left| a_0 - \cfrac{1}{a_1 - \cfrac{1}{z}} \right.$$

dont la pointe a pour abcisse $a_0 - \frac{1}{a_1}$ qui est bien la réduite d'indice un, etc.

248. Relation avec le développement en fraction continuelle ordinaire. — Supposons le couple ω, ω' réduit. Supposons que le nombre ω qu'on veut développer soit le plus grand des deux, et qu'il soit irrationnel : $\omega > \omega'$.

Soit :

$$\omega = a_0 + \frac{1}{a_1 +} \Big| \cdots .$$

le développement de ω en fraction continuelle ordinaire.

Nous posons, comme à l'ordinaire :

$$\omega = a_0 + \frac{1}{a_1 +} \Big| \cdots + \Big| \frac{1}{a_n +} \Big| \frac{1}{\omega_n}.$$

Cherchons le développement de ω en fraction continuelle d'Hermite.

La première opération consiste à reculer le demi-cercle vers la gauche d'une quantité a'_0 déterminée par cette condition que, dans sa nouvelle position, le demi-cercle coupe encore le domaine fondamental, mais le quitte, à droite, par la base. Alors

$$-\frac{1}{2} < \omega - a'_0 < 1.$$

Donc a'_0 est la partie entière de ω, ou bien cette partie entière augmentée de 1. On a par suite

$$a'_0 = a_0 \quad \text{ou} \quad a'_0 = a_0 + 1.$$

Cherchons, d'une façon précise, dans quelles circonstances se présente la seconde hypothèse. Il faut pour cela que

$$\omega - a_0 > \frac{1}{2}$$

d'où

$$a_1 = 1.$$

Mais cette condition n'est pas suffisante. La condition nécessaire et suffisante, et qui entraîne la précédente, est que le cercle décrit sur le segment $\omega' - a_0$, $\omega - a_0$ comme diamètre, enveloppe le point A, c'est-à-dire que :

(3) $$2 - (\omega' - a_0 + \omega - a_0) + 2(\omega' - a_0)(\omega - a_0) < 0.$$

Supposons d'abord que la condition (3) ne soit pas remplie. Alors le premier terme du développement de ω en fraction continuelle d'Hermite est a_0, après quoi ω et ω' se trouvent remplacés respectivement par $\omega - a_0$ qui est positif et $\omega' - a_0$ qui est négatif. Il faut alors effectuer la substitution T qui remplace $\omega - a_0$ par $-\frac{1}{\omega - a_0}$ qui est négatif et $\omega' - a_0$ par $-\frac{1}{\omega' - a_0}$ qui est positif, et l'on aura

$$\omega = a_0 - \cfrac{1}{-\cfrac{1}{\omega - a_0}}.$$

On est amener à développer

$$-\frac{1}{\omega - a_0} \text{ du couple } -\frac{1}{\omega - a_0}, \quad -\frac{1}{\omega' - a_0}.$$

Il suffit pour cela de développer

$$\frac{1}{\omega - a_0} \text{ du couple } \frac{1}{\omega - a_0}, \quad \frac{1}{\omega' - a_0}$$

c'est-à-dire ω_1 du couple ω_1, ω'_1, et de changer le signe du résultat. On a d'ailleurs

$$\omega_1 > \omega'_1.$$

On est donc bien encore dans le cas supposé au commencement où le nombre qu'on veut développer est le plus grand des deux.

Finalement, *dans le cas où la condition* (3) *n'est pas remplie, le commencement du développement de* ω *en fraction d'Hermite est*

$$\omega = a_0 + \frac{1}{\omega_1}.$$

Supposons maintenant que la condition (3) soit remplie (ce qui entraîne $a_1 = 1$). Alors $a_0' = a_0 + 1$, après quoi ω et ω' se trouvent remplacés par $\omega - a_0 - 1$ et $\omega' - a_0 - 1$ qui sont tous deux négatifs. Il faut ensuite effectuer la substitution T qui remplace $\omega - a_0 - 1$ et $\omega' - a_0 - 1$ par $-\frac{1}{\omega - a_0 - 1}$ et $-\frac{1}{\omega' - a_0 - 1}$ qui sont tous deux positifs. De plus à cause de $\omega > \omega'$ on a

$$\frac{1}{\dfrac{1}{\omega - a_0 - 1}} > \frac{-1}{\omega' - a_0 - 1}.$$

On aura

$$\omega = a_0 + 1 - \frac{1}{\omega - a_0 - 1} = a_0 + 1 - \frac{1}{\omega_2 + 1}$$

avec $\omega_2 > \omega_2'$. Donc *dans le cas où la condition* (3) *est remplie, le commencement du développement en fraction d'Hermite est*

$$\omega = a_0 + 1 - \frac{1}{\omega_2 + 1}.$$

En appliquant une seconde fois ces règles à ω_1 dans le premier cas, à $\omega_2 + 1$ dans le second et en continuant toujours de la même façon on obtient le développement demandé.

Voyons, en parcourant la suite des termes des deux développements, à partir de quel moment ces deux développements commencent à différer. Cela arrive au quotient complet ω_n tel que

$$\omega_n = a_n + \frac{1+}{1+}\left|\frac{1}{\omega_{n+2}}\right.$$

et que

$$(4) \quad 2 - (\omega_n - a_n + \omega_n' - a_n) + 2(\omega_n - a_n)(\omega_n' - a_n) < 0.$$

249. — Portons maintenant notre attention sur les réduites.

Que sont les réduites d'Hermite par rapport aux réduites ordinaires ?

Elles sont les mêmes jusqu'à ce qu'on arrive à un quotient complet ω_n tel que $a_{n+1} = 1$ et tel de plus que la condition (4) soit satisfaite. On voit alors comme au nº **229** que

La suite des réduites d'Hermite est identique à celle des réduites ordinaires sauf qu'on supprime des réduites dans les mêmes conditions qu'au nº **229**, *mais en ajoutant la condition* (4) *à la condition* $a_{n+1} = 1$.

Cette condition (4) peut se transformer. Elle s'écrit :

$$2 - \left(\frac{1}{\omega_{n+1}} + \frac{1}{\omega'_{n+1}}\right) + \frac{2}{\omega_{n+1}\omega'_{n+1}} < 0.$$

Remplaçant

$$\omega_{n+1} \text{ par } \frac{Q_{n-1}\omega - P_{n-1}}{-Q_n\omega + P_n} \quad \text{et} \quad \omega'_{n+1} \text{ par } \frac{Q_{n-1}\omega' - P_{n-1}}{-Q_n\omega' + P_n}$$

chassant les dénominateurs en remarquant que $Q_{n-1}\omega - P_{n-1}$ est du signe de $(-1)^{n+1}$ on arrive, après transformations faciles à

$$(5) \quad \left\{ \begin{aligned} & -2(Q_n^2 + Q_nQ_{n-1} + Q_{n-1}^2) + \frac{1}{\left|\omega - \frac{P_n}{Q_n}\right|}\left(1 + \frac{2Q_{n-1}}{Q_n}\right) \\ & \qquad + (-1)^{n-1} \frac{2\frac{Q_n}{Q_{n-1}} + \dfrac{\omega - \frac{P_{n-1}}{Q_{n-1}}}{\omega - \frac{P_n}{Q_n}}}{\omega' - \frac{P_{n-1}}{Q_{n-1}}} < 0. \end{aligned} \right.$$

Considérons le cas particulier ou $\omega' = -\infty$. Le demi-cercle est alors une demi-droite $x = \omega$. La condition précédente devient

$$(6) \qquad |Q_n\omega - P_n| > \frac{2Q_{n-1} + Q_n}{2(Q_{n-1}^2 + Q_{n-1}Q_n + Q_n^2)}.$$

On retrouve ainsi un mode d'approximation identique à celui donné par Hermite par une autre méthode [1].

La condition que $\frac{P_n}{Q_n}$ et $\frac{P_{n-1}}{Q_{n-1}}$ sont des réduites du développement

[1] HERMITE, *J. r. a. M.* t. 41 (1851), p. 191. = *Œuvres*, t. 1, p. 168.

ordinaire de ω peut être négligée. Soit $\frac{m}{n}$ une fraction irréductible quelconque et $\frac{m'}{n'}$ l'avant dernière réduite du développement de $\frac{m}{n}$ en fraction continuelle ordinaire, ce développement étant écrit de façon que $\frac{m}{n} - \frac{m'}{n'}$ soit du signe de $\frac{m}{n} - \omega$. La condition nécessaire et suffisante pour que $\frac{m}{n}$ soit une valeur d'approximation d'Hermite telle qu'on vient de le définir est :

$$|n\omega - m| < \frac{2n' + n}{2(n'^2 + nn' + n^2)} \text{ (1)}.$$

Mais cette condition entraîne la suivante :

$$|n\omega - m| < \frac{1}{n + n'}$$

et ceci prouve que $\frac{m}{n}$ est une réduite du développement ordinaire de ω et $\frac{m'}{n'}$ la réduite précédente (n° **101**). Donc etc.

On a supposé dans ce qui précède que celui des deux nombres ω, ω' qu'on développe est le plus grand des deux. Le cas où le nombre ω qu'on veut développer serait le plus petit des deux se ramène au précédent en développant le nombre $-\omega$ dans le couple $-\omega$, $-\omega'$ et changeant les éléments de signe.

On a aussi supposé ω irrationnel. Si ω est rationnel le demi-cercle décrit sur $\omega\omega'$ comme diamètre ne traverse entre le domaine fondamental et le point $x = \omega$ qu'un nombre limité de domaines. Alors le développement d'Hermite est limité. D'ailleurs celà résulte aussi de ce que c'est un développement régulier (n° **224**).

Un autre cas particulier est celui où le demi-cercle décrit sur $\omega\omega'$ comme diamètre passe, entre le domaine fondamental et le point $x = \omega$, par un sommet d'un domaine. Alors, il arrivera dans le cours de la réduction qu'un demi-cercle sortira du domaine fondamental par un sommet. On pourra considérer ce cas comme

(1) G. HUMBERT, *C. R. A. S. P.* t. 161 (1915) p. 717.

la limite, soit du cas où le demi-cercle sort par un côté, soit du cas où il sort par la base ; d'où deux développements possibles.

250. Revenons à la condition (5). M. G. Humbert a énoncé ce théorème remarquable : *Lorsque* ω *et* ω' *sont deux nombres quadratiques conjugués la condition* (5) *coïncide, pour n suffisamment grand avec la condition* (6). Autrement dit, *le demi-cercle* C *décrit sur* $\omega\omega'$ *comme diamètre et la demi-droite* $x = \omega$ *traversent, dans les environs du point* ω *les mêmes domaines.*

On peut généraliser : *le demi-cercle* C *décrit sur* $\omega\omega'$ *comme diamètre, et le demi-cercle* C' *décrit sur* $\omega\omega''$ *comme diamètre,* ω'' *étant quelconque, traversent, dans les environs du point* ω *les mêmes domaines.* En effet supposons pour fixer les idées $\omega < \omega'' < \omega'$; la démonstration serait analogue dans toutes les hypothèses. Il faut démontrer 1° que *tout domaine traversé* par C et suffisamment voisin de ω est aussi traversé par C' 2° que tout domaine traversé par C' et suffisamment voisin de ω est aussi traversé par C. 1° Soit un domaine traversé par C. Si sa pointe est à droite de ω il est évident qu'il est traversé par C'. Si sa pointe est à gauche de ω, soit D_1 ce domaine. Si D_1 n'est pas traversé par C il ne l'est pas non plus par C'. Mais il peut arriver que D_1 soit traversé par C et non par C', Soient D_1, D_2, ... les domaines que traverse successivement C, dans le sens de D_1 vers ω. Soit S la substitution automorphe fondamentale (n° **173**) de la forme à coefficients entiers qui a pour racines ω et ω'. Il y a un entier i tel que $D_{h+i} = D_hS$ quel que soit h (en appelant D_hS le transformé de D_h par S). Démontrons que pour h suffisamment grand D_1S^k est traversé par C'. Or D_1 a au moins un sommet B à l'intérieur de C. Le point B_k transformé de B par S^k est sur le demi-cercle Γ passant par ω, B et ω', et se rapproche indéfiniment de ω quand k augmente. Mais, l'arc du demi-cercle Γ qui part de ω' pénètre dans C'. Donc B_k pénètre dans C' pour k suffisamment grand.

Maintenant la démonstration qu'on vient de faire pour D_1 s'applique aussi bien à D_2, D_3, ... D_{h-1}. La première partie du théorème est donc démontrée. On démontrerait de même la seconde partie.

Ceci prouve que *les différents développements d'Hermite que l'on obtient pour un nombre quadratique* ω *en adjoignant à ce nombre un autre nombre quelconque ne diffèrent que dans le début. A partir d'un certain rang ils deviennent identiques entre eux et en particulier à celui qu'on obtient en adjoignant à ω son conjugué.* Ces développements *sont périodiques*.

NOTES ET EXERCICES

I. — La réduction continuelle d'Hermite a été exposée de la façon suivante par Selling (1). Soit la forme indéfinie (a, b, c). On détermine des nombres ξ, η, ξ_1, η_1, tels que

$$\xi^2 - \xi_1^2 = a, \qquad 2(\xi\eta - \xi_1\eta_1) = b \qquad \eta^2 - \eta_1^2 = 0$$

il y a une infinité de ces systèmes de nombres. Puis on considère toutes les formes définies $(\xi^2 + \xi_1^2, \; 2(\xi\eta + \xi_1\eta_1, \; \eta^2 + \eta_1^2)$. Le lecteur démontrera qu'on retrouve ainsi les formes attachées à (a, b, c).

II. — Si un demi-cercle orthogonal à Ox passe par deux sommets de la figure 1, ou bien ce demi-cercle coupe Ox en deux points d'abcisses rationnelles, ou bien il passe par une infinité de sommets de la figure.

III. — *Autre représentation géométrique des formes quadratiques binaires* (2).

On représente la forme primitive (a, b, c) par le point de coordonnées trilinéaires (a, b, c). On suppose pour simplifier que le triangle de référence ABC est isocèle (AB = BC) et que les paramètres de référence sont choisis de façon que $b^2 - 4ac = 0$ représente le cercle tangent en A à BA et en C à BC. Les points à l'intérieur de ce cercle représentent les formes définies, les points à l'extérieur, les formes indéfinies. Les points correspondants aux formes définies réduites constituent un domaine fondamental limité par les droites $b = a$, $b = -a$, $a = c$. Il correspond à la substitution identique. A chaque substitution modulaire correspond un triangle. L'ensemble de ces triangles recouvre la surface du cercle. Une forme indéfinie (a, b, c) est dite réduite lorsque la polaire du point a, b, c par rapport au cercle traverse le domaine fondamental. D'ailleurs cette représentation se déduit de celle du chapitre XXI par une projection stéréographique.

(1) Selling, *J. r. a. M.*, t. 77 (1874) p. 147.

(2) Hurwitz, *Math. papers of the Chic Congres* (1893) New-York, 1896, p. 125, *Math. Ann.* t. 45 (1894) p. 85, en partie traduit par L. L. Laugel, *Nouv. Ann. Math.* série 3, t. 16 (1897, p. 49).

CHAPITRE XXII

—

MULTIPLICATION DES CLASSES

251. — Nous partons de l'identité facile à vérifier (¹) :

$$(1)\quad (ax^2 + bxy + a'ey^2)(a'x'^2 + bx'y' + aey'^2) = aa'X^2 + bXY + eY^2$$

dans laquelle on a posé :

$$(2)\quad \begin{cases} X = xx' - eyy' \\ Y = axy' + a'x'y + byy' \end{cases}$$

Les trois formes qui entrent dans cette identité ont même déterminant

$$\Delta = b^2 - 4a'e.$$

Nous dirons que les formes $(a, b, a'e)$ et (a', b, ae) sont *immédiatement multipliables* et que la forme (aa', b, e) est leur produit.

Pour que deux formes soient immédiatement multipliables il faut et il suffit qu'elles aient même déterminant, même second coefficient, et que le troisième coefficient de l'une soit divisible par le premier coefficient de l'autre. Ces conditions sont évidemment nécessaires. Elles sont suffisantes car si elles sont remplies, en

(¹) Cette identité se trouve dans LAGRANGE.
Le cas particulier :

$$(x^2 + y^2)(x'^2 + y'^2) = (xx' - yy')^2 + (xy' + x'y)^2$$

se trouve dans LÉONARD DE PISE (*Scritti de Leonardo Pisano, public. da B. Boncompagni*, t. 2, p. 294, Roma 1867) elle était sans doute connue depuis longtemps.

La théorie générale de la multiplication des classes est due à GAUSS (*Disq, Arithm. art.* 234 *et suiv.*).

supposant que la seconde forme soit (a', b, c') la première sera $(a, b, a'e)$, et en écrivant que les deux formes ont même déterminant on trouve :

$$c' = ae$$

252. Théorème I. — *Si les valeurs de x, y sont premières entre elles, ainsi que celles de x', y' tout commun diviseur de* X, Y *divise :*

$$ax^2 + bxy + a'ey^2 \quad \text{et} \quad a'x'^2 + bx'y' + aey'^2$$

En effet, un tel diviseur d divise :

$$-a'Xy + Yx$$

c'est-à-dire :

$$y'(ax^2 + bxy + a'ey^2)$$

et :

$$(ax + by)X + eyY$$

c'est-à-dire :

$$x'(ax^2 + bxy + aey^2).$$

Les entiers x', y' étant premiers entre eux on voit que d divise :

$$ax^2 + bxy + a'ey^2.$$

On verrait de même qu'il divise :

$$a'x'^2 + bx'y' + aey'^2.$$

Cas particulier. — Si x, y sont premiers entre eux, ainsi que x', y', et

$$ax^2 + bxy + a'ey^2 \quad \text{et} \quad a'x'^2 + bx'y' + aey'^2$$

alors X *et* Y *le sont également.* Autrement dit :

Si deux formes immédiatement multipliables représentent primitivement l'une un entier m, l'autre un entier m', si, de plus, m et m' sont premiers entre eux ; le produit de ces deux formes représente primitivement le produit mm'.

Exemple : On a

$$(3, 2, 5)\,(5, 2, 3) = (15, 2, 1).$$

La première forme représente primitivement 5 pour $x = 0$, $y = 1$.
La seconde représente primitivement 27 pour $x = 2$, $y = 1$.

Le produit de ces formes représente primitivement 5×27 pour

$$X = 0 \cdot 2 - 1 \cdot 1 \cdot 1 = -1$$
$$X = 3 \cdot 0 \cdot 1 + 5 \cdot 2 \cdot 1 + 2 \cdot 1 \cdot 1 = 12.$$

Mais un entier représenté primitivement par la forme produit n'est pas toujours égal au produit de deux entiers premiers entre eux, représentés primitivement, l'une par une forme facteur l'autre par l'autre.

Par exemple, la forme (15, 2, 1) de l'exemple précédent, représente primitivement l'entier 1, qui ne peut se décomposer qu'en 1×1 ou $(-1) \times (-1)$. Or ni l'une ni l'autre des deux formes (3, 2, 5) et (5, 2, 3) ne peut représenter l'entier 1 ni l'entier -1.

Théorème II. — *Si deux formes immédiatement multipliables sont primitives leur produit l'est aussi.*

Car si aa', b et e avaient un facteur premier commun, ce facteur diviserait soit a soit a'. Supposons qu'il divise a, la forme $(a, b, a'e)$ ne serait pas primitive.

Théorème III. — *Deux formes immédiatement multipliables sont toutes les deux définies ou toutes les deux indéfinies.*

Si les deux facteurs sont des formes définies, le produit l'est aussi.

Si les deux facteurs sont des formes indéfinies, le produit l'est aussi.

Enfin, suivant que les deux facteurs sont des formes définies de même signe ou de signes contraires, le produit est une forme définie positive ou négative.

Ces théorèmes résultent de ce que les trois formes ont le même déterminant et de ce que le premier coefficient de la forme produit est égal au produit des premiers coefficients des deux facteurs.

A partir de maintenant nous ne nous occuperons plus (sauf spécification contraire) que des formes primitives, et dans le cas des formes définies, que des formes définies positives.

253. — Jusqu'à maintenant l'opération de la multiplication des formes apparaît comme très particulière puisqu'elle ne s'applique qu'à des formes très particulières. Le caractère de généralité de cette opération et son extension aux *classes* de formes, ressortira des deux théorèmes suivants :

THÉORÈME I. — *Étant données deux classes primitives de même déterminant on peut trouver dans chacune une forme de façon que ces deux formes soient immédiatement multipliables.*

Prenons dans la première classe une forme quelconque (a, b, c) puis dans la seconde une forme (a', b', c') telle que a et a' soient premiers entre eux (n° **183**). Ensuite faisons sur la première forme la substitution $\begin{pmatrix} 1 & m \\ 0 & 1 \end{pmatrix}$ et sur la seconde la substitution $\begin{pmatrix} 1 & m' \\ 0 & 1 \end{pmatrix}$. On obtient les formes :

$$(a,\ 2am + b,\ am^2 + bm + c) \quad \text{et} \quad (a',\ 2a'm' + b',\ a'm'^2 + b'm' + c').$$

Déterminons m et m' de façon que les deuxièmes coefficients de ces formes soient les mêmes :

$$2am + b = 2a'm' + b'.$$

Les entiers b et b' étant de même parité puisque les deux formes ont même déterminant cette équation peut s'écrire :

$$am - a'm' = \frac{b' - b}{2};$$

et elle est possible puisque a et a' sont premiers entre eux. On obtient ainsi deux formes ayant même second coefficient :

$$(3) \qquad (a, b_1, \gamma) \quad \text{et} \quad (a', b_1, \gamma').$$

Puisqu'elles ont même déterminant on a :

$$a\gamma = a'\gamma'.$$

Or a et a' sont premiers entre eux. Donc a divise γ' et a' divise γ. Donc les deux formes (3) sont immédiatement multipliables.

Remarque I. — Le deuxième coefficient b_1 de ces formes est déterminé par le système de congruences :

$$b_1 \equiv b \pmod{2a}$$
$$b_1 \equiv b' \pmod{2a'}.$$

Remarque II. — On voit que l'on peut supposer que le premier coefficient de l'une des formes immédiatement multipliables est l'un quelconque des entiers représentables d'une façon primitive dans la première classe, le premier coefficient de l'autre étant l'un quelconque des entiers représentables d'une façon primitive dans la seconde classe et premiers avec le précédent.

THÉORÈME II. — *Ayant ainsi déterminé dans les deux classes deux formes immédiatement multipliables* $(a, b, a'e)$ *et* $(a'. b, ae)$ *où l'on suppose* $D(a, a') = 1$, *si l'on prend dans les deux classes deux autres formes immédiatement multipliables* $(l, m, l'n)$ *et* (l', m, ln), *où l'on ne suppose pas nécessairement* $D(l, l') = 1$, *le produit des deux premières formes, soit* $(aa' b, e)$ *et le produit des deux autres* (ll', m, n) *sont de même classe.*

Puisque $(a, b, a'e)$ et $(l, m, l'n)$ d'une part, (a', b, ae) et (l', m, ln) d'autre part, sont de même classe, c'est qu'il existe (n° **182**) des entiers $\alpha, \gamma, \alpha', \gamma'$ tels que :

$$l\alpha^2 + m\alpha\gamma + l'n\gamma^2 = a \qquad\qquad l'\alpha'^2 + m\alpha'\gamma' + ln\gamma'^2 = a'$$

$$\left.\begin{aligned}\frac{b-m}{2}\alpha - l'n\gamma \equiv 0\\ \frac{b+m}{2}\gamma + l\alpha \equiv 0\end{aligned}\right\} \pmod{a} \qquad \left.\begin{aligned}\frac{b-m}{2}\alpha' - ln\gamma' \equiv 0\\ \frac{b+m}{2}\gamma' + l'\alpha' \equiv 0\end{aligned}\right\} \pmod{a'}$$

et il faut démontrer qu'il existe des entiers λ, ν, tels que :

$$(4)\qquad \left\{\begin{aligned} &ll'\lambda^2 + m\lambda\nu + n\nu^2 = aa' \\ &\left.\begin{aligned}\frac{b-m}{2}\lambda - n\nu \equiv 0\\ \frac{b+m}{2}\nu + ll'\lambda \equiv 0\end{aligned}\right\} \pmod{aa'}\end{aligned}\right.$$

Or il suffit de prendre pour λ, ν, les valeurs que donnent les formules (2) quand on y remplace $x, y, x', y', a, a', b, e$, respectivement par $\alpha, \gamma, \alpha', \gamma', l, l', m, n$:

$$\lambda = \alpha\alpha' - n\gamma\gamma'$$
$$\nu = l\alpha\gamma' + l'\alpha'\gamma + m\gamma\gamma'.$$

Ces valeurs satisfont à la première des conditions (4) d'après l'identité (1). Elles satisfont à la seconde, car la quantité :

$$\frac{b-m}{2}\lambda - n\nu = \frac{b-m}{2}(\alpha\alpha' - n\gamma\gamma') - n(l\alpha\gamma' + l'\alpha'\gamma + m\gamma\gamma')$$

peut se mettre sous la forme :

$$\left(\frac{b-m}{2}\alpha - l'n\gamma\right)\alpha' - n\left(\frac{b+m}{2}\gamma + l\alpha\right)\gamma'$$

ce qui montre qu'elle est divisible par a, et sous la forme :

$$\left(\frac{b-m}{2}\alpha' - ln\gamma'\right)\alpha - n\left(\frac{b-m}{2}\gamma' + l'\alpha'\right)\gamma$$

ce qui montre qu'elle est divisible par a'. Or $D(aa') = 1$, donc elle est divisible par aa'.

On démontre de même que la troisième des conditions (4) est satisfaite.

254. Multiplication des classes. — On peut parler maintenant d'une multiplication des classes primitives de même déterminant Δ.

Soient C et C′ deux telles classes. On peut, d'après le théorème I, prendre dans C et C′ deux formes immédiatement multipliables, le produit de ces deux formes appartient à une classe Γ et, d'après le théorème II, cette classe Γ ne dépend pas du choix des formes choisies dans C et C′ mais uniquement de C et C′. On dira que Γ est le produit de C par C′.

Ayant ainsi défini le produit de deux classes, on définira le produit d'un nombre quelconque de classes par les formules :

$$CC'C'' = (CC')C''$$
$$CC'C''C''' = (CC'C'')C''' \quad \text{etc.}$$

D'ailleurs on peut effectuer la multiplication de plusieurs classes d'un seul coup par un calcul analogue à celui du n° **253**.

On représente les classes par des formes telles que les premiers coefficients soient premiers entre eux deux à deux, soient (a, b, c), (a', b', c') ..... $(a^{(i)}, b^{(i)}, c^{(i)})$ puis on fait sur la première une substitution $\begin{pmatrix} 1 & m \\ 0 & 1 \end{pmatrix}$, sur la seconde une substitution $\begin{pmatrix} 1 & m' \\ 0 & 1 \end{pmatrix}$, ..., sur la dernière une substitution $\begin{pmatrix} 1 & m^{(i)} \\ 0 & 1 \end{pmatrix}$ et on détermine m, m', ..., $m^{(i)}$ par la condition que les formes obtenues aient même second coefficient b_1. On est conduit aux équations :

$$2am + b = 2a'm + b' = \ldots\ldots = 2a^{(i)}m^{(i)} + b^{(i)} = b_1$$

ou :

$$b_1 \equiv b \pmod{2a}$$
$$b_1 \equiv b' \pmod{2a'}$$
$$\cdots\cdots\cdots$$
$$b_1 \equiv b^{(i)} \pmod{2a^{(i)}}$$

système de congruences possibles puisque $a, a', \ldots a^{(i)}$ sont premiers entre eux deux à deux et que $b, b', \dots b^{(i)}$ sont de même parité.

On obtient ainsi des formes

$$(a, b_1, \gamma), (a', b_1, \gamma'), \dots (a^{(i)}, b_1, \gamma^{(i)}),$$

et puisqu'elles ont même déterminant on a :

$$a\gamma = a'\gamma' = \dots = a^{(i)}\gamma^{(i)}.$$

Or, $a, a', \dots a^{(i)}$ sont premiers entre deux à deux ; donc la valeur commune des entiers $a\gamma, a'\gamma', \dots$ est de la forme $aa' \dots a^{(i)}e$. Alors les formes à multiplier sont :

$$(a, b_1, a'a'' \dots a^{(i)}e), (a', b_1, aa'' \dots a^{(i)}e), \dots (a^{(i)}, b_1, aa' \dots a^{(i-1)}e).$$

Le produit des deux premières est $(aa', b_1, a'' \dots a^{(i)}e$, le produit de celle-ci par la troisième est $(aa'a'', b_1, a''' \dots a^{(i)}e)$, etc. Finalement le produit des formes est $(aa' \dots a^{(i)}, b_1, e)$.

On voit immédiatement que la multiplication des classes est une opération *commutative* et *associative*.

En effet

$$(a, b, a'e)(a', b, ae) = (a', b, ae)(a, b, a'e) = (aa', b, e)$$
$$[(a, b, a'a''e)(a', b, aa''e)](a'', b, aa'e) = (a, b, a'a''e)[(a', b, aa''e)(a'', b, aa'e)]$$
$$= (aa'a'', b, e).$$

Corollaire. — Le produit d'un nombre quelconque de classes est indépendant de l'ordre des facteurs, et l'on peut y remplacer plusieur facteurs par leur produit effectué.

255. La multiplication des classes est une opération *unipare*. C'est-à-dire que l'égalité $CC' = CC''$ entraîne $C' = C''$.

En effet soit, comme plus haut :

$$(a, b, a'a''e), \quad (a' b, a''ae) \quad \text{et} \quad (a'', b, aa'e)$$

trois formes représentant respectivement les trois classes C, C, C″.

Par hypothèse $(aa', b, a''e)$ est de même classe que $(aa'', b, a'e)$ et nous voulons démontrer que $(a', b, a''ae)$ est de même classe que $(a'' b, aa'e)$.

Employons encore les conditions du nº **182**. Par hypothèse il existe deux entiers α, γ, satisfaisant aux conditions :

$$(5)\qquad \begin{cases} aa'\alpha^2 + b\alpha\gamma + a''e\gamma^2 = aa'' & \\ a''e\gamma \equiv 0 & \\ b\gamma + aa'\alpha \equiv 0 & \end{cases} \pmod{aa''}$$

et l'on veut démontrer qu'il existe deux entiers λ, ν, telles que

$$(6)\qquad \begin{cases} a'\lambda^2 + b\lambda\nu + a''ae\nu^2 = a'' & \\ a''ae\nu \equiv 0 & \\ b\nu + a'\lambda \equiv 0 & \end{cases} \pmod{a''}$$

Or, la seconde et la troisième des conditions (5) montrent que $e\gamma$ et $b\gamma$ sont divisibles par a ; et comme $D(a, b, e) = 1$ puisque $(a, b, a'a''e)$ est primitive, il en résulte que γ est divisible par a. Alors $\lambda = \alpha$, $\nu = \frac{\gamma}{a}$ satisfont aux conditions (6).

256. Du rôle de la classe principale. — Dans la multiplication des classes, la classe principale joue le rôle d'unité. C'est-à-dire que *le produit d'une classe quelconque* C *par la classe principale est égal à* C.

En effet la classe principale représente d'une façon primitive l'entier 1. On peut donc (n° **253**) trouver dans la classe principale et dans la classe C respectivement deux formes immédiatement multipliables et telles que le premier coefficient de la première soit 1. Soient $(1, b, ae)$, (a, b, e) ces deux formes. D'après la formule (1) leur produit est (a, b, e) et ceci démontre le théorème.

Nous représenterons, lorsqu'il n'y aura pas d'ambiguité possible, la classe principale par 1.

Théorème. — *Le produit de deux classes inverses* (n° **156**) *est égal à la classe principale.* En effet une classe étant représentée par la forme (a, b, c) son inverse peut être représentée par la forme (c, b, a). Ces deux formes sont immédiatement multipliables et leur produit est $(ac, b, 1)$. Or, cette forme appartient à la classe principale puisque son dernier coefficient est 1.

Ceci justifie la dénomination de « *classes inverses* », puisque la classe principale est assimilée à l'unité [1].

Nous désignerons l'inverse d'une classe C par la notation C^{-1}.

[1] Voir la note du n° **156**.

257. Puissance d'une classe. — Par définition : si m est entier et > 1, C^m est le produit de m classes identiques à C.

Si $m = 1$, $C^1 = C$.

Si $m = 0$, $C^0 =$ la classe principale.

Si m est entier et négatif, soit $m = -m'$, on a :

$$C^m = (C^{-1})^{m'}.$$

Cette dernière définition justifie la notation C^{-1} employée pour la classe inverse de C.

On constate sans peine que

$$C^m C^n \ldots = C^{m+n+\cdots}$$

quels que soient les entiers $m, n, \ldots$

Formation des puissances d'une classe. 1° *Carré d'une classe.*— Prenons dans cette classe une forme dont le coefficient soit premier à D, soit (a, b, c). Faisons sur cette forme la substitution modulaire $\begin{pmatrix} 1 & m \\ 0 & 1 \end{pmatrix}$. Elle devient :

$$(a, 2am + b, am^2 + bm + c).$$

Déterminons m par la condition que dans cette nouvelle forme le dernier coefficient soit divisible par le premier, c'est-à-dire que

$$bm + c \equiv 0 \pmod a.$$

C'est possible car a étant premier à D l'est aussi à b.

La classe est alors représentée par une forme (a, b, ae) (le deuxième coefficient n'est plus le même que tout à l'heure, mais nous le désignons encore par b, pour ne pas multiplier les notations) et l'on a immédiatement :

$$(a, b, ae)^2 = (a^2, b, e).$$

2° *Puissance* i^{eme} *d'une classe* $(i > 2)$. — Appliquons la même méthode mais déterminons cette fois m par la condition que

$$(7) \qquad am^2 + bm + c \equiv 0 \pmod{a^{k-1}}.$$

k étant un entier supérieur ou égal à i.

Nous venons de voir que c'est possible pour $k = 2$; montrons que si c'est possible pour une valeur de l'exposant, c'est aussi possible pour cette valeur augmentée d'une unité. Soit m_0 tel que

$$am_0^2 + bm_0 + c \equiv 0 \pmod{a^{k-2}}.$$

Posons dans la congruence (7);

$$m = m_0 + a^{k-2}\mu$$

μ étant la nouvelle inconnue. Cette congruence devient :

$$a^{2k-3}\mu^2 + (2a^{k-1}m_0 + ba^{k-2})\mu + am^2{}_0 + bm_0 + c \equiv 0 \pmod{a^{k-1}}.$$

Or, $2k - 3 > k - 1$, puisque $k \geqslant i > 2$. La congruence précédente s'écrit donc plus simplement :

$$b\mu + \frac{am^2{}_0 + bm_0 + c}{a^{k-2}} \equiv \pmod{a}.$$

Elle est donc possible.

Ainsi la classe C est représentée par $(a, b, a^{k-1}e)$ et l'on trouve facilement :

$$(a, b, a^{k-1}e)^i = (a^i, b, a^{k-i}e)$$

valable pour toutes les valeurs de k supérieures ou égales à i, en particulier pour $k = i$ ce qui donne :

$$(a, b, a^{i-1}e)^i = (a^i, b, e)$$

Remarque. — On peut suppposer le coefficient a, premier non seulement à D mais même à hD, h étant un entier quelconque. Cette remarque nous sera utile.

258. Rapport de deux classes. — Soient les deux classes C et C′, il existe une classe et une seule Γ telle que $C'\Gamma = C$.

En effet en multipliant les deux membres de cette égalité par C'^{-1}, il vient $\Gamma = CC'^{-1}$. Ainsi il ne peut y avoir que la classe CC'^{-1} qui réponde à la question, et d'ailleurs on voit immédiatement qu'elle y répond. Cette classe se nommera le rapport de C à C′. On voit immédiatement que :

1° *Le rapport de C à C′ est le même que celui de CC″ à C′C″.*

2° *Le rapport d'une classe à elle même est la classe principale.*

259. Périodicité des puissances d'une classe. Exposant d'une classe. — Considérons la suite indéfinie dans les deux sens des puissances d'une classe C

$$\ldots C^{-2}, C^{-1}, 1, C^1, C^2, \ldots$$

Comme le nombre des classes d'un même déterminant est limité il y a dans cette suite des termes identiques. Soit

$$C^{n'} = C^{n} \quad (n' > n).$$

On en déduit $C^{n'-n} = 1$. Ainsi il y a un exposant positif m qui jouit de cette propriété que $C^m = 1$.

Appelons m le plus petit exposant positif jouissant de cette propriété ; m est dit *l'exposant* de la classe C. On voit alors immédiatement que les m premiers termes de la suite sont différents deux à deux ; et que la suite est périodique, la période étant justement $1, C, C^2, \ldots C^{m-1}$. Les exposants ν qui jouissent de la propriété $C^{\nu} = 1$ sont les multiples de m.

260. Théorème. — *Le carré d'une classe bilatère est égale à la classe principale. L'exposant d'une classe bilatère est égale à* 2, *sauf si cette classe est la classe principale.*

En effet une classe bilatère C est à elle-même son inverse (n° **177**) $C = C^{-1}$. Donc $C^2 = 1$. Il en résulte que l'exposant est 2 ou 1, mais si l'exposant est 1 la classe C est la classe principale.

Exemple. — Soit $D = 104$, on trouve 6 classes positives, toutes primitives

$$A = (1, 0, 26) \quad B = (2, 0, 13) \quad C = (3, 2, 9) \quad D = (3, -2, 9)$$
$$E = (5, 4, 6) \quad F = (5, -4, 6).$$

A est la classe principale, B est bilatère, C et D ont pour exposant 3, E et F ont pour exposant 6.

On voit sur cet exemple que les exposants de A, B, C, D, E, F sont tous diviseurs de 6. Ceci est général.

261. L'exposant d'une classe primitive est un diviseur du nombre h de classes primitives du même déterminant. — (Classes positives, si le déterminant est négatif).

Soit une classe C, de déterminant D, soit m son exposant, écrivons la suite

$$1 \quad C \quad C^2 \ldots C^{m-1}. \tag{8}$$

Si ce sont là toutes les classes de déterminant D, on a $h = m$.

Sinon soit C_1 une classe de déterminant D qui n'est pas dans la suite (8).

Considérons

$$C_1, C_1C, \dots C_1C^{m-1}. \tag{9}$$

On démontre facilement que dans l'ensemble des classes (8) et (9), deux classes quelconques sont différentes entre elles. Si (8) et (9) constituent toutes les classes de déterminant D, on a $h = 2m$.

Sinon soit C_2 une classe qui n'est ni dans (8) ni dans (9), on forme

$$C_2, C_2C, \dots C_2C^{m-1} \tag{10}$$

et l'on continue le raisonnement de la même façon. Si l'on épuise toutes les classes du déterminant D en k suites telles que (8), (9), (10), ... on a $h = km$.

On remarquera l'identité de ce raisonnement avec celui de I. 240. Ceci sera expliqué dans le chapitre suivant.

262. Rapport entre la théorie de la composition et la théorie des genres. Théorème. — *Les caractères* (nº **212**) *de la classe* CC' *sont les produits des caractères de la classe* C *par ceux correspondants de la classe* C'.

En effet tout caractère de C est égale à l'une des expressions suivantes :

$\left(\frac{m}{p}\right)$ (p étant un facteur premier impair du déterminant),

$$(-1)^{\frac{m-1}{2}}, \quad (-1)^{\frac{m^2-1}{8}}, \quad (-1)^{\frac{m-1}{2}+\frac{m^2-1}{8}},$$

m étant un entier impair, premier au déterminant, représentable primitivement par la classe C. Les caractères correspondants de C' sont $\left(\frac{m'}{p}\right)$, $(-1)^{\frac{m'-1}{2}}$ etc. m' étant un entier impair, premier au déterminant et à m', représentable primitivement par C'. De plus on a vu (nº **252**) que CC' représente primitivement le nombre mm'.

Les caractères de CC' sont donc $\left(\frac{mm'}{p}\right)$, $(-1)^{\frac{mm'-1}{2}}$, etc.

Or on vérifie facilement que

$$\left(\frac{mm'}{p}\right)=\left(\frac{m}{p}\right)\left(\frac{m'p}{p}\right)$$

$$(-1)^{\frac{m'm-1}{2}}=(-1)^{\frac{m-1}{2}}(-1)^{\frac{m'-1}{2}}$$

$$(-1)^{\frac{m^2m'^2-1}{8}}=(-1)^{\frac{m^2-1}{8}}(-1)^{\frac{m'^2-1}{8}}$$

$$(-1)^{\frac{mm'-1}{2}+\frac{m^2m'^2-1}{8}}=(-1)^{\frac{m-1}{2}+\frac{m^2-1}{8}}(-1)^{\frac{m'-1}{2}+\frac{m'^2-1}{8}}$$

ce qui démontre le théorème.

Corollaire. — Les classes carrés parfaits ont tous leurs caractères égaux à 1. *Elles appartiennent au genre principal* (*n*° **213**).

La réciproque est vraie, elle sera démontrée plus loin.

263. Multiplication des genres. — Il résulte du théorème précédent que si l'on se donne deux genres G, G′, et si l'on prend une classe C de genre G, et une classe C′ de genre G′, le genre de GG′ ne dépend que de G et G′, et non de C et C′.

Ce genre pourra s'appeler le produit de G par G′ et se désigner par GG′. La multiplication des genres ainsi définie est une opération commutative, associative, unipare. Le genre principal joue le rôle d'unité. D'après le corollaire du théorème du n° **262**, le *carré de tout genre est le genre principal.* Autrement dit tout genre a l'exposant 2, sauf le genre principal qui a l'exposant 1. Tout genre est identique à son inverse.

264. Classes dans lesquelles un entier est reprérentable. — *On a vu* (*n*° **180** *th. II*) *que la condition pour qu'un entier m soit représentable d'une façon primitive dans certaines classes de déterminant* Δ *est que la congruence*

$$x^2+\rho x-k\equiv 0 \pmod m$$

soit possible. Cherchons maintenant ce que l'on peut dire de ces classes dans lesquelles m est représentable primitivement [1].

[1] Les théorèmes qui suivent ont été exposés d'une façon systématique par M. de La Vallée Poussin. (*Mém. couronnés et autres mém. pub. par l'Ac. roy. de Belgique*, t. 53). Un certain nombre d'entre eux étaient connus auparavant.

On peut se borner au cas de $m > 0$, car si l'entier m est représentable par (a, b, c), l'entier $-m$ est représentable par

$$(-a, -b, -c).$$

THÉORÈME I. — *Soit p un nombre premier tel que $\Delta \not\equiv 0 \pmod{p^2}$. Si p^α ($\alpha > 0$) est représentable d'une façon primitive dans une classe de déterminant Δ, il l'est aussi dans la classe inverse et il ne l'est dans aucune autre. Ces classes sont primitives.*

En effet la congruence

$$x^2 + \rho x - k \equiv 0 \bmod p^\alpha)$$

si elle a des racines en a deux (n° **35**) dont la somme est congrue $(\bmod p^\alpha)$ à $-\rho$. Soient n et $-\rho - n$ ces deux racines, p^α sera représentable dans les classes des deux formes

$$\left(p^\alpha, (2n+\rho), \frac{n^2+\rho n-k}{p^\alpha}\right) \quad \text{et} \quad \left(p^\alpha - (2n+\rho) \frac{n^2+\rho n-k}{p^\alpha}\right)$$

et dans celles-là seulement. Or ces classes sont inverses l'une de l'autre. Elles sont primitives. En effet puisqu'elles représentent p^α, leur diviseur ne pourrait être qu'une puissance de p. Mais alors Δ serait divisible par p^2 ce qui est contre l'hypothèse.

Remarquons d'ailleurs qu'il peut arriver que ces deux classes n'en fassent qu'une. Cela arrive quand elles sont bilatères.

Le théorème est encore vrai pour $\alpha = 0$, car dans ce cas $p^\alpha = 1$ qui n'est représentable que dans la classe principale.

Remarquons que si Δ est divisible par p mais non par p^2, la congruence n'est possible que si $\alpha < 2$ et elle n'a qu'une racine

$$n \equiv -\frac{\rho}{2} \pmod{p}.$$

La classe qui représente p est celle de

$$\left(p, 0, -\frac{\Delta}{4p}\right) \quad \text{si} \quad \Delta \text{ pair}$$
$$\left(p, p, \frac{p^2-\Delta}{4p}\right) \quad \text{si} \quad \Delta \text{ impair.}$$

Dans les deux cas c'est une classe bilatère.

THÉORÈME II. — *Soit p un nombre premier tel que $\Delta \not\equiv 0 \pmod{p^2}$ et qui soit représentable primitivement dans les deux classes primi-*

tives C *et* C^{-1} ; *alors* p^α *est représentable de la même façon dans les classes* C^α *et* $C^{-\alpha}$ *et dans celles-là seulement.*

Cela résulte de l'égalité :

$$(p^\alpha, b, c) = (p, b, p^{\alpha-1}c)^\alpha$$

cas particulier de l'égalité :

$$(p^i, b, p^{\alpha-i}c) = (p, b, p^{\alpha-1}c)^i \quad (i = 1, 2, \ldots \alpha).$$

démontrée au n° **257**.

Corollaire. — *Il existe des exposants m tels que* p^m *est représentable d'une façon primitive dans la classe principale. Ces exposants sont les multiples du plus petit d'entre eux.* Ce dernier est dit *l'exposant de p par rapport au groupe des classes de déterminant* Δ.

THÉORÈME III. — *Soit* $a = p^\alpha q^\beta \ldots$ *un entier. Supposons que p soit représentable d'une façon primitive dans* C *et* C^{-1}, *q dans* C' *et* C'^{-1}, *etc. Alors a est représentable d'une façon primitive dans les classes*

$$C^{\pm\alpha}C'^{\pm\beta} \ldots \tag{11}$$

et dans celles-là seulement.

En effet une classe qui représente a d'une façon primitive contient une forme dont le premier coefficient est a, soit (a, b, c). Or

$$(a, b, c) = \left(p^\alpha, b, c\frac{a}{p^\alpha}\right)\left(q^\beta, b, c\frac{a}{q^\beta}\right) \ldots$$

ce qui démontre le théorème.

Remarque. — Les classes données par cette formule ne sont pas nécessairement distinctes. Et même il est certain que lorsque le nombre des facteurs premiers de a est suffisamment grand elles ne le sont pas. Car le nombre des classes distinctes de déterminant Δ est fini.

Corollaire I. — *Il existe des puissances de a représentables d'une façon primitive dans la classe principale.*

En effet soit m l'exposant de p, m' celui de q, etc. Déterminons l'entier n par les conditions :

$$n\alpha \equiv 0 \pmod{m}$$
$$n\beta \equiv 0 \pmod{m'}$$
$$\cdots\cdots$$

Il est visible que a^n est représentable d'une façon primitive dans la classe principale, puisque $p^{n\alpha}$, $q^{n\beta}$, ... le sont et d'ailleurs sont premiers entre eux deux à deux (n° **252**).

Ces exposants sont tous multiples du plus petit d'entre eux.

En effet soit μ le plus petit d'entre eux et m un autre. Les entiers a^m et a^μ étant représentables dans la classe principale il en est de même de $a^{m-\mu q}$ quel que soit q, et en prenant pour q le quotient à une unité prés de m par μ, on trouverait, si m n'était pas divisible par μ, un exposant r positif plus petit que μ et tel que a^r serait représentable dans la classe principale.

L'entier μ sera dit *l'exposant* de a par rapport au groupe des classes de déterminant Δ.

Cas particulier. — Si a est représentable d'une façon primitive dans la classe principale, toutes les puissances de a le sont aussi.

265. — Ayant ainsi déterminé les classes qui représentent un entier a d'une façon primitive on peut se demander pour quelles valeurs des variables se font les représentations.

Dans chacune de ces classes il y a une infinité de formes. On peut se borner à chercher les représentations de a par l'une de ces formes, car si dans la forme f, l'entier a est représenté par $x = x_0$, $y = y_0$, dans la forme $f \times \begin{pmatrix} \lambda & \mu \\ \nu & \rho \end{pmatrix}$, il est représenté par

$$x = \lambda x_0 + \mu y_0, \; y = \nu x_0 + \rho y_0$$

et réciproquement.

Ensuite un entier peut avoir, dans une forme f, plusieurs ou une infinité de représentations, mais on sait que ces représentations se déduisent d'un certain nombre d'entre elles par les substitutions automorphes de la forme. On peut considérer toutes ces représentations comme n'étant pas distinctes.

Ceci posé considérons d'abord un nombre premier p représentable dans une classe C et dans C^{-1}. On peut représenter C par la forme (p, b, c) et C^{-1} par $(p, -b, c)$. Dans chacune de ces classes p a la représentation $x = 1$, $y = 0$ et il n'en a pas d'autres (deux représentations qui se déduisent l'une de l'autre par une substitution automorphe de la forme n'étant pas considérées comme distinctes). En effet on sait que chaque représentation correspond à une racine de $x^2 + \rho x - k \equiv 0 \pmod p$. Or cette congruence n'a que deux racines. Ces deux racines n'en font qu'une double dans le cas où $\Delta \equiv 0 \pmod p$, mais en tout cas l'une étant b', l'autre est $-b' - \rho$. La première correspond à une forme $(p, 2b' + \rho, c)$, l'autre à la forme $(p, -2b' - \rho, c)$ c'est-à-dire à la forme opposée.

Considérons maintenant un entier p^α. On voit de même qu'il se représente dans deux formes opposées (p^α, b, c) et $(p^\alpha, -b, c)$ pour $x = 1$, $y = 0$ seulement. Mais

$$(p^\alpha, b, c) = (p, b, p^{\alpha-1}c)^\alpha$$

et

$$(p^\alpha, -b, c) = (p, -b, p^{\alpha-1}c)^\alpha.$$

Or $(p, b, p^{\alpha-1}c)$ et $(p, -b, p^{\alpha-1}c)$ peuvent représenter p. Elles appartiennent donc respectivement aux classes C et C^{-1} qui représentent ce nombre. Alors (p^α, b, c) et $(p^\alpha, -b, c)$ appartiennent respectivement aux classes C^α et $C^{-\alpha}$.

D'autre part *la représentation $x = 1$, $y = 0$ de p^α dans la classe C^α est celle qui se déduit de la représentation $x = 1$, $y = 0$ de p dans la classe C par les formules du n°* **251**.

On verra alors facilement que *toute représentation de $a = p^\alpha q^\beta \ldots$ dans la classe $C^\alpha C'^\beta \ldots$ provient par application des formules du n°* **251** *de représentations de p, q, ... dans les classes C, C', ...*

Un entier a aura plusieurs représentations distinctes dans une même classe quand cette classe pourra se mettre de plusieurs façons sous la forme $C^\alpha C'^\beta \ldots$ On a vu en effet (n° **264** Remarque du théorème III) que ce cas se présente.

266. — La question posée au n° **264** est ainsi résolue. Voici d'autres théorèmes qui nous seront utiles plus tard.

Théorème I. — *Soient a et a' représentables primitivement dans des classes primitives de déterminant Δ; on peut trouver deux de ces classes Γ et Γ' telles que Γ représente primitivement a, que Γ' représente primitivement a' et que $\Gamma\Gamma'$ représente primitivement aa'. De plus l'une des deux classes Γ, Γ', la classe Γ par exemple* *peut être prise arbitrairement parmi les classes qui représentent primitivement a.*

En effet appelons p, q, ... *l'ensemble* des facteurs premiers de p et q, et soit

$$a = p^{\alpha} q^{\beta} \ldots$$
$$a' = p^{\alpha_1} q^{\beta_1} \ldots$$

certains des exposants α, β, ..., α_1, β_1, ... pouvant être nuls.

Les classes qui représentent p sont

$$C^{\pm\alpha} C'^{\pm\beta} \ldots$$

celles qui représentent p' sont

$$C^{\pm\alpha_1} C'^{\pm\beta_1} \ldots$$

Prenons arbitrairement l'une des classes qui représentent a, par exemple

$$\Gamma = C^{\alpha} C'^{-\beta} \ldots$$

Il suffit de prendre pour Γ' la classe

$$\Gamma' = C^{\alpha_1} C'^{-\beta_1} \ldots$$

les signes des exposants étant les mêmes. Ces classes Γ, Γ' et leur produit $\Gamma\Gamma'$ répondent à la question.

Théorème II. — *Si deux entiers a et a_1 sont représentables primitivement par une même classe C, leur produit admet, dans la classe principale, des représentations dont le diviseur divise* D(a, a_1).

En effet a_1 étant représentable primitivement dans C l'est aussi dans C^{-1}. Donc aa_1 admet dans CC^{-1}, c'est-à-dire dans la classe principale une représentation dont le diviseur divise D(a, a_1) (n° **252**).

Cas particulier. — Si deux entiers a et a_1, premiers entre eux, sont représentables primitivement dans une même classe, leur produit est représentable primitivement dans la classe principale.

Réciproque. — Si a et a_1 sont premiers entre eux et si aa_1 est représentable primitivement dans la classe principale, on peut trouver une classe dans laquelle a et a_1 sont représentables primitivement.

Les classes qui représentent primitivement a sont les classes

$$C^{\pm\alpha}C'^{\pm\alpha'}\ldots$$

celles qui représentent primitivement a_1 sont

$$C_1^{\pm\alpha_1}C_1'^{\pm\alpha_1'}\ldots$$

celles qui représentent primitivement aa_1 sont

$$C^{\pm\alpha}C'^{\pm\alpha'}\ldots C_1^{\pm\alpha_1}C_1'^{\pm\alpha_1'}\ldots$$

Par hypothèse l'une de celles-ci est la classe principale. Soit

$$C^{\varepsilon\alpha}C'^{\varepsilon'\alpha'}\ldots C_1^{\varepsilon_1\alpha_1}C_1'^{\varepsilon_1'\alpha_1'}\ldots = 1.$$

On a

$$\Gamma = C^{\varepsilon\alpha}C'^{\varepsilon'\alpha'}\ldots = C_1^{-\varepsilon_1\alpha_1}C_1'^{-\varepsilon_1'\alpha_1'}\ldots$$

La classe Γ jouit de la propriété annoncée.

Théorème III. — *Une classe carré parfait représente primitivement des entiers carrés parfaits, premiers à $h\Delta$, h étant un entier quelconque.*

En effet, nous avons vu (n° **257**) qu'une classe carré parfait peut se représenter par (a^2, b, c) a étant premier à $h\Delta$. On voit que cette forme représente primitivement a^2 ce qui démontre le théorème.

Théorème IV. — *Toute classe qui représente un carré a^2 tel qu'aucun de ses facteurs premiers n'entre au carré dans Δ, est une classe primitive, carré d'une autre classe primitive.*

Tout d'abord on peut supposer que la représentation de a^2 dont il est parlé est primitive. Car si la représentation de a^2 a lieu pour $x = dx'$, $y = dy'$, avec $D(x', y') = 1$, il y aura une représentation primitive de $\frac{a^2}{d^2}$ pour $x = x'$, $y = y'$.

Ceci posé, la classe en question peut se présenter par (a^2, b, e). Or cette forme est le carré de (a, b, ae). Les formes (a^2, b, e) et (a, b, ae) sont primitives puisqu'un facteur premier de a n'entre pas au carré dans Δ.

Remarquons que cette condition qu'aucun facteur premier de a n'entre au carré dans Δ est remplie dans les deux cas suivants : 1° lorsque a et Δ sont premiers entre eux ; 2° lorsque Δ n'est divisible par aucun carré autre que 1.

THÉORÈME V. — *Toute classe qui représente* primitivement *une puissance* $n^{ème}$, a^n *telle qu'aucun de ses facteurs premiers n'entre au carré dans* Δ *est une classe primitive, puissance* $n^{ème}$ *d'une autre.*

On remarquera que l'énoncé de ce théorème diffère du précédent d'abord en ce que le carré y est remplacé par la puissance $n^{ème}$, ensuite en ce que la représentation de a^n est supposé *primitive.* La démonstration est d'ailleurs analogue.

THÉORÈME VI. — *Si on considère deux classes capables de représenter primitivement un même entier a, leur rapport est une classe carré parfait.*

Car l'une de ces classe sera

$$C^{\varepsilon\alpha} C'^{\varepsilon'\beta} \dots$$

et l'autre

$$C^{\varepsilon_1\alpha} C'^{\varepsilon_1'\beta} \dots$$

les ε étant $+$ ou $-$ 1. Leur rapport est

$$C^{(\varepsilon-\varepsilon_1)\alpha} C'^{(\varepsilon'-\varepsilon_1')\alpha'} \dots$$

Or tous les entiers $\varepsilon - \varepsilon_1$, $\varepsilon' - \varepsilon_1'$, ... sont égaux à 0 ou à ± 2. La classe précédente est donc le carré de

$$C^{\frac{\varepsilon-\varepsilon_1}{2}\alpha} C'^{\frac{\varepsilon'-\varepsilon_1'}{2}\alpha'} \dots$$

Corollaire. — Si l'une des classes capables de représenter primitivement a est carré parfait, il en est de même de toutes.

THÉORÈME VII. — *Si un produit tel que* ab^2 *est représentable, primitivement ou non, par la classe principable, toute classe primitive* C *susceptible de représenter primitivement a est un carré parfait.*

1° Examinons d'abord le cas où a et b sont premiers entre eux et où la représentation de ab^2 par la classe principale est primitive. Alors d'après la réciproque du théorème II, on peut trouver une classe qui représente primitivement a et b^2. Puisqu'elle représente b^2 elle est carré parfait. Il y a donc une classe représentant primitivement a et qui est carré parfait. Donc toute classe représentant primitivement a est carré parfait.

2° Supposons maintenant que a et b ne soient pas premiers entre eux, la représentation de ab^2 par la classe principale étant encore supposée primitive. Prenons dans b tous les facteurs premiers qui sont dans a, et prenons les avec l'exposant qu'ils ont dans b, soit d leur produit, et soit $b = b'd$. On a

$$ab^2 = ad^2(b'^2).$$

Mais b' est premier à ad^2. Donc toute classe qui représente primitivement ad^2 est carré parfait. Maintenant on peut trouver une classe Γ qui représente primitivement a et une classe Γ' qui représente primitivement d^2 (d^2 est représentable primitivement par une classe de déterminant Δ parce que d^2 est un diviseur de b^2 (nº **181**), de façon que $\Gamma\Gamma'$ représente primitivement à d^2. La classe $\Gamma\Gamma'$ est carré parfait, la classe Γ' l'est aussi puisqu'elle représente d^2, donc la classe Γ l'est aussi. Et par suite toute classe qui représente a est carré parfait.

3° Supposons enfin que la représentation de ab^2 dans la classe principale ne soit pas primitive. Soit δ son diviseur. Il y a donc une représentation primitive de $\frac{ab^2}{\delta^2}$ dans la classe principale.

Soit $\frac{b'}{\delta'}$ la plus simple expression de $\frac{b}{\delta}$. Alors

$$\frac{ab^2}{\delta^2} = \frac{ab'^2}{\delta'^2}.$$

Comme δ'^2 est premier à b'^2 il divise a et l'on peut écrire :

$$\frac{ab^2}{\delta^2} = \frac{a}{\delta'^2} \cdot b'^2.$$

Puisqu'il y a une représentation primitive de $\frac{a}{\delta'^2}\, b'^2$ dans la classe principale c'est que toute classe qui représente primitivement $\frac{a}{\delta'^2}$ est carré parfait. Mais on peut trouver une classe C qui représente primitivement $\frac{a}{\delta'^2}$ et une classe C' qui représente primitivement δ'^2 telles que CC' représente primitivement a.

Or nous venons de démontrer que C est carré parfait.

Quand à C' elle l'est aussi puisqu'elle représente primitivement δ'^2 ; donc CC' l'est aussi, et il en est de même de toute classe qui représente primitivement a.

267. Trouver les classes primitives de déterminant Δ identiques à l'inverse de leurs opposées. — Question posée au n° **178**).

On doit avoir pour une forme (a, b, c) appartenant à une de ces classes

$$C(a, b, c) = C(-a, b, -c)$$

$C(a, b, c)$ désignant la classe à laquelle appartient (a, b, c). Multiplions les deux membres par $C(a, -b, c)$. Il vient

$$C(a, b, c)\, C(a, -b, c) = C(-a, b, c)\, C(a, -b, c)$$

et réciproquement de cette égalité on déduit la précédente à cause de l'uniparité de la multiplication des classes.

Dans cette dernière égalité le premier membre est la classe principale. Le second peut s'écrire

$$C(-a, b, -c)\, C(c, b, a).$$

Il est égal à $C(-ac, b, -1)$ car les deux formes $(-a, b, c)$ et (c, b, a) sont immédiatement multipliables. Il appartient donc à la classe opposée à la classe principale, qui est d'ailleurs la même que la classe inverse opposée de la classe principale. Il résulte de ce qui précède que :

Toutes les classes primitives de déterminant Δ sont identiques à l'inverse de leur opposée lorsque cette circonstance se présente pour la classe principale, ou plus simplement lorsque la classe principale est identique à son opposée et dans ce cas seulement.

Ceci n'a jamais lieu pour les classes définies. Cherchons dans quel cas cela a lieu pour les formes indéfinies. Pour écrire que $(1, \rho, -k)$ et $(-1, \rho, k)$ sont de même classe, il faut écrire que leurs premières racines $\frac{-\rho+\sqrt{\Delta}}{2} = \omega$ et $\frac{-\rho-\sqrt{\Delta}}{2} = -\omega-\rho$ sont de même classe. Soit :

$$\omega = a_0 + \overline{\frac{1}{a_1+}\Big| \cdots + \Big| \frac{1}{a_h+}}\Big| \cdots$$

Alors

$$-\omega-\rho = -a_0-1-\rho+\frac{1}{1+}\Big|\frac{1}{a_1-1+}\Big|\overline{\frac{1}{a_2+}\Big|\cdots+\Big|\frac{1}{a_h+}\Big|\frac{1}{a_1+}}\Big|\cdots$$

si

$$a_1 \neq 1$$

et

$$-\omega-\rho=-a_0-1-\rho+\frac{1}{1+a_2+}\left|\frac{1}{a_3+}\right|\overline{\ldots+\left|\frac{1}{a_h+}\right|\frac{1}{a_1+}\left|\frac{1}{a_2+}\right|}\ldots$$

si

$$a_1 = 1.$$

Dans les deux cas on voit que les périodes de ω et $-\omega-\rho$ sont les mêmes mais que les nombres d'éléments qui précèdent un même élément de la première période ne sont pas de la même parité dans les deux développements. La condition pour que ω et $-\omega$ soient de même classe est donc (n° **174**) que le nombre d'éléments de la période de ω soit impair ; ou, ce qui revient au même (n° **128**) que l'équation $t^2+\rho tu-ku^2=-1$ soit possible.

Remarque. — Pour voir directement si (a, b, c) et $(-a, b, -c)$ sont de même classe, il faut voir si leurs premières racines $\frac{-b+\sqrt{\Delta}}{2a}$ et $\frac{-b+\sqrt{\Delta}}{-2a}$ sont de même classe. Par le même raisonnement que plus haut on voit que la condition pour qu'il en soit ainsi est que le nombre d'éléments de la période de $\frac{-b+\sqrt{\Delta}}{2a}$ soit impair. Mais comme d'autre part on a vu que la réponse ne dépend que de Δ et non de (a, b, c) on a le résultat suivant : *Les périodes correspondantes aux racines de toutes les formes primitives appartenant à un même déterminant ont toutes un nombre pair ou toutes un nombre impair d'éléments.*

268. Deux formes quadratiques binaires qui représentent les mêmes entiers sont équivalentes.

Ce théorème a été démontré au n° **161** pour les formes définies. Le théorème analogue pour les formes et les systèmes de formes linéaires a été démontré aussi (I 284). Les deux démonstrations ont en commun qu'elles s'appuient 1° sur ce que la connaissance des entiers représentés permet de former les coefficients de la forme réduite (ou système réduit) 2° sur ce que deux formes réduites (ou systèmes réduits) équivalentes sont identiques.

Une telle démonstration ne peut s'appliquer aux formes indéfinies, pour lesquelles le théorème est vrai cependant. Nous allons en donner une autre [1]. Cette démonstration s'applique aussi aux formes définies. Nous ne supposerons donc rien, *à priori*, sur le signe du déterminant.

THÉORÈME I. — *Deux formes qui représentent les mêmes entiers ont le même diviseur*. Soient les deux formes df et $d'f'$, les formes f et f' étant primitives. La forme f peut représenter un entier n premier à d'. Alors dn est représentable par df, donc aussi par $d'f'$. Donc d' divise dn. Mais d' est premier à n, donc d' divise d. On verrait de même que d divise d'. Donc $d = d'$.

THÉORÈME II. — *Lorsque deux formes représentent les mêmes entiers, les entiers qu'elles représentent d'une façon primitive sont aussi les mêmes*. (Ce théorème est vrai pour deux formes de degré quelconque.

En effet, soit les deux formes f et g de degré p.

Considérons le plus petit, en valeur absolue, des entiers représentés par ces formes. Cet entier, soit n, est évidemment représenté d'une façon primitive par les deux formes, car sinon il ne serait pas le plus petit en valeur absolue. De plus les entiers

$$2^p n,\ 3^p n,\ \ldots\ h^p n\ \ldots$$

sont représentés d'une façon non primitive, par les deux formes. Effaçons tous ces entiers du tableau des entiers représentés par les deux formes, les tableaux restants sont encore identiques. Prenons le plus petit, en valeur absolue, des entiers restants, soit n', il est représenté d'une façon primitive par les deux formes, car, sinon, ou bien il ne serait pas le plus petit en valeur absolue des entiers restants, ou bien il aurait été déjà effacé. Le raisonnement se poursuit de la même façon.

Il résulte des théorèmes I et II qu'on peut supposer que les formes dont il s'agit sont primitives et que les entiers dont il s'agit sont représentés d'une façon primitive.

PROBLÈME. — *Etant donnée une forme quadratique binaire primitive (a, b, c) et un nombre premier p, à quelles puissances entre*

(1) Il y en a une de SCHERING (*J. m. p. a.*, 2ᵉ série, t. IV (1859)), mais beaucoup plus compliquée que la nôtre.

ce facteur premier dans les entiers représentés d'une façon primitive par la forme (a, b, c) ?

Nous supposerons, ce qui est permis, a non divisible par p (n° **183**).

La réponse à la question posée dépend de l'exposant auquel p entre dans le déterminant $\Delta = b^2 - 4ac$ de la forme. Nous appellerons cet exposant δ. Ainsi Δ est divisible par p^δ mais non par $p^{\delta+1}$. D'ailleurs δ peut être nul, auquel cas Δ ne contient pas le facteur p.

Il faut distinguer le cas de p impair et celui de $p = 2$.

Cas de p impair. — Alors $4a$ n'est pas divisible par p. Donc la puissance de p qui entre dans $ax^2 + bxy + cy^2$ est la même que celle qui entre dans

$$(12) \qquad 4a(ax^2 + bxy + cy^2) \qquad \text{ou} \qquad (2ax + by)^2 - \Delta y^2.$$

Tout d'abord si l'on fait $y \equiv 0 \pmod p$ et par conséquent $x \not\equiv 0 \pmod p$ on obtient pour $(2ax + by)^2 - \Delta y^2$ une valeur non divisible par p.

Ensuite si l'on fait $y \not\equiv 0 \pmod p$, on peut donner à x une valeur telle que $2ax + by$ soit divisible par p^h ($h \geqslant 0$ quelconque) mais non par p^{h+1}. Maintenant le cas de p impair se subdivise en plusieurs autres.

a) δ impair. — Pour $h \leqslant \frac{\delta - 1}{2}$ l'expression (12) contient le facteur p à la puissance $2h$. Pour $h > \frac{\delta - 1}{2}$ elle le contient à la puissance δ. Donc dans ce cas, les entiers représentés d'une façon primitive par la façon primitive par la forme peuvent contenir p aux puissances.

$$0, 2, \ldots \delta - 1 \quad \text{et} \quad \delta.$$

b) δ pair, $\frac{\Delta}{p^\delta}$ est un non reste quadratique de p.

Pour $h < \frac{\delta}{2}$, l'expression (12) contient le facteur p à la puissance $2h$.

Pour $h > \frac{\delta}{2}$ elle le contient à la puissance δ.

Pour $h = \frac{\delta}{2}$ elle le contient aussi à la puissance δ, car pour qu'elle le contint à une puissance supérieure, il faudrait que l'on ait :

$$\left(\frac{2ax + by}{p^{\frac{\delta}{2}}}\right)^2 \equiv \frac{\Delta}{p^\delta} y^2 \pmod p$$

ce qui est impossible puisque, par hypothèse, $\frac{\Delta}{p^\delta}$ est non-reste de p. Donc, dans ce cas, les entiers représentés d'une façon primitive par la forme peuvent contenir p aux puissances :

$$0, \quad 2, \quad \ldots\ldots \quad \delta - 2, \quad \delta$$

c) δ pair $\frac{\Delta}{\delta^p}$ est un reste quadratique de p.

Le raisonnement se fait de la même façon. La différence avec le cas précédent est que la congruence :

$$\left(\frac{2ax + by}{p^{\frac{\delta}{2}}}\right)^2 \equiv \frac{\Delta}{p^\delta} y^2 \pmod p$$

n'est plus impossible et l'on démontrera facilement que les exposants cherchés sont dans ce cas :

$$0,\ 2,\ \ldots\ \delta - 2,\ \delta \quad \text{et} \quad \delta + 1,\ \delta + 2,\ \ldots\ ad.\ inf.$$

Cas de $p = 2$. — Les raisonnements précédents doivent être modifiés pour $p = 2$, car la multiplication par 4 change l'exposant auquel le facteur 2 entre dans $ax^2 + bxy + cy^2$. Le cas de $p = 2$ se subdivise aussi en plusieurs.

a') δ impair. — Alors $\delta \geqslant 3$ car si Δ est pair il est divisible par 4. Le coefficient a est supposé impair. Quand au coefficient b il est pair. On écrit :

$$a(ax^2 + bxy + ay^2) = (ax + \frac{b}{2} y)^2 - \frac{\Delta}{4} y^2. \tag{13}$$

Le raisonnement est le même que dans le cas *a)* et l'on trouve que le facteur 2 peut entrer dans les entiers représentés d'une façon primitive par la forme aux exposants :

$$0,\ 2,\ \ldots\ \delta - 3 \quad \text{et} \quad \delta - 2.$$

b') δ pair > 0 et $\frac{\Delta}{2^\delta} \equiv -1 \pmod 4$.

On a $\delta \geqslant 2$. Le terme $\frac{\Delta}{4} y^2$ contient 2 à la puissance $\delta - 2$. Le terme $(ax + \frac{b}{2} y)^2$ peut le contenir à une puissance $2h (h > 0)$.

Pour $h < \frac{\delta - 2}{2}$ l'expression (13) contient 2 à la puissance $2h$

Pour $h > \frac{\delta - 2}{2}$ » » $\delta - 2$

Pour $h = \frac{\delta - 2}{2}$ » » $\delta - 2 + k$

k étant l'exposant de la plus haute puissance de 2 qui divise :

$$(14) \qquad \left(\frac{ax + \frac{b}{2} y}{2^{\frac{\delta - 2}{2}}}\right)^2 - \frac{\Delta}{2^\delta} y^2$$

Or on peut rendre cette expression impaire ou paire, mais non divisible par 4, puisque $\frac{\Delta}{2^\delta} \equiv -1 \pmod 4$. Dans ce cas les exposants cherchés sont :

$$0, 2, \dots \delta - 2 \quad \text{et} \quad \delta - 1.$$

c') δ pair > 0 *et* $\frac{\Delta}{2^\nu} \equiv 5$ (*mod* 8). Alors $\delta \geqslant 2$. On trouve par un raisonnement analogue les exposants :

$$0, 2, \dots \delta - 2, \delta.$$

d') δ pair > 0 *et* $\frac{\Delta}{2^\nu} \equiv 1$ (*mod* 8). On a encore $\delta \geqslant 2$.

Le raisonnement est analogue, mais l'expression (14) peut être rendue divisible par toute puissance de 2 d'exposant égal ou supérieur à 3. On trouve alors :

$$0, 2, \dots \delta - 2 \quad \text{et} \quad \delta + 1, \delta + 2, \dots \text{ad inf.}$$

c') $\delta = 0$ $\Delta \not\equiv 1 \pmod 8$. Dans ce cas Δ est impair donc b l'est aussi. Par hypothèse a l'est également, et la condition $\Delta \not\equiv 1 \pmod 8$ entraîne que c l'est aussi. Alors $ax^2 + bxy + cy^2$ ne peut être pair pour des valeurs de x, y premières entre elles. On trouve dans ce cas le seul exposant zéro.

f') $\delta = 0$ *et* $\Delta \equiv 1$ (*mod* 8).

On part de l'égalité (12). Si l'on étudie les exposants des puissances de 2 que peut renfermer le second membre il faudra leur retrancher 2 pour avoir ceux que peut renfermer $ax^2 + bxy + cy^2$. On trouve ainsi

$$0, 1, 2, \ldots \text{ad inf.}$$

En résumé :

			Exposants
p impair	δ impair		$0, 2, \ldots \delta - 1$ et δ
«	δ pair	$\frac{\Delta}{\delta^p}$ non reste de p	$0, 2, \ldots \delta$
«	«	$\frac{\Delta}{\delta^p}$ reste de p	$0, 2, \ldots \delta$ et $\delta + 1, \delta + 2, \ldots$ *ad. inf.*
$p = 2$	δ impair		$0, 2, \ldots \delta - 3$ et $\delta - 2$
«	δ pair > 0	$\frac{\Delta}{2^\delta} \equiv -1 \pmod 4$	$0, 2, \ldots \delta - 2$ et $\delta - 1$
«	«	$\frac{\Delta}{2^\delta} \equiv 5 \pmod 8$	$0, 2, \ldots \delta - 2, \delta$
«	«	$\frac{\Delta}{2^\delta} \equiv 1 \pmod 8$	$0, 2, \ldots \delta - 2$ et $\delta + 1, \delta + 2, \ldots$ *ad inf.*
«	$\delta = 0$	$\Delta \not\equiv 1 \pmod 8$	0
«	«	$\Delta \equiv 1 \pmod 8$	$0, 1, 2, \ldots$ *ad inf.*

THÉORÈME. — *Quand deux formes quadratiques binaires représentent les mêmes entiers elles ont le même déterminant.*

D'abord il est évident que les deux déterminants ont le même signe, car une forme de déterminant négatif ne peut représenter que des entiers du signe de son premier coefficient, tandis qu'une forme de déterminant positif peut représenter des entiers des deux signes.

Nous allons maintenant montrer qu'ils ont les mêmes facteurs premiers aux mêmes exposants. Considérons d'abord un facteur premier impair p. Supposons qu'il entre avec l'exposant δ dans le déterminant de la première forme, avec l'exposant δ' dans l'autre. D'après le tableau précédent les entiers représentés d'une façon primitive par la première forme contiennent p :

soit aux exposants $0, 2, \ldots \delta - 1$ et δ (δ impair)

» $0, 2, \ldots \delta$ } (δ pair)

» $0, 2, \ldots \delta$ et $\delta + 1, \delta + 2, \ldots$ *ad inf.* } (δ pair)

Pour la seconde forme les résultats seraient

$$\left.\begin{array}{l} 0, 2, \ldots \delta' - 1 \text{ et } \delta' \ (\delta' \text{ impair}) \\ 0, 2, \ldots \delta' \\ 0, 2, \ldots \delta' \text{ et } \delta' + 1, \delta' + 2 \ldots \textit{ad inf.} \end{array}\right\} (\delta' \text{ pair})$$

Or il est visible que si $\delta' \not\equiv \delta$ aucun des résultats relatifs à δ' ne peut coïncider avec aucun des résultats relatifs à δ. Donc $\delta' = \delta$.

Considérons maintenant le facteur 2. En raisonnant de la même façon nous voyons que pour ce facteur, il y a un cas où $\delta' \not\equiv \delta$ et où cependant les résultats relatifs à δ et δ' seraient les mêmes. C'est le cas où δ est impair et où $\delta' = \delta - 1$ avec :

$$\frac{\Delta}{2^{\delta'}} \equiv -1 \pmod 4.$$

Les résultats obtenus seraient $0, 2, \ldots \delta - 3$ et $\delta - 2$ pour δ et pour δ'. On aurait alors :

$$\Delta \equiv 0 \pmod{2^\delta} \ (\delta \text{ impair} \geqq 3)$$
$$\Delta' = \frac{\Delta}{2}.$$

Examinons d'abord le cas de $\delta = 3$.

Dans ce cas

$$\Delta \equiv 0 \pmod 8, \quad \frac{\Delta}{8} \equiv -1 \pmod 4, \quad \Delta' = \frac{\Delta}{2}.$$

Nous allons montrer que les entiers *impairs* représentés d'une façon primitive par les deux formes ne sont pas les mêmes. En effet, on sait (n° **211**) que pour la première forme ces entiers sont congrus à 1 et 3 (mod 8) (et il y en a des deux espèces), ou bien sont congrus à -1 et -3 (mod 8) (et il y en a des deux espèces). Tandis que pour la seconde forme ils sont congrus à 1 et -3 (mod 8) (et il y en a des deux espèces), ou bien congrus à -1 et 3 (mod 8) (et il y en a des deux espèces). Comme ces résultats ne concordent pas, les entiers représentés d'une façon primitive par les deux formes ne peuvent être les mêmes.

Soit maintenant $\delta > 3$. Dans ce cas nous allons de nouveau reporter notre attention sur les entiers pairs représentés primitivement par les deux formes.

Soit une forme (a, b, c), avec

$$\Delta = b^2 - 4ac \equiv 0 \pmod{2^4} \qquad (a \text{ impair}).$$

On a :

$$a(ax^2 + bxy + cy^2) = (ax + \frac{b}{2}y)^2 - \frac{\Delta}{4}y^2$$

$\frac{\Delta}{4}$ étant pair et a impair, pour que ce nombre soit pair il faut que $x + \frac{b}{2}y$ soit pair. Posons donc :

$$x + \frac{b}{2}y = 2x'$$
$$y = y'$$

nous obtenons une nouvelle forme, à savoir

$$(15) \quad 4\left\{ax'^2 + \frac{b}{2}(1-a)x'y' + \left[(a-2)\frac{\Delta}{2^4} + c\left(\frac{a-1}{2}\right)^2\right]y'^2\right\}.$$

On voit alors que les entiers pairs représentés d'une façon primitive par (a, b, c) s'obtiennent en multipliant par 4 les entiers représentés d'une façon primitive par

$$(16) \qquad \left[a, \frac{b}{2}(1-a), \frac{(a-2)\Delta}{2^4} + c\left(\frac{a-1}{2}\right)^2\right].$$

De même les entiers pairs représentés d'une façon primitive par (a', b', c') s'obtiennent en multipliant par 4 les entiers représentés d'une façon primitive par

$$(17) \qquad \left[a', \frac{b'}{2}(1-a'), \frac{(a'-2)\Delta'}{2^4} + c'\left(\frac{a'-1}{2}\right)^2\right].$$

Donc pour démontrer le théorème il suffit de démontrer que les formes (16) et (17) ne peuvent représenter primitivement les mêmes entiers. Mais la forme (a, b, c) ayant pour déterminant Δ, la forme (15) qui s'en déduit par une substitution de déterminant 2, a pour déterminant 4Δ, donc la forme (16) a pour déterminant $\frac{\Delta}{4}$. De même la forme (17) a pour déterminant $\frac{\Delta'}{4} = \frac{\Delta}{8}$.

On est donc ramené à démontrer le même théorème qu'on avait en vue mais pour un exposant δ diminué de deux unités. De proche en proche on ramène au cas de $\delta = 3$ pour lequel il a été démontré.

Théorème. — *Quand deux formes quadratiques binaires représentent les mêmes entiers elles se déduisent l'une de l'autre par une substitution linéaire unité.*

Pour démontrer ce résultat nous sommes obligés de nous appuyer sur un résultat que nous ne démontrerons que plus tard, à savoir :

Toute forme quadratique binaire primitive représente d'une façon primitive des nombres premiers [1].

Ceci posé, soient deux formes qui représentent les mêmes entiers. Parmi ces entiers on peut trouver un nombre premier p. On sait déjà que les formes ont même déterminant. Or on a vu (n° **264**) que dans les formes de même déterminant, il n'y a que celles appartenant à une certaine classe et à la classe inverse qui puissent représenter un nombre premier donné p.

Le théorème est donc démontré.

NOTES ET EXERCICES

Relativement à la multiplication des classes on peut se poser le problème général suivant : *Trouver toutes les identités de la forme*

$$f(x, y)\,g(x', y') = h(X, Y)$$

f, g, h, étant trois formes quadratiques binaires ; X, Y *étant des formes bilinéaires en x, y, ; x', y'.*

Voir entre autres :

Gauss, *Disq. arithm.*, art. 235.

Dedekind, *J. r. a. M.*, t. 129 (1905) p. 1.

[1] Ce résultat du à Lejeune Dirichlet, se démontre par des moyens analytiques. Comme le résultat analogue, relatif à la progression arithmétique on n'a pu, jusqu'à maintenant, le démontrer par les seuls moyens de la *Théorie des Nombres.*

CHAPITRE XXIII

—

DIGRESSION SUR LA THEORIE DES GROUPES. MODULES. GROUPES ABELIENS

269. — Le lecteur a sans doute déjà remarqué l'identité de certains raisonnements du chapitre précédent (nos **257**, **258**, **259**) avec d'autres de la théorie des substitutions linéaires (I. 210). Cette identité tient à ce que ces raisonnements sont applicables dans une théorie plus générale que les deux précédentes, celles des groupes. Le groupe a déjà été défini pour les substitutions linéaires, cette définition se généralise de la façon suivante.

Soit un ensemble d'éléments quelconques (nombres, substitutions, classes de formes, etc.). Nous supposons qu'on ait défini sur ces éléments une opération qui s'appellera *multiplication* et qui aura comme effet de déduire, de deux de ces éléments appelés *facteurs*, un troisième élément appelé leur *produit*. Soient A et B les facteurs, C le produit. Nous poserons :

$$AB = C.$$

Cette opération sera supposée *générale, univoque, unipare, réversible* et *associative*.

Elle est *générale*, c'est-à-dire toujours possible. De deux éléments quelconques, A, B, on déduit un produit C.

Elle est *univoque*, c'est-à-dire que des deux facteurs A, B on ne déduit *qu'un* produit C.

Elle est *unipare*, c'est-à-dire que si l'on connaît C et A il n'existe qu'un élément B tel que AB = C et de même, si l'on connaît C et B il n'existe qu'un élément A tel que AB = C.

Elle est *réversible*, c'est-à-dire que si l'on connaît C et A il y a toujours un élément B tel que AB = C, et si l'on connaît C et B il y a toujours un élément A tel que AB = C.

Enfin elle est *associative* c'est-à-dire que :

$$(AB)C = A(BC).$$

Le produit de plus de deux éléments se définit de proche en proche par la formule

$$ABC = (AB)C.$$

A cause de l'associativité de la multiplication on peut dans un produit remplacer plusieurs facteurs consécutifs par leur produit (I. 21).

Mais nous ne supposons pas d'abord que la multiplication soit commutative, c'est-à-dire que nous ne supposons pas que forcément $AB = BA$. On distinguera donc entre la multiplication *à droite* et celle à *gauche* (I. 222).

Deux éléments A, B sont dits *permutables* lorque $AB = BA$. Cela arrive, en particulier, pour deux éléments identiques.

270. Rapport de deux éléments. — Etant donnés A et B, à cause de la réversibilité et de l'uniparité de la multiplication il existe un élément Q et un seul tel que :

$$AQ = B$$

et un élément Q′ et un seul tel que :

$$Q'A = B.$$

Q s'appellera le *premier rapport* et Q′ le *second rapport* de B à A.

Théorème. — *Le premier rapport d'un élément à lui-même est le même pour tous les éléments. Il en est de même du second rapport. De plus ces deux rapports sont identiques.*

Soient A et B deux éléments quelconques. Soit U le premier rapport de A à lui-même. On a

$$AU = A.$$

Multiplions les deux membres de cette égalité, à gauche, par Q, second rapport de B à A, il vient

$$QAU = QA$$

ou

$$BU = B.$$

Donc U est aussi le premier rapport de B à lui-même.

On démontrerait d'une façon analogue que le second rapport d'un élément à lui-même est le même pour tous les éléments.

Soit enfin U le premier et U′ le second rapport d'un élément quelconque à lui-même. En particulier U est le premier rapport de U′ à lui-même, et U′ est le second rapport de U à lui-même, c'est-à-dire que

$$U'U = U'$$
$$U'U = U.$$

On en déduit

$$U = U'.$$

L'élément unique U ainsi défini sera appelé *élément unité*, sa propriété fondamentale est exprimée par les égalités

$$AU = UA = A.$$

A étant un élément quelconque.

On désignera lorsqu'il n'y aura pas d'ambiguïté possible, l'élément unité par 1.

Inverse d'un élément. — Considérons le premier et le second rapport de l'élément unité à un élément A, soient Q et Q′, je dis qu'ils sont égaux.

En effet, on a :

$$AQ = U$$
$$Q'A = U.$$

Multiplions les deux membres de la première égalité à gauche par Q′. Il vient :

$$Q'AQ = Q'U$$

d'où

$$UQ = Q'U$$

ou enfin

$$Q = Q'.$$

L'élément Q ainsi défini s'appellera *inverse* de A, nous le désignerons par A^{-1}. Sa propriété fondamentale est exprimée par l'égalité

$$AA^{-1} = A^{-1}A = 1.$$

Théorème. — *Le premier et le second rapport d'un élément* B *à un élément* A *sont respectivement* $A^{-1}B$ et BA^{-1}. *Pour qu'ils soient égaux il faut et il suffit que* A *et* B *soient permutables.*

Voir I. 230.

Théorème. — *Le premier rapport de deux éléments ne change pas si on multiplie ces deux éléments à gauche par un même élément. De même le second rapport ne change pas si on multiplie ces deux éléments à droite par un même élément.*

En particulier le rapport de deux éléments permutables ne change pas si on multiplie ces deux éléments tous les deux d'un même côté par un même élément.

Voir I. 231.

Inverse d'un produit. On a :

$$(AB \dots L)^{-1} = L^{-1} \dots B^{-1}A^{-1}.$$

Voir I. 231.

271. Puissances d'un élément. — Par définition :

si m est un entier plus grand que 1,	A^m est le produit de m facteurs égaux à A,
si $m = 1$	$A^1 = A$
si $m = -1$	A^{-1} est l'inverse de A
si m est un entier négatif, $m = -m'$	$A^m = (A^{-1})^{m'}$
si $m = 0$	A^0 = l'élément unité.

Les théorèmes de I. 232 à I. 236 et la théorie des groupes, de I. 237 à I. 241, se généralisent et l'on a les énoncés suivants :

272. Groupes. — On dit qu'un ensemble d'éléments forme un *groupe* par rapport à une certaine multiplication, lorsque :

I. *Le produit de deux éléments quelconques de l'ensemble appartient à l'ensemble.*

II. *L'inverse d'un élément quelconque de l'ensemble appartient à l'ensemble.*

Tout groupe contient l'élément unité. Cet élément forme à lui seul un groupe. Les puissances, tant positives que négatives d'un élément forment aussi un groupe.

On distingue les groupes *finis* (formés d'un nombre fini d'éléments), et les groupes infinis. *L'ordre* d'un groupe fini est le nombre de ses éléments.

On peut recommencer les raisonnements de I. 237 et 240 répétés au nº **259** de ce volume et l'on voit que pour tout élément A d'un groupe, il existe un entier $m > 0$ tel que $A^m = 1$. Le plus petit entier positif satisfaisant à cette condition est dit l'*exposant* de A, c'est un diviseur de l'ordre du groupe.

Il y a deux cas où la définition du groupe peut se simplifier en ce sens qu'il n'y subsiste qu'une seule condition au lieu des deux énoncés plus haut.

1° Lorsque le groupe est fini, la condition I suffit. La démonstration est donnée au n° **237** du tome I de cet ouvrage [1].

2° Lorsque la multiplication est commutative il suffit de la seule condition : *Le rapport de deux éléments quelconques de l'ensemble est un élément de l'ensemble*, elle entraîne les deux conditions données plus haut. En effet, soit A un élément de l'ensemble, $\frac{A}{A}$ ou 1 appartient aussi à l'ensemble, donc $\frac{1}{A}$ y appartient aussi, donc la condition II est remplie. Ensuite, soit B un autre élément de l'ensemble, $\frac{1}{B}$ et par suite $A : \frac{1}{B}$ ou AB en est un aussi.

Lorsque tous les éléments d'un groupe H appartiennent à un groupe G, on dit que H est un *sous-groupe* de G, et que G est un *sur-groupe* de H.

Soit H un sous-groupe de G, soient A_1, A_2, ... les éléments de H.

Supposons d'abord que G soit un groupe fini, alors H l'est aussi. Dans ce cas les éléments de G peuvent être rangés dans un tableau de la forme :

$$\begin{matrix} A_1 & A_2 & \dots & A_m \\ BA_1 & BA_2 & \dots & BA_m \\ \cdot & \cdot & \cdot & \cdot \\ LA_1 & LA_2 & \dots & LA_m \end{matrix}$$

ou dans un tableau de la forme :

$$\begin{matrix} A_1 & A_2 & \dots & A_m \\ A_1B' & A_2B' & \dots & A_mB' \\ \cdot & \cdot & \cdot & \cdot \\ A_1L' & A_2L' & \dots & A_mL'. \end{matrix}$$

(Voir I. 240).

[1] Dans la définition des groupes de substitution donnée à cet endroit on a oublié de dire explicitement qu'il ne s'agissait que de substitutions *réversibles*. Mais cela était sous-entendu, puisqu'on y parle de l'inverse d'une substitution.

Ici nous avons explicitement dit qu'il ne s'agissait que de multiplication reversible. Mais d'ailleurs on peut démontrer le théorème suivant :

En supposant seulement la multiplication générale, univoque et unipare, si l'on peut trouver un ensemble fini d'éléments tels que le produit de deux d'entre eux appartienne toujours à l'ensemble, la multiplication, pour ces éléments, est réversible. En effet on démontrera comme au n° I. 237, l'existence de m tel que $A^m = 1$. A étant un élément quelconque de l'ensemble. Alors A^{m-1} est l'inverse de A.

On en déduit que : *l'ordre d'un groupe fini est un multiple de l'ordre d'un quelconque de ses sous-groupes*. En particulier, *l'ordre d'un groupe fini est un multiple de l'exposant auquel appartient un quelconque de ses éléments*.

Le rapport de l'ordre du groupe total à celui du sous-groupe est dit *indice* de ce dernier.

Les mêmes considérations s'appliquent à un groupe infini ou transfini, mais le nombre des lignes du tableau et celui des colonnes peuvent être infinis ou transfinis.

Corollaire. — *Si* A *est un élément d'un groupe fini d'ordre i, on a*

$$A^i = 1.$$

Enfin la notion de groupe *transformé* d'un autre (I. 241) s'étend sans peine.

Exemples. — L'ensemble de tous les nombres réels et imaginaires *ne forme pas un groupe* par rapport à la multiplication ordinaire. En effet cette multiplication n'est pas toujours unipare car dans l'égalité $AB = C$, si l'on se donne $A = C = 0$, B n'est pas déterminé.

Mais *l'ensemble de tous les nombres réels et imaginaires sauf zéro*, forme un groupe par rapport à la multiplication ordinaire car cette multiplication y est bien générale, univoque, associative, réversible et unipare.

Il en est de même de l'ensemble de tous les nombres réels sauf zéro, de l'ensemble de tous les nombres réels positifs, de l'ensemble de tous les nombres rationnels sauf zéro, de l'ensemble de tous les nombres rationnels positifs.

Quant à l'ensemble de tous les nombres entiers sauf zéro, il ne forme pas un groupe par rapport à la multiplication ordinaire car cette multiplication n'y est pas réversible.

L'ensemble de tous les nombres réels et imaginaires forme un groupe par rapport à l'addition ; il en est de même de l'ensemble de tous les nombres réels, de l'ensemble de tous les nombres rationnels, de l'ensemble de tous les nombres entiers.

273. Groupes isomorphes. — On dit que deux groupes G et G′ sont isomorphes lorsqu'on peut établir entre leurs éléments une relation telle qu'à chaque élément de G corresponde un élément de G′ et un seul, et que réciproquement à chaque élément de G′ corresponde un élément de G et un seul ; telle de plus que si entre trois éléments A, B, C de G on a la relation $AB = C$, entre les éléments correspondants A′, B′, C′ de G′ on ait la relation $A'B' = C'$ et réciproquement.

Si l'on ne tient pas compte de la nature des éléments d'un groupe, mais seulement de la façon dont ils se combinent, deux groupes isomorphes sont identiques.

Exemple. — L'ensemble de tous les entiers positifs négatifs ou nuls forme un groupe par rapport à l'addition. L'ensemble de toutes les puissances à exposants entiers positifs négatifs ou nuls d'un nombre a forme un groupe par rapport à la multiplication. Les deux groupes sont isomorphes.

274. Modules. — Supposons un ensemble de nombres (1) formant un groupe par rapport à l'addition. Un tel groupe sera dit un *module*. On voit qu'on peut dire : *un module est un ensemble de nombres tel que :*

1° *si a et b appartiennt à l'ensemble leur somme y appartient aussi ;*

2° *si a appartient à l'ensemble — a y appartient aussi.*

Mais d'ailleurs, d'après une remarque faite plus haut, l'addition étant commutative, on peut remplacer ces deux conditions par une seule et dire :

Un module est un ensemble de nombres tel que si a et b appartiennent à l'ensemble leur différence y appartient aussi.

Exemples.

1° L'ensemble des nombres réels et complexes ;

2° L'ensemble des nombres réels ;

3° L'ensemble des nombres rationnels ;

4° L'ensemble des nombres entiers.

Chacun de ces modules est un sous-module du précédent.

Tout module contient le nombre zéro. Ce nombre forme, à lui seul, un module.

Modules de points. — Au lieu de nombres on peut considérer des *systèmes* de nombres. Un système de n nombres $x_1, x_2, \dots x_n$, est souvent appelé un *point dans l'espace à n dimensions*, et on le représente par une seule lettre A.

(1) La définition donnée ici s'appliquerait aussi à des ensembles d'éléments quelconques, autres que des nombres, pourvu qu'on en ait défini l'addition. Mais elle serait à peu près inutile, car rien n'empêcherait d'appeler cette addition une multiplication, et la théorie ainsi constituée ne différerait pas de celle des groupes. On a cependant considéré des modules d'éléments autres que des nombres, mais on a introduit dans leur définition d'autres conditions qu'ici.

Les nombres $x_1, x_2, \dots x_n$ sont dits les *coordonnées* de A. Le point est dit *réel* si toutes ses coordonnées sont réelles, *rationnel* si toutes ses coordonnées sont rationnelles, *entier* si toutes ses coordonnées sont entières.

Si $n = 1$, 2 ou 3 et si les coordonnées sont réelles, il existe un point géométrique dont les coordonnées sont celles-là. Cette représentation géométrique sera d'un grand secours.

La *somme* de plusieurs points A de coordonnées $x_1, x_2, \dots x_n$, A' de coordonnées $x'_1, x'_2, \dots x'_n$, est le point de coordonnées

$$x_1 + x_1' + \dots,\ x_2 + x_2' + \dots,\ \dots,\ x_n + x_n' + \dots$$

On définit d'une façon analogue la *différence* A — A' de deux points, et le produit mA d'un point par un nombre m.

On sait alors ce que c'est qu'un *module de points*. Tout module de points contient le point 0, 0, ... 0 (origine). Ce point forme à lui seul un module.

Exemples.

1° L'ensemble de tous les points réels et complexes ;
2° L'ensemble des points réels ;
3° L'ensemble des points rationnels ;
4° L'ensemble des points entiers.

Chacun de ces modules est un sous-module de précédent.

Le dernier a déjà été considéré dans le cas de $n = 2$ (I. 147).

275. Définition générale des réseaux. — Considérons un système de n formes linéaires

$$(1)\qquad \begin{cases} y_1 = a_{11}x_1 + a_{12}x_2 + \dots + a_{1p}x_p \\ y_2 = a_{21}x_1 + a_{22}x_2 + \dots + a_{2p}x_p \\ \dots\dots\dots\dots\dots \\ y_n = a_{n1}x_1 + a_{n2}x_2 + \dots + a_{np}x_p. \end{cases}$$

Les a sont des coefficients quelconques.

A chaque système de valeurs de $x_1, x_2, \dots x_p$ correspond un point dans l'espace à n dimensions : $y_1, y_2, \dots y_n$.

Supposons que les x prennent toutes les valeurs entières. Alors les y correspondant forment un module. Les éléments de ce module peuvent se représenter par une seule équation. Appelons

A_i le point de coordonnées $a_{1i}, a_{2i}, \dots a_{ni}$ et M le point de coordonnées $y_1, y_2, \dots y_n$, on peut écrire :

$$M = A_1x_1 + A_2x_2 + \dots + A_px_p.$$

Un tel module s'appelle un *réseau*.

L'ensemble des points $A_1, A_2, \dots A_p$ s'appelle une *base* de ce réseau.

Le réseau de base $A_1, A_2, \dots A_p$ sera désigné par $(A_1, A_2, \dots A_p)$.

La théorie des réseaux coïncide avec celle des systèmes de formes linéaires à variables entières et à coefficients quelconques. Dans le cas où les coefficients sont eux-mêmes entiers, elle coïncide avec la théorie des systèmes de formes linéaires à variables et coefficients entiers (I chap. XV).

Il y a des modules qui ne sont pas des réseaux. Ainsi le module formé par l'ensemble de tous les nombres réels n'est pas un réseau. En effet, il n'est pas dénombrable, tandis que tout réseau est évidemment dénombrable (nº **83**).

Dimension et rang d'un réseau. — Dans les formules (1) apparaissent deux entiers n et p dont le rôle est important. Mais il faut remarquer d'abord que ces nombres peuvent dans certains cas être diminués.

Supposons que les formes linéaires (1) ne soient pas indépendantes et appelons d le nombre maximum de formes indépendantes qu'on y peut trouver. Cet entier d est ce qu'on appelle la dimension du réseau [1]. La dimension est égale à l'ordre du déterminant non nul, d'ordre le plus élevé qu'on peut former avec le tableau des a (I. 253).

La dénomination de « dimension » se justifie par les considérations suivantes. Soit par exemple $n = 3$ et $d = 2$; cela veut dire que, dans l'espace à trois dimensions, tous les points de coordonnées y_1, y_2, y_3 obtenus en faisant varier les x sont dans un même plan, c'est-à-dire qu'ils appartiennent à un espace à *deux* dimensions. Mais ils ne sont pas en ligne droite, par conséquent n'appartiennent

(1) C'est ce que dans le premier volume de cet ouvrage nous avons appelé le *rang* (Voir I, **168** et **253**). Nous suivions alors la terminologie généralement adoptée, mais il nous semble maintenant qu'il vaut mieux la changer. Le lecteur est donc prié de remplacer partout, dans les numéros **168**, **253**, etc., du premier volume le mot *rang* par le mot *dimension*.

pas à un espace à *moins de deux dimensions*. En résumé la dimension d'un réseau est *le nombre de dimensions de l'espace qui le contient et qui a le moins de dimensions possibles*.

Le nombre p peut se réduire aussi. Si les formules (1) nous faisons sur les x une substitution unité nous ne changeons pas le réseau de points défini par ces formules. Cela revient à multiplier le tableau des a, à droite, par un tableau entier unité. Or il peut arriver qu'ainsi certaines colonnes deviennent identiquement nulles et par suite puissent être supprimées. On aura ainsi diminué le nombre des éléments de la base. Le nombre minimum des éléments de la base s'appelle *rang* du réseau et la base mise en évidence s'appelle *base minimum*.

Exemple. — Le réseau à une dimension

$$y = a_1x_1 + \ldots a_px_p$$

ou a_1; a_2, ... a_p sont entiers est du rang 1, car il est identique au réseau (I. 281)

$$y = D(a_1, a_2, \ldots a_p)x.$$

Plus généralement, le réseau (1) si les a sont entiers, peut se mettre sous une forme réduite (I. 286) et il peut arriver que le nombre des éléments de la base s'en trouve diminué. Ainsi

$$\begin{cases} y_1 = 2x_1 - 2x_2 + 4x_3 \\ y_2 = -5x_1 + 9x_2 - 10x_3 \end{cases}$$

se ramène à

$$\begin{cases} y_1 = 2x_1 \\ y_2 = 3x_1 + 4x_2 \end{cases}$$

qui n'est que du rang 2.

Autre exemple. — Le réseau

$$y = (\sqrt{2} - 2\sqrt{3})x_1 + (3\sqrt{3} - \sqrt{2})x_2 + (2\sqrt{2} - 4\sqrt{3})x_3$$

se ramène à

$$x = \sqrt{2}x_1' + \sqrt{3}x_2'$$

en posant

$$\begin{aligned} x_1 - x_2 + 2x_3 &= x_1' \\ -2x_1 - x_2 - 4x_3 &= x_2'. \end{aligned}$$

Théorème. — *Une condition nécessaire et suffisante pour qu'une base soit minimum est qu'il n'existe entre ses éléments aucune relation linéaire, homogène, à coefficients rationnels non tous nuls.*

D'abord, il est évident qu'on peut dans l'énoncé précédent, remplacer, sans rien changer, le mot « *rationnel* » par le mot « *entier* ».

Ainsi la condition pour que $A_1, A_2, \ldots A_p$ soit une base minimum est qu'il n'existe aucune relation de la forme

$$\alpha_1 A_1 + \alpha_2 A_2 + \ldots + \alpha_p A_p = 0$$

où $\alpha_1, \alpha_2, \ldots \alpha_p$ sont des entiers non tous nuls. Dans cette relation $A_1, A_2, \ldots A_p$ sont des points dans un espace à n dimensions, de sorte que la relation précédente équivant à n relations ordinaires ayant toutes les mêmes coefficients α.

Pour faire la démonstration on peut ne considérer qu'une de ces relations, les mêmes calculs s'appliquant aux autres. Autrement dit, on peut supposer qu'il s'agit d'un réseau à une dimension.

1° *La condition est nécessaire.* — Soit le réseau $(a_1, a_2 \ldots a_p)$ et supposons qu'il existe une relation :

$$\alpha_1 a_1 + \alpha_2 a_2 + \ldots + \alpha_p a_p = 0$$

($\alpha_1, \alpha_2, \ldots \alpha_p$, entiers non tous nuls).

On peut supposer $\alpha_1, \alpha_2, \ldots \alpha_p$ premier dans leur ensemble. On peut alors déterminer un tableau entier de n ligne et p colonnes, dont la première colonne soit $\alpha_1, \alpha_2, \ldots \alpha_p$ et qui soit égal à 1 (I. 212). Alors, faisant sur les x la substitution correspondant à ce tableau, le coefficient de la première variable dans la nouvelle expression est nulle et le réseau $(a_1, a_2, \ldots a_p)$ se transforme en un autre de rang égal au plus à $p - 1$.

2° *La condition est suffisante.* — Soit le réseau $(a_1, a_2, \ldots a_p)$ équivalent au réseau $(a_1', a_2', \ldots a'_{p-1})$. Le second contient les nombres $a_1, a_2, \ldots a_p$ puisque ces nombres appartiennent au premier. On a donc n relations :

$$a_i = a_1'\lambda_{1,i} + a_2'\lambda_{2,i} + \ldots + a'_{p-1}\lambda_{p-1,i} \, (i = 1, 2, \ldots n)$$

les λ étant des entiers. On en tire, en éliminant les a', une relation homogène, linéaire, à coefficients non tous nuls entre $a_1, a_2, \ldots a_p$; les coefficients étant des fonctions entières à coefficients entiers des λ et, par conséquent, étant des entiers.

Corollaire. — $A_1, A_2, \ldots A_p$ étant une base minimum d'un réseau, un point de ce réseau n'est représenté par $A_1 x_1 + \ldots + A_p x_p$ que pour un seul système de valeurs des x, lesquelles sont entières.

276 Différentes bases minimum. THÉORÈME. — *Étant donnée une base minimum d'un réseau toutes les autres se déduisent de celle-là par des substitutions unité.* On peut, comme dans le théorème précédent supposer la dimension du réseau égale à 1. Supposons de plus le rang égal à 2 pour simplifier l'écriture. Etant donné le réseau des nombres $ax + by$, construit sur la base minimum a, b, faire sur a, b la substitution $\begin{pmatrix} \alpha & \beta \\ \gamma & \delta \end{pmatrix}$ revient à faire sur x, y la substitution $\begin{pmatrix} \alpha & \gamma \\ \beta & \delta \end{pmatrix}$. On obtient ainsi le réseau sous la forme $(a\alpha + b\beta)x + (a\gamma + b\delta)y$.

Or la base $a\alpha + b\beta$, $a\gamma + b\delta$ est minimum puisqu'elle ne contient que deux éléments et que le système est, par hypothèse, de rang 2.

Réciproquement soient a, b et a', b' deux bases minimum du même réseau. Les nombres $a'b'$ appartenant au réseau (a, b), on a

$$a' = a\alpha + b\beta$$
$$b' = a\gamma + b\delta$$

où α, β, γ, δ sont entiers. La quantité $\alpha\delta - \beta\gamma$ est différente de zéro, car sinon il y aurait une relation linéaire, homogène, à coefficients entiers non tous nuls entre a' et b'. On peut donc résoudre les équations précédentes par rapport à a et b et écrire :

$$a = \frac{a'\delta - b'\beta}{\alpha\delta - \beta\gamma} \qquad b = \frac{-a'\gamma + b'\alpha}{\alpha\delta - \beta\gamma}$$

et comme a et b ne sont représentables sous la forme $a'x + b'y$ que pour des valeurs entières de x et y il en résulte que la substitution inverse de $\begin{pmatrix} \alpha & \beta \\ \gamma & \delta \end{pmatrix}$ est à coefficients entiers. Donc $\begin{pmatrix} \alpha & \beta \\ \gamma & \delta \end{pmatrix}$ est une substitution unité (I. 242).

Corollaire. — Un réseau de rang 1 soit (A) n'a que deux bases minimum A et — A. Mais tout réseau de rang supérieur à 1 a une infinité de bases minimum.

La détermination du rang d'un réseau est une question arithmétique. D'après ce que nous avons dit plus haut, elle se ramène à trouver les relations linéaires, homogènes, à coefficients rationnels non tous nuls qui existent entre des nombres donnés. Nous n'insisterons pas sur cette question, dont la solution est d'ailleurs fort peu avancée.

277. — *Dans l'espace à une dimension* il y a entre les réseaux *reels* de rang 1 et ceux de rang supérieur cette différence fondamentale que *les nombres d'un réseau de rang* 1 *sont séparés par des intervalles finis*, tandis que *ceux d'un réseau de rang supérieur à* 1 *sont infiniment voisins les uns des autres.*

La propriété relative aux réseaux de rang 1 est évidente, les nombres du réseau (a) sont séparés les uns des autres par un intervalle égal à $|\,a\,|$.

Quant aux réseaux de rang supérieur à 1, prenons un réseau de rang 2, car la propriété sera vraie à fortiori pour un réseau de rang supérieur à 2. Soit le réseau formé par les nombres $ax+by$, le rapport $\frac{a}{b}$ étant irrationnel. La différence de deux nombres du réseau étant encore un nombre du réseau, pour démontrer qu'il y a des nombres du réseau infiniment voisins les uns des autres il suffit de démontrer qu'*on peut trouver un nombre du réseau plus petit, en valeur absolue, qu'un nombre positif quelconque* ε. Or, soit $\frac{P_n}{Q_n}$ une réduite du développement en fraction continuelle de $-\frac{b}{a}$. On a : $\left|\frac{P_n}{Q_n}+\frac{b}{a}\right|<\frac{1}{Q_n^2}$, d'où :

$$|\,aP_n+bQ_n\,|<\frac{a}{|Q_n|}.$$

En prenant $x=P_n$, $y=Q_n$ et n suffisamment grand on voit que $|\,ax+by\,|$ peut être rendu aussi petit qu'on veut.

Tout ceci suppose $\frac{b}{a}$ réel.

Ce qui précède se généralise pour une dimension quelconque.

I. — Soit, dans l'espace à d dimensions le réseau réel

$$(A_1,\ A_2,\ \ldots\ A_{d+1}).$$

La condition nécessaire et suffisante pour qu'il se réduise au rang d est que les déterminants du d^{me} *ordre formé par le tableau des coordonnées des points* A_1, A_2, ... A_{d+1} *soient dans des rapports rationnels.*

Pour simplifier l'écriture supposons $d=2$. Soient A de coordonnées a, b ; A' de coordonnées a', b' ; et A" de coordonnées a'', b'' les points de base du réseau, les points A, A', A" n'étant pas en ligne droite, c'est-à-dire $ab' - ba'$, $a'b'' - b'a''$, $a''b - b''a$ n'étant pas tous les trois nuls. Pour que A, A', A'' appartiennent à un même réseau de rang 2 au plus il faut et il suffit que l'on ait :

$$(2) \quad \begin{cases} a = m_1a_1 + m_2a_2 & a' = m'_1a_1 + m_2'a_2 & a'' = m_1''a_1 + m_2''a_2 \\ b = m_1b_1 + m_2b_2 & b' = m'_1b_1 + m_2'b_2 & b'' = m_1''b_1 + m_2''b_2 \end{cases}$$

les m étant entiers, a_1, a_2, b_1, b_2 étant quelconques.

Or on tire des équations précédentes

$$(3) \qquad \begin{vmatrix} a & m_1 & m_2 \\ a' & m_1' & m_2' \\ a'' & m_1'' & m_2'' \end{vmatrix} = 0 \qquad \begin{vmatrix} b & m_1 & m_2 \\ b' & m_1' & m_2' \\ b'' & m_1'' & m_2'' \end{vmatrix} = 0$$

d'où

$$\frac{m_1'm_2'' - m_1''m_2'}{a'b'' - b'a''} = \frac{m_1''m_2 - m_1m_2''}{a''b - b''a} = \frac{m_1m_2' - m_1'm_2}{ab' - ba'}.$$

Il faut donc que les rapports entre elles des trois quantités :

$$a'b'' - b'a'' \qquad a''b - b''a \qquad ab' - ba'$$

soient rationnels.

Réciproquement, si cette condition est satisfaite et si l'on a :

$$\frac{a'b'' - b'a''}{L} = \frac{a''b - b''a}{L'} = \frac{ab' - ba'}{L''}$$

L, L', L'' étant trois entiers premiers dans leur ensemble, on pourra déterminer (I, 387) des entiers m_1, m_2, m_1', m_2', m_1'', m_2'' tels que

$$m_1'm_2'' - m_1''m_2' = L \qquad m_1''m_2 - m_1m_2'' = L' \qquad m_1m_2' - m_1'm_2 = L''$$

Alors les équations (3) sont satisfaites et elles entraînent des équations de la forme (2).

Cette condition peut s'énoncer sous forme géométrique en disant que *les surfaces des parallélogrammes* OA'A'', OA''A *et* OAA' *sont dans des rapports rationnels.*

Pour $d = 3$, au lieu de surfaces de parallélogrammes on aurait affaire à des volumes de parallélépipèdes.

II. — *Dans un réseau de dimension égale au rang, les points sont séparés par des intervalles finis.*

Il suffit de démontrer qu'il n'y a pas de point du réseau infiniment voisin du point O.

Écrivons

$$\begin{aligned} a_{11}x_1 + a_{12}x_2 + \dots + a_{1d}x_d &= \varepsilon_1 \\ a_{21}x_1 + a_{22}x_2 + \dots + a_{2d}x_d &= \varepsilon_2 \\ \dots\dots\dots\dots & \\ a_{d1}x_1 + a_{d2}x_2 + \dots + a_{dd}x_d &= \varepsilon_d. \end{aligned}$$

Le déterminant formé par les a est différent de zéro puisque le réseau est de dimension d. Donc ce système d'équations n'a qu'un système de solutions en $x_1, x_2, \dots x_d$ et si les ε sont infiniment petits ces solutions le sont aussi sans être nulles. Elles ne sont donc pas entières et par suite le point $\varepsilon_1, \varepsilon_2, \dots \varepsilon_d$ n'appartient pas au réseau.

Pour $d = 2$ et lorsque le réseau est réel, ses points forment un réseau géométrique de parallélogrammes, pour $d = 3$ un réseau de parallélépipèdes.

Au contraire, *dans un réseau dont le rang est supérieur à la dimension, chaque point est infiniment voisin d'une infinité d'autres.*

Pour simplifier l'écriture nous supposerons encore $d = 2$.

Il suffit de démontrer qu'on peut trouver un point du réseau dont les deux coordonnées

$$\begin{aligned} X &= ax + a'y + a''z \\ Y &= bx + b'y + b''z \end{aligned}$$

sont plus petites, en valeur absolue, qu'un nombre positif donné ε. Par hypothèse $ab' - ba'$, $a'b' - b'a''$ et $a''b - b''a$ ne sont pas tous les trois nuls (sinon, le réseau serait de dimension égale à 1). Supposons $ab' - ba' \neq 0$. Si l'on donne une valeur entière à z il existe des valeurs de x et y, à savoir :

$$x = \frac{-(a'b'' - b'a'')z}{ab' - ba'} \qquad y = \frac{-(ab'' - ba'')z}{ab' - ba'}$$

telles que $X = Y = 0$. Donnons à x et y les valeurs entières les plus voisines des précédentes

$$x = \frac{-(a'b'' - b'a'')z}{ab' - ba'} + \eta \qquad y = \frac{-(ab'' - ba'')z}{ab' - ba'} + \eta'$$

$$|\eta| \leqslant \frac{1}{2} \qquad |\eta'| \leqslant \frac{1}{2}.$$

On a pour ces valeurs de x, y

$$X = a\eta + a'\eta'$$
$$Y = b\eta + b'\eta'$$

donc :

$$|X| < \frac{1}{2}[\,|a| + |a'|\,] = A$$

$$|Y| < \frac{1}{2}[\,|b| + |b'|\,] = B$$

c'est-à-dire que le point X, Y tombe dans le rectangle de centre O, de côtés parallèles à Ox, Oy et ayant pour dimensions 2A et 2B.

Donnons à z les $2n + 1$ valeurs consécutives :

$$-n, -n+1, \dots 0, \dots, n-1, n.$$

On a ainsi $2n + 1$, systèmes de valeurs entières de x, y, z, telles que le point X, Y, tombe dans le rectangle.

Posons :

$$N = E(\sqrt{2n}).$$

Partageons le rectangle en N^2 autres par $N - 1$ parallèles à Ox équidistantes et $N - 1$, parallèles à Oy équidistantes.

Puisqu'on a trouvé $2n + 1$ systèmes de valeurs de X, Y dans le grand rectangle et que $N^2 < 2n + 1$, il y a au moins deux de ces systèmes dans un même rectangle. On a ainsi :

$$X' = ax' + a'y' + a''z' \qquad X'' = ax'' + a'y'' + a''z''$$
$$Y' = bx' + b'y + b''z' \qquad Y'' = bx'' + b'x'' + b''z''$$

tels que

$$|X' - X''| < \frac{2A}{N} \qquad \text{et} \qquad |Y' - Y''| < \frac{2B}{N}.$$

Posant :

$$x' - x'' = x_0, \quad y' - y'' = y_0, \quad z' - z'' = z_0$$

les valeurs

$$x = x_0, \quad y = y_0, \quad z = z_0$$

sont telles que

$$|X| < \frac{2A}{N}, \quad |Y| < \frac{2B}{N}.$$

D'ailleurs X, Y, ne sont pas nuls, car si l'on avait

$$ax_0 + a'y_0 + a''z_0 = 0$$
$$bx_0 + b'y_0 + b''z_0 = 0$$

les rapports des quantités $ab' - ba'$, $a'b'' - b'a''$, $a''b - b''a$, seraient rationnels, ce qui est contre l'hypothèse.

Ainsi on peut rendre $|X|$, $|Y|$ aussi petits qu'on veut sans être nuls, ce qui démontre le théorème.

Remarquons que cette démonstration est valable pour une seule dimension et peut remplacer celle du n° **277**.

278. Réseaux types. — On voit ainsi qu'il y a une différence essentielle entre les réseaux où le rang égale la dimension et ceux où il est plus grand qu'elle. Dans les premiers il y a une distance finie entre deux points quelconques du réseau ; dans les seconds tout point du réseau est infiniment voisin d'une infinité d'autres. Nous appellerons les premiers : *réseaux types* (1).

Remarque. — Dans le cas de $d = 1$ un réseau non type jouit évidemment de cette propriété que : *il y a des points du réseau sur tout segment de la droite quel que petit que soit ce segment.* Cette propriété ne se généralise pas absolument pour $d > 1$. Soit, par exemple, $d = 2$. Considérons un réseau formé par trois points, A, A'. A'' tels que A et A' soient en ligne droite avec O, le rapport $\frac{OA}{OA'}$ étant irrationnel, et A'' étant en dehors de la droite OA. Il est évident que ce réseau n'est pas type ; il a des points sur tout segment de la droite OA et aussi sur tout segment des droites obtenues en donnant à la précédente une translation égale à un multiple de OA''. Mais *il n'a pas des point dans toute partie du plan.*

Nous laissons au lecteur le soin de démontrer que pour qu'un réseau défini dans un plan par trois points quelconques A, A', A'' ait la disposition précédente, il faut et il suffit qu'*il y ait entre les surfaces des trois parallélogrammes construits sur* OAA', OA'A'' et OA''A *une et une seule relation linéaire homogène à coefficients*

(1) Cette dénomination est de M. Chatelet. Leç. sur la *Théorie des Nombres*, p. 28. Paris, Gauthier-Villars 1913. M. Chatelet dit *module type*, parce qu'il ne distingue pas spécialement les réseaux des modules. Mais on verra plus loin qu'un module type est un réseau.

rationnels non tous nuls. S'il y avait deux de ces relations (distinctes) les surfaces des parallélogrammes seraient dans des rapports rationnels et, comme on l'a vu plus haut, le rang de réseau serait égal à 2 et le réseau serait type.

On peut étendre aux modules quelconques les définitions précédentes. On appellera *module type* un module tel que ses points soient séparés par des intervalles finis. Cette définition posée nous allons montrer que *tout module type est un réseau* (et bien entendu, un réseau type). Nous faisons la démonstration pour un espace à deux dimensions.

Prenons un point du module et joignons-le à O. Sur la demi droite ainsi obtenu il y a une infinité de points du module autres que O. Il y en un qui est plus près de O que tous les autres, car si cela n'était pas, il y aurait des points du module infiniment voisins et le module ne serait pas type. Soit A, ce point. Tous les points situés sur la droite OA et dont la distance à O est un multiple de OA sont des points du module, et il n'y en a pas d'autres sur cette droite. S'il n'existe pas d'autres points du module que ceux-là on voit que le module est un réseau de dimension égale à 1.

Supposons qu'il y ait des points du module en dehors de la droite OA. Menons par les points du module qui sont sur OA des perpendiculaires à cette droite, nous divisons ainsi le plan en bandes. Tous les points obtenus en donnant à un point quelconque du module une translation égale à un multiple de OA appartiennent aussi au module. Donc, puisqu'il y a des points du module en dehors de OA il y en a dans la bande OA. Je dis qu'il y en a qui sont plus près de OA que tous les autres. En effet, si cela n'était pas on pourrait en trouver n qui seraient distants de OA de moins de ε, ε étant aussi petit et n aussi grand qu'on veut.

Parmi ces n points il y en aurait en moins deux dont la différence des abcisses, comptées parallèlement à OA, serait plus petite que $\frac{OA}{n+1}$ et comme la différence de leurs ordonnées, comptées perpendiculairement à OA serait plus petite que ε, ces deux points seraient aussi voisins qu'on voudrait.

Or, cela ne peut être puisque le module est type.

Soit alors B un point du module pris dans la bande OA et tel qu'il n'y ait pas de point du module plus près de OA que B. Sur

OA et OB construisons un parallélogramme OACB. Ce parallélogramme définit un réseau, et je dis que le module est identique à ce réseau. En effet, 1° tout point de ce réseau appartient au module. 2° il n'y a pas de point du module en dehors de ce réseau. Car sinon, il y aurait un point du module à l'intérieur ou sur le contour du parallélogramme OACB, ce qui est évidemment impossible.

COROLLAIRES I. — *Tout sous module d'un réseau est lui-même un réseau.*

II. — *Tout module formé de points à coordonnées entières est un réseau.*

Remarque. — La démonstration précédente fournit une remarque importante. Elle montre que dans un réseau type à deux dimensions, on peut prendre pour premier élément de la base un point A quelconque tel qu'entre O et A il n'y ait pas d'autre point du réseau puis pour second élément un point B non sur OA tel que dans le parallélogramme construit sur OAB, il n'y ait pas non plus de point du réseau.

Ceci se généralise facilement pour un réseau type de dimensions quelconques.

279. Groupes abéliens. — Un groupe est dit abélien lorsque la multiplication y est commutative. Nous ne considérerons dans ce qui va suivre que des groupes abéliens d'ordre fini.

Exemples I. — L'ensemble des racines m^{emes} de l'unité forme un groupe abélien d'ordre m, relativement à la multiplication ordinaire.

II. — Considérons les racines m_1^{emes}, les racines m_2^{emes}, ... les racines m_n^{emes} de l'unité et les produits de ces racines entre elles ; $m_1, m_2, \ldots m_n$ étant des entiers positifs quelconques. L'ensemble de tous ces nombres forme un groupe abélien.

III. — Soit m un entier. Mettons dans une même classe tous les entiers qui sont congrus (mod m). On forme ainsi m classes. En désignant par C_a la classe qui contient l'entier a, (de sorte que $a \equiv a'$ (mod m) entraîne $C_a = C_{a'}$), ces m classes sont :

$$C_0, C_1, \ldots C_{m-1}.$$

Si l'on considère deux classes C_a, $C_{a'}$, leur *produit* sera par définition $C_{aa'}$. Cette définition est acceptable, car quel que soit l'entier a choisi dans la première classe pour la représenter et l'entier a' choisi dans la seconde classe, la classe $C_{aa'}$, sera la même (I. 318). Ainsi la multiplication des classes est défini par l'égalité $C_a \times C_{a'} = C_{aa'}$.

Cette multiplication est évidemment générale, univoque, associative, et commutative. Mais elle n'est pas toujours réversible et unipare. En effet l'égalité $C_a \times C_x = C_b$ ne définit pas toujours C_x, vu que la congruence $ax \equiv b \pmod{m}$ n'a pas toujours une solution et une seule (I. 329).

Mais parmi toutes les classes prenons celles qui sont formées d'entiers premier au module m. (Remarquons que si un entier d'une classe est premier à m, tous les entiers de la classe le sont aussi). Le produit de deux de ces classes est encore une de ces classes, car si a et a' sont premiers à m, aa' l'est aussi. De plus on sait que a étant premier à m la congruence $ax \equiv b \pmod{m}$ a une solution et une seule. De plus si b est premier à m la solution de cette congruence l'est aussi. Il en résulte que *les classes* (mod m) *d'entiers premiers à m forment, relativement à la multiplication* (mod m), *un groupe abélien*. Ce groupe est d'ordre $\varphi(m)$. Comme cas particulier, *relativement à un module premier p, les classes $C_1, C_2 \ldots C_{p-1}$ forment un groupe abélien d'ordre $p - 1$.*

IV. — *Les classes de formes primitives d'un déterminant donné forment, relativement à la multiplication des classes, un groupe abélien.* Car nous avons vu que cette multiplication jouit de toutes les propriétés nécessaires pour qu'il en soit ainsi.

V. — Considérons les genres des classes primitives d'un déterminant donné. On définit le produit de deux genres G, G′ de la façon suivante. On prend une classe du premier genre, une classe du second, on fait leur produit et on prend le genre de ce produit. Le produit ainsi défini est indépendant du choix des classes prises dans les genres G et G′. Cette multiplication jouit des propriétés d'associativité, de commutativité, etc. *Donc les genres des classes primitives d'un déterminant donné forment un groupe abélien.*

280. Bases d'un groupe abélien. Théorème. — *Dans tout groupe abélien il existe des éléments $a_1, a_2, \ldots a_n$ tel que tout élément du groupe soit représentable par*

$$a_1^{\alpha_1} a_2^{\alpha_2} \ldots a_n^{\alpha_n}$$

$\alpha_1, \alpha_2, \ldots \alpha_n$ étant des entiers. L'ensemble des éléments $a_1, a_2, \ldots a_n$ sera dit une *base* du groupe ; et les éléments $a_1, a_2, \ldots a_n$ seront dits *générateurs* du groupe.

Ce théorème est évident. L'ensemble de tous les éléments du groupe forme une base.

Connaissant une base du groupe, $a_1, a_2, \ldots a_n$ on peut en trouver d'autres de la façon suivante. On pose

$$a'_i = a_1^{\alpha_{i1}} a_2^{\alpha_{i2}} \ldots a_n^{\alpha_{in}} \quad (i = 1, 2, \ldots n) \tag{4}$$

les α étant des entiers dont le déterminant est égal ± 1. Les a' forment une nouvelle base. En effet on trouve facilement :

$$a_i = (a_1')^{\mathcal{A}_{1i}} (a_2')^{\mathcal{A}_{2i}} \ldots (a_n')^{\mathcal{A}_{ni}}$$

$\mathcal{A}_{ij}$ désignant le mineur de α_{ij} dans le déterminant des α.

Par suite tout élément du groupe étant égal à un produit de certaines puissances des a est aussi égal à un produit de certaines puissances des a'. Donc les a' forment une base.

Bases réduites. — Etant donnée une base $a_1, a_2, \ldots a_n$ il est évident que dans la représentation d'un élément du groupe sous la forme $a_1^{\alpha_1} a_2^{\alpha_2} \ldots a_n^{\alpha_n}$, les exposants $\alpha_1, \alpha_2, \ldots \alpha_n$ peuvent varier : le premier, d'un multiple de l'exposant k_1 de a_1 ; le second, d'un multiple de l'exposant k_2 de a_2, etc. Mais cela n'est pas tout. Il peut arriver que l'on ait

$$a_1^{\alpha_1} a_2^{\alpha_2} \ldots a_n^{\alpha_n} = a_1^{\alpha_1'} a_2^{\alpha_2'} \ldots a_n^{\alpha_n'} \tag{5}$$

sans que l'on ait à la fois

$$\alpha_1 \equiv \alpha_1' (\text{mod } k_1) \ldots \alpha_n \equiv \alpha_n' (\text{mod } k_n)$$

On dira qu'une base est *réduite* lorsque cette circonstance ne se présente pas, c'est-à-dire lorsque toute relation de la forme (5) entraîne

$$\alpha_1 \equiv \alpha_1' (\text{mod } k_1) \ldots \alpha_n \equiv \alpha_n' (\text{mod } k_n).$$

Autrement dit, si l'on ne considère pas comme distincts deux entiers α_i et α_i' congrus (mod k_i), la représentation d'un élément du groupe sous la forme $a_1^{\alpha_1} a_2^{\alpha_2} \ldots a_n^{\alpha_n}$ n'est possible que d'une seule manière.

L'existence des bases réduites a été démontrée par Kronecker (¹). Nous allons la rattacher à la théorie des tableaux entiers (²).

(¹) *Monatsber d. Berlin. Akad.* (1870), p. 885. = *Werke* 1, p. 278 (Leipzig 1895).

(²) FROBENIUS UND STICKELBERGER, *J. f. r. u. a. M.*, t. 86 (1879). La méthode de ces auteurs est plus détournée que celle que nous exposons ici.

THÉORÈME. — *Si une base $a_1, a_2, \dots, a_n$ n'est pas réduite il existe une ou plusieurs relations de la forme*

$$(a_1)^{\xi_1}(a_2)^{\xi_2} \dots (a_n)^{\xi_n} = 1 \tag{6}$$

où l'on n'a pas à la fois :

$$\xi_1 \equiv 0 \ (\text{mod}\ k_1)\ \xi_2 \equiv 0 \ (\text{mod}\ k_2) \dots \xi_n \equiv 0 \ (\text{mod}\ k_n)$$

$k_1, k_2, \dots k_n$ *étant les exposants, respectivement, de* $a_1, a_2, \dots a_n$.

En effet si la base $a_1, a_2, \dots a_n$ n'est pas réduite c'est qu'il y a une ou plusieurs relations de la forme

$$(a_1)^{\alpha_1}(a_2)^{\alpha_2} \dots (a_n)^{\alpha_n} = (a_1)^{\alpha_1'}(a_2)^{\alpha_2'} \dots (a_n)^{\alpha_n'}$$

où l'on n'a pas à la fois

$$\alpha_1 \equiv \alpha_1' \ (\text{mod}\ k_1),\ \alpha_2 \equiv \alpha_2' \ (\text{mod}\ k_2), \dots \alpha_n \equiv \alpha_n' \ (\text{mod}\ k_n).$$

Alors

$$a_1^{\alpha_1'-\alpha_1'}\, a_2^{\alpha_2-\alpha_2'} \dots a_n^{\alpha_n'-\alpha_n'} = 1$$

ce qui est bien une relation de la forme indiquée.

Réciproquement s'il existe une relation de la forme indiquée la base n'est pas réduite, car cette relation peut s'écrire

$$(a_1)^{\xi_1}(a_2)^{\xi_2} \dots (a_n)^{\xi_n} = (a_1)^0(a_2)^0 \dots (a_n)^0.$$

281. — Remarquons qu'une relation telle que (6) en donne une infinité d'autres, en augmentant les exposants $\alpha_1, \alpha_2, \dots \alpha_n$ respectivement de multiples de $k_1, k_2, \dots k_n$, ou bien en multipliant tous ces exposants par un même entier. Si l'on a deux relations telles que (5) on en obtient une troisième en les multipliant membre à membre.

Etant donnée une base $a_1, a_2, \dots a_n$ considérons *tous* les systèmes d'entiers $\xi_1, \xi_2, \dots \xi_n$ tels que

$$a_1^{\xi_1} a_2^{\xi_2} \dots a_n^{\xi_n} = 1.$$

De tels systèmes existent toujours, car il y a, en tout cas, ceux dans lesquels ξ_1 est un multiple de l'exposant de a_1, ξ_2 un multiple de l'exposant de a_2, etc. Si la base est réduite il n'y a pas d'autres systèmes de ξ, et réciproquement. En tout cas *les systèmes de ξ forment un module*, car si l'on a

$$a_1^{\xi_1} a_2^{\xi_2} \dots a_n^{\xi_n} = 1$$

et

$$a_1^{\xi_1'} a_2^{\xi_2'} \dots a_n^{\xi_n'} = 1$$

on en déduit

$$a_1^{\xi_1+\xi_1'} a_2^{\xi_2+\xi_2'} \dots a_n^{\xi_n+\xi_n'} = 1$$

et

$$a_1^{\xi_1-\xi_1'} a_2^{\xi_2-\xi_2'} \dots a_n^{\xi_n-\xi_n'} = 1.$$

Ce module n'étant formé que de systèmes d'entiers est un réseau (278 Corollaire II). On a ainsi

$$(7) \qquad \xi_i = l_{i1}x_1 + l_{i2}x_2 + \dots l_{in}x_n \qquad (i = 1, 2, \dots n)$$

les l_{ij} étant des entiers fixes, les x prenant toutes les valeurs entières.

Ce réseau *correspond* à la base $a_1, a_2, \dots a_n$ en ce sens qu'il est déterminé si la base l'est. Mais les coefficients l ne le sont pas. Si l'on fait dans les formules (7) une substitution unité sur les x on a de nouvelles formules, avec de nouveaux coefficients, mais représentant toujours le même réseau.

Théorème. — *Toutes les relations*

$$a_1^{\xi_1} a_2^{\xi_2} \dots a_n^{\xi_n} = 1$$

qui existent entre les éléments d'une base résultent d'un nombre fini d'entre elles.

En effet une telle relation s'écrit, en remplaçant les ξ par leurs valeurs (7)

$$(8) \quad \left(a_1^{l_{11}} a_2^{l_{21}} \dots a_n^{l_{n1}}\right)^{x_1} \left(a_1^{l_{12}} a_2^{l_{22}} \dots a_n^{l_{n2}}\right)^{x_2} \dots \left(a_1^{l_{1n}} a_2^{l_{2n}} \dots a_n^{l_{nn}}\right)^{x_n} = 1.$$

En faisant l'un des x égal à 1 et tous les autres égaux à zéro on obtient les relations

$$(9) \qquad \begin{cases} a_1^{l_{11}} a_2^{l_{21}} \dots a_n^{l_{n1}} = 1 \\ a_1^{l_{12}} a_2^{l_{22}} \dots a_n^{l_{n2}} = 1 \\ \dots\dots\dots \\ a_1^{l_{1n}} a_2^{l_{2n}} \dots a_n^{l_{nn}} = 1 \end{cases}$$

Réciproquement toutes les relations (8), c'est-à-dire toutes les relations entre les éléments de la base $a_1, a_2, \dots a_n$ se déduisent des relations (9) qui sont en nombre fini.

Partons donc de ces dernières et voyons comment on peut les modifier et les simplifier :

1° Sans changer la base $a_1, a_2, \dots a_n$ on peut changer les coefficients l_{ij} en faisant dans les formules (7) une substitution unité sur les x. Cela vient *à multiplier le tableau des l_{ij} à droite par un tableau unité quelconque.*

2° On peut dans les relations (9) introduire les éléments d'une autre base $a'_1, a'_2, \ldots a'_n$ reliée à la première par les relations (4) du n° **280.** Les relations (9) sont alors remplacées par les relations

$$(10)\quad (a'_1)^{\sum\limits_i \mathcal{A}_{1i} a_{ij}} (a'_2)^{\sum\limits_i \mathcal{A}_{2i} a_{ij}} \ldots (a'_n)^{\sum\limits_i \mathcal{A}_{ni} a_{ij}} \quad \begin{pmatrix} i = 1, 2, \ldots n \\ j = 1, 2, \ldots n \end{pmatrix}.$$

Si l'on compare ces relations aux relations (9), on voit que le tableau des exposants qui interviennent dans les relations (10) se déduit du tableau des exposants qui interviennent dans les relations (9) *en multipliant ce dernier à gauche par le tableau unité* $|\mathcal{A}_{ij}|$. Ce tableau $|\mathcal{A}_{ij}|$ est d'ailleurs un tableau unité *quelconque* puisque c'est l'inverse d'un tableau unité quelconque.

Faisant sur les exposants a_{ij} successivement les deux modifications qu'on vient de dire, on voit qu'*on peut remplacer le tableau des a_{ij} par un tableau équivalent troisième manière* (I. 382) *quelconque.*

Or on a vu (I. 303) qu'il existe un tel tableau ayant la forme dite réduite :

$$\begin{matrix} k_1 0 \ldots 0 \\ 0 k_2 \ldots 0 \\ \cdot\ \cdot\ \cdot\ \cdot \\ 00 \ldots k_r \end{matrix}$$

Alors les relations fondamentales entre les éléments de la base seront

$$\begin{aligned} (a_1)^{k_1} &= 1 \\ (a_2)^{k_2} &= 1 \\ &\cdot\ \cdot\ \cdot\ \cdot \\ (a_r)^{k_r} &= 1 \end{aligned}$$

c'est-à-dire qu'il n'y en aura pas d'autres que celles qui expriment que a_1 a un exposant k_1, a_2 un exposant k_2, ... a_r un exposant k_r.

On sait même que le tableau peut prendre la forme réduite *parfaite* c'est-à-dire que les exposants de $a_1, a_2, \ldots a_r$ seront tels que *chacun soit un diviseur du suivant.* Ces exposants sont les diviseurs élémentaires (I. 383) du tableau des exposants dont on est parti.

Ainsi : *Tout groupe abélien a une base réduite dans laquelle l'exposant de chaque élément divise l'exposant du suivant* (¹).

(¹) Kronecker, *Monatsber. d. Berl. Ak.* (1870), p. 885. — *Werke* 1, p. 278.

C'est ce que nous appellerons une base *réduite parfaite.*

Remarques. I. — Quand on a obtenu par le procédé procédent une base réduite il peut se faire que certains exposants k soient égaux à 1. Les a correspondants sont alors égaux à l'élément unité du groupe, et on peut les supprimer de la base. C'est ce qu'on supposera toujours fait.

II. — Si l'on considère plusieurs bases réduites les tableaux correspondants sont équivalents. Par conséquent pour tous ces tableaux :

le produit des entiers $k_1, k_2, \dots k_r$ est le même et égal à $e_1 e_2 \dots e_r$

le plus grand commun diviseur de leurs produits $r-1$ à $r-1$ est le même et égal à $e_1 e_2 \dots e_{r-1}$

. . . .

et enfin le plus grand commun diviseur de ces entiers est le même et égal à e_1.

Les diviseurs élémentaires sont des nombres caractéristiques de la contexture du groupe. Connaissant ces nombres e_1, e_2, e_r on forme un groupe isomorphe au groupe donné en partant d'une base $a_1, a_2, \dots a_n$ telles que ses éléments satisfassent à

$$a_1^{e_1} = 1 \quad a_2^{e_2} = 1 \dots a_r^{e_r} = 1$$

et ne satisfassent à aucune autre relation indépendante de celles-là.

Le nombre $e_1 e_2 \dots e_r = k_1 k_2 \dots k_r$ est *l'ordre* du groupe.

L'entier r s'appellera le *rang* du groupe.

L'entier e_r est le plus grand exposant possible d'un élément du groupe.

Pour tous les éléments a du groupe on a

$$a^{e_r} = 1. \tag{11}$$

Sauf le cas $r = 1$, l'entier e_r est plus petit que l'ordre i du groupe. L'égalité (11) constitue donc un perfectionnement de l'énoncé du n° **272.**

$$a^i = 1$$

282. — On peut trouver d'autres espèces de bases réduites particulières. Faisons la remarque suivante :

Dans une base on peut introduire des générateurs égaux à 1.

Ceci posé soient $k_1, k_2, \dots k_r$ les exposants d'une base réduite. Formons le tableau

$$\begin{pmatrix} k_1 0 \dots 0 \\ 0 k_2 \dots 0 \\ \cdot \quad \cdot \quad \cdot \quad \cdot \\ 0 0 \dots k_r \end{pmatrix}. \tag{12}$$

Supposons que l'un des exposants, k_r par exemple, se décompose en un produit de deux facteurs premiers entre eux

$$k_r = k_r' k_r''.$$

En introduisant dans la base un générateur égal à 1 on peut remplacer le tableau (12) par le suivant :

$$\begin{pmatrix} k_1 0 \dots 00 \\ 0 k_2 \dots 00 \\ \cdot \ \cdot \ \cdot \ \cdot \ \cdot \\ 00 \dots k_r 0 \\ 00 \dots 01 \end{pmatrix}.$$

Mais celui est équivalent (troisième manière) au suivant :

$$\begin{pmatrix} k_1 0 \dots 00 \\ 0 k_2 \dots 00 \\ \cdot \ \cdot \ \cdot \ \cdot \ \cdot \\ 00 \dots k_r' 0 \\ 00 \dots 0 k_r'' \end{pmatrix}$$

car ces deux tableaux ont les mêmes diviseurs élémentaires.

En recommençant cette transformation autant de fois qu'il est nécessaire, il est bien évident que le tableau (12) se trouve finalement remplacé par un autre de même forme, mais où les éléments de la diagonale principale sont

$$p_1^{\alpha_1},\ q_1^{\beta_1},\ \dots\ p_2^{\alpha_2},\ q_2^{\beta_2},\ \dots$$

$p_1^{\alpha_1} q_1^{\beta_1} \dots$ étant la décomposition de k_1 en facteurs premiers, $p_2^{\alpha_1}$, $q_2^{\beta_2} \dots$ celle de k_2, etc.

Il lui correspond une base réduite dont les générateurs ont pour exposants

$$p_1^{\alpha_1},\ q_1^{\beta_1},\ \dots\ p_2^{\alpha_2},\ q_2^{\beta_2},\ \dots$$

Il peut y avoir plusieurs de ces bases mais les exposants des générateurs sont déterminés (1). Ce sont les facteurs premiers, avec leurs exposants, des diviseurs élémentaires du tableau dont on est parti.

(1) Frobenius und Stickelberger, *J. r. a. M.* 86 (1879), p. 219. — H. Weber, *Act. math.* 8 (1886), p. 193, 9 (1886, 7), p. 105. — *Lehrbuch d. Algèb.* (2e éd.), tome 2, p. 38 et suiv.

283. Indices. — $a_1, a_2, \ldots a_n$ étant une base réduite d'un groupe abélien, si un élément du groupe est mis sous la forme

$$a_1^{\alpha_1}\, a_2^{\alpha_2} \ldots a_n^{\alpha_n}$$

le système d'entiers $\alpha_1, \alpha_2, \ldots \alpha_n$ s'appelle *système d'indices* de cet élément. En disant, pour simplifier le langage que ces indices sont déterminés lorsqu'ils le sont, le premier (mod k_1), le second (mod k_2) etc. ; $k_1, k_2, \ldots$ étant les exposants de $a_1, a_2, \ldots$ on voit que tout élément à un système d'indices déterminé et réciproquement.

On remarquera l'analogie de cette définition avec celle du n° **21** et on verra sans peine que *le système d'indices d'un produit de facteurs est égal à la somme des systèmes d'indices des facteurs*, et les théorèmes analogue à ceux du n° **9**.

Problème. — *Calculer l'exposant d'un élément déterminé par son systèmes d'indices.*

On trouve comme au n° **22**, que cet exposant est :

$$M\left[\frac{k_1}{D(\alpha_1,k_1)}, \ldots \frac{k_n}{D(\alpha_n,k_n)}\right].$$

En particulier l'exposant maximum est $M(k_1, k_2, \ldots k_n)$ et tous les autres sont des diviseurs de celui là. Dans le cas où la base est réduite parfaite, l'exposant maximum est e_r.

Théorème. — *Si deux éléments a, a' appartiennent respectivement à des exposants d, d' premiers entre eux, alors aa' appartient à l'exposant dd'.*

Ce théorème se démontre comme celui de la note I et du chapitre I. On peut aussi le déduire du résultat précédent.

284. Racines $m^{\text{èmes}}$ de l'unité dans un groupe. — Il s'agit de trouver les élément x du groupe tels que $x^m = 1$.

On voit comme au n° **23** que les indices $\alpha_1, \alpha_2, \ldots \alpha_n$ d'un tel élément se calculent par les congruences

$$m\alpha_1 \equiv 0 \pmod{k_1}$$

$$\ldots\ldots\ldots$$

$$m\alpha_n \equiv 0 \pmod{k_n}$$

Le nombre de solution est :

$$F(m) = D(m,k_1)D(m,k_2) \ldots D(m,k_n) = D(m,e_1)D(m,e_2) \ldots D(m,e_r)$$

Les solutions de $x^m = 1$ sont d'ailleurs les mêmes que celles de $x^{D(m,e_2)} = 1$.

Cas particulier. — Si m est premier à chacun des entiers $k_1, k_2, \ldots k_n$, il y a une seule solution qui est $x = 1$.

Les racines m^{emes} de l'unité dans un groupe abélien forment un sous-groupe dont l'ordre est $F(m)$. Les raisonnements précédents donnent une base réduite de ce groupe, à savoir :

$$a_1^{\frac{k_1}{D(m,k_1)}} \quad a_2^{\frac{k_2}{D(m,k_2)}} \ldots \quad a_n^{\frac{k_n}{D(m,k_n)}}$$

dont les élément ont respectivement pour exposants :

$$D(m,k_1), \quad D(m,k_2), \ldots \quad D(m,k_n).$$

Ceux de ces éléments dont l'exposant est 1, se réduisent à l'élément unité et peuvent être supprimés. Lorsque la base réduite $a_1, a_2, \ldots a_n$ est parfaite les éléments pour lesquels cela arrive sont les premiers dans la suite.

Si m est un nombre premier p on a $D(p,k_i) = 1$ ou p. Supposons que la base $a_1, a_2, \ldots a_n$ soit réduite parfaite, on aura comme base réduite du sous-groupe des racines p^{emes} de l'unité

$$a_h^{\frac{e_h}{p}} \quad a_{h+1}^{\frac{e_{h+1}}{p}} \ldots \quad a_r^{\frac{e_r}{p}}$$

en désignant par e_h le premier des e qui soit divisible par p. Cette base réduite est parfaite. Le nombre des racines p^{emes} de l'unité est p^{r-h+1}.

Enfin, on voit (1) comme au n° **24** que le nombre des éléments d'un groupe qui appartient à l'exposant d est

$$F(d) - \Sigma F\left(\frac{d}{a}\right) + \Sigma F\left(\frac{d}{aa'}\right) \ldots$$

$a, a', \ldots$ étant les facteurs premiers différents de a, et $F(d)$ étant :

$$D(d,k_1)D(d,k_2) \ldots D(d,k_n) = D(d,e_1)D(d,e_2) \ldots D(d,e_r)$$

l'expression ainsi trouvée étant d'ailleurs nulle quand d n'est pas un diviseur de e_r.

285. Résolution de $x^m = a$. Groupe des puissances m^{emes}. — Voir n° **25**.

La condition de possibilité est que $D(m,k_1)$ divise α_1, $D(m,k_2)$ divise α_2, etc., $\alpha_1, \alpha_2, \ldots$ étant les exposants de a, et si ces conditions sont remplies il y a $F(m)$ solutions. a est une puissance m^{eme} dans le groupe.

Dans un groupe, les puissances m^{emes} forment un sous-groupe.

Cherchons l'ordre de ce sous-groupe.

(1) Frobenius und Stickelberger, *loc. cit.*, p. 245.

α_1 devant être un multiple de $D(m,k_1)$ et d'ailleurs étant défini à un multiple près de k_1, peut prendre $\frac{k_1}{D(m,k_1)}$ valeurs.

De même α_2 peut prendre $\frac{k_2}{D(m,k_2)}$ valeurs, etc. L'ordre demandé est donc :

$$\frac{k_1}{D(m_1k_1)} \times \frac{k_2}{D(m,k_2)} \times \cdots \frac{k_n}{D(m,k_n)} \quad \text{ou} \quad \frac{k_1k_2 \dots k_n}{F(m)} \text{ valeurs.}$$

Le raisonnement précédent donne en même temps une base réduite du sous-groupe en question, à savoir :

$$a_1{}^{D(m,k_1)}, \quad a_2{}^{D(m,k_2)}, \dots \quad a_n{}^{(Dm,k_n)}$$

et c'est une base réduite parfaite, si a_1, a_2, ... a_n en est une du groupe total.

Théorème. — *Le produit de l'ordre du sous-groupe des racines $m^{\text{èmes}}$ de l'élément unité, par celui du sous-groupe des puissances m^{emes} est égal à l'ordre du groupe total.* En effet, nous venons de voir que le premier de ces ordres est $F(m)$ et le second $\frac{k_1k_2 \dots k_n}{F(m)}$.

Le produit $k_1k_2 \dots k_n$ est égal à l'ordre du groupe total.

Démonstration directe de ce théorème. — Soient $1, \alpha, \beta, \dots \lambda$ les racines m^{emes} de l'élément unité, soient :

$$(13) \qquad 1^m, A^m, \dots D^m$$

les puissances m^{emes} parfaites du groupe.

Considérons le tableau :

$$(14) \qquad \begin{cases} 1 \;\; \alpha \;\; \beta \dots \lambda \\ A \; A\alpha \; A\beta \dots A\lambda \\ \dots\dots\dots \\ D \; D\alpha \; D\beta \dots D\lambda \end{cases}$$

Il suffit de montrer que ce tableau contient tous les éléments du groupe total, chacun une fois.

1° Soit X un des éléments du groupe. Sa puissance m^{eme} est égale à l'un des éléments (13). Soit $X^m = A^m$. Alors

$$X = A \text{ ou } A\alpha \text{ ou } \dots A\lambda.$$

2° Deux éléments du tableau (14) sont différents. S'ils sont dans la même ligne c'est évident, et s'ils ne sont pas dans la même ligne cela résulte de ce que leurs puissances m^{emes} ne sont pas les mêmes.

286. *Calculer l'ordre et le rang d'un groupe abélien connaissant les relations qui existent entre les éléments d'une base de ce groupe.* — Par hypothèse on connaît les relations (9) et par conséquent le tableau des l_{ij}. Si on calcule les diviseurs élémentaires $e_1, e_2, \dots e_r$ de ce tableau, le produit de ces diviseurs est égal à l'ordre, et le nombre de ces diviseurs différents de 1 au rang du groupe.

Si l'on a une base réduite non parfaite, soient $k_1, k_2, \dots k_n$ les exposants de ses éléments. Si $k_1, k_2, \dots k_n$ ne sont pas premiers dans leur ensemble, on aura $e_1 > 1$ et le rang du groupe sera n ; si $k_1, k_2, \dots k_n$ sont premiers dans leur ensemble mais que leurs produits deux à deux ne le sont pas, on aura $e_1 = 1$ et $e_2 > 1$, et le rang du groupe sera $n - 1$, etc.

287. *Soit un groupe G définie par une base réduite a, b, c ; a étan d'exposant h, b d'exposant k, c d'exposant l. On considère :*

$$A = a^{\alpha} b^{\beta} c^{\gamma}$$
$$B = a^{\alpha'} b^{\beta'} c^{\gamma'}$$
$$C = a^{\alpha''} b^{\beta''} c^{\gamma''}$$
$$D = a^{\alpha'''} b^{\beta'''} c^{\gamma'''}$$

Ces éléments sont la base d'un groupe (*sous-groupe de* G). *On demande l'ordre de ce groupe* (¹).

Pour cela, cherchons d'abord les relations de la forme

$$A^{\xi} B^{\eta} C^{\zeta} D^{\delta} = 1.$$

Une telle relation s'écrit :

$$a^{\alpha\xi+\alpha'\eta+\alpha''\zeta+\alpha'''\delta}\, b^{\beta\xi+\beta'\eta+\beta''\zeta+\beta'''\delta}\, c^{\gamma\xi+\gamma'\eta+\gamma''\zeta+\gamma'''\delta} = 1$$

et comme a, b, c est une base réduite, cela revient à

$$\alpha\xi + \alpha'\eta + \alpha''\zeta + \alpha'''\delta \equiv 0 \pmod h$$
$$\beta\xi + \beta'\eta + \beta''\zeta + \beta'''\delta \equiv 0 \pmod k$$
$$\gamma\xi + \gamma'\eta + \gamma''\zeta + \gamma'''\delta \equiv 0 \pmod l$$

ou au système d'équations diophantiennes

$$\begin{aligned}
\alpha\xi + \alpha'\eta + \alpha''\zeta + \alpha'''\delta + hu \qquad\qquad &= 0\\
\beta\xi + \beta'\eta + \beta''\zeta + \beta'''\delta \qquad + kv \qquad &= 0\\
\gamma\xi + \gamma'\eta + \gamma''\zeta + \gamma'''\delta \qquad\qquad + lw &= 0
\end{aligned}$$

u, v, w, étant trois nouvelles inconnues.

(¹) Nous supposons les éléments a, b, c au nombre de trois, et les éléments A, B, C, D au nombre de quatre, pour fixer les idées et simplifier l'écriture. Ces nombres pourraient être quelconques.

La solution générale de ce système est de la forme :

$$\begin{aligned}
\xi &= a_{11}x + a_{12}y + a_{13}z + a_{14}t \\
\eta &= a_{21}x + a_{22}y + a_{23}z + a_{24}t \\
\zeta &= a_{31}x + a_{32}y + a_{33}z + a_{34}t \\
\delta &= a_{41}x + a_{42}y + a_{43}z + a_{44}t \\
u &= \ldots \\
&\ldots\ldots
\end{aligned}$$

D'après ce qu'on a dit (n° **281** Remarque II) l'ordre du groupe est égal au déterminant des a_{ij}. Mais on sait (I. 194) que ce déterminant est égal au rapport du déterminant formé par les coefficients de u, v, w dans les équations (20) au plus grand commun diviseur des déterminants du troisième ordre extraits du tableau des coefficients de toutes les autres inconnues. En d'autres termes le nombre que l'on cherche est égal à

$$\frac{hkl}{\left\|\begin{matrix} \alpha & \alpha' & \alpha'' & \alpha''' & h & 0 & 0 \\ \beta & \beta' & \beta'' & \gamma''' & 0 & k & 0 \\ \gamma & \gamma' & \gamma'' & \gamma''' & 0 & 0 & l \end{matrix}\right\|}$$

où le dénominateur est le module du tableau qui y est en évidence (I).

Cas particulier. — L'ordre du groupe engendré par un élément $A = a^{\alpha} b^{\beta} c^{\gamma}$, c'est-à-dire l'exposant de A est égal à

$$\frac{hkl}{\left\|\begin{matrix} \alpha & h & 0 & 0 \\ \beta & 0 & k & 0 \\ \gamma & 0 & 0 & l \end{matrix}\right\|}$$

ou

$$\frac{hkl}{D(hkl,\ \alpha kl,\ h\beta l,\ hk\gamma)}.$$

Il est facile de vérifier que ce résulat concorde avec celui du n° **283**.

Condition pour que des éléments A, B, C *d'un groupe forment une base.* Cette condition est que le sous-groupe formé par ces éléments ait un ordre égal à celui du groupe total. C'est donc :

$$\left\|\begin{matrix} \alpha & \alpha' & \alpha'' & \alpha''' & h & 0 & 0 \\ \beta & \beta' & \beta'' & \beta''' & 0 & k & 0 \\ \gamma & \gamma' & \gamma'' & \gamma''' & 0 & 0 & l \end{matrix}\right\| = 1$$

288. Produit de deux groupes. — Dans ce qui va suivre les groupes dont il sera question appartiendront toujours à un même sur-groupe, qui sera appelé le groupe *total*. Il s'agit de groupes abéliens. Le groupe formé par le seul élément unité sera nommé *groupe unité* et désigné par 1.

On appelle *produit* de deux groupes G et G_1, l'ensemble formé par tous les produits d'un élément de G par un élément de G_1 on voit immédiatement que ce produit est lui-même un groupe. En particulier :

$$1. G = G$$
$$G. G = G.$$

Le produit de deux groupes contient chacun d'eux comme sous-groupe. Réciproquement si K contient G comme sous-groupe il est le produit de G par un autre facteur. En effet on a toute au moins

$$K = G. K. \tag{15}$$

On dit alors que K est divisible par G.

Tout groupe est divisible par le groupe 1, ce qui justifie la dénomination de groupe unité donné à ce groupe.

Si deux groupes ont comme bases respectivement A, B, C, ... et $A_1, B_1, C_1, \ldots$ leur produit a comme base l'ensemble des éléments A, B, C, ... $A_1, B_1, C_1, \ldots$

Une égalité telle que (15) montre qu'il ne peut y avoir d'analogie bien profonde entre la multiplication des groupes et celle des nombres. Pour en rétablir une nous ne considérerons plus à partir de maintenant la multiplication des groupes que dans un cas particulier, à savoir *lorsque les deux groupes qu'on multiplie n'ont pas d'autre élément commun que l'élément unité. On dit alors qu'ils sont indépendants.*

Théorème. — *Lorsque deux groupes sont indépendants les produits qu'on obtient en multipliant de toutes les façons possibles un élément de premier par un du second sont différents entre eux. La réciproque est vraie.*

Soient A, B deux éléments du premier groupe, A_1, B_1 deux éléments du second et supposons que

$$AA_1 = BB_1.$$

On en déduit :

$$AB^{-1} = B_1A_1^{-1}$$

d'où, puisque les groupes n'ont d'autre élément commun que l'unité

$$AB^{-1} = B_1A_1^{-1} = 1$$

d'où

$$A = B \qquad A_1 = B_1.$$

Cas particulier. L'égalité

$$AA_1 = 1$$

ne peut exister que si $A = A_1 = 1$.

Cette propriété peut-être prise pour définition de l'indépendance de deux groupes.

Les réciproques du théorème précédent et du cas particulier sont vraies comme on le voit facilement.

COROLLAIRE. — *L'ordre du produit de deux groupes indépendants est égal au produit des ordres des facteurs* ([1]). La réciproque est vraie.

THÉORÈME. — *Si deux groupes indépendants* G *et* G_1 *ont respectivement les bases réduites* A, B, ... *et* A_1, B_1, ... *alors l'ensemble des éléments* A, B, ..., A_1, B_1, ... *forme une base réduite de* GG_1.

On sait déjà que c'est une base. Cette base est réduite car l'égalité

$$A^\alpha B^\beta \ldots A_1^{\alpha_1} B_1^{\beta_1} \ldots = 1$$

entraîne

$$A^\alpha B^\beta \ldots = A_1^{-\alpha_1} B_1^{-\beta_1} \ldots$$

Puisque G et G_1 sont indépendants chacun des membres de l'égalité précédente est égal à 1, ce qui exige que α soit un multiple de l'exposant de A, β un multiple de l'exposant de B, ..., α_1 un multiple de l'exposant de A_1, etc.

Produit de plusieurs groupes totalement indépendants. Il faut d'abord remarquer qu'un groupe indépendant de deux autres, n'est pas toujours indépendant de leur produit. Par exemple soient A et B deux éléments d'exposant 2. Considérons les trois groupes qui ont respectivement pour bases A, B, et AB, c'est-à-dire que le premier est formé des éléments 1, A ; le second des éléments 1, B ; le troisième des éléments 1, AB. Ils sont indépendants entre eux deux à deux, mais aucun d'eux n'est indépendant du produit des deux autres.

Nous dirons que plusieurs groupes sont *totalement indépendants* lorsque l'égalité

$$AA_1A_2 \ldots = 1$$

où A désigne un élément du premier groupe, A_1, un du second, ... entraîne

$$A = A_1 = A_2 = \ldots = 1.$$

([1]) On démontre facilement que *l'ordre du produit de deux groupes quelconques est un diviseur du produit des ordres des facteurs.*

Il résulte immédiatement de cette définition que lorsque plusieurs groupes sont totalement indépendants ils sont indépendants deux à deux et, plus généralement, que deux produits formés avec ces groupes sont indépendants entre eux. Par suite deux de ces groupes ou deux de ces produits n'ont pas d'autre élément commun que 1.

Lorsque plusieurs groupes sont totalement indépendants les produits qu'on obtient en prenant comme facteurs un élément du premier, un du second, etc, sont différents deux à deux.

Car de

$$ABC \ldots = A_1B_1C_1 \ldots$$

on déduit

$$AA_1^{-1} . BB_1^{-1} \ldots = 1.$$

Donc

$$AA_1^{-1} = BB_1^{-1} = \ldots = 1$$

d'où

$$A = A_1, \; B = B_1, \ldots$$

La réciproque est vraie, car cette propriété contient comme cas particulier la définition des groupes indépendants.

On déduit de la propriété précédente que *l'ordre du produit de groupes totalement indépendants est égal au produit des ordres des facteurs.*

Soit A, B ... une base réduite d'un groupe G ; A_1, B_1, ... une base réduite d'un groupe G_1 alors si G, G_1, ... sont totalement indépendants A, B, ... A_1, B_1, ... est une base réduite de GG_1 ... La réciproque est exacte.

On dit qu'un groupe G est *décomposable* lorsqu'on peut le mettre sous la forme d'un produit de facteurs indépendants dont aucun n'est égal à l'unité.

On désignera dans ce qui va suivre par [A, B, ... L] le groupe dont A, B, ... L est une base.

Théorème. — *Pour qu'un groupe soit indécomposable il faut et il suffit que son rang soit égal à 1 et que son ordre soit une puissance d'un nombre premier.*

1° *Si le rang n'est pas 1 le groupe est décomposable.* Car soit le groupe de base réduite A, B, ... ; il est égal au produit [A] × [B] × ..., les facteurs étant totalement indépendants puisque A, B, ... est une base réduite.

2° *Le rang étant 1, si l'ordre n'est pas une puissance d'un nombre premier le groupe est décomposable.* Car soit le groupe [A], et supposons que son ordre, c'est-à-dire l'exposant de A, contienne plus d'un facteur premier, soit $p^\alpha q^\beta r^\gamma \dots$ cet ordre. Je dis que

$$[A] = [A^{p^\alpha}] \times [A^{q^\beta}] \times [A^{r^\gamma}] \dots \tag{16}$$

En effet on peut déterminer $\xi, \mu, \zeta, \dots$ de façon que

$$p^\alpha \xi + q^\beta \eta + r^\gamma \zeta + \dots = n$$

n étant un entier quelconque. Donc

$$\left(A^{p^\alpha}\right)^\xi \left(A^{q^\beta}\right)^\mu \left(A^{r^\gamma}\right)^\zeta \dots = A^n$$

Ceci vérifie l'égalité (16). Je dis de plus que $[A^{p^\alpha}]$, $[A^{q^\beta}]$, $[A^{r^\gamma}] \dots$ sont indépendants. En effet l'égalité

$$\left(A^{p^\alpha}\right)^\xi \left(A^{q^\beta}\right)^\mu \left(A^{r^\gamma}\right)^\zeta \dots = 1$$

entraîne

$$p^\alpha \xi + q^\beta \mu + r^\gamma \zeta + \dots \equiv 0 \pmod{p^\alpha q^\beta r^\gamma \dots}$$

d'où

$$\xi \equiv 0 \pmod{q^\beta r^\gamma \dots}$$
$$\eta \equiv 0 \pmod{p^\alpha r^\gamma \dots}$$
$$\zeta \equiv 0 \pmod{p^\alpha q^\beta \dots}.$$

Or $q^\beta r^\gamma \dots$, $p^\alpha r^\gamma \dots$, $p^\alpha q^\beta \dots$ sont justement les exposants de A^{p^α}, A^{q^β}, ...

3° *Le rang étant 1 et l'ordre étant une puissance d'un nombre premier, le groupe est indécomposable.*

Soit le groupe $[A]$ de rang 1 et d'ordre p^α. Tout sous-groupe est de la forme $[A^n]$. Supposons donc qu'on ait

$$[A] = [A^n][A^{n'}]. \tag{17}$$

Mais

$$[A^n][A^{n'}] = [A^{D(n, n')}].$$

Il faut donc que

$$[A^{D(n, n')}] = [A]$$

ce qui exige que $D(n, n')$ soit premier à $p\alpha$, donc au moins l'un des deux entiers n, n' par exemple n n'est pas divisible par p. Mais alors

$[A^n] = [A]$ de sorte que l'un des deux facteurs du second membre de l'égalité (17) est [A] lui-même. Donc [A] est indécomposable. Rapprochant ce théorème de celui du n° **282** on en déduit que tout groupe abélien est décomposable en un produit de facteurs indécomposables.

289. Caractères des éléments d'un groupe. — Nous nous proposons, étant donné un groupe abélien, de faire correspondre à chaque élément A de ce groupe un nombre $\chi(A)$ de façon que pour deux éléments quelconques A, B, on ait

$$\chi(AB) = \chi(A)\chi(B)$$

les nombres χ n'étant pas tous nuls. Le nombre $\chi(A)$ s'appelle le *caractère* de l'élément A.

Pour cela soit $A_1, A_2, \ldots A_n$ une base du groupe, $k_1, k_2, \ldots k_n$ les exposants respectifs de $A_1, A_2, \ldots A_n$. Soit

$$\omega_1 \text{ une certaine racine de } x^{k_1} = 1$$
$$\omega_2 \text{ une certaine racine de } x^{k_2} = 1, \text{ etc.}$$

Nous prendrons

$$\chi(A_1) = \omega_1 \qquad \chi(A_2) = \omega_2 \ldots \qquad \chi(A_n) = \omega_n$$

puis

$$\chi\left(A_1^{\alpha_1} A_2^{\alpha_2} \ldots A_n^{\alpha_n}\right) = \omega_1^{\alpha_1} \omega_2^{\alpha_2} \ldots \omega_n^{\alpha_n}.$$

On voit sans peine que ces nombres satisfont à la condition imposée. Ces nombres sont d'ailleurs complètement déterminés malgré l'indétermination de $\alpha_1, \alpha_2, \ldots$ En effet α_1 est déterminé au module k_1 près, donc $\omega_1^{\alpha_1}$ est déterminé, etc.

On a ainsi un système de caractères correspondant à un choix de $\omega_1, \omega_2, \ldots \omega_n$. Comme il y a k_1 façons de choisir ω_1, k_2 façons de choisir ω_2, etc, il y a $k_1 k_2 \ldots k_n$ systèmes de caractères, c'est-à-dire un nombre égal à l'ordre du groupe. Deux de ces systèmes sont différents, car ils diffèrent au moins par le caractère de l'un des éléments $A_1, A_2, \ldots A_n$, Nous allons démontrer qu'il n'y a pas d'autre systèmes de caractères.

1° *Dans tout système de caractères, le caractère de l'élément unité est 1.* Car on doit avoir

$$\chi(A) = \chi(1)\chi(A)$$

pour tout élément A du groupe, et comme $\chi(A)$ n'est pas nul, par hypothèse, pour tout élément A du groupe il en résulte :

$$\chi(1) = 1.$$

2° Soit $\chi(A_1) = \omega_1$. On en déduit :

$$\chi\left(A_1^{k_1}\right) = \omega_1^{k_1}$$

et puisque $A_1^{k_1} = 1$, il en résulte

$$\omega_1^{k_1} = 1.$$

Donc ω_1 est une racine de $x^{k_1} = 1$; de même ω_2 est une racine de $x^{k_2} = 1$, etc.

Donc il n'y a pas d'autres systèmes de caractères que ceux trouvés plus haut. Parmi ces systèmes on peut remarquer celui obtenu en prenant $\omega_1 = \omega_2 = \ldots = \omega_n = 1$. Alors $\chi(A) = 1$ quel que soit l'élément A.

Cherchons les systèmes de caractères réels. On les obtient évidemment en prenant pour les ω les valeurs ± 1. Tout caractère est alors égal à ± 1. On ne peut d'ailleurs prendre $\omega_i = -1$ que si k_i est pair. On voit alors finalement qu'en appelant e_{h-1} le dernier des invariants e qui soit impair le nombre des systèmes de caractères réels est 2^{r-h+1}. Si tous les invariants sont impairs il n'y a qu'un système réel qui est le système 1, 1, ... 1.

Remarque. — Considérons un système de caractères pour un groupe abelien G. Ces caractères forment un groupe Γ. A toute relation

$$A^\alpha B^\beta \ldots = 1$$

entre des éléments de G correspond la relation

$$\chi(A^\alpha)\chi(B^\beta) \ldots = 1$$

entre les éléments correspondants de Γ. Mais la réciproque n'est pas vraie. Il peut y avoir entre les éléments de Γ d'autres relations que celles-là. Pour cette raison les deux groupes ne sont pas en général isomorphes.

Exemple. — Pour le système de caractères 1, 1, ... on a $\chi(A) = \chi(B)$ quels que soient A et B.

2° Soit le groupe formé par les quatre éléments 1, A, B, AB, avec les relations

$$A^2 = B^2 = 1.$$

Considérons le système de caractères

$$\chi(1) = 1 \quad \chi(A) = 1 \quad \chi(B) = -1 \quad \chi(AB) = -1.$$

On a les relations

$$\chi(A) = \chi(1) \qquad \chi(AB) = \chi(B)$$

qui ne correspondent pas à des relations entre éléments du premier groupe.

Théorème. — *Pour un système déterminé de caractères la somme $\sum \chi(A)$ étendue à tous les éléments du groupe est nulle, sauf pour le système 1, 1, ... 1 pour lequel la somme $\sum \chi(A)$ est égal à l'ordre du groupe.*

La seconde partie du théorème est évidente puisque lorsque χ est le caractère principal on a $\chi(A) = 1$ quelque soit A.

Pour démontrer la première partie écrivons :

$$\sum \chi(A) = \sum \chi\left(A_1^{\alpha_1} A_2^{\alpha_2} \ldots A_n^{\alpha_n}\right) = \sum_{\alpha_1 = 0}^{\alpha_1 = k_1 - 1} \chi\left(A_1^{\alpha_1}\right) \times \sum \chi\left(A_2^{\alpha_2}\right) \ldots \chi\left(A_n^{\alpha_n}\right).$$

les sommes étant entendues par rapport aux α.

Les ω n'étant pas tous égaux à 1, puisque le système de caractères dont il s'agit n'est pas le système 1, 1, ... 1, on peut en particulier supposer $\omega_1 \neq 1$.

Alors

$$\sum_{\alpha_1 = 0}^{\alpha_1 = k_1 - 1} \chi\left(A_1^{\alpha_1}\right) = 1 + \omega_1 + \omega_1^2 + \ldots + \omega_1^{k_1 - 1} = \frac{\omega_1^{k_1} - 1}{\omega_1 - 1} = 0$$

ce qui démontre le théorème.

Théorème. — *Soit A un élément déterminé. La somme $\sum \chi(A)$ étendue à tous les caractères est nulle, sauf si A est l'élément unité auquel cas cette somme est égale à l'ordre du groupe.*

La seconde partie du théorème est évidente puisque $\chi(1) = 1$ quel que soit χ et que le nombre des caractères est égal à l'ordre du groupe.

Pour démontrer la première écrivons :

$$\sum \chi(A) = \sum_{\omega} \omega_1^{\alpha_1} \omega_2^{\alpha_2} \ldots \omega_n^{\alpha_n} = \sum \omega_1^{\alpha_1} \times \sum \omega_2^{\alpha_2} \ldots \omega_n^{\alpha_n}$$

les α étant déterminés et les sommes s'étendant à toutes les valeurs possibles des ω. Or les α ne sont pas tous nuls puisque A n'est pas l'élément unité. Alors $\sum \omega_1^{\alpha_1} = 0$ ce qui démontre le théorème.

290. Etude de quelques groupes. — *Groupe des racines $n^{\text{èmes}}$ de l'unité.* Les éléments de ce groupe sont les puissances successives de $e^{\frac{2i\pi}{m}}$. Il est donc de rang 1, l'élément $e^{\frac{2i\pi}{m}}$ formant une base réduite. Il en est de même de tout élément $e^{\frac{2hi\pi}{m}}$ où h est un entier premier à m.

Il y a un système de caractères où chaque élément est égal à son caractère.

Groupe formé par l'ensemble des racines $m^{\text{èmes}}$, des racines $n^{\text{èmes}}$, ... des racines $r^{\text{èmes}}$ de l'unité. Ce groupe est identique à celui formé par les racines $M^{\text{èmes}}$ de l'unité, M désignant le plus petit commun multiple de $m, n, \ldots r$.

En effet, un élément de premier groupe est de la forme

$$e^{2i\pi\left(\frac{x}{r}+\frac{y}{n}+\ldots+\frac{t}{r}\right)}.$$

et un du second à

$$e^{2i\pi\frac{X}{M}}$$

$$(x, y, \ldots t, X, \text{ entiers.})$$

Ces éléments sont égaux si

$$\frac{x}{m}+\frac{y}{n}+\ldots+\frac{t}{r}=\frac{X}{M}$$

ou

$$\frac{M}{m}x+\frac{M}{n}y+\ldots+\frac{M}{r}t=X.$$

On voit qu'étant donnés $x, y, \ldots t$ on peut calculer X, et que réciproquement étant donné X on peut calculer $x, y, \ldots t$ puisque $\frac{M}{m}, \frac{M}{n}, \ldots \frac{M}{r}$ sont premiers dans leur ensemble.

Remarque. — Il n'y a pas d'autres groupes finis, formés de nombres, que les groupes précédents. Car soit a un élément d'un tel groupe et n l'ordre du groupe on aura

$$a^n = 1.$$

Donc a est une racine de l'unité.

291. Groupe des classes d'entiers premiers à un module m (279. III). — Ce groupe est d'ordre $\varphi(m)$. Ses propriétés se tirent des résultats du chapitre II. Soit d'abord m de l'une des formes suivantes :

$$2^\mu \quad (\mu < 3); \qquad p^\alpha, \qquad 2p^\alpha \quad (p \text{ nombre premier impair}).$$

On a vu (nº **20** qu'il admet des racines primitives. Soit g l'une d'elles. La classe C_g constitue une base réduite. Le groupe est donc de rang 1.

Soit maintenant $m = 2^\mu$ $(\mu \geqslant 3)$. Les $\varphi(2^\mu)$ classes relatives à ce module sont

$$C_{3^0}, \quad C_{3^1} \quad \ldots C_{3^{2^{\mu-2}-1}}$$
$$C_{(-3)^0} \quad C_{(-3)^1} \ldots C_{(-3)^{2^{\mu-2}-1}}.$$

D'ailleurs $C_{-a} = C_{-1} \times C_a$. Donc les classes C_{-1} et C_3 forment une base réduite. C'est d'ailleurs une base réduite parfaite, car l'exposant de C_3 qui est $2^{\mu-2}$ est divisible par celui de C_{-1} qui est 2.

Enfin si m n'est d'aucune des formes précédentes, il peut se décomposer en un produit de facteurs qui soient de ces formes et qui soient premiers entre eux deux à deux. On n'a donc qu'à résoudre le problème suivant :

Soient $n, n', \ldots$ premiers entre eux deux à deux ; on a une base réduite pour le groupe des classes d'entiers premiers à n :

$$C_a, C_b \ldots$$

une base réduite pour le groupe des classes d'entiers premiers à n' :

$$C_{a'}, C_{b'}, \ldots$$

etc.

former une base réduite pour le groupe des classes d'entiers premiers à $nn' \ldots$

Pour cela on détermine des entiers A, B, ... par les conditions

$$A \equiv a \pmod{n} \equiv 1 \pmod{n'} \equiv 1 \pmod{n''} \ldots$$
$$B \equiv b \pmod{n} \equiv 1 \pmod{n'} \equiv 1 \pmod{n''} \ldots$$
$$\cdots\cdots\cdots\cdots$$
$$A' \equiv 1 \pmod{n} \equiv a' \pmod{n'} \equiv 1 \pmod{n''} \ldots$$
$$B' \equiv 1 \pmod{n} \equiv b' \pmod{n'} \equiv 1 \pmod{n''} \ldots$$
$$\cdots\cdots\cdots\cdots$$

Les classes C_A, C_B, ... $C_{A'}$, $C_{B'}$, ... formeront une base répondant à la question.

1° C'est une base du groupe des classes d'entiers premiers à nn' ... En effet, soit d un tel entier, il est premier à n, n' ... Donc il existe des exposants α, β, ... α', β', ... tels que

$$(18) \qquad d \equiv a^{\alpha} b^{\beta} \ldots (\text{mod } n) \equiv a'^{\alpha'} b'^{\beta'} \ldots (\text{mod } n') \equiv \ldots$$

d'où

$$A^{\alpha} B^{\beta} \ldots \equiv d \, (\text{mod } n) \equiv 1 \, (\text{mod } n') \equiv 1 \, (\text{mod } n'') \equiv \ldots$$
$$A'^{\alpha'} B'^{\beta'} \ldots \equiv 1 \, (\text{mod } n') \equiv d \, (\text{mod } n') \equiv 1 \, (\text{mod } n'') \equiv \ldots$$
$$\ldots \ldots \ldots \ldots \ldots \ldots \ldots \ldots \ldots \ldots \ldots$$

d'où

$$A^{\alpha} B^{\beta} \ldots A'^{\alpha'} B'^{\beta'} \ldots A''^{\alpha''} B''^{\beta''} \ldots \equiv d \, (\text{mod } nn'n'' \ldots)$$

d'où

$$(19) \qquad (C_A)^{\alpha} (C_B)^{\beta} \ldots (C_{A'})^{\alpha'} (C_{B'})^{\beta'} \ldots = C_d.$$

2° C'est une base réduite. Car en faisant les calculs précédents en sens inverse on voit que l'égalité (19) entraîne l'égalité (18). Donc C_d étant donnés α, β, ... α', β', ... sont déterminés à des multiples près de certains exposants.

L'exposant de C_A dans le groupe relatif au module nn' ... est le même que celui de C_a dans le groupe relatif au module n, etc.

Les indices d'une classe C_k relatifs à la base ainsi déterminée sont les mêmes que ceux de l'entier k définis au n° **21**.

Le nombre des éléments de la base qu'on vient de déterminer est égal au nombre des facteurs premiers distincts de m si m est impair, ou divisible par 4 mais non par 8 ; il est égal à ce nombre diminué de 1 si m est simplement pair ; enfin il est égal à ce nombre augmenté de 1 si m est divisible par 8.

La base réduite ainsi déterminée n'est pas, en général, parfaite.

Je dis que néanmoins le nombre de ses éléments est égal au rang du groupe.

En effet les exposants de ces éléments étant tous divisibles par 2 on a $e_1 \geqslant 2$ (n° **281**).

Exemple. — Soit le module $360 = 2^3 . 3^2 . 5$.

Pour le module 2^3 on a la base $-1, 3$
» 3^2 » 2
» 5 » 2.

On détermine A, B, A′, A″ par les conditions

$$\begin{aligned} A &\equiv -1 \pmod 8 \equiv 1 \pmod{3^2} \equiv 1 \pmod 5) \\ B &\equiv 3 \pmod 8 \equiv 1 \pmod{3^2} \equiv 1 \pmod 5 \\ A' &\equiv 1 \pmod 8 \equiv 2 \pmod{3^2} \equiv 1 \pmod 5 \\ A'' &\equiv 1 \pmod 8 \equiv 1 \pmod{3^2} \equiv 2 \pmod 5. \end{aligned}$$

On trouve

$$A = -89 \qquad A' = -79 \qquad A'' = -143 \qquad B = 91.$$

On a donc la base

$$C_{-89},\ G_{91},\ G_{-79},\ C_{-143}$$

dont les éléments ont comme exposants 2, 2, 6, 4. Le rang du groupe est 4.

En appliquant la méthode donnée plus haut on trouve la base réduite parfaite :

$$C_{-1},\ C_{19},\ C_{-71},\ C_{47}$$

dont les éléments ont comme exposants 2, 2, 2, 12.

Groupe des classes primitives de déterminant donné. — Ce groupe sera étudié dans le chapitre suivant.

Groupe des genres des classes primitives de déterminant donné. — Ce groupe est d'ordre égal à $2^{\lambda-1}$ (n° **215**).

L'élément unité est le genre principal. Tous les autres sont d'exposants 2, par conséquent bilatères. Une base réduite est formée de $\lambda - 1$ éléments.

NOTES ET EXERCICES

I. — *Dans un groupe abélien combien y a-t-il d'éléments qui appartiennent à l'exposant e_1 ?*

Réponse : $\varphi_r(e_1)$, φ_r désignant l'indicateur du r^e ordre (I. 411), r est le rang du groupe.

II. — Un groupe abélien G étant décomposé en un produit de facteurs totalement indépendants $G = HK \ldots$; pour trouver les racines $m^{\text{èmes}}$ de l'unité dans G, il suffit de trouver ces racines respectivement dans H, K, ..., puis de multiplier, de toutes les façons possibles, une racine $m^{\text{ème}}$ dans H par une racine $m^{\text{ème}}$ dans K, etc. FROBENIUS und STICKELBERGER, *J. r. a. M.*, t. 86 (1879), p. 226).

III. — Soit

$$m = m'm'' \ldots$$

les entiers m', m'', ... étant premiers entre eux deux à deux. Pour trouver les racines $m^{\text{èmes}}$ de l'unité dans un groupe il suffit de trouver séparément les racines $m'^{\text{èmes}}$, les racines $m''^{\text{èmes}}$, etc., puis de faire tous les produits possibles d'une racine $m'^{\text{ème}}$ par une racine $m''^{\text{ème}}$, etc. (FROBENIUS und STICKELBERGER, *loc. cit.*).

IV. — Pour qu'un groupe abélien soit de rang 1 il faut et il suffit qu'il n'existe pas d'entier m tel qu'il y ait dans le groupe plus de m racines $m^{\text{èmes}}$ de l'unité (GAUSS, *D. A.*, 84).

V. — *Généralisation du théorème de Wilsonn pour un groupe abélien quelconque* (Voir n° **15** et exercice IX du chapitre II). Le produit des éléments d'un groupe abélien est égal à 1, sauf si l'équation $x^2 = 1$ a dans ce groupe une racine et une seule différente de 1. Dans ce cas le produit en question est égal à cette racine. (FROBENIUS und STICKELBERGER, *loc. cit.*).

VI. — Etant donné un groupe abélien, on demande le nombre de racines de l'équation $x^m = 1$ qui sont telles que la première puissance d'une de ces racines qui soit puissance $m^{\text{ème}}$ parfaite, soit la $m^{\text{ème}}$.

Réponse : Soit $m = a^\alpha b^\beta \ldots$ la décomposition de m en facteurs premiers. Le nombre cherché est

$$\prod \frac{F(a^\alpha)^2 - F(a^{\alpha-1})F(a^{\alpha+1})}{F(a^\alpha)}$$

le signe Π s'étendant à tous les facteurs premiers a, b, ... (FROBENIUS und STICKELBERGER, *loc. cit.*, p. 245).

VII. — On considère un sous-groupe d'un groupe abélien. Combien y a-t-il dans le groupe total de systèmes de caractères tels que les caractères des éléments du sous-groupe soient tous égaux à 1 ?

Réponse : Un nombre égal à l'indice du sous-groupe.

VIII. — *Nouvelle démonstration de l'existence des racines primitives pour les modules p^α* (p nombre premier impair).

L'ordre du groupe des classes est $(p-1)p^{\alpha-1}$, il faut démontrer que son rang est 1.

Or $e_1 e_2 \ldots e_r = (p-1)p^{\alpha-1}$ contient comme facteurs premiers ceux de $p-1$, et p si $\alpha > 1$.

Soit a un facteur premier de $p-1$ et considérons l'équation

$$(C_x)^a = 1.$$

Le nombre des racines est a^{r-h+1} (nº **284**), d'autre part elle a a racines (nº **25**, 1re Applic.). Donc $h = r$ (e_h étant le premier des e qui soit divisible par a).

On voit de même que $h' = r$, $e_{h'}$ étant le premier des e qui soit divisible par p. On conclut de là qu'il n'y a qu'un e différent de 1, etc.

De même pour le module 2^α.

CHAPITRE XXIV

GROUPE DES CLASSES PRIMITIVES DE DÉTERMINANT DONNÉ. GROUPE DES GENRES

292. — Les classes primitives appartenant à un déterminant donné sont en nombre fini (Chapitre XIV). Elles forment un groupe abélien dont l'ordre est ce nombre. Ce nombre sera calculé plus tard. Nous appellerons dans ce qui va suivre, ce groupe, le *groupe des classes*; nous le désignerons par G et son ordre par n.

L'élément unité de ce groupe est la *classe principale*.

Les racines carrés de l'unité sont ce que nous avons appelé les classes *bilatères*; elles forment un sous groupe du groupe total. Les classes carrés parfaits forment un autre sous groupe.

Le produit des ordres de ces deux sous groupes est égal à n (n° **285**).

Exemples I. — Soit D = 15. Il y a deux classes primitives

$$(1, 1, 4) = 1 \qquad \text{et} \qquad (2, 1, 2) = A.$$

La première est la classe principale. La seconde forme une base du groupe. L'ordre de groupe est 2, son rang est 1,

II. — Soit D = 104. Il y a six classes primitives. La classe

$$A = (5, -4, 6)$$

d'exposant 6 forme une base. On a

$$A^0 = (1, 0, 26) \quad A^1 = (5, -4, 6), \quad A^2 = (3, 2, 1)$$
$$A^3 = (2, 0, 13) \quad A^4 = (3, -2, 2) \quad A^5 = (5, 4, 6)$$

A est d'exposant 6 et forme une base; A^0 est la classe unité, A^0 est A^3 sont les classes bilatères; A^0, A^2 et A^4 sont les classes carrés parfaits.

III. — Soit $\Delta = 96$. Il y a quatre classes primitives

$$A = (-1, 0, 24) \qquad B = (4, 4, -5)$$

toutes deux d'exposant 2 forment une base. Les différentes classes primitives sont

$$A^0B^0 = 1 \qquad AB^0 = (-1, 0, 24) \qquad A^0B = (4, 4, -5)$$
$$AB = (-4, -4, 5)$$

Elles sont toutes quatre bilatères. Il n'y a qu'une classe carré parfait, la classe principale.

293. Théorème. — *Le nombre des genres correspondant à un déterminant donné est inférieur ou égal à celui des classes bilatères* [1].

Soit g le nombre des genres. Prenons dans chaque genre une classe et une seule et soient

$$1, \; C_1, \; C_2, \; \ldots \; C_{g-1}$$

les classes obtenues, la première étant la classe principale appartenant au genre principal.

Soit p le nombre des classes du genre principal et soient

$$1, \; \Gamma_1, \; \Gamma_2, \; \ldots \; \Gamma_{p-1}$$

ces classes. Considérons le tableau :

$$(1) \qquad \left\{ \begin{array}{cccc} 1 & \Gamma_1 & \Gamma_2 \ldots & \Gamma_{p-1} \\ C_1 & C_1\Gamma_1 & C_1\Gamma_2 \ldots & C_1\Gamma_{p-1} \\ \cdot & \cdot & \cdot & \cdot \\ C_{g-1} & C_{g-1}\Gamma_1 & \ldots & C_{g-1}\Gamma_{p-1}. \end{array} \right.$$

Dans ce tableau la première ligne contient toutes les classes de genre principal.

La seconde contient des classes de même genre que C_1 et elle les contient toutes.

En effet soit C une telle classe, soit $\frac{C}{C_1} = \Gamma$, Γ sera de genre principal et l'on aura $C = C_1\Gamma$.

La troisième ligne contient des classes du même genre que C_2 et elle les contient toutes, etc.

(1) On démontrera plus loin que le nombre des genres est *égal* à celui des classes bilatères.

De plus on voit que deux classes du tableau sont différentes. En effet si elles ne sont pas dans la même ligne elle ne sont pas de même genre, et si elles sont dans la même ligne, elles sont les produits d'une même classe par deux classes différentes.

Il en résulte que le tableau est le tableau, sans omission et sans répétition, de toutes les classes du groupe G et l'on a :

(2) $$pg = n.$$

Soit q le nombre des classes qui sont carrés parfaits.

Comme toute classe qui est carré parfait est du genre principal on a :

(3) $$q \leqslant p.$$

Soit enfin b le nombre des formes bilatères. On a (n° **292**)

(4) $$bq = n.$$

Comparant les relations (2), (3) et (4) on a

(5) $$g = \frac{n}{p} \leqslant \frac{n}{q} = b.$$

Remarque. — La considération du tableau (1) prouve que *dans chaque genre il y a le même nombre de classes.*

294. Calcul du nombre des classes primitives bilatères de déterminant donné. — Nous allons déterminer le nombre b introduit dans le n° précédent. Nous avons vu (n° **177**) que dans une classe bilatère il y a des formes bilatères *simples* soit de *première espèce* $(a, 0, c)$ soit de seconde espèce (a, a, c) ; nous allons chercher combien il y en a.

Pour cela nous allons chercher les conditions pour que deux formes bilatères soient de même classe. Pour résoudre cette dernière question nous distinguerons, suivant qu'il s'agit de formes définies ou de formes indéfinies. Nous laisserons de côté les classes de discriminant 4 et 3. On sait en effet que pour chacun de ces discriminants il n'y a qu'une classe qui est bilatère.

Formes définies. Théorème I. — *Deux formes définies bilatères simples de première espèce* $(a, 0, c)$ *et* $(a', 0, c')$ *sont de même classe lorsque* $a = a'$ *et* $c = c'$ *ou lorsque* $a = c'$ *et* $c = a'$ *et dans ces cas seulement.*

Considérons les deux formes

$$(6) \qquad (a, 0, c) \quad \text{et} \quad (c, 0, a)$$

et les deux formes

$$(7) \qquad (a', 0, c') \quad \text{et} \quad (c', 0, a').$$

Les deux formes (6) sont de même classe et l'une d'elles est réduite.

De même pour les deux formes (7). Or deux formes définies réduites ne peuvent être de même classe que si elles sont identiques. Il faut donc que l'une des formes (6) soit identique à l'une des formes (7) ce qui démontre le théorème.

THÉRÈME II. — *Deux formes définies bilatères simples de seconde espèce* (a, a, c) *et* (a', a', c') *sont de même classe lorsque*

$$a' = a \quad \text{et} \quad c' = c$$

ou lorsque

$$a' = 4c - a \quad \text{et} \quad c' = c$$

et dans ces cas seulement.

Considérons les quatre formes

$$(8) \qquad \begin{cases} f = (a, a, c) \\ f_1 = (a, a, c)\begin{pmatrix} 0 & -1 \\ 1 & 1 \end{pmatrix} = (c, 2c - a, c) \\ f_2 = (a, a, c)\begin{pmatrix} 1 & 0 \\ -1 & 1 \end{pmatrix} = (c, a - 2c, c) \\ f_3 = (a, a, c)\begin{pmatrix} 1 & 1 \\ -2 & -1 \end{pmatrix} = (4c - a, 4c - a, c) \end{cases}$$

et les quatre formes

$$(9) \qquad \begin{matrix} f' = (a', a', c') \\ f_1' = \ldots\ldots \\ \ldots\ldots\ldots \end{matrix}$$

Les formes (8) sont de même classe et l'une d'elles est réduite, à savoir :

La première si $0 < a < c$, la seconde si $c < a < 2c$, la troisième si $2c < a < 3c$, la quatrième si $3c < a < 4c$. (On a $a < 4c$ parce que la forme a, a, c est définie positive).

De même pour les formes (9). Donc l'une des formes (8) est identique à l'une des formes (9). D'autre part f' ne peut être identique à f_1, car cela entraînerait $a = c$, c'est-à-dire que f serait (a, a, a), c'est-à-dire $(1, 1, 1)$ puisqu'elle est primitive. Or ce cas est exclu. On voit de même que f' ne peut être identique à f_2. Il en résulte que

f' ne peut être identique qu'à f ou f_3

On voit de même que

f'_3 ne peut être identique qu'à f ou f_3
f'_1 » f_1 » f_2
f'_2 » »

D'autre part on voit que les deux derniers cas rentrent dans les deux premiers parce que si f_1' est identique à f_1, alors f' est identique à f; et si f_1' est identique à f_2' alors f_1' est identique à f, etc.

Donc l'une des formes f ou f_i est identique à l'une des formes f' ou f_i' ce qui démontre le théorème.

THÉORÈME III. — *Deux formes définies bilatères simples l'une de première espèce $(a, 0, c)$ l'autre de seconde (a', a', c') ne peuvent être de même classe.*

Considérons les deux formes

$$(10) \qquad (a, 0, c), \quad (c, 0, a)$$

et les quatre formes

$$(11) \qquad (a', a', c'), \quad (c', 2c' - a', c'), \quad (c', a' - 2c', c'), \quad (4c' - a', 4c' - a', c').$$

On verrait comme plus haut que pour que $(a, 0, c)$ et (a', a', c') soient de même classe il faudrait que l'une des formes (10) fut identique à l'une des formes (11). Cela n'est possible que dans l'une des hypothèses suivantes :

$$a' = 0; \qquad a' = 2c'; \qquad a' = 4c'.$$

Alors la forme (a', a', c'), étant primitive, se réduirait à l'une des suivantes :

$$(0, 0, 1); \qquad (2, 2, 1); \qquad (4, 4, 1).$$

Or ces trois cas sont exclus, le premier et le troisième parce qu'il ne s'agit que de formes à discriminant positif; le second parce que $(2, 2, 1)$ est de discriminant 4.

Corollaire. — Dans chaque classe définie positive bilatère il y a deux formes bilatères simples qui sont ou bien

$$(a, 0, c)\,; \qquad (c, 0, a)$$

ou bien

$$(a, a, c)\,; \qquad (4c - a, 4c - a, c).$$

D'ailleurs $(a, 0, c)$ ne peut être identique à $(c, 0, a)$ que si $a = c = 1$, et (a, a, c) ne peut être identique à $(4c - a, 4c - a, c)$ que si $a = 2c = 2$. Dans ces deux cas la classe est celle de la forme $(1, 0, 1)$, cas exclu.

Finalement, *pour compter le nombre des classes primitives bilatères appartenant à un discriminant donné positif, différent de* 3 *ou* 4, *il faudra chercher combien il y a de formes bilatères simples appartenant à ce discriminant, et diviser le résultat par* 2.

295. *Formes indéfinies.* — Voulant appliquer la condition donnée au n° **174** pour que deux formes indéfinies soient de même classe nous allons d'abord chercher comment est constitué le développement en fraction continuelle de la première racine d'une forme bilatère simple. Il y a plusieurs cas à considérer. Nous mettrons en évidence les signes des coefficients, dans ce qui va suivre a et c représenteront des entiers positifs.

Formes bilatères simples de première espèce. 1er *Cas.* Soit $(a, 0, -c)$ avec $a < c$. La première racine est $+\sqrt{\frac{c}{a}}$, le nombre sous radical étant plus grand que 1.

Le développement est (n° **116**)

$$\sqrt{\frac{c}{a}} = (a_0, \overline{a_1, \ldots a_1, 2a_0} \ldots) \tag{12}$$

2e *Cas.* Soit $(a, 0, -c)$ avec $a > c$. La première racine est $+\sqrt{\frac{c}{a}}$ le nombre sous radical étant plus petit que 1. Le développement est

$$\sqrt{\frac{c}{a}} = (0, a_0, \overline{a_1, \ldots a_1, 2a_0} \ldots).$$

3e *Cas.* Soit $(-a, 0, c)$ avec $a < c$. La première racine est $-\sqrt{\frac{c}{a}}$

Le développement est :

$$-\sqrt{\frac{c}{a}}=[-(a_0+1), 1, a_1-1, \overline{a_2, \ldots a_1, 2a_0, a_1 \ldots}]$$

Ceci suppose $a_1 \neq 1$. Si $a_1 = 1$ le développement est :

$$-\sqrt{\frac{c}{a}}=[-(a_0+1), a_2+1, \overline{a_3, \ldots a_1, 2a_0, a_1, a_2} \ldots$$

4° *Cas*. Soit $(-a, 0, c)$ avec $a > c$. Le développement de la première racine $-\sqrt{\frac{c}{a}}$ est alors

$$(-1, 1, a_0-1, \overline{a_1, \ldots a_1, 2a_0} \ldots)$$

si $a_0 \neq 1$ et

$$(-1, 1+a_1, \overline{a_2, \ldots a_1, 2a_0, a_1}, \ldots)$$

si $a_0 = 1$.

Formes bilatères simples de seconde espèce.

5° *Cas*. Soit $(a, a, -c)$. La première racine est $\dfrac{-1+\sqrt{1+\frac{4c}{a}}}{2}$. Le développement est

$$(a_0, \overline{a_1, \ldots a_1, 2a_0+1} \ldots).$$

6° *Cas*. Soit (a, a, c). La première racine est $\dfrac{-1+\sqrt{1-\frac{4c}{a}}}{2}$. Le développement est

$$(-1, 1, 1, a_0, \overline{a_1, \ldots a_1, 2a_0+1} \ldots).$$

7° *Cas*. Soit $(-a, -a, c)$. La première racine est $\dfrac{-1-\sqrt{1+\frac{4c}{a}}}{2}$.

Le développement est

$$(-(a_0+2), 1, a_1-1, \overline{a_2, \ldots a_1, 2a_0+1, a_1} \ldots)$$

si $a_1 \neq 1$ et si $a_1 = 1$ le développement est

$$(-(a_0+2), 1+a_2, \overline{a_3 \ldots a_1, 2a_0+1, a_1, a_2}, \ldots)$$

8° *Cas*. Soit $(-a, -a, -c)$. La première racine est $\dfrac{-1-\sqrt{1-\frac{4c}{a}}}{2}$.

Le développement est :

$$(0, 2, \overline{a_0, a_1 \ldots a_1, 2a_0 + 1} \ldots).$$

Ceci posé nous allons prendre successivement chacune de ces huit espèces de formes et montrer que, pour chacune il y a, outre elle-même, trois forme de même classe. Pour chaque espèce de forme il y aura plusieurs cas à considérer, cela fera donc un grand nombre de cas. Nous nous bornerons à en développer quelques-uns, le lecteur complètera (¹).

1° Donnons-nous une forme d'abord rentrant dans le 1ᵉʳ cas, supposons de plus le nombre de termes de la période impair soit $\overline{a_1, \ldots a_{p-1}\, a_{p-1} \ldots a_1 2a_0}$ cette période.

On a une forme équivalente en faisant commencer la période à a_3 ou a_5, ... Mais en supposant que $\overline{a_1, \ldots a_1, 2a_0}$ soit la vraie période et non un ensemble de plusieurs périodes, on voit que la période transformée en la faisant commencer à a_3 ou a_5 ... ne peut plus se composer d'une partie symétrique suivie d'un élément. Le nombre des éléments de la période étant impair deux formes qui ont cette période sont de même classe.

Ceci posé la forme de première racine

$$(a_0, \overline{a_1, \ldots a_1, 2a_0} \ldots)$$

est équivalente d'abord à elle-même, puis à une forme rentrant dans le second cas à savoir celle de première racine

$$(0, a_0, \overline{a_1 \ldots a_1, 2a_0} \ldots)$$

et de même à une forme du troisième et à une du quatrième cas.

2° Soit encore une forme du premier cas, le nombre de termes de la période étant $\equiv 2 \pmod 4$, soit

$$\overline{a_1 \ldots a_{h-1}, a_h, a_{h-1} \ldots a_1, 2a_0} \ (h \text{ impair}).$$

Dans ce cas la période se composera encore d'une partie symétrique suivie d'un élément, en la faisant commencer à l'élément a_{h-1} qui suit a_h.

Ici deux formes qui ont cette période ne sont équivalentes que si les éléments qui précèdent dans les deux développements un

(¹) Nous donnerons plus tard une démonstration plus élégante.

même élément de la période sont de même parité. Supposons de plus a_h pair. La forme de première racine

$$(a_0 \overline{a_1 \dots a_{h-1} a_h a_{h-1} \dots a_1 2a_0} \dots)$$

est équivalente à une forme de deuxième espèce

$$\left(0, \frac{a_h}{2}, a_{h-1}, a_{h-2}, \dots a_1, 2a_0, a_1, \dots a_{h-1} a_h \dots\right)$$

à une forme de troisième et à une forme de quatrième espèce que l'on écrit facilement. Mais elle n'est équivalente proprement à aucune forme de 5me, 6me, ... espèce.

3° Supposons maintenant a_h pair, toujours avec h impair. Alors la forme de première racine

$$(a_0, \overline{a_1 \dots a_{h-1}, a_h, a_{h-1} \dots a_1, 2a_0} \dots)$$

est équivalente à une forme de quatrième une de sixième et une de septième espèce, mais à aucune autre.

4° Le nombre de termes de la période est $\equiv 0 \pmod 4$ soit

$$\overline{a_1 \dots a_{h-1}, a_h, a_{h-1} \dots a_1, 2a_0}$$

la période, avec h pair.

Soit de plus a_h pair. Alors la forme de première racine.

$$a_0 \overline{a_1 \dots a_{h-1} a_h a_{h-1} \dots a_1 2a_0} \dots)$$

est équivalente proprement à une autre de première espèce

$$\left(\frac{a_h}{2} \overline{a_{h-1} \dots a_1 2a_0 a_1 \dots a_{h-1} a_h} \dots\right)$$

et à deux de quatrième espèce :

$$(-1, 1, a_0 - 1, \overline{a_1 \dots a_1 2a_0} \dots) \quad \text{si} \quad a_0 \neq 1$$

$$(-1, 1 + a_1, \overline{a_2 \dots a_1 2a_0 a_1} \dots) \quad \text{si} \quad a_0 = 1$$

et

$$\left(-1, 1, \frac{a_h}{2} - 1, \overline{a_{h-1} \dots a_1 2a_0 a_1 \dots a_{h-1} a_h} \dots\right) \quad \text{si} \quad \frac{a_h}{2} \neq 1$$

$$(-1, 1 + a_{h-1}, \overline{a_{h-2} \dots a_1 2a_0 a_1 \dots a_{h-1} a_h a_{h-1}} \dots) \quad \text{si} \quad \frac{a_h}{2} = 1.$$

Mais elle n'est équivalente à aucune autre forme d'autre espèce.

On examine de même tous les autres cas et l'on arrive à la conclusion suivante :

Dans chaque classe bilatère de formes indéfinies il y a quatre formes bilatères simples.

Donc pour compter le nombre de classes primitives bilatères appartenant à un déterminant donné positif D, il faut calculer combien il y a de formes bilatères simples de ce déterminant et diviser le résultat par 4.

296. — Faisons maintenant ce calcul.

Formes définies positives. — 1er *Cas.* D *impair* par suite $D \equiv -1 \pmod 4$. — Dans ce cas il n'y a pas de forme bilatère simple de première espèce. Cherchons les formes de seconde espèce (a, a, c).

On doit avoir

$$a(4c - a) = D > 0.$$

Il faut décomposer D en deux facteurs positifs, $D = dd'$, et prendre

$$a = d, \qquad c = \frac{d + d'}{4}.$$

Deux systèmes différents de valeurs pour d et d' donnent deux systèmes différents de valeurs pour a et c et réciproquement. Il faut de plus que la valeur de c soit entière, et que a et c soient premiers entre eux.

La première condition est remplie puisque $D \equiv -1 \pmod 4$. Quant à la seconde elle exige que d et d' soient premiers entre eux.

Donc on est amené à décomposer D en un produit de deux facteurs premiers entre eux de toutes les façons possibles. Pour cela, soit

$$D = p^\alpha q^\beta \dots t^\delta$$

la décomposition de D en facteurs premiers. On peut prendre $d = 1$ et $d' = \frac{D}{d}$ ce qui fait 1 solution.

On peut prendre $d = p^\alpha$ ou q^β ... et $d' = \frac{D}{d}$ ce qui fait ν solutions ν étant le nombre des facteurs p, q, ...

On peut prendre $d =$ le produit de deux facteurs p^α, q^β, ... et

$d' = \frac{D}{d}$ ce qui fait $\frac{\nu(\nu-1)}{2}$ solutions, etc. Finalement le nombre de solutions est $1 + \frac{\nu}{1} + \frac{\nu(\nu-1)}{2} + \ldots$ ou 2^ν solutions.

Pour avoir le nombre b des classes bilatères il faut diviser ce nombre par 2.

Donc $b = 2^{\nu-1}$. Comparant ce résultat avec celui des nos **212** et **215** on voit que $b = 2^{\lambda-1} \geqq g$, λ étant le nombre de caractères et g le nombre de genres, résultat déjà trouvé au no **293**.

2e *Cas*. D *pair* et par suite $D \equiv 0$ (*mod* 4). — Soit de plus $D' = \frac{D}{4} \equiv -1$ ou 3 (mod 8).

Dans ce cas il y a des formes bilatères simples de première espèce (a, o, c) pour lesquelles on doit avoir

$$ac = D'.$$

Leur nombre est égal au nombre de façons de décomposer D' en deux facteurs premiers entre eux. Les facteurs premiers de D' sont les facteurs premiers impairs de D', leur nombre est désigné par ν.

Le nombre de formes bilatères simples de seconde espèce est 2^ν.

D'ailleurs il n'y a pas de formes bilatères simples de seconde espèce (a, a, c). Car on devrait avoir

$$a(4c - a) = 4D'.$$

Il faudrait que a fût pair et alors c impair. Posant $a = 2a'$, $c = 2c' + 1$

$$a'(4c' + 2 - a') = D'$$

égalité impossible car le premier membre est $\equiv$ (mod 4) à 0 ou à 1, ce qui n'est pas le cas pour D'.

La conclusion est la même que dans le premier cas $b = 2^{\lambda-1}$.

3e *Cas*. $D = 4D'$ avec $D' \equiv 1$ *ou* -3 (*mod* 8).

On trouve comme dans le premier cas 2^ν formes bilatères simples de première espèce. Mais, de plus, on trouve ici des formes bilatères simples de seconde espèce. Car on est conduit comme dans le cas précédent à poser

$$a = 2a' \qquad c = 2c' + 1$$
$$a'(4c' + 2 - a') = D'.$$

Il faut poser $D' = dd'$ et prendre

$$a' = d \qquad c' = \frac{d + d' - 2}{4}$$

La valeur de c' est entière, car la condition $dd' \equiv 1$ ou -3 (mod 8) donne

$$d \equiv d' \equiv \pm 1 \pmod 4$$

donc

$$d + d' - 2 \equiv 0 \pmod 4.$$

On a alors

$$a = 2d \qquad c = \frac{d + d'}{2}.$$

La condition que a et c soient premiers entre eux donne que d et d' doivent l'être. On trouve donc autant de formes bilatères simples de seconde espèce que de façons de décomposer D' en deux facteurs premiers entre eux. Cela fait encore 2^{ν} formes. On trouve donc en tout $2^{\nu+1}$ formes bilatères simples, d'où 2^{ν} classes bilatères. Ici $\nu = \lambda + 1$. Donc encore $b = 2^{\lambda-1}$.

4ᵉ *Cas*. $D = 4D'$ et $D' \equiv \pm 2, 4 \pmod 8$.

Il y a des formes de première espèce (a, o, c) pour lesquelles on a

$$ac = D'$$

leur nombre est égal au nombre de façons de décomposer D' en deux facteurs premiers entre eux. Or ici D' contient le facteur 2, il a donc $\nu + 1$ facteurs premiers différents et cela donne $2^{\nu+1}$ formes de première espèce.

Quant aux formes de seconde espèce il n'y en a pas, car on voit comme dans le deuxième cas qu'il faudrait poser

$$a = 2a' \qquad c = 2c' + 1$$

et

$$a'(4c' + 2 - a') = D'$$

D' étant pair il faudrait que $a' = 2a''$ et alors le premier membre serait $\equiv 0 \pmod 8$ ce qui n'est pas le cas pour D'.

On trouve encore $b = 2^{\lambda-1}$.

5° *Cas*. Soit enfin $D = 4D'$ et $D' \equiv 0 \pmod 8$. — On trouve comme dans le cas précédent $2^{\nu+1}$ formes de première espèce. Pour celles de seconde espèce on a trouvé qu'il faut poser

$$a' = 4a'' \qquad c = 2c' + 1 \qquad \text{et} \qquad a''(2c' + 1 - a'') = D'.$$

Donc il faut poser

$$D' = dd' \qquad a'' = d \qquad c' = \frac{d + d' + 1}{2}$$

d et d' étant de parités différentes. Alors

$$a = 4d \qquad c = d + d'.$$

La condition que a et c doivent être premiers entre eux donne que d et d' doivent l'être. Cette condition entraîne la précédente que d et d' doivent être de parités différentes puisque $dd' = D'$ est pair.

On trouve alors autant de formes de seconde espèce que de façons de décomposer D' en deux facteurs premiers entre eux. Comme D' a ν facteurs premiers impairs et aussi le facteur 2, cela fait $2^{\nu+1}$ solutions. En tout on trouve $2^{\nu+2}$ formes bilatères simples, d'où $2^{\nu+1}$ classes bilatères, et finalement encore $b = 2^{\lambda-1}$.

Formes indéfinies. — Le calcul est à peu près identique. Il y a cette différence que a et c ne sont pas forcément positifs. Par conséquent lorsqu'on posera $D = dd'$ ou $D' = ac$, etc., les facteurs pourront être pris de signes quelconques. Donc on trouve deux fois plus de formes bilatères simples que dans le cas précédent. Mais comme il y a quatre formes bilatères simples par classe au lieu de deux le résultat final est le même. Donc toujours 

$$b = 2^{\lambda-1}.$$

297. Nouvelle démonstration de la loi de réciprocité et des théorèmes complémentaires. — Les théories précédentes fournissent une démonstration de la loi de réciprocité et des théorèmes complémentaires (n° **193, 194**).

Nous venons de voir (n° **293**) que le nombre de genres correspondant à un déterminant donné est inférieur ou égal au nombre de classes bilatères c'est-à-dire à $2^{\lambda-1}$, et ce résultat ainsi démontré est indépendant de la loi de réciprocité (Ce résultat a aussi été démontré au n° **215**, mais la démonstration donnée alors dépendait de la loi de réciprocité.

1er *théorème complémentaire*

$$\left(\frac{-1}{p}\right) = (-1)^{\frac{p-1}{2}}.$$

Il suffit de démontrer que $\left(\frac{-1}{p}\right) = 1$ entraîne $p \equiv 1 \pmod 4$ et réciproquement.

Supposons que $\left(\frac{-1}{p}\right) = 1$. On peut alors déterminer a et b tels que

$$a^2 + 1 = bp.$$

Considérons la forme $(b, 2a, p)$. Son discriminant est 4, donc elle est de même classe que $(1, 0, 1)$. Donc p est représentable primitivement par $(1, 0, 1)$. Donc

$$p = \alpha^2 + \beta^2 \qquad D(\alpha, \beta) = 1.$$

De plus p est impair, donc $p \equiv 1 \pmod 4$.

Réciproquement soit $p \equiv 1 \pmod 4$. Considérons $(-1, 0, p)$. Son déterminant est $4p$; on a donc $\lambda = 1$ (n° **296**), donc il n'y a qu'un genre qui est le genre principal. Or la forme $(-1, 0, p)$ représente primitivement -1. Donc

$$\left(\frac{-1}{p}\right) = 1.$$

2e *théorème complémentaire*

$$\left(\frac{2}{p}\right) = (-1)^{\frac{p^2-1}{8}}.$$

Il suffit de démontrer que $\left(\frac{2}{p}\right) = 1$ entraîne $p \equiv \pm 1 \pmod 8$ et réciproquement.

Supposons que $\left(\frac{2}{p}\right) = 1$. On peut déterminer a et b tels que

$$a^2 - 2 = bp.$$

Considérons la forme $(b, 2a, p)$. Son discriminant est 8, donc elle est de même classe que $(1, 0, -2)$. Donc

$$p = \alpha^2 - 2\beta^2 \qquad D(\alpha, \beta) = 1.$$

De plus p est impair, donc $p \equiv \pm 1 \pmod 8$.

Réciproquement soit $p \equiv \pm 1 \pmod 8$. Si $p \equiv 1 \pmod 8$ on considère $\left(2, 1, -\frac{p-1}{8}\right)$; si $p \equiv -1 \pmod 8$ on considère $\left(2, 1, \frac{p+1}{8}\right)$ et dans chaque cas on achève la démonstration comme pour le premier théorème complémentaire.

Loi de réciprocité

$$\left(\frac{p}{q}\right)\left(\frac{q}{p}\right) = (-1)^{\frac{p-1}{2} \cdot \frac{q-1}{2}}.$$

1° Supposons $\left(\frac{q}{p}\right) = 1$ et $q \equiv 1 \pmod 4$. On peut déterminer a et b tels que

$$a^2 - q = bp.$$

Considérons $(b, 2a, p)$ de déterminant $4q$. Il n'y a qu'un genre, donc $\left(\frac{p}{q}\right) = 1$ et le théorème est démontré.

2° Supposons $\left(\frac{q}{p}\right) = 1$ et $q \equiv -1 \pmod 4$. Considérons encore $(b, 2a, p)$ de déterminant $4q$. Il y a pour ce déterminant deux genres au plus. Je dis qu'il y en a deux. En effet il y a d'abord le genre principal, et ensuite celui de la forme $(-1, 0, q)$ qui n'est pas le genre principal, car cette forme a pour caractères $(-1)^{\frac{-1-1}{2}} = 1$ et $\left(\frac{-1}{q}\right) = -1$.

On voit ainsi que pour toutes les formes de déterminant $4q$ les deux caractères sont égaux. La considération de $(b, 2a, p)$ donne donc

$$\left(\frac{p}{q}\right) = (-1)^{\frac{q-1}{2}} = -1.$$

3° Maintenant le théorème est démontré quand $\left(\frac{q}{p}\right) = 1$ et par suite aussi quand $\left(\frac{p}{q}\right) = 1$, puisque rien ne distingue p de q dans l'énoncé. Reste à le démontrer quand $\left(\frac{p}{q}\right) = \left(\frac{q}{p}\right) = -1$, c'est-à-dire, qu'il faut démontrer que, dans ce cas, l'un des entiers p, q est $\equiv 1 \pmod 4$. Autrement dit il faut démontrer que les hypothèses :

$$p \equiv q \equiv -1 \pmod 4, \qquad \left(\frac{q}{p}\right) = -1$$

entraînent

$$\left(\frac{p}{q}\right) = 1.$$

Pour cela on considère $(p, 0, -q)$ de déterminant $4pq$, il y a deux caractères, donc deux genres au plus. On voit qu'il existe en effet deux genres : le genre principal et celui de la forme $(-1, 0, pq)$ dont les caractères sont $\left(\frac{-1}{p}\right)$ et $\left(\frac{-1}{q}\right)$ c'est-à-dire -1 et -1. Ainsi pour toutes les formes de déterminant $4pq$ les deux caractères sont égaux. La considération de $(p, 0, -q)$ donne pour le caractère relatif à p la valeur $\left(\frac{-q}{p}\right) = \left(\frac{-1}{p}\right)\left(\frac{q}{p}\right) = 1$. On a donc aussi

$$\left(\frac{p}{q}\right) = 1.$$

298. Base réduite fondamentale du sous-groupe des formes bilatères. — D'après ce qui a été dit au n° **84** on aura une base réduite fondamentale du sous-groupe des formes bilatères en considérant une base fondamentale du groupe des classes

$$C_1, C_2, \ldots C_r$$

y prenant celles de ces classes dont l'exposant est pair (et qui sont les dernières dans la suite), soient

$$C_h, C_{h+1}, \ldots C_r$$

et les élevant aux exposants $\frac{e_h}{2} \ldots \frac{e_r}{2}$.

Ainsi

$$C_h^{\frac{1}{2}e_h}, \quad C_{h+1}^{\frac{1}{2}e_{h+1}} \ldots C_r^{\frac{1}{2}e_r}$$

est une base réduite fondamentale du groupe des classes bilatères. Chacun des éléments de cette base étant d'exposant 2 le nombre des classes bilatères est 2^{r-h+1}.

Mais on sait qu'il est égal à $2^{\lambda-1}$. Donc

$$h = r - \lambda + 2.$$

et la base réduite fondamentale cherchée est

$$C_{r-\lambda+2}^{\frac{1}{2}e_{r-\lambda+2}}, \ldots \quad C_r^{\frac{e_r}{2}}.$$

299. — Nous savons déjà que toute classe carré parfait est du genre principal. Nous allons maintenant démontrer la réciproque : *Toute classe C du genre principal est carré parfait* (¹).

Lemme. — On peut trouver dans C une forme dont le premier coefficient : 1° soit premier à 2Δ ; *2° n'ait pas de facteur carré ; 3° ait moins de* λ *facteurs premiers différents.*

1° Nous pouvons prendre dans C une forme dont le premier coefficient soit premier à 2Δ (nº **183**).

2° Supposons que le premier coefficient de la forme ait des facteurs carrés et appelons le e^2a, a étant son noyau. Soit (e^2a, b, c) la forme en question. On a

$$(e^2a, b, c) = (a, b, e^2c)(e, b, eac)^2.$$

Pour démontrer que (e^2a, b, c) est carré parfait, il suffit de démontrer que (a, b, e^2c) l'est.

D'ailleurs e^2a étant premier à 2Δ par hypothèse, a l'est aussi.

On a donc une forme jouissant des deux premières propriétés annoncées.

3° Supposons que le premier coefficient de cette forme (a, b, c) ait plus de $\lambda - 1$ facteurs premiers différents. Il possède alors au moins 2^λ diviseurs, soient $\alpha, \alpha', \alpha'', \ldots$ ces diviseurs.

Considérons les formes :

$$(13) \qquad \left(\alpha, b, \frac{ac}{\alpha}\right), \quad \left(\alpha', b, \frac{ac}{\alpha'}\right) \ldots$$

et le tableau :

$$(14) \qquad \begin{cases} 1 & C^2 & D^2 & \ldots & K^2 \\ \Gamma & \Gamma C^2 & \Gamma D^2 & \ldots & \Gamma K^2 \\ . & . & . & . & . \\ \Lambda & \Lambda C^2 & \Lambda D^2 & \ldots & \Lambda K^2. \end{cases}$$

(¹) Ce théorème fondamental est dû à Gauss qui l'a démontré par la considération des formes quadratiques ternaires (*Disq. Arithm.*, nº **286**). = WERKE LEJEUNE DIRICHLET en a donné une démonstration fondée sur des considérations analytiques *J. r. a. M.* = WERKE, 1, p. 413 et *Vorles. ub. Zahlenth. herausgeg. v. R. Dedekind*, § 125. — H. WEBER en a donné une fondée sur la théorie des nombres algébriques *Lehrbuch d. Algeb. 3ᵉ Band. Elliptisch. Funkt. u. Algebraisch. Zahlen.* 2ᵗᵉ Auflage, p. 409. M. LA VALLÉE POUSSIN en a, le premier donné une démonstration s'appuyant uniquement sur la théorie des formes binaires. *Mém. cour. et autres mém. publ, par l'Ac. roy. de Belgique*, 53 (1896) La démonstration que nous donnons est due à M. MERTENS, *J. r. a. M.* 129 (1905) p. 181.

Dans ce tableau la première ligne est composée des classes carrés parfaits, il y en a $\frac{n}{2^{\lambda-1}}$, n étant le nombre des classes primitives de déterminant Δ ; le tableau est constitué comme il a été expliqué au n° **272**, il contient toutes les classes primitives de déterminant Δ, il a $2^{\lambda-1}$ lignes.

Puisqu'il y a au moins 2^{λ} formes (13) on peut trouver deux de ces formes dont les classes soient dans une même ligne du tableau 114.

Soit par exemple :

$$C\left(\alpha, b, \frac{ac}{\alpha}\right) = \Gamma C^2 \qquad C\left(\alpha', b, \frac{ac}{\alpha'}\right) = \Gamma D^2.$$

On en déduit :

$$C(a, b, c)C\left(\alpha, b, \frac{ac}{\alpha}\right)C\left(\alpha', b, \frac{ac}{\alpha'}\right) = C(a, b, c)\Gamma^2 C^2 D^2.$$

Pour démontrer que $C(a, b, c)$ est un carré parfait il suffit donc de démontrer que

$$C\left[(a, b, c)\left(\alpha, b, \frac{ac}{\alpha}\right)\left(\alpha', b, \frac{ac}{\alpha'}\right)\right]$$

l'est. Mais ceci est une classe qui représente, primitivement ou non, l'entier $a\alpha\alpha'$ et par suite, qui représente primitivement un entier de la forme $\frac{a\alpha\alpha'}{d^2}$. On peut donc y trouver une forme ayant comme premier coefficient $\frac{a\alpha\alpha'}{d^2}$. Et si $\frac{a\alpha\alpha'}{d^2}$ a des facteurs carrés, on peut remplacer cette forme par une autre dont le premier coefficient $\frac{a\alpha\alpha'}{d^2e^2}$ n'en a plus. Ce coefficient n'a certainement pas plus de facteurs premiers que a, puisque α et α' sont diviseurs de a.

Je dis qu'il en a moins. En effet a, α, α' n'ont que des facteurs premiers simples. Il y a au moins un de ces facteurs qui se trouve dans l'un des deux nombres α, α' et pas dans l'autre (puisque α et α' sont différents). Ce facteur se trouve aussi comme facteur simple dans a, donc il est au carré dans $a\alpha\alpha'$. Comme $\frac{a\alpha\alpha'}{d^2e^2}$ n'a que des facteurs simples, c'est que ce facteur disparait dans la division de $a\alpha\alpha'$ par d^2e^2. Le lemme est donc démontré.

Nous allons maintenant démontrer le théorème de proche en

proche en rangeant les déterminants d'après leurs *degrés*. Nous appellerons degré d'un déterminant la quantité suivante. Soit ν le nombre des facteurs premiers impairs de Δ et λ le nombre de ses caractères.

Si Δ est impair ou si $\Delta \equiv 4 \pmod 8$ nous appellerons degré de Δ la quantité $\nu + \lambda$. Si $\Delta \equiv 0 \pmod 8$ nous appellerons degré de Δ la quantité $\nu + \lambda + 1$.

On voit facilement qu'il n'y a pas de déterminants du premier degré, mais il y en a du second degré. Cela arrive quand $\nu = \lambda = 1$. Alors le tableau (14) se réduit à sa première ligne, toutes les formes primitives de déterminant Δ sont carrés parfaits et le théorème est vérifié.

Nous allons donc démontrer que si le théorème est vrai pour tous les déterminants d'un degré inférieur à celui d'un déterminant Δ il est encore vrai pour celui-là.

1er *Cas. Δ impair*. Soit (a, b, c) une forme du genre principal, le coefficient a satisfaisant aux conditions données plus haut.

Considérons la congruence

$$z^2 \equiv a \pmod \Delta.$$

Elle est soluble puisque Δ est impair et que pour tout facteur premier de Δ on a $\left(\frac{a}{p}\right) = 1$, (a, b, c) appartenant au genre principal.

On en conclut l'existence d'une forme (Δ, n, r) de déterminant égal à $4a$.

Cette forme est *primitive*. En effet son déterminant $4a$ n'a d'autre facteur carré que 4. Donc Δ, a, n ne pourraient avoir d'autre diviseur commun que 2. Mais Δ est impair.

Elle est *du genre principal*. En effet puisque $b^2 - 4ac = \Delta$, le caractère quadratique de Δ par rapport à n'importe quel facteur premier impair de $4a$ est $+1$. De plus $\frac{4a}{4}$ étant impair le seul caractère relatif au facteur 2 qui puisse exister est $(-1)^{\frac{\Delta-1}{2}}$ qui est aussi égal à 1 puisque $\Delta \equiv 1 \pmod 4$.

Le degré de $4a$ est moindre que celui de Δ. Car pour Δ on a $\lambda = \nu$ et le degré est 2λ. Mais $4a$ a au plus $\lambda - 1$ facteurs premiers impairs, et le nombre de ses caractères est au plus λ (car $\frac{4a}{4}$ est impair). Donc son degré est au plus $2\lambda - 1$. Le théorème à démontrer est donc vrai pour la forme $(\Delta, n, r)^{-1}$, donc cette forme est carré parfait. Son inverse l'est aussi. Alors (Δ, n, r) est de même classe qu'une forme $(\alpha, \beta, \gamma)^2$ où l'on peut supposer α premier à Δ et à a.

Alors (Δ, n, r) $(\alpha, \beta, \gamma)^2$ est de la classe principale, c'est-à-dire que (Δ, n, r) $(\alpha, \beta, \gamma)^2$ est de même classe que $(1, 0, -a)$.

Or (Δ, n, r) représente primitivement Δ, et $(\alpha, \beta, \gamma)^2$ représente primitivement α^2. De plus Δ et α^2 sont premiers entre eux. Donc $(1, 0, -a)$ représente primitivement $\Delta\alpha^2$. Ainsi

$$\Delta\alpha^2 = \xi^2 - a\eta^2 \quad \text{avec } D(\xi, \eta) = 1$$

De $D(\xi, \eta) = 1$ il résulte que $D(\Delta, \eta) = 1$.

On a :

$$a\eta^2 = \xi^2 - \Delta\alpha^2 = (\xi - \alpha)^2 + (\xi - \alpha) \cdot 2\alpha + \frac{1 - \Delta}{4} (2\alpha)^2.$$

Donc $a\eta^2$ est représentable par la forme principale de déterminant Δ.

Alors appliquant le théorème VII (n° **266**) on voit que toute classe susceptible de représenter a est carré parfait, et le théorème est démontré.

2e *Cas*. $\Delta \equiv 4 \pmod 8$.

Mêmes notations. La congruence

$$z^2 \equiv a \left(\text{mod } \frac{\Delta}{4}\right)$$

est soluble. On en conclut l'existence d'une forme $\left(\frac{\Delta}{4}, n, r\right)$ de déterminant $4a$. Elle est primitive car $\frac{\Delta}{4}$ est impair. Elle appartient au genre principal. En effet si $\frac{\Delta}{4} \equiv 1 \pmod 4$ on le voit comme plus haut. Si $\frac{\Delta}{4} \equiv -1 \pmod 4$ alors dans les classes de déterminant Δ il y a le caractère $(-1)^{\frac{a-1}{2}}$; donc puisque (a, b, c) appartient au genre principal c'est que $a \equiv 1 \pmod 4$; alors dans les formes de déterminant $4a$ il n'y a pas de caractère relatif au facteur 2.

Le degré de $4a$ est moindre que celui de Δ. Pour le démontrer nous distinguerons encore suivant que $\frac{\Delta}{4} \equiv +$ ou $-1 \pmod 4$.

Si $\frac{\Delta}{4} \equiv 1 \pmod 4$ on a $\lambda = \nu$ et le degré de Δ est 2λ, tandis que a a au plus $\lambda - 1$ facteurs premiers impairs et au plus λ caractères de sorte que son degré est au plus $2\lambda - 1$.

Si $\frac{\Delta}{4} \equiv -1 \pmod 4$, alors $\lambda = \nu + 1$ et le degré de Δ est $2\lambda - 1$, mais $4a$ possède au plus $\lambda - 1$ facteurs premiers impairs et de plus $a \equiv 1 \pmod 4$ (voir plus haut) donc $4a$ a $\lambda - 1$ caractères et son degré est $2\lambda - 2$.

On a alors, comme dans le premier cas

$$a\eta^2 = \xi^2 - \frac{\Delta}{4}\eta^2, \text{ etc.}$$

3e *Cas*. $\frac{\Delta}{4}$ simplement pair et $a \not\equiv 1 \pmod 8$.

La congruence

$$z^2 \equiv a \left(\text{mod } \frac{\Delta}{4}\right)$$

est soluble. Relativement au facteurs premiers impairs de Δ on le voit comme dans le premier cas ; relativement au facteur 2 cela tient à ce que $\frac{\Delta}{4}$ est simplement pair. On en conclut l'existence d'une forme $\left(\frac{\Delta}{4}, n, r\right)$ de déterminant $4a$. Elle est *primitive*. En effet, ici $\frac{\Delta}{4}$ et n sont pairs, mais r est impair ; on peut même ajouter qu'il $\equiv 1 \pmod 4$. En effet :

$$\left(\frac{n}{2}\right)^2 - \frac{\Delta}{4}r = a$$

a étant impair et $\frac{\Delta}{4}$ pair, cette égalité montre d'abord que $\frac{n}{2}$ est impair, et elle donne

$$\frac{\Delta}{4}r \equiv 1 - a \pmod 8.$$

Si $\frac{\Delta}{4} \equiv 2 \pmod 8$, la quantité $(-1)^{\frac{a^2-1}{8}}$ est un caractère, donc $a \equiv \pm 1 \pmod 8$.

Or a n'est pas $\equiv 1 \pmod 8$ par hypothèse. Donc $a \equiv -1 \pmod 8$.

Alors la congruence précédente donne

$$2r \equiv 2 \pmod 8$$

d'où

$$r \equiv 1 \pmod 4.$$

Si $\frac{\Delta}{4} \equiv -2 \pmod 8$, la quantité $(-1)^{\frac{a-1}{2}+\frac{a^2-1}{8}}$ est un caractère.

Donc $a \equiv 1$ ou $3 \pmod 8$, et par suite $a \equiv 3 \pmod 8$; alors

$$-2r \equiv -2 \pmod 8$$

d'où

$$r \equiv 1 \pmod 4.$$

La forme $\left(\frac{\Delta}{4}, n, r\right)$ est *du genre principal.*

En effet puisque $\left(\frac{b}{2}\right)^2 - ac = \frac{\Delta}{4}$, le caractère quadratique de $\frac{\Delta}{4}$ par rapport à n'importe quel facteur premier impair de a est 1.

Relativement au facteur 2, on vient de voir que $r \equiv 1 \pmod 4$. Donc $\left(\frac{\Delta}{4}, n, r\right)$ est du genre principal.

Enfin le degré de $4a$ est moindre que celui de Δ. Car ici comme $\frac{\Delta}{4}$ n'est pas congru à zéro (mod 8) on a $\lambda = \nu + 1$, et le degré de Δ est 2λ. Quant à $4a$ il au plus $\lambda - 1$ facteurs premiers impairs et au plus λ caractères ; son degré est au plus $2\lambda - 1$.

On achève comme dans le second cas.

4e *Cas $\frac{\Delta}{4}$ simplement pair et* $a \equiv 1 \pmod 8$.

On considère la congruence

$$z^2 \equiv a \pmod \Delta.$$

Elle est soluble. Il en résulte l'existence d'une forme $\left(\frac{\Delta}{4}, n, r\right)$ de déterminant a. Elle est *primitive* car n est impair.

Elle est du genre principal (ici le facteur 2, n'entre pas en ligne de compte).

Le degré de a est moindre que celui de Δ, car ici le degré de Δ est $2\lambda - 1$ et celui de a au plus $2\lambda - 2$

On en tire

$$\frac{\Delta}{4}\alpha^2 = \xi^2 + \xi\eta + \frac{1-a}{4}\eta^2$$

d'où

$$a\eta^2 = (2\xi + \eta)^2 - \frac{\Delta}{4}(2\alpha)^2, \text{ etc.}$$

5° *Cas.* $\frac{\Delta}{4} \equiv 0 \pmod 8$. Il en résulte $a \equiv 1 \pmod 8$ et la démonstration est la même que dans le 4ᵉ cas.

6° *Cas.* $\frac{\Delta}{4} \equiv 4 \pmod 8$. Il en résulte $a \equiv 1$ ou $5 \pmod 8$.

Si $a \equiv 1$, on considère

$$z^2 \equiv a \pmod \Delta$$

soluble puisque $a \equiv 1 \pmod 8$; puis la forme $\left(\frac{\Delta}{4}, n, r\right)$, primitive car n est impair, du genre principal (il n'y a pas de caractère relatif à 2).

Le degré de Δ est $2\lambda - 1$ et celui de a est au plus $2\lambda - 2$.

Si $a \equiv 5 \pmod 8$, on considère la congruence

$$z^2 \equiv a \left(\bmod \frac{\Delta}{4}\right)$$

et la forme $\left(\frac{\Delta}{16}, n, a\right)$, puis on continue comme dans le cas précédent.

300. Conséquences du théorème fondamental. — Revenons aux relations (5).

Nous venons de démontrer que $p = q$. Donc ces relations deviennent.

$$g = \frac{n}{p} = \frac{n}{q} = b.$$

Alors l'énoncé du théorème du n° **293** est modifié de la façon suivante : *Le nombre des genres correspondant à un déterminant donné est égal à celui des classes bilatères*, c'est-à-dire a $2^{\lambda-1}$. Il en résulte le théorème annoncé au n° **215**. *Étant donnés des caractères satisfaisant à la relation fondamentale du chapitre* XVIII, *il y a un genre correspondant à ces caractères*.

On a vu aussi (Remarque du n° **293**) que dans chaque genre il y a le même nombre de classes. Nous voyons maintenant que ce nombre est $\frac{n}{2^{\lambda-1}}$ (n = ordre du groupe des classes).

301. Etude du groupe des genres. — L'ordre du groupe des genres est $2^{\lambda-1}$. L'élément unité est le genre principal. Sauf celui-là tous les autres éléments sont d'ordre 2.

Cherchons une base réduite du groupe. Remarquons tout de de suite qu'une base réduite est nécessairement fondamentale puisque tous ses éléments ont un ordre égal à 2.

Supposons qu'on ait une base réduite parfaite du groupe des classes, et d'après les résultats du n° **298** écrivons-là :

$$C_1, C_2, \dots C_{r-\lambda+1}, C_{r-\lambda+2}, \dots C_r$$

les $r-\lambda+1$ premiers éléments ayant un exposant impair, les $\lambda-1$ suivants un exposant pair. Nous remarquerons d'abord que :

Toute classe d'exposant impair appartient au genre principal. Eu effet, soit :

$$C^{2v+1} = 1.$$

Il en résulte :

$$C^{2v+2} = C.$$

Donc C est carré parfait et par suite appartient au genre principal. Ceci posé appelons G_i le genre de C_i. Il est évident que $G_1, G_2, \dots G_r$ forment une base du groupe des genres. Mais $G_1, G_2, \dots G_{r-\lambda+1}$ sont identiques au genre principal.

Donc on peut les supprimer. Il reste

$$G_{r-\lambda+2}, G_{r-\lambda+3}, \dots G_r$$

qui forment une base, chacun des éléments étant d'exposant 1 ou 2.

Je dis que cette base est réduite. En effet, si cela n'était pas, comme cette base contient $\lambda-1$ éléments qui sont chacun d'exposant 1 ou 2, le groupe des genres aurait moins de $2^{\lambda-1}$ éléments, ce qui n'est pas.

Comme conséquence tous les éléments de cette base sont d'ordre 2.

302. Des formes à coefficients entiers qui se déduisent l'une de l'autre par une substitution fractionnaire de déterminant égal à + ou — 1. — Appliquons à une forme (a, b, c) une substitution fractionnaire de déterminant égal à + ou — 1. Écrivons cette substitution en supposant ses coefficients réduits à leur plus petit dénominateur commun.

Soit

$$(a, b, c)\begin{pmatrix} \frac{\alpha}{\theta} & \frac{\beta}{\theta} \\ \frac{\gamma}{\theta} & \frac{\delta}{\theta} \end{pmatrix} = (A, B, C)$$

avec $\alpha\delta - \beta\gamma = \pm\theta^2$.

Les deux formes (a, b, c) et (A, B, C) ont même déterminant. Il peut arriver qu'elles aient toutes deux leurs coefficients entiers.

Par exemple

$$(\alpha^2 a, 0, \beta^2 c)\begin{pmatrix} \frac{\beta}{\alpha} & 0 \\ 0 & \frac{\alpha}{\beta} \end{pmatrix} = (\beta^2 a, 0, \alpha^2 c).$$

Dans ce qui va suivre nous supposerons toujours que a, b, c et A, B, C sont entiers.

Mais il peut arriver que l'une des formes soit primitive et que l'autre ne le soit pas. Exemple :

$$(a^3, 0, \beta^2 c)\begin{pmatrix} \frac{\beta}{a} & 0 \\ 0 & \frac{a}{\beta} \end{pmatrix} = (a\beta^2, 0, a^2 c).$$

Si $a \gtrless 1$ est premier à $\beta^2 c$ la première forme est primitive et la seconde ne l'est pas.

A ce sujet on a le théorème suivant :

Théorème. — *Si θ est premier au déterminant Δ, les deux formes $(a\ b, c)$ et (A, B, C) ont le même diviseur.*

En effet

$$A\theta^2 = a\alpha^2 + b\alpha\gamma + c\gamma^2, \quad B\theta^2 = 2a\alpha\beta + b(\alpha\delta + \beta\gamma) + 2c\gamma\delta,$$
$$C\theta^2 = a\beta^2 + b\beta\delta + c\delta^2.$$

Tout commun diviseur de a, b, c divise Δ, donc il est premier à θ. Mais il divise $A\theta^2$, $B\theta^2$, $C\theta^2$; donc il divise A, B, C. On démontre de même que tout commun diviseur à A, B, C divise a, b, c; donc les deux formes ont même diviseur. En particulier, *si θ est premier au déterminant Δ, et si l'une des deux formes est primitive l'autre l'est aussi.*

THÉORÈME. — *Si deux formes primitives (a, b, c) et (A, B, C) se déduisent l'une de l'autre par une substitution de déterminant égal à ± 1 et de dénominateur premier à Δ; ces deux formes appartiennent au même genre.*

En effet soit p un facteur premier impair de Δ. On peut supposer A non divisible par p. En effet on peut trouver une forme (A', B', C') de même classe que (A, B, C) telle que A' ne soit pas divisible par p. Soit

$$(A', B', C') = (A, B, C) \begin{pmatrix} \lambda & \mu \\ \nu & \rho \end{pmatrix}.$$

On a alors

$$(A', B', C') = (a, b, c) \begin{pmatrix} \frac{\alpha}{\theta} & \frac{\beta}{\theta} \\ \frac{\gamma}{\theta} & \frac{\delta}{\theta} \end{pmatrix} \begin{pmatrix} \lambda & \mu \\ \nu & \rho \end{pmatrix} = (a, b, c) \begin{pmatrix} \frac{\alpha'}{\theta} & \frac{\beta'}{\theta} \\ \frac{\gamma'}{\theta} & \frac{\delta'}{\theta} \end{pmatrix},$$

et au lieu de démontrer que (a, b, c) et (A, B, C) sont de même genre, il suffit de démontrer que (a, b, c) et (A', B', C') le sont.

Ainsi je suppose $A \not\equiv 0 \pmod p$. Alors le caractère de (A, B, C) par rapport à p est $\left(\frac{A}{p}\right)$. Comme θ n'est pas divisible par p on a

$$\left(\frac{A}{p}\right) = \left(\frac{A\theta^2}{p}\right) = \left(\frac{a\alpha^2 + b\alpha\gamma + c\gamma^2}{p}\right).$$

Soit d le plus grand commun diviseur de α et γ. Alors

$$\left(\frac{A}{p}\right) = \left(\frac{(a\alpha_1{}^2 + b\alpha_1\gamma_1 + c\gamma_1{}^2)d^2}{p}\right) = \left(\frac{a\alpha_1{}^2 + b\alpha_1\gamma_1 + c\gamma_1{}^2}{p}\right)$$

α_1 et γ_1 étant premiers entre eux. Alors $a\alpha_1{}^2 + b\alpha_1\gamma_1 + c\gamma_1{}^2$ est un entier représenté primitivement par (a, b, c).

Donc $\left(\frac{a\alpha_1{}^2 + b\alpha_1\gamma_1 + \gamma_1{}^2}{p}\right)$ est le caractère de (a, b, c) par rapport à p. Donc ce caractère est le même pour les deux formes.

La démonstration est la même pour les caractères relatifs au facteur 2 s'ils existent, en remarquant que dans ce cas θ et d sont impairs et que l'on a $\theta^2 = d^2 \equiv 1 \pmod 8$.

Réciproquement. Deux formes primitives de même déterminant Δ *et appartenant au même genre sont transformables l'une dans l'autre par une substitution rationnelle de dénominateur premier à* Δ.

Il suffit de le démontrer pour deux formes qui soient respectivement de mêmes classes que les deux formes considérées. Soit C la classe de la première forme, C' celle de la seconde. Puisque C' et C' sont de même genre $\frac{C}{C'}$ est carré parfait. Soit

$$C = C'\Gamma^2$$

Γ^2 peut se représenter par une forme dont le premier coefficient est carré parfait $(a^2, b, a'c)$ et C' par une forme immédiatement composable avec celle-là (a', b, a^2c). Alors C est représentable par (a^2a', b, c). Ceci posé on passe de (a^2a', b, c) à (a', b, a^2c) par la substitution $\begin{pmatrix} \frac{1}{a} & 0 \\ 0 & a \end{pmatrix}$ ce qui démontre le théorème.

303. Une dernière question se pose : calculer l'ordre du groupe des classes, c'est-à-dire le nombre des classes primitives de déterminant donné. Ce problème sera résolu plus tard. Pour le moment nous allons nous borner à montrer qu'*il suffit de le résoudre pour les déterminants n'ayant pas de facteur carré.* C'est-à-dire, en appelant $n(\Delta)$ le nombre des classes primitives correspondant à un déterminant Δ, nous allons établir une relation entre $n(\Delta)$ et $n(m^2\Delta)$. Pour cela il suffit évidemment d'établir une relation entre $n(\Delta)$ et $n(p^2\Delta)$, p étant un nombre premier.

Pour cela nous allons montrer comment *connaissant les classes primitives de déterminant* Δ *on peut former celles de déterminant* $p^2\Delta$.

En appliquant à une forme de déterminant Δ une substitution linéaire de déterminant p, on obtient une forme de déterminant $p^2\Delta$. Nous allons démontrer la réciproque.

Toute forme primitive de déterminant $p^2\Delta$ *peut s'obtenir en appli-*

quant à une forme primitive de déterminant Δ *une substitution de déterminant* p.

Soit $(A, B, C) = F$ primitive et de déterminant $p^2\Delta$. Nous voulons déterminer $(a, b, c) = f$ de déterminant Δ et $\begin{pmatrix} \alpha & \beta \\ \gamma & \delta \end{pmatrix} = \Sigma$ tels que $F = f\Sigma$.

1° On peut supposer $A \not\equiv 0 \bmod p$), car on peut en tout cas trouver (A', B', C') telle que

$$(A', B', C') = (A, B, C)S \quad (S = \text{une substitution moléculaire})$$

et telle que $A' \not\equiv 0 \pmod p$. Si ensuite on a

$$(A', B', C') = f\Sigma$$

on a

$$(A', B, C) = f(\Sigma S^{-1})$$

2° Ayant

$$F = f\Sigma$$

on a

$$F = (fS^{-1})(S\Sigma)$$

S étant une substitution modulaire quelconque. Or on peut choisir S de façon que $S\Sigma$ ait la forme réduite seconde manière (I. 375).

On peut donc se borner à chercher les substitutions Σ dans lesquelles

$$\gamma = 0, \quad \alpha > 0, \quad \delta > 0, \quad 0 \leqslant \beta < \delta.$$

3° Ceci posé écrivons que

$$(A, B, C) = (a, b, c) \begin{pmatrix} \alpha & \beta \\ 0 & \delta \end{pmatrix}$$

c'est-à-dire

$$(15) \qquad \begin{cases} a\alpha^2 & = A \\ 2a\alpha\beta + b\alpha\delta & = B \\ a\beta^2 + b\beta\delta + c\delta^2 & = C \end{cases}$$

avec les conditions

$$(16) \qquad \begin{cases} \alpha\delta = p \\ \alpha > 0 \quad \delta > 0 \end{cases}$$

$$(17) \qquad 0 \leqslant \beta < \delta.$$

La condition $b^2 - 4ac = \Delta$ peut être négligée car c'est une conséquence des précédentes.

De même la condition que (a, b, c) soit primitive résulte de ce que (A, B, C) l'est.

Les conditions (16) nous donnent soit

$$\alpha = p \qquad \delta = 1$$

soit

$$\alpha = 1 \qquad \delta = p.$$

La première de ces deux solutions est inacceptable, car la première des équations (15) donnerait $ap^2 = A$. Or A n'est pas divisible par p.

Prenons donc $\alpha = 1$, $\delta = p$. L'équation (17) donne alors

$$0 \leqslant \beta < p$$

et les équations (15) donnent

$$a = A$$
$$2a\beta + bp = B$$
$$a\beta^2 + bp\beta + cp^2 = C.$$

Ainsi $a = A$ et il reste à déterminer b, c, β par

(17) $$0 \leqslant \beta < p$$

(18) $$2A\beta + bp = B$$

(19) $$A\beta^2 + bp\beta + cp^2 = C.$$

Il faut distinguer deux cas

1er *Cas.* $p \neq 2$.

L'équation (18) donne

(20) $$2A\beta \equiv B \pmod{p}.$$

Cette congruence en β est possible puisque $A \not\equiv 0 \pmod{p}$, et jointe à (17) elle détermine complètement β.

On a alors

$$b = \frac{B - 2A\beta}{p}$$
$$c = \frac{A\beta^2 - B\beta + C}{p^2}.$$

La valeur trouvée pour b est entière à cause de (20), nous allons montrer que la valeur trouvée pour c l'est aussi, c'est-à-dire que

$$A\beta^2 - B\beta + C \equiv 0 \pmod{p^2}$$

c'est-à-dire, en multipliant par $4A$ qui est $\not\equiv 0 \pmod p$

$$(2A\beta - B)^2 - \Delta p^2 \equiv 0 \pmod{p^2}$$

ce qui résulte de (20).

2ᵉ *Cas.* $p = 2$. Dans ce cas B est pair. L'équation (17) donne

$$\beta = 0 \quad \text{ou} \quad \beta = 1.$$

Prenons d'abord $\beta = 0$. Alors

$$b = \frac{B}{2} \qquad c = \frac{C}{4}.$$

La première valeur est entière, donc acceptable. La seconde est entière aussi si C est pair.

Car si C était simplement pair, comme de plus A est impair, la quantité $\left(\frac{B}{2}\right)^2 - AC$ serait $\equiv 2$ ou $3 \pmod 4$ et ne serait pas un déterminant.

Ainsi $\beta = 0$ convient si C est pair et ne convient pas si C est impair.

Prenons maintenant $\beta = 1$. Alors

$$b = \frac{B - 2A}{2} \qquad c = \frac{A - B + C}{4}.$$

La première valeur est entière. La seconde l'est aussi si C est impair. Car elle est égale à

$$\frac{\left(A - \frac{B}{2}\right)^2 - \left[\left(\frac{B}{2}\right)^2 - AC\right]}{4A}.$$

Si $\frac{B}{2}$ est impair les deux entiers $\left(A - \frac{B}{2}\right)^2$ et $\left(\frac{B}{2}\right)^2 - AC$ sont pairs tous deux et tous les deux divisibles par 4; le premier parce que c'est un carré, le second parce que c'est un déterminant.

Si $\frac{B}{2}$ est pair, ces deux entiers sont $\equiv 1 \pmod 4$ pour les mêmes raisons. Dans les deux cas leur différence est divisible par 4.

Ainsi $\beta = 1$ convient si C est impair, mais il ne convient pas si C est pair. Le théorème est démontré dans tous les cas.

Il résulte de ce théorème que *si nous appliquons à toutes les formes primitives de déterminant* Δ *toutes les substitutions de déter-*

minant p, nous obtiendrons toutes les formes primitives [1] *de déterminant* $p^2\Delta$.

304. — Mais si on considère deux formes de déterminant Δ qui soient de même classe. f et fS (S = substitution modulaire) si l'on applique à la première une substitution Σ de déterminant p et et la seconde la substitution $S^{-1}\Sigma$ également de déterminant p on obtient le même résultat. Donc *il suffit de choisir arbitrairement dans chaque classe primitive de déterminant* Δ *une forme et d'appliquer à toutes les formes obtenues toutes les substitutions de déterminant p pour avoir des formes de déterminant* $p^2\Delta$ *appartenant à toutes les classes primitives de ce déterminant.*

Mais, de plus, si on applique à une forme f une substitution Σ de déterminant p, ou la substitution ΣS (S substitution modulaire quelconque) les deux formes obtenues sont de même classe. Or on peut choisir S de façon que ΣS soit réduite première manière (I 374). Les substitutions réduites première manière sont : 1° la substitution $\begin{pmatrix} p & 0 \\ 0 & 1 \end{pmatrix}$; 2° les substitutions

$$\begin{pmatrix} 1 & 0 \\ \gamma & p \end{pmatrix} \qquad (\gamma = 0, 1, \ldots p-1).$$

Donc : *il suffit de choisir arbitrairement dans chaque classe primitive de déterminant* Δ *une forme et d'appliquer à toutes les formes obtenues toutes les substitutions*

$$\begin{pmatrix} p & 0 \\ 0 & 1 \end{pmatrix} \quad \text{et} \quad \begin{pmatrix} 1 & 0 \\ \gamma & p \end{pmatrix} \quad (\gamma = 0, 1, \ldots p-1)$$

pour avoir des formes de déterminant Δp^2 *appartenant à toutes les classes primitives de ce déterminant.*

Le nombre des classes de déterminant Δ étant $n(\Delta)$ et le nombre des substitutions appliquées étant $p+1$, on obtient ainsi $(p+1)n(\Delta)$ classes de déterminant $p^2\Delta$. Mais les classes ainsi obtenues ne sont pas toutes primitives comme nous allons le voir et il faut éliminer celles qui ne le sont pas.

On peut supposer que la forme primitive (a,b,c) choisie dans une classe de déterminant Δ soit telle que c ne soit divisible par p.

[1] Et d'autres non primitives comme on le verra plus loin.

Alors la forme

$$(a, b, c)\begin{pmatrix} p & 0 \\ 0 & 1 \end{pmatrix} = (ap^2, bp, c)$$

est primitive.

Reste à examiner les p formes

$$(21) \qquad (a, b, c)\begin{pmatrix} 1 & 0 \\ \gamma & p \end{pmatrix} = [a + b\gamma + c\gamma^2, (b + 2c\gamma)p, cp^2].$$

Or, a, b, c étant premiers dans leur ensemble il en est de même de $a + b\gamma + cp^2$, $b + 2c\gamma$ et c. Donc la forme (21) sera primitive ou non suivant que $a + b\gamma + c\gamma^2$ ne sera pas ou sera divisible par p.

Or, la congruence

$$c\gamma^2 + b\gamma + a \equiv 0 \pmod p$$

admet un nombre de solutions $\pmod p$ égal à $1 + \left(\frac{\Delta}{p}\right)$ (n° **37**).

Donc chaque classe primitive de déterminant Δ donne naissance à

$$p + 1 - \left[1 + \left(\frac{\Delta}{p}\right)\right] \quad \text{ou} \quad p - \left(\frac{\Delta}{p}\right)$$

classes primitives de déterminant $p^2\Delta$. Donc on trouve ainsi $\left[p - \left(\frac{\Delta}{p}\right)\right]n(\Delta)$ classes primitives de déterminant $p^2\Delta$ et toutes les classes primitives de déterminant $p^2 \Delta$ sont ainsi obtenues. La question n'est cependant pas encore achevée parce qu'il reste à savoir combien de fois chacune de ces classes est obtenue.

305. — Deux des formes de déterminant $p^2 \Delta$ obtenues ainsi ne peuvent être de même classe que si elles proviennent d'une même forme de déterminant Δ. En effet, cela résulte du calcul fait au n° **303**. Étant donnée la classe de (A, B, C), celle de (a, b, c) est déterminée. Car de (A, B, C) on déduit (A′B′C′) qui est de même classe ; puis de (A′B′C′) on déduit sans ambiguité les coefficients (a, b, c) de la forme fS^{-1} qui est de même classe que f.

Reste enfin à voir si deux formes $f\Sigma$ et $f\Sigma_1$ (Σ, Σ_1, substitutions réduites première manière, de déterminant p) peuvent être de même classe, Σ et Σ_1 étant deux substitutions de déterminant p. Pour cela il faut et il suffit que

$$f\Sigma S = f\Sigma_1$$

S étant modulaire, ou

$$f\Sigma S(\Sigma_1)^{-1} = f.$$

Donc la condition est que $\Sigma S(\Sigma_1)^{-1}$ soit une substitution automorphe de f.

$$\Sigma S(\Sigma_1)^{-1} = A$$

ou

$$S = \Sigma^{-1} A\Sigma_1.$$

La condition pour que $f\Sigma$ et $f\Sigma_1$ soient de même classe peut donc s'énoncer : *il existe une substitution automorphe* A *de* f *telle que* $\Sigma^{-1}A\Sigma_1$ *soit modulaire.*

Mais la substitution $\Sigma^{-1}\Sigma_1$ a un déterminant égal à 1. Pour écrire qu'elle est modulaire il suffit d'écrire que ses coefficients sont entiers.

On est amené à considérer différents cas suivant les différentes valeurs de Δ.

1er *Cas.* $\Delta < 0$, $\Delta \neq -4$ et -3.

Alors $A = \begin{pmatrix} 1 & 0 \\ 0 & 1 \end{pmatrix}$ ou $\begin{pmatrix} -1 & 0 \\ 0 & -1 \end{pmatrix}$. La seconde valeur de A donne les mêmes résultats que la première on peut la négliger.

Soit d'abord $\Sigma = \begin{pmatrix} p & 0 \\ 0 & 1 \end{pmatrix}$. On a la solution évidente $\Sigma_1 = \Sigma$. Il faut voir s'il y a des solutions Σ_1 de la forme $\begin{pmatrix} 1 & 0 \\ \gamma_1 & p \end{pmatrix}$. On trouve $\Sigma^{-1}A\Sigma_1 = \begin{pmatrix} \frac{1}{p} & 0 \\ \gamma' & p \end{pmatrix}$ dont les coefficients ne sont pas entiers.

Donc pas de solution de la forme $\Sigma_1 = \begin{pmatrix} 1 & 0 \\ \gamma_1 & p \end{pmatrix}$.

Soit ensuite $\Sigma = \begin{pmatrix} 1 & 0 \\ \gamma & p \end{pmatrix}$, il faut essayer $\Sigma_1 = \begin{pmatrix} p & 0 \\ 0 & 1 \end{pmatrix}$ et $\Sigma_1 = \begin{pmatrix} 1 & 0 \\ \gamma_1 & p \end{pmatrix}$ $(\gamma_1 \not\equiv \gamma \pmod p)$.

On trouve $\begin{pmatrix} p & 0 \\ -\gamma & \frac{1}{p} \end{pmatrix}$ qui n'a pas ses coefficients entiers et $\begin{pmatrix} 1 & 0 \\ \frac{\gamma_1 - \gamma}{p} & 1 \end{pmatrix}$ qui ne les a pas non plus.

La conclusion est que, dans ce cas, chacune des classes primitives obtenues de déterminant $p\Delta$ n'est obtenue qu'une fois et que l'on a

$$n(p^2\Delta) = \left[p - \left(\frac{\Delta}{p}\right)\right] n(\Delta).$$

2° *Cas.* $\Delta = -4$.

Alors $A = \begin{pmatrix} 1 & 0 \\ 0 & 1 \end{pmatrix}$ ou $\begin{pmatrix} 0 & 1 \\ -1 & 0 \end{pmatrix}$ ou $\begin{pmatrix} -1 & 0 \\ 0 & -1 \end{pmatrix}$ ou $\begin{pmatrix} 0 & -1 \\ 1 & 0 \end{pmatrix}$.

Les deux dernières valeurs de A donnent le même résultat que les deux premières, on peut les négliger.

Si l'on prend $A = \begin{pmatrix} 1 & 0 \\ 0 & 1 \end{pmatrix}$ on trouve comme précédemment $\Sigma_1 = \Sigma$.

Mais si l'on prend $A = \begin{pmatrix} 0 & 1 \\ -1 & 0 \end{pmatrix}$ pour chaque valeur de Σ on trouve deux valeurs de Σ_1 à savoir, d'abord $\Sigma_1 = \Sigma$, et ensuite, si $\Sigma = \begin{pmatrix} p & 0 \\ 0 & 1 \end{pmatrix}$ on trouve $\Sigma_1 = \begin{pmatrix} 1 & 0 \\ 0 & p \end{pmatrix}$ et si $\Sigma = \begin{pmatrix} 1 & 0 \\ \gamma & p \end{pmatrix}$ on trouve $\Sigma_1 = \begin{pmatrix} p & 0 \\ 0 & 1 \end{pmatrix}$ pour $\gamma = 0$ et $\Sigma_1 = \begin{pmatrix} 1 & 0 \\ \gamma' & p \end{pmatrix}$ avec $\gamma\gamma' \equiv -1 \pmod{p}$ si $\gamma \not\equiv 0$.

Dans ce dernier cas Σ_1 ne peut être identique à Σ c'est-à-dire γ' égal à γ, car il faudrait que $\gamma^2 + 1 \equiv 0 \pmod{p}$; or, les valeurs de γ satisfaisait à cette condition ont été exclues comme ne donnant pas de formes primitives.

La conclusion est que, dans le cas, de $\Delta = -4$ chacune des classes primitives de déterminant $p^2\Delta$ est obtenue deux fois et l'on a

$$n(p^2\Delta) = \frac{1}{2}\left[p - \left(\frac{\Delta}{p}\right)\right] n(\Delta).$$

c'est-à-dire :

$$n(-4p^2) = \frac{1}{2}\left[p - (-1)^{\frac{p-1}{2}}\right]$$

3° *Cas.* $\Delta = -3$.

Alors $A = \begin{pmatrix} 1 & 0 \\ 0 & 1 \end{pmatrix}$ ou $\begin{pmatrix} 0 & 1 \\ -1 & -1 \end{pmatrix}$ ou $\begin{pmatrix} -1 & -1 \\ 1 & 0 \end{pmatrix}$ ou trois autres substitutions qui ne diffèrent de celles-là que par les signes des coefficients et qui donnent les mêmes résultats.

Si on prend $A = \begin{pmatrix} 1 & 0 \\ 0 & 1 \end{pmatrix}$ on trouvera $\Sigma_1 = \Sigma$.

Si on prend $A = \begin{pmatrix} 0 & 1 \\ -1 & -1 \end{pmatrix}$ pour chaque valeur de Σ on trouve deux valeurs de Σ_1 à savoir d'abord $\Sigma_1 = \Sigma$ et ensuite, si $\Sigma = \begin{pmatrix} p & 0 \\ 0 & 1 \end{pmatrix}$

on trouve $\Sigma_1 = \begin{pmatrix} 1 & 0 \\ 0 & p \end{pmatrix}$ et si $\Sigma = \begin{pmatrix} 1 & 0 \\ \gamma & p \end{pmatrix}$ on trouve $\Sigma_1 = \begin{pmatrix} p & 0 \\ 0 & 1 \end{pmatrix}$ pour $\gamma = -1$ et $\Sigma_1 \begin{pmatrix} 1 & 0 \\ \gamma_1 & p \end{pmatrix}$ ave $\gamma_1(\gamma + 1) + 1 \equiv 0 \pmod p$ si $\gamma \not\equiv -1$.

Dans aucun cas on n'a $\Sigma_1 = \Sigma$, on le voit comme plus haut.

Si on prend $A = \begin{pmatrix} -1 & -1 \\ 1 & 0 \end{pmatrix}$ on trouve encore deux valeurs de Σ_1 à savoir $\Sigma_1 = \Sigma$ et si

$\Sigma = \begin{pmatrix} p & 0 \\ 0 & 1 \end{pmatrix}$ on trouve $\Sigma_1 = \begin{pmatrix} 1 & 0 \\ p-1 & p \end{pmatrix}$ et si

$\Sigma = \begin{pmatrix} 1 & 0 \\ \gamma & p \end{pmatrix}$ on trouve $\Sigma_1 = \begin{pmatrix} p & 0 \\ 0 & 1 \end{pmatrix}$ si $\gamma = 0$ et

$\Sigma_1 = \begin{pmatrix} 1 & 0 \\ \gamma_1 & p \end{pmatrix}$ avec $\gamma\gamma_1 + \gamma + 1 \equiv 0 \pmod p$ si $\gamma \not\equiv 0$.

On n'a non plus dans ce cas, jamais $\Sigma_1 = \Sigma$.

Ainsi dans le $\Delta = -3$, chacune des classe primitives de déterminant $p^2 \Delta$ est obtenue trois fois et l'on a

$$n(p^2\Delta) = \frac{1}{3}\left[p - \left(\frac{\Delta}{p}\right)\right] n(\Delta).$$

c'est-à-dire :

$$n(-3p^2) = \frac{1}{3}\left[p - \left(\frac{p}{3}\right)\right].$$

4° *Cas.* — *Soit enfin*, $\Delta > 0$. Soit d'abord $\Sigma = \begin{pmatrix} p & 0 \\ 0 & 1 \end{pmatrix}$. Il y a d'abord la solution évidente $\Sigma_1 = \Sigma$. Ensuite il faut voir s'il y en a de la forme $\Sigma_1 = \begin{pmatrix} 1 & 0 \\ \gamma_1 & p \end{pmatrix}$.

Ici (nº **173**).

$$A = \begin{pmatrix} A - \frac{b-\rho}{2} u & -cu \\ au & t + \frac{b+\rho}{2} u \end{pmatrix}$$

t, u, étant une solution de l'équation de Fermat. Un calcul facile donne ici

$$\Sigma^{-1} A \Sigma_1 = \begin{pmatrix} \frac{1}{p}\left(t - \frac{b-\rho}{2} u - c\gamma_1 u\right) & 0 \\ 0 & 0 \end{pmatrix}$$

et par conséquent il faut écrire que

$$t - \frac{b-\rho}{2}u - c\gamma_1 u \equiv 0 \pmod{p}. \tag{21}$$

Par hypothèse $c \not\equiv 0 \pmod{p}$. Si de plus $u \not\equiv 0 \pmod{p}$, la condition (21) donne une valeur et une seule pour γ_1, à savoir :

$$\gamma_1 \equiv \frac{1}{c}\left[\frac{t}{u} - \frac{b-\rho}{2}\right] \pmod{p} \quad (0 \leqslant \gamma_1 < p). \tag{22}$$

Au contraire si $u \equiv 0 \pmod{p}$, on a $t \not\equiv 0 \pmod{p}$ à cause de $t^2 + \rho tu - \frac{\Delta - \rho^2}{4}u^2 = 1$; alors la congruence (21) est impossible.

Reste donc à voir combien de valeurs différentes (mod p) prend l'expression (22) lorsqu'on remplace t, u par les différentes solutions de l'équation de Fermat.

D'abord les solutions t, u et $-t$, $-u$ donnent la même valeur pour γ_1. Il suffit donc de considérer les solutions t, u déduites de la formule (23) du chapitre X.

$$t_n - \bar{\omega} u_n = (t_1 - \bar{\omega}_1 u_1)^n \quad (n \text{ entier} \lesseqgtr 0).$$

Voyons à quelles conditions deux solutions t_h, u_h et $t_{h+\sigma}$ $u_{h+\sigma}$ donnent la même valeur (mod p) pour γ_1. Il faut pour cela et il suffit que :

$$\frac{t_{h+\sigma}}{u_{h+\sigma}} \equiv \frac{t_h}{u_h} \pmod{p}.$$

Or

$$t_{h+\sigma} = t_h t_\sigma + k u_h u_\sigma$$
$$u_{h+\sigma} = (t_h + \rho u_h)u_\sigma + u_h t_\sigma.$$

La condition devient, après simplification,

$$u_\sigma(t_h^2 + \rho\gamma_h u_h - k u_h^2) \equiv 0 \pmod{p}$$

ou

$$u_\sigma \equiv 0 \pmod{p}.$$

Donc on aura toutes les valeurs de γ_1 en donnant à t, u les valeurs

$$t_1, u_1 ; t_2, u_2 ; \ldots t_{\sigma-1}, u_{\sigma-1}.$$

Il y a donc $\sigma - 1$ substitutions Σ_1 satisfaisant à la question.

En y adjoignant la substitution Σ elle-même cela en fait σ.

Soit maintenant $\Sigma = \begin{pmatrix} 1, & 0 \\ \gamma & p \end{pmatrix}$.

Si $\Sigma_1 = \begin{pmatrix} p & 0 \\ 0 & 1 \end{pmatrix}$ on trouve, par un calcul analogue, la condition

$$(23) \qquad (\gamma c u + t + \frac{b+\rho}{2} u \equiv 0 \pmod p)$$

et si $\Sigma_1 = \begin{pmatrix} 1 & 0 \\ \gamma_1 & p \end{pmatrix}$, on trouve la condition :

$$(24) \quad \gamma_1 \left(-\gamma c u + t + \frac{b+\rho}{2} u\right) - \gamma \left(t - \frac{b-\rho}{2}\right) + a u \equiv 0 \pmod p.$$

Si $-\gamma c u + t + \frac{b+\rho}{2} u \not\equiv 0 \pmod p$, la condition (23) n'est pas satisfaite et la substitution $\begin{pmatrix} p & 0 \\ 0 & 1 \end{pmatrix}$ ne répond pas à la question, mais la condition (24) donne une valeur de γ_1

$$\gamma_1 \equiv \frac{\gamma \frac{t}{u} - \left(\gamma \frac{b-\rho}{2} + a\right)}{\frac{t}{u} + \left(\frac{b+\rho}{2} - \gamma c\right)}$$

et par conséquent une substitution Σ_1.

Si $-\gamma c u + t + \frac{b+\rho}{2} \equiv 0 \pmod p$ alors $\begin{pmatrix} p & 0 \\ 0 & 1 \end{pmatrix}$ satisfait à la question, mais la condition (24) est impossible car on n'a pas $-\gamma \left(t - \frac{b-\rho}{2} u\right) + a u \equiv 0 \pmod p$. En effet si cela était, de l'ensemble des deux congruences

$$\left.\begin{aligned} \left(-\gamma c + \frac{b+\rho}{2}\right) u + t &\equiv 0 \\ \left(\gamma \frac{b-\rho}{2} + a\right) u - \gamma t &\equiv 0 \end{aligned}\right\} \pmod p$$

on déduirait [t, u n'étant pas tous les deux $\equiv 0 \pmod p$]

$$-\gamma \left(-\gamma c + \frac{b+\rho}{2}\right) - \left(\gamma \frac{b-\rho}{2} + a\right) \equiv 0$$

ou

$$a + b\gamma + c\gamma^2 \equiv 0 \pmod p.$$

Or, les valeurs de γ satisfaisant à cette condition ont été exclues comme ne donnant pas de classes primitives.

Ainsi pour toute solution t, u on trouve une valeur de Σ, répondant à la question. On verrait comme plus haut que deux solutions t_h, u_h dont les indices diffèrent de σ donnent la même substitution Σ_1, et que cela n'a pas lieu pour deux solutions dont les indices diffèrent de moins de σ.

Finalement chacune des classes primitives de déterminant $p^2\Delta$ est obtenue σ fois et l'on a

$$n(p^2\Delta) = \frac{1}{\sigma}\left[p - \left(\frac{\Delta}{p}\right)\right]n(\Delta).$$

En résumé *on a la formule générale*

$$n(p^2\Delta) = \frac{1}{\sigma}\left[p - \left(\frac{\Delta}{p}\right)\right]n(\Delta) \tag{25}$$

dans laquelle

$\sigma = 1$ lorsque $\Delta < 0$, $\neq -3$, $\neq -4$
$\sigma = 2$ » $\Delta = -4$
$\sigma = 3$ » $\Delta = -3$
$\sigma =$ le plus entier positif tel que $u_\sigma \equiv$ (mod p) lorsque $\Delta > 0$.

Remarque. — Ceci prouve que l'entier σ existe, n'est pas infini.

Car on sait que $n(p^2\Delta)$ est différent de 0. Donc *étant donné un nombre premier p quelconque, il existe toujours des solutions de l'équation de Fermat dans lesquelles la valeur de u est divisible par* p. On étendra facilement ce théorème au cas où p serait un entier non premier.

1er *Exemple.* $\Delta = -3$, $p = 3$. La formule donne

$$n(27) = \frac{1}{3}\,n(3)[3 - 0]$$

ou

$$n(27) = n(3)$$

ce qui est conforme à la table annexée à la fin de ce chapitre.

2e *Exemple.* $\Delta = 21$, $p = 5$.

Ici l'équation de Fermat est $t^2 + tu - 5u^2 = 1$. La solution fondamentale est $t_1 = 2$, $u_1 = 1$ et l'on calcule facilement $t_2 = 9$, $u_2 = 5$. Donc $\sigma = 2$. D'ailleurs $\left(\frac{21}{5}\right) = 1$. Donc

$$n(525) = \frac{1}{2}\,n(21)(5 - 1)$$

ou

$$n(525) = 2n(21).$$

La table donne $n(21) = 2$, donc $n(525) = 4$.

On trouve bien en effet quatre classes primitives de déterminant 525, à savoir celles représentées par les formes

$$(1, -21, -21), (21, -21, 1), (3, -21, -7), (7, -21, -3).$$

3e *Exemple.* $\Delta = 21$, $p = 3$.

L'équation de Fermat est la même que dans l'exemple précédent. On a vu que $t_1 = 2$, $u_1 = 1$; $t_2 = 9$, $u_2 = 5$ et l'on calcule facilement $t_3 = 43$, $u_3 = 24$. Donc $\sigma = 3$. D'ailleurs $\left(\frac{21}{3}\right) = 0$. Donc

$$n(189) = \frac{1}{3} n(21).3 = n(21) = 2,$$

ce qui est conforme à la table.

4e *Exemple.* — $\Delta = 5$, $p = 2$.

Equation de Fermat $t^2 + tu - u^2 = 1$, $t_1 = 1$, $u_1 = 1$; $t_2 = 2$, $u_2 = 3$; $t_3 = 5$, $u_3 = 8$. Donc $\sigma = 3$. D'ailleurs $\left(\frac{5}{2}\right) = -1$,

$$n(20) = \frac{1}{3} n(5)(2 + 1) = n(5) ;$$

ce qu'on vérifie sur la table.

NOTES ET EXERCICES

I. — Dans le groupe des classes, le nombre des classes fondamentales qui n'appartiennent pas au genre principal est $\lambda - 1$.

II. — L'équation $t^2 - p^{2m+2}u^2 = -1$ où p est premier impair $\equiv 1 \pmod 4$ est possible (LEGENDRE, *T. d. N.*, 3e éd. = 4e éd., t. I, p. 64 pour $m = 0$).

En effet considérons les classes de déterminant $4p^{2m+1}$. On a $\lambda = 1$, donc une classe bilatère. Donc la classe principale et cette classe changée de signe sont identiques. Le théorème annoncé en résulte immédiatement.

Corollaire. — Dans le développement en fraction continuelle de $p^m\sqrt{p}$ il y a un nombre impair d'éléments à la période.

Remarque. — Si $p \equiv -1 \pmod 4$ l'équation est impossible (n° **128**).

III. — L'équation $t^2 + tu - \frac{p^{2m+1}-1}{4}u^2 = -1$ où p est premier $\equiv 1 \pmod 4$ est possible. Même démonstration en considérant les classes de déterminant p^{2m+1}. *Corollaire* sur le développement de $\frac{-1+p^m\sqrt{p}}{2}$.

IV. — L'équation $t^2 - 2p^{2m+1}u^2 = -1$ où p est premier $\equiv 5 \pmod 8$ est possible.

Dém. analogue.

V. — L'équation $t^2 - p^{2m+1}u^2 = 2$ où p est premier $\equiv 7 \pmod 8$ est possible (Leg., *loc. cit.*, p. 65 pour $m = 0$). On considère $\Delta = 4p^{2m+1}$. On a $\lambda = 2$.

La classe principale et la classe principale changée de signe ne sont pas identiques parce que $t^2 - p^{2m+1}u^2 = -1$ est impossible (transformer en cong. (mod 4)), donc ce sont les deux classes bilatères. Or 2 est représentable par $\left(2, 2, -\frac{p^{2m+1}-1}{2}\right)$ qui est bilatère. Donc l'une des équations $t^2 - p^{2m+1}u^2 = 2$, $-t^2 + p^{2m+1}u^2 = 2$ est possible. Or la seconde ne l'est pas (transformer en cong mod 8), donc la première l'est.

VI. — L'équation $t^2 - p^{2m+1}u^2 = -2$ où p est premier $\equiv 3 \pmod 8$ est possible (Leg., *loc. cit.*, p. 66 pour $m = 0$). Démonstration analogue.

VII. — L'équation $t^2 - p^{2m+1}q^{2n+1}u^2 = -1$ où p et q sont premiers $\equiv 1 \pmod 4$ et où $\left(\frac{p}{q}\right) = -1$ est possible. On prend

$$\Delta = 4p^{2m+1}q^{2n+1}.$$

On a $\lambda = 2$. Or $(1, 0, -p^{2m+1}q^{2n+1})$ et $(p^{2m+1}, 0, -q^{2n+1})$ sont bilatères et ne sont pas de même classe, car $p^{2m+1}x^2 - q^{2n+1}y^2 = 1$ est impossible (transformer en congruence mod q). Maintenant $(-1, 0, p^{2m+1}q^{2n+1})$ est aussi bilatère et n'est pas de même classe que $(p^{2m+1}, 0, -q^{2n+1})$ car $-x^2 + p^{2m+1}q^{2n+1}y^2 = -q^{2n+1}$ est impossible (transformer en cong mod p). Donc $(-1, 0, p^{2m+1}q^{2n+1})$ est de même classe que $(1, 0, -p^{2m+1}q^{2n+1})$, etc.

VIII. — L'équation $p^{2m+1}t^2 - q^{2n+1}u^2 = 1$ où p et q sont premiers $\equiv 3 \pmod 4$ et où $\left(\frac{p}{q}\right) = 1$ est possible, mais l'équation

$$p^{2m+1}t^2 - q^{2n+1}u^2 = -1$$

est impossible (Leg., *loc. cit.*, p. 67 pour $m = n = 0$). Démonstration analogue.

IX. — L'équation $2t^2 - p^{2m+1}u^2 = 1$ où p est premier $\equiv -1 \pmod 8$ est possible.

L'équation $2t^2 - p^{2m+1}u^2 = -1$ où p est premier $\equiv 3 \pmod 8$ est possible.

L'équation $t^2 - 2p^{2m+1}u^2 = -1$ où p est premier $\equiv -3 \pmod 8$ est possible.

X. — *Sur le nombre de classes primitives appartenant à un déterminant* $k^2\Delta$ (¹).

Par l'application répétée de la formule (25) on trouve

$$n(p^{2m}\Delta) = \frac{1}{\sigma\sigma' \dots \sigma^{(m-1)}}\left[p - \left(\frac{\Delta}{p}\right)\right]p^{m-1}n(\Delta)$$

σ' est le σ relatif à Δp^2, σ'' le σ relatif à Δp^4, etc.

Si $\Delta < 0$ on a $\sigma' = \sigma'' = \dots = 1$. Donc

$$n(p^{2m}\Delta) = \frac{1}{\sigma}\left[p - \left(\frac{\Delta}{p}\right)\right]p^{m-1}n(\Delta).$$

Donc $n(p^{2m}\Delta)$ augmente indéfiniment avec m.

Il n'en est pas de même si $\Delta > 0$. Cherchons $\sigma^{(i)}$. C'est le rang de la première solution de $t^2 + \rho tu - \frac{p^{2i}\Delta - \rho^2}{4}u^2 = 1$ pour laquelle u_{σ_i} est divisible par p. Cette équation s'écrit :

$$\left[t - \frac{\rho(p^i - 1)}{2}u\right]^2 + \rho\left[t - \frac{\rho(p^i - 1)}{2}u\right]p^iu - \frac{\Delta - \rho^2}{4}(p^iu)^2 = 1.$$

Il faut donc résoudre

$$T^2 + \rho TU - \frac{\Delta - \rho^2}{4}U^2 = 1 \tag{26}$$

ne garder que les solutions où U est divisible par p^i et chercher dans celles-ci le rang de la première qui est divisible par p^{i+1}, de sorte qu'en appelant $\sigma(p^i)$ le rang de la première solution de (26) qui est divisible par p^i [de façon que $\sigma(p) = \sigma$], on a

$$\sigma^{(i)} = \frac{\sigma(p^{i+1})}{\sigma(p^i)}$$

Il en résulte

$$n(p^{2m}\Delta) = \frac{1}{\sigma(p^m)}\left[p - \left(\frac{\Delta}{p}\right)\right]p^{m-1}n(\Delta).$$

(¹) LEJ. DIRICHLET, *Bericht. üb. Verhandlung d. König preuss. Akad. d. Wiss.*, 1855 (p. 493) = Werke, t. 2, p. 185; traduit dans *J. d. M.*, série 2, t. 1 (1856), p. 76 = Werke, 2, p. 191.

Pour avoir $\sigma(p^m)$ remplaçons dans (26) U par $p\mathrm{U}'$ de façon à obtenir les solutions divisibles par p. Nous obtenons

$$\mathrm{T}^2 + \rho p\mathrm{T}\mathrm{U}' - \frac{\Delta - \rho^2}{4}\, p^2\mathrm{U}'^2 = 1$$

ou, en posant

$$\mathrm{T} + \rho\,\frac{p-1}{2}\,\mathrm{U}' = \mathrm{T}'$$

$$\mathrm{T}'^2 + \rho\mathrm{T}'\mathrm{U}' - \frac{p^2\Delta - \rho^2}{4}\,\mathrm{U}'^2 = 1.$$

La solution générale de cette équation est donnée par

$$\mathrm{T}' + \frac{\rho + p\sqrt{\Delta}}{2}\,\mathrm{U}' = \left(\mathrm{T}_1' + \frac{\rho + p\sqrt{\Delta}}{2}\,\mathrm{U}_1'\right)^h$$

d'où l'on conclut d'abord que les rangs des solutions de (26) pour lesquelles U est un multiple de p sont les multiples de σ. Ensuite

$$\mathrm{U}' = h\mathrm{U}_1'\Big[\left(\mathrm{T}_1' + \tfrac{\rho}{2}\mathrm{U}_1'\right)^{h-1}$$
$$+ \frac{(h-1)(h-2)}{2.3}\left(\mathrm{T}_1' + \tfrac{\rho}{2}\mathrm{U}_2'\right)^{h-3}\left(\frac{p}{2}\right)^2 \Delta\mathrm{U}_1'^2 + \ldots\Big]$$

On démontre que la quantité entre crochets n'est pas divisible par p. L'exposant de p dans U' est donc égal à celui qu'il a dans U_1' plus celui qu'il a dans h. Donc $\sigma(p^m) = h\sigma$, h étant le plus petit entier tel que $h\mathrm{U}_1'$ soit divisible par p^{m-1}. En appelant p^k la plus haute puissance de p qui divise U_1' on voit que, aussitôt que m dépasse $k+1$ cette valeur de h est p^{m-1-k}. Donc

$$n(p^{2m}\Delta) = \frac{1}{\sigma}\left[p - \left(\frac{\Delta}{p}\right)\right]p^k n(\Delta)$$

c'est-à-dire que, à partir de cette valeur de m la valeur de $n(p^{2m}\Delta)$ ne dépend plus de m.

Plus généralement on verra que $n(a^2\Delta)$ ne dépend que des facteurs premiers de a mais non de leurs exposants aussitôt que ces exposants dépassent certaines limites.

Les recherches précédentes font partie de l'étude de $n(\Delta)$ comme fonction de Δ, étude abordée pour la première fois par Gauss (*Disq. arithm.*, n° 301 et suiv.) et qui est encore bien incomplète. En particulier comment se comporte $n(\Delta)$ quand $|\Delta|$ croît indéfiniment ?

On voit tout de suite que si le nombre de facteurs premiers différents de Δ croît indéfiniment, $n(\Delta)$ croît aussi indéfiniment.

En effet $n(\Delta)$ est plus grand que $2^{\lambda-1}$, nombre des genres ; or dans le cas qui nous occuppe en ce moment λ croît indéfiniment.

Mais si le nombre de facteurs différents de Δ reste fini la question n'est pas résolue en général. On a vu plus haut que si $\Delta > 0$ croît indéfiniment en conservant les mêmes facteurs premiers $n(\Delta)$ ne croît pas indéfiniment.

M. Joubert a démontré [1] que pour $\Delta < 0$, $n(\Delta)$ augmente indéfiniment avec $|\Delta|$ dans les circonstances suivantes :

Considérons un nombre premier p et les déterminants $\Delta = -D$ tels que $\left(\frac{\Delta}{p}\right) = 1$.

L'entier p est représentable dans une classe C de déterminant Δ. Soit m l'exposant de cette classe. Alors p^m est représentable dans la classe C^m c'est-à-dire dans la classe principale. On a donc

$$p^m = a^2 + \rho ab + \frac{D+\rho^2}{4} b^2 = \frac{D+\rho^2}{4}\left(b + \frac{2\rho a}{D+\rho^2}\right)^2 + \frac{D}{D+\rho^2} a^2.$$

On en déduit

$$p^m > \frac{D+\rho^2}{4}$$

d'où

$$m > \frac{\log\left(\frac{D+\rho^2}{4}\right)}{\log p}.$$

Or le nombre de classes est au moins égal à m. Donc

$$n(\Delta) > \frac{\log\left(\frac{D+\rho^2}{4}\right)}{\log p}.$$

Si donc D augmente indéfiniment en restant toujours dans une progression arithmétique telle que $\left(\frac{-D}{p}\right) = 1$ on voit que le nombre de classes augmente indéfiniment.

Pour démontrer que $n(\Delta)$ augmente indéfiniment quelle que soit la façon dont D augmente indéfiniment, il suffirait de montrer que pour tout entier positif D on peut déterminer p premier tel que $\left(\frac{-D}{p}\right) = 1$ et que $\frac{\log D}{\log p}$ augmente indéfiniment avec D.

On peut aussi considérer la fonction $\frac{n(\Delta)}{g(\Delta)} = \frac{n(\Delta)}{2^{\lambda-1}}$ = nombre de classes contenues dans chaque genre. Lejeune Dirichlet a démontré (*loc. cit.*) que l'on peut trouver une infinité de déterminants positifs tels qu'il n'y ait qu'une classe par genre. Pour les déterminants négatifs il semble que $\frac{n(\Delta)}{g(\Delta)}$ augmente indéfiniment avec $|\Delta|$.

[1] JOUBERT, *C. R. A. P.*, 50 (1860), p. 774 et 832.

Table des classes primitives définies positives jusqu'à D = 200

D		D	
15	$(2, 1, 2)_2$	112	$(4, 0, 7)_2$
20	$(2, 2, 3)_2$	115	$(5, 5, 7)_2$
23	$(2, -1, 3)_3$	116	$(3, -2, 10)_6$
24	$(2, 0, 3)_2$	119	$(5, 1, 16)_{10}$
31	$(2, -1, 4)_3$	120	$(3, 0, 10)_2\ (5, 0, 6)_2$
32	$(3, -2, 3)_2$	123	$(3, 3, 11)_2$
35	$(3, 1, 3)_2$	124	$(5, 4, 7)_3$
36	$(2, 2, 5)_2$	127	$(2, 1, 16)_5$
39	$(2, 1, 5)_4$	128	$(3, 2, 11)_2$
40	$(2, 0, 5)_2$	131	$(3, 1, 11)_5$
44	$(3, 2, 4)_3$	132	$(3, 0, 11)_2\ (6, 6, 7)_2$
47	$(2, -1, 6)_4$	135	$(2, 1, 17)_6$
48	$(3, 0, 4)_2$	136	$(5, 2, 7)_4$
51	$(3, 3, 5)_2$	139	$(5, 1, 7)_3$
52	$(2, 2, 7)_2$	140	$(3, 2, 12)_6$
55	$(2, 1, 7)_3$	143	$(2, 1, 18)_{10}$
56	$(3, 2, 5)_4$	144	$(5, 4, 8)_4$
59	$(3, 1, 5)_3$	147	$(3, 3, 13)_2$
60	$(3, 0, 5)_2$	148	$(2, 2, 19)_2$
63	$(2, 1, 8)_4$	151	$(2, 1, 19)_7$
64	$(4, 4, 5)_2$	152	$(3, 2, 13)_6$
68	$(3, -2, 6)_3$	155	$(3, 1, 13)_4$
71	$(2, 1, 9)_4$	156	$(5, 2, 8)_4$
72	$(2, 0, 9)_2$	159	$(2, 1, 20)_{10}$
75	$(3, 3, 7)_2$	160	$(4, 4, 11)_2\ (5, 0, 8)_2$
76	$(4, 2, 5)_3$	164	$(3, 2, 14)_8$
79	$(2, -1, 10)_5$	167	$(2, 1, 21)_{11}$
80	$(3, 2, 7)_4$	168	$(2, 0, 21)_2\ (3, 0, 14)_2$
83	$(3, 1, 7)_3$	171	$(5, 3, 9)_5$
84	$(2, 2, 11)_2\ (3, 0, 7)_2$	172	$(4, 2, 11)_3$
87	$(2, 1, 11)_6$	175	$(2, 1, 22)_6$
88	$(2, 0, 11)_2$	176	$(3, 2, 15)_6$
91	$(5, 3, 5)_2$	179	$(3, 1, 15)_5$
92	$(3, 2, 8)_3$	180	$(2, 2, 23)_2\ (5, 0, 9)_2$
95	$(2, 1, 12)_2$	183	$(2, 1, 23)_8$
96	$(3, 0, 8)_2\ (5, 2, 5)_2$	184	$(5, 4, 10)_4$
99	$(5, 1, 5)_2$	187	$(7, 3, 7)_2$
100	$(2, 2, 13)_2$	188	$(3, 2, 16)_5$
103	$(2, 1, 13)_5$	191	$(2, 1, 24)_{13}$
104	$(5, -4, 6)_6$	192	$(3, 0, 16)_2\ (4, 4, 13)_2$
107	$(3, 1, 9)_3$	195	$(3, 3, 17)_2\ (7, 1, 7)_2$
108	$(4, 2, 7)_3$	196	$(5, 2, 10)_4$
111	$(2, 1, 14)_8$	199	$(2, 1, 25)_9$

Nota. — Dans la première colonne sont inscrites les valeurs du discriminant D, c'est-à-dire tous les entiers positifs $\equiv$ 0 ou -1 (mod 4) de 1 à 200. Cependant, pour abréger, nous n'avons pas inscrit les valeurs du discriminant auxquelles ne correspondent qu'*une* classe de formes primitives, laquelle est alors forcément la classe principale. Exemple D $=$ 3, 4, etc.

Dans la seconde colonne sont inscrites des formes appartenant à des classes formant une base fondamentale de groupe des classes. Le nombre de ces formes est donc le rang de ce groupe. On voit que jusqu'à D $=$ 200 il ne dépasse pas 2. L'indice dont sont affectées ces formes est leur ordre. On reconstituera donc facilement toutes les classes du groupe.

Exemples. — D $=$ 47, les classes du groupe sont, en posant $(2, -1, 6) = A$:

$$1,\ A,\ A^2,\ A^3.$$

D $=$ 180. En posant $(2, 2, 23) = A$ $(5, 0, 9) = B$ les classes du groupe sont :

$$1,\ A,\ B,\ AB.$$

On trouve aussi facilement la division en genres.

1er *Exemple.* — D $=$ 15. Il y a deux classes 1 et A^1. La classe A^0 est carré parfait, la classe A^1 ne l'est pas. Donc il y a deux genres : le genre principal et celui de A_0.

2e *Exemple.* — D $=$ 31. Il y a trois classes 1, A^1 et A^2. Ici l'exposant de A étant impair toutes ces classes sont carrés parfaits. Donc il n'y a qu'un genre, le genre principal.

3e *Exemple.* — D $=$ 84. Il y a quatre classes 1, A, B, AB. La seule classe carré parfait est 1. Donc le genre principal ne contient qu'une classe. Il en est de même de tous les autres genres. Donc il y a quatre genres.

Table des classes primitives indéfinies jusqu'à $\Delta = 200$

Δ		Δ	
12	$(-1, 0, 3)_2$	117	$(-1, -1, 29)_2$
21	$(-1, -1, 5)_2$	120	$(-1, 0, 30)_2\,(2, 0, -15)_2$
24	$(-1, 0, 6)_2$	124	$(-1, 0, 31)_2$
28	$(-1, 0, 7)_2$	128	$(-1, 0, 32)_2$
32	$(-1, 0, 8)_2$	129	$(-1, -1, 32)_2$
33	$(-1, -1, 8)_2$	132	$(-1, 0, 33)_2$
40	$(2, 0, -5)_2$	133	$(-1, -1, 33)_2$
44	$(-1, 0, 11)_2$	136	$(-1, 0, 34)_2\,(3, 2, -11)_2$
45	$(-1, -1, 11)_2$	140	$(-1, 0, 35)_2\,(5, 0, -7)_2$
48	$(-1, 0, 12)_2$	141	$(-1, -1, 35)_2$
56	$(-1, 0, 14)_2$	145	$(2, 1, -18)_3$
57	$(-1, -1, 14)_2$	148	$(3, 2, -12)_3$
60	$(-1, 0, 15)_2\,(3, 0, -5)_2$	152	$(-1, 0, 38)_2$
65	$(5, 5, -2)_2$	153	$(-1, -1, 38)_2$
69	$(-1, -1, 17)_2$	156	$(-1, 0, 39)_2\,(2, 2, -19)_2$
72	$(-1, 0, 18)_2$	157	$(-1, -1, 39)_2$
76	$(-1, 0, 19)_2$	160	$(-1, 0, 40)_2\,(5, 0, -8)_2$
77	$(-1, -1, 19)_2$	161	$(-1, -1, 40)_2$
80	$(-1, 0, 20)_2$	165	$(-1, -1, 41)_2\,(3, 3, -13)_2$
84	$(-1, 0, 21)_2$	168	$(-1, 0, 42)_2\,(2, 0, -21)_2$
85	$(5, 5, -3)_2$	172	$(-1, 0, 43)_2$
88	$(-1, 0, 22)_2$	176	$(-1, 0, 44)_2$
92	$(-1, 0, 23)_2$	177	$(-1, -1, 44)_2$
93	$(-1, -1, 23)_2$	180	$(-1, -0, 45)_2$
96	$(-1, 0, 24)_2\,(3, 0, -8)_2$	184	$(-1, 0, 46)_2$
104	$(-1, 0, 26)_2$	185	$(-1, -1, 46)_2$
105	$(-1, -1, 26)_2\,(2, 1, -13)_2$	188	$(-1, 0, 47)_2$
108	$(-1, 0, 27)_2$	189	$(-1, -1, 47)_2$
112	$(-1, 0, 28)_2$	192	$(-1, 0, 48)_2\,(3, 0, -16)_2$

Mêmes remarques que dans la table précédente. Sont de plus exclues ici les valeurs de Δ carrés parfaits.

CHAPITRE XXV

LE PROBLÈME DE FERMAT POUR LE DEUXIÈME, LE TROISIÈME ET LE QUATRIÈME DEGRÉ

306. — Nous désignerons par le nom de *problème de Fermat* le problème de la résolution de l'équation diophantienne

$$x^n + y^n = z^n ;$$

l'exposant n supposé donné est un entier positif ; x, y, z sont des entiers inconnus.

Il y a des solutions évidentes dans lesquelles l'une des trois inconnues a une valeur nulle, à savoir :
si n pair

$$x = 0, \qquad y = \pm z$$

et

$$y = 0, \qquad x = \pm z,$$

si n impair

$$x = 0 \qquad y = z$$
$$y = 0 \qquad x = z$$
$$z = 0 \qquad x = -y.$$

C'est ce que nous appellerons les solutions *banales*. Mais y en a-t-il d'autres ? Fermat a énoncé que pour $n > 2$ *il n'y en a pas d'autres*. C'est ce qu'on appelle ordinairement le *grand théorème de Fermat* (¹).

(¹) Fermat a cru posséder la démonstration de son théorème. Il nous en a laissé l'énoncé manuscrit dans la marge d'un exemplaire des Œuvres de Diophante éditées par Bachet, et voici ce qu'il ajoute : « Cujus rei demonstrationem mirabilem sane detexi, hanc marginis exiguitas non caperet ». Mais il est

Actuellement ce théorème a été démontré pour les valeurs de n ayant un facteur premier plus petit que 100 (sauf 59 et 67). Mais absolument rien n'indique qu'il soit vrai pour toute valeur de n. Pour cette raison nous continuerons à parler du problème et non du théorème de Fermat.

Négligeant le cas de $n = 1$ où la solution est évidente nous allons traiter ici les cas de $n = 2, 3, 4$.

Solutions primitives. — Nous distinguerons d'abord les solutions *primitives* dans lesquelles les valeurs d'x, y, z sont premières dans leur ensemble, et les solutions non primitives dans lesquelles ces valeurs ont un plus grand commun diviseur d différent de 1. Il est évident qu'on peut se borner à la recherche des solutions primitives, et c'est ce que nous ferons toujours dans la suite.

Dans les solutions primitives les valeurs de *deux* quelconques des inconnues sont premières entre elles. Car si les valeurs de x et y par exemple ont un facteur commun d, il est évident d'après l'équation $x^n + y^n = z^n$, que la valeur de z l'a aussi.

307. — Solution du problème de Fermat dans le cas de $n = 2$.

Il s'agit de trouver les solutions primitives de l'équation diophantienne :

$$x^2 + y^2 = z^2. \qquad (1)$$

Ce problème se nomme aussi le problème de la recherche des *triangles rectangles en nombres entiers*. On peut en effet, sans restreindre la généralité du problème se borner aux valeurs positives de x, y, z ; alors d'après l'équation (1) x, y sont les côtés de l'angle droit d'un triangle rectangle dont z est l'hypoténuse. Les triangles correspondant à des solutions primitives seront dits triangles primitifs [1].

plus que probable que cette démonstration n'était pas valable puisque lui-même n'a pas jugé à propos de la faire connaître et qu'aucune démonstration n'a pu être retrouvée malgré les efforts des plus grands mathématiciens et les progrès considérables de la Théorie des Nombres depuis le temps de Fermat.

[1] Voici comment le problème s'est imposé aux mathématiciens grecs. Jusqu'à la découverte du théorème de Pythagore (VIe siècle avant J. C.) ils croyaient que toute longueur était mesurable par un nombre rationnel, autrement dit que deux longueurs quelconques ont une commune mesure. Or le

Nous voyons d'abord, en transformant l'équation (1) en congruence (mod 2), que sur les trois valeurs de x, y, z, il en faut zéro ou deux qui soient impaires. Mais si aucune des trois valeurs n'était impaire la solution ne serait pas primitive, ce cas est écarté.

Il y a donc deux des valeurs d'x, y, z qui sont impaires. Ces valeurs ne sont pas celles de x et y. En effet, si x et y étaient impairs et z pair, en transformant l'équation en congruence (mod 4), on trouverait $2 \equiv 0 \pmod 4$ ce qui n'est pas.

Donc l'une des deux valeurs de x ou de y est paire, et l'autre impaire. Nous ne restreindrons pas la généralité de la solution en supposant x pair et y impair. Quant à z il est impair.

Ceci posé, l'équation s'écrit

$$y^2 = z^2 - x^2$$

ou

$$y^2 = (z - x)(z + x).$$

Or $z - x$ et $z + x$ sont premiers entre eux. En effet tout facteur commun à ces deux nombres divise leur somme $2z$ et leur différence $2x$. Comme x et z sont par hypothèse premiers entre eux, ce facteur commun divise 2. Mais de plus $z - x$ et $z + x$ sont impairs ; donc leur facteur commun ne peut être que 1.

Les entiers $z - x$ et $z + x$ étant premiers entre eux et leur produit étant un carré, c'est que chacun est, au signe près, un carré. On a donc

$$z + x = \varepsilon t^2$$
$$z - x = \varepsilon u^2$$

ε étant égal à $+1$ ou à -1, t et u étant des entiers impairs premiers entre eux.

théorème de Pythagore démontrait l'existence de triangles rectangles où l'hypoténuse est incommensurable avec les côtés de l'angle droit. Il était dès lors indiqué de rechercher les triangles rectangles dont les trois côtés fussent commensurables ; c'est-à dire, en choisissant convenablement l'unité de longueur, dont les trois côtés fussent mesurés par des nombres entiers. On trouva d'abord des solutions particulières. La solution générale est dans Euclide (IVe siècle avant J. C.).

On tire de là

$$x = \frac{\varepsilon(t^2 - u^2)}{2}$$
$$z = \frac{\varepsilon(t^2 + u^2)}{2}$$

et alors (1) donne

$$y = \pm tu.$$

On peut se borner à chercher les solutions primitives positives de l'équation. On voit qu'elles sont données par les formules

$$(2) \qquad x = \frac{t^2 - u^2}{2} \qquad y = tu \qquad z = \frac{t^2 + u^2}{2}$$

t, u, étant deux entiers positifs, impairs, premiers entre eux et t étant plus grand que u.

On peut écrire ces formules autrement. Posons

$$\frac{t + u}{2} = t' \qquad \frac{t - u}{2} = u'.$$

On voit sans peine d'après les hypothèses faites sur t, u que t', u' sont deux entiers positifs, de parités différentes, premiers entre eux et que $t' > u'$. Réciproquement si t', u' satisfont à ces conditions, t et u satisfont aux conditions précédentes. On peut donc dire que les solutions primitives positives de l'équation sont données (en écrivant t, u à la place de t', u'), par

$$(3) \qquad x = 2tu \qquad y = t^2 - u^2 \qquad z = t^2 + u^2$$

t, u étant deux entiers positifs, de parités différentes, premiers entre eux, et t étant plus grand que u.

Quant à la solution générale (comprenant les solutions primitives ou non, positives ou non) elle est donnée par les formules

$$(4) \quad x = \pm d\,\frac{t^2 - u^2}{2} \qquad y = \pm d.tu \qquad z = \pm d\,\frac{t^2 + u^2}{2}$$

ou par les formules

$$(5) \quad x = \pm d.2tu \qquad y = \pm d(t^2 - u^2) \qquad z = \pm d(t^2 + u^2)$$

t, u satisfaisant aux mêmes conditions que plus haut, d étant un entier quelconque.

Voici le tableau des premières solutions positives primitives.

t	u	x	y	z
2	1	4	3	5
3	2	12	5	13
4	1	8	15	17
4	3	24	7	25

Autre méthode. — Voici pour résoudre l'équation (1) une autre méthode qui a l'avantage de se généraliser.

L'équation (1) peut s'écrire

$$\left(\frac{x}{z}\right)^2 + \left(\frac{y}{z}\right)^2 - 1 = 0.$$

Posant $\frac{z}{x} = \text{X}$ et $\frac{y}{z} = \text{Y}$ on est ramené à trouver les solutions *rationnelles* de l'équation

(6) $$\text{X}^2 + \text{Y}^2 = 1$$

c'est-à-dire les points à coordonnées rationnelles du cercle représenté par l'équation (6).

Or on en connaît un à priori, à savoir le point $\text{X} = 1$, $\text{Y} = 0$. Si on en considère un autre X, Y, le coefficient angulaire de la droite qui joint ce point au précédent, à savoir $\frac{\text{Y}}{\text{X} - 1}$ est rationnel.

On a

(7) $$\frac{\text{Y}}{\text{X} - 1} = \frac{t}{u}$$

t, u, étant deux entiers premiers entre eux.

De (6) et (7) on tire, d'abord la solution $\text{X} = 1$, $\text{Y} = 0$ et ensuite la solution

$$\text{X} = \frac{t^2 - u^2}{t^2 + u^2} \qquad \text{Y} = \frac{2tu}{t^2 + u^2}.$$

Si on suppose que t et u varient en restant entiers et premiers entre eux, on obtient ainsi la solution générale de l'équation (6) (y compris la solution $\text{X} = 1$, $\text{Y} = 0$ que l'on obtient pour $t = 1$, $u = 0$). Remplaçant X par $\frac{x}{z}$ et Y par $\frac{y}{z}$ on a

$$\frac{x}{t^2 - u^2} = \frac{y}{2tu} = \frac{z}{t^2 + u^2}.$$

Si l'on ne veut que les solutions primitives positives, il faudra prendre $t > u$ et écrire

$$x = \frac{t^2 - u^2}{D} \qquad y = \frac{2tu}{D} \qquad z = \frac{t^2 + u^2}{D}.$$

D étant le plus grand commun diviseur de $t^2 - u^2$, $2tu$ et $t^2 + u^2$.

Mais $D = 1$ ou 2 suivant que t et u sont de parités différentes ou de même parité. D'ailleurs s'ils sont de même parité ils sont tous les deux impairs puisqu'ils sont premiers entre eux. Donc si t et u sont l'un pair, l'autre impair on a

$$x = t^2 - u^2 \qquad y = 2tu \qquad z = t^2 + u^2$$

et si t et u sont tous les deux impairs on a

$$x = \frac{t^2 - u^2}{2} \qquad y = tu \qquad z = \frac{t^2 + u^2}{2}.$$

D'ailleurs on a vu plus haut que ces deux systèmes de solutions n'en font qu'un et finalement on retrouve les mêmes résultats que par la première méthode.

308. — La deuxième méthode indiquée au n° précédent s'applique à *toutes les équations homogènes du second degré à un nombre quelconque de variables dont on connaît une solution rationnelle.*

1er *Exemple.* — Soit l'équation

$$x^2 + y^2 = (a^2 + b^2)z^2.$$

On en connaît la solution $x = a$, $y = b$, $z = 1$. On posera

$$\frac{\frac{y}{z} - b}{\frac{x}{z} - a} = \frac{-t}{u}$$

et l'on trouvera

$$x = \frac{-at^2 + 2btu + au^2}{D}, \quad y = \frac{bt^2 + 2atu - bu^2}{D} \quad z = \frac{t^2 + u^2}{D}$$

t, u étant deux entiers premiers entre eux, D étant le plus grand commun diviseur des trois numérateurs. On voit facilement que D est un diviseur de $2(a^2 + b^2)$; il restera, pour des valeurs données de a

et b, à discuter suivant les valeurs de t, u. Soit, par exemple $a = 1$, $b = 1$, de façon que l'équation à résoudre est

$$x^2 + y^2 = 2z^2.$$

On voit facilement que l'on a

$$x = t^2 + 2tu - u^2 \qquad y = -t^2 + 2tu + u^2 \qquad z = t^2 + u^2$$

si t et u sont de parités différentes, et

$$x = \frac{t^2 + 2tu - u^2}{2} \qquad y = \frac{-t^2 + 2tu + u^2}{2} \qquad z = \frac{t^2 + u^2}{2}$$

si t, u sont tous les deux impairs. Mais les secondes formules rentrent dans les premières qui donnent ainsi la solution générale du problème.

Remarque. — On a ainsi les solutions de

$$x^2 + y^2 = Az^2$$

quand A est une somme de deux carrés. Quand A n'est pas une somme de deux carrés cette équation est impossible. En effet si elle est possible elle a des solutions primitives. Soit x_0, y_0, z_0 l'une d'elles. Soit d le plus grand commun diviseur de x_0, y_0, il est premier à z_0. On a en posant $x_0 = dx_1$, $y_0 = dy_1$

$$d^2(x_1^2 + y_1^2) = Az_0^2.$$

Or d^2 étant premier à z_0^2 divise A. Soit $A = d^2A'$, on a

$$x_1^2 + y_1^2 = A'z_0^2.$$

L'entier A' divisant une somme de deux carrés premiers entre eux est lui-même une somme de deux carrés (n° **190**) et il en est de même de A.

2° *Exemple. — Trouver les parallélipipèdes rectangles dont les arêtes et les diagonales sont commensurables entre elles.*

C'est-à-dire résoudre en nombres entiers

$$x^2 + y^2 + z^2 = t^2.$$

On connaît la solution

$$x = 0 \qquad y = 0 \qquad z = 1 \qquad t = 1.$$

On pose

$$\frac{\frac{x}{t}}{u} = \frac{\frac{y}{t}}{v} = \frac{\frac{z}{t} - 1}{-w}$$

et l'on trouve

$$x = \frac{2uw}{D} \quad y = \frac{2vw}{D} \quad z = \frac{u^2 + v^2 - w^2}{D} \quad t = \frac{u^2 + v^2 + w^2}{D}$$

u, v, w étant trois entiers premiers dans leur ensemble, D étant le plus grand commun diviseur des quatre numérateurs.

On démontrera que

$D = 2D\,(u^2 + v^2, w)$ si w est impair et u, v de parités différentes ;

$D = D(u^2 + v^2, w)$ dans tous les autres cas (le cas de u, v, w tous les trois pairs étant écarté puisque $D\,(u, v, w) = 1$).

Une solution analogue s'applique à

$$x_1^2 + x_2^2 + \dots + x_n^2 = x_{n+1}^2.$$

La méthode s'appliquerait même à des équations d'un degré supérieur au second. Nous reviendrons sur ce problème.

309. Théorème de Fermat dans le cas de $n = 4$ [1]. — Ce théorème s'énonce : L'équation $x^4 + y^4 = z^4$ n'a pas d'autres solutions que celles où l'une des deux inconnues x, y, reçoit une valeur nulle. Nous allons démontrer ce résultat pour une équation plus générale, à savoir l'équation

$$x^4 + y^4 = z^2 \tag{3}$$

Cette équation n'a pas d'autres solutions que celles où les valeurs de x ou y sont nulles.

On peut supposer que les valeurs de x, y, z soient premières dans leur ensemble.

Supposons, en effet, qu'elles aient un facteur premier commun p. Posant :

$$x = px' \quad y = py' \quad z = pz'$$

l'équation devient

$$p^2(x'^4 + y'^4) = z'^2.$$

Donc z' doit être divisible par p. Posant $z' = pz''$ il vient :

$$x'^4 + y'^4 = z''^2.$$

Si les valeurs de x', y', z'' avaient encore un facteur premier

[1] Frénicle de Bessy, *Traité des triangles rectangles en nombres*, Paris, 1676. Frénicle de Bessy tenait de Fermat le principe de sa démonstration.

commun on recommencerait jusqu'à ce qu'on arrive à une équation, toujours de la forme (8) dans laquelle les valeurs des inconnues n'auraient plus le facteur commun. D'ailleurs aucune de ces valeurs ne serait nulle.

En particulier les valeurs des trois inconnues ne sont pas paires ; il ne peut non plus y en avoir deux paires et une impaire, ni trois impaires. Donc il y en a une paire et deux impaires.

En transformant l'équation en congruence (mod 4) on voit qu'il n'est pas possible que x et y aient des valeurs impaires et z une valeur paire. Donc z a une valeur impaire, l'une des deux inconnues x, y, par exemple x, a une valeur paire, et l'autre y une valeur impaire. Soit

$$x = 2^n x'$$

y étant impair. L'équation devient

$$2^{4n} x'^4 = z^2 - y^4$$

x', y, z ayant des valeurs impaires, sans facteur commun. Nous allons faire la démonstration pour une équation plus générale :

$$\varepsilon 2^{2n} x^4 = z^2 - y^4$$

($\varepsilon = \pm 1 \quad n > 0 \quad x, y, z$ impairs sans facteur commun).

Cette équation s'écrit :

$$\varepsilon 2^{2n} x^4 = (z - y^2)(z + y^2). \tag{9}$$

On voit sans peine que le plus grand commun diviseur de $z - y^2$ et $z + y^2$ est égal à 2. Donc on a :

$$z - y^2 = \varepsilon' 2 u^4 \quad \text{et} \quad z + y^2 = \varepsilon'' 2^{2n-1} v^4$$

ou

$$z - y^2 = \varepsilon' 2^{2n-1} u^4 \quad \text{et} \quad z + y^2 = \varepsilon'' 2 v^4$$

(ε', $\varepsilon'' = \pm 1$, u et v impairs et premiers entre eux).

Mais le second système se tire du premier en changeant z en $-z$, ε' en $-\varepsilon''$, ε'' en $-\varepsilon'$, u en v et v en u. Il suffit donc de considérer le premier. On en tire.

$$y^2 = \varepsilon'' 2^{2n-2} v^4 - \varepsilon' u^4. \tag{10}$$

Si $n > 1$, cette équation transformée en congruence (mod 4) donne

$$1 \equiv -\varepsilon' \pmod 4.$$

Donc $\varepsilon' = -1$ et l'équation (10) devient

$$\varepsilon'' 2^{2n-2} v^4 = y^2 - u^4$$

c'est-à-dire une équation de même forme que (9) mais l'exposant n ayant diminué d'une unité. En répétant ce procédé autant de fois qu'il est nécessaire on arrive à une équation de même forme que (9) mais où $n = 1$, soit

$$4\varepsilon x^4 = z^2 - y^4 \quad (x,\ y,\ z \text{ impairs}).$$

Or, en transformant cette dernière en congruence (mod 8) on voit qu'elle est impossible.

Le théorème de Fermat est donc vrai pour $n = 4$.

Remarque. — Il est évident que si le théorème de Fermat est vrai pour une valeur de n, il l'est aussi pour toute valeur de n multiple de la précédente. *Donc le théorème de Fermat est vrai pour toute valeur de n divisible par 4.*

310. — Théorème de Fermat dans le cas de $n = 3$. — Nous écrivons l'équation de Fermat sous une forme plus symétrique en changeant z en $-z$

$$x^3 + y^3 + z^3 = 0. \tag{11}$$

Lemme I. — *Si l'on a*

$$x^2 - xy + y^2 = u^3 \quad \text{avec} \quad D(x,y) = 1$$

l'une des quantités x, y, $x - y$ est divisible par 6.

En effet, u^3 étant représentable primitivement par la forme $(1, -1, 1)$, comme il n'y a qu'une classe de déterminant 3, u est représentable par la même classe, et l'on déduit les représentations primitives de u^3 de celles de u par les formules de la multiplication des formes (n° **264**).

En posant :

$$u = \xi^2 - \xi\eta + \eta^2$$

la formule de la multiplication des formes donne

$$u^3 = X^2 - XY + Y^2$$

avec

$$\begin{cases} X = \xi^3 - 3\xi\eta^2 + \eta^3 \\ Y = 3\xi\eta(\xi - \eta). \end{cases}$$

Donc une représentation de u^3 est, ou bien celle-là, ou bien une de celles qu'on en déduit par les substitutions automorphes de $(1, -1, 1)$, c'est-à-dire

$$X, Y \quad \text{ou} \quad -X + Y, -X \quad \text{ou} \quad -Y, X - Y$$

ou l'un de ces trois systèmes changé de signe.

Dans la première de ces représentations la valeur de la seconde inconnue à savoir $3\xi\eta(\xi - \eta)$ est divisible par 6, dans la seconde c'est la différence entre les valeurs des deux inconnues à savoir $(-X + Y) + X$, etc.

Lemme II. — *Sur les trois valeurs de x, y, z constituant une solution primitive de l'équation* (11) *il y en a une qui est divisible par* 6 (¹).

Il y a au moins une des trois valeurs qui n'est divisible ni par 2 ni par 3. Supposons que ce soit z. Écrivons :

$$x^3 + y^3 = -z^3$$

ou

$$(12) \qquad (x + y)(x^2 - xy + y^2) = -z^3$$

Les valeurs de $x + y$ et $x^2 - xy + y^2$ sont premières entre elles car un facteur premier commun devrait diviser

$$(x + y)^2 - (x^2 - xy + y^2) \text{ ou } 3xy.$$

Mais ce ne peut-être 3 puisque z n'est pas divisible par 3.

Donc ce serait un facteur de x ou de y, et divisant $x + y$ il diviserait à la fois x et y ce qui est impossible.

Dans ces conditions l'égalité (12) exige que $x + y$ et $x^2 - xy + y^2$ soient tous les deux des cubes. Soit

$$x^2 - xy + y^2 = u^3.$$

Alors, d'après le lemme, si ni x ni y n'étaient divisible par 6, il faudrait que $x - y$ le fut.

Mais cela est impossible parce que x et y sont, l'un pair, l'autre impair.

Ces deux lemmes démontrés revenons à l'équation (11) où nous

(¹) On voit facilement qu'il y en a une qui est divisible par 2, et une qui est divisible par 3 [en transformant en congruence (mod 9) et s'appuyant sur ce que $(3h \pm 1)^3 \equiv \pm 1 \pmod 9$]. Mais on ne démontre pas ainsi que ce soit la même valeur qui est divisible à la fois par 2 et par 3.

supposerons que c'est z qui est divisible par 6. Nous posons en conséquence

$$z = -2^m 3^n t \qquad (m, n > 0).$$

On a

$$(x+y)(x^2 - xy + y^2) = 2^{3m} 3^{3n} t^3$$

x, y, t n'étant divisibles ni par 2 ni par 3.

Cherchons comment les facteurs 2 et 3 se distribuent dans le premier membre. Or, $x + y$ est pair tandis $x^2 - xy + y^2$ est impair, donc le facteur 2^{3m} est contenue dans $x + y$.

D'autre part on a

$$\left.\begin{array}{l} x \equiv \varepsilon \\ y \equiv \varepsilon' \end{array}\right\} \pmod 3 \qquad (\varepsilon, \varepsilon' = \pm 1).$$

Alors

$$\begin{aligned} x + y &\equiv \varepsilon + \varepsilon' \\ x^2 - xy + y^2 &\equiv 2 - \varepsilon\varepsilon' \end{aligned}$$

On voit qu'on a pas $\varepsilon = \varepsilon'$ car si cela était aucun des facteurs $x + y$, $x^2 - xy + y^2$ ne serait divisible par 3. On a donc $\varepsilon = -\varepsilon'$.

Comme d'ailleurs rien ne distingue encore x de y, on peut supposer

$$(13) \qquad \left\{\begin{array}{l} x \equiv 1 \\ y \equiv -1 \pmod 3. \end{array}\right.$$

Alors les deux facteurs $x + y$ et $x^2 - xy + y^2$ sont tous les deux divisibles par 3. Mais le second n'est pas divisible par 9, car en posant $x = 3h + 1$, $y = 3k - 1$, on trouve

$$x^2 - xy + y^2 = 9(h^2 - hk + k^2 + h - k) + 3.$$

D'ailleurs $x + y$ et $x^2 - xy + y^2$ ne peuvent avoir d'autres facteur commun que 3, car on voit comme plus haut qu'un facteur premier commun divise $3xy$. Il résulte de tout ceci que

$$(14) \qquad \left\{\begin{array}{l} x + y = 2^{3m} 3^{3n-1} u^3 \\ x^2 - xy + y^2 = 3v^3 \end{array}\right.$$

u, v n'étant divisibles ni par 2 ni par 3 et étant premiers entre eux.

La seconde de ces équations s'écrit :

$$\left(\frac{2x - y}{3}\right)^2 - \left(\frac{2x - y}{3}\right)\left(\frac{x + y}{3}\right) + \left(\frac{x + y}{3}\right)^2 = v^3,$$

les valeurs de $\frac{2x-y}{3}$ et $\frac{x+y}{3}$ étant entières d'après (13).

Alors on voit comme plus haut qu'on a pour v l'expression

$$v = \xi^2 - \xi\eta + \eta^2$$

et pour $\frac{2x-y}{3}$ et $\frac{x+y}{3}$ l'un des systèmes de valeurs suivants :

$$\frac{2x-y}{3} = \xi^3 - 3\xi\eta^2 + \eta^3 \qquad \frac{x+y}{3} = 3\xi\eta(\xi - \eta)$$

ou

$$\frac{2x-y}{3} = -(\xi^3 - 3\xi\eta^2 + \eta^3) + 3\xi\eta(\xi-\eta) \qquad \frac{x+y}{3} = -(\xi^3 - 3\xi\eta^2 + \eta^3)$$

ou

$$\frac{2x-y}{3} = -3\xi\eta(\xi-\eta) \qquad \frac{x+y}{3} = \xi^3 - 3\xi\eta^2 + \eta^3 - 3\xi\eta(\xi-\eta)$$

ou les systèmes de valeurs précédents changés de signes, et qu'il est inutile d'écrire puisqu'on les déduit des précédents par le changement de signe de ξ et η.

De ces trois systèmes de valeurs, les deux derniers sont inacceptables.

En effet le second donne

$$\frac{2x-y}{3} - \frac{x+y}{3} = 3\xi\eta(\xi-\eta)$$

d'où

$$x + y = 9\xi\eta(\xi-\eta) + 3y$$

ou

$$2^{3m} \cdot 3^{3n-1}u^3 = 9\xi\eta(\xi-\eta) + 3y$$

égalité impossible puisque les termes $2^{3m}3^{3n-1}u^3$ et $9\xi\eta(\xi-\eta)$ sont divisibles par 9 tandis que $3y$ ne l'est pas.

L'impossibilité du troisième système se voit de même en écrivant : $x + y = 9\xi\eta(-\xi-\eta) + 3x$. Il reste donc :

$$\frac{2x-y}{3} = \xi^3 - 3\xi\eta^2 + \eta^3 \qquad \frac{x+y}{3} = 3\xi\eta(\xi-\eta).$$

Alors la première des équations (14) devient :

$$\xi\eta(\xi-\eta) = 2^{3m}3^{3(n-1)}u^3.$$

Deux quelconques des facteurs du premier membre ξ, η et $\xi - \eta$

sont premiers entre eux, car un facteur commun à ces nombres diviserait x et y. Donc chacun d'eux est un cube et l'on a :

$$\xi = q^3$$
$$\eta = -r^3$$
$$\xi - \eta = -s^3$$
$$qrs = 2^m 3^{n-1} u \tag{15}$$

le facteur 3 n'entrant que dans l'un des facteurs q, r, s.

On a alors

$$q^3 + r^3 + s^3 = 0$$

équation de même forme que l'équation (11). Les valeurs des inconnues y seraient premières entre elles deux à deux. De plus elles seraient toutes différentes de zéro, car sinon u serait nul et par suite aussi z. Mais celle des trois valeurs de q, r, s qui contiendrait le facteur 3 ne le contiendrait qu'à la puissance $n-1$, d'après (15).

Ainsi on aurait déduit des solutions supposées de l'équation (11), d'autres solutions, dont aucune ne serait nulle, de la même équation et où le facteur 3 entrerait avec un exposant diminué de une unité.

De proche en proche on arriverait donc à des solutions dans lesquelles le facteur 3 n'entrerait pas ce qui est impossible.

Corollaire. — Le théorème de Fermat est vrai pour toute valeur de n divisible par 3.

NOTES ET EXERCICES

I. — Dans un triangle rectangle en nombres entiers 1° l'un des côtés de l'angle droit est un multiple de 4, 2° l'un des côtés de l'angle droit est un multiple de 3, 3° l'un des trois côtés est un multiple de 5.

II. — Déterminer un triangle rectangle en nombres entiers connaissant un côté de l'angle droit. Nombres des solutions Nombre des solutions primitives.

III. — Déterminer un triangle rectangle en nombres entiers connaissant l'hypoténuse. Le problème n'est pas toujours possible.

IV. — Déterminer un triangle rectangle en nombres entiers connaissant la différence des deux côtés de l'angle droit.

V. — Il n'y a pas de triangle rectangle en nombres entiers où la bissectrice de l'angle droit (extérieure ou intérieure) soit un nombre rationnel.

VI. — Dans un triangle rectangle en nombres entiers les deux bissectrices de l'un des angles aigus sont en même temps rationnelles ou irrationnelles. Déterminer les triangles dans lesquels elles sont rationnelles. Déterminer les triangles dans lesquels elles sont entières. Ce dernier cas ne peut se présenter dans les triangles primitifs. Les bissectrices des deux angles aigus ne peuvent être rationnelles en même temps. (*Bahier*. Recherche... des triangles en nombres entiers. Paris Hermann 1916).

VII. — Trouver les triangles rectangles en nombres entiers où la hauteur est un nombre entier. Cela n'arrive jamais pour les triangles primitifs (Bahier *loc. cit.*).

VIII. — Trouver les triangles rectangles en nombres entiers dans lesquels le périmètre est un carré.

IX. — Trouver les triangles rectangles en nombres entiers dans lesquels la somme des deux côtés de l'angle droit est un carré.

X. — Trouver les triangles rectangles en nombres entiers dans lesquels deux médianes sont orthogonales.

Les 3 questions précédentes se ramènent à des équations diophantiennes homogènes, du second degré, à trois variables, dans lesquelles une solution est évidente.

XI. — Résoudre en nombres entiers $x^2 + 2y^2 = 5z^2$.

XII. — *Problème de Héron. — Déterminer les triangles dont les côtés et la surface sont des entiers.*

Dans un tel triangle les tangentes des $\frac{1}{2}$ angles sont rationnelles.

Posant

$$\operatorname{tg}\frac{B}{2} = \frac{t}{v} \qquad \operatorname{tg}\frac{C}{2} = \frac{u}{v} \qquad D(t, u, v) = 1$$

on trouve, en se bornant aux triangles primitifs :

$$a = \frac{(t+u)(v^2 - tu)}{D} \qquad b = \frac{t(u^2 + v^2)}{D} \qquad c = \frac{u(t^2 + v^2)}{D}.$$

D étant le plus grand commun diviseur des trois numérateurs. On démontrera que réciproquement ces trois formules répondent à la questions c'est-à-dire donnent pour S une valeur entière.

XIII. — *La surface d'un triangle rectangle en nombres entiers n'est jamais un carré ni le double d'un carré* (Fermat).

C'est-à-dire que le système diophantien

$$x^2 + y^2 = z^2$$
$$yx = 2^h t^2 \qquad (h \geqslant 0 \quad t \text{ impair} \quad x, y > 0)$$

est impossible. On peut se borner aux solutions primitives. D'après la première équation on sait que x, y sont premiers entre eux, que l'un d'eux x par exemple est pair et l'autre impair. Alors d'après la seconde

$$x = 2^h u^2 \quad y = v^2$$

et la première devient

$$2^{2h} u^4 + v^4 = z^2.$$

Or on sait que cette équation est impossible pour $u, v, w \neq 0$.

XIV. — Aucun nombre triangulaire sauf l'unité n'est égal à un bicarré.

XV. — Résoudre le système diophantien

$$x^2 + t = y^2$$
$$x^2 - t = z^2.$$

XVI. — *L'équation diophantienne*

$$4x^3 + z(3y^2 + z^2) = 0$$

n'a pas d'autres solutions que celles où $x = -z$.

Si l'on coupe la courbe $X^3 + Y^3 = 1$ par la droite $Y = t(X - 1)$ on est conduit, après avoir supprimé la solution $X = 1 \quad Y = 0$ à une équation du second degré. Or, d'après le théorème de Fermat, la courbe n'a pas d'autre point rationnel outre $X = 1$, $Y = 0$ que $X = 0$, $Y = 1$. Il en résulte que le déterminant de l'équation du second degré ne peut être carré parfait pour d'autre valeur rationnelle de t que $t = -1$. En transformant légèrement cette propriété on obtient le théorème annoncé.

CHAPITRE XXVI

—

ARITHMÉTIQUE DU CORPS C (i)

311. — C'est Euler qui le premier a été amené à la considération des propriétés arithmétiques des nombres quadratiques. Ayant à décomposer un entier de la forme $x^2 + cy^2$ en facteurs, il le décompose d'abord en $(x + y\sqrt{-c})\,(x - y\sqrt{-c})$, et ajoute : Pour que $x^2 + cy^2$ se décomposera en deux facteurs il *faut* que $x + y\sqrt{-c}$ se décompose lui-même en deux facteurs, qui seront *nécessairement* de même forme

$$x + y\sqrt{-c} = (p + q\sqrt{-c})\,(r + s\sqrt{-c})$$

d'où

$$x = pr - cqs \qquad y = ps + qr$$

et pour ces valeurs de x, y, on a bien en effet

$$(pr - cqs)^2 + c(ps + qr)^2 = (p^2 + cq^2)\,(r^2 + cs^2).$$

Mais le raisonnement d'Euler est inexact. On n'obtient pas ainsi toujours toutes les décompositions de $x^2 + cy^2$. C'est-à-dire que les diviseurs d'un nombre de la forme $x^2 + cy^2$ ne sont pas toujours de cette forme. Exemple : $1^2 + 5 \cdot 2^2 = 21$ se décompose en 3×7. Or ni 3 ni 7 ne sont représentables par la forme $x^2 + 5y^2$.

On voit que la question est intimement liée à celle de la multiplication des formes. Si une forme primitive (a, b, c) a un discriminant D auquel ne correspond qu'une classe primitive, tout diviseur d'un nombre représenté primitivement par cette forme le sera aussi. Mais s'il y a plusieurs classes primitives de déterminant D, ces diviseurs peuvent n'être représentés que par d'autres classes.

Dans l'exemple précédent $D = 20$ et il y a deux classes primitives $(1, 0, 5)$ et $(2, 2, 3)$. Les nombres 3 et 7 ne ne sont pas représentés par $(1, 0, 5)$ mais il le sont par $(2, 2, 3)$. Au contraire pour les formes $x^2 + y^2$, $x^2 + 2y^2$, $x^2 + 3y^2$, $x^2 + 4y^2$, les résultats d'Euler sont exacts. Ainsi le besoin d'une théorie exacte se faisait sentir. C'est Gauss qui l'a donnée le premier pour les nombres du corps $C(i)$ [1].

312. — On a déjà défini (n° **39**) ce que c'est que le corps $C(\sqrt{m})$. C'est l'ensemble des nombres $p + q\sqrt{m}$ p et q étant rationnels.

En particulier pour $m = -1$ et posant pour abréger $i = \sqrt{-1}$, on a le corps $C(i)$. C'est l'ensemble des nombres imaginaires $p + qi$ où p et q sont rationnels.

Toute opération rationnelle effectuée sur des nombres du corps $C(i)$ donne comme résultat un nombre du même corps en vertu des identités

$$(p + qi) + (p' + q'i) = (p + p') + (q + q')i$$
$$(p + qi) - (p' + q'i) = (p - p') + (q - q')i$$
$$(p + qi)(p' + q'i) = pp' - qq' + (pq' + p'q)i$$
$$\frac{p + qi}{p' + q'i} = \frac{pp' + qq'}{p'^2 + q'^2} - \frac{pq' - p'q}{p'^2 + q'^2}i.$$

La *norme* du nombre $p + qi$ est par définition le nombre $p^2 + q^2$. Nous la désignerons par $\mathfrak{N}(p + qi)$.

C'est un nombre réel et positif, sauf le cas de $p + qi = 0$ dont la norme est nulle (n° **40**).

La norme d'un produit de facteur est égale au produit des normes des facteurs (n° **40**).

La norme du rapport de deux nombres est égale au rapport des normes de ces nombres.

Les propriétés précédentes ont un caractère algébrique. Nous passons maintenant à des propriétés d'un caractère arithmétique.

313. — On appelle *entier* du corps $C(i)$, tout nombre $a + bi$ dans lequel a et b sont entiers.

[1] GAUSS, *Werke* II, p. 171.

La somme, la différence, le produit de deux entiers sont des entiers. En général toute opération rationnelle entière effectuée sur des entiers donne un résultat entier.

Anneau des entiers imaginaires. — Tout ensemble de nombres, ou plus généralement d'éléments, jouissant de la propriété précédente s'appelle un *anneau.* Ainsi les entiers imaginaires forment un *anneau.*

Le rapport de deux entiers

$$\frac{a+bi}{c+di}=\frac{ac+bd}{c^2+d^2}+\frac{bc-ad}{c^2+d^2}\,i$$

rapport qui existe et est déterminé si $c+di\neq 0$, n'est un entier que si $ac+bd$ et $bc-ad$ sont divisibles par c^2+d^2, dans ce cas on dit que $a+bc$ est divisible par $c+di$, mais cela n'a pas lieu en général.

Théorème. — *Pour qu'un entier soit divisible par un autre, il faut que la norme du premier soit divisible par celle du second.*

En effet il faut que la norme du dividende soit égale à celle du diviseur multipliée par celle du quotient.

Mais cette condition n'est pas suffisante. Les conditions nécessaires et suffisantes ont été données plus haut.

Mais il existe en tout cas une opération analogue à la division des entiers ordinaires (I. 83).

Etant donnés deux entiers imaginaires A, B, (A *dividende et* B *diviseur*) *on veut déterminer un entier* Q (*quotient*) *et un entier* R (*reste*) *tels que* $A = BQ + R$ *et que*

$$\mathfrak{N}(R) < \mathfrak{N}(B).$$

La première condition est satisfaite en prenant

$$R = A - BQ$$

et la seconde condition s'écrit

$$\mathfrak{N}(A - BQ) < \mathfrak{N}(B).$$

ou

$$\mathfrak{N}\left(\frac{A}{B} - Q\right) < 1$$

et il suffit de déterminer l'entier Q par cette condition. Si l'on pose

$$\frac{A}{B} = p + qi, \qquad Q = x + yi,$$

elle s'écrit

$$(1) \qquad (p-x)^2+(q-y)^2<1.$$

On y satisfait en prenant pour x, y, les valeurs entières les plus rapprochées respectivement de p et q.

En effet, dans ce cas, les valeurs absolues de $p-x$ et $q-y$ sont au plus égales à $\frac{1}{2}$ et l'inégalité (1) est satisfaite.

On voit d'ailleurs que ce n'est pas la seule solution et qu'il peut y en avoir jusqu'à quatre, obtenues en prenant pour x et y des valeurs approchées à moins d'une unité près de p et q.

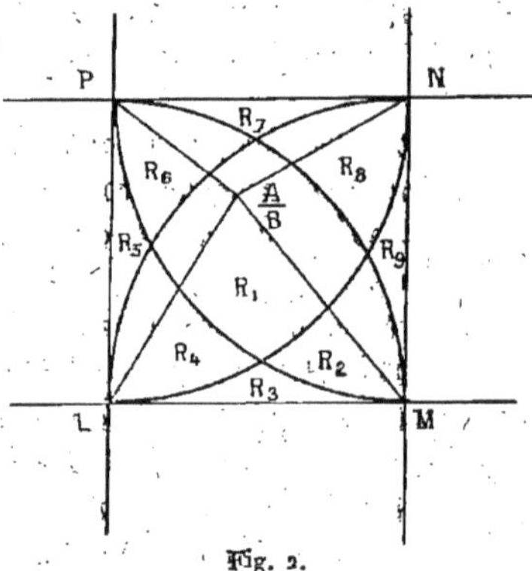

Fig. 2.

On le voit facilement par une représentation géométrique.

Nous représentons le nombre $a+bi$, à la façon ordinaire par le point de coordonnées a, b, dans un système d'axes rectangulaires, qui est dit son affixe. Alors les entiers sont représentés par les points du réseau formé par les parallèles à Oy d'abcisses entières et les parallèles à Ox d'ordonnées entières.

Si un nombre a comme affixe un point M la norme de ce nombre est $\overline{OM}^2$. Plus généralement si deux nombre ont comme affixes M et M' la norme de leur différence est $\overline{MM'}^2$.

Le problème posé plus haut revient donc au suivant : étant donnée l'affixe de $\frac{A}{B}$ trouver un point du réseau qui en soit distant de moins de 1.

Un tel point ne peut être que l'un des sommets L, M, N, P du carré dans lequel se trouve l'affixe de $\frac{A}{B}$. Traçant de chaque point du réseau comme centre un cercle de rayon 1, on partage chaque carré en 9 régions (fig. 2).

Lorsque $\frac{A}{B}$ est dans la région R_1 il est distant de chaque sommet de moins de 1 et il y a quatre solutions, lorsque $\frac{A}{B}$ est sur le contour de R_1 ou dans R_2, R_3, R_4, R_5 il y en a trois, lorsque $\frac{A}{B}$ est sur la partie du contour de ces dernières qui n'appartient pas au contour de R_1 ou dans R_6, R_7, R_8 et R_9 ou enfin sur les côtes du carré sans être en un sommet il y en a deux. Enfin lorsque $\frac{A}{B}$ est un point du réseau, c'est-à-dire est entier il n'y a qu'une solution, à savoir $q = \frac{A}{B}$, $R = 0$.

La division d'un entier A par un entier B peut ainsi, sauf le cas où elle se fait exactement, se faire de plusieurs façons. On peut donc considérer plusieurs restes, absolument comme dans la division des entiers ordinaires on peut considérer un reste positif et un reste négatif (I. 87) [1]. Il faut pouvoir distinguer entre ces restes.

Considérons le point $\frac{A}{B}$ et supposons d'abord qu'il soit à l'intérieur d'un carré LMNP.

Nous considérons les sommets de ce carré successivement en partant de celui qui a la plus petite abcisse et la plus petite ordonnée et tournant dans le sens positif. Certains de ces sommets (tous dans le cas de la figure (2)), correspondent à un reste.

Nous appellerons premier reste celui qui est ainsi placé le premier, second reste celui qui est placé le second, etc. Il peut ainsi arriver qu'il n'y ait pas de quatrième reste, ou qu'il n'y en ait ni troisième ni quatrième.

Par exemple si $\frac{A}{B}$ est sur le côté d'un carré, sans être en un sommet, il y aura deux restes, celui qui correspond au sommet de gauche sera le premier reste l'autre sera le second. (Lorsque A et B sont réels, le premier reste est aussi le reste qu'on a appelé positif, l'autre lereste négatif).

Enfin si $\frac{A}{B}$ est un point du réseau, c'est-à-dire est entier, il n'y a qu'un reste qui est zéro.

[1] A ce propos voir, au commencement de ce volume, l'erratum relatif à la page 57 du premier volume.

De tous ces restes celui qui a la plus petite norme s'appellera reste *minimum*. Il peut d'ailleurs y en avoir plusieurs ; cela arrive quand la partie réelle ou la partie imaginaire de $\frac{A}{B}$ est de la forme $a + \frac{1}{2}$ (a entier).

314. Unités. Nombres associés. — Nous appellerons *unités* les entiers imaginaires qui divisent tous les autres. Dans l'ensemble des entiers ordinaires il y a deux unités à savoir ± 1. Ce sont aussi des unités dans l'ensemble des entiers imaginaires mais nous allons voir qu'il y en a deux autres.

Pour qu'un entier imaginaire soit une unité il faut et il suffit qu'il divise 1. C'est évident.

Pour qu'un entier imaginaire soit une unité il faut et il suffit que sa norme soit égale à 1.

La condition est nécessaire puisqu'une unité devant diviser 1, sa norme doit diviser la norme de 1 c'est-à-dire 1. Donc cette norme doit être égale à 1.

Elle est suffisante parce que tout entier divise sa norme. Donc si un entier a pour norme 1 il divise 1.

Reste donc à trouver les entiers $x + yi$ tels que

$$x^2 + y^2 = 1.$$

Il y a quatre solutions

$$x = \pm 1 \quad y = 0 \qquad x = 0 \quad y = \pm 1.$$

donc quatre unités

$$\pm 1, \quad \pm i,$$

Nombres associés. — On a :

$$\frac{a + bi}{1} = a + bi \qquad \frac{a + bi}{-1} = -a - bi \qquad \frac{a + bi}{i} = b - ai$$

$$\frac{a + bi}{-i} = -b + ai.$$

On dit que deux nombres sont *associés* lorsque leur rapport est une unité. On voit alors que tout entier $a + bi$ a quatre associés à savoir

$$a + bi, \qquad -a - bi, \qquad b - ai, \qquad -b + ai.$$

Dans l'ensemble des entiers ordinaires tout entier a a deux associés, à savoir a et $-a$.

Deux nombres associés ont les mêmes diviseurs et les même multiples.

Soit en effet A et AU deux nombres associés, U étant une unité.

Tout multiple de A soit MA est égale a $\frac{M}{U}$. AU donc c'est aussi un multiple de AU.

Tout diviseur de A soit $\frac{A}{D}$ est égal à $\frac{AU}{DU}$, donc c'est aussi un diviseur de AU.

Tout cela est une généralisation de ce qui se passe pour les entiers ordinaires.

Représentation géométrique des nombres associés. On voit immédiatement que les affixes de quatre associés $a+bi$, $-a-bi$, $b-ai$, $-b+ai$ forment les sommets d'un carré dont le centre est à l'origine. On les obtient en faisant tourner l'un d'eux successivement de 0, $\frac{\pi}{2}$, π, $\frac{3\pi}{2}$ autour de l'origine.

Représentation géométrique des multiples d'un nombre $a+bi$. Un tel multiple est

$$(x+yi)(a+bi) \qquad \text{ou} \qquad x(a+bi)+y(a+bi)i.$$

Soit A l'affixe de $a+bi$, celle de $i(a+bi)$ s'obtient en faisant tourner A de $\frac{\pi}{2}$ autour de o, soit A'. Alors les affixes des nombres

$$x(a+bi)+y(a+bi)i$$

sont les sommets du réseau construit sur le carré dont o, A, A' sont trois sommets. Ce réseau reste identique à lui-même quand ont le fait tourner de 0, $\frac{\pi}{2}$, π, $\frac{3\pi}{2}$ autour de l'origine, ce qui revient à dire qu'un nombre et ses associés ont les mêmes multiples. (Dans la représentation géométrique des entiers ordinaires (I. 144) le réseau des multiples d'un nombre reste identique à lui-même quand on le fait tourner de o, ou π autour de l'origine). Tout ceci ne suppose pas a et b entiers.

315. Plus grand commun diviseur. — De la théorie de la division (nº **313**) on déduit comme par les entiers ordinaires (I. 96) que *les diviseurs communs à deux entiers sont les mêmes que les diviseurs communs à l'un d'eux et au reste de la division du premier par le second.*

Soient A et B deux entiers, supposons $\mathfrak{N}(A) \geqslant \mathfrak{N}(B)$. Soit R le reste de la division de A par B.

La recherche des diviseurs communs à A et B est ramené par le théorème précédent à celle des diviseurs communs à B et R. Mais il en résulte qu'en recommençant cette opération autant de fois qu'il est nécessaire, comme $\mathfrak{N}(R) < \mathfrak{N}(B)$, on arrive à une division ou le reste a une norme nulle, c'est-à-dire à une division qui se fait exactement. Soit D le diviseur de cette division.

Les diviseurs communs A et B sont les diviseurs de D, et D est dit le *plus grand commun diviseur* de A et B.

Mais il y a quatre entiers qui jouissent de la même propriété à savoir les quatre associés de D. Dans les entiers ordinaires nous avons fixé le plus grand commun diviseur par la condition qu'il est positif (I. 97). Ici nous le fixerons de la façon suivante :

Traçons dans le réseau des entiers imaginaires les bissectrices OD, OD′ des angles xoy et $x'oy$ et considérons la partie du plan *comprise entre ces deux demi-droites, et sur* OD′ (mais non sur OD). Nous appellerons cette partie du plan le *domaine* Δ.

Nous appellerons domaines Δ_1, Δ_2, Δ_3, ceux qui se déduisent de Δ par rotations autour de O de $\frac{\pi}{2}$, π, $\frac{3\pi}{2}$.

De quatre nombres associés, il y en a toujours un et un seul qui est dans le domaine Δ.

Analytiquement cela veut dire que quatre nombres associés il y en a un et un seul $x + yi$, partie satisfaisant à la condition

$$x > |y|$$

ou aux conditions

$$x = |y| \quad y \leqslant 0.$$

Remarquons que les nombres du domaine sont deux à deux imaginaires conjugués sauf ceux dont les affixes sont situées sur OD′, c'est-à-dire ceux de la forme $x - xi$.

Ceci posé nous pourrons fixer le plus grand commun diviseur de deux entiers imaginaires, en disant qu'il est dans le domaine Δ.

Exemple, soient les entiers $67 - 79i$ et $64 - 60i$. On a les opérations suivantes :

$$\begin{array}{c|c|c|c}
 & 1 & 4+3i & -2+i \\
67-79i & 64-60i & 3-19i & -5+7i \\
\hline
3-19i & -5+7i & 0 &
\end{array}$$

On trouve comme plus grand commun diviseur $-5+7i$ qui, ramené dans le domaine Δ devient $7+5i$.

Les diviseurs communs à $67-79i$ et $64-60i$ sont les diviseurs de $7+5i$.

Quant à la question de trouver tous les diviseurs d'un entier $a+bi$, elle se résout de la façon suivante. On cherche tous les diviseurs positifs de a^2+b^2, ce seront les seules valeurs possibles pour les normes des diviseurs. On décompose chacun de ces diviseurs lorsque cela est possible en une somme de deux carrés, d^2+f^2 lesquels fournissent la partie réelle et la partie imaginaire de diviseurs possibles. Reste à voir si les entiers $d+fi$ obtenus sont bien des diviseurs de $a+bi$.

On trouve ainsi que les diviseurs de $7+5i$, appartenant au domaine Δ sont 1, $1-i$, $6-i$, $7+5i$.

316. — Toutes les théories développées sur les entiers ordinaires dans le tome I de cet ouvrage s'appliquent aux entiers imaginaires avec quelques petites modifications évidentes. Rappelons les principales. D'abord celles du chapitre VII, sur *les entiers premiers entre eux, le plus grand commun diviseurs de plus de deux entiers, le plus petit commun multiple.*

Il en est de même de la théorie des équations diophantiennes du premier degré (I chap. IX, X et XII) sauf quelques petites modifications.

Par exemple dans le théorème (I. 187) la condition à laquelle doivent satisfaire les λ est que leur déterminant soit égal à l'une des quatre unités : ± 1, $\pm i$. Dans la remarque I. 188 il faut dire « norme » au lieu de « valeur absolue ». Dans le théorème I. 190, ε désignera une quelconque des quatre unités. Le théorème d'Heger est applicable ainsi que sa généralisation (I. 195 et 196).

Le problème : *Former avec des entiers imaginaires tous les déterminants d'ordre n égaux à une unité* se résout comme pour les entiers ordinaires (I. 209 à 212). La théorie arithmétique des formes linéaires à coefficients entiers s'applique aux entiers imaginaires.

Les substitutions unités seront ici des substitutions de déterminant égal à ± 1, $\pm i$. En appliquant une telle substitution à une forme ou à un système de forme on obtient une forme ou un système équivalent.

Toute forme linéaire a une forme réduite dx_1 (I. 281), d appartenant au domaine Δ(¹). Pour un système de formes linéaires, il y a une forme réduite imparfaite (I. 286), les coefficients δ_{11}, δ_{22}, ... δ_{rr} appartenant au domaine Δ, et une forme réduite parfaite dans laquelle les conditions supplémentaires sont que chaque coefficient $\delta_{ij}(i > j)$ soit par rapport à δ_{ii} un premier reste (²). Deux formes réduites ou deux systèmes réduits parfaits ne peuvent être équivalents que s'ils sont identiques.

Toute forme bilinéaire se ramène à une forme réduite (I. 302) et même à une forme réduite parfaite (I. 303) dans laquelle les coefficients sont des entiers du domaine Δ dont chacun divise le suivant. Les coefficients sont les diviseurs élémentaires du tableau des coefficients. Leurs propriétés sont les mêmes que pour les entiers réels.

Les propriétés des congruences (I chap XVII) sont vraies aussi).

317. Ensemble complet (mod $a + bi$). — C'est un ensemble d'entiers jouissant de la propriété que *tout entier est congru* (mod $a + bi$) *à l'un d'eux et à un seul.* (Généralisation de I. 314).

Proposons-nous de former un tel ensemble et de compter le nombre de ses éléments.

Pour que $x + yi$ et $x' + y'i$ soient congrus (mod $a + bi$) il faut et il suffit que $x + yi - (x' + y'i)$ soit divisible par $a + bi$ c'est-à-dire que $a(x - x') + b(y - y')$ et $b(x - x') - a(y - y')$ soient divisibles par $a^2 + b^2$ ou encore que

$$\left.\begin{array}{l} ax + by \equiv ax' + by' \\ bx - ay \equiv bx' - ay' \end{array}\right\} \bmod (a^2 + b^2).$$

(¹) Cette condition remplace la condition $d > 0$ de I. 281.
(²) Cette condition remplace la condition $0 \leqslant \delta_{ij} \leqslant \delta_{ii}$.

La question est donc un cas particulier de celle traitée déjà (I. 341).

Le nombre d'éléments du système complet est, avec les notations employées à cet endroit

$$\frac{m^r}{D(e_1,m)D(e_2,m)\ \dots\ D(e_r,m)}$$

Ici

$$m = a^2 + b^2$$
$$r = 2$$

car le déterminant $a^2 + b^2$ des deux formes $ax + by$ et $bx - ay$ est différent de zéro.

De plus

$$e_1 = D(a,b)$$
$$e_2 = \frac{a^2 + b^2}{D(a,b)}.$$

Donc le nombre cherché est $a^2 + b^2$.

Le nombre des éléments d'un système complet (mod $a + bi$) *est égal à la norme de* $a + bi$.

On peut retrouver ce résultat directement, par exemple au moyen de la représentation géométrique. Soit A l'affixe de $a + bi$.

Considérons le réseau des multiples de A (n° **314**).

Prenons dans le plan un carré C quelconque équipollent au carré OAA'A'' et supposons qu'il n'y ait aucun point du réseau sur le contour de C. Alors *les points du réseau situés à l'intérieur de* C *forment un système complet* (mod $a + bi$).

En effet : 1° si l'on prend deux de ces points M' et M'' ils sont incongrus (mod $a + bi$). Car si l'on mène de l'origine un vecteur OI équipollent à MM' le point I est évidemment à l'intérieur du carré OAA'A'' donc I n'est pas l'affixe d'un multiple de $a + bi$, donc la différence des affixes de M et M' n'est pas divisible par $a + bi$; 2° Si on prend un point quelconque M du réseau il y a un point du réseau situé à l'intérieur de C et qui est congru à M (mod $a + bi$).

En effet construisons un réseau sur C. Le point M sera à l'intérieur d'un carré C' de ce nouveau réseau. Considérons la translation qui amène C' sur C ; elle amène M en un point du premier réseau intérieur à C et qui répond à la question.

Quant au nombre des éléments du système complet nous voyons

d'après le théorème (I. 149) qu'il est égal à la surface du carré C, c'est-à-dire à $a^2 + b^2$.

Si l'on prenait un carré C tel qu'il y aurait des point du réseau sur un côté (mais non en un sommet) la solution précédente s'appliquerait encore, sauf qu'il y aurait autant de points du réseau sur le côté opposé et qu'il ne faudrait prendre que les points qui seraient sur l'un de ces deux côtés.

De même, si l'un des sommets de C est un point du réseau, les quatre sommets de C en sont aussi et il n'en faut prendre qu'un.

318. Systèmes de congruences. — Les conditions de possibilité sont les mêmes que pour les entiers ordinaires (I. 334 à 336). Cherchons le nombre de solutions. Soit d'abord une seule congruence (voir I. 230).

$$AX \equiv B \pmod{M}.$$

La condition de possibilité est que D(A,M) divise B, et la solution générale est donnée par

$$X = X_0 + \frac{M\Lambda}{D(A,M)} \quad (\Lambda \text{ entier complexe arbitraire})$$

Il faut voir combien il y a de ces nombres incongrus deux à deux (mod M). Or, si l'on prend deux solutions $X_0 + \frac{M}{D(A,M)}\Lambda$ et $X_0 + \frac{M}{D(A,M)}\Lambda'$, pour qu'elles soient incongrues (mod M) la condition est que $\frac{M}{D(A,M)}(\Lambda' - \Lambda)$ ne soit pas divisible par M, c'est-à-dire que $\Lambda' - \Lambda$ ne soit pas divisible par D(A,M).

Le nombre cherché est donc le nombre des éléments d'un système complet (mod D(A,M)), c'est-à-dire $\mathfrak{N}[D(A,M)]$.

Partant de là on généralise facilement le résultat I. 337 et on trouve pour le nombre des solutions incongrues (mod M) d'un système de congruences linéaires (mod M) supposé possible le nombre

$$[\mathfrak{N}(M)]^{n-p}[\mathfrak{N}D(E_1,M)] \times [\mathfrak{N}D(E_2,M)] \times \dots \times [\mathfrak{N}D(E_n,M)].$$

319. Substitutions linéaires (mod M). — (Voir I. 339). Il y a $[\mathfrak{N}(M)]^2$ substitutions linéaires à n variables incongrues deux à deux (mod M). Celles dont le déterminant est premier à M sont réversibles. Deux systèmes de p formes linéaires à n variables ($p \leqslant n$ dans lesquelles le module est premier à M sont équivalents entre eux.

Tableaux entiers (I, chapitres XIX et XX). Le lecteur trouvera sans peine les légères modifications à apporter à cette théorie.

320. Nombres premiers absolus. — On appelle nombre premier un entier *appartenant au domaine* Δ *et qui n'a d'autres diviseurs appartenant à ce domaine que lui-même et le nombre* 1.

Il en résulte qu'il n'a d'autres diviseurs que lui-même, ses associés et les unités ± 1, $\pm i$. Réciproquement tout entier qui n'est divisible que par lui-même, ses associés et les unités est premier s'il appartient au domaine Δ. S'il n'appartient pas au domaine Δ il est seulement associé d'un nombre premier

Exemples. — On constatera que $1 - i$, 3, $2 + i$, $2 - i$ sont premiers. Le nombre $1 + i$ n'est pas premier, il est seulement associé du nombre premier $1 - i$. De même $1 - 2i$ est seulement associé de $2 - i$.

Tout entier qui n'est pas premier et qui est différent d'une unité est décomposable en un produit de facteurs premiers multiplié par une unité. C'est la généralisation du théorème I. 396 ; elle se démontre facilement. Quant au théorème I. 395 il ne se généralise pas, parce que le produit de deux entiers du domaine Δ n'appartient pas toujours à ce domaine.

Tout entier est représentable et cela d'une seule manière en un produit de la forme

$$i^{\lambda}\, P^{\alpha}\, Q^{\beta}\, R^{\gamma} \ldots$$

P, Q, R, ... *étant des facteurs premiers* ; α, β, γ, ... *des exposants positifs* ; λ *étant égal à* 0, 1, 2 *ou* 3.

C'est l'analogue du théorème I. 296 ; il se démontre de la même façon.

Les résultats de I. 399 à 403 s'appliquent encore.

321. Les nombres premiers du corps C(i) déduits des nombres premiers ordinaires. — Nous allons chercher successivement les nombres premiers du corps C(i) : 1° qui sont réels ; 2° qui sont sur OD′ ; 3° qui ne sont ni réels ni sur OD′.

Nombres premiers réels du corps C(i). Il est évident que ces nombres ne peuvent être cherchés que dans les nombres premiers ordinaires. Voyons donc quels sont ceux de ces nombres qui sont encore premiers dans le corps C(i).

THÉORÈME. — *Les nombres premiers ordinaires qui se décomposent en une somme de deux carrés, ne sont pas premiers dans le corps* C(i) *et réciproquement.*

Soit :

$$p = a^2 + b^2 = (a + bi)(a - bi).$$

Aucun des deux facteurs $a + bi$, $a - bi$ n'est une unité ni un associé de p puisque leur norme est p. Donc p n'est pas premier.

Réciproquement soit p un nombre premier ordinaire qui ne soit pas premier dans le corps C(i). Il aura un facteur qui ne sera ni un associé de p, ni une unité, et qui sera imaginaire ; soit $a + bi$ ce facteur et soit

$$p = (a + bi)(c + di).$$

Le facteur $c + di$ ne sera également ni un associé de p ni une unité.

De l'égalité précédente on déduit :

$$p^2 = (a^2 + b^2)(c^2 + d^2).$$

Comme aucun de facteurs du second membre n'est égal à 1, ceci exige que

$$p = a^2 + b^2 = c^2 + d^2$$

ce qui démontre le théorème.

Nombres premiers qui sont sur OD'. Les entiers situés sur OD' sont de la forme

$$a - ai \qquad (a > 0).$$

Un tel nombre ne peut être premier que si $a = 1$.

Il ne peut donc y avoir comme nombre premier sur OD' que $1 - i$.

D'ailleurs ce nombre est effectivement premier, car sa norme étant 2, il ne peut être divisible que par des entiers de norme 1 c'est-à-dire par des unités ; ou par des entiers de norme 2. Or les entiers de norme 2 sont $\pm 1 \pm i$ qui sont tous des associés de $1 - i$.

Nombres premiers qui ne sont ni réels ni sur OD'. Soit $a + bi$

un tel nombre. Le nombre $a - bi$ est premier aussi. En effet, d'abord il est dans le domaine Δ, ensuite s'il avait un facteur $c - di$ différent d'un de ses associés et d'une unité, le nombre $a + bi$ aurait le facteur $c + di$ qui ne serait ni un associé de $a + bi$ ni une unité.

On a

$$(a + bi)(a - bi) = a^2 + b^2$$

et cette égalité donne la décomposition de $a^2 + b^2$ en facteurs premiers dans le domaine $C(i)$. Le nombre $a^2 + b^2$ n'est donc pas décomposable autrement, il en résulte en particulier que *c'est un nombre premier ordinaire*, car sinon il serait décomposable autrement.

Réciproquement *si* $a^2 + b^2$ $(a > |b|)$ *est un nombre premier ordinaire,* $a + bi$ *est un nombre premier dans le corps* $C(i)$.

En effet, si l'on avait :

$$a + bi = (c + di)(e + fi).$$

aucun des facteurs du second membre n'étant une unité, on aurait

$$a^2 + b^2 = (c^2 + d^2)(e^2 + f^2)$$

aucun des facteurs du second membre n'étant égal 1, ce qui est impossible puisque $a^2 + b^2$ est un nombre premier ordinaire.

De plus $a + bi$ est dans le domaine Δ. Donc $a + bi$ est premier. Il en est de même de $a - bi$.

Résumé. — Les nombres premiers du corps $C(i)$ sont :

1° les nombres premiers ordinaires qui ne sont pas décomposables en une somme de deux carrés;

2° le nombre $1 - i$;

3° les nombres $a + bi$ pour lesquels $a > |b|$ et pour lesquels $a^2 + b^2$ est un nombre premier impair ordinaire. Ces derniers sont conjugués deux à deux.

322. — Pour achever la question il reste à déterminer les nombres premiers ordinaires qui sont une somme de deux carrés. Pour tout nombre donné on peut le voir par tâtonnements, le nombre des essais étant limité. Mais on peut aussi chercher une règle qui permette de distinguer à priori ces nombres. Or cette règle a été donnée (n° **188**). Les nombres premiers ordinaires décomposables en une somme de deux carrés sont le nombre 2 et les nombres premiers de la forme $4h + 1$. Les résultats précédents peuvent alors s'énoncer :

Les membres premiers du corps $C(i)$ sont :

1° *les nombres premiers ordinaires de la forme* $4h - 1$, *comme* 3, 7, 11, 19, ... ;

2° *le nombre* $1 - i$;

3° *les nombres* $a + bi$ *qu'on obtient en décomposant les nombres premiers ordinaires de la forme* $4h + 1$ *en une somme de deux carrés* $a^2 + b^2$ *ou* $a > | b |$.

Ces derniers sont deux à deux conjugués.

Ainsi

$$5 = 2^2 + 1^2 \quad \text{donne} \quad 2 + i \quad \text{et} \quad 2 - i$$
$$13 = 3^2 + 2^2 \quad \text{donne} \quad 3 + 2i \quad \text{et} \quad 3 - 2i \text{ etc.}$$

Mais le résultat, relatif à la décomposition des nombres premiers ordinaires en une somme de deux carrés, a été démontré en s'appuyant sur la théorie des formes quadratiques dans le corps $C(1)$.

Comme notre but général est de montrer que la théorie de ces formes peut se déduire de celle des nombres algébriques du second degré, il vaudra mieux, au contraire, démontrer ce résultat en s'appuyant uniquement sur la théorie des entiers du corps $C(i)$.

1° *Un nombre premier ordinaire de la forme* $4h - 1$ *ne se décompose pas en une somme de deux carrés.* Car l'égalité

$$p = x^2 + y^2,$$

transformée en congruence (mod 4) est alors impossible.

2° *Le nombre* 2 *se décompose en une somme de deux carrés.* Car

$$2 = 1^2 + 1^2.$$

3° *Un nombre premier ordinaire de la forme* $4h + 1$ *se décompose en une somme de deux carrés.*

Soit p un tel nombre. Considérons la congruence

$$x^{p-1} \equiv 1 \pmod{p}.$$

Elle admet les solutions $x = 1, 2, \ldots p - 1$, d'après le théorème de Fermat.

Mais elle admet aussi la solution $x = i$, car $(i)^{p-1} = (i)^{4h} = 1$.

Elle admet donc dans le corps $C(i)$ plus de solutions différentes qu'il n'y a d'unités dans son degré. Or on démontre absolument comme pour les entiers ordinaires (voir n° **324**) que cela est impossible quand le module de la congruence est premier dans le corps $C(i)$. Donc p n'est pas premier dans le corps $C(i)$. Donc (n° **321**) il se décompose en une somme de deux carrés réels.

Exemple de décomposition en facteurs premiers.

1er *Exemple* soit le nombre réel impair 4725. Dans $C(1)$ il se décompose en $3^3 . 5^2 . 7$. Les facteurs 3 et 7 sont premiers dans le corps $C(i)$, mais 5 se décompose en $(2+i)(2-i)$.

Donc

$$4725 = 3^3 . (2+i)^2 . (2-i) . 7.$$

2e *Exemple.* — Soit le nombre réel pair $360 = 2^3 . 3^2 . 5$. Le facteur 3 est premier dans $C(i)$, le facteur 5 se décompase en $(2+i)$ $(2-i)$.

Quant à 2 il se décompose en $(1+i)(1-i)$. Mais $(1+i)$ n'appartient pas au domaine Δ, on le remplacera par $i(1-i)$. Alors

$$360 = i^3(1-i)^6 3^2(2+i)(2-i).$$

3e *Exemple.* — Soit le nombre $2130 + 2070i$. On a d'abord

$$2130 + 2070i = 30(71 + 69i) = i(1-i)^2 3(2+i)(2-i)(71+69i).$$

Reste à décomposer $71 + 69i$. Ce nombre n'a pas de diviseur réel différent d'une unisé, car un tel diviseur doit diviser 71 et 69. Soit en général

$$a + bi = i^\lambda(p + p'i)^\alpha(q + q'i)^\beta \ldots$$

d'où

$$(a - bi) = (-1)^\lambda(p - p'i)^\alpha(q - q'i)^\beta \ldots$$

d'où

$$a^2 + b^2 = (p^2 + p'^2)^\alpha(q^2 + q'^2)^\beta \ldots$$

On sait que $p^2 + p'^2$, $q^2 + q'^2$, ... sont des nombres premiers ordinaires. On voit qu'on les détermine ainsi que α, β, ... en décomposant $a^2 + b^2$ en facteurs premiers. Ici

$$\overline{71}^2 + \overline{69}^2 = 9802 = 2 \times \overline{13}^2 \times 29.$$

On en tire facilement

$$71 + 69i = i^\lambda(1-i)(3+2i)^2(5+2i).$$

On trouve $\lambda = 0$ et finalement

$$2130 + 2070i = i(1-i)^2 3(2+i)(2-i)(1-i)(3+2i)^2(5+2i).$$

323. Indicateur. — L'indicateur d'un entier N est le nombre des entiers premiers avec N qui sont contenus dans un système complet (mod N). Cherchons à le déterminer en fonction de la décomposition de N en facteurs premiers : $N = P^\alpha Q^\beta \ldots$

Pour cela résolvons d'abord la question suivante : *Soit* D *un diviseur de* N. *Parmi les* $\mathfrak{N}(N)$ *éléments d'un système complet* (*mod* N) *combien y en a-t-il qui sont divisibles par* D ?

Soient

$$X_1, X_2, \ldots X_{\mathfrak{N}(D)}$$

les éléments d'un système complet (mod D). Considérons les expressions

$$(2) \qquad X_1 + \Lambda_1 D, X_2 + \Lambda_2 D, \ldots X_{\mathfrak{N}(D)} + \Lambda_{\mathfrak{N}(D)} D.$$

Les Λ sont des variables à chacune desquelles nous faisons parcourir les $\mathfrak{N}\left(\frac{N}{D}\right)$ éléments d'un système complet $\left(\text{mod } \frac{N}{D}\right)$. Nous formons ainsi $\mathfrak{N}(D) \times \mathfrak{N}\left(\frac{N}{D}\right)$ ou $\mathfrak{N}(N)$ valeurs. Je dis qu'elles forment un système complet (mod N). Pour le démontrer il suffit de démontrer que deux quelconques de ces $\mathfrak{N}(N)$ valeurs sont incongrues (mod N). Or pour qu'on ait

$$X_i + \Lambda_k D \equiv X_j + \Lambda_l D \pmod{N}$$

il faut d'abord qu'on ait

$$X_i \equiv X_j \pmod{D}$$

d'où

$$X_i = X_j$$

et ensuite

$$\Lambda_k D \equiv \Lambda_l D \pmod{N}$$

d'où

$$\Lambda_k \equiv \Lambda_l \left(\text{mod } \frac{N}{D}\right)$$

et par suite

$$\Lambda_k = \Lambda_l.$$

Donc les deux valeurs $X_i + \Lambda_k D$ et $X_j + \Lambda_l D$ n'en font qu'une.

Ceci posé, pour résoudre la question proposée il reste à voir combien parmi les nombres (2) sont divisibles par D.

Or pour que $X_i + \Lambda_i D$ soit divisible par D il faut et il suffit que X_i le soit. Il y a un X_i et un seul qui satisfait à cette condition. Alors on peut donner à Λ_i une quelconque de ses $\mathfrak{N}\left(\frac{N}{D}\right)$ valeurs. Le nombre cherché est donc $\mathfrak{N}\left(\frac{N}{D}\right)$.

On peut aussi arriver au résultat précédent par des considérations géométriques.

Pour former un système complet (mod N) nous construisons un carré C comme au nº **317** et considérons les points du réseau situés à l'intérieur de ce carré.

Effaçons les multiples de D. Or les multiples de D sont représentés par les sommets d'un réseau construit sur un carré de surface $\mathfrak{N}(D)$. On voit alors que le nombre de ces points à l'intérieur de C est $\frac{\mathfrak{N}(N)}{\mathfrak{N}(D)}$, c'est-à-dire $\mathfrak{N}\left(\frac{N}{D}\right)$.

Ce résultat acquis, on peut reprendre mot pour mot le raisonnement de I. 408 et l'on trouve pour la valeur de l'indicateur de N l'expression

$$\psi(N) = \mathfrak{N}(N)\left(1 - \frac{1}{\mathfrak{N}(P)}\right)\left(1 - \frac{1}{\mathfrak{N}(Q)}\right)\cdots$$

Remarquons que si N est réel cette expression n'est pas égale à l'indicateur ordinaire $\varphi(N)$.

1er *Exemple* $\quad N = 4725 = 3^3(2+i)^2(2-i)^2 \cdot 7$

$$\psi(N) = (4725)^2\left(1 - \frac{1}{9}\right)\left(1 - \frac{1}{5}\right)^2\left(1 - \frac{1}{49}\right) = 2^7 \times 3^5 \times 5^2.$$

2e *Exemple*

$$N = 2130 + 2070i = i(1-i)^3 3(2+i)(2-i)(3+2i)^2(5+2i)$$

$$\psi(N) = \left(\overline{2130}^2 + \overline{2070}^2\right)\left(1 - \frac{1}{2}\right)\left(1 - \frac{1}{9}\right)\left(1 - \frac{1}{5}\right)^2\left(1 - \frac{1}{13}\right)\left(1 - \frac{1}{29}\right)$$
$$= 2^{13} \times 3 \times 7 \times 13.$$

Les théorèmes I. 409 et 410 se généralisent immédiatement pour $\psi(N)$.

On peut considérer des indicateurs de différents ordres (I. 411 et 412). On généralise le résultat I. 413 et l'on trouve

$$\varphi(\mathrm{M})^{\frac{k(k-1)}{2}}\ \psi_2(\mathrm{M})\psi_3(\mathrm{M}) \ldots \psi_k(\mathrm{M})$$

pour le nombre des tableaux carrés d'ordre k, de déterminant D donné, premiers à M incongrus deux à deux (mod M).

Enfin le nombre des tableaux carrés d'ordre k et de déterminant premier à M est

$$\varphi(\mathrm{M})^{\frac{k(k-1)}{2}}\ \psi_1(\mathrm{M})\psi_2(\mathrm{M}) \ldots \psi_k(\mathrm{M}).$$

324. Théorème de Fermat. — P *étant un nombre premier et* A *un entier non divisible par* P, *l'entier* $a^{\varphi(\mathrm{P})-1}-1$ *est divisible par* P.

En effet si l'on prend un système complet (mod P) et si l'on y supprime l'élément congru à zéro (mod P), il reste $\varphi(\mathrm{P})-1$ éléments formant un groupe abélien par rapport à la multiplication (mod P). Le théorème annoncé est donc un cas particulier de celui du n° **272** : l'ordre d'un groupe est un multiple de l'exposant d'un quelconque de ses éléments.

Le deuxième énoncé du théorème de Fermat s'applique aussi, P *étant un nombre premier et* A *un entier quelconque on a*

$$\mathrm{A}^{\varphi(\mathrm{P})} \equiv \mathrm{A} \pmod{\mathrm{P}}.$$

Sur les restes suivant un module premier P *des puissances successives d'un entier* A.

Si $\mathrm{A} \equiv 0$ (mod P) *tous ces restes sont nuls.*

Si $\mathrm{A} \not\equiv 0$, *la suite des restes est périodique; le nombre de termes de la période est un diviseur de* $\varphi(\mathrm{P})-1$. Ce nombre de termes s'appelle *l'exposant* de A par rapport à P.

Théorème. — *Une congruence algébrique à une inconnue de degré m, suivant un module premier* P, *qui n'est pas identique ne peut avoir plus de m solutions.*

On en conclut : *Soit d un diviseur de* $\varphi(\mathrm{P})-1$, *connaissant un entier appartenant à l'exposant d, on obtient tous les entiers appartenant au même exposant en élevant celui-là à des puissances dont l'exposant est un entier positif premier à d.*

Il y a $\varphi(d)$ de ces entiers.

La congruence

$$x^d - 1 \equiv 0 \pmod{P}$$

où d est un diviseur de $\mathfrak{N}(P) - 1$ a d racines.

Il y a $\varphi[\mathfrak{N}(P) - 1]$ entiers appartenant à l'exposant $\mathfrak{N}(P) - 1$), on les appellera *racines primitives* de P.

Connaissant une racine primitive G de P, les entiers appartenant à un exposant donné d, diviseur de $\mathfrak{N}(P) - 1$, sont donnés par la formule $G^{\frac{\mathfrak{N}(P)-1}{d}n}$ n étant un entier ordinaire premier à d.

La congruence

$$X^m \equiv 1 \pmod{P} \tag{3}$$

a $D(m, \mathfrak{N}(P) - 1)$ *solutions qui sont les puissances successives de* $G^{\frac{\mathfrak{N}(P)-1}{D[m, \mathfrak{N}(P)-1]}}$ *où G est une racine primitive.*

Pour que A soit reste de puissance m^{eme}, c'est-à-dire pour que

$$X^m \equiv A \pmod{P}$$

ait des solutions, il faut et il suffit que

$$A^{\frac{\mathfrak{N}(P)-1}{D[m, \mathfrak{N}(P)-1]}} \equiv 1 \pmod{P}.$$

Ces solutions se déduisent toutes de l'une d'elles en la multipliant par toutes les solutions de (3).

En particulier *pour que A soit reste quadratique de P, la condition est*

$$A^{\frac{\mathfrak{N}(P)-1}{2}} \equiv 1 \pmod{P}$$

sauf le cas de $P = i$, pour lequel il n'y a qu'un entier $\not\equiv 0$ lequel est 1 qui est reste quadratique.

Les racines primitives peuvent se calculer directement, (n° **12**) ou par la méthode de Poinsot n° **13**). D'ailleurs pour les nombres premiers imaginaires $P = p + qi$ il est évident que toute racine primitive du nombre premier ordinaire $p^2 + q^2$ dans le corps C (1) est racine primitive de P dans le corps C(i).

Théorèmes de Ferrers et de Wilson. P étant un nombre premier, si l'on considère un système complet (mod P) *et qu'on y supprime l'élément congru à zéro, il reste* $\mathfrak{N}(P) - 1$ *éléments. Si l'on appelle* S_h *la somme des produits* h *à* h *de ces éléments, on a*

$$\left.\begin{array}{l} S_1 \equiv S_2 \equiv \dots S_{\mathfrak{N}(P)-2} \equiv 0 \\ S_{\mathfrak{N}(P)-1} \equiv -1 \end{array}\right\} \pmod{P} \quad \begin{array}{l}\text{théorème de Ferrers} \\ \text{théorème de Wilson.}\end{array}$$

La réciproque du théorème de Wilson est vraie.

Nous n'avons pas donné les démonstrations des résultats énoncés dans ce numéro. Elles sont identiques à celles des énoncés correspondants pour les entiers ordinaires.

325. — Théorème *d'Euler*. N *étant un entier quelconque et* A *un entier premier à* N, *l'entier* $A^{\psi(N)} - 1$ *est divisible par* N. Démonstration comme au n° **16** de I.

Théorème. — *Si l'on considère la suite*

$$1, A, A^2, \dots$$

A *étant premier à* N, *et les termes de cette suite étant considérés* (mod N), *cette suite est périodique. Le nombre de termes de la période est le plus petit entier positif* e *tel que* $A^e \equiv 1 \pmod{N}$. On l'appelle *l'exposant* de A par rapport à N. *C'est un diviseur de* $\psi(N)$ (voir n° **17** de I).

Quel que soit N, l'entier 1 appartient à l'exposant 1 ; le nombre -1 appartient à l'exposant 2, sauf si $N = 2$ ou un diviseur de 2 ; les nombres $\pm i$ appartiennent à l'exposant 4 sauf si $N = \pm 2, \pm 2i$ auxquels cas ils appartiennent à l'exposant 2, ou si $N = \pm 1 \pm i$ auquel cas ils appartiennent à l'exposant 1.

326. Étude du groupe des classes d'entiers relativement à un nombre P^α. — ($P =$ nombre premier $\neq 1 - i$). La méthode de l'exercice VIII du chapitre XXIV, s'applique avec de légères modifications. L'ordre du groupe est $[\mathfrak{N}(P) - 1]\mathfrak{N}(P)^{\alpha-1}$. Ses facteurs premiers sont d'abord les facteurs premiers $a, b \dots$ de $\mathfrak{N}(P) - 1$, et ensuite le facteur premier p, en posant :

$p = q^2 + s^2$ si P est un nombre premier complexe $q + si$
$p = P$ si P est un nombre réel.

On aura à considérer les congruences :

$$\left.\begin{array}{l} X^a \equiv 1 \\ X^p \equiv 1 \end{array}\right\} \pmod{P^\alpha}.$$

La congruence $X^a \equiv 1 \pmod{P}$ a a solutions car a est un diviseur de $\mathfrak{N}(P) - 1$. Considérant alors

$$X^a \equiv \pmod{P^\alpha} \quad (\alpha > 1).$$

on voit de proche en proche, suivant les différentes valeurs de α, qu'elle a aussi a racines. On en déduit que le facteur premier a entre seulement dans e_r.

Pour la congruence

$$X^p \equiv 1 \pmod{P}$$

elle n'a que la solution $X = 1$, parce que p est un diviseur de $\mathfrak{N}(P)$ et que la congruence $X^{\mathrm{N(P)}} \equiv 1 \pmod{P}$ n'a pas d'autre solution que la solution $X \equiv 1$.

Passons à la congruence

$$X^p \equiv 1 \pmod{P^2}.$$

Il faut y poser $X = 1 + PY$ et déterminer Y au module P près.

Il vient après réduction

$$pY \equiv 0 \pmod{P}.$$

p étant divisible par P, on voit que Y est arbitraire, donc il a $\mathfrak{N}(P)$ valeurs, donc la congruence (mod p^2) a $\mathfrak{N}(P)$ valeurs.

On établira de proche en proche, suivant les différentes valeurs de α que

$$X^p \equiv 1 \pmod{P}$$

a toujours $\mathfrak{N}(P)$ solutions pour $\alpha > 1$. Il faut maintenant distinguer deux cas. Si P est complexe, on a $\mathfrak{N}(P) = p$ et la conclusion est la même que dans l'exercice cité plus haut à savoir que le facteur p n'entre que dans e_r.

Par suite $r = 1$; *le module* P^α *a donc des racines primitives.*

On voit d'ailleurs qu'on obtient une telle racine primitive en prenant une racine primitive, dans le corps $C(1)$, de $\mathfrak{N}(P)^\alpha$.

Soit maintenant P réel $= p$. Alors le facteur p entre dans e_r et dans e_{r-1}, donc $r = 2$ et il n'y a pas de racine primitive.

Déterminons dans ce cas les invariants e_1 et e_2. On a

$$e_1 e_2 = (p^2 - 1)p^{2(\alpha-1)}.$$

On sait de plus que e_1 ne contient que le facteur p et à un exposant au plus égal à celui qu'il a dans e_2. Donc

$$e_1 = p^{2(\alpha-1)-h} \quad e_2 = (p^2 - 1)p^h$$

avec

$$h \geqslant \alpha - 1. \tag{4}$$

Je dis que $h = \alpha - 1$. Pour le démontrer remarquons que e_2 est le plus petit entier positif tel que pour tout entier A non divisible par p on ait

$$A^{e_2} - 1 \equiv 0 \pmod{p^\alpha}.$$

Or nous allons montrer que

$$A^{(p^2-1)p^{\alpha-1}} \equiv 1 \pmod{p^\alpha}. \tag{5}$$

Il en résultera

$$e_2 \leqslant (p^2 - 1)p^{\alpha-1}$$

d'où

$$h \leqslant \alpha - 1$$

et en comparant avec (4)

$$h = \alpha - 1.$$

Pour démontrer la congruence (5) remarquons qu'elle est vraie pour $\alpha = 1$, d'après le théorème de Fermat. Démontrons que si elle est vraie pour la valeur α de l'exposant elle est vraie pour la valeur $\alpha + 1$. On a

$$A^{(p^2-1)p^\alpha} - 1 = \left(A^{(p^2-1)p^{\alpha-1}} - 1\right)\left(A^{(p-1)(p^2-1)p^{\alpha-1}} + A^{(p-2)(p^2-1)p^{\alpha-1}} + \dots + A^{(p^2-1)p^{\alpha-1}} + 1\right).$$

Dans le second membre le premier facteur est divisible par p^α par hypothèse, et le second est divisible par p parce que chacun de ses termes étant une puissance de A^{p^2-1} est congru à 1 (mod p) et qu'il y a p de ces termes.

Ainsi $h = \alpha - 1$ et l'on a

$$e_1 = p^{\alpha-1} \qquad e_2 = (p^2-1)p^{\alpha-1}.$$

1ᵉʳ *Exemple.* — Soit le module $(1 + 2i)^2$. Ici $\mathfrak{N}(P) = 5$; l'ordre du groupe est $(5 - 1)\,5$ ou 20.

L'entier 2 qui est racine primitive de 5^2 dans le corps C(1) l'est aussi de $(1 + 2i)^2$ dans le corps $C(i)$.

2ᵉ *Exemple.* — Soit le module 3^2. Ici $\mathfrak{N}(P) = q$, l'ordre du groupe est $(9 - 1)\,9$ ou 72. Il n'y a pas de racine primitive. L'exposant le plus élevé est 24, c'est-à-dire que pour tout entier $a + bi$ non divisible par 3 on a

$$(a + bi)^{24} - 1 \equiv 0 \pmod 9.$$

Les considérations précédentes ne s'appliquent pas au module $(1 - i)^\alpha$.

Pour $N = (1 - i)^2$ on a $\psi(N) = 2$; il y a une racine primitive qui est i.

Pour $N = (1 - i)^3$ on a $\psi(N) = 4$; il y a deux racines primitives qui sont $\pm i$.

Pour $N = (1 - i)^4 = -4$ on a $\psi(N) = 8$, il n'y a pas de racine primitive.

L'exposant le plus élevé est 4, auquel appartiennent $\pm i$, $2 \pm i$.

On a, pour tout entier A non divisible par $1 - i$.

$$A \equiv i^\alpha (1 + 2i)^\beta \; [\text{mod } (1 - i)^4]$$

α étant déterminé au module 4 et β au module 2 près.

Pour $N = (1 - i)^5$ on $\psi(N) = 16$, l'exposant le plus élevé est encore 4 auquel appartiennent $\pm i$, $\pm 2 \pm i$, $\pm 3i$. On a pour tout entier A non divisible par $1 - i$.

$$A \equiv i^\alpha (1 + 2i)^\beta \, 3^\gamma$$

α déterminé au module 4 près, β et γ au module 2 près.

Pour $N = (1 - i)^{2n}$ $(n > 2)$, on a $\psi(N) = 2^{2n-1}$, il n'y a pas de racine primitive. L'exposant le plus élevé possible est 2^{n-1}.

On a d'ailleurs pour tout entier A non divisible par $1 - i$

$$A \equiv i^\alpha \, 3^\beta \, (2 + i)^\gamma$$

α déterminé au module 4 près, β au module 2^{n-2} près, γ au module 2^{n-1} près.

Pour $N = (1 - i)^{2n+1}$ $(n > 2)$ on a $\psi(N) = 2^{2n}$; il n'y a pas de racine primitive. L'exposant le plus élevé est 2^{n-1}. On a

$$A \equiv i^\alpha \, 3^\beta \, (2 + i)^\gamma$$

α déterminé au module 4 près, β et γ au module 2^{n-1} près.

De ce qui précède on tire une théorie des indices avec toutes ses conséquences comme au chap. II.

Il y a des racines primitives quand N est de l'une des trois formes

$$(1 - i)^\mu \quad (\mu < 4), \quad P^\alpha, \quad (1 - i)P^\alpha.$$

Tous ces résultats se traduisent dans le langage de la théorie des groupes.

Les classes (mod N) d'entiers premiers à N forment un groupe d'ordre $\psi(N)$. Ce groupe est de rang 1 quand N a des racines primitives. Dans le cas général on détermine une base comme pour les entiers ordinaires (n° **89**).

327. Analyse diophantienne du second degré à une inconnue. — Pour qu'un entier $a + bi$ soit carré parfait il faut et il suffit ; 1° que b soit pair ; 2° que $a^2 + b^2$ soit carré parfait ; 3° que $\dfrac{\sqrt{a^2+b^2}+a}{2}$ soit aussi carré parfait.

En effet $a + bi$ a en tout cas deux racines

$$\pm\left[\sqrt{\frac{\sqrt{a^2+b^2}+a}{2}} + \varepsilon\sqrt{\frac{\sqrt{a^2+b^2}-a}{2}}\,i\right]$$

ε étant + ou — 1 suivant que b est positif ou négatif.

Les conditions énoncées sont évidemment les conditions nécessaires et suffisantes pour que la partie réelle de cette expression soit un entier et l'on démontrera facilement que lorsque ces conditions sont réalisées, la partie imaginaire est aussi un entier.

On déduit de ce qui précède la solution de l'équation générale

$$AX^2 + BX + C = 0.$$

328. Congruences du second degré à une inconnue. — *Congruence* $X^2 \equiv A \pmod{1 - i}$.

Si $A \equiv 0$ il y a une solution $A \not\equiv 0$;
et si $A \equiv 1$ il y a une solution $A \equiv 1$.

Congruence $X^2 \equiv A \pmod{P}$ (P premier $\not\asymp 1 - i$).

Si $A \equiv 0$ il y a une solution $A \equiv 0$.

Soit maintenant $A \not\equiv 0$. La congruence est possible et à deux solutions égales mais de signes contraires si A est reste quadratique de P (n° **324**).

Les théorèmes du n° **36** s'appliquent. De même la définition du caractère quadratique (n° **37**).

Le entiers + et — 1 sont restes quadratiques de tout module premier, car ce sont des carrés absolus, le premier de ± 1, le second de $\pm i$.

THÉORÈME. — *Les entiers $\pm i$ sont restes quadratiques : 1° des nombres premiers réels de la forme $4h - 1$; 2° des nombres premiers imaginaires $p + qi$ provenant des nombres premiers réels de la forme $8h + 1$.*

Les entiers $\pm i$ sont non restes des nombres premiers imaginaires $p + qi$ provenant des nombres premiers réels $p^2 + q^2$ de la forme forme $8h + 5$.

En effet, $\mathfrak{N}(P)$ est, dans tous les cas, congru à 1 (mod 4), donc

$$(\pm i)^{\frac{\mathfrak{N}(P)-1}{2}} = \pm 1.$$

Les entiers $\pm i$ seront restes quadratiques de P si $(\pm i)^{\frac{\mathfrak{N}(P)-1}{2}} = 1$ c'est-à-dire si $\mathfrak{N}(P) \equiv 1 \pmod 8$, ils ne le seront pas dans le cas contraire.

On en déduit facilement le théorème annoncé.

Partant des nombres du corps C(i) on peut définir des nombres quadratiques par rapport à ceux-là, ce sont les racines d'équations de second degré dont les coefficients sont des entiers du corps C(i). Mais par rapport au corps C(1) ces nombres sont, en général, du quatrième degré et nous ne nous en occuperons pas. Nous n'aborderons pas non plus, pour la même raison, la théorie des formes quadratiques à coefficients entiers dans le corps C(i).

329. Théorie des fractions continuelles dans le corps C(i) (¹). — Soit un nombre $S = s + ti$. Il lui correspond un entier du corps C(i) et un seul $A_0 = a_0 + b_0 i$, défini par

$$-\frac{1}{2} \leqslant s - a_0 < \frac{1}{2} \qquad -\frac{1}{2} \leqslant t - b_0 < \frac{1}{2}.$$

Nous disons que A_0 est l'entier *le plus approché* de S. C'est S lui-même quand S est un entier complexe. Si on représente S et A_0 géométriquement, A_0 est dans le carré de centre S, dont les côtés sont parallèles aux axes et égaux à 1, ou bien sur le côté de droite, ou bien sur le côté d'en bas, mais jamais sur aucun des deux autres côtés.

(¹) HURWITZ, *Act. math.*, 11, (1887-1888), p. 192.

Si alors S n'est pas égal à A_0 on pose :

$$S = A_0 + \frac{1}{S_1}$$

l'on recommence sur S_1 la même opération que sur S et ainsi de suite.

On arrive ainsi à un développement en fraction continuelle

$$S = A_0 + \frac{1}{A_1 +} \Big| \frac{1}{A_2 +} \Big| \cdots$$

Si S est rationnel le développement est limité, on le voit comme on voit le théorème analogue pour les fractions continuelles ordinaires (nº **90**) ; sinon il est illimité.

Toutes les propositions algébriques démontrées du nº **85** au nº **88** sont vraies pour les fractions continuelles qui nous occupent en ce moment.

Cherchons maintenant à généraliser les propriétés des nºˢ **89** et **90**. Pour celles du nº **90** c'est immédiat. Considérons la proposition II du nº **89**, nous allons démontrer que :

Les modules des dénominateurs des réduites successives vont en augmentant.

Mais auparavant nous allons donner des résultats, relatifs aux suites de valeurs que peuvent prendre des A_n successifs.

330. — Traçons dans le plan *xoy* le réseau formé par des carrés de côtés 1, parallèles aux axes et ayant pour centres les affixes des entiers complexes [1]. Etant donné un point S du plan on a vu plus haut que l'entier le plus rapproché de S est le centre du carré dans lequel se trouve S. Si S est sur un côté commun à deux carrés et vertical il faut choisir le carré qui est à droite ; si S est sur un côté commun à deux carrés et horizontal il faut choisir le carré qui est au dessus ; si S est un sommet commun à quatre carrés il faut choisir le carré qui est à droite et au dessus.

On a

$$S_n = \frac{1}{S_{n-1} - A_{n-1}} \qquad (n > 0)$$

[1] Le lecteur est prié de faire la figure.

et $S_{n-1} - A_{n-1}$ est dans le domaine formé par l'intérieur du carré de centre O et par le côté d'en bas et par celui de gauche à l'exclusion du sommet en bas et à droite et de celui en haut et à gauche. On en déduit facilement que le quotient complet S_n se trouve dans le domaine R déduit du précédent par la substitution $z \left| \frac{1}{z} \right.$. Ce domaine R est constitué par la région du plan extérieure aux quatre cercles de rayon 1 et de centres : (1), (i), (-1), $(-i)$, augmentée de la demi-circonférence de gauche et de celle d'en haut, à l'exclusion des points $1+i$ et $-1-i$. On en déduit d'abord qu'on a $|S_n| \geqslant \sqrt{2}$, l'égalité n'ayant lieu que pour $S_n = -1+i$ (Dans ce cas le développement s'arrête à S_n). Ensuite on voit que A_n ne peut être aucun des entiers 0, ± 1, $\pm i$, vu que les carrés ayant ces points comme centres n'ont aucun point commun avec R.

Nous allons démontrer maintenant qu'il y a certaines suites de valeurs qui ne peuvent pas prendre des A_n successifs. Lorsque le carré dont A_n est le centre a seulement des parties qui ne sont pas dans R cela peut restreindre la valeur possible de S_n, par suite celle de $S_{n+1} = \frac{1}{S_n - A_n}$ et par suite celle de A_{n+1} puisque S_{n+1} et A_{n+1} sont dans le même carré. On voit ainsi qu'il y a lieu de chercher des restrictions pour A_{n+1} lorsque A_n égale l'une des douze valeurs ± 2, $\pm 1 \pm i$, $\pm 2i$, $\pm 1 \pm 2i$.

Supposons par exemple $A_n = -2$. Alors S_n est dans le carré de centre -2 et comme il est aussi dans R, il est dans la région commune D. Alors $S_{n+1} = \frac{1}{S_n - A_n} = \frac{1}{S_n + 2}$ est dans la région transformée de D par la substitution $z \left| \frac{1}{z+2} \right.$, soit E. C'est la partie de la région R qui est à gauche de la droite $x = \frac{1}{2}$.

Alors une valeur de A_{n+1} n'est possible que si le carré de centre A_{n+1} et de rayon $\frac{1}{2}$ a une partie commune avec E. On trouve ainsi une infinité de valeurs de A_{n+1} qui sont impossibles. On refera le même raisonnement pour les onze autres valeurs de A_n et l'on pourra dresser le tableau des suites impossibles. Nous nous bornerons, dans le tableau suivant, à marquer celles qui nous serviront

Sont impossibles, entre autres, les suites :

A_n	A_{n+1}	A_{n+2}
$0, \pm 1, \pm i$	quelconque	quelconque
$-2, 2i, -1+i, -2+i, -1+2i$	$1+i$	quelconque
$2, 2i, 1+i$	$-2+2i$	quelconque
$2+i, 1+2i$	$-2+2i$	$1+i$

Démontrons maintenant le théorème annoncé plus haut $|Q_n| > |Q_{n-1}|$.

On a $Q_0 = 1$ et $Q_1 = A_1$. Comme A_1 ne peut être aucun des entiers $0, \pm 1, \pm i$, on en déduit $|Q_1| > |Q_0|$. Supposons donc le théorème démontré pour la valeur $n-1$ de l'indice et démontrons-le pour la valeur n. On a

$$Q_n = Q_{n-1}A_n + Q_{n-2}$$

d'où

$$|Q_n| \geqslant |Q_{n-1}|\ |A_n| - |Q_{n-2}|$$

d'où

$$|Q_n| > |Q_{n-1}|\,[|A_n| - 1].$$

Le théorème est donc démontré si $|A_n| > 2$, c'est-à-dire dans tous les cas sauf celui où $|A_n| = 2$, c'est-à-dire $A_n = \pm 1 \pm i$.

Démontrons-le dans ces cas. Prenons par exemple $A_n = 1 + i$, la démonstration étant analogue dans les autres cas. Posons pour abréger

$$\frac{Q_n}{Q_{n-1}} = K_n.$$

On a

$$K_{i-1} = \frac{1}{K_i - A_i} \tag{6}$$

et

$$A_i = K_i - \frac{1}{K_{i-1}}. \tag{7}$$

Nous voulons démontrer que $|K_n| > 1$. Or on a

$$|K_1| = |A_1| > 1.$$

Supposons donc le théorème établi pour $K_1, K_2, \dots K_{n-1}$ et démontrons-le pour K_n.

Pour cela supposons un instant que $|K_n| > 1$. Nous allons montrer que ces hypothèses conduisent à une contradiction. Écrivons l'égalité (6) pour $i = n$

$$K_{n-1} = \frac{1}{K_n - (1+i)}.$$

On suppose $|K_n| \leqslant 1$ donc K_{n-1} serait dans ou sur le cercle de centre $-1+i$ et de rayon 1. Alors écrivons l'égalité (7) pour $i = n - 1$, nous obtenons

$$A_{n-1} = K_{n-1} - \frac{1}{K_{n-2}}.$$

Comme $\left|\frac{1}{K_{n-2}}\right| < 1$ il en résulterait que A_{n-1} serait dans le cercle de centre $-1+i$ et de rayon 2, donc A_{n-1} aurait l'une des neuf valeurs :

$$0,\ -1,\ i,\ -2,\ -1+i,\ -2+i,\ 2i,\ -1+2i,\ -2+2i.$$

Se rappelant que $A_n = 1 + i$ et se reportant au tableau on voit que $A_{n-1} = -2 + 2i$.

Appliquons alors la relation (6) pour $i = n - 1$

$$K_{n-2} = \frac{1}{K_{n-1} + 2 - 2i}$$

K_{n-1} est dans ou sur le cercle de centre $-1+i$ et de rayon 1. On en déduit que K_{n-2} est dans ou sur le cercle de centre $1+i$ et de rayon 1.

Appliquons la relation (7) pour $i = n - 2$

$$A_{n-2} = K_{n-2} - \frac{1}{K_{n-3}}$$

d'où l'on voit comme plus haut que A_{n-2} est dans le cercle de centre $1+i$ et de rayon 2, d'où A_{n-2} aurait une des neuf valeurs

$$2,\ 1,\ 2+i,\ 0,\ 1+i,\ i,\ 2+2i,\ 1+2i,\ 2i.$$

Se rappelant que $A_n = 1 + i$ et $A_{n-1} = -2 + 2i$ et se reportant au tableau on voit que

$$A_{n-2} = 2 + 2i.$$

Continuant ce raisonnement on voit que l'on aurait

$$A_{n-2h-1} = -2 + 2i \qquad A_{n-2h} = 2 + 2i \quad (h = 0, 1, \ldots)$$

et par suite, en supposant n impair pour fixer les idées

$$K_n = 1 + i + \frac{1}{-2 + 2i +} \left| \frac{1}{2 + 2i +} \right| \cdots + \left| \frac{1}{2 + 2i} \right..$$

Il est facile de calculer les réduites successives de ce développement.

On trouve, en appelant $\frac{P'_i}{Q'_i}$ la réduite d'ordre i :

$$P'_{2i} = (-1)^i (1 + i) \frac{\sqrt{2}}{4} [(\sqrt{2} + 1)^{2i+1} + (\sqrt{2} - 1)^{2i-1}]$$

$$Q'_{2i} = (-1)^i \frac{(\sqrt{2} + 1)^{2i+1} + (\sqrt{2} - 1)^{2i+1}}{2}$$

$$P'_{2i-1} = (-1)^i \frac{(\sqrt{2} + 1)^{2i} + (\sqrt{2} - 1)^{2i}}{2}$$

$$Q'_{2i-1} = (-1)^i (1 - i) \frac{\sqrt{2}}{4} [(\sqrt{2} + 1)^{2i} - (\sqrt{2} - 1)^{2i}]$$

c'est-à-dire, pour toute valeur de k

$$\left| \frac{P_k}{Q_k} \right| = \frac{(\sqrt{2} + 1)^{k+1} + (\sqrt{2} - 1)^{k+1}}{(\sqrt{2} + 1)^{k+1} - (\sqrt{2} + 1)^{k+1}}.$$

Or

$$K_n = \frac{P'_{n-1}}{Q'_{n-1}}.$$

Donc

$$| K_n | = \frac{(\sqrt{2} + 1)^n + (\sqrt{2} - 1)^n}{(\sqrt{2} + 1)^n - (\sqrt{2} - 1)^n}$$

quantité évidemment plus grande que 1, ce qui contredit la supposition $| K_n | < 1$. Le théorème est donc démontré (¹).

Si on applique le procédé du commencement du nº **329** à un nombre S non rationnel, on obtient un développement illimité.

(¹) Le développement $1 + i + \frac{1}{-2 + 2i +} \left| \frac{1}{2 + 1i +} \right| \cdots$ prolongé indéfiniment est le développement de $\frac{1 + i}{\sqrt{2}}$.

Ce développement est convergent et sa limite est S. — En effet on a pour toute valeur de n

$$S = \frac{P_n S_n + P_{n-1}}{Q_n S_n + Q_{n-1}}.$$

Donc

$$S - \frac{P_n}{Q_n} = \frac{(-1)^{n-1}}{Q_n(Q_n S_n + Q_{n-1})}.$$

Or $| S_n | \geqslant \sqrt{2}$ et $| Q_{n-1} | < | Q_n |$. Donc

$$| Q_n S_n + Q_{n-1} | > (\sqrt{2} - 1) | Q_n | .$$

Donc

$$\left| S - \frac{P_n}{Q_n} \right| < \frac{1}{(\sqrt{2} - 1) | Q_n |^2}.$$

Or $| Q_n |$ croît indéfiniment, donc $\frac{P_n}{Q_n}$ tend vers S.

331. — Equation $X^2 + Y^2 + Z^2 = 0$.

C'est l'analogue de l'équation $x^2 + y^2 = z^2$ du n° **307.** Mais pour obtenir une forme plus symétrique nous remplaçons Z par iZ et écrivons l'équation $X^2 + Y^2 + Z^2 = 0$.

On voit d'abord que sur les trois valeurs de X, Y, Z il en faut zéro ou deux qui ne soient pas divisibles par $1 - i$ et, en écartant les solutions non primitives c'est le second cas qui se présente. Soit donc X divisible par $1 - i$ et Y, Z, non divisibles.

L'équation s'écrit

$$(X + Yi)(X - Yi) = - Z^2.$$

Or $X + Yi$ et $X - Yi$ sont premiers entre eux car un facteur premier commun diviserait $2X$ et $2iY$ et ne pourrait être que $1 - i$ lequel ne divise pas Z. On a donc :

$$X + Yi = \varepsilon T^2$$
$$X - Yi = - \frac{1}{\varepsilon} U^2$$

ε étant une unité, T et U étant des entiers non divisibles par $1 - i$ et premiers entre eux. D'où

$$X = \frac{1}{2} (\varepsilon T^2 - \frac{1}{\varepsilon} U^2) = \frac{\varepsilon}{2} \left(T^2 - \left(\frac{U}{\varepsilon}\right)^2 \right)$$
$$Y = \frac{1}{2i} (\varepsilon T^2 + \frac{1}{\varepsilon} U^2) = \frac{\varepsilon}{2i} \left(T^2 + \left(\frac{U}{\varepsilon}\right)^2 \right).$$

On peut pour simplifier l'écriture remplacer $\frac{U}{\varepsilon}$ par U. Ensuite on peut supposer que $\varepsilon = 1$ ou i, car si $\varepsilon = -1$ ou $-i$ on n'a qu'à remplacer T et U par iT et iU.

Finalement les solutions primitives sont données par

$$X = i^{\alpha}\frac{T^2 - U^2}{2}, \qquad Y = i^{\alpha-1}\frac{T^2 + U^2}{2}, \qquad Z = i^{\alpha}TU.$$

$(\alpha = 0, 1)$ T et U n'étant pas divisibles par $1 - i$ et étant premiers entre eux.

332. — Impossibilité de l'équation $X^4 + Y^4 = Z^2$.

Lemme. — Si A *est un entier non divisible par* $1 - i$ *on a*

$$\begin{array}{lll} A^2 \equiv 1 \pmod 4 & \text{si} & A \equiv 1 \pmod 2 \\ A^2 \equiv -1 \pmod 4 & \text{si} & A \equiv i \pmod 2 \\ A^4 \equiv 1 \pmod 8 & & \text{dans tous les cas.} \end{array}$$

Car si $A = 2H + 1$ on a

$$A^2 = 4(H^2 + H) + 1 \quad \text{et} \quad A^4 = 8[2(H^2 + H)^2 + H^2 + H] + 1$$

si $A = 2H + i$ on a

$$A^2 = 4(H^2 + iH) - 1 \quad \text{et} \quad A^4 = 8[2(H^2 + iH)^2 - H^2 - iH] + 1$$

Revenons à $X^4 + Y^4 = Z^2$. On peut se borner aux solutions primitives (même démonstration qu'au n° **309**). Alors les valeurs des trois inconnues ne sont pas toutes divisibles par $1 - i$. Il est impossible aussi qu'aucune d'elles ne soit divisible par $1 - i$, car en transformant l'équation en congruence (mod 2) il viendrait

$$2 \equiv 1 \pmod 2.$$

Enfin il est évidemment impossible que deux des valeurs des inconnues soient divisibles par $1 - i$ et que la troisième ne le soit pas. Il y en a donc une et une seule qui est divisible par $1 - i$. Ce ne peut être Z. Car supposons pour un instant $Z = (1 - i)^{\alpha}Z'$ avec $Z' \not\equiv 0 \pmod{1 - i}$.

En transformant l'équation en congruence (mod 8) il vient

$$2 \equiv (1 - i)^{2\alpha}Z'^2 \pmod 8,$$

ou

$$2 \equiv 2^{\alpha}(-i)^{\alpha}Z'^2 \pmod 8.$$

ou

$$1 \equiv 2^{\alpha-1}(-i)^{\alpha} \pmod 4.$$

Ceci exige d'abord que $\alpha = 1$, puis

$$1 \equiv -iZ'^2 \pmod 4$$

d'où

$$1 \equiv \pm i \pmod 4$$

ce qui n'est pas.

Ainsi l'un des nombres X ou Y est divisible par $1 - i$. Supposons que ce soit X, posons $X = (1 - i)^n X'$, puis changeons de notation, mettons X à la place de X'; il viendrait l'équation

$$(1 - i)^{4n} X^4 + Y^4 = Z^2$$

ou

$$(-4)^n X^4 + Y^4 = Z^2.$$

aucun des nombres X, Y, Z n'étant divisible par $1 - i$.

Nous allons traiter l'équation plus générale

$$\varepsilon . 4^n X^4 = Z^2 - Y^4 \tag{8}$$

ε étant ± 1 ou $\pm i$.

Je dis d'abord que $Z \equiv 1 \pmod 2$. En effet, dans le cas contraire, on aurait $Z \equiv i \pmod 2$ et l'équation (8) tranformée en congruence (mod 4) donnerait

$$0 \equiv -1 - 1 \pmod 4$$

ce qui n'est pas.

Je dis maintenant que $n > 1$. En effet soit $Z = 2T + 1$. Alors

$$Z^2 = 4T(T + 1) + 1.$$

L'un des deux entiers T ou T + 1 est divisible par $1 - i$. Donc

$$Z^2 \equiv 1 \pmod{(1 - i)^5}.$$

Quant à Y^4 il est congru à 1 (mod 8). On voit ainsi que le second membre de l'équation (8) est divisible par $(1 - i)^5$. Donc le premier aussi et, par suite, $n > 1$.

Maintenant l'équation s'écrit :

$$\varepsilon . 4^n X^4 = (Z - Y^2)(Z + Y^2). \tag{9}$$

Le plus grand commun diviseur de $Z - Y^2$ et $Z + Y^2$ divise $2Z$ et $2Y^2$ ce ne peut être que $1 - i$ ou 2. En fait puisque Z et Y^2 sont congrus à 1 (mod 2) on voit que ce plus grand commun diviseur est 2. L'équation (9) donne alors, soit :

$$\begin{cases} Z - Y^2 = \eta \,.\, 2 \,.\, U^4 \\ Z + Y^2 = \eta_1 2^{2n-1} V^4 \end{cases}$$

soit :

$$\begin{cases} Z - Y^2 = \eta_1 \,.\, 2^{2n-1} V^4 \\ Z + Y^2 = \eta \,.\, 2 \,.\, U^4 \end{cases}$$

η et η_1 étant des unités. Mais le second système se déduisant du premier par le changement de Y en iY on peut se borner au premier. Il donne :

$$Y^2 = \eta_1 2^{2n-2} V^4 - \eta U^4.$$

Transformée en congruence (mod 4) cette équation donne :

$$\eta = \pm 1.$$

Donc on a : soit

$$\eta_1 2^{2n-2} V^4 = Y^2 - U^4. \tag{10}$$

soit

$$\eta_1 2^{2n-2} V^4 = Y^2 + U^4.$$

Mais la seconde équation se déduit de la première par le changement de η_1 en $-\eta_1$ et de Y en iY. On peut donc se borner à la première (10).

Or cette équation (10) est de même forme que la proposée mais n est remplacé par $n - 1$. En continuant de la même façon on arriverait donc à une équation toujours de même forme mais où n serait égal à 1. Or nous avons vu que c'est impossible.

Remarque. — Ce résultat contient celui du n° **309** comme cas particulier puisque le corps C(i) contient le corps C(1).

NOTES ET EXERCICES

I. — Si un entier réel est divisible par un entier complexe $a + bi$ n'ayant pas de diviseur réel autre que ± 1, il est aussi divisible par $a^2 + b^2$.

II. — Pour un entier réel a on a un système complet (mod a) par les entiers $x + yi$ ou $x, y = 0, 1, \dots |a| - 1$.

Pour un entier complexe $a + bi$ sans facteur réel autre que ± 1, on a un système complet (mod $a + bi$) par les entiers

$$0, 1, 2, \dots a^2 + b^2 - 1,$$

III. — Soit P un nombre premier du corps C(i), dans le développement de $(x + y)^{\mathfrak{N}(P)}$ tous les coefficients sauf ceux de $x^{\mathfrak{N}(P)}$ et de $y^{\mathfrak{N}(P)}$ sont divisibles par P.

En déduire une démonstration du théorème de Fermat (cf. n° **2**).

IV. — Chercher les généralisations possibles, pour les entiers complexes, des notes et exercices des chapitres I et II.

V. — Dans l'équation $X^2 + Y^2 + Z^2 = 0$, si l'on pose

$$X = x + ix' \qquad Y = y + iy' \qquad Z = z + iz'$$

$x, x', \dots$ étant réels on obtient le système

$$\begin{cases} x^2 + y^2 + z^2 = x'^2 + y'^2 + z'^2 \\ xx' + yy' + zz' = 0. \end{cases}$$

Le n° **331** donne donc la solution de ce système diophantien en entiers réels.

Il faut d'ailleurs remarquer que les solutions non primitives de l'équation peuvent donner des solutions primitives du système.

Ce système a une interprétation géométrique simple : *Dans un réseau trirectangulaire cubique trouver les ensembles de trois sommets formant un triangle rectangle isocèle.*

CHAPITRE XXVII

ARITHMÉTIQUE DANS LE CORPS $C(i\sqrt{3})$ [1]

333. — Il semblerait maintenant naturel d'étudier les nombres $x + yi\sqrt{3}$ (x, y entiers) par analogie avec les entiers $x + yi$ du chapitre précédent. On établirait facilement les résultats analogues à ceux des nos **313** et **314**, mais la théorie de la division (no **315**) ne s'appliquerait plus. Car en cherchant à la répéter on serait amené à la question suivante : *Étant donnés les nombres rationnels p et q, déterminer les entiers x, y, tels que*

$$(p - x)^2 + 3(q - y)^2 < 1.$$

Mais cela n'est pas toujours possible car si $p = m + \frac{1}{2}$ et $q = n + \frac{1}{2}$ (m, n, entiers), la plus petite valeur possible de

$$(m + \frac{1}{2} - x)^2 + 3(n + \frac{1}{2} - y)^2$$

s'obtient pour $x = m$ $y = n$ et elle est égale à 1. On ne peut donc poursuivre dans le même sens et on ne peut établir de cette façon une théorie analogue à celle des nombres premiers.

D'ailleurs il est visible qu'une telle théorie ne peut être établie d'aucune façon parce que, si elle pouvait l'être, on en déduirait la théorie du plus grand commun diviseur et celle des nombres premiers, et par suite les nombres $x + yi\sqrt{3}$ obéiraient aux mêmes lois de divisibilité que les entiers ordinaires ou ceux du corps $C(i)$. Or cela n'est pas comme on le voit sur l'exemple suivant.

(1) Jacobi. *Ges. Werke*, t. VI, p. 233 et 275.

On a

$$(1+i\sqrt{3})\,(1-i\sqrt{3}) = 2.2.$$

Or on s'assure par tâtonnements, que chacun des facteurs

$$(1+i\sqrt{3}),\quad 1-i\sqrt{3},\quad 2,$$

n'est divisible que par lui-même ou par une unité, ces dernières étant ± 1. On a ainsi deux produits formés de facteurs qui devraient être appelés premiers, ces deux produits étant égaux sans que les facteurs de l'un soient associés de ceux de l'autre.

Renonçant, pour le moment à étudier cet ensemble de nombres [1] nous allons étudier l'ensemble des nombres

$$x + y\,\frac{-1+i\sqrt{3}}{2},$$

où x et y sont des entiers ordinaires. Cet ensemble comprend le précédent, car $x + yi\sqrt{3} = (x+y) + 2y\,\frac{-1+i\sqrt{3}}{2}$, et dans ce nouvel ensemble nous trouverons une théorie absolument analogue à celle des entiers ordinaires, ou à celle des entiers du corps $C(i)$.

Ces nombres $x + y\,\frac{-1+i\sqrt{3}}{2}$ appartient au corps $C(i\sqrt{3})$ et nous les appellerons les nombres *entiers* de ce corps.

On peut encore les définir de la façon suivante : *Un nombre entier du corps* $C(i\sqrt{3})$ *est un nombre appartenant à ce corps et qui satisfait à une équation du second degré à coefficients entiers dont le premier coefficient est* 1.

En effet soit l'entier $X = x + y\,\frac{-1+i\sqrt{3}}{2}$. Il satisfait à l'équation

$$X^2 - (2x-y)X + x^2 - xy + y^2 = 0$$

qui est bien de la forme indiquée.

Réciproquement soit une équation de la forme indiquée

$$X^2 + pX + q = 0.$$

Les racines sont $\frac{-p \pm \sqrt{p^2-4q}}{2}$. Pour que l'une d'elles appar-

(1) Nous le ferons plus loin (Chap. XXXI).

tienne au corps $C(i\sqrt{3})$ (et alors l'autre y appartient aussi) il faut et suffit que

$$(1) \qquad p^2 - 4q = -3m^2$$

(m entier) ; alors ces racines sont

$$\frac{-p + \varepsilon i m\sqrt{3}}{2} \quad \text{ou} \quad \frac{\varepsilon m - p}{2} + \varepsilon m\left(\frac{-1 + i\sqrt{3}}{2}\right).$$

Mais p et m sont de même parité, à cause de (1), donc ces racines sont bien de la forme $x + y\frac{-1 + i\sqrt{3}}{2}$.

En développant la théorie de ces entiers nous verrons qu'ils sont en rapport avec celle des formes quadratiques de déterminant -3, de même que les entiers du corps $C(i)$ sont en rapport avec les formes quadratiques de déterminant -4.

Nous désignerons dans ce qui va suivre l'entier $\frac{-1 + i\sqrt{3}}{2}$ par j et par conséquent les entiers du corps $C(i\sqrt{3})$ par $x + yj$. D'ailleurs le corps $C(i\sqrt{3})$ est identique au corps $C(j)$.

Le nombre conjugué de j est $\bar{j} = \frac{-1 - i\sqrt{3}}{2}$. Les nombres j et $\bar{j}$ sont les racines de l'équation $X^2 + X + 1 = 0$.

Remarquons les relations

$$j + \bar{j} = -1 \qquad j\bar{j} = 1 \qquad j^2 = \bar{j} \qquad \bar{j}^2 = j \qquad j^3 = \bar{j}^3 = 1.$$

Le conjugué de $x + yj$ est $x + y\bar{j}$.

La norme d'un nombre $x + yj$ est par définition

$$\mathfrak{N}(x + yj) = (x + yj)(x + y\bar{j}) = x^2 - xy + y^2.$$

Les résultats des nos **312** et **313** s'appliquent.

334. — Pour voir que l'algorithme de la division s'applique on est ramené à démontrer qu'étant donné un nombre $p + qj$, (p, q, réels quelconque) on peut toujours déterminer un nombre entier $x + yj$ tel que

$$\mathfrak{N}(p + qj - (x + yj)) < 1$$

ou

$$(p - x)^2 - (p - x)(q - y) + (q - y)^2 < 1.$$

Or cette inégalité peut s'écrire

$$(2) \qquad \left[(p-x)-\frac{(q-y)}{2}\right]^2+\frac{3}{4}(q-y)^2<1.$$

On choisira d'abord y par la condition

$$|q-y|\leqslant\frac{1}{2}$$

puis x par la condition

$$\left|p-x-\frac{q-y}{2}\right|\leqslant\frac{1}{2}.$$

Alors le premier membre de l'inégalité sera au plus égal à $\frac{1}{4}+\frac{3}{16}$, quantité plus petite que 1.

Le résultat précédent peut s'obtenir par une représentation géométrique.

Le nombre $j=\frac{-1+\sqrt{3}}{2}$ est représenté par le point de coordonnées $\frac{-1}{2}$, $\frac{\sqrt{3}}{2}$ dans un système d'axes rectangulaires Ox, Oy, et les entiers $x+yj$ par les sommets du réseau construit sur les points 0, 1, j.

On peut encore dire : considérons un système d'axes xoy' ou $\widehat{xoy'}=\frac{2\pi}{3}$. Le point $x+yj$ est représenté dans ce système par le point de coordonnées x, y.

Si un nombre a comme affixe un point M, sa norme est égale à $\overline{OM}^2$.

Si deux nombres ont comme affixes M et M', la norme de leur différence est égale à $\overline{MM'}^2$.

Le problème posé plus haut revient alors, étant donné un point M du plan à trouver un sommet de réseau qui en soit distant de moins de 1.

Or, si l'on trace de chaque sommet de réseau comme centre un cercle de rayon 1, on voit que tout point du plan se trouve au moins dans trois de cercles.

335. Unités. Nombres associés. — La définition des unités est la même qu'au n° 314. Pour qu'un nombre soit une unité il faut et il suffit qu'il divise 1. Pour qu'un nombre soit une unité il faut et il suffit que sa norme soit 1. Pour trouver les unités $x+yj$ il faut donc résoudre l'équation :

$$x^2 - xy + y^2 = 1.$$

Elle s'écrit :

$$(2x - y)^2 + 3y^2 = 4.$$

Elle a comme solutions :

$$\begin{array}{lllll} x = \pm 1 & x = 0 & x = 1 & x = 0 & x = -1 \\ y = 0 & y = 1 & y = 1 & y = -1 & y = -1 \end{array}$$

d'où les six unités

$$\pm 1, \quad \pm j, \quad \pm (1 + j)$$

ou encore

$$\pm 1, \quad \pm j, \quad \pm \bar{j}$$

ou encore

$$\pm 1, \quad \pm j, \quad \pm j^2.$$

On remarquera que ce sont les puissances successives de $-j$. Car

$$(-j)^1 = -j, (-j)^2 = j^2, (-j)^3 = -1, (-j)^4 = j$$
$$(-j)^5 = -j^2, (-j)^6 = 1.$$

On dit que deux nombres sont associés lorsque leur rapport est une unité. On voit alors que tout entier $a + bj$ a 6 associés qui sont :

$$a + bj, \quad -a - bj, \quad -b + (a - b)j, \quad b - (a - b)j, \quad b - a - aj,$$
$$-b + a + aj.$$

Deux nombres associés ont les mêmes diviseurs et les mêmes multiples.

336. Représentation géométrique des multiples d'un nombre $a + bj$. — Soit A l'affixe de $a + bj$; celle de $j(a + bj)$ s'obtient en faisant tourner A de $\frac{2\pi}{3}$ autour de O, soit A'. Alors les affixes des nombres $(x + yj)(a + bj)$ sont les sommets du réseau construit sur le parallélogramme dont O, A, A' sont trois sommets. Ce réseau reste identique à lui-même quand on le fait tourner de $0, \frac{\pi}{3}, \frac{2\pi}{3}, \pi, \frac{4\pi}{3}, \frac{5\pi}{3}$ autour de O.

337. Plus grand commun diviseur. — Théorie identique à celle développée pour les entiers ordinaires et pour ceux du corps $C(i)$.

Il y a 6 entiers, associés entre eux, qui peuvent jouer le rôle de plus grand commun diviseur d'entiers donnés. On choisira celui qui est dans le domaine Δ limité par les deux demi-droites D et D′ faisant avec Ox des angles $+\frac{\pi}{6}$ et $-\frac{\pi}{6}$, la première exclue, la seconde incluse.

Les nombres de ce domaine Δ sont deux à deux imaginaires conjugués sauf ceux qui sont sur la demi-droite D′. Ces derniers sont de la forme $a - aj$.

On trouve facilement les conditions pour que $a + bj$ appartienne au domaine Δ, à savoir :

$$2a - b > 0$$
$$-2a \leqslant 2b < a.$$

Tout ce qu'on a dit aux n^{os} **315** et **316** s'applique encore ici.

338. Ensemble complet, mod $a + bj$. — Même définition qu'au n° **313**.

On est amené aux conditions

$$\left.\begin{aligned}(a - b)x + by &\equiv (a - b)x' + by' \\ bx - ay &\equiv \quad bx' - ay'\end{aligned}\right\} \bmod (a^2 - ab + b^2).$$

Ici

$$m = a^2 - ab + b^2$$
$$r = 2$$
$$e_1 = D(a,b)$$
$$e_2 = \frac{a^2 - ab + b^2}{D(a,b)}.$$

Le nombre d'éléments d'un système complet, mod $a + bj$ est donc

$$\frac{(a^2 - ab + b^2)^2}{D(a,b) \times \frac{(a^2 - ab + b^2)^2}{D(a,b)}}$$

ou

$$a^2 - ab + b^2.$$

c'est-à-dire égal à $\mathfrak{N}(a + bj)$.

On peut retrouver ce résultat par la représentation géométrique.

Si l'on construit un parallélogramme équipollent à celui du n° **336** et dont aucun côté ne passe par un point du réseau, quelconque d'ailleurs, les points à l'intérieur de ce parallélogramme sont les affixes d'un système complet (mod $a + bj$). Leur nombre est égal à la surface de ce parallélogramme évaluée en prenant comme unité le parallélogramme élémentaire du réseau, c'est $a^2 - ab + b^2$.

Les résultats des n^os **318** et **319** s'appliquent sans modifications.

339. Nombres premiers absolus. — On appelle nombre premier dans le corps $C(j)$ un entier qui appartient au domaine Δ, et qui n'a d'autre diviseur appartenant à ce domaine que lui-même et le nombre 1. Il en résulte qu'il n'a d'autres diviseurs que lui-même, ses associés, et les unités.

Réciproquement, tout entier du corps $C(j)$ qui n'est divisible que par lui-même, ses associés et les unités, est premier s'il appartient au domaine Δ, associé d'un nombre premier s'il n'appartient pas au domaine Δ.

Tout entier du corps $C(j)$ *est décomposable, et cela d'une seule manière en un produit de la forme*

$$(-j)^{\lambda}\, P^{\alpha}\, Q^{\beta}\, R^{\gamma} \ldots$$

P, Q, R, ... *étant des facteurs premiers.*

α, β, ... *étant des exposants positifs.*

λ *étant égal à* 0, 1, 2, 3, 4 ou 5.

340. Les nombres premiers du corps C(j) déduits des nombres premiers ordinaires. — Nous allons chercher successivement les nombres premiers du corps $C(j)$:

1° Qui sont réels ; 2° qui sont sur OD′ ; 3° qui ne sont ni réels ni sur OD′.

1° *Nombres premiers réels du corps* $C(j)$. Il ne sont à chercher que dans les nombres premiers du corps $C(1)$.

Théorème. — *Les nombres premiers dans le corps* $C(1)$ *qui sont représentables par la forme* $a^2 - ab^2 + b^2$ *ne sont pas premiers dans le corps* C (1). *Réciproquement les nombres premiers dans le corps* C(1) *qui ne sont pas premiers dans le corps* C(j) *sont représentables par la forme* $a^2 - ab + b$.

Soit :

$$p = a^2 - ab + b^2, \quad \text{d'où} \quad p = (a + bj)(a + bj^2).$$

Aucun des deux facteurs $a + bj$, $a + bj^2$, n'est une unité ni un associé de p, puisque leur norme est p. Donc p n'est pas premier.

Réciproquement, supposons que p ne soit pas premier dans le corps C(j). Il aura un facteur qui ne sera ni lui-même, ni un de ses associés, ni une unité, et qui sera nécessairement imaginaire ; soit $a + bj$. Alors

$$p = (a + bj)(c + dj).$$

Le facteur $c + dj$ sera lui-même différent de p, de ses associés et des unités.

Prenant les normes des deux membres de l'égalité, il vient :

$$p^2 = (a^2 - ab + b^2)(c^2 - cd + d^2).$$

Aucun des facteurs du second membre n'est égal à 1, cette égalité exige donc que

$$p = a^2 - ab + b^2 = c^2 - cd + d^2.$$

2° *Nombres premiers qui sont sur* OD′. Les entiers qui sont sur OD′ sont de la forme $a - aj$. Le seul qui puisse être premier est $1 - j$. Il l'est effectivement car sa norme est 3, il ne peut donc être divisible que par des entiers de norme 1 ou 3, c'est-à-dire par les unités, ou par les nombres

$$1 - j, \quad -1 + j, \quad 2 + j, \quad -2 - j, \quad 1 + 2j, \quad -1 - 2j.$$

Or, ces derniers sont les associés de $1 - j$.

3° *Nombres premiers qui ne sont ni réels ni sur* OD′. Soit $a + bj$ un tel nombre.

On voit d'abord que $a - bj$ est premier aussi, ensuite que $a^2 - ab + b^2$ est premier dans le corps C (1) de sorte que : *si un entier* $a + bj$ *est premier dans le corps* C(j), *sa norme est un nombre premier dans le corps* C (1) *et représentable par la forme* $a^2 - ab + b^2$.

Réciproquement soit p un nombre premier dans le corps $C(1)$ et représentable par la forme $a^2 - ab + b^2$. Alors $a + bj$ est premier.

Résumé. — Les nombres premiers du corps $C(j)$ sont :

1° *Les nombres premiers ordinaires qui ne sont pas représentables par la forme* $a^2 - ab + b^2$;

2° *Le nombre* $1 - j$;

3° *Les nombres* $a + bj$ *appartenant au domaine* Δ *et dans lesquels* $a^2 - ab + b^2$ *est un nombre premier ordinaire.* Ces derniers sont conjugués deux à deux.

341. — Reste à déterminer les nombres premiers ordinaires qui sont de la forme $a^2 - ab + b^2$. On a vu au n° **206** que à part 2 et 3 ce sont ceux de la forme $6h + 1$. Un tel nombre a six représentations, l'une d'elles étant $a^2 - ab + b^2$ les autres sont :

$$
\begin{aligned}
& b^2 - b(b - a) + (b - a)^2 \\
& (b - a)^2 - (b - a)(-a) + (-a)^2 \\
& (-a)^2 - (-a)(-b) + (-b)^2 \\
& (-b)^2 - (-b)(a - b) + (a - b)^2 \\
& (a - b)^2 - (a - b)\,a + a^2
\end{aligned}
$$

d'où les six entiers

$$a + bj, \quad b + (b - a)j, \quad b - a - aj, \quad -a - bj, \quad -b + (a - b)j, \quad a - b + aj$$

qui sont associés.

Mais deux seulement de ces entiers appartiennent au domaine Δ ; ils sont conjugués.

Ainsi

$$7 = 3^2 - 3.1 + 1^2 \qquad \text{donne } 3 + j \text{ et } 3 + \bar{j}.$$

$$19 = 5^2 - 5.2 + 2^2 \qquad \text{donne } 5 + 2j \text{ et } 5 + 2\bar{j}, \text{ etc.}$$

Quant à 3, il n'est pas premier, car $3 = (1 - j)(1 - \bar{j})$; 2 est premier, car il ne peut se mettre sous la forme $a^2 - ab + b^2$.

D'ailleurs les résultats précédents peuvent se démontrer sans faire appel à la théorie des formes quadratiques, de la façon suivante :

1° *Un nombre premier ordinaire de la forme* $6h - 1$ *n'est pas représentable par la forme* $a^2 - ab + b^2$.

Car l'égalité $p = a^2 - ab + b^2$ transformée en congruence (mod 3) est alors impossible.

2° *Le nombre premier 3 est représentable par la forme* $a^2 - ab + b^2$.

Car $3 = 1^2 - 1(-1) + (-1^2)$.

3° *Un nombre premier ordinaire de la forme* $6h + 1$ *est représentable par la forme* $a^2 - ab + b^2$.

Soit p un tel nombre. La congruence

$$x^{p-1} \equiv 1 \pmod p$$

admet les $p - 1$ solutions $x = 1, 2, \dots p - 1$, et de plus la solution $x = j$ car $(j)^{p-1} = (j)^{6h} = 1$. Donc p n'est pas premier, etc.

342. Indicateur. — La définition est la même qu'au n° **323**. Le résultat est le même. L'indicateur d'un entier N est

$$\psi(N) = \mathfrak{N}(N)\left(1 - \frac{1}{\mathfrak{N}(P)}\right)\left(1 - \frac{1}{\mathfrak{N}(Q)}\right)\dots$$

P, Q, ..., étant les facteurs premiers de N. Toute la suite du n° **323** se généralise pour le corps $C(j)$.

343. Théorème de Fermat et d'Euler. — L'énoncé, la démonstration et les conséquences sont les mêmes que dans le corps $C(i)$ (nos **324** à **326**). En particulier on définit l'exposant, par rapport à un module N, d'un entier A premier à N. C'est un diviseur de $\psi(N)$. Quel que soit N, le nombre 1 appartient à l'exposant 1, le nombre -1 à l'exposant 2, les nombres j et $\bar{j}$ à l'exposant 3, les nombres $-j$ et $-\bar{j}$ à l'exposant 6, sauf pour des valeurs particulières de N faciles à énumérer.

L'étude du groupe des classes d'entiers relativement à un module P^α se fait comme dans le corps $C(i)$. Il y a des racines primitives si $\alpha = 1$.

Si $\alpha > 1$ il y a deux cas à considérer. Si P est complexe il y a des racines primitives pour P^α. Si P est réel il n'y en a pas, le rang de groupe est 2, les invariants sont $p^{\alpha-1}$ et $(p^2 - 1)\,p^{\alpha-1}$.

Il y a exception pour 2^α.

On étudie facilement ce cas, puis le cas général d'un module quelconque.

344. Analyse diophantienne du second degré à une inconnue — Quels que soient les nombres réels a et b, $a + bj$ a deux racines carrées qui sont : $x + yj$, y étant l'une des deux valeurs $\sqrt{\dfrac{-2a + b + 2\sqrt{a^2 - ab + b^2}}{3}}$ et x étant égal à $\dfrac{y^2 + b}{2y}$.

On peut donc facilement reconnaître si un entier $a + bj$ est carré parfait.

On en déduit la solution de l'équation la plus générale du second degré.

345. Congruences du 2e degré à une inconnue. — *Congruence* $X^2 \equiv A \pmod 2$. Il y a quatre restes possibles (mod 2), à savoir 0, 1, j, $1 + j$ qui élevés au carré donnent respectivement (mod 2), 0, 1, $1 + j$, j.

Donc la congruence $X^2 \equiv A \pmod 2$ a toujours une solution et une seule.

Congruence $X^2 \equiv A$ (*mod* P) (P *premier* $\not\equiv 2$). Si $A \equiv 0$ il y a une solution $X \equiv 0$. Si $A \not\equiv 0$ il y a deux solutions, égales mais de signes contraires si A est reste quadratique de P. Les théorèmes du n° **36** et la définition du caractère quadratique s'appliquent.

Les unités 1, j, -1, $-j$ sont restes quadratiques de tout module premier car ce sont des carrés parfaits.

346. Théorie des fractions continuelles dans le corps C(j) (1). — Considérons les hexagones réguliers ayant pour centres les affixes des entiers du corps C(j), pour rayon $\frac{1}{\sqrt{3}}$ et ayant deux côtés parallèles à Ox. Nous conviendrons que si l'on divise le contour d'un de ces hexagones par une parallèle à Oy passant par son centre, il n'y a que la partie de gauche du contour, non compris le point le plus haut, qui fasse partie de l'hexagone. Les hexagones ainsi formés recouvrent tout le plan, sans lacunes, et une seule fois, c'est-à-dire que tout point du plan se trouve dans un de ces hexagones et dans un seul.

Ceci posé nous définirons l'entier $a + bj$ le *plus approché* d'un

(1) Hurwitz, *Act. mat.*, 11 (1887-1888) p. 197.

nombre quelconque $s + tj$ en disant que c'est le centre de l'hexagone dans lequel se trouve $s + tj$.

On définit alors le développement en fraction continuelle absolument comme pour le corps $C(i)$. La quantité $S_{n-1} - A_{n-1}$ est dans l'hexagone H, d'où l'on déduit que la quantité $S_n = \frac{1}{S_{n-1} - A_{n-1}}$ est dans la région R extérieure aux six cercles de rayon 1 ayant pour centres les affixes des six unités (ou sur une partie du contour de R facile à préciser). On en déduit $|S_n| \geqslant \sqrt{3}$.

Il y a certaines suites de valeurs que ne peuvent pas prendre les A_n, en particulier si A_n est égal à -2 ou à $2j$ ou à $-1 + j$, A_{n+1} ne peut être égal à $2 + j$. On démontre alors comme au nº **330** que les dénominateurs des réduites vont en croissant, etc.

347. Equation $X^3 + Y^3 = Z^3$ dans le corps $C(j)$. — Nous allons montrer que cette équation n'a pas d'autres solutions que celles où l'une des trois inconnues a la valeur zéro. Ce sera une généralisation du résultat du nº **310.**

Nous donnons à l'équation la forme plus symétrique

$$X^3 + Y^3 + Z^3 = 0$$

en remplaçant Z par $-$ Z.

Lemme 1. — Quand un entier A n'est pas divisible par $1 - j$, l'un des trois entiers A, Aj, $A\bar{j}$ est tel que le coefficient de j soit divisible par 3.

Soit :

$$A = a + bj.$$

Alors

$$Aj = -b + (a - b)j$$
$$A\bar{j} = -a + b - aj.$$

Si dans aucun de ces trois entiers le cœfficient de j n'était divisible par 3, on aurait

$$a \equiv \varepsilon, \qquad b \equiv -\varepsilon \pmod 3$$

ε étant $+$ ou -1. Alors $a + bj$ serait divisible par $1 - j$.

Lemme II. — Le cube de tout entier du corps $C(j)$ *est congru (mod 3) à un entier réel.*

En effet

$$(a+bj)^3 \equiv a^3 + b^3 \pmod 3.$$

Lemme III. — Quand un entier du corps $C(j)$ *est congru (mod* $1-j$*) à* ε $(\varepsilon = \pm 1)$*, son cube est congru (mod* $(1-j)^3$*) à* ε*.*

Soit :

$$A = \varepsilon + B(1-j).$$

On a

$$A^3 = \varepsilon + (1-j)^3\left[-j^2B - \varepsilon j^2B^2(1-j) + B^3\right].$$

Ces lemmes étant démontrés,

1° *Si l'égalité* $X^3 + Y^3 + Z^3 = 0$ *est satisfaite, l'un des trois entiers* X, Y, Z *est divisible par* $1-j$*.*

En effet, comme 0, $+1$ et -1 forment un système complet (mod $1-j$), si aucun des trois entiers X, Y, Z n'était divisible par $1-j$ on aurait

$$X \equiv \varepsilon \quad Y \equiv \varepsilon' \quad Z \equiv \varepsilon'' \pmod{1-j}$$

ε, ε' ε'' étant égaux à ± 1. Alors d'après le lemme III on aurait :

$$\varepsilon + \varepsilon' + \varepsilon'' \equiv 0 \pmod{(1-j)^3}.$$

Or $\varepsilon + \varepsilon' + \varepsilon''$ ne peut être égal qu'à ± 1, ± 3 et la congruence n'est pas vérifiée.

2° Soit donc Z celui des trois entiers X, Y, Z qui est divisible par $1-j$.

Alors au lieu de Z, écrivons $(1-j)^m Z$ $(m > 0)$, l'équation devient :

$$X^3 + Y^3 + (1-j)^{3m}Z^3 = 0.$$

Nous discuterons l'équation plus générale

$$X^3 + Y^3 = e(1-j)^{3m}Z^3 \tag{3}$$

e étant une unité.

X et Y ne sont pas divisible par $1-j$. On peut d'ailleur, sans changer l'équation remplacer X par Xj ou $X\bar{j}$, et Y par Yj ou $Y\bar{j}$ on peut donc, d'aprés le lemme I supposer que dans X et Y le cœfficient de j soit divisible par 3.

L'équation (3) s'écrit

$$(4) \qquad (X + Y)(X + Yj)(X + Y\bar{j}) = e(1 - j)^{3m}Z^3$$

3° *Chaque facteur du premier membre est divisible par* $1 - j$, *de plus les deux derniers ne sont pas divisibles par* $(1 - j)^2$ *c'est-à-dire par* 3.

En effet le facteur premier $1 - j$ entrant dans le produit $(X + Y)(X + Yj)(X + Y\bar{j})$ entre au moins dans un des facteurs.

Mais comme la différence de deux quelconques de ces facteurs est divisible par $1 - j$, il en résulte que $1 - j$ entre dans chacun d'eux.

De plus $X + Yj$ et $X + Y\bar{j}$ ne sont pas divisibles par 3. En effet, dans X et Y le cœfficient de j est divisible par 3, c'est-à-dire que

$$X = a + 3bj \qquad Y = c + 3dj.$$

Donc

$$X + Yj = a + cj + 3(b + dj)j.$$

Si $X + Yj$ était divisible par 3 ; $a + cj$ le serait aussi, c'est-à-dire que a et c le seraient, donc aussi X et Y ce qui n'est pas.

La démonstration est la même pour $X + Y\bar{j}$.

4° *L'exposant m est plus grand que* 1. En effet

$$X + Y = a + c + 3(b + d)j$$

étant divisible par $1 - j$ c'est que $a + c$ l'est. Comme $a + c$ est réel il est donc divisible par 3. Donc $X + Y$ est divisible par 3. Donc le premier membre de l'équation (4) contient au moins 4 fois le facteur $1 - j$. Donc $m > 1$ (sauf si l'une des inconnues est nulle).

Nous poserons donc :

$$(5) \qquad \begin{cases} X + Y = (1 - j)^{3m-2}e'W^3 \\ X + Yj = (1 - j)e''H^3 \\ X + Y\bar{j} = (1 - j)e'''K^3 \end{cases}$$

e', e'', e''' étant des unités, W, H, K étant des entiers non divisibles par $1 - j$.

De plus W, H, K n'ont pas de facteur premier commun, car un tel facteur diviserait $X + Y$, $X + Yj$, donc aussi $X(1 - j)$ et $Y(1 - j)$, ce qui est impossible puisque ce facteur n'est pas $(1 - j)$ et que X et Y sont premiers entre eux.

Éliminant X et Y entre les équations (5) il vient :

$$H^3 + \frac{e'''}{e''} jK^3 = -\frac{e'}{e''} j^2(1 - j)^{3m-3}W^3$$

ou

$$H^3 + e_1K^3 = e_1'(1 - j)^{3m-3}W^3 \qquad (6)$$

e_1, e'_1 étant encore des unités, m étant plus grand que 1.

Transformée en congruence (mod 3) cette égalité donne, d'après le lemme III

$$e_1 \doteq \pm 1$$

et alors l'équation (6) s'écrit, en changeant s'il le faut K en $-$K :

$$H^3 + K^3 = e_1'(1 - j)^{3(m-1)}W^3$$

équation de même forme que (3), mais où l'exposant m a diminué d'une unité. En recommençant les raisonnements précédents sur cette équation on arrive à une équation de même forme où $m = 1$. Alors l'une des inconnues est forcément nulle et, en remontant la suite des transformations, on voit qu'il en est de même de l'une des inconnues X, Y, Z.

On remarquera que, non seulement ce résultat est plus général que celui du nº 310, mais que sa démonstration est plus simple.

CHAPITRE XXVIII

THÉORIE GÉNÉRALE DES CORPS QUADRATIQUES ENTIERS. UNITÉS

348. — Les nombres quadratiques ont été définis au Chapitre V. Ce sont les nombres $p + q\sqrt{m}$ (p, q, rationnels, m entier non carré). L'ensemble de ceux de ces nombres dans lequel m est le même s'appelle le *corps* $C(\sqrt{m})$. Toute combinaison rationnelle de nombres du corps $C(\sqrt{m})$ appartient à ce corps.

Aux chapitres XXV, XXVI et XXVII, nous avons étudié au point de vue arithmétique deux corps quadratiques particuliers, les corps $C(\sqrt{-1})$ et $C(\sqrt{-3})$. Nous avons montré l'analogie qu'il y a entre l'arithmétique de ces corps et celle du corps des nombres rationnels ordinaires $C(1)$. Nous avons aussi montré les rapports qu'il y a entre la théorie arithmétique du corps $C(\sqrt{-1})$ et celle des formes quadratiques de déterminant -4, entre la théorie arithmétique du corps $C(\sqrt{-3})$ et celle des formes quadratiques de déterminant -3.

Ce sont ces analogies et ces rapports que nous allons maintenant développer dans l'arithmétique des corps quadratiques en général.

On distingue les corps quadratiques *réels* correspondant au cas de $m > 0$, et les corps quadratiques *imaginaires* correspondant au cas de $m < 0$.

On supposera toujours que m n'a pas de facteur carré. Si en effet on avait $m = m'm''^2$, le corps $C(\sqrt{m})$ se confondrait avec le corps $C(\sqrt{m'})$.

Les quatre opérations rationnelles sur les nombres du corps

$C(\sqrt{m})$ sont définis par les égalités

$$p + q\sqrt{m} + p' + q'\sqrt{m} = p + p' + (q + q')\sqrt{m}$$
$$p + q\sqrt{m} - (p' + q'\sqrt{m}) = p - p' + (q - q')\sqrt{m}$$
$$(p + q\sqrt{m})(p' + q'\sqrt{m}) = pp' + mqq' + (pq' + p'q)\sqrt{m}$$
$$\frac{p + q\sqrt{m}}{p' + q'\sqrt{m}} = \frac{pp' - mqq'}{p'^2 - mq'^2} - \frac{pq' - p'q}{p'^2 - mq'^2}\sqrt{m}.$$

Les nombres $p + q\sqrt{m}$ et $p - q\sqrt{m}$ sont dits conjugués.

La *norme* du nombre $p + q\sqrt{m}$ est le nombre $p^2 - mq^2$, c'est le produit de $p + q\sqrt{m}$ par son conjugué. Nous la désignerons par $\mathfrak{N}(p + q\sqrt{m})$. Deux nombres conjugués ont la même norme. La norme d'un nombre est toujours réelle. Elle est évidemment nulle si le nombre est nul (c'est-à-dire si p et q sont nuls). *Réciproquement : si la norme d'un nombre est nulle, ce nombre est nul.* En effet c'est évident si $m < 0$. C'est encore vrai si $m > 0$, car l'égalité $p^2 - mq^2 = 0$ si p et p n'étaient pas tous les deux nuls donnerait $m = \frac{p^2}{q^2}$, ce qui est impossible puisque m n'est pas carré parfait.

Dans le cas de corps imaginaires, la norme d'un nombre ne peut être négative. On voit immédiatement que : *La norme d'un produit de facteurs est égal au produit des normes des facteurs.*

La norme du rapport de deux nombres est égale au rapport des normes de ces deux nombres.

348. Nombres entiers du corps C ($\sqrt{m}$). Bases. — Un nombre quadratique *entier est un nombre satisfaisant à une équation du second degré à coefficients entiers et dont le premier coefficient est* 1 (1). Pour justifier cette définition il faut remarquer que l'équation du second degré à coefficients rationnels à laquelle satisfait un nombre quadratique $\frac{a + b\sqrt{m}}{c}$ (a, b, c, entiers sans facteur commun) est complètement déterminée si l'on astreint son premier coefficient à être égal à l'unité.

(1) On serait d'abord tenté d'appeler entiers du corps $C(\sqrt{m})$ les nombres $x + y\sqrt{m}$ (x, y, entiers). On a vu (n° 333) comment on a été amené à choisir une autre définition.

En effet

$$x = \frac{a + b\sqrt{m}}{c}$$

satisfait à

$$(1) \qquad x^2 - \frac{2a}{c}x + \frac{a^2 - mb^2}{c^2} = 0$$

et toute autre équation du second degré à coefficients rationnels et ayant comme premier coefficient 1 et à laquelle satisferait $\frac{a + b\sqrt{m}}{c}$ doit être identique à celle-là puisqu'elle a les deux mêmes racines, à savoir $\frac{a + b\sqrt{m}}{c}$ et le nombre conjugué.

Cherchons les entiers du corps $C(\sqrt{m})$. Pour cela écrivons que l'équation (1) a ses coefficients entiers, c'est-à-dire

$$(2) \qquad 2a \equiv 0 \pmod{c}$$
$$(3) \qquad a^2 - mb^2 \equiv 0 \pmod{c^2}.$$

L'équation (2) donne d'abord

$$a = \frac{c\lambda}{2} \qquad (\lambda \text{ entier}).$$

Elle donne aussi :

$$4a^2 \equiv 0 \pmod{c^2}.$$

Donc, par comparaison avec l'équation (3) :

$$4mb^2 \equiv 0 \pmod{c^2}.$$

Or m n'est divisible par aucun carré. Il faut donc que

$$4b^2 \equiv 0 \pmod{c^2}$$

d'où

$$2b \equiv 0 \pmod{c}.$$

On a donc

$$b = \frac{c\mu}{2} \qquad (\mu \text{ entier}).$$

Donc tout entier du corps $C(\sqrt{m})$ est de la forme

$$(4) \qquad \frac{a + b\sqrt{m}}{c} = \frac{\lambda + \mu\sqrt{m}}{2} \qquad (\lambda, \mu, \text{ entiers}).$$

Voyons si, réciproquement, un nombre de cette forme est entier. Le nombre $x = \frac{\lambda + \mu\sqrt{m}}{2}$ satisfait à l'équation

$$x^2 - \lambda x + \frac{\lambda^2 - m\mu^2}{4} = 0.$$

Il sera donc entier si

$$(4) \qquad \lambda^2 - m\mu^2 \equiv 0 \pmod 4.$$

Il faut alors distinguer trois cas

1° $$m \equiv 1 \pmod 4.$$

La condition (4) s'écrit

$$\lambda^2 \equiv \mu^2 \pmod 4$$

c'est-à-dire que *λ et μ doivent être de même parité.*

2° $$m \equiv 2 \pmod 4.$$

La condition (4) s'écrit

$$\lambda^2 \equiv 2\mu^2 \pmod 4$$

d'où l'on tire que *λ et μ doivent être pairs.*

3° $$m \equiv 3 \pmod 4)$$

La condition (4) s'écrit

$$\lambda^2 + \mu^2 \equiv 0 \pmod 4$$

d'où l'on tire encore que λ et μ doivent être pairs (1).

Conclusion. — Si $m \equiv 2$ ou 3 (mod 4), λ et μ dans l'expression (4) doivent être pairs ; en remplaçant λ par $2x$ et μ par $2y$, on a la forme générale des entiers du corps $C(\sqrt{m})$ qui est

$$x + y\sqrt{m} \qquad (x, y \text{ entiers}).$$

Si $m \equiv 1 \pmod 4$ λ et μ doivent être de même parité on peut donc poser $\mu = y$ $\lambda = 2x - y$ et la forme générale des entiers du corps $C(\sqrt{m})$ est

$$\frac{(2x - y) + y\sqrt{m}}{2}, \text{ ou } x + y\left(\frac{-1 + \sqrt{m}}{2}\right).$$

(1) Le cas de $m \equiv 0 \pmod 4$ est écarté puisque m n'est divisible par aucun carré.

On peut résumer les résultats de la façon suivante :

$$\text{Posant} \quad \omega = \sqrt{m} \qquad \text{si} \quad m \equiv 2 \text{ ou } 3 \pmod 4$$

$$\omega = \frac{-1+\sqrt{m}}{2} \qquad \text{si} \quad m \equiv 1 \pmod 4$$

la forme générale des entiers du corps $C(\sqrt{m})$ est $x + y\omega$ (x, y entiers). Dans tous les cas ω est la première racine de

$$(5) \qquad \omega^2 + \rho\omega - \frac{\Delta - \rho}{4} = 0$$

en posant

$$\Delta = 4m \text{ et } \rho = 0 \qquad \text{si} \quad m \equiv 2 \text{ ou } 3 \pmod 4$$

$$\Delta = m \qquad \rho = 1 \qquad \text{si} \quad m \equiv 1 \pmod 4.$$

On voit que dans tous les cas ω est la première racine de la forme principale de déterminant Δ.

Nous poserons aussi comme plus haut

$$\frac{\Delta - \rho}{4} = k$$

c'est-à-dire

$$k = m \qquad \text{si} \quad m \equiv 2 \text{ ou } 3 \pmod 4$$

$$k = \frac{m-1}{4} \qquad \text{si} \quad m \equiv 1 \pmod 4.$$

L'équation en ω est

$$\omega^2 + \rho\omega - k = 0.$$

Donc

$$-k = \mathfrak{N}(\omega).$$

La forme principale de déterminant Δ est $(1, \rho, -k)$.

Remarque. — Les entiers du corps $C(\sqrt{m})$ qui sont rationnels sont les entiers ordinaires. En effet $x + y\omega$ ne peut être rationnel que si $y = 0$.

Définition. Δ s'appellera le *déterminant du corps*. (La quantité $-\Delta$ s'appellera le discriminant).

Si $m \equiv 2$ ou $3 \pmod 4$ le corps est dit de *première espèce*, le déterminant du corps est alors $\equiv 0 \pmod 4$; toutes les formes quadratiques binaires de ce déterminant sont aussi de première espèce.

Si $m \equiv 1 \pmod 4$ le corps est dit de *seconde espèce*, le déterminant est alors $\equiv 1 \pmod 4$, toutes les formes quadratiques binaires de ce déterminant sont de seconde espèce.

Exemples :

Corps $C(i)$	$m = -1$	$\Delta = -4$	$\rho = 0$	$\omega = i$
$C(j)$	$m = -3$	$\Delta = -3$	$\rho = 1$	$\omega = \dfrac{-1 + i\sqrt{3}}{2}$
$C(\sqrt{2})$	$m = 2$	$\Delta = 8$	$\rho = 0$	$\omega = \sqrt{2}$.

Enfin une remarque importante est que : *toutes les formes de déterminant* Δ *sont primitives.* En effet, pour qu'une forme de déterminant Δ ne soit pas primitive il faut que Δ soit divisible par un carré et de plus, au cas où ce carré est 4 il faut que $\dfrac{\Delta}{4} \equiv 0$ ou $1 \pmod 4$. Or si $m \equiv 1 \pmod 4$ on a $\Delta = m$ donc Δ n'est divisible par aucun carré, et si $m \equiv 2$ ou $3 \pmod 4$ on a $\Delta = 4m$, alors Δ n'a d'autre diviseur carré que 4 et, dans ce cas, $\dfrac{\Delta}{4}$ n'est congru ni à 0 ni à $1 \pmod 4$.

Bases. — D'après ce qui précède l'ensemble des entiers forme un réseau construit sur la base $1, \omega$ (n° **275**). On sait qu'il existe une infinité d'autres bases du même réseau, à savoir :

$$\Omega = m + n\omega$$
$$\Omega' = m' + n'\omega$$

(m, n, m', n' entiers ordinaires tels que $mn' - m'n = \pm 1$).

Déterminant. — On appelle déterminant d'un système de deux entiers $a + b\omega$, $a' + b'\omega$, l'expression :

$$\begin{vmatrix} a + b\omega & a' + b'\omega \\ a + b\bar{\omega} & a' + b'\bar{\omega} \end{vmatrix}^2$$

qui se réduit à :

$$(ab' - ba')^2 \begin{vmatrix} 1 & \omega \\ 1 & \bar{\omega} \end{vmatrix}^2 = (ab' - ba')^2 \Delta$$

($\bar{\omega}$ est la quantité conjuguée de ω, c'est la seconde racine de l'équation (5), elle est égale à $-\rho - \omega$).

On voit que : 1° *le déterminant de deux entiers du corps est divisible par le déterminant* Δ *du corps et de même signe que lui ;* 2° *la valeur absolue la plus petite possible de déterminant de deux entiers d'un corps est* $|\Delta|$; 3° *quand cette valeur est atteinte les deux entiers forment une base du corps.*

349. — *La somme, la différence, le produit de deux entiers du corps* $C(\sqrt{m})$ *sont des entiers du même corps.* Cela résulte des égalités :

$$(x + y\omega) \pm (x' + y'\omega) = x \pm x' + (y \pm y')\omega$$
$$(x + y\omega)(x' + y'\omega) = xx' + kyy' + (xy' + x'y - \rho yy')\omega.$$

Les entiers du corps $C(\sqrt{m})$ forment donc *un anneau* (n° **313**). On a :

$$\mathfrak{N}(a + b\omega) = (a + b\omega)(a + b\bar{\omega}) = a^2 - \rho ab - kb^2.$$

On trouve facilement pour le rapport de deux entiers du corps :

$$\frac{a + b\omega}{c + d\omega} = \frac{ac - \rho ad - kbd}{c^2 - \rho cd - kd^2} + \frac{bc - ad}{c^2 - \rho cd - kd^2}\,\omega.$$

Les conditions nécessaires et suffisantes de divisibilité de $a + b\omega$ par $c + d\omega$ sont donc que $ac - \rho ad - kbd$ et $bc - ad$ soient divisibles par $c^2 - \rho cd - kd^2$. Une condition *nécessaire* est que $\mathfrak{N}(a + b\omega)$ soit divisible par $\mathfrak{N}(c + d\omega)$.

Représentation géométrique pour les corps imaginaires. — Si l'on construit le parallélogramme dont trois sommets sont les points 0, 1, ω, les nombres entiers sont les sommets du réseau construit sur ce parallélogramme. La norme d'un nombre est représentée par le carré de sa distance à l'origine. Lorsque $m \equiv 2$ ou 3 (mod 4), la quantité ω est purement imaginaire et le réseau est rectangulaire.

Exemple : 1° $m = -2$, $\omega = i\sqrt{2}$, les entiers sont de la forme $x + iy\sqrt{2}$; l'entier $x + iy\sqrt{2}$ est représenté par le point de coordonnées x, $y\sqrt{2}$.

351. Unités. Nombres associés. — Les *unités* du corps $C(\sqrt{m})$ sont les entiers qui divisent tous les autres. Il y a d'abord les unités ± 1, proposons-nous de trouver les autres.

I. — *Pour qu'un entier de corps* $C(\sqrt{m})$ *soit une unité il faut et il suffit qu'il divise* 1.

II. — *Pour qu'un entier de corps* $C(\sqrt{m})$ *soit une unité il faut et il suffit que sa norme soit* ± 1.

Les démonstrations de ces théorèmes sont identiques à celles données au n° **314**. Ceci posé on a vu (n° **350**) que la norme de $x + y\omega$ est $x^2 - \rho xy - ky^2$. Les unités sont donc déterminées par :

$$(6) \qquad x^2 - \rho xy - ky^2 = \pm 1$$

c'est-à-dire par l'équation de Fermat (n° **126**) avec le changement de notations $t = x$, $u = -y$. Cette équation ayant été résolue complètement, il en est de même du problème des unités. Discutons les résultats.

I. *Corps imaginaires.* — L'équation de Fermat n'a qu'un nombre limité de solutions, il n'y a qu'un nombre limité d'unités.

Pour les corps de première espèce ($m \equiv 2$ ou 3 (mod 4) l'équation (6) s'écrit :

$$x^2 - ky^2 = \pm 1$$

c'est-à-dire :

$$x^2 - ky^2 = 1$$

puisque $k < 0$.

Si $-k > 1$ il n'y a que les solutions $x = \pm 1$, $y = 0$, donc il n'y a que les deux unités ± 1.

Si $-k = 1$ (cas du corps $C(i)$, il y a en outre les solutions $x = 0$, $y = \pm 1$ d'où les deux autres unités $\pm i$.

Pour les corps de seconde espèce $m \equiv 1$ (mod 4) :

$$k = \frac{m-1}{4}, \qquad \rho = 1,$$

l'équation (6) s'écrit :

$$(2x - y)^2 - (4k + 1)y^2 = \pm 4,$$

c'est-à-dire, puisque $4k + 1 < 0$,

$$(2x - y)^2 + (-4k - 1)y^2 = 4.$$

Si $-k > 1$ il n'y a que les solutions $x = \pm 1$, $y = 0$ et par conséquent il n'y a que les deux unités ± 1.

Si $-k = 1$ (cas du corps $C(j)$ il y a en outre les solutions $x = 0$, $y = \pm 1$ et $x = y = \pm 1$, d'où 6 unités : ± 1, $\pm j$, $\pm (1 + j)$.

En résumé : *Les corps imaginaires n'ont que les deux unités* ± 1, *sauf le corps* C(i) *qui en a deux autres* : $\pm i$, *et le corps* C(j) *qui en a quatre autres* : $\pm j$, $\pm(1+j)$.

II. *Corps réels.* — Dans ce cas l'équation de Fermat a une infinité de solutions, il y a une infinité d'unités. D'après les résultats du n° **129**, il y a une unité *fondamentale* $u_1 = x_1 + y_1\omega$ telle que toutes les unités sont données par les formules $\pm (u_1)^h$, h étant un entier positif ou négatif ou nul.

On trouve l'unité fondamentale par le développement en fraction continuelle de ω comme il a été expliqué au n° **127.**

On peut encore dire que les unités forment un groupe, relativement à la multiplication ordinaire, et que ce groupe a une base -1, u_1, toute unité étant représentée par $(-1)^\alpha u_1^h$ où α est défini au module 2 près, et h complètement défini.

D'ailleurs pour les corps imaginaires les unités forment aussi un groupe, qui est alors fini et abélien.

Remarquons que si u_1 est une unité fondamentale $\frac{1}{u_1}$ en est une aussi et il n'y en a pas d'autres.

Exemple I. C($\sqrt{2}$). — L'équation de Fermat est $x^2 - 2y^2 = \pm 1$. La solution fondamentale est $x = 1$, $y = 1$. Les unités sont données par les formules $\pm(1+\sqrt{2})^h$ (h entier positif, négatif ou nul).

II. C($\sqrt{5}$). — On trouvera pour unité fondamentale $\frac{1+\sqrt{5}}{2}$.

La définition et les propriétés des entiers *associés* sont les mêmes qu'au n° **309.** Dans le corps C(j) un entier a six associés (y compris lui-même), dans le corps C(i) il en a quatre, dans les autres corps imaginaires il en a deux, dans les corps réels il en a une infinité.

On peut parmi ces associés en fixer un, cela a été fait au n° **315** pour le corps C(i), au n° **337** pour le corps C(j). Pour tout autre corps imaginaire où un entier A n'a comme associé, autre que lui-même, que $-$ A, on pourra prendre celui des deux qui est au-dessus de Ox, ou sur la partie positive de Ox. Enfin pour les corps réels où un entier A a pour associés tous les entiers $\pm Au_1^h$ on pourra prendre celui qui satisfait à la condition d'être compris entre 1, inclus et u_1 exclu, il est facile de voir qu'il y en a un et un seul.

352. Représentation géométrique des multiples d'un entier α dans un corps imaginaire. — Ces multiples sont de la forme :

$$(x + y\omega)\alpha$$

ou :

$$x\alpha + y\omega\alpha$$

(x, y entiers). Ce sont donc les sommets du réseau construit sur le parallélogramme dont trois sommets sont o, α et $\omega\alpha$. Dans ce parallélogramme l'angle formé par les côtés $O . \alpha$ et $O . \omega\alpha$ est égal à l'argument de ω et le rapport des longueurs des deux côtés $\frac{O . \omega\alpha}{O . \alpha}$ est égal au module de ω. Ces deux quantités sont indépendantes de α. Donc *tous les réseaux correspondant aux divers nombres α sont semblables entre eux, et en particulier au réseau de tous les entiers du corps.*

Deux entiers associés ont le même réseau.

Connaissant le réseau des multiples de α et celui des multiples de β, construire celui des multiples du produit $\alpha\beta$.

On démontre facilement qu'il faut pour cela : 1° faire tourner le premier réseau autour de O d'un angle égal à l'argument de β; 2° transformer le réseau obtenu par une homothétie de centre O et de rapport égal au module de β. On peut d'ailleurs, dans cette constructionintervertir α et β.

353. Quotient et reste de deux entiers d'un même corps. — Voyons s'il existe pour deux entiers d'un même corps une opération analogue à la division.

C'est-à-dire proposons-nous : étant donnés deux entiers α, β du corps $C(\sqrt{m})$, de trouver deux entiers χ, σ du même corps, satisfaisant aux conditions :

$$\alpha = \beta\chi + \sigma$$
$$\mathfrak{N}(\sigma) < \mathfrak{N}(\beta).$$

On voit comme au n° **307** que ce problème peut s'énoncer : étant donné un nombre δ $\left(\text{ici } \delta = \frac{\alpha}{\beta}\right)$, trouver un entier χ tel que

$$\mathfrak{N}(\delta - \chi) < 1.$$

Si ce problème est possible quel que soit δ il y a une division, sinon non.

Corps imaginaires. — Par la représentation géométrique on voit comme au n° **313** que cela revient à la condition suivante : *traçant de chacun des quatre sommets d'un parallélogramme du réseau des cercles de rayon* 1 *ces cercles recouvrent tout le parallélogramme.*

Ceci posé on voit facilement qu'il y a une théorie de la division pour les corps :

$$C(i), \quad C(i\sqrt{2}), \quad C(i\sqrt{3}), \quad C(i\sqrt{7}), \quad C(i\sqrt{11}).$$

Corps réels. — En posant :

$$\delta = a + b\omega \qquad \chi = x + y\omega$$

on doit donc écrire :

$$\mathfrak{N}(x - a + (y - b)\omega) < 1$$

ou :

$$|(x - a)^2 - \rho(x - a)(y - b) - k(y - b)^2| < 1$$

ou :

$$(7) \qquad \left| \left[x - a - \frac{\rho}{2}(y - b)\right]^2 - \frac{\Delta}{4}(y - b)^2 \right| < 1.$$

On peut choisir y de façon que $|y - b| \leqslant \frac{1}{2}$, alors :

$$\frac{\Delta}{4}(y - b)^2 \leqslant \frac{\Delta}{16}.$$

puis, y étant choisi, on peut choisir x de façon que :

$$\left[x - a - \frac{\rho}{2}(y - b)\right]^2 \leqslant \frac{1}{4}.$$

Alors l'expression (7) est inférieure ou au plus égale au plus petit des deux nombres $\frac{\Delta}{16}$, $\frac{1}{4}$. Donc si $\Delta < 16$ il y a une théorie de la division. On voit que cela arrive pour les corps :

$$C(\sqrt{2}), \quad C(\sqrt{3}), \quad C(\sqrt{5}), \quad C(\sqrt{13}).$$

De la théorie de la division on déduit celle du plus grand commun diviseur, puis celle des nombres premiers comme dans les corps $C(1)$, $C(i)$, $C(j)$.

Un nombre sera dit *premier* lorsqu'il n'aura pas d'autres diviseurs que ses associés et les unités. Avec cette définition lorsqu'un nombre est premier ses associés le sont aussi, mais on pourra choisir l'un d'eux comme il a été expliqué au n° **351** pour lui réserver le nom de premier. On démontrera alors que tout entier est décomposable et d'une seule façon en un produit d'unités fondamentales et de facteurs premiers.

Enfin on détermine facilement ces facteurs premiers. Considérons les nombres premiers réels et divisons-les en deux classes : 1° ceux qui peuvent se mettre sous forme d'une norme, c'est-à-dire $a^2 + b^2$ pour le corps $C(i)$, $a^2 + 2b^2$ pour le corps $C(i\sqrt{2})$, $a^2 - 2b^2$ pour le corps $C(\sqrt{2})$ etc. ; 2° ceux qui ne peuvent se mettre sous cette forme.

Ceux de la première classe ne sont plus premiers dans le corps $C(\sqrt{m})$ mais ils se décomposent en deux facteurs premiers conjugués. Ceux de la seconde classe continuent à être premiers dans le corps $C(\sqrt{m})$.

D'ailleurs la forme de la norme est la forme principale de déterminant Δ, et comme, dans tous les cas cités où il y a une théorie de la division, il n'y a qu'une forme de déterminant Δ, la condition pour qu'un nombre ordinaire p soit représentable par cette forme est que la congruence $x^2 \equiv \Delta \pmod{4p}$ soit possible. On trouve aussi que pour :

m	les nombres premiers ordinaires qui ne sont plus premiers sont les nombres		
-1	$4h + 1$	et le nombre	2
-2	$8h + 1$ $+ 3$	»	2
-3	$12h + 1$ $- 5$	»	3
-7	$7h + 1$ $+ 2$ $- 3$	»	7
-11	$11h + 1$ $+ 4$ $- 2$ $+ 5$ $+ 3$	»	11
2	$8h \pm 1$	»	2
3	$12h \pm 1$	»	3
5	$5h \pm 1$	»	5

Le nombre qui est à part dans chaque cas se décompose en un produit de deux facteurs premiers égaux, les autres en un produit de deux facteurs premiers inégaux.

Mais pour les corps pour lesquels il n'y a pas de théorie de la division les raisonnements précédents ne réussissent pas. Il y a plus, les résultats auxquels conduit cette théorie ne sont pas toujours exacts. Par exemple, dans le corps $C(i\sqrt{5})$ on a

$$3 \times 7 = (1 + 2i\sqrt{5})(1 - 2i\sqrt{5}). \tag{8}$$

Or 3, 7, $1 + 2i\sqrt{5}$ et $1 - 2i\sqrt{5}$ sont des entiers qui n'ont d'autres facteurs que leurs associés ou les unités du corps. En effet, cherchons à décomposer 3 par exemple en un produit de deux facteurs

$$3 = (a + bi\sqrt{5})(c + di\sqrt{5}).$$

On en déduit

$$3 = (a - bi\sqrt{5})(c + di\sqrt{5})$$

d'où, par multiplication

$$9 = (a^2 + 5b^2)(c^2 + 5d^2).$$

Si aucun des facteurs $a + bi\sqrt{5}$ et $c + di\sqrt{5}$ n'était une unité, aucun des facteurs $a^2 + 5b^2$ et $c^2 + 5d^2$ ne serait égal à 1. L'égalité précédente exigerait donc que

$$a^2 + 5b^2 = c^2 + 5d^2 = 3$$

ce qui est impossible.

Une démonstration analogue s'applique aux autres facteurs.

D'autre part les facteurs de l'un des membres de l'égalité (8) ne sont pas les associés des facteurs de l'autre.

La conclusion est que si l'on voulait, dans le corps $C(i\sqrt{5})$ garder l'épithète de *premier* aux entiers qui n'ont d'autres facteurs que leurs associés ou les unités du corps, *un entier pourrait se décomposer de plusieurs façons en facteurs premiers*; même en ne considérant pas comme distinctes deux décompositions dans lesquelles les facteurs de l'une seraient associés des facteurs de l'autre. Ainsi nous serions conduits à une théorie entièrement différente de celle du corps C (1).

NOTES ET EXERCICES

I. — On peut donner une représentation géométrique aussi pour les corps réels. Soit le corps $C(\sqrt{m})$. On représente $a + b\sqrt{m}$ par le point de coordonnées rectangulaires a, b. Les entiers du corps forment un réseau.

Soit le nombre $a + b\sqrt{m}$ représenté par A d'abcisse OP, d'ordonnée PA. Alors $OP = a$ $PA = b\sqrt{m}$; la norme $a^2 - mb^2$ est donc égale à $\overline{OP}^2 - \overline{PA}^2$. C'est ce qu'on appelle le carré de la *distance hyperbolique* OA. (Cette quantité n'est pas invariante par un changement des coordonnées).

Traçons l'hyperbole équilatère $x^2 - y^2 = 1$, soit I un point où OA rencontre cette hyperbole. Le carré de la distance hyperbolique OA est $\dfrac{\overline{OA}^2}{\overline{OI}^2}$. Lorsque OA coupe l'hyperbole en des points imaginaires on a $\overline{OI}^2 = -\overline{OJ}^2$, J étant le point d'intersection de OA avec l'hyperbole conjuguée de la précédente.

On peut poursuivre ces analogies. Mais cette représentation géométrique est beaucoup moins avantageuse que la précédente : 1° parce qu'elle est moins simple : 2° parce qu'elle dépend des axes de coordonnées.

II. — On dit qu'un corps C_1 est contenu dans un corps C lorsque tous les nombres de C_1 appartiennent à C. Démontrer qu'un corps quadratique ne contient pas d'autre corps que lui-même et le corps des nombres rationnels.

CHAPITRE XXIX

IDÉAUX DANS LES CORPS QUADRATIQUES DÉCOMPOSITION EN FACTEURS IDÉAUX PREMIERS

354. — Ne pouvant, dans les corps quadratiques arriver, en général, à la théorie de la divisibilité par celle de la division, nous allons chercher à y arriver par celle des formes linéaires. Il est évident, en effet, que la considération de la forme linéaire à une variable est identique à celle des multiples d'un nombre, et l'on a vu d'autre part (I. 143) comment la considération de la forme linéaire à deux variables conduit, dans le corps C(1), à la théorie du plus grand commun diviseur.

Il s'agit de formes

$$\alpha_1\xi_1 + \alpha_2\xi_2 + \ldots + \alpha_n\xi_n$$

dans lesquelles les coefficients et les variables ont des valeurs entières appartenant à un même corps quadratique $C(\sqrt{m})$.

Si sur une telle forme on fait une subtitution linéaire homogène dont les coefficients sont des entiers du corps $C(\sqrt{m})$ on obtient une seconde forme *contenue* dans la première. Tous les entiers représentés par la seconde le sont aussi par la première. Si cette substitution a un déterminant égal à une unité du corps les deux formes représentent les mêmes entiers ; elles sont dites *équivalentes*. Nous allons chercher une forme *réduite* ou *canonique* pour une forme linéaire.

On a vu (I. 281) que dans le corps C (1) cette forme canonique est dx_1 ; il n'en est pas de même ici, en général.

Idéaux. — L'ensemble des entiers représentés par une forme linéaire $\alpha_1\xi_1 + \alpha_1\xi_2 + \ldots + \alpha_n\xi_n$ s'appelle un *idéal* du corps $C(\sqrt{m})$. On le désigne par $(\alpha_1, \alpha_2, \ldots \alpha_n)$. L'ensemble des entiers $\alpha_1, \alpha_2, \ldots \alpha_n$ s'appelle *base* de l'idéal. On voit qu'il n'y a pas de différence essentielle entre les expressions « forme linéaire » et « idéal ». Nous emploierons la première lorsque nous voudrons considérer spécialement l'expression elle-même, et la seconde quand nous voudrons considérer spécialement l'ensemble des entiers représentés par cette expression. Par exemple deux formes linéaires non identiques ne feront cependant qu'un seul et même idéal lorsqu'elles représenteront les mêmes entiers. Nous dirons dans ce cas que les deux idéaux sont *égaux*. Dans un idéal $(\alpha_1, \alpha_1, \ldots \alpha_n)$ on peut remplacer chaque α par un quelconque de ses associés sans changer l'idéal.

Plus généralement à quoi reconnaitra-t-on que deux bases différentes $\alpha_1, \alpha_2, \ldots \alpha_n$ et $\alpha_1', \alpha_2', \ldots \alpha'_{n'}$ définissent un même idéal.

Il faut pour cela et il suffit, que chacun des entiers $\alpha_1, \alpha_2, \ldots \alpha_n$ appartienne au second idéal, et que chacun des entiers $\alpha_1', \alpha_2', \ldots \alpha_n'$ appartienne au premier. Comme conséquence :

Si sur les éléments de la base d'un idéal $\alpha_1, \alpha_2, \ldots \alpha_n$ on fait une substitution linéaire

$$(1) \qquad \alpha_1 = \sum_{j=1}^{j=n} \lambda_{ij}\alpha_j' \qquad (i = 1, 2, \ldots n)$$

dont les coefficients soient des entiers du corps et dont le déterminant soit une unité du corps, l'idéal $(\alpha_1', \alpha_2', \ldots \alpha'_{n'})$ est le même que l'idéal $(\alpha_1, \alpha_2, \ldots \alpha_n)$.

Remarque. — Lorsqu'un idéal est mis sous deux formes différentes

$$(\alpha_1, \alpha_2, \ldots \alpha_n) = (\alpha_1', \alpha_2' \ldots \alpha'_{n'})$$

les communs diviseurs de $\alpha_1, \alpha_2, \ldots \alpha_n$ sont les mêmes que ceux de $\alpha_1', a_2', \ldots \alpha'_{n'}$.

En effet puisque α_1' appartient à l'idéal $(\alpha_1, \alpha_2, \ldots \alpha_n)$ on a

$$\alpha_i' = \alpha_1\xi_1 + \alpha_2\xi_2 \ldots \alpha_n\xi_n.$$

Donc tout commun diviseur de $\alpha_1, \alpha_2, \ldots \alpha_n$ divise α_1', de même il divise $\alpha_2', \alpha_3', \ldots$ De même tout commum diviseur de $\alpha_1', \alpha_2', \ldots$ divise $\alpha_1, \alpha_2, \ldots$

Théorème. — Tout idéal

$$(2) \qquad (\alpha_1, \alpha_2, \ldots \alpha_n) \quad (n > 2)$$

est égal à un idéal dont la base n'a que deux éléments

$$(3) \qquad (\delta_1, \delta_2).$$

On peut de plus supposer que l'un des deux entiers δ est un entier ordinaire.

En effet on peut sans changer l'idéal $(\alpha_1, \alpha_1, \ldots \alpha_n)$, remplacer un élément α_i par $\alpha_i + \alpha_j$. On peut aussi, sans changer l'idéal échanger deux éléments α_i, α_j. En effet ces deux opérations sont des cas particuliers de la substitution linéaire (1).

Ceci posé, mettons chaque élément α sous la forme $a + b\omega$. Soit

$$\alpha_1 = a_1 + b_1\omega \qquad \alpha_2 = a_2 + b_2\omega \ldots \qquad \alpha_n = a_n + b_n\omega$$

et considérons le tableau

$$\begin{array}{cccc} a_1 & a_2 & \ldots & a_n \\ b_1 & b_2 & \ldots & b_n. \end{array}$$

On voit que les opérations dont on vient de parler ont pour effet d'ajouter dans le tableau une colonne à une autre, ou d'échanger deux colonnes. Or on sait (I. 374) qu'on peut ainsi amener le tableau à la forme

$$\begin{array}{ccccc} a & a' & 0 & \ldots & 0 \\ b & 0 & 0 & \ldots & 0. \end{array}$$

Alors l'idéal (2) prend bien la forme (3) ou

$$\delta_1 = a + b\omega$$
$$\delta_2 = a'$$

ce qui démontre le théorème.

Les nombres δ_1, δ_2 ont les mêmes communs diviseurs que les nombres $\alpha_1, \alpha_2, \ldots \alpha_n$, parce que dans les transformations effectuées : addition de deux nombres, échange de deux nombres, ces communs diviseurs ne changent pas.

Autre énoncé du même théorème. — *Toute forme linéaire* $\alpha_1\xi_1 + \alpha_2\xi_2 + \ldots + \alpha_n\xi_n$ *est équivalente à une forme* $\delta_1\xi_1 + \delta_2\xi_2$.

Reste à voir si la réduction peut être poussée plus loin et si la base à deux éléments δ_1, δ_2, peut être remplacée par une base à un seul élément, comme dans le corps C(1). Pour cela étudions de plus près la forme $\delta_1\xi_1 + \delta_2\xi_2$ et les formes à une variable.

355. — Remplaçant δ_1 par $a + b\omega$ et δ_2 par a', puis posant

$$\xi_1 = x + y\omega, \qquad \xi_2 = x' + y'\omega$$

la forme $\alpha_1\xi_1 + \alpha_2\xi_2$ s'écrit

$$(a + b\omega)(x + y\omega) + a'(x' + y'\omega).$$

Développons, remplaçons ω^2 par $-\rho\omega + k$, nous obtenons :

$$ax + bky + a'x' + [bx + (a - b\rho)y + a'y']\omega.$$

Dans cette expression le coefficient de ω et le terme indépendant de ω sont deux formes linéaires des variables entières réelles x, y, x', y'. Nous pouvons effectuer sur ces variables une substitution unité de façon à réduire le système de ces deux formes.

Nous supposerons que les coefficients α_1, α_2, de la forme n'ont pas de diviseur entier rationnel commun, c'est-à-dire que le plus grand commun diviseur de a, b, a' est 1. On dit que l'idéal correspondant est *primitif*. Cette restriction est sans importance car, en tout cas, appelant d ce plus grand commun diviseur, on peut au lieu d'étudier la forme $\alpha_1\xi_1 + \alpha_2\xi_2$, étudier la forme $\frac{\alpha_1}{d}\xi_1 + \frac{\alpha_2}{d}\xi_2$.

Le système des deux formes

$$\begin{cases} bx + (a - b\rho)y + a'y' \\ ax + bky + a'x' \end{cases}$$

est équivalent à un système réduit parfait (I 286)

$$\begin{cases} x \\ -rx + ny \end{cases}$$

dans lequel le coefficient de x est 1, parce que

$$D(b, a - b\rho, a') = D(a, b, a') = 1.$$

Et ainsi la forme $\alpha_1\xi_1 + \alpha_2\xi_2$ devient

$$(-r+\omega)x+ny.$$

Je dis de plus que

$$r^2+\rho r-k\equiv 0 \pmod{n}.$$

En effet tout nombre de l'idéal multiplié par ω est encore un nombre de l'idéal. Or $-r+\omega$ est un nombre de l'idéal. Il en est donc de même de $-r\omega+\omega^2$ ou $-(r+\rho)\,\omega+k$. Il y a donc des entiers x, y, tels que

$$(-r+\omega)x+ny=-(r+\rho)\,\omega+k$$

d'où

$$\begin{cases} -rx+ny=k \\ \qquad\quad x=-r-\rho \end{cases}$$

On tire de là

$$y=\frac{-(r^2+\rho r-k)}{n}$$

donc, puisque y est entier :

$$r^2+\rho r-k\equiv 0 \quad (\text{mod } n).$$

Réciproquement, *toute expression*

$$(4)\qquad (-r+\omega)x+ny$$

dans laquelle

$$(5)\qquad r^2+\rho r-k\equiv 0 \quad (\text{mod } n)$$

est un idéal.

Il suffit pour le démontrer, de démontrer qu'elle est équivalente à une forme linéaire du corps $C(\sqrt{m})$. Or elle est équivalente à

$$(6)\qquad (-r+\omega)\,(x+y\omega)+n(x'+y'\omega).$$

Ceci veut dire que tout nombre représenté par (4) l'est aussi par (6) et réciproquement.

En effet donnons-nous dans (4) $x=p$, $y=q$, il n'y a qu'à prendre dans (6)

$$x=p,\quad y=0\qquad x'=q,\quad y'=0$$

pour que le nombre représenté par (6) soit le même que celui représenté par (4)

Réciproquement donnons-nous dans (6)

$$x = p, \quad y = q, \qquad x' = p', \quad y' = q'$$

et déterminons x, y dans (4) de façon que

$$(-r + \omega)x + ny = (-r + \omega)(p + q\omega) + n(p' + q'\omega).$$

En remplaçant ω^2 par $-\rho\omega + k$, on voit que ceci revient à

$$\begin{cases} -rx + ny = -rp + qk + np' \\ x \qquad\quad = p - qr - q\rho + nq' \end{cases}$$

On tire de là pour x une valeur entière et pour y la valeur

$$y = p' + q'r - q\,\frac{r^2 + \rho r - k}{n}$$

qui est entière aussi à cause de la condition (5).

La forme (5) s'applique à un idéal *primitif*. Quant à un idéal non primitif il se met sous la forme

$$d(-r + \omega)x + dny$$

d pouvant être supposé positif, et r, n, satisfaisant à la condition (5).

Remarque. — La condition que n satisfait à la congruence (5) peut-être remplacée par la suivante : *n'est représentable primitivement par une forme primitive de déterminant* Δ (n° **180**). Quant à d^2n il est aussi représentable par une telle forme mais pas forcément d'une façon primitive.

Définition. — Quand un idéal est ainsi mis sous la forme

$$d(-r + \omega)x + dny$$

avec $d > 0$ nous dirons qu'il est *réduit*.

356. — *Conditions pour que deux idéaux réduits soient égaux.* Soient :

$$[d(-r + \omega),\ dn] \quad \text{et} \quad [d'(-r' + \omega),\ d'n'].$$

Il faut que le premier contienne le nombre $d'(-r' + \omega)$ qui appartient au second. Il faut donc qu'on puisse déterminer les entiers ordinaires x, y tels que :

$$d[(-r+\omega)x+ny]=d'(-r'+\omega)$$

ce qui donne :

$$dx=d' \qquad d(-rx+ny)=-d'r'$$

d'où :

$$x=\frac{d'}{d} \qquad y=\frac{d'(r-r')}{dn}.$$

Donc d' doit être divisible par d. Mais on verrait de même que d doit être divisible par d'. Comme de plus d et d' sont positifs on a :

$$d=d'.$$

La valeur de y montre alors que ;

$$r'\equiv r \pmod{n}.$$

Ecrivons maintenant que le premier idéal contient le nombre dn', qui appartient au second. Il faut donc qu'on puisse déterminer les entiers ordinaires x, y, tels que :

$$(-r+\omega)x+ny=n'$$

ce qui donne :

$$x=0 \qquad y=\frac{n'}{n}.$$

Il faut donc que n' soit divisible par n et comme on verrait de même que n' doit être divisible par n il en résulte :

$$n'=\pm n.$$

En résumé les conditions sont :

$$d'=d \qquad n'=\pm n \qquad r'\equiv r \pmod{n}.$$

On voit sans peine que ces conditions sont suffisantes.

Idéal réduit parfait. — Il résulte de ce qui précède que parmi tous les idéaux réduits égaux à un idéal donné on peut en trouver un et un seul $[d(-r+\omega), dn]$ tel que n soit positif, tel de plus que $0\leqslant r<n$. On l'appellera *idéal réduit parfait*. Et l'on voit

que *deux idéaux réduits parfaits ne peuvent être égaux sans être identiques.*

Définition. — Dans un idéal réduit parfait $[d(-r+\omega), dn]$ d s'appelle le *diviseur* ; d^2n s'appelle la *norme* ; dr s'appelle le *résidu.*

Lorsque l'idéal est primitif le diviseur est 1, la norme est n et le résidu r.

Lorsque l'idéal est réduit *parfait* la norme est d^2n et le résidu d^2r.

Théorème. — *Le plus grand commun diviseur des coefficients de ω dans les entiers appartenant à l'idéal est égal à d. C'est aussi le plus grand commun diviseur de ces coefficients et des parties réelles.*

En effet, les coefficients de ω sont les entiers de la forme dx et parties réelles sont les entiers de la forme $d(-rx+ny)$.

Théorème. — *Le rapport de la norme au diviseur, pris en valeur absolue, est le plus grand commun diviseur des entiers rationnels appartenant à l'idéal.* En effet un entier appartenant à l'idéal $d[(-r+\omega)x+ny]$ n'est un entier rationnel que si $x=0$. Les entiers ordinaires appartenant à l'idéal sont donc les entiers dny, dont le plus grand commun diviseur est $d\mid n\mid$. On peut dire aussi que ce plus grand commun diviseur est le plus petit de ces entiers rationnels positifs.

Idéaux conjugués. — Il est évident que l'ensemble des entiers conjugués de tous les entiers d'un idéal forment eux-mêmes un second idéal. Ce second idéal est dit *conjugué* du premier, et il est évident que le premier est aussi le conjugué du second.

L'idéal conjugué de $[d(-r+\omega), dn]$ est évidemment :

$$[d(-r+\bar{\omega}), dn]$$

ou :

$$[d(-r-\rho-\omega), dn]$$

ou enfin :

$$[d(r+\rho+\omega), dn].$$

On voit que deux idéaux conjugués ont même norme et même diviseur. De plus les résidus r, r' satisfont à la condition :

$$r+r'\equiv-\rho \pmod{n}.$$

357. Trouver les idéaux ayant une norme donnée. — On mettra d'abord la norme donnée, de toutes les façons possibles, sous la forme d^2n. Pour chacune de ces façons on cherchera les idéaux primitifs ayant pour norme n, puis on les multipliera par d.

Pour trouver un idéal primitif ayant pour norme n, on résout la congruence :

$$r^2 + \rho r - k \equiv 0 \pmod{n}.$$

Si cette congruence est impossible, autrement dit si n n'est pas représentable primitivement par une forme primitive de déterminant Δ, le problème est impossible. Dans le cas contraire, à toute racine r de cette congruence, définie au module n près correspond un idéal et un seul répondant à la question, à savoir $(-r+\omega, n)$. D'ailleurs si r satisfait à la congruence, $-r-\rho$ y satisfait aussi. Donc, en même temps qu'un idéal on trouve l'idéal conjugué, ce qui était évident *à priori*. On voit qu'*il y a un nombre fini d'idéaux ayant une norme donnée.*

Cas particulier. Idéal de norme 1. — Alors $d = 1$ et $r = 0$. Il n'y a qu'un idéal de norme 1 et c'est l'idéal $(\omega, 1)$. C'est donc *l'ensemble de tous les entiers du corps*. On peut le représenter plus simplement par (1).

358. — On vient de voir que tout idéal d'un corps quadratique a une base composée au plus de deux éléments (α, β). Les entiers de cet idéal sont ceux représentés par la forme $\alpha\xi + \beta\eta$. Dans le corps rationnel C(1) les formes à deux variables $ax + by$ se ramènent à des formes à une seule variable, autrement dit tout idéal est composé des multiples d'un certain entier.

Nous allons voir qu'il n'en est pas de même, en général, dans un corps quadratique et pour cela nous allons chercher les conditions nécessaires et suffisantes pour qu'un idéal $(-r+\omega, n)$ se compose des multiples d'un entier $a + b\omega$.

Nous supposerons d'abord que a et b sont premiers entre eux.

Pour que tous les nombres $(-r+\omega)x + ny$ soient des multiples de $a + b\omega$, il faut et il suffit que $-r+\omega$ et n soient séparément des multiples de $a + b\omega$, c'est-à-dire (nº **350**) que les quatre entiers :

$$(7)\qquad \begin{cases} -ar + \rho br - kb \\ a + br \\ an - \rho bn \\ -bn \end{cases}$$

soient divisibles par $a^2 - \rho ab - kb^2$.

Mais les conditions précédentes ne suffisent pas, il faut de plus que tout multiple de $a + b\omega$ soit un nombre de l'idéal et pour cela il suffit que $a + b\omega$ en soit un. On trouve aussi :

$$(8)\qquad a + br \equiv 0 \pmod{n}.$$

Les conditions (7) et (8) sont les conditions cherchées. On a de plus comme dans tout idéal :

$$(9)\qquad r^2 + \rho r - k \equiv 0 \pmod{n}.$$

Les conditions (7) et (8) se simplifient. D'après ces conditions l'entier b est premier avec n car si b et n avaient un facteur premier commun ce facteur diviserait a d'après (8), ce qui est impossible puisque a et b sont premier entre eux. La condition (8) donne alors :

$$r \equiv -\frac{a}{b} \pmod{n}$$

et en portant dans (9) on trouve :

$$(10)\qquad a^2 - \rho ab - kb^2 \equiv 0 \pmod{n}.$$

D'autre part b est premier à $a^2 - \rho ab - kb^2$. Donc la quatrième condition (7) entraîne :

$$(11)\qquad n \equiv 0 \pmod{a^2 - \rho ab - kb^2}.$$

Comparant (10) et (11) on voit que :

$$(12)\qquad n = \pm (a^2 - \rho ab - kb^2).$$

Alors les conditions (7) et (8), (9) se réduisent immédiatement à :

$$(13)\qquad \begin{cases} -ar + \rho br - kb \equiv 0 \pmod{n} \\ a + br \equiv 0 \pmod{n} \\ r^2 + \rho r - k \equiv 0 \pmod{n}. \end{cases}$$

Mais on voit facilement que la condition (12) et la deuxième condition (13) entraînent les deux autres conditions (13).

Un idéal formé par l'ensemble des multiples d'un même entier s'appelle un idéal *principal*, et l'on a l'énoncé suivant :

Pour qu'un idéal primitif $(-r+\omega,\ n)$ *coïncide avec l'idéal principal* $(a+b\omega)$, *il faut et il suffit que l'on ait :*

$$\begin{cases} n = \pm\,(a^2 - pab - kb^2) \\ r \equiv -\dfrac{a}{b} \pmod{n}. \end{cases}$$

Il en résulte évidemment qu'un idéal n'est pas toujours un idéal principal car, en particulier, la première des deux conditions précédentes exige que *n soit représentable primitivement dans la classe principale ou dans cette classe changée de signe* (cette condition n'est pas, en général, suffisante ; voir n° **378**).

Il arrive souvent, comme on le verra plus loin, qu'on peut confondre complètement l'idéal principal (α) avec l'entier α. C'est pourquoi il nous arrivera, lorsqu'il n'en pourra résulter de confusion, de désigner l'idéal principal (α) par α.

Exemples : 1° L'idéal de norme 1 dans un corps quelconque (n° **357**), formé de tous les entiers du corps est un idéal principal, l'idéal (1) ;

2° Soit le corps $C(i\sqrt{5})$. Ici $D = 20$; il y a deux classes primitives, celle de la classe (1, 0, 5) (classe principale), et celle de la classe (2, 2, 3). Considérons $n = 21 = 1^2 + 5 \cdot 2^2$ et $r = 10 \equiv -\frac{1}{2}$ (mod 21), nous avons ainsi l'idéal $(-10 + i\sqrt{5},\ 21)$ qui est principal et identique à l'idéal $(1 + 2i\sqrt{5})$.

359. — La forme donnée aux entiers d'un idéal, à savoir :

$$d[(-r+\omega)x + ny]$$

montre que tout idéal est un réseau.

Cherchons réciproquement les conditions nécessaires et suffisantes pour qu'un réseau :

$$(a+b\omega)x + (c+d\omega)y$$

soit un idéal. *Ces conditions sont que* $(a+b\omega)\omega$ *et* $(c+d\omega)\omega$ *appartiennent au réseau.* En effet ces conditions sont évidemment nécessaires. Elles sont suffisantes, car si elles sont remplies tout nombre $(a + b\omega)(x + x'\omega) + (c + d\omega)(y + y'\omega)$ appartiendra aussi au réseau, c'est-à-dire que le réseau contiendra tous les nombres de l'idéal $(a + b\omega,\ c + d\omega)$. Comme d'ailleurs tout nombre du réseau est un nombre de l'idéal, le réseau et l'idéal coïncideront.

Pour exprimer que $(a + b\omega)\omega$ appartient au réseau, nous écrirons qu'il y a des entiers x, y tel que :

$$(a + b\omega)x + (c + d\omega)y = (a + b\omega)\omega = a\omega - b(\rho\omega - k)$$

c'est-à-dire :

$$\begin{aligned} ax + cy &= bk \\ bx + dy &= a - b\rho. \end{aligned}$$

On écrira de même que $(c + d\omega)\omega$ appartient aussi à l'idéal et finalement on trouve les quatre conditions :

$$\left.\begin{aligned} a^2 - \rho ab - kb^2 \\ c^2 - \rho cd - kd^2 \\ ac - \rho bc - kbd \\ ac - \rho ad - kbd \end{aligned}\right\} \equiv 0 \pmod{ad - bc}$$

qui d'ailleurs se réduisent à un nombre moindre. Ainsi dans le cas du réseau $(-r + \omega)x + ny$ les quatre conditions se réduisent à la condition (5). Dans tous les cas l'une des deux dernières peut être supprimée.

360. Corps dont tous les idéaux sont principaux. — *Pour que tous les idéaux d'un corps soient des idéaux principaux, il faut et il suffit qu'au déterminant Δ ne corresponde que la classe principale et cette classe changée de signe.*

La condition est nécessaire. En effet, je dis d'abord que si elle n'est pas remplie on peut trouver un entier n représentable primitivement dans une classe primitive de déterminant Δ, mais non dans la classe principale ou dans cette classe changée de signe.

En effet considérons un entier représentable primitivement dans une classe de déterminant Δ, ses facteurs premiers sont aussi représentables primitivement dans des classes de ce même déterminant (n° **181**). Alors considérons l'ensemble des nombres premiers qui sont représentables dans ces classes ; chacun d'eux ne sera représentable que dans une classe et son inverse (nº **264**, th. I). Parmi eux il y en aura pour lesquels ces classes ne seront ni la classes principale ni celle-ci changée de signe ; car sinon tous les entiers représentables primitivement dans des classes primitives de déterminant Δ ne le seraient aussi que dans la classe principale ou la principale changé de signe (nº **264**, th. III), de sorte que les autres classes ne représenteraient primitivement aucun entier, ce qui est absurde.

Ayant ainsi un entier représentable primitivement dans une classe primitive de déterminant Δ mais non dans la classe principale ou dans celle-ci changée de signe, si on forme les idéaux ayant cet entier pour norme ils ne seront pas princicipaux.

La condition est évidemment suffisante d'après le calcul du nº **358**.

Remarque. — Comme vérification considérons les corps :

$$C(i),\quad C(i\sqrt{2}),\quad C(i\sqrt{3}),\quad C(i\sqrt{7}),\quad C(i\sqrt{11}),\quad C(\sqrt{2}),$$
$$C(\sqrt{3}),\quad C(\sqrt{5}),\quad C(\sqrt{13})$$

pour lesquels nous avons vu (nº **353**) qu'il y a une théorie analogue à celle de la division des entiers ordinaires. Partant de ce fait, on peut, dans ces corps, reprendre les raisonnements faits pour les entiers ordinaires et démontrer que toute forme linéaire à plusieurs variables est équivalente à une forme à une variable, c'est-à-dire que tout idéal est principal. Donc pour chacun de ces corps il n'y a de classes primitives pour le déterminant Δ que la classe principale ou cette classe changée de signe, ce que l'on vérifiera facilement.

Mais ce ne sont pas les seuls. Par exemple le corps $C(i\sqrt{19})$ a comme déterminant — 19, auquel ne correspond que la classe primitive (1, 1, 5) et cette classe changée de signe. Donc tous les idéaux de ce corps sont principaux.

De même pour le corps $C(\sqrt{6})$, etc.

L'importance particulière de ces corps résulte de ce que, comme on le verra plus loin la décomposition des entiers du corps en entiers indécomposables ou premiers est univoque, absolument comme pour les corps où il y a une division.

361. — *Calculer la norme, le diviseur et le résidu d'un idéal donné par une base.*

Soit l'idéal

$$(a_1 + b_1\omega, \quad a_2 + b_2\omega, \ldots a_n + b_n\omega).$$

On forme

$$(a_1 + b_1\omega)(x_1 + y_1\omega) + \ldots + (a_n + b_n\omega)(x_n + y_n\omega)$$

c'est-à-dire

$$\begin{aligned} &a_1x_1 + b_1ky_1 + \ldots + a_nx_n + b_nky_n \\ &\quad + [b_1x_1 + (a_1 - b_1)y_1 + \ldots + b_nx_n + (a_n - b_n\rho)y_n]\omega \end{aligned}$$

et l'on met sous forme réduite le tableau

$$\begin{matrix} a_1 & b_1k & \ldots & a_n & b_nk \\ b_1 & a_1 - b_1\rho & \ldots & b_n & a_n - b_n\rho. \end{matrix}$$

Le tableau réduit à la forme

$$\begin{matrix} -dr & dn \\ d & 0. \end{matrix}$$

avec

$$0 \leqslant r < n \quad d > 0.$$

On a ainsi les entiers d, r, n, demandés.

D'après les propriétés des tableaux on voit ainsi que *le plus grand commun diviseur des entiers* a_i, b_i *est* $|d|$; *le plus grand commun diviseur des entiers* a_i, kb_i *est* $|d|$ $D(r_1n)$; *le module du tableau donné est la norme* d^2n *de l'idéal.*

362. — Considérons l'idéal

$$(a_1 + b_1\overline{\omega}, a_2 + b_2\overline{\omega}, \ldots)$$

dont la base est formée par les entiers conjugués de ceux qui forment la base du précédent.

Pour calculer sa norme, son diviseur et son résidu, on peut répéter les calculs précédents en remplaçant ω par $\overline{\omega}$. Donc on trouvera les mêmes résultats. Si donc le premier se met sous la forme réduite $d[-r + \omega, n]$, le second se met sous la forme $d[-r + \overline{\omega}, n]$. C'est donc l'idéal conjugué du précédent.

363. Produit de deux idéaux. — On appelle produit des deux idéaux $(\alpha, \beta, \ldots)$ et $(\alpha', \beta', \ldots)$ l'idéal $(\alpha\alpha', \alpha\beta', \ldots \beta\alpha', \beta\beta', \ldots)$ dont les éléments de la base s'obtiennent en multipliant de toutes les façons possibles un élément de la base du premier par un élément de la base du second. Il faut montrer que cette définition ne dépend pas des bases choisies pour les facteurs. Or soient (α, β, γ), (α_1, β_1) deux bases pour un même idéal A et (α', β'), $(\alpha_1', \beta_1', \gamma_1', \delta_1')$ deux bases pour un même idéal A'. Il faut montrer que les idéaux $(\alpha\alpha', \alpha\beta', \beta\alpha', \beta\beta', \gamma\alpha', \gamma\beta')$ et

$$(\alpha_1\alpha_1', \alpha_1\beta_1', \alpha_1\gamma_1', \alpha_1\delta_1', \beta_1\alpha_1', \beta_1\beta_1', \beta_1\gamma_1', \beta_1\delta_1')$$

sont identiques.

Pour cela il faut montrer que chaque élément de l'un d'eux appartient à l'autre (n° **354**). Considérons par exemple $\alpha\alpha'$, élément de la base du premier. Puisque α appartient à A il peut s'écrire $\alpha_1\xi + \beta_1\eta$, puisque α' appartient à A' il peut s'écrire $\alpha_1'\zeta + \beta_1'\theta + \gamma_1'\lambda + \delta_1'\mu$ ($\xi, \eta, \zeta, \theta, \lambda, \mu$ étant des entiers du corps). Donc

$$\alpha\alpha' = \alpha_1\alpha_1'\xi\zeta + \alpha_1\beta_1'\xi\theta + \ldots + \beta_1\delta_1'\eta\mu$$

qui appartient bien à l'idéal $(\alpha_1\alpha_1', \ldots \beta_1\delta_1)$.

Le produit de plus de deux idéaux se définit de proche en proche comme ordinairement.

La multiplication des idéaux est une opération commutative et associative.

Dans le cas de deux idéaux principaux (α) et (α') leur produit est par définition l'idéal principal $(\alpha\alpha')$. Donc la multiplication des entiers est un cas particulier de celle des idéaux.

Théorème. — *Le produit d'un idéal par l'idéal conjugué est égal à la norme de cet idéal.*

Il suffit de le démontrer pour deux idéaux primitifs. Soient

$$(-r + \omega, n) \text{ et } (-r + \bar{\omega}, n).$$

Leur produit est

$$((-r + \omega)(-r + \bar{\omega}), (-r + \omega)n, (-r + \bar{\omega})n, n^2)$$

ou

$$n\left[\frac{r^2 + \rho r - k}{n}, -r + \omega, -r - \rho - \omega, n\right].$$

Il faut donc démontrer que

$$\left[\frac{r^2+\rho r-k}{n},\ -r+\omega,\ -2r-\rho,\ n\right]=1.$$

Il suffit pour cela de démontrer que les trois entiers ordinaires

$$\frac{r^2+\rho r-k}{n},\quad -2r-\rho,\quad n$$

sont premiers dans leur ensemble.

Supposons-leur d'abord un facteur premier commun *impair* p. Ce facteur entrant dans n et dans $\frac{r^2+\rho r-k}{n}$ entrerait au carré dans $r^2+\rho r-k$. Mais il entrerait aussi au carré dans $(2r+\rho)^2$, donc aussi dans $(2r+\rho)^2-4(r^2+\rho r-k)$ c'est-à-dire dans Δ. Or c'est impossible puisque $\Delta=m$ ou $4m$, et que m ne contient pas de facteur carré.

Il reste à démontrer que les trois entiers ne sont pas tous pairs. C'est évident si $\rho=1$ ou si n est impair. Supposons donc $\rho=0$ et n pair.

De $\rho=0$ on déduit $m\equiv 2$ ou $3 \pmod 4$ et $k=m$.

De n et $\frac{r^2-m}{n}$ pairs on déduit $r^2-m\equiv 0 \pmod 4$. Or c'est impossible car $r^2\equiv 0$ ou $1 \pmod 4$.

364. Théorème. — *La norme d'un produit d'idéaux est égale au produit des normes de ces idéaux.* Soient les idéaux I, J, K, ... Soient $\bar{\mathrm{I}}$, $\bar{\mathrm{J}}$, $\bar{\mathrm{K}}$, ... les idéaux conjugués. On a

$$\mathfrak{N}(\mathrm{I})=\mathrm{I}\bar{\mathrm{I}}$$
$$\mathfrak{N}(\mathrm{J})=\mathrm{J}\bar{\mathrm{J}}$$
$$\cdots\cdots$$

Donc

$$\mathfrak{N}(\mathrm{I})\mathfrak{N}(\mathrm{J})\ldots=\mathrm{I}\bar{\mathrm{I}},\ \mathrm{J}\bar{\mathrm{J}},\ldots=(\mathrm{IJ}\ldots)(\bar{\mathrm{I}}\bar{\mathrm{J}}\ldots)=\mathfrak{N}(\mathrm{IJ}\ldots).$$

Théorème. — *Le diviseur d'un produit d'idéaux est divisible par le produit des diviseurs des facteurs.* Car si l'on appelle d, d' ... les diviseurs des facteurs, ces facteurs peuvent être représentés par $d\mathrm{I}$, $d'\mathrm{I}'$, ... et leur produit par $dd'\ldots\mathrm{II}'\ldots$, dont le diviseur est égal au produit de $dd'\ldots$ par le diviseur de $\mathrm{II}'\ldots$

Le diviseur du produit est *égal* au produit des diviseurs des facteurs quand II' ... est un idéal primitif. Mais un produit d'idéaux primitifs n'est pas toujours primitif. Exemple :

$$(a + b\omega)(a + b\bar{\omega}) = a^2 - \rho ab - kb^2.$$

THÉORÈME. — *La multiplication des idéaux est une opération unipare.* C'est-à-dire que de $IJ = IJ_1$ on déduit $J = J_1$ et que de $IJ = I_1J$ on déduit $I = I_1$.

Le second théorème revient au premier en vertu de la commutativité de la multiplication. Démontrons donc le premier.

Il est évident si I est un idéal principal (α) puisque dans ce cas les éléments de IJ sont les éléments de J multipliés par α, et les éléments de IJ_1, les éléments de J_1, multipliés aussi par α.

Si I n'est pas un idéal principal multiplions les deux membres de l'égalité $IJ = IJ_1$ par $\bar{I}$, idéal conjugué de I. Il vient $I\bar{I}J = I\bar{I}J_1$.

Or $I\bar{I}$ est un idéal principal. Donc l'égalité entraîne $J = J_1$.

Corollaire. — Pour qu'un produit de facteurs soit nul il faut que l'un des facteurs le soit.

365. Idéaux fractionnaires. — Un idéal fractionnaire se définit comme un *nombre* fractionnaire ordinaire (I. 114). C'est l'ensemble $\frac{I}{J}$ de deux idéaux entiers. Par définition $\frac{I}{J} = \frac{I'}{J'}$, quand $IJ' = I'J$. Les résultats des n^{os} **114** à **116**, **118**, **119**, **125**, **126**, **128** à **135** s'appliquent aux idéaux fractionnaires. En particulier quand I est divisible par J, soit $I = JQ$ alors $\frac{I}{J}$ est identique à Q.

La norme de $\frac{I}{J}$ est, par définition, $\frac{\mathfrak{N}(I)}{\mathfrak{N}(J)}$.

On peut toujours mettre un idéal fractionnaire sous forme telle que son dénominateur soit un entier existant, et même un entier ordinaire. Il suffit de multiplier ses deux termes par l'idéal conjugué du dénominateur. On a ainsi

$$\frac{I}{J} = \frac{I\bar{J}}{\mathfrak{N}(J)}.$$

On déduit de là le théorème suivant :

Pour que le rapport de deux idéaux $\frac{I}{J}$ *soit un nombre fractionnaire existant il faut et il suffit que* $I\bar{J}$ *soit un entier existant.*

Idéaux fractionnaires conjugués. Par définition le conjugué de $\frac{I}{J}$ est $\frac{\bar{I}}{\bar{J}}$. Le produit de deux idéaux conjugués $\frac{I}{J} \times \frac{\bar{I}}{\bar{J}}$ est égal à $\frac{\mathfrak{N}(I)}{\mathfrak{N}(J)}$. C'est un nombre rationnel.

Pour que le rapport de deux idéaux fractionnaires soit un nombre fractionnaire existant, il faut et il suffit que le produit de l'un par le conjugué de l'autre soit un nombre fractionnaire existant. Ce théorème, généralisation de celui énoncé plus haut pour les idéaux entiers se démontre de la même façon.

366. — Entiers congrus suivant un idéal I. Ensemble complet (mod I).

On dit qu'un entier α est *divisible* par un idéal I lorsque α appartient à I. On écrit alors $\alpha \equiv 0 \pmod{I}$.

Remarquons qu'il n'est pas évident que dans ce cas il existe un idéal K tel que $\alpha = IK$, mais cela sera démontré plus loin. Les conditions pour qu'un entier $a + b\omega$ soit divisible par un idéal $d(-r+\omega, n)$ s'expriment par des congruences ordinaires de la façon suivante :

Il faut exprimer qu'il a deux entiers ordinaires x, y, tels que

$$a + b\omega = d[(-r+\omega)x + ny]$$

d'où

$$dx = b$$
$$d(-rx + ny) = a$$

d'où

$$x = \frac{b}{d} \qquad y = \frac{a+br}{dn}.$$

Les conditions cherchées sont donc :

$$b \equiv 0 \pmod{d}$$
$$a + br \equiv 0 \pmod{dn}$$

ou encore

$$a \equiv 0 \pmod{d}$$
$$b \equiv 0 \pmod{d}$$
$$\frac{a}{d} + \frac{b}{d} r \equiv 0 \pmod{n}.$$

On dit que deux entiers α, β sont congrus (mod I) lorsque $\alpha - \beta$ est divisible par I. Un *ensemble complet* (mod I) se définit comme pour les entiers ordinaires (I. **314**). C'est un système d'entiers tels que deux d'entre eux soient incongrus (mod I), et que tout entier du corps soit congru (mod I) à l'un d'eux. Autrement dit ce sont des entiers tels que deux d'entre eux soient incongrus (mod I) et en nombre le plus grand possible.

THÉORÈME. — *Le nombre des entiers d'un système complet (mod I) est égal à la norme de* I.

En effet pour que deux entiers du corps $a + b\omega$ et $a' + b'\omega'$ soient congrus suivant un idéal $\mathrm{I} = [d(-r + \omega), dn]$, il faut et il suffit que

$$b' - b) \equiv 0 \pmod{d}$$
$$a' - a + (b' - b) r \equiv 0 \pmod{dn}.$$

On aura donc un système complet en donnant d valeur à b formant un système complet (mod d) puis dn valeurs à a formant un système complet (mod dn). On trouve aussi d^2n c'est-à-dire $\mathfrak{N}(\mathrm{I})$ valeurs pour $a + b\omega$.

367. Divisibilité d'un idéal par un autre. — En généralisant la définition du n° précédent nous disons qu'un *idéal* K *est divisible par un idéal* I *quand tous les nombres de* K *appartiennent à* I.

Mais il y a une autre définition qui s'impose : K *est divisible par* I *quand il existe un idéal* H *tel que* K = IH.

Nous allons montrer que ces deux définitions sont équivalentes.

Il est évident que deux idéaux qui satisfont à la seconde définition satisfont à la première. Il faut démontrer la réciproque, c'est-à-dire que

THÉORÈME. — *Si tous les nombres de* K *appartiennent à* I, *il existe un idéal* H *tel que* IH = K.

Démontrons ce théorème d'abord dans le cas particulier où I *est un idéal principal* (α). Ainsi tous les nombres de K sont multiples de α. Soit $K = (\beta, \gamma)$, β et γ sont des multiples de α. Soit :

$$\beta = \alpha\beta_1, \quad \gamma = \alpha\gamma_1.$$

Alors

$$K = (\alpha\beta_1, \alpha\gamma_1) = (\alpha)(\beta_1, \gamma_1).$$

Démontrons maintenant le théorème dans le cas général. Puisque tous les nombres de K appartiennent à I, tous les nombres de $K\bar{I}$ appartiennent à $I\bar{I}$. Mais $I\bar{I}$ est un idéal principal dont la base est $\mathfrak{N}(I)$. On a donc

$$K\bar{I} = I\bar{I}\,H$$

ou

$$K\bar{I} = (IH)\bar{I}$$

ou

$$K = IH$$

Conditions pour que $d'(-r'+\omega, n')$ *soit divisible par* $d(-r+\omega, n)$.

Il suffit d'exprimer que $d'(-r'+\omega)$ et $d'n'$ appartiennent au second idéal ce qui donne les conditions :

$$d' \equiv 0 \pmod{d}$$
$$d'n' \equiv 0 \pmod{dn}$$
$$d'(r - r') \equiv 0 \pmod{dn}.$$

Si les deux idéaux sont primitifs elles se réduisent à

$$n' \equiv 0 \pmod{n}$$
$$r - r' \equiv 0 \pmod{n}.$$

367. Autre définition de l'idéal. — Un idéal jouit de la propriété suivante :

Si l'on prend des entiers de l'idéal, qu'on les multiplie par des entiers quelconques du corps et qu'on ajoute les résultats on retrouve toujours un entier de l'idéal. Réciproquement, *tout ensemble d'entiers qui jouit de la propriété précédente est un idéal.*

En effet soit α un entier de cet ensemble, par hypothèse tous les entiers $\alpha\xi$ appartiennent à l'ensemble. S'ils forment tout l'ensemble, cet ensemble n'est autre que l'idéal (α). Sinon, soit β un entier de l'ensemble non de la forme $\alpha\xi$. Tous les entiers $\alpha\xi + \beta\eta$ appartiennent à l'ensemble. S'ils forment tout l'ensemble cet ensemble n'est autre que l'idéal (α, β) etc. Je dis que cette suite d'opérations s'arrête et qu'à un moment on trouve tout l'ensemble. En effet si l'on considère la suite des idéaux (α), (α, β), (α, β, γ), ... chacun d'eux est un diviseur du précédent, sans lui être identique (car $(\alpha, \beta) = (\alpha, \beta, \gamma)$ par exemple entrainerait que γ appartient à (α, β), ce qui n'est pas). Donc les normes de ces idéaux successifs sont chacune un diviseur de la précédente. De plus, une norme n'est pas égale à la précédente puisque, si cela était, cela voudrait dire que le rapport de deux idéaux consécutifs aurait comme norme 1. Ce rapport serait donc l'idéal 1 (n° **357**), c'est-à-dire que deux idéaux consécutifs seraient identiques, ce qui n'est pas. Il est donc bien évident que la suite d'opérations s'arrête.

369. Plus grand commun diviseur de deux idéaux. — On appelle plus grand commun diviseur de plusieurs idéaux I, I', I'', ... un idéal D qui jouit de la propriété que : *l'ensemble des diviseurs communs à* I, I', I'', ... *coïncide avec l'ensemble des diviseurs de* D.

Montrons d'abord qu'il ne peut y en avoir qu'un. Car, supposons qu'il y en ait deux D et D'. Alors D doit être un diviseur de D' et D' un diviseur de D

$$D = D'K$$
$$D' = DK'$$

d'où en multipliant

$$KK' = 1.$$

Or l'idéal 1 n'a pas d'autre diviseur que lui-même. Donc $K = K' = 1$; donc $D = D'$.

Montrons maintenant qu'il y en a un.

Théorème. — *Le plus grand commun diviseur des idéaux* $I = (\alpha, \beta, \ldots)$, $I' = (\alpha', \beta', \ldots)$, $I'' = (\alpha'', \beta'' \ldots)$ ... *est* $D = (\alpha, \beta, \ldots \alpha', \beta', \ldots \alpha'', \beta'' \ldots)$.

En effet un idéal commun diviseur de I, I', I'' ... contient tous les entiers de la forme :

$$\alpha\xi + \beta\eta + \ldots + \alpha'\xi' + \beta'\eta' + \ldots + \alpha''\xi'' + \beta''\eta'' + \ldots$$

donc tous les nombres de D, donc c'est un diviseur de D.

Réciproquement tout diviseur de D contient tous les nombres de I, tous ceux de I', etc., donc c'est un diviseur de I, I', ...

Cas particulier. — Tout idéal (α, β, ...) est le plus grand commun diviseur des entiers α, β, ... qui forment sa base.

370. — Deux idéaux sont dits premiers entre eux lorsque leur plus grand commun diviseur est 1. Ils n'ont pas alors d'autre commun diviseur.

Théorème. — *Si l'on divise deux idéaux* I, I' *par leur plus grand commun diviseur* D, *les quotients obtenus sont premiers entre eux.*

En effet si $\frac{I}{D}$ et $\frac{I'}{D}$ avec un diviseur commun E différent de 1, I et I' seraient divisibles par DE qui n'est pas un diviseur de D. Donc D ne serait pas le plus grand commun diviseur de I et I'.

Réciproquement. — Si en divisant deux idéaux I *et* I' *par un diviseur commun* D, *les quotients* $\frac{I}{D}$ *et* $\frac{I'}{D}$ *sont premiers entre eux, c'est que* D *est le plus grand commun diviseur de* I *et* I'. Car si le plus grand diviseur de I et I' n'était pas D, ce plus grand commun diviseur serait de la forme DE où E serait différent de 1. Alors $\frac{I}{D}$ et $\frac{I'}{D}$ auraient le commun diviseur E et ne seraient pas premiers entre eux.

Généralisation. — Des idéaux en nombre quelconque sont dits *premiers dans leur ensemble* lorsque leur plus grand commun diviseur est 1. Ils n'ont pas d'autre diviseur commun. *Si l'on divise des idéaux par leur plus grand commun divsieur les quotients obtenus sont premiers dans leur ensemble.*

Réciproquement. — Si en divisant des idéaux par un diviseur commun D les quotients sont premiers dans leur ensemble, D est plus grand commun diviseur de ces idéaux.

Même démonstration que pour deux idéaux.

Remarque. — On peut encore définir le plus grand commun diviseur D de plusieurs idéaux en disant que c'est celui des diviseurs communs qui a la plus petite norme. En effet les autres diviseurs communs étant de la forme DE, E étant différent de 1, leur norme est égale à celle de D multipliée par celle de E, c'est-à-dire par un entier ordinaire plus grand que 1.

Théorème. — *Quand un idéal I divise le produit de deux idéaux JK et qu'il est premier à l'un d'eux J, il divise l'autre K.*

Nous laissons au lecteur le soin de démontrer ce théorème ainsi que ceux analogues de I chap. VII. Les démonstrations sont les mêmes que pour les entiers ordinaires.

371. Plus petit commun multiple d'idéaux. — Soient des idéaux I, J, K, ...

Considérons l'ensemble des entiers communs à ces idéaux.

(Il y en a car il y a tout au moins les éléments du produit de ces idéaux). Cet ensemble jouit évidemment de la propriété énoncée au commencement du n° **367**. Donc c'est un idéal M. On l'appelle le *plus petit commun multiple* de I, J, K, ... Montrons qu'il jouit des propriétés caractéristiques du plus petit commun multiple des entiers ordinaires.

1° *Tout multiple de* M *est un multiple commun à* I, J, K, ... En effet tous ses éléments sont dans M, donc ils sont dans I, J, K, ...

2° *Tout multiple commun à* I, J, K, ... *est un multiple de* M. En effet tout multiple commun à I, J, K, ... ne peut être formé que d'éléments commun à I, J, K, ... donc qui sont dans M.

Remarque. — Le plus petit multiple commun de plusieurs idéaux est, de tous les multiples communs celui qui a la plus petite norme et réciproquement.

Théorème. — *Soient* D *et* M *le plus grand commun diviseur et le plus petit commun multiple deux idéaux* I *et* J. *On a*

$$DM = IJ.$$

En effet IJ étant multiple de I et J est un multiple de M. On a

$$IJ = ME.$$

Reste à montrer que E est le plus grand commun diviseur de IJ. D'abord c'est un commun diviseur car

$$I = \frac{M}{J} E \text{ et } J = \frac{M}{I} E.$$

Ensuite c'est le plus grand, autrement dit $\frac{I}{E}$ et $\frac{J}{E}$ sont premiers entre eux.

En effet

$$\frac{I}{E}=\frac{M}{J} \quad \text{et} \quad \frac{J}{E}=\frac{M}{I}.$$

Si $\frac{M}{J}$ et $\frac{M}{I}$ avaient un commun diviseur D′ différent de 1, alors $\frac{M}{D'}$ serait un commun multiple de I et J, dont la norme serait plus petite que celle de M. Alors M ne serait pas le plus petit commun multiple de I et J.

Nous laissons au lecteur le soin de démontrer les autres théorèmes analogues de ceux démontrés pour les entiers ordinaires (I. chap. VII).

372. Idéaux premiers. — Un idéal est dit *premier* lorsqu'il est différent de 1 et qu'il n'est divisible que par lui-même et par 1.

Théorème. — *Tout idéal qui n'est pas premier est décomposable en un produit d'idéaux premiers et cela d'une seule manière.*

Soit un idéal I qui ne soit pas premier, il y a donc un diviseur D,

$$I = DE.$$

Si D et E sont premiers la décomposition est finie, sinon on la continue comme pour les entiers ordinaires (I. 395).

Elle ne peut se prolonger indéfiniment parce qu'on a

$$\mathfrak{N}(I) = \mathfrak{N}(D)\mathfrak{N}(E)$$

et que par conséquent si D n'est pas une unité on a

$$\mathfrak{N}(E) < \mathfrak{N}(I).$$

2° La décomposition n'est possible que d'une seule manière. Cela se démontre comme pour les entiers ordinaires.

Ainsi, se trouve rétabli, par l'adjonction des idéaux aux nombres existant, l'analogie avec les entiers ordinaires, tout au moins en ce qui concerne la divisibilité [1].

[1] Les calculs sur les idéaux sont restreints par le fait qu'on ne peut pas *additionner* les idéaux. Cela tient à ce qu'un idéal $(\alpha, \beta, \ldots)$ ne change pas quand on remplace $\alpha, \beta, \ldots$ par des entiers respectivement associés. Autrement dit, dans cette théorie, tout entier est confondu avec ses associés. Ce qui est avantageux lorsqu'il ne s'agit que de divisibilité, mais non dans les autres cas.

373. Recherche des idéaux premiers. — Soit p un nombre premier rationnel. Cherchons si l'idéal principal (p) est encore premier dans le corps $C(\sqrt{m})$.

THÉORÈME. — *Les nombres premiers rationnels p qui sont tels que la congruence*

$$x^2 + \rho x - k \equiv 0 \pmod p \tag{14}$$

soit possible ne sont pas premiers dans le corps $C(\sqrt{m})$, et réciproquement.

En effet, si la congruence (14) est possible, soit r une solution. Considérons les deux idéaux conjugués

$$(-r + \omega, p) \qquad \text{et} \qquad (-r + \bar{\omega}, p).$$

Leur produit est égal à leur norme, c'est-à-dire à p. Donc p n'est pas premier dans le corps $C(\sqrt{m})$.

Réciproquement, si p n'est pas premier dans le corps $C(\sqrt{m})$ soit $p = IJ$, I et J étant deux idéaux. On a

$$p^2 = \mathfrak{N}(I)\mathfrak{N}(J).$$

Donc

$$\mathfrak{N}(I) = \mathfrak{N}(J) = p.$$

p étant une norme, la congruence (14) est possible.

Remarque. — On peut écrire

$$\begin{aligned}(p) &= (-r + \omega, p)(-r + \bar{\omega}, p) = (-r + \omega, p)(-r + \rho - \omega, p) \\ &= (-r + \omega, p)(-r' + \omega, p)\end{aligned}$$

en appelant r, r' les deux racines de (14).

Cherchons maintenant d'une façon plus précise quels sont les nombres premiers p qui jouissent de la propriété précédente.

1er *cas*. $p \neq 2$, $\Delta \not\equiv 0 \pmod p$.

La congruence (14) s'écrit

$$(2x + \rho)^2 \equiv \Delta \pmod p. \tag{15}$$

La condition de possibilité est

$$\left(\frac{\Delta}{p}\right) = 1. \tag{16}$$

Ainsi, les nombres premiers impairs décomposables sont ceux qui satisfont à la condition (16).

On a vu (nº **195**) qu'ils appartiennent à certaines progressions arithmétiques. On sait d'ailleurs, par un théorème de Lejeune Dirichlet qui sera démontré plus tard qu'il y en a une infinité.

2ᵉ *cas.* $p \not\equiv 2$, $\Delta \equiv 0 \pmod{p}$.

La congruence (14) s'écrit encore sous la forme (15). Elle est évidemment possible et admet une seule solution

$$x \equiv -\frac{\rho}{2} \equiv \frac{p-1}{2}\rho \pmod{p}.$$

Donc dans ce cas

$$(p) = [-\frac{p-1}{2}\rho + \omega, p]^2.$$

Ainsi *les nombres premiers rationnels qui divisent le discriminant ne sont pas premiers dans le corps, ils sont le carré d'un idéal premier.*

3ᵉ *cas.* $p = 2$. La condition de possibilité de la congruence (14) est que l'un au moins des deux entiers 0, 1, y satisfasse, c'est-à-dire que l'un au moins des deux entiers k, $1 + \rho - k$ soit pair. Distinguons deux cas :

a) $m \equiv 2$ ou $3 \pmod{4}$. Alors $\rho = 0$. Des deux entiers k, $1 - k$ l'un est pair, la condition est satisfaite.

a_1) Si $m \equiv 2 \pmod{4}$ on a $\frac{\Delta}{4}$ pair, la solution de la congruence est $x \equiv 0$ et l'on a

$$(2) = (\omega, 2)^2.$$

a_2) Si $m \equiv 3 \pmod{4}$ on a $\frac{\Delta}{4}$ impair, la solution de la congruence est $x \equiv 1$ et l'on a

$$(2) = (1 - \omega, 2)^2.$$

b) $m \equiv 1 \pmod{4}$. Alors $\rho = 1$, les deux entiers à considérer sont $\frac{m-1}{4}$ et $-\left(\frac{m-1}{4}\right)$. Donc :

b_1) Si $m \equiv 1 \pmod{8}$, la congruence a les solutions 0 et 1, et l'on a

$$(2) = (\omega, 2)(-1 + \omega, 2).$$

b_2) Si $m \equiv 5 \pmod{8}$ la congruence n'a pas de solution. Dans ce cas (2) est un idéal premier

Faisant usage de la notation du n° **37** c'est-à-dire :

$$\left(\frac{\Delta}{2}\right) = 0 \quad \text{quand} \quad \Delta \equiv 0 \pmod{2}$$

$$\left(\frac{\Delta}{2}\right) = 1 \quad \text{quand} \quad \Delta \equiv 1 \pmod{8}$$

$$\left(\frac{\Delta}{2}\right) = -1 \quad \text{dans les autres cas,}$$

on a l'énoncé suivant qui s'applique à tout nombre premier rationnel p :

Si $\left(\frac{\Delta}{p}\right) = 1$. (p) se décompose en deux facteurs différents

» $\left(\frac{\Delta}{p}\right) = -1$ (p) est premier

» $\left(\frac{\Delta}{p}\right) = 0$ (p) est le carré d'un idéal.

373. *Idéaux premiers qui ne sont pas de la forme* (p). — Soit I un tel idéal. L'idéal conjugué $\bar{\text{I}}$ est aussi premier, car s'il a un facteur K, l'idéal I a le facteur $\bar{\text{K}}$. Considérons alors le produit

$$\text{I}\bar{\text{I}} = \mathfrak{N}(\text{I}).$$

Cette égalité donne la décomposition de $\mathfrak{N}(\text{I})$ en facteurs premiers. Ceci prouve que $\mathfrak{N}(\text{I})$ est un nombre premier ordinaire. Car, sinon, $\mathfrak{N}(\text{I})$ aurait une autre décomposition en facteurs premiers. De plus ce nombre premier est décomposable dans le corps $C(\sqrt{m})$. Ainsi : *pour avoir les idéaux premiers qui ne sont pas de la forme* (p), *il faut décomposer en facteurs les idéaux de la forme* (p) *qui se décomposent.*

Résumé

Si $\left(\frac{\Delta}{p}\right) = 1$, p étant un nombre, premier quelconque, (p) se décompose en deux facteurs premiers différents

$$(p) = (-r + \omega, p)\,(-r' + \omega, p)$$

r et r' étant les racines de $r^2 + \rho r - k \equiv 0 \pmod{p}$.

Dans le cas où $p = 2$ on a $r = 0$ et $r' = 1$.

Si $\left(\frac{\Delta}{p}\right) = 0$, (p) est le carré d'un idéal premier

$$(p) = (-r + \omega, p)^2$$

$$\begin{aligned} r &= \frac{p-1}{2}\rho \quad \text{dans le cas où} \quad p \neq 2, \\ r &= 0 \quad \text{dans le cas où} \quad p = 2 \\ &\qquad \text{et} \quad \Delta \equiv 0 \pmod 8). \\ r &= 1 \quad \text{dans le cas où} \quad p = 2 \\ &\qquad \text{et} \quad \Delta \equiv 4 \pmod 8). \end{aligned}$$

Si $\left(\frac{\Delta}{p}\right) = -1$ (p) est premier.

Remarque. — Dans le premier et le second cas la norme de l'idéal est p, l'idéal est primitif.

Dans le troisième cas la norme de l'idéal est p^2, l'idéal n'est pas primitif, son diviseur est p.

Exemples. — 1° Dans le corps $C(i)$, $m = -1$, $\Delta = -4$.

On a pour p impair

$$\left(\frac{-4}{p}\right) \equiv \left(\frac{-1}{p}\right) = (-1)^{\frac{p-1}{2}}.$$

Donc si $p \equiv 1 \pmod 4$, (p) se décompose en deux facteurs premiers différents

si $p \equiv -1 \pmod 4$, (p) est premier.

Quant à 2 c'est le carré d'un idéal premier. Ces résultats sont d'accord avec ceux du n° **321**.

2° Dans le corps $C(j)$ $m = -3$ $\Delta = -12$.

On a pour p impair $\neq 3$

$$\left(\frac{-12}{p}\right) = \left(\frac{-3}{p}\right).$$

Les nombres premiers impairs tels que $\left(\frac{-3}{p}\right) = 1$ sont ceux de la forme $6h + 1$. Donc ces nombres se décomposent en deux facteurs premiers différents. Les autres sont premiers.

Pour le nombre 3, c'est le carré d'un idéal premier.

Enfin pour le nombre 2 il est premier. Ces résultats sont d'accord avec ceux du n° **340**.

3° *Exemple* dans le corps $C(\sqrt{17})$ $m = \Delta = 17$.

Les nombres premiers impairs tels que $\left(\frac{17}{p}\right) = 1$ sont ceux de la forme $17h \pm 1, \pm 2, \pm 4, \pm 8$ ils se décomposent en deux facteurs premiers différents $19 = \left(7 + 2\,\frac{-1+\sqrt{17}}{2}\right)\left(7 + 2\,\frac{-1-\sqrt{17}}{2}\right)$ Ceux des formes $17h \pm 3, \pm 5, \pm 6, \pm 7$ sont premiers. Le nombre 17 est le carré d'un idéal premier $17 = (\sqrt{17})^2$. Enfin 2 est le produit de deux idéaux premiers $2 = \left(3 + \frac{-1+\sqrt{17}}{2}\right)\left(3 + \frac{-1-\sqrt{17}}{2}\right)$.

375. — *Etant donnés des idéaux premiers sous la forme réduite trouver leur produit sous la même forme.*

1er *cas.* — *Puissances d'un idéal premier.* Ce cas se subdivise en trois suivant les trois cas du n° précédent.

a) Puissances d'un idéal premier de la forme $P = (-r + \omega, p)$ avec $\left(\frac{\Delta}{p}\right) = 1$ et $r^2 + \rho r - k \equiv 0 \pmod p$. La norme de P^m est p^m; je dis que son diviseur est 1. Car sinon, en appelant d ce diviseur et n la norme, on aurait

$$d^2 n = p^m$$

de sorte que d serait une puissance de p. Alors P^m étant divisible par d contiendrait les facteurs premiers de p, soient P et $\overline{P}$. Mais $\overline{P}$ n'étant pas identique à P, cela est impossible. Ainsi

$$P^m = (-R + \omega,\ p^m)$$

où il ne reste plus qu'à déterminer R au module p^m près. On a

$$R^2 + \rho R - k \equiv 0 \pmod{p^m}.$$

Or r n'étant déterminé qu'au module p près on peut supposer (n° **35**) que r satisfait à

$$r^2 + \rho r - k \equiv 0 \pmod{p^m}$$

et nous allons montrer que r étant ainsi choisi on a $R = r$.

Plus généralement nous allons montrer que :

$$(-r + \omega,\ p)^i = (-r + \omega,\ p^i) \qquad (i \leqslant m).$$

C'est vrai pour $i = 1$; supposons que ce soit vrai pour l'exposant $i - 1$, démontrons-le pour l'exposant i. On a :

$$(-r + \omega,\ p)^i = (-r + \omega,\ p^{i-1})\,(-r + \omega,\ p) = (-R + \omega,\ p^i)$$

et on va déterminer R en écrivant que $(-r + \omega)^2$ est contenu dans l'idéal, c'est-à-dire qu'on a pour des valeurs entières de x et y :

$$(-r+\omega)^2 = (-R+\omega)x + p^i y$$

ou :

$$r^2 + k - (2r+\rho)\omega = -Rx + p^i y + x\omega.$$

On en tire :

$$x = -(2r+\rho) \qquad y = \frac{r^2+k-R(2r+\rho)}{p^i}.$$

On a donc :

$$r^2 + k - R(2r+\rho) \equiv 0 \pmod{p^i}.$$

Comme $2r+\rho \not\equiv 0 \pmod{p}$, ceci détermine la valeur de R au module p^i près.

Or comme la valeur $R = r$ satisfait à cette condition, le théorème est démontré.

b) *Puissances d'un idéal premier de la forme* $(-r+\omega, p)$ *avec* $\left(\frac{\Delta}{p}\right) = 0$ *et* r *racine double de* $r^2 + \rho r - k \equiv 0 \pmod{p}$.

On a alors :

$$(-r+\omega, p)^2 = (p) = p(\omega, 1)$$

et, de proche en proche :

$$(-r+\omega, p)^{2i} = (p^i) = p^i(\omega, 1)$$

et :

$$(-r+\omega, p)^{2i+1} = p^i(-r+\omega, p);$$

c) *Puissances d'un idéal premier* (p) *avec* $\left(\frac{\Delta}{p}\right) = -1$.

On a alors :

$$(p)^m = (p^m) = p^m(\omega, 1).$$

2e *Cas.* — *Produit de deux idéaux dont les normes sont premières entre elles.* Supposons d'abord les deux facteurs primitifs. Soit le produit :

$$(-r+\omega, n)(-r'+\omega, n').$$

La norme du produit est nn'. Je dis d'ailleurs que le produit est primitif.

En effet : les entiers $n(-r'+\omega)$ et $n'(-r+\omega)$ appartiennent à ce produit. Donc le diviseur du produit doit diviser les coefficients de ω dans ces deux nombres, c'est-à-dire n et n'. Donc puisque les entiers n et n' sont premiers entre eux, ce diviseur est égal à 1. Ainsi :

$$(-r+\omega,\ n)\ (-r'+\omega,\ n') = (-\mathrm{R}+\omega,\ nn')$$

où il ne reste plus qu'à déterminer R au module nn' près. Pour cela, écrivons que $(-r+\omega)n'$ et $(-r'+\omega)n$ appartiennent au produit. Ecrivons :

$$(-r+\omega)n' = (-\mathrm{R}+\omega)x + nn'y$$

d'où :

$$x = n'$$
$$y = \frac{-r+\mathrm{R}}{n}.$$

Donc :

$$\mathrm{R} \equiv r \pmod{n}.$$

On voit de même que :

$$\mathrm{R} \equiv r' \pmod{n'}.$$

Ces deux conditions déterminent bien R au module nn' près.

Soient maintenant deux facteurs non primitifs :

$$[d(-r+\omega),\ dn]\ [d'(-r'+\omega),\ d'n'].$$

Ce produit est égal à :

$$dd'(-r+\omega,\ n)\ (-r'+\omega,\ n').$$

On est ramené au cas des facteurs primitifs.

Comme r et r' ne sont déterminés qu'aux facteurs n et n' près, on peut les supposer égaux entre eux. Soit R leur valeur commune. Alors :

$$d(-\mathrm{R}+\omega,\ n) \times d'(-\mathrm{R}+\omega,\ n') = dd'(-\mathrm{R}+\omega,\ nn').$$

3° *Cas. Formation du produit* $\mathrm{P}^m\mathrm{P}'^{m'}$ .... — Etant donnés les facteurs premiers différents P, P′, ... sous la forme réduite, on sait mettre sous la même forme P^m, $\mathrm{P}'^{m'}$, ... d'après le premier cas, et ensuite $\mathrm{P}^m\mathrm{P}'^{m'}$ ... d'après le second.

376. Décomposition effective d'un idéal en facteurs premiers. — On donne un idéal sous la forme réduite, on demande de le décomposer en facteurs premiers mis sous la même forme. Soit l'idéal $D(-R+\omega, N)$.

On va décomposer séparément D et $(-R+\omega, N)$.

Pour D on le décompose en facteurs premiers ordinaires, puis on décompose chacun de ces facteurs comme il a été expliqué au n° **374**.

Pour $(-R+\omega, N)$, on commence par décomposer N en facteurs premiers ordinaires, soit $N = p^m p'^{m'} \dots$ On a alors :

$$(-R+\omega, N) = (-r+\omega, p^m)(-r'+\omega, p'^{m'}) \dots$$

$r, r', \dots,$ étant déterminés par les conditions :

$$\begin{aligned} r &\equiv R \pmod{p^m} \\ r' &\equiv R \pmod{p'^{m'}} \\ &\dots\dots \end{aligned}$$

On peut prendre par exemple $r = r' = \dots = R$.

Ensuite, pour décomposer un facteur $(-r+\omega, p^m)$ on a, si $\left(\frac{\Delta}{p}\right) = 1$:

$$(-r+\omega, p^m) = (-r+\omega, p)^m$$

et si $\left(\frac{\Delta}{p}\right) = 0$ on a forcément $m = 1$, car alors les puissances paires de $(-r+\omega, p)$ sont des puissances de p et ont déjà été mises en évidence dans D.

Exemple : Décomposons en facteurs premiers, dans le corps $C(i\sqrt{5})$ l'idéal $490(16+\omega, 261)$:

$$\Delta = -20 \qquad \rho = 0 \qquad k = -5.$$

On a :

$$490 = 2 \cdot 5 \cdot 7^2.$$

Les facteurs 2 et 5, facteurs de Δ sont des carrés d'idéaux premiers donnés par les formules du n° :

$$2 = (-1+\sqrt{5}, 2)^2 \qquad 5 = (\sqrt{5}, 5)^2.$$

Quant à 7 il est tel que $\left(\frac{\Delta}{7}\right) = 1$. Les racines de $x^2+5 \equiv 0 \pmod 7$ sont ± 3. Donc :

$$7 = (3+\sqrt{5}, 7)(-3+\sqrt{5}, 7).$$

Ensuite $261 = 3^2 \cdot 29$. Donc :

$$(16 + \sqrt{5}, 261) = (16 + \sqrt{5}, 3^2)(16 + \sqrt{5}, 29)$$

et l'on a :

$$(16 + \sqrt{5}, 3^2) = (16 + \sqrt{5}, 3)^2 = (1 + \sqrt{5}, 3)^2.$$

Quant à $(16 + \sqrt{5}, 29)$ il est premier. Finalement :

$$490\,(16 + \sqrt{5}, 261) = (-1 + \sqrt{5}, 2)^2 (\sqrt{5}, 5)^2 (3 + \sqrt{5}, 7)^2 \\ (-3 + \sqrt{5}, 7)^2 (1 + \sqrt{5}, 3)^2 (16 + \sqrt{5}, 29).$$

Parmi ces facteurs premiers il y en a deux dont la norme est représentable primitivement pour la forme principale $(1, 0, 5)$ et qui sont par conséquent des idéaux principaux, à savoir : $(\sqrt{5}, 5)$ qui est identique à $(\sqrt{5})$ et $(16 + \sqrt{5}, 29)$ identique à $(3 + 2\sqrt{5})$.

377. Indicateur. — L'indicateur d'un idéal I est le nombre d'entiers premiers à I qui sont contenus dans un système complet (mod I). On peut reprendre le raisonnement du n° **323** et l'on trouve que l'indicateur de I est égal à :

$$\mathfrak{N}(\mathrm{I})\left(1 - \frac{1}{\mathfrak{N}(\mathrm{P})}\right)\left(1 - \frac{1}{\mathfrak{N}(\mathrm{Q})}\right)\cdots$$

P, Q, ... désignent les facteurs premiers de I. Les théorèmes I. 409 à 413 se généralisent sans peine.

Théorème de Fermat, 1er *énoncé.* — *P étant un idéal premier et α un entier quelconque non divisible par* P, *l'entier* $\alpha^{\mathfrak{N}(\mathrm{P})-1} - 1$ *est divisible par* P.

2e *énoncé.* — *P étant un idéal premier et α un entier quelconque on a :*

$$\alpha^{\mathfrak{N}(\mathrm{P})} \equiv \alpha \pmod{\mathrm{P}}.$$

Même démonstration qu'au n° **324.**

Les théorèmes sur les restes suivant un module premier des puissances d'un entier, sur le nombre des racines d'une congruence algébrique à module premier, sur les racines primitives d'un module premier (n^{os} **325** et **326**) s'appliquent encore ici.

La condition pour que α soit reste quadratique de P est :

$$\alpha^{\frac{\mathfrak{N}(\mathrm{P})-1}{2}} \equiv 1 \pmod{\mathrm{P}}$$

sauf le cas de P = 2 ou un diviseur de 2. Les théorèmes de Ferrers et de Wilson (nº **324**), celui d'Euler (nº **325**) subsistent. De même les notions d'exposants par rapport à un module quelconque.

L'étude du groupe des classes d'entiers relativement à un module P^m se fait comme au nº **326**.

NOTES ET EXERCICES

I. — Le théorème du nº **354** peut se démontrer de la façon suivante. En faisant correspondre à l'entier $a + b\omega$ le point a, b, il est d'abord évident qu'à tout idéal correspond un module de points à coordonnées entières, donc du second rang au plus. On peut donc y trouver deux points δ_1, δ_2, tel que tout point du réseau soit $\delta_1 x + \delta_2 y$ (x, y, entiers ordinaires).

On peut supposer que l'un des deux entiers δ_1, δ_2 soit un entier ordinaire.

En effet, d'abord il y a dans l'idéal des entiers ordinaires, car s'il y a un entier α, il y a aussi l'entier $\alpha\bar{\alpha}$. A cet entier ordinaire correspond un point du module sur l'axe Ox, qu'on peut prendre comme élément de la base.

II. — Décomposer en facteurs premiers $22(-49 + \sqrt{35}, 338)$ dans le corps $C(\sqrt{35})$.

III. — Démontrer que :

$$(\alpha, \beta) \times (\alpha', \beta') = (\alpha\alpha', \alpha\beta' + \beta\alpha', \beta\beta') = (\alpha\beta', \alpha\alpha' + \beta\beta', \beta\alpha').$$

Cas particulier : a, b, a', b' étant quatre entiers ordinaires on a :

$$D(a, b) \times D(a', b') = D(aa', ab' + ba', bb') = D(ab', aa' + bb', ba').$$

CHAPITRE XXX

CLASSES D'IDÉAUX. ANALYSE DIOPHANTIENNE

378. — Soit un idéal primitif $(-r+\omega, n)$. On sait que r est racine de la congruence :

$$x^2 + \rho x - k \equiv 0 \pmod{n}.$$

A cette racine correspond (n° **180**) une représentation primitive de n dans une classe de formes de déterminant Δ. Cette classe est celle de la forme :

$$\left(n,\ 2r + \rho,\ \frac{r^2 + \rho r - k}{n}\right). \tag{1}$$

Cette classe est primitive car on a vu (n° **364**) que les trois entiers n, $2r + \rho$, $\frac{r^2 + \rho r - k}{n}$ sont premiers dans leur ensemble.

Cela établit un rapport entre un idéal primitif et une classe primitive. La forme (1) n'est pas déterminée par l'idéal, car d'abord l'idéal ne change pas si laissant n invariable on remplace r par $r_1 = r + \lambda n$. Mais la forme (1) devient alors :

$$\left(n,\ 2r_1 + \rho,\ \frac{r_1^2 + \rho r_1 - k}{n}\right)$$

qui est de même classe que (1), car elle s'en déduit par la substitution $\begin{pmatrix} 1 & \lambda \\ 0 & 1 \end{pmatrix}$.

Ensuite l'idéal ne change pas non plus si on change n de signe. La forme devient alors :

$$\left(-n,\ 2r + \rho,\ -\frac{r^2 + \rho r - k}{n}\right).$$

Elle appartient à la classe *inverse opposée* de (1). Ce sont les seuls changements qu'on puisse faire subir à r et à n.

Ainsi *un idéal primitif est en rapport avec deux classes de formes, inverses opposées l'une de l'autre*. Nous dirons que *deux idéaux sont de même classe quand ils sont en rapport avec les deux mêmes classes de formes.*

D'ailleurs nous dirons qu'un idéal non primitif $d(-r+\omega,\ n)$ est de même classe que l'idéal primitif $(-r+\omega,\ n)$.

Remarquons que les deux classes de formes primitives avec lesquels un idéal se trouve aussi en rapport ne sont pas toujours distinctes. Voir n° **267**.

Théorème. — *Soit un idéal* I *en rapport avec les classes* C *et* $-C^{-1}$. *Soit* α *un nombre de* I, *de sorte que* (α) *est divisible par* I. *La norme de* $\frac{(\alpha)}{I}$ *est représentable dans* C *ou dans* $-C^{-1}$. *Réciproquement tout entier ordinaire représenté, dans l'une des deux classes* C *et* $-C^{-1}$ *est, au signe près, la norme d'un idéal de la forme* $\frac{(\alpha)}{I}$, α *étant un nombre de* I.

En effet soit :

$$I = d(-r+\omega,\ n)$$

et :

$$\alpha = d[(-r+\omega)x + ny].$$

On a :

$$\begin{aligned}\mathfrak{N}(\alpha) &= d^2[(-r+\omega)x+ny]\,[(-r+\bar{\omega})x+ny]\\ &= d^2[(r^2+\rho r-k)x^2 - n(2r+\rho)xy + n^2y^2]\\ &= d^2n\left[ny^2-(2r+\rho)xy+\frac{r^2+\rho r-k}{n}y^2\right]\end{aligned}$$

d'où :

$$\mathfrak{N}\left(\frac{\alpha}{I}\right) = ny^2-(2x+\rho)xy+\frac{r^2+\rho r-k}{n}y^2$$

ce qui démontre la première partie du théorème.

Réciproquement, si un entier est, au signe près de la forme :

$$ny^2-(2r+\rho)xy+\frac{r^2+\rho r-k}{n}y^2$$

c'est la norme de $\left(\frac{\alpha}{I}\right)$, en posant :

$$\alpha = d[(-r + \omega)x + ny].$$

Théorème. — *Pour qu'un idéal soit principal il faut et il suffit qu'il soit en rapport avec la classe principale.*

Soit l'idéal principal $I = (\beta)$. Un nombre de l'idéal est de la forme $\alpha = \beta(x + y\omega)$ et l'on a :

$$\frac{\mathfrak{N}(\alpha)}{\mathfrak{N}(I)} = \mathfrak{N}(x + y\omega) = x^2 - \rho xy - ky^2.$$

Or la forme $x^2 - \rho x - ky^2$ est la forme principale. Donc I est en rapport avec la forme principale.

Réciproquement si I est en rapport avec la forme principale, comme cette forme peut représenter le nombre 1, il y a un nombre α de l'idéal tel que :

$$\frac{\mathfrak{N}(\alpha)}{\mathfrak{N}(I)} = \pm 1$$

ou :

$$\mathfrak{N}\left(\frac{\alpha}{I}\right) = \pm 1.$$

Donc :

$$\left(\frac{\alpha}{I}\right) = 1.$$

Donc :

$$I = (\alpha).$$

Conséquence. — Les idéaux principaux appartiennent tous à une même classe que nous appellerons classe *principale.*

Remarque. — Dans ce qui va suivre, lorsque nous dirons simplement « classes », il sera sous-entendu que nous parlons de classes d'idéaux. Lorsqu'il s'agira de classes de formes nous le dirons explicitement.

379. Théorème. — *Si deux idéaux* I, I' ... *sont en rapport respectivement avec des classes de formes* C, C' ..., *le produit* II' ..., *est en rapport avec la classe de formes* CC' ... [1].

[1] Remarquer à ce propos que de $CD = \Gamma$ on ne déduit pas

$$C(-D) = -\Gamma \quad \text{ni} \quad (-C)D = -\Gamma.$$

Nous ferons d'abord la remarque suivante : soient C et D deux classes de formes. Si l'on a :

$$CD = \Gamma$$

on a :

$$C(-D^{-1}) = -(\Gamma^{-1})$$
$$(-C^{-1})D = -(\Gamma^{-1})$$
$$(-C^{-1})(-D^{-1}) = \Gamma$$

comme on le vérifie facilement par les identités :

$$(a, b, a'e)(a', b, ae) = (aa', b, e)$$
$$(a, b, a'e)(-a', b, -ae) = (-aa', b, -e)$$
$$(-a, b, -a'e)(a', b, ae) = (-aa', b, -e)$$
$$(-a, b, -a'e)(-a', b, -ae) = (aa', b, e).$$

Par conséquent les deux classes de formes qui sont en rapport avec I, combinées des quatre façons possibles avec les deux qui sont en rapport avec I′ ne donnent que deux produits dont l'un étant Γ, l'autre est $-\Gamma^{-1}$.

De proche en proche on voit que pour démontrer le théorème il suffit de prendre une seule des deux classes de formes en rapport avec I, une seule des deux classes en rapport avec J, ..., et de démontrer que le produit de ces classes est en rapport avec IJ ... Nous allons examiner d'abord des cas particuliers.

I. *Si l'idéal premier* P *est en rapport avec la classe* C *l'idéal* P^m *est en rapport avec la classe* $(C)^m$.

Nous subdiviserons ce cas en trois, suivant les trois cas du n° **374**.

a) $P = (-r + \omega, p)$ avec $\left(\frac{\Delta}{p}\right) = 1$ et $r^2 + \rho r - k \equiv 0 \pmod{p}$.

Alors C est la classe de $\left(p, 2r + \rho, \frac{r^2 + \rho r - k}{p}\right)$.

On peut supposer que $r^2 + \rho r - k \equiv 0 \pmod{p^m}$. Alors on sait (n° **375**) que $P^m = (-r + \omega, p^m)$, la classe en rapport avec P^m est $\left(p^m, 2r + \rho, \frac{r^2 + \rho r - k}{p^m}\right)$. Or cette forme est bien le produit de m formes $\left(p, 2r + \rho, \frac{r^2 + \rho r - k}{p}\right)$ lesquelles sont immédiatement multipliables.

$b)$ $P = (-r + \omega, p)$ avec $\left(\frac{\Delta}{p}\right) = 0$ et $2r + \rho \equiv 0 \pmod p$.

Alors C est encore la classe de $\left(p, 2r + \rho, \frac{r^2 + \rho r - k}{p}\right)$, et l'on a

$$P^{2i} = p^i$$
$$P^{2i+1} = p^i P.$$

D'autre part, puisque $2r + \rho \equiv 0 \pmod p$, C est une classe bilatère.

Donc

$$(C)^{2i} = 1$$
$$(C)^{2i+1} = C.$$

Le théorème se vérifie donc encore dans ce cas.

$c)$ $$P = (p) \text{ avec } \left(\frac{\Delta}{p}\right) = -1.$$

Alors P est un idéal principal et C est la classe principale. Toute puissance de P sera un idéal principal et toute puissance de C la classe principale.

Le théorème se vérifie encore.

2° *cas.* Soit

$$I = d(-r + \omega, n) \qquad I' = d'(-r' + \omega', n') \ldots$$

$n, n', \ldots$ étant premiers entre eux deux à deux.

En déterminant R par les conditions

$$R \equiv r \pmod n$$
$$R \equiv r' \pmod{n'}$$
$$\cdots\cdots$$

on peut écrire

$$I = d(-R + \omega, n), \qquad I' = d'(-R + \omega, n') \ldots$$

et l'on a vu (n° 375) que

$$II' \ldots = dd' \ldots (-R + \omega, nn' \ldots).$$

Or la classe de la forme $\left(n, 2R + \rho, \frac{R^2 + \rho R - k}{n}\right)$ est en rapport avec I, etc.

la classe de la forme $\left(n', 2R + \rho, \frac{R^2 + \rho R - k}{n'}\right)$ est en rapport avec I'.

Le produit de ces classes est la classe de

$$\left(nn' \ldots, 2R + \rho, \frac{R^2 + \rho R - kR}{nn' \ldots}\right)$$

qui est bien en rapport avec II' ...

Cas général. — Des cas particuliers précédents on déduit sans peine le cas général en décomposant chacun des facteurs du produit et le produit lui-même en ses facteurs premiers.

Corollaire. — *Deux idéaux entiers conjugués sont en rapport respectivement avec deux classes inverses.* En effet le produit de deux idéaux conjugués est un idéal principal (n° **363**), donc le produit des classes en rapport est la classe principale.

380. Classe d'un idéal fractionnaire. — Soit I = JK, I, J, K étant des idéaux entiers. Soient C, D, E, les classes coreespondant respectivement à I, J, K. On a

$$C = DE$$

d'où

$$E = CD^{-1}.$$

Cette égalité servira de définition à E dans le cas où I n'est pas divisible par J. D'ailleurs il est facile de voir que si on remplace l'une des classses C, D, ou toutes les deux par son inverse opposée, on obtient en tout pour E deux classes qui sont inverses opposées l'une de l'autre.

Le théorème fondamental énoncé au commencement du n° **379** subsiste pour des idéaux fractionnaires, comme on le voit immédiatement.

Le corollaire : *deux idéaux conjugués sont en rapport avec deux classes inverses* subsiste également.

381. Théorème. — *Pour que deux idéaux, entiers ou fractionnaires, appartiennent à la même classe il suffit que leur rapport* *soit un idéal principal.* En effet pour que I et J appartiennent à la même classe, il faut et il suffit que I et $\overline{J}$ soient en rapport avec des classes de formes inverses, donc que $I\overline{J}$ soit de la classe principale, c'est-à-dire soit un idéal principal. Or on a vu (n° **365**) que c'est une condition nécessaire et suffisante pour que $\frac{1}{J}$ soit un idéal principal.

Remarque. — On tire de là une définition des classes d'idéaux indépendante de la théorie des formes quadratiques. *Deux idéaux sont dits de la même classe lorsque leur rapport est un idéal principal.*

382. — Résolution de l'équation diophantienne

$$\alpha\xi + \beta\eta = 0$$

α, β sont des entiers donnés ξ, η des entiers inconnues. L'équation se résout comme dans le cas des entiers ordinaires (I. 111) et l'on trouve

$$\xi = \frac{\beta}{(\alpha, \beta)} \Lambda \qquad \eta = \frac{-\alpha}{(\alpha, \beta)} \Lambda$$

(α, β) étant le plus grand commun diviseur de α, β et Λ étant un idéal quelconque. Telle est l'expression la plus générale des entiers *existants* ou *idéaux* qui satisfont à l'équation proposée. Mais si l'on veut les entiers *existants* qui satisfont à l'équation il ne faut prendre pour Λ que des idéaux de même classe que (α, β). De plus il faut remarquer que $\frac{\Lambda}{(\alpha, \beta)}$ qui est un nombre existant (en général fractionnaire) n'est défini qu'à un facteur unité près. Il est alors sous entendu que ce nombre est le même dans les deux expressions données pour ξ et η.

383. Résolution de $\alpha\xi + \beta\eta = \gamma$. — Cette équation exprime que γ appartient à l'idéal (α, β). On a donc ainsi une condition nécessaire et suffisante pour que l'équation soit possible. Elle peut s'énoncer en disant que γ est divisible par $D(\alpha, \beta)$, ce qui est la même condition que pour les entiers ordinaires (voir I). Cette condition remplie, on verra comme au n° **140** du tome I que la solution générale s'obtient en ajoutant à une solution particulière ξ_0, η_0, la solution générale de l'équation sans second membre

$$\xi = \xi_0 + \frac{\beta \Lambda}{(\alpha, \beta)}$$

$$\eta = \eta_0 - \frac{\alpha \Lambda}{(\alpha, \beta)}$$

Λ étant un idéal quelconque de la classe de (α, β), et $\frac{\Lambda}{(\alpha, \beta)}$ ayant la même valeur dans les deux formules.

Reste à trouver une solution particulière ξ_0, η_0. Pour cela il suffit de trouver une solution ξ_0 de la congruence

$$\alpha\xi \equiv \gamma \pmod{\beta}$$

et d'en tirer η_0 par la formule

$$\eta_0 = \frac{\gamma - \alpha\xi_0}{\beta}.$$

Or il est évident que si une valeur de ξ satisfait à la congruence, toute valeur congrue à celle-ci (mod β) y satisfait aussi. Donc, et puisque l'on sait *a priori* que la congruence est possible, il suffit de donner à ξ les $\mathfrak{N}(\beta)$ valeurs formant un système complet (mod β), il y aura sûrement certaines de ces valeurs qui satisferont à la congruence.

384. — Résolution de l'équation diophantienne du premier degré à un nombre quelconque d'inconnues. — Soit

$$\alpha_1\xi_1 + \alpha_2\xi_2 + \ldots + \alpha_n\xi_n = \gamma.$$

Pour que l'équation soit possible il faut et il suffit que γ appartienne à l'idéal $(\alpha_1, \alpha_2, \ldots \alpha_n)$, ou ce qui revient au même que γ soit divisible par $D(\alpha_1, \alpha_2, \ldots \alpha_n)$.

Quant à la résolution effective de l'équation, on a vu plus haut comment, on ramène la base de l'idéal à n'avoir que deux éléments au plus ; par conséquent on ramène l'équation proposée à une équation à deux inconnues au plus, équation qu'on sait résoudre.

Forme générale de la solution. — Cette transformation de la base de l'idéal en une autre a deux éléments au plus se fait par une seule substitution unité à coefficients entiers ordinaires

$$\begin{cases} \xi_1 = a_{11}\xi_1' + \dots + a_{1n}\xi_n' \\ \cdot \quad \cdot \quad \cdot \quad \cdot \quad \cdot \quad \cdot \quad \cdot \quad \cdot \quad \cdot \\ \xi_n = a_{n1}\xi_1' + \dots + a_{nn}\xi_n'. \end{cases}$$

Et l'on est ramené à une équation ne contenant plus que ξ_1' et ξ_2'. Ce

$$\alpha\xi_1' + \beta\xi_2' = \gamma.$$

La solution générale de cette dernière est

$$\xi_1' = (\xi_1')_0 + \frac{\beta}{D}\Lambda \qquad \xi_2' = (\xi_2')_0 - \frac{\alpha}{D}\Lambda$$

D étant l'idéal (α, β) c'est-à-dire l'idéal $(\alpha_1, \alpha_2, \dots \alpha_n)$. Quant à ξ_3', ξ_4', ... ξ_n' ils restent arbitraires. Représentons-les par $\lambda_3, \lambda_4, \dots \lambda_n$ entiers arbitraires. On a alors

$$\begin{cases} \xi_1 = a_{11}(\xi_1')_0 + a_{12}(\xi_2')_0 + \dfrac{a_{11}\beta - a_{12}\alpha}{D}\Lambda + a_{13}\lambda_3 + \dots + a_{1n}\lambda_n \\ \cdot \quad \cdot \quad \cdot \quad \cdot \quad \cdot \quad \cdot \quad \cdot \quad \cdot \quad \cdot \quad \cdot \quad \cdot \quad \cdot \quad \cdot \quad \cdot \quad \cdot \quad \cdot \quad \cdot \quad \cdot \\ \xi_n = a_{n1}(\xi_1')_0 + a_{n2}(\xi_2')_0 + \dfrac{a_{n1}\beta - a_{n2}\alpha}{D}\Lambda + a_{n3}\lambda_3 + \dots + a_{nn}\lambda_n \end{cases}$$

c'est-à-dire que les solutions sont de la forme

$$\begin{cases} \xi_1 = (\xi_1)_0 + \dfrac{\alpha_{11}}{D}\Lambda + a_{13}\lambda_3 + \dots + a_{1n}\lambda_n \\ \cdot \quad \cdot \quad \cdot \quad \cdot \quad \cdot \quad \cdot \quad \cdot \quad \cdot \quad \cdot \quad \cdot \quad \cdot \quad \cdot \quad \cdot \\ \xi_n = (\xi_n)_0 + \dfrac{\alpha_{n1}}{D}\Lambda + a_{n3}\lambda_3 + \dots + a_{nn}\lambda_n \end{cases}$$

$(\xi_1)_0 \dots (\xi_n)_0$ est une solution particulière de l'équation,
$D = (\alpha_1, \alpha_2, \dots \alpha_n)$,
$\alpha_{11} \dots \alpha_{n1}$ sont des entiers appartenant à D,
Λ est un idéal de la classe de D, arbitraire d'ailleurs,
Les a_{ij} sont des entiers rationnels; $a_{1j}, a_{2j}, \dots a_{nj}$ formant un solution particulière de l'équation sans second membre,
Enfin les λ sont des entiers existants arbitraires du corps (Comparer avec I 152, remarque I).

385. Résolution d'un système d'équations diophantiennes linéaires. — Nous ne poursuivrons pas plus loin dans cette voie et ne chercherons pas à résoudre par cette méthode un système d'équations diophantiennes linéaires. Ce dernier problème peut se résoudre de la façon suivante (s'appliquant bien entendu aussi à une seule équation). On met les coefficients sous la forme $a + b\omega$ et les inconnues sous la forme $x + y\omega$. On remplace dans les équations obtenues ω^2 par $-\rho\omega + k$, et l'on égale dans les équations obtenus les coefficients de ω et les termes indépendants de ω. On obtient ainsi un système d'équations diophantiennes linéaires où les coefficients et les inconnues sont des entiers rationnels. On voit ainsi que les solutions obtenues forment un réseau, ce que l'on peut aussi démontrer *a priori*.

386. Congruences du premier degré à module idéal. — Les congruences dont le module est un nombre existant se ramènent à des équations diophantiennes et, par conséquent, dans le cas du premier degré, le problème peut être considéré comme résolu. Pour les congruences à module idéal on les ramène à des congruences à module existant de la façon suivante :

Lemme. — *On peut trouver un idéal qui appartienne à une classe donnée C et qui soit premier à un idéal donné I.*

Remarquons d'abord que si les normes de deux idéaux sont premières entre elles ces deux idéaux sont premiers entre eux. Ceci posé considérons l'une des deux classes de formes quadratiques qui correspondent à C. On peut trouver un entier ordinaire représentable primitivement dans cette classe et premier à $\mathfrak{N}(I)$. Soit n cet entier ; la classe de formes dans laquelle il est représentable contient des formes dont le premier coefficient est n. Soit $\left(n, 2r + \rho, \left(\frac{r^2 + \rho r - k}{n}\right)\right)$ cette forme ; l'idéal $(-r + \omega, n)$ répond à la question.

Ceci posé, soit la congruence

$$f(\xi, \eta, \ldots) \equiv 0 \pmod{I}.$$

On peut l'écrire

$$\bar{I}f(\xi, \eta, \ldots) \equiv 0 \,[\mathrm{mod}\ \mathfrak{N}(I)].$$

Soit A un idéal de la même classe que I et premier $\mathfrak{N}(I)$; on peut multiplier les deux membres de la congruence précédente par A sans changer le module. Il vient alors :

$$A\bar{I}f(\xi, \eta, \ldots) \equiv 0 \,[\mathrm{mod}\ \mathfrak{N}(I)].$$

Or $A\bar{I}$ est un entier existant; on est donc bien ramené à une congruence dont le module est un entier existant, et même un entier rationnel.

387. Application à la congruence du premier degré à une inconnue. — Soit

$$\alpha\xi \equiv \gamma \pmod{I}.$$

Écrivons, d'après la méthode précédente

$$A\bar{I}\alpha\xi \equiv \bar{I}\gamma \pmod{I\bar{I}}.$$

D'après les résultats du n° **383** la condition nécessaire et suffisante de possibilité est que $D(A\bar{I}\alpha, I\bar{I})$ divise $\bar{I}\gamma$.

Or :

$$D(A\bar{I}\alpha, I\bar{I}) = \bar{I}D(A\alpha, I) = \bar{I}D(\alpha, I).$$

La condition est donc que $D(\alpha, I)$ divise γ.

Cette condition étant supposée remplie la solution générale est :

$$\xi_0 + \frac{I\bar{I}}{D(A\bar{I}\alpha, I\bar{I})} \Lambda$$

ou :

$$\xi_0 + \frac{I}{D(\alpha, I)} \Lambda$$

Λ étant un idéal de la classe de $\frac{D(\alpha, I)}{I}$ ou encore :

$$\xi_0 + \lambda$$

λ étant un entier divisible par $\frac{I}{D(\alpha, I)}$.

Le nombre de solutions incongrues (mod I) est le nombre des entiers contenus dans un système complet (mod I) et qui sont divisibles par $\frac{I}{D(\alpha, I)}$. Il est facile de voir que ce nombre est $\mathfrak{N}[D(\alpha, I)]$.

388. Problème. — *Déterminer un entier ξ tel que :*

$$\xi \equiv \alpha_1 \pmod{I_1}$$
$$\xi \equiv \alpha_2 \pmod{I_2}$$
$$\cdots\cdots$$
$$\xi \equiv \alpha_n \pmod{I_n}.$$

Ces congruences à module idéal se résolvent par la méthode du n° **386**. Proposons-nous, en supposant le problème possible, de trouver la forme générale de la solution. Soit ξ_0 une solution, on voit que $\xi - \xi_0$ est un multiple commun de $I_1, I_2, \dots I_n$. Donc :

$$\xi = \xi_0 + \lambda$$

λ étant un entier quelconque appartenant à l'idéal $M(I_1, I_2, \dots I_n)$.

Traitons en particulier le cas où $I_1, I_2, \dots I_n$ sont premiers entre eux deux à deux. Dans ce cas le problème est possible. En effet soit d'abord le cas de deux idéaux :

$$\xi_1 \equiv \alpha_1 \pmod{I_1}$$
$$\xi_2 \equiv \alpha_2 \pmod{I_2}$$

avec :

$$I_1 = d_1(-r_1 + \omega, n_1) \qquad I_2 = d_2(-r_2 + \omega, n_2)$$
$$\alpha_1 = a_1 + b_1\omega, \qquad \alpha_2 = a_2 + b_2\omega, \qquad \xi = x + y\omega.$$

On obtient pour x et y les congruences :

$$y - b_1 \equiv 0 \pmod{d_1}$$
$$x - a_1 + r_1(y_1 - b_1) \equiv 0 \pmod{d_1 n_1}$$
$$y - b_2 \equiv 0 \pmod{d_2}$$
$$x - a_2 + r_2(y_2 - b_2) \equiv 0 \pmod{d_2 n_2}.$$

Or I_1 étant premier à I_2, d_1 est premier à d_2; donc la première et la troisième conditions donnent des valeurs pour y. Après quoi la première et la quatrième donnent des valeurs pour x parce que $d_1 n_1$ et $d_2 n_2$ sont aussi premiers entre eux. Le problème est donc possible.

Ayant démontré que le problème est possible dans le cas de deux idéaux on démontrera de proche en proche qu'il est possible pour un nombre quelconque d'idéaux.

La solution générale est $\xi + \lambda$, λ étant un entier quelconque de l'idéal $I_1 I_2 \dots I_n$ (qui est ici le plus petit commun multiple de $I_1, I_2, \dots I_n$).

389. Congruence du second degré à une inconnue.

1° *Congruence dont le module est un idéal premier*. On la ramène comme au n° **33** à la forme :

$$\xi^2 \equiv \alpha \pmod{P}.$$

Si $\alpha \equiv 0 \pmod{P}$ il y a une seule solution : $\xi \equiv 0$.

Si $\alpha \not\equiv 0 \pmod{P}$, si, de plus, P n'est pas un diviseur de 2, la condition de possibilité est (n° **377**) :

$$\alpha^{\frac{\mathfrak{N}(P)-1}{2}} \equiv 1 \pmod{P}$$

et il y a deux solutions $\pm \xi_0$. On dit alors que α est *reste quadratique* de P. On pose comme au n° **37** :

$$\left(\frac{\alpha}{P}\right) = 1 \qquad \text{dans ce cas}$$

$$\left(\frac{\alpha}{P}\right) = -1 \quad \text{lorsque } \alpha^{\frac{\mathfrak{N}(P)-1}{2}} \equiv -1 \pmod{P}$$

$$\left(\frac{\alpha}{P}\right) = 0 \qquad \text{lorsque } \alpha \equiv 0 \pmod{P}.$$

Si P est un diviseur de 2 on voit facilement les résultats suivants : si $m \not\equiv 5 \pmod{8}$, 2 est décomposable en deux facteurs premiers dont la norme est 2. Soit Q l'un de ces facteurs, il n'y a qu'un entier (mod Q) non divisible par Q, c'est 1. La congruence :

$$\xi^2 \equiv 1 \pmod{Q}$$

a une solution $\xi \equiv 1$.

Si $m \equiv 5 \pmod{8}$, 2 est premier ; il y a trois entiers (mod 2) non divisibles par 2, à savoir 1, ω, $1 + \omega$. Soit α l'un de ces entiers, la congruence :

$$\xi^2 \equiv \alpha \pmod{2}$$

a une solution et une seule, qui est α ;

2° *Congruence dont le module est une puissance d'un idéal premier* (comparer n° **26**).

Soit :

$$(2) \qquad f(\xi) \equiv 0 \pmod{P^m}.$$

On la suppose résolu pour les valeurs 1, 2, ... $m-1$ de l'exposant. Soit ξ_0 une solution de :

$$f(\xi) \equiv 0 \pmod{P^{m-1}}.$$

Il faut, dans (2), poser :

$$\xi = \xi_0 + \lambda$$

λ étant un entier divisible par P^{m-1}, et déterminer λ au module P^m près. Ainsi λ est déterminé par les deux congruences :

(3) $$f(\xi_0 + \lambda) \equiv 0 \pmod{P^m}$$

(4) $$\lambda \equiv 0 \pmod{P^{m-1}}.$$

Si on développe (3), on peut, d'après (4) négliger les puissances de λ à partir de λ^2, et il vient :

$$f(\xi_0) + \lambda f'(\xi_0) \equiv 0 \pmod{P^m}.$$

Si $f'(\xi_0) \not\equiv 0 \pmod{P}$, cette congruence a une solution et une seule (mod P^m) car $D[f'(\xi_0)\ P^m] = 1$. D'ailleurs cette solution satisfait à la condition (4) puisque $f(\xi_0)$ et P^m sont tous les deux divisibles par P^{m-1}, tandis que $f'(\xi_0)$ ne l'est pas. On voit ainsi que : *à chaque racine ξ_0 de $f(\xi) \equiv 0$ (mod P) telle que $f'(\xi_0) \not\equiv 0$ (mod P), correspond une solution et une seule pour la congruence* (2).

Si $f'(\xi_0) \equiv 0$ (mod P), il faut distinguer suivant les plus hauts exposants de P qui divisent $f'(\xi_0)$ et $f(\xi_0)$. Nous laissons au lecteur le soin d'achever la discussion ;

3° *Congruences suivant un module quelconque.* — La méthode est la même qu'au n° **26** en s'appuyant sur les résultats du n° **388**.

390. Division des classes d'idéaux en genres. — Nous avons vu au Chap. XVIII comment les classes de formes quadratiques primitives de déterminant Δ se répartissent en genres. Cette répartition s'applique immédiatement aux classes d'idéaux. Seulement comme une classe d'idéaux correspond à deux classes de formes, lesquelles sont inverses changées de signe l'une de l'autre, il faut distinguer deux cas.

1er *Cas.* Δ est tel que deux classes inverses opposées ont toujours le même genre. Cela arrive quand les facteurs premiers impairs du déterminant Δ sont tous $\equiv 1 \pmod 4$ et que, de plus, si Δ est pair on a $\frac{\Delta}{4} \equiv 1,\ -3$ ou $2 \pmod 8$. Dans ce cas, une classe d'idéaux peut être en rapport avec deux classes de formes, mais ces deux classes ont le même genre. On peut donc dire que ce genre est le genre de la classe d'idéaux. Il y a, dans ce cas, autant de genres d'idéaux que de genres de classes.

2e *Cas.* — Lorsque Δ ne satisfait pas aux conditions du premier cas, il arrive que deux classes de formes inverses opposées, n'ont pas le même genre. Alors, une classe d'idéaux est en rapport avec deux classes de formes qui n'ont pas le même genre. Ces deux genres de formes doivent être considérées comme ne faisant qu'un genre d'idéaux. Il y a donc, dans ce cas, deux fois moins de genres d'idéaux que de genres de formes.

391. Représentation géométrique des idéaux dans le cas des corps imaginaires. — Les nombres d'un idéal forment un réseau (nº **359**). Le parallélogramme fondamental a pour sommets les points O, dn et $-r+\omega$. Il est facile de voir que les longueurs de ses côtés sont $|dn|$ et $d\sqrt{r^2+\rho r-k}$, et que l'angle de ces côtés est :

$$\text{arc cos}\,\frac{-(2r+\rho)}{2\sqrt{r^2+\rho r-k}}$$

Ce n'est pas un réseau quelconque. En appelant l et l' les longueurs des côtés du parallélogramme, α leur angle, les trois quantités suivantes :

$$\frac{l\sqrt{-\Delta}}{2l'\sin\alpha},\qquad \frac{l'\sqrt{-\Delta}}{2l\sin\alpha},\qquad \frac{\sqrt{-\Delta}\,\text{cotg}\,\alpha}{2}+\frac{\rho}{2}$$

(égales respectivement à n, $\dfrac{r^2+\rho r-k}{n}$, et $-r$) sont des nombres entiers. Réciproquement un réseau satisfaisant à ces conditions est un idéal, et s'appellera un *réseau idéal.*

Deux réseaux idéaux conjugués sont symétriques par rapport à Ox et réciproquement.

Étant donné un réseau idéal le diviseur d est le nombre de points du réseau qui se trouvent sur un côté d'un parallélogramme élémentaire les deux extrémités du côté ne comptant que pour un point. Quand il n'y a pas sur ce côté d'autre point du réseau que les deux extrémités l'idéal est primitif.

La norme est le nombre de points du réseau contenus dans le parallélogramme élémentaire, comptés comme dans I. nº 149.

Quand un réseau idéal est divisible par un autre, tous les points du premier appartiennent au second. La réciproque est vraie.

On a vu (nº **352**) que les réseaux idéaux principaux sont caractérisés par ce fait qu'ils sont semblables au réseau total. On peut généraliser.

THÉORÈME. — *Deux réseaux idéaux de même classe sont semblables et réciproquement.*

Soient en effet I et I' deux idéaux de même classe. On a :

$$\frac{I'}{I} = \frac{\alpha'}{\alpha}$$

α, α' étant deux nombres existants. Donc le réseau de I' s'obtient en faisant subir au réseau de I une homothétie de centre O et de rapport égal à mod $\left(\frac{\alpha'}{\alpha}\right)$, puis une rotation égale à argument $\left(\frac{\alpha'}{\alpha}\right)$; le réseau ainsi obtenu est semblable au premier. La réciproque se voit de même.

Le rapport d'homothétie est égal à Mod $\left(\frac{\alpha'}{\alpha}\right)$, c'est-à-dire à $\sqrt{\mathfrak{N}\left(\frac{\alpha'}{\alpha}\right)}$ ou enfin à $\sqrt{\frac{\mathfrak{N}(I')}{\mathfrak{N}(I)}}$.

392. Représentation géométrique des classes de formes binaires quadratiques définies. — Considérons les réseaux qui représentent des idéaux de même classe. D'après ce qui précède si on réduit chacun d'eux, I, dans le rapport $\sqrt{\mathfrak{N}(I)}$, les nouveaux réseaux obtenus sont tous égaux entre eux et ne diffèrent plus que par leur orientation.

Donc si on ne considère que la forme de ce réseau, elle correspond à une classe.

Prenons pour construire le réseau l'idéal $(-r+\omega,\ n)$. Le parallélogramme fondamental a comme longueur de côtés $\sqrt{n}$ et $\sqrt{\frac{r^2+\rho r-k}{n}}$, et comme angle arc cos $\frac{-2r-\rho}{\sqrt{r^2+\rho r-k}}$. Ce réseau correspond aussi à la classe de formes quadratiques binaires en rapport avec la classe d'idéaux. (Il y a deux classes de formes, l'une comprenant des formes définies positives, l'autre des formes définies négatives ; nous négligeons la seconde). On est en définitive amené au résultat suivant : à la forme définie positive $(a,\ b,\ c)$ on fait correspondre le réseau bâti sur un parallélogramme ayant pour longueurs de côtés $\sqrt{a}$ et $\sqrt{c}$, ces côtés faisant l'angle dont le cosinus est $\frac{-b}{2\sqrt{ac}}$. Toutes les formes d'une même classe ont le même réseau. Les carrés des distances deux à deux des points du réseau sont les entiers représentables par la forme.

La surface du parallélogramme fondamental est $\frac{\sqrt{D}}{2}$.

D'ailleurs, dans ces résultats rien ne suppose plus que le déterminant de la classe de formes soit un noyau, comme cela a lieu dans les classes de formes tirées de classes d'idéaux.

Les deux réseaux correspondant à deux classes d'idéaux ou de formes inverses l'une de l'autre sont aussi égaux, mais ne peuvent être amenés à coïncider qu'en faisant sortir l'un d'eux du plan. Cela tient à ce que les réseaux correspondants à deux idéaux conjugués $(-r+\omega, n)$ et $(-r+\bar{\omega}, n)$ sont symétriques par rapport à Ox.

Dans le réseau correspondant à une classe de formes il y a une infinité de parallélogrammes fondamentaux. Chacun d'eux correspond à une forme de la classe. La forme réduite est celle qui correspond au parallélogramme OACB tel que A soit le point du réseau le plus voisin de O, et que C soit, parmi tous les points du réseau qui ne sont pas sur OA, celui qui est le plus voisin de O. En général ces conditions définissent un seul parallélogramme, dans des cas particuliers cela peut cesser d'être vrai. Alors il faut des conditions supplémentaires que nous laissons au lecteur le soin de trouver.

NOTES ET EXERCICES

Il existe un grand nombre de définitions des idéaux. Nous allons montrer ici par exemple comment on peut définir les idéaux dans les corps quadratiques comme des nombres existant réellement, mais étangers au corps et qu'on lui adjoint.

Pour y arriver nous supposerons d'abord acquise la théorie des idéaux telle que nous l'avons développée et nous nous proposons de faire correspondre à chaque idéal un nombre, de façon à satisfaire aux conditions suivantes :

1° *Si à l'idéal* I *correspond le nombre i et à l'idéal* I' *le nombre i', à l'idéal* II' *correspond le nombre ii'* ; 2° *A un idéal principal* (α) *correspond le nombre* α. Si ces conditions sont remplies, l'ensemble des nombres correspondant aux idéaux obéira aux mêmes lois de divisibilité que l'ensemble des idéaux et, de plus, comprendra l'ensemble des nombres du corps.

Pour établir cette correspondance entre idéaux et nombres il suffit de choisir un idéal dans chaque classe et de fixer le nombre correspondant. Car si à l'idéal I correspond le nombre i, soit I' un idéal de même classe que I. On a

$$\frac{I}{I'} = \frac{\alpha}{\alpha'}$$

α, α' étant deux nombres correspondants, donc à I' correspondra le nombre $\frac{i\alpha'}{\alpha}$.

Il suffit même de choisir un idéal dans chaque classe fondamentale du groupe des classes. Car soient C, C', ... les classes fondamentales et $C^m C'^{m'}$ ... une classe quelconque. Si dans C on a choisi l'idéal I auquel correspond le nombre i, dans C' l'idéal I' auquel correspond le nombre i' etc., alors l'idéal $I^m I'^{m'}$ ... appartient à la classe $C^m C'^{m'}$ ... et il lui correspond le nombre $i^m i'^{m'}$ ...

Enfin pour choisir i correspondant à I de la classe C, soit e l'exposant de C. On aura $I^e = \alpha$, étant un nombre existant. Donc $i^e = \alpha$, d'où $i = \sqrt[e]{\alpha}$ (on prendra une détermination quelconque de $\sqrt[e]{\alpha}$). Le lecteur démontrera sans peine que la correspondance ainsi établie entre nombres et idéaux satisfait aux conditions imposées.

Exemple. — Dans le corps $C(i\sqrt{5})$, il y a deux classes d'idéaux, la principale et une autre d'exposant 2 contenant $I = (-1 + i\sqrt{5}, 2)$. On a $I^2 = 2$. Donc à I correspond $i = \sqrt{2}$.

Voyons alors quel nombre correspond à un idéal $(-r + i\sqrt{5}, n)$ de la même classe. Ce nombre i est déterminé par

$$\frac{(-1 + i\sqrt{5}, 2)}{\sqrt{2}} = \frac{(-r + i\sqrt{5}, n)}{i'}$$

d'où

$$i' = \frac{\sqrt{2}(-r + i\sqrt{5}, n)}{(-1 + i\sqrt{5}, 2)} = \frac{\sqrt{2}(-r + i\sqrt{5}, n)(-1 - i\sqrt{5}, 2)}{2}$$

$(-r + i\sqrt{5}, n)(-1 - i\sqrt{5}, 2)$ est un idéal principal de norme $2n$. Or $(-r + i\sqrt{5}, n)$ appartenant à la classe de $(-1 + i\sqrt{5}, 2)$, n est représentable par la forme (2, 2, 3) et l'on a

$$n = 2x^2 + 2xy + 3y^2.$$

Donc $2n = (2x + y)^2 + \rho y^2$.

Donc $2n$ est la norme de $2x + y + i\sqrt{5}$. Alors

$$i' = \frac{2x + y + iy\sqrt{5}}{\sqrt{2}}.$$

Tels sont les nombres qu'il faut adjoindre aux nombres du corps.

En résumé l'ensemble des nombres $x + iy\sqrt{5}$ *et* $\dfrac{2x + y(1 + i\sqrt{5})}{\sqrt{2}}$ *obéit aux lois de la divisibilité du corps* C(1).

Mais l'on ne peut pas additionner ces nombres, car les résultats obtenus sortiraient de l'ensemble. D'ailleurs les nombres que l'on fait ainsi correspondre aux idéaux ne sont déterminés qu'à un facteur unité près.

Maintenant on conçoit qu'au lieu d'arriver à ces nombres de la façon précédente on pourrait les adjoindre, à priori, au corps $C(i\sqrt{5})$, et l'on aurait ainsi une nouvelle définition des idéaux dans ce corps.

II. Déterminer les idéaux premiers dans les corps $C(i\sqrt{2})$, $C(\sqrt{2})$, $C(i\sqrt{5})$, $C(\sqrt{10})$.

III. Déterminer, dans un corps quadratique, les entiers indécomposables en facteurs existants qui ne sont cependant pas premiers. Application au corps $C(i\sqrt{5})$.

CHAPITRE XXXI

LES ORDRES D'ENTIERS DANS LES CORPS QUADRATIQUES

393. Anneaux d'entiers dans un corps. — Nous avons considéré au nº **333** l'ensemble des entiers $x + iy\sqrt{3}$ (x, y entiers ordinaires) et nous avons vu que les lois de la divisibilité des entiers ordinaires ne s'appliquent pas.

Peut-on rétablir ces lois par l'introduction d'idéaux ? La réponse ne ressort pas des chapitres précédents, car les résultats obtenus dans ces chapitres se rapportent à l'ensemble de *tous* les entiers d'un corps. Or les nombres $x + iy\sqrt{3}$ ne constituent pas *tous* les entiers du corps $C(i\sqrt{3})$.

Les entiers $x + yi\sqrt{3}$ forment, dans le corps $C(i\sqrt{3})$ un *anneau*, c'est-à-dire que la somme, la différence, le produit de deux nombres de l'ensemble appartiennent encore à l'ensemble. Nous allons d'abord rechercher tous les anneaux contenus dans un corps quadratique donné.

Avant cela remarquons que dans le corps $C(1)$, on détermine immédiatement les anneaux qui ne sont autres que les multiples d'un certain entier, les anneaux ne diffèrent pas des idéaux.

Il est évident qu'un anneau est un réseau et qu'on peut le définir par une base à deux éléments. On sait d'ailleurs que l'on peut supposer que l'un de ces deux éléments est un entier ordinaire. Soit donc le réseau (a, α), a étant un entier rationnel ; quant à α on suppose que ce n'en est pas un, sinon l'anneau appartiendrait au corps $C(1)$.

On voit facilement que pour que ce soit un anneau il faut et il suffit que les nombres a^2, $a\alpha$ et α^2 appartiennent au réseau. Or a^2

et $a\alpha$ y appartiennent certainement, reste donc à exprimer que α y appartient, c'est-à-dire qu'il y a deux entiers x, y, tels que

$$ax + \alpha y = \alpha^2.$$

L'égalité conjuguée donne

$$ax + \bar{\alpha} y = \bar{\alpha}^2$$

différente de la précédente puisque α n'est pas rationnel.

Ces deux égalités donnent les valeurs de x et y :

$$x = -\frac{\mathfrak{N}(\alpha)}{a}, \quad y = \alpha + \bar{\alpha}.$$

La seule condition pour que le réseau soit un anneau est que la valeur de x soit entière, c'est-à-dire que a soit un diviseur de $\mathfrak{N}(\alpha)$. Ainsi :

Les anneaux d'entiers d'un corps quadratique sont les réseaux (a, α) dans lesquels α est un entier quelconque du corps et a un entier rationnel diviseur de $\mathfrak{N}(\alpha)$.

On peut d'ailleurs supposer $a > 0$ et en posant $\alpha = b + c\omega$ on peut aussi supposer

$$0 \leqslant b < a.$$

Comme cas particulier on constate que les idéaux $[d(-a + \omega), dn]$ avec $r^2 + pr - k \equiv 0 \pmod{n}$ sont bien des anneaux.

394. Ordres. — Nous n'étudierons que les anneaux dans lesquels $a = 1$. Alors on peut supposer $b = 0$. De tels anneaux sont dits des *ordres*. Ainsi un ordre est un réseau de la forme

$$(1, c\omega) . (c > 0).$$

On peut encore dire : on appelle *ordre* dans un corps quadratique *l'ensemble des entiers de ce corps dans lesquels le coefficient de ω est divisible par un entier donné c*. Cet entier c est dit le *conducteur* de l'ordre.

L'ordre précédent sera désigné par $O(c\omega)$.

Par exemple l'ensemble des nombres $x + yi\sqrt{3}$ forme l'ordre $O(2j)$ dans le corps $C(j)$. Car on peut écrire

$$x + yi\sqrt{3} = X + 2Yj$$

en posant

$$j = \frac{-1 + i\sqrt{3}}{2} \qquad X = x + y \qquad Y = y.$$

L'ensemble de tous les entiers d'un corps forme l'ordre $O(\omega)$.

Nous allons tâcher de faire sur un ordre $O(c\omega)$ une théorie analogue à celle que nous avons développé dans les chapitres précédents sur l'ordre $O(\omega)$.

On dit qu'un entier $a + bc\omega$ de l'ordre $O(c\omega)$ est divisible par un autre $a' + b'c\omega$ quand leur rapport est encore un entier de cet ordre.

Une condition nécessaire, est que $(a + bc\omega)$ soit divisible par $a' + b'c\omega$ dans l'ordre $O(\omega)$. Mais cette condition n'est pas suffisante Par exemple $c\omega$ est divisible par c dans $O(\omega)$ mais non dans $O(c\omega)$ (en supposant $c \neq 1$).

Unités de l'ordre $O(c\omega)$. — Ce sont les entiers de $O(c\omega)$ qui divisent tous les autres. En particulier ils divisent 1, et l'on voit que ce sont les entiers de $O(c\omega)$ dont la norme est ± 1. Une telle unité $x + cy\omega$ est déterminé par

$$(1) \qquad x^2 - \rho cxy - kc^2y^2 = \pm 1.$$

Cette équation se ramène immédiatement à une équation de Fermat.

En effet posons $\rho' = 0$ ou 1 suivant que c est pair ou impair. L'équation s'écrit :

$$\left[x - \rho\frac{(c-\rho')}{2}y\right]^2 - \rho\rho'\left[x - \rho\frac{(c-\rho')}{2}y\right]y - \left[\frac{\rho^2(c^2-\rho'^2)}{4} + kc^2\right]y^2 = \pm 1$$

ou en posant

$$x - \frac{\rho(c-\rho')}{2}y = X$$

$$y = Y$$

(substitution unité), on obtient une équation de Fermat.

En particulier ± 1 sont unités dans tout ordre.

Dans les corps imaginaires il n'y en a pas d'autres si $c \neq 1$. En effet si le corps n'est ni $C(i)$ ni $C(i\sqrt{3})$, il n'y en a pas d'autres dans l'ordre $O(\omega)$.

Si le corps est $C(i)$ ou $C(j)$ il y a d'autres unités dans $O(\omega)$, mais ces unités n'appartiennent pas à $O(c\omega)$ car le coefficient de ω est + ou — 1.

Dans les corps réels, tout ordre a une infinité d'unités, puisque l'équation (1) a une infinité de solutions. Elles sont comprises dans la formule $\pm u^r$, u étant une unité fondamentale.

395. Idéaux d'un ordre. — Un idéal d'un ordre $O(c\omega)$ est l'ensemble des entiers représentés par une forme linéaire où les coefficients et les variables appartiennent à l'ordre. On démontrera sans peine qu'ils forment un réseau qui peut prendre la forme :

$$d[(-r+c\omega)x+ny]$$

avec

$$(2) \qquad r^2+\rho cr-kc^2\equiv 0 \pmod n.$$

Réciproquement tout réseau de cette forme est un idéal de l'ordre. L'entier (d) sera dit le *diviseur*, dr le *résidu* et d^2n la *norme* de cet idéal.

On définit comme au n° **365** un ensemble complet (mod I), I étant un idéal d'un ordre, et l'on démontre que le nombre des éléments de cet ensemble est égal à $\mathfrak{N}(I)$.

La condition (2) peut s'écrire

$$\left[r+\frac{\rho(c-\rho')}{2}\right]^2+\rho\rho'\left[r+\rho\frac{c-\rho'}{2}\right]-\left[\rho^2\frac{(c^2-\rho'^2)}{4}+kc^2\right]\equiv 0 \pmod n.$$

Elle exprime que *n est représentable primitivement dans une classe primitive de déterminant* Δc^2. On est alors conduit à appeler cet entier Δc^2 le déterminant de l'ordre $O(c\omega)$.

On détermine comme au n° **350**, les idéaux de norme donnée. En particulier il n'y a qu'un idéal de norme 1 qui est l'ordre $O(c\omega)$ lui-même.

Un idéal principal de l'ordre $O(c\omega)$ est constitué par les produits $\alpha\xi$ où α un entier fixe et ξ un entier variable, tous les deux appartenant à l'ordre. La condition pour que $(-r+c\omega, n)$ soit un idéal principal de l'ordre $O(c\omega)$ est que n soit représentable par la forme quadratique principale de déterminant Δc^2 ou par cette forme changée de signe

$$n=\pm\left\{\left[a+\rho\frac{(c-\rho')}{2}b\right]^2+\rho\rho'\left[a+\frac{\rho(c-\rho')}{2}b\right]b-\left[\frac{\rho^2(c^2-\rho'^2)}{4}+kc^2\right]b^2\right\}$$

et que r soit congru à $-\frac{a}{b}$ (mod n).

Il ne peut pas arriver que tous les idéaux de l'ordre soient principaux (en supposant $c \neq 1$). En effet il n'est pas possible qu'au déterminant Δc^2 ne correspondent que la classe primitive et cette classe changée de signe. Car il y aura toujours les classes non primitives obtenues en multipliant par un diviseur γ de c les classes primitives de déterminant $\frac{\Delta c^2}{\gamma^2}$. Il en résulte qu'il n'y a pas d'ordre $O(c\omega)$ $(c \neq 1)$ où s'appliquent les lois ordinaires de la divisibilité.

Théorème. — *Supposons qu'au déterminant Δc^2 ne correspondent que les classes principales des déterminants $\frac{\Delta c^2}{\gamma^2}$ (γ = diviseur de c), multipliées respectivement par γ, et ces classes changées de signe. Dans ces conditions l'idéal $(-r + c\omega, n)$ est principal si n est premier à c.*

En effet, n ne peut être représenté par une classe de déterminant $\frac{\Delta}{\gamma}$ multipliée par γ, puisque n est premier à c. Donc n est représentable primitivement par la classe principale de déterminant Δ ou par cette classe changée de signe. Le reste de la démonstration s'achève comme au n° **360**.

396. — Tout ce qu'on a dit aux n° **361**, **362** s'applique aux idéaux d'un ordre.

Le produit de deux idéaux se définit comme au n° **363**.

Mais le produit d'un idéal par l'idéal conjugué n'est pas toujours égal à la norme. Nous allons montrer que :

Le produit d'un idéal par l'idéal conjugué est égal à la norme, si cette norme est première au conducteur.

En effet, en refaisant le calcul du n° **363** on voit que pour démontrer ce théorème il suffit de démontrer que les trois entiers :

$$\frac{r^2 + pcr - kc^2}{n}, \qquad -2r - cp, \ n \tag{3}$$

sont premiers dans leur ensemble.

Supposons-leur d'abord en commun un facteur premier impair p. On voit, comme au n° **363** qu'il devrait entrer au carré dans Δc^2, ce qui est impossible car n et c n'ont pas de facteur commun et Δ n'a pas de facteur premier impair au carré.

Ensuite les entiers (3) ne sont pas tous les trois pairs. C'est évident si n est impair. Si n est pair, alors c est impair; alors si $\rho = 1$ c'est encore évident. Enfin si n est pair et $\rho = 0$, supposons pour un instant $\frac{r^2 - kc^2}{n}$ pair. On en déduirait que $r^2 - kc^2$ serait divisible par 4, donc aussi $r^2 - k$, ce qui n'est pas car k n'est congru ni à o ni à 1 (mod 4).

397. Idéaux réguliers d'un ordre. — On est ainsi conduit à considérer en particulier les idéaux d'un ordre dont la *norme est première au conducteur.* On les appelle *réguliers.* L'ensemble de ces idéaux jouit, relativement à la multiplication et à la division, de propriétés tout à fait analogues à l'ensemble de tous les idéaux du corps. D'abord la démonstration du n° **364** s'applique, de sorte que *la norme du produit de deux idéaux réguliers est égale au produit des normes des facteurs.* Il en résulte que *le produit de deux idéaux réguliers est un idéal régulier.*

Ces théorèmes s'étendent sans peine à un produit d'un nombre quelconque d'idéaux.

La multiplication des idéaux réguliers est une opération unipare. (Même démonstration qu'au n° **364**). La divisibilité de ces idéaux se traite comme pour les idéaux ordinaires.

On arrive alors à la notion d'idéaux réguliers *premiers.* D'abord les idéaux (p') où p' est un facteur premier de c ne sont pas réguliers et n'ont pas à être considérés. Ensuite un idéal (p) où p est un nombre premier non facteur de c est régulier. Il est décomposable ou non suivant que p est représentable ou non par la forme principale de déterminant Δc^2.

Ce sont là tous les facteurs premiers dont sont composés les idéaux régulier.

Exemple. — Considérons l'ordre $O(2j)$. Ici $c = 2$, le nombres premier 2 n'a pas à être considéré. Les nombres premiers ordinaires congrus à -1 (mod 6) sont encore premiers, les nombres premier ordinaires $\equiv 1$ (mod 6) sont de la forme $a^2 + 3b^2$ et se décomposent en deux facteurs premiers non associés $(a + bi\sqrt{3})(a - bi\sqrt{3})$. Enfin le nombre 3 est égal à $-(i\sqrt{3})^2$.

398. — Il y a des ordres où tous les idéaux réguliers sont principaux. Cela arrive lorsqu'au déterminant Δc^2 ne correspondent, comme classes primitives, que la classe principale et cette classe changée de signe. En effet les classes non primitives, produits par un diviseur γ de c des classes primitives de déterminant $\frac{\Delta c^2}{\gamma^2}$ n'interviennent pas ici puisque n étant premier à c n'est pas divisible par γ.

Exemple. — Soit l'ordre $O(2j)$. Au déterminant -12 ne correspond qu'une classe primitive $(1, 0, 3)$. Donc tous les idéaux réguliers de l'ordre $O(2j)$ sont principaux. La décomposition des entiers de la forme $x + y\sqrt{-3}$ $[x + y \equiv 1 \pmod 2]$ en facteurs premiers de la même forme est donc possible et cela d'une seule manière (au facteur -1 près). Exemple :

$$15(34 + 3i\sqrt{3}) = 5(i\sqrt{3})^2 (2 + i\sqrt{3}) (1 + 2i\sqrt{3})^2.$$

Mais sur l'ensemble de tous les idéaux, réguliers ou non, d'un ordre $O(c\omega)$ $(c \neq 1)$, il est impossible de faire une théorie de la divisibilité analogue à celle des entiers ordinaires. La multiplication, dans ce cas, n'est même plus unipare.

Exemple, dans l'ordre $O(2j)$ on a

$$\begin{aligned}(1 + i\sqrt{3}, 2)(1 - i\sqrt{3}, 2) &= (4, 2 + 2i\sqrt{3}, 2 - 2i\sqrt{3}, 4)\\ &= (2)(2, 1 + i\sqrt{3}, 1 - i\sqrt{3}) = (1 + i\sqrt{3}, 2)(2).\end{aligned}$$

Ainsi les produits de l'idéal $(1 + i\sqrt{3}, 2)$ par les idéaux différents $(1 - i\sqrt{3}, 2)$ et (2) sont les mêmes.

399. — Enfin les résultats relatifs aux classes d'idéaux se généralisent pour les idéaux réguliers d'un ordre. On a vu que les idéaux de l'ordre $O(\omega)$ correspondent aux formes primitives de déterminant primitif Δ. On va voir de même que les idéaux de l'ordre $O(c\omega)$ correspondent aux formes primitives de déterminant Δc^2.

Soit l'idéal $(-r + c\omega, n)$. La congruence

$$x^2 + \rho c x - k c^2 \equiv 0 \pmod n$$

a pour racine r. On en déduit que la congruence

$$X^2 + \rho\rho' X - \frac{\Delta c^2 - \rho^2\rho'^2}{4} \equiv 0 \pmod n$$

est aussi possible et a pour racine $r + \rho\frac{c - \rho'}{2}$. Cette racine correspond à une représentation primitive de n dans la classe de la forme

$$\left(n,\ 2r + \rho c,\ \frac{r^2 + \rho cr - kc^2}{n}\right).$$

Cette classe est de déterminant Δc^2 et elle est primitive, car on a vu au nº **396** que ses trois coefficients sont premiers dans leur ensemble.

Chaque idéal régulier de l'ordre $O(c\omega)$ correspond ainsi à une classe primitive de déterminant Δc^2 et à son inverse changée de signe. On en déduit la répartition de ces idéaux en classes. Les théorèmes des nºˢ **378** à **379** s'appliquent.

NOTES ET EXERCICES

Dans l'ordre $O(2\sqrt{m})$ (m noyau $\equiv 1 \pmod 4$), si $m \equiv 1 \pmod 8$ toutes les unités du corps sont unités de l'ordre. Si $m \equiv 5 \pmod 8$, et si l'unité fondamentale est unité de l'ordre, toutes les unités du corps sont unités de l'ordre. Si $m \equiv 5 \pmod 8$ et si l'unité fondamentale u du corps n'est pas unité de l'ordre, les unités de l'ordre sont données par la formule $\pm u^{3h}$.

Dans ce même ordre l'idéal $(-r + \sqrt{m}, n)$ où $r^2 - m \equiv \pmod n$, est principal lorsque n est impair, ou lorsque $n \equiv 0 \pmod 4$ avec $m \equiv 5 \pmod 8$, ou lorsque $n \equiv 0 \pmod 4$ avec $m \equiv 1 \pmod 8$ et $\frac{r^2 - m}{n}$ impair. L'idéal n'est pas principal dans les autres cas.

NOTES ET EXERCICES SUPPLÉMENTAIRES

I. Quel est le plus grand commun diviseur de $a^m - 1$ et $a^n - 1$? (a, m, n, entiers, m et $n > 0$).

Quel est celui de $a^{m-1} + a^{m-2} + \ldots + 1$ et $a^{n-1} + a^{n-2} + \ldots + 1$.

Rép. $a^{D(m,n)} - 1$ et $a^{D(m,n)-1} + a^{D(m,n)-2} + \ldots + 1$.

II. Toute fonction symétrique $\sum a^\alpha b^\beta c^\gamma$ des entiers positifs plus petits que n et premiers avec lui, dans laquelle $\alpha + \beta + \gamma$ est impair est divisible par n.

III. La congruence

$$(1) \qquad x^{p-1} - S_1 x^{p-2} + S_2 x^{p-3} \ldots + S_{p-1} \equiv 0 \pmod p$$

(p = nombre premier, S_i = somme des produits i à i des entiers $1, 2, \ldots p-1$) a les $p-1$ solution $1, 2, \ldots p-1$.

Il en est de même de la congruence obtenue en remplaçant dans la précédente x par kx ($k \not\equiv 0 \pmod p$) et de celle obtenue en retranchant les deux précédentes et divisant par x, soit :

$$(k^{p-1} - 1)x^{p-2} - S_1(k^{p-2} - 1)x^{p-3} + \ldots - S_{p-2}(k-1) = 0.$$

Cette congruence est donc identique. On en déduit d'abord :

$$k^{p-1} - 1 \equiv 0 \text{ (théorème de Fermat)}$$

puis

$$S_1 \equiv S_2 \equiv \ldots \equiv S_{p-2} \equiv 0 \text{ (théorème de Ferrers)}$$

et alors (1) pour $x = 1$ donne

$$S_{p-1} \equiv -1 \text{ (théorème de Wilson).}$$

Les trois théorèmes se trouvent ainsi démontrées par un seul calcul (*Pomey N. A. M.* 4e série t. XIX).

IV. Etudier le groupe abélien formé par les classes C_a (n° **291**) mais dans lequel on ne considère pas comme distinctes C_a et C_{-a}. En particulier étudier le cas où ce groupe est de rang 1. La base est alors une classe C_γ, γ étant un entier qui jouit de la propriété que le plus petit exposant e pour lequel $\gamma^e \equiv \pm 1 \pmod p$ soit $\frac{p-1}{2}$. Ces entiers ont été considérés par M. Sainte Laguë sous le nom de racines *semi primitives* (*Les Réseaux*, Paris, Hermann, 1925).

TABLE DES MATIÈRES

		Pages
Chapitre	I. — Entier ayant des restes donnés par rapport à des modules donnés. Théorème de Fermat. Restes par rapport à un module premier des puissances successives d'un entier. Racines primitives. Indices	1
Chapitre	II. — Généralisation des résultats précédents pour les modules non premiers	58
Chapitre	III. — Analyse diophantienne du second degré à une inconnue..........................	86
Chapitre	IV. — Congruences du second degré à une inconnue	92
Chapitre	V. — Définition des nombres quadratiques	105
Chapitre	VI. — Les fractions décimales. Approximation à $\frac{1}{10}$, $\frac{1}{100}$... près	116
Chapitre	VII. — Définition générale du nombre	129
Chapitre	VIII. — Fractions continuelles....................	158
Chapitre	IX. — Développement en fraction continuelle des nombres quadratiques réels..............	198
Chapitre	X. — Équation diophantienne du second degré à deux variables	217
Chapitre	XI. — Formes quadratiques binaires. Théorie algébrique. Équivalence arithmétique des formes définies.........................	269
Chapitre	XII. — Équivalence arithmétique des formes quadratiques binaires indéfinies...............	300
Chapitre	XIII. — Questions communes aux formes définies et aux indéfinies. Application des théories précédentes à l'analyse diophantienne....	324
Chapitre	XIV. — Détermination des classes appartenant à un déterminant donné	336
Chapitre	XV. — Décomposition des entiers en une somme de deux carrés..........................	344
Chapitre	XVI. — Nombres premiers dont un entier donné est resté quadratique. Loi de réciprocité......	352
Chapitre	XVII. — Extension des résultats du chapitre XV aux déterminants auxquels ne correspond qu'une classe primitive..................	383

Pages
Chapitre XVIII. — Genre des formes quadratiques binaires 391
Chapitre XIX. — Différentes espèces de développements en fractions continuelles régulières........ 407
Chapitre XX. — Suites de meilleure approximation.......... 429
Chapitre XXI. — Représentation géométrique pour le groupe modulaire et la réduction des formes quadratiques Réduction continuelle d'Hermite 450
Chapitre XXII. — Multiplication des classes..................... 470
Chapitre XXIII. — Digression sur la théorie des groupes. Modules. Groupes abeliens.............. 501
Chapitre XXIV. — Groupe des classes primitives de déterminant donné. Groupe des genres 545
Chapitre XXV. — Le problème de Fermat pour le deuxième, le troisième et le quatrième degré.......... 591
Chapitre XXVI. — Arithmétique du corps $C(i)$................. 607
Chapitre XXVII. — Arithmétique dans le corps $C(i\sqrt{3})$.......... 644
Chapitre XXVIII. — Théorie générale des corps quadratiques. Entiers. Unités........................ 659
Chapitre XXIX. — Idéaux dans les corps quadratiques, Décomposition en facteurs idéaux premiers..... 673
Chapitre XXX. — Classes d'idéaux. Analyse diophantienne... 707
Chapitre XXXI. — Les ordres d'entiers dans les corps quadratiques 726

SAINT-AMAND (CHER). — IMPRIMERIE BUSSIÈRE